浙江省普通本科高校"十四五"重点教材

无机及分析化学

（第二版）

主　编　张立庆
副主编　干均江　祝　巨　张艳萍

ZHEJIANG UNIVERSITY PRESS
浙江大学出版社
·杭州·

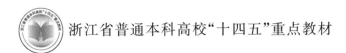

第二版前言

《无机及分析化学》(第一版)是浙江省普通高校"十三五"新形态教材，于2019年出版。自出版以来，本书的内容根据教学情况不断进行修改与完善，是国家一流课程"无机及分析化学"建设的重要组成部分，于2023年被列为浙江省普通本科高校"十四五"首批重点教材建设项目。

党的二十大报告提出"教育、科技、人才是全面建设社会主义现代化国家的基础性、战略性支撑"，并对加快建设教育强国、科技强国、人才强国作出了全面而系统的部署。教材建设是创新人才培养中必不可少的重要环节。"无机及分析化学"是高等学校近化类有关专业必修的第一门化学基础课，同时也是后续化学课程的基础。本次修订，根据新工科的要求，从构建工科学生知识能力出发，加强课程内容与工业生产实际的同步衔接，增加学科发展和交叉的新知识。针对内容偏多、理论偏深、工程意识不强等问题，保证必要的理论知识，突出新工科特色，满足多学科交叉、多专业并存对课程不同层次的需求。同时在教材编写中有机融入了课程思政元素，使教材达成从单向度的知识传授向立体化的育人转变。本书以"加强基础、突出应用"为原则，逐步提高学生解决工程应用问题的能力，每章增加了应用实例。对知识内容进行了进一步的整合与调整，对教材中的例题进行了修改与增删，在第一版93个知识点系列教学视频的基础上，又增加了15个"复习与总结"系列教学视频，共108个视频，视频总时长为1291分钟。同时，根据学生课外自主学习的需要，配套出版了《无机及分析化学解题指南》。

《无机及分析化学》(第二版)及其辅助教材的出版，旨在通过多方位、立体化的教学手段，使教材结构更加合理，内容更加完善，教与学更加自如，从而满足学生个性化、多样化、高质量的学习需求。

本书可作为高等学校化学工程与工艺、制药工程、材料科学与工程、食品科学与工程、生物工程、环境工程、轻化工程等相关专业学生学习无机及分析化学课程和备考研究生入学考试的参考教材，也可供高等学校无机及分析化学课程教师参考。

全书由浙江科技大学张立庆(第四章和第五章、各章知识结构、教学视频、附录)、干均江(第三章和第七章)、祝巨(第六章)、张艳萍(第八章和第九章)、成忠(第二章)、聂沃(第十章)、李菊清(第十一章)、杭州职业技术学院李音(绪论、第一章)编写。本书由张立庆担任主编，干均江、祝巨、张艳萍担任副主编。全书由张立庆统稿和定稿，由聂沃、陈威进行了全书的校核工作。

在本书的编写过程中，参阅了兄弟学校的相关教材，吸取了许多宝贵的经验，主要参考文献列于书后，在此说明并致谢。

由于编者水平有限，书中难免有不足之处，恳请读者不吝批评指正。

编　者

2023年12月于杭州

第一版前言

无机及分析化学是研究物质的组成、结构、性质、变化及变化过程中能量关系的一门基础化学课程，它是高等学校近化类有关专业必修的第一门化学基础课，同时也是后续化学课程的基础。

本书是浙江省普通高校“十三五”新形态教材建设项目。为推进“数字课堂”建设，充分发挥“互联网+”在高等教育人才培养过程中的重要作用，编者根据“互联网+”环境下学校课堂教学的实际情况，按照浙江省普通高校新形态教材的要求编写而成。

本书的内容是经长期教学实践和教学改革积累形成的研究成果，从2005年开始在浙江科技学院使用并根据教学情况不断进行修改与完善，是浙江省精品课程“无机及分析化学”建设的重要组成部分，是浙江省高等教育课堂教学改革项目(kg20160270)的教学实践内容。本书的编写，基于多年的教学经验和专业特点，以“优化内容、加强基础、削枝强干、突出重点”为原则，将无机化学的原理、分析化学的内容进行有机的整合，贯彻“平衡、结构、性质、应用”的思想，力求体现课程的系统性与应用性。同时，根据国际工程教育专业认证的要求，以“目标—基础—应用—知识结构”为框架进行编写，立足基础理论，强化应用性，使学生能在较短的学时内，既学习了化学原理，又掌握了分析方法及应用，逐步提高分析问题与解决问题的能力；在教材内容上进行了深入与拓展，在知识结构上进行了整合与精简，并配套拍摄了教学视频(课堂教学实况与系列微课)。本书适合高等院校化学工程与工艺、制药工程、材料科学与工程、食品科学与工程、生物工程、环境工程、轻化工程等近化类工科专业的无机及分析化学教学。

全书由浙江科技学院张立庆(第四章、第五章、各章知识结构、教学视频、附录)、干均江(第三章、第七章)、祝巨(第六章)、张艳萍(第八章、第九章)、成忠(第二章)、李音(绪论、第一章)、俞远志(第十章)、李菊清(第十一章)编写。本书由张立庆担任主编，干均江、祝巨、张艳萍担任副主编。全书由张立庆统稿和定稿。

在本书的编写过程中，参阅了兄弟学校的相关教材，吸取了许多宝贵的经验，主要参考文献列于书后，在此说明并致谢。

由于编者水平有限，书中难免有不足之处，恳请读者不吝批评指正。

编　者

2018年8月于杭州

目　录

绪 论

(Introduction)

一、化学的研究内容与主要分支学科

化学科学历史悠久，涉及范围广泛，是自然科学中的一门重要学科，在物质的繁荣、人类社会的进步、文明的发展中起到了举足轻重的作用。化学也被称为核心科学(central science)，化学基本知识是其他许多学科如生物学、物理学、地质学、生态学等不可或缺的基础。化学从人类产生之初便一直伴随着人类社会的发展，烧陶、冶金、炼丹、造纸、印染、火药等无一不是化学技术的应用。虽然化学是一门古老的科学，然而直到19世纪，科技的发展使科学家们能够将物质分解成更小的组分以解释他们的物理、化学性质，化学的现代基础才真正得以奠定；20世纪技术的快速发展使研究肉眼看不到的物质成为可能，利用计算机和特殊显微镜，化学家能够分析原子和分子的结构，并根据它们的特性设计新物质，如药物、对环境友好的日用品等；进入21世纪，毋庸置疑，化学将继续在科学技术领域扮演重要角色，且化学向其他学科的渗透和交叉将越来越明显，并成为未来化学新的生长点；而随着生态文明理念的深入人心，发展绿色化学，在享受化学带来的繁荣的同时控制污染、保护环境，实现人、自然、社会的和谐发展，也必将是化学未来发展的趋势。

1. 化学及其研究内容

化学的定义与内涵随时代的前进不断发生着变化。通常认为，化学是研究物质及其变化的一门学科，具体而言，是在原子、分子、离子等微观层次上研究物质的组成、结构、性质、变化和应用的科学。

化学学科的主要研究内容是物质的化学变化。化学变化是指物质系统的物质转化运动，具有以下基本特征：

(1)化学变化是质变。化学变化的本质是旧化学键的断裂和新化学键的形成，即化学键的重组。因此，物质结构是化学学科的基础。

(2)化学变化是定量的。化学变化服从质量守恒定律，即化学变化前后参与反应的元素种类和数目不变，物质的总质量不变，各物质之间有确定的化学计量关系。因此，化学计量学是化学学科的基本内容之一。

(3)化学变化中伴随能量变化。化学变化伴随着体系与环境之间的能量交换，服从能量守恒定律。因此，化学热力学和化学动力学是化学基础理论的重要方面。

2. 化学的主要分支学科

根据研究对象、研究目的和研究方法的不同，化学可被进一步细分为不同的分支学科。在 20 世纪 20 年代左右，已形成了传统的无机化学、分析化学、有机化学和物理化学“四大”领域，随着化学学科的发展，新的分支学科如高分子化学又从化学中发展起来。

(1)无机化学(Inorganic Chemistry)

无机化学是化学最古老的一门分支学科，主要研究无机物的组成、结构、性质与反应。无机化学以元素周期表为基础，涵盖了元素周期表中包括碳在内的所有元素以及这些元素的化合物(碳氢化合物及其衍生物除外)。无机化学的研究领域极其宽广，早期的化学研究大多属于无机化学，近代无机化学的建立也标志着近代化学的创始。

(2)分析化学(Analytical Chemistry)

分析化学是研究物质组成(定性分析)、含量(定量分析)、性能、微观结构(结构分析)和形态等化学信息的分析方法及理论的化学分支学科。

分析化学主要包括成分分析和结构分析两个方面。根据分析原理的不同，分析化学也可划分为化学分析(Chemical Analysis)和仪器分析(Instrumental Analysis)。按照分析对象的不同，分析化学又可划分为无机分析和有机分析。

(3)有机化学(Organic Chemistry)

有机化学又被称为碳化合物的化学，是研究碳氢化合物及其衍生物的组成、结构、性质、化学变化与应用的化学分支学科。

(4)物理化学(Physical Chemistry)

物理化学是在物理和化学两大学科的基础上发展起来的。它以化学现象和体系为对象，应用物理学的理论、实验技术与数学处理方法，研究物质及其反应，探索化学性质和物理性质间的联系以及化学变化的基本规律。

物理化学的研究内容主要包括化学热力学(Chemical Thermodynamics)、结构化学(Structural Chemistry)、化学动力学(Chemical Dynamics)三个方面。

(5)高分子化学(Polymer Chemistry)

高分子化学是研究高分子化合物(简称高分子)的合成(聚合)、化学变化的一门新兴化学分支，同时还涉及高分子化合物的结构、性能与应用。高分子化合物可以分为天然高分子化合物(如淀粉、纤维素、蛋白质、天然橡胶等)和合成高分子化合物(如聚乙烯、聚氯乙烯、酚醛树脂等)。

如今，在化学学科不断细化的同时，化学分支学科之间以及化学与其他学科之间不断渗透、交叉与融合，产生了各种新的交叉学科，如生命化学、量子化学、计算化学、材料化学、环境化学、化学生物学等。化学与其他学科的交叉渗透已成为21世纪化学学科发展的必然趋势。

二、无机化学与分析化学

1. 无机化学与分析化学的地位

无机化学是化学学科中发展最早的一个分支学科。19世纪，俄国化学家门捷列夫研究了已知的60多种元素的性质，于1869年提出了元素周期律，这奠定了无机化学的基础，对无机化学的研究、应用起到了极为重要的作用。目前，无机化学仍是化学学科中最基础的部分，因为它的研究对象涵盖整个元素周期表，而无机化学的基本定律、原理和实验技术也渗入其他学科中，随着材料、能源、催化等领域的发展，无机化学在实践和理论上均有了新的突破。无机化学的发展史中，也有我国化工人奋斗的身影。侯德榜是我国近代化学工业的重要奠基人，他发明了当时世界制碱领域最先进的技术，打破了外国公司70多年的垄断，为我国乃至世界制碱技术的发展做出了重要贡献。他一生拼搏、报效祖国，在晚年病重后，仍不忘国恩，向周恩来总理写信道："德榜年迈，体弱多病，恐亦不久于人世。一生蒙党和国家栽培，送外国留学，至今无以为报，拟于百岁之后，将家中所存国内较少有的参考书籍贡献给国家。请总理指定届时移存北京图书馆或中国科学院图书馆。"他在制碱、化肥制造等化学工业上的成就，在化学学科的发展史上留下了浓墨重彩的一笔。

随着化学学科的发展，无机化学与其他学科交叉融合，有了许多新的突破。金属有机化学研究领域是有机化学和无机化学的交叉领域，它既包含了对金属和碳之间直接成键的化合物的研究，也包含了对催化剂及众多有机化学反应的研究；生物无机化学是生物化学与无机化学的交叉，聚焦于药物应用，主要研究生物活性化合物的结构、物化特性与其活性的关系，研究微量元素的作用以及在生物体内的行为等；环境化学则同时包含了对有机化合物和无机化合物的研究；其他无机化学交叉学科如金属酶化学、物理无机化学、无机固体化学、地质化学、宇宙化学、放射化学、无机高分子化学等也蓬勃发展。

分析化学始于分析检验的实践活动，随着定性分析、定量分析方法的不断出现和完善，四大平衡(酸碱平衡，氧化还原平衡,沉淀溶解平衡，配位反应平衡)理论的建立,使分析化学在20世纪初真正成为一门独立的学科，即经典分析化学。20世纪以来，仪器分析发展迅猛，现在一般把分析化学方法分为两大类，即化学分析法和仪器分析法。化学分析法是指利用化学反应和它的计量关系来确定被测物质组成和含量的一类分析方法，而仪器分析法则利用电学、电子学、光学等仪器设备来确定物质的组成和含量，因此被称为“仪器分析”。如今，除化学本身以外的许多科学领域也都需要应用分析化学技术，如果蔬中农药残留检测、违禁药物检测、环境污染物检测等，而分析化学在被广泛应用的同时也不断得到充实和发展。

2. 无机及分析化学的基本内容

无机及分析化学是将无机化学和分析化学的基本理论、知识有机结合的一门课程。其主要内容包括：

(1)化学平衡

从宏观上研究化学反应的限度、化学平衡及平衡移动的规律，包括酸碱平衡、沉淀溶解平衡、氧化还原平衡和配位反应平衡。

(2)物质结构

研究原子结构：原子核外电子排布与运动，价层电子与元素、化合物性质的关系；研究分子结构和晶体结构：化学键理论，化学键与化合物理化性质的关系，分子间作用力以及分子间作用力与晶体结构的关系。将原子、分子层次的微观世界规律与化合物性质、晶体结构等宏观世界现象建立联系。

(3)元素化学

以化学元素周期表为基础，研究重要元素及其化合物的结构、组成、性质、化学变化的规律。

(4)化学分析

利用物质的化学反应，确定物质的组成、含量的方法被称为化学分析法，主要包括滴定分析和重量分析。利用化学平衡原理，将已知浓度的标准溶液逐滴加入一定体积的被测物溶液中，根据反应平衡时所消耗标准溶液的体积以及被测物与标准溶液之间的化学反应计量关系，计算被测物的含量，这种分析方法被称为滴定分析，也叫作容量分析。根据被测物的化学性质选择合适的化学反应，将被测物转化为固体沉淀或气体，通过过滤、洗涤、干燥、灼烧或吸收等处理后，精确称量，通过计算确定被测物的量，这种分析称为重量分析。

(5)仪器分析

利用被测物本身或其与其他试剂形成的化合物的物理性质(如光学特性等)，通过仪器对这些物理特性进行定性或定量分析，这种分析方法称为仪器分析法。仪器分析法包括光学分析法、电化学分析法、色谱分析法、质谱分析法和放射化学分析法等。本书仅介绍可见光分光光度法。

3. 无机及分析化学的发展动向与趋势

(1)无机化学的发展趋势

20 世纪以来，化学发展的趋势可概括为：从宏观向微观、从定性向定量、从稳态向动态、从体相向表相发展，从经验向理论、再用于指导设计和创新的研究。无机化学的发展趋势主要是新型无机物的合成、应用，以及新研究领域的建立与发展。21 世纪，理论与化学计算方法的运用大大加强了化学理论和实验之间的结合，同时不同学科的深入发展、交叉与融合，形成了许多跨学科的新研究领域，产生了许多重大成果。仪器分析技术水平的不断提高也使无机化学对于微观世界的研究变得更为直观。以下从配位化学和固体无机化学两方面简要介绍现代无机化学的发展趋势。

①配位化学。配位化学是无机化学研究的主要方向之一，配位化合物价键形式繁多、空间结构多变，已逐渐超越无机化学范围，成为无机化学、物理化学、有机化学、生物化学等学科相互交叉渗透的新型二级学科。目前，配位化学研究的热点领域包括：新型配位化合物的研究，如簇合物、有机金属化合物、生物无机配合物、配位超分子化合物等；具有光、电、磁、超导、信息存储等特性的新型、功能型配位化合物的研究；生物配体和金属离子的溶液化学的研究等。

②固体无机化学。固体无机化学是研究固体无机物的组成、结构、性质、合成方法等的科学。它是无机化学和物理化学的一个重要分支，也是无机化学、固体物理、材料科学等学科的交叉领域。近年来，科学家们已在该领域的高温超导体、高密度存储、永磁、快离子导体、结构陶瓷、太阳能利用、新能源与传感、纳米材料等方面的研究中取得了重要进展。目前，该学科的研究热点领域有新的反应和合成方法、非整比化合物、晶界、表面和低维化合物、新型稀土化合物、异常价态和价态起伏、功能材料、纳米材料等。

(2)分析化学的发展趋势

随着化学的快速发展，为了解决生产和科研中的分析问题，分析化学不断面临着变革与发展。另外，光导纤维、等离子体、生物技术、功能材料、数理统计方法等技术、材料与方法的快速进步，正推动着现代分析化学向着高灵敏度、高准确性、特异化、微量化、自动化的方向发展。目前分析化学的发展主要有以下趋势：

①计算机化、智能化。仪器分析是当前分析化学发展的主流。目前仪器分析的自动化和智能化已经成为现实，许多仪器都已配备了计算机或微处理器，在分析仪器与计算机紧密结合的同时，强化软件功能、实现互联、增加共享将是未来发展的趋势。

②分析仪器和联用技术不断发展。目前，随着现代科技的发展，分析仪器的性能不断提高，其应用范围也早已不再局限于化学学科，而延伸到与化学相近、相关的方方面面。专门化、模块化、小型化是当前分析仪器发展的趋势。

此外，单一仪器仍无法满足物质组分、结构分析的全部要求，多种仪器联用，使分析更加全面、快速，可在一定程度上解决这一问题。目前，两种分析技术联用已在化学体系的分析中有了不少应用，如气相色谱-质谱联用、液相色谱-质谱联用能将组分的分离与结构解析结合起来，实现样品组分和结构的快速、自动分析。

③分析理论的深入和分析方法的发展。为满足痕量、超痕量分析的需要，继续发展分析化学基础理论，研究高灵敏度、高选择性的新化学反应和反应试剂，研究物质富集方法，产生新的分析方法以提高灵敏度、提高信噪比仍是分析化学未来的发展方向。

④学科交叉发展。现代分析化学与数学、物理学、生物学、计算机科学等学科交叉、渗透、结合发展，正在形成新的综合多学科的边缘科学。学科交叉产生了许多活跃的研究领域，如无机微量元素的形态分析、酶分析、微区分析、表面及薄层分析等。

4. 无机及分析化学课程的任务与学习方法

无机及分析化学是化学类、化工制药类、轻工类、材料类、环境类、农林类、生物类及相近相关专业的一门必修化学基础课，该课程的任务在于使学生获得一定广度和深度的化学基础知识，了解一定的化学基本原理，掌握一定的化学分析基本技能，并为后续课程打下基础。

无机及分析化学课程的内容可以概括为“结构”“平衡”“性质”“反应”四大方面。学习无机及分析化学，就是要理解物质结构的基础理论，掌握化学反应的原理与应用、元素化学的基本知识，培养综合运用无机及分析化学理论并结合实验操作解决无机及分析化学实际问题的能力。

无机及分析化学的学习方法如下：

(1)注重基本概念与原理的掌握与应用

无机及分析化学是一门重要的化学基础课，注重基本概念的领会、基本原理的理解与运用，为其他化学知识的理论学习与实践打下基础。在学习时，应注意抓住要领，抓住问题本质，领会解决问题的原理与方法，并加以运用。

(2)培养自学能力与科学的学习方法

无机及分析化学是一门不断与时俱进的学科，每天、每年新增的信息量不胜枚举，仅靠课堂知识的学习无法满足生产实践和科学研究的全部需要，需要不断学习、更新知识来跟上学科发展的脚步。因此，应注重利用图书馆、网络、资料室等各种资源进行自主学习，以帮助掌握基本原理与知识，拓宽知识面，了解学科发展的前沿动向。在自主学习的过程中应养成良好的学习习惯和科学的学习方法，课前预习、课后复习，以掌握重点、突破难点，将知识理解透彻、形成体系，并努力学习运用理论知识解决实际问题的方法。

(3)注重实践

化学是一门以实验为基础的科学，许多化学理论和规律都来源于实验总结，因此本课程的学习不仅要重视理论知识的掌握，也要重视实验基本操作技能的培养，培养实事求是、严谨求真的科学态度，培养理论结合实践解决化学问题的能力。

(4)学习化学史

化学的历史，实际上是化学方法和化学智慧的历史。学习化学史不仅有助于激发学习兴趣，提高科学素养，也有助于人文素养的提升。且前人有许多成功经验和失败教训值得学习和借鉴，化学史的学习有助于树立严谨治学的精神，激发创新的灵感与勇气。

无机及分析化学课程的学习资料(包括电子教案、教学视频、习题试卷等)，可以在下列教学平台上获得：

(1)浙江省高等学校在线开放课程共享平台(无机及分析化学课程)

https：//www.zjooc.cn/course/8a22840788b574ff01891955f57a2214/

(2)浙江科技大学一无机及分析化学课程网站

http：//zlq.zust.edu.cn/wjfx

第 1 章　误差、数据处理与滴定分析概述
(Error, Data Processing and Titrimetric Analysis)

学习目标

通过本章的学习，要求掌握：

1. 误差的基本概念；
2. 有效数字的定义与计算规则；
3. 分析结果的准确度和精密度的概念与相关的各种表示方法；
4. 置信度与置信区间的概念与可疑值的取舍(Q 检验法)；
5. 滴定分析的基本概念；
6. 标准溶液的配制。

化学是一门实验科学，而实验离不开计量。化学计量包括测量(measurement)与计算(calculation)两个部分。在计量或测定时，受方法、试剂、仪器等影响，分析结果不可能和样品的真实组成或真实含量完全一致，误差总是客观存在的。但是误差的出现有一定的规律，并可以设法避免和减小。同时，通过计量得到的实验数据往往是有限的，因此，需通过数据处理对这些计量得到的结果进行正确的表示与评价。

1.1　误差

真值是指某物理量本身客观具有的真实数值，误差是指计量或测定时的测定结果与真实结果之间的差值。在实际计量或测定过程中，受分析方法、计量装置、所用试剂、分析人员等多种主客观因素的限制，分析结果与真实值往往不能完全一致，误差是客观存在的且难以避免。另外，测定的最终结果不仅表示具体数值的大小，还表示了测量本身的精确程度。因此，有必要了解误差产生的原因及出现的规律，以采取相应措施尽可能避免不必要的误差、减小误差，提高分析结果的准确性和精确程度。

1.1.1　误差的产生与及其避免和减小

误差按其产生原因与性质，可分为系统误差、偶然误差和过失误差三类。

(1)系统误差

系统误差(systematic error)又称规律误差，它是在一定的测量条件下，由于某个或某些经常性的可确定的原因，如分析试剂不纯净、分析方法不理想、分析仪器不准确、操作分析不准确等，按确定的规律引起的误差。系统误差的特点是具有重复性、单向性、可测性和可避免性。在相同的分析条件下，系统误差在重复测定时会重复出现，使测定结果系统性地偏高或偏低，其大小、正负也有一定的规律，且往往可以被测定。因此，系统误差又称为可测误差。找出系统误差产生的原因后可通过制定标准规程或通过一定的校正方法进行校正来避免或消除。

系统误差产生的原因及避免方法：

①方法误差，指由于计量或测定方法本身不够完善而导致的误差。例如，滴定分析中由于指示剂选择不当而造成的实际变色点与化学计量点的误差、重量分析中的沉淀溶解误差等。避免方法：采用公认的标准方法与所采用方法相比较，以尽量消除不当的方法带来的误差。根据不同的试样以及样品含量和分析要求选择恰当的分析方法，并尽量减小分析中每一步所带来的测量误差。

②仪器误差，指由于仪器本身存在缺陷或不够精确，或没有调整到最佳状态所导致的误差。例如，砝码锈蚀，滴定管、容量瓶、移液管等未经校正而引起的误差等。避免方法：分析前先对仪器进行校准，如用标准砝码对分析天平进行校准，对容量瓶等容量器皿进行校准等。

③试剂误差，指在物质组成测定中，由于试剂纯度不够或所用的纯水含有微量杂质，造成微量待测组分或干扰性杂质的引入从而引起的误差。避免方法：通过空白试验进行判定与消除，即不加试样，用实验用水或不含待测液的试剂代替试液，按与试液测定相同的测定方法、条件进行测定，测定结果称为空白值。根据空白值与零点的偏离程度，判断是否存在试剂误差，从试样的分析结果中扣除空白值，可避免此类误差。

④主观误差，指由于操作人员主观因素所造成的误差。例如，滴定分析中对终点颜色的辨别不同；平行滴定时，下意识地想使后面的滴定结果与前面的滴定结果相吻合等。避免方法：加强分析操作人员的训练，提高操作水平。

(2)随机误差

随机误差(random error)又称偶然误差。随机误差是在计量或测定过程中，由一系列不确定、无法控制又无法避免的偶然因素的微小随机波动形成的、具有相互抵偿性的误差。随机误差的大小、正负在同一实验中是不恒定的，所以又称为不定误差。产生随机误差的偶然因素有许多，例如，分析过程中室温、湿度、气压等因素的微小波动都可能引起测定结果的波动；或是操作人员的不同导致对同一数据的分辨不一致从而产生读数的波动；或是刻度容器读数时，最后一位估读数据往往无法在几次读数中做到一致而引起的读数的波动。因此，这类误差往往难以控制、不能校正，无法用实验的方法避免。

随机误差的特点是具有不可测性和双向性，它的出现符合一般统计规律，即统计学正态分布规律：①大小相等的正、负误差出现的概率相等；②小误差出现的机会多，大误差出现的机会少，特大误差出现的机会更少；③无限多次测定结果的算术平均值极限为零。

随机误差的标准正态分布曲线(standard normal distribution curve)如图1-1所示。

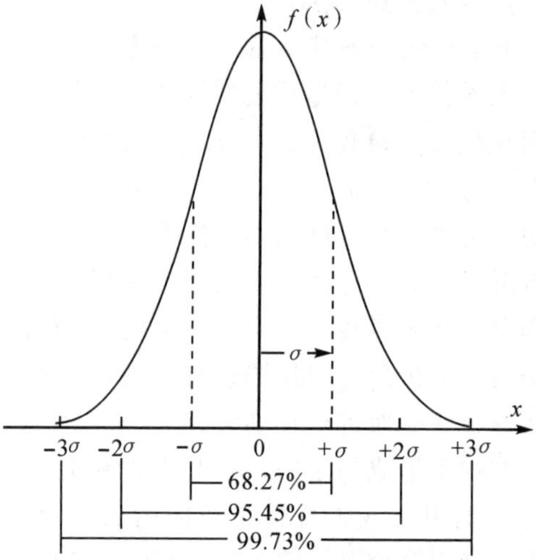

图 1-1　随机误差的标准正态分布曲线

图中 x 轴代表随机误差的大小，以总体标准差 σ 为单位(σ 的意义参见 1.3 节)，y 轴代表随机误差发生的概率。

从以上规律可见，随着测定次数的增加，随机误差的平均值将趋于零，因此随机误差可通过统计学方法来减小，即增加测定次数、取平均值以减小随机误差。然而，过多增加测定次数也将付出过高的人力和物力代价，一般平行测定 3～4 次已能满足大多数分析要求，要求高的分析可进行 5～9 次测量。

(3)过失误差

过失误差(gross error)是由于操作者在测定过程中疏忽大意或不按操作规

程进行测定而造成的误差。如容器不洁、溶液溅出、加量错误、用错试剂、记录错误、计算错误等不应有的人为失误，都属于过失误差。过失误差会对分析结果带来严重影响，必须避免，如果已经发生，则应该删除所得测定结果。

(4)减小测量误差

任何仪器的测量精度都是有限的，为了保证分析结果的准确度，必须尽量减小测量误差。比如一般电子天平的称量误差为±0.0001g，用减量法称量两次，绝对误差的最大范围为±0.0002g，为了使测量的相对误差小于 0.1%，那么试样的质量就不能太小。

因为　$相对误差=\frac{绝对误差}{试样质量}\times 100\%$

所以　$试样质量=\frac{绝对误差}{相对误差}=\frac{\pm 0.0002}{\pm 0.1\%}=0.2(\text{g})$

即试样的称量质量要大于 0.2g。

在滴定分析中，滴定管的读数误差为±0.01mL，在一次滴定中需读数两次，因此绝对误差的最大范围为±0.02mL，为了使体积测量的相对误差小于 0.1%，则滴定所消耗的体积不能太小。

因为　$相对误差=\frac{绝对误差}{滴定体积}\times 100\%$

所以　$滴定体积=\frac{绝对误差}{相对误差}=\frac{\pm 0.02}{\pm 0.1\%}=20(\text{mL})$

即滴定体积要大于 20mL。通常滴定体积为 20～30mL，以减小相对误差。

1.1.2　误差的表征与表示

(1)误差与准确度

准确度(accuracy)，是指在一定条件下，测量值与真实值接近的程度。测量值与真实值越接近，说明测定的准确度越高。需要说明的是，真实值是客观存在却难以得到的。通常所说的真实值是指采用各种可靠的方法、经过不同的实验室、由不同的具有丰富经验的操作人员进行反复多次的平行测定、再通过数理统计的方法进行处理，从而得到的相对意义上的真值。例如，国际公认的一些量值如相对原子质量、国家标准样品的标准值等可认为是真值。

准确度的高低可用误差的大小来表征计量或测定，误差可以用绝对误差(absolute error)和相对误差(relative error)来表示。

绝对误差：测量值与真实值之差，用 E 表示。如果一个样品平行测量多次，绝对误差一般表示为测量结果的平均值与真实值之差。

$$E=x_i-x_{\mathrm{T}} \text{ 或 } E=\bar{x}-x_{\mathrm{T}} \tag{1-1}$$

相对误差：绝对误差与真实值之比，用 RE 表示，即

$$RE=E/x_T \tag{1-2}$$

以上两式中 $\bar{x}$ 为多次平行测量值的算术平均值，即 $\bar{x}=\frac{1}{n}\sum_{i=1}^{n}x_i$，$x_i$ 为个别测量值，x_T 为真实值。为了与物质的质量分数相区别，相对误差一般用千分号‰表示。

［**例 1-1**］ 使用电子天平称取 A、B 两物体的质量分别为 1.3368g，0.1336g。若两物体的真实质量分别为 1.3367g，0.1335g。求称量的绝对误差和相对误差。

解

$$E_A=1.3368-1.3367=+0.0001(g)$$

$$E_B=0.1336-0.1335=+0.0001(g)$$

$$RE_A=+0.0001/1.3367=+0.07‰$$

$$RE_B=+0.0001/0.1335=+0.7‰$$

由以上结果可见，由于 A、B 两物体的真实质量不同，虽然两者称量的绝对误差是相同的，但称量的相对误差就不同。因此，被测物质的总量越大的，在绝对误差相同的情况下，相对误差就越小，误差对测定结果准确度的影响也越小。

这里还需说明几点：

①绝对误差和相对误差都反映了分析结果偏离真实值的程度，即反映了分析结果的准确度。误差越小，分析结果越接近真实值，准确度越高，反之，误差越大，则分析结果远离真实值，准确度越差。

②绝对误差和相对误差都有正、负之分。测量值大于真实值，则误差为正值，分析结果偏高；测量值小于真实值，则误差为负值，分析结果偏低。

③绝对误差没有与被测物质的总量联系起来，并不能完全反映测量的准确度，而相对误差则反映了误差在真实值中所占的比例，所以更有实际意义，在分析结果准确度的表示中也更常用。

(2)偏差与精密度

在实际计量或测定时，由于真实值往往是不知道的，准确值也就无法获得，这种情况下常用精密度来判断测定结果的好坏。

精密度(precision)是指在相同条件下，对同一样品进行多次平行测量时各测定结果相互接近的程度。精密度体现了测量结果的重现性。

精密度常用偏差来衡量。偏差(deviation)是指个别测定值与多次测定的平均值之差，又称为表观误差。偏差越小，则说明测定的精密度越高。

偏差也可用绝对偏差和相对偏差来表示。

绝对偏差：一组平行测定结果中，个别测定值(x_i)与算术平均值($\bar{x}$)

(arithmetical mean)之差称为该测定值的绝对偏差，简称偏差，用 d_i 表示。即：

$$d_i = x_i - \bar{x} \tag{1-3}$$

相对偏差：绝对偏差与算术平均值之比，用 d_r 表示，即

$$d_r = \frac{d_i}{\bar{x}} \tag{1-4}$$

平均值代表了测定值的集中趋势，而偏差则反映了测定值的分散程度，分散程度越小，精密度越高。

各次测定值对平均值的偏差有正有负，绝对偏差之和等于零，则无法反映精密度。因此，对于平行测定的一组测量数据，通常采用平均偏差和相对平均偏差来反映精密度。在计算平均偏差和相对平均偏差时取绝对值。平均偏差和相对平均偏差没有负值。

平均偏差(average deviation)：各测量值偏差绝对值的平均值，用 $\bar{d}$ 表示，即

$$\bar{d} = \frac{|d_1| + |d_2| + \cdots + |d_n|}{n} = \frac{\sum_{i=1}^{n} |x_i - \bar{x}|}{n} \tag{1-5}$$

相对平均偏差(relative average deviation)：平均偏差在平均值中所占的比例，用 $\bar{d}_r$ 表示，即

$$\bar{d}_r = \frac{\bar{d}}{\bar{x}} \tag{1-6}$$

用平均偏差和相对平均偏差表示精密度比较简单。但当系统中存在大偏差时，由于小偏差占多数，大偏差占少数，求平均偏差或相对平均偏差将使测量结果中的大偏差无法得到反映。为了反映测量结果中大偏差对精密度的影响，现在一般采用统计方法处理分析结果，这部分内容将在 1.3.1 中介绍。

[例 1-2] 两实验人员分别对同一数据进行了 6 次测量，实验人员一的测量结果为：10.42，10.31，9.14，10.09，10.04，10.00，实验人员二的测量结果为：10.28，9.73，10.29，9.71，10.30，9.69。求平均偏差。

解

实验人员一：$\bar{x} = 10.00$

$d_i = x_i - \bar{x}$：+0.42，+0.31，−0.86，+0.09，+0.04，0.00

$\bar{d} = (0.42 + 0.31 + 0.86 + 0.09 + 0.04 + 0.00)/6 = 0.29$

实验人员二：$\bar{x} = 10.00$

$d_i = x_i - \bar{x}$：+0.28，−0.27，+0.29，−0.29，+0.30，−0.31

$$\bar{d}=(0.28+0.27+0.29+0.29+0.30+0.31)/6=0.29$$

从上题可以看出，虽然两位实验人员测定结果的平均偏差相同，但人员一的测定中存在大偏差，精密度不如人员二，显然平均偏差无法反映这两组数据的好坏。

除偏差外，计量或测定中还可以用重复性和再现性来表示不同情况下测定结果的精密度。

重复性(repeatability)：同一操作人员在同一条件下所得到的计量或测定结果的精密度。

再现性(reproducibility)：不同实验室或不同操作人员在各自条件下所得到的计量或测定结果的精密度。

(3)准确度与精密度的关系

在实际计量或测定过程中，系统误差决定了计量或测定结果的准确性，随机误差则决定了计量或测定结果的精密度。因此，评价一项计量或测定结果的优劣，应该综合考察准确度和精密度两个方面。

例如甲、乙、丙、丁四位同学经训练和练习后实弹打靶，结果如图 1-2 所示。

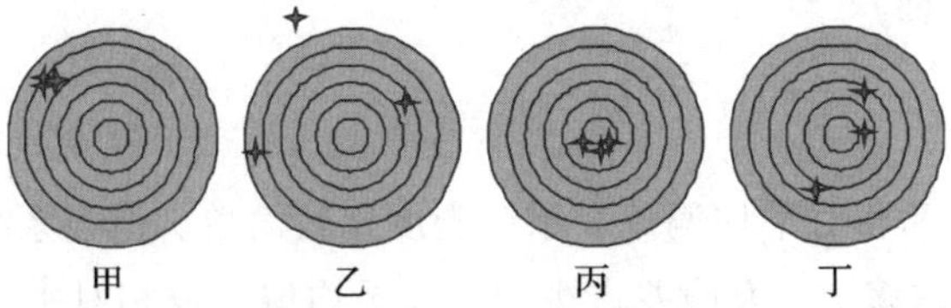

图 1-2　甲、乙、丙、丁的打靶结果

由图可见，丙打靶结果的准确度和精密度均很高；甲的精密度高，但准确度较低，可以认为过程中存在系统误差，如果能找到原因并减免该误差，可以提高其准确度；丁打靶的平均结果接近靶心，但各结果彼此之间差异较大，只是由于正负误差的抵消才凑巧接近真实值，说明准确度虽然较好，但是精密度差，结果也是不可靠的；乙则准确度、精密度均很差。

由此可见，一个优良的测定结果，既要有好的精密度，又要有高的准确度。精密度是保证准确度的前提，精密度差，测定结果不可靠，就失去了衡量准确度的前提。但精密度好不一定准确度高，系统误差的存在可能在良好精密度的同时导致较低的准确度。只有消除了系统误差，才能同时实现高的精密度和准确性。

视频 1.1

1.2　有效数字

准确的分析结果不仅有赖于准确的测量，还有赖于正确的记录与计算。记录中数据的位数不仅表示了数字的大小，还反映出测量的准确程度。

有效数字(significant figure)：计量或测定中实际能够测量到的数字。有效数字等于所有可靠的数字加一位可疑数字。

一个数据中，除了最后一位数字是不确定的或是可疑的外，其他各位数字都是确定的。例如使用 50mL 滴定管滴定，某次滴定终点的滴定管剖面如图 1-3 所示。

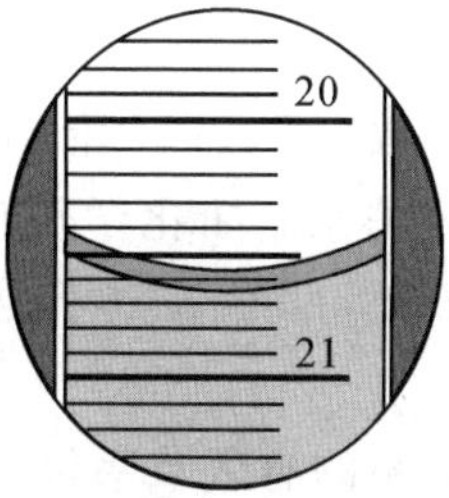

图 1-3　某次滴定终点的滴定管剖面

此次滴定终点的读数为 20.66mL。这四位数字中前三位都是准确的，只有第四位数字是估读出来的，属于可疑数字。因此，这四位数字都是有效数字，它说明了此次滴定的体积读数在 20.66±0.01mL 之间，同时说明了此体积计量的精度为±0.01mL。从上述例子也可以看出有效数字和仪器的准确程度有关，因此反映了测量的准确度。

1.2.1　有效数字的位数

(1)数字“0”在数据中的双重作用

数“0”在确定有效数字位数时具有双重意义：既可作普通数字用，又可作定位用。

例如，某溶液的浓度记录为 $0.0280 mol \cdot L^{-1}$，前面的两个“0”只起定位作用，不是有效数字，而最后一位的“0”则表明该溶液的浓度有 $\pm 0.0001 mol \cdot L^{-1}$ 的绝对误差，这个“0”是有效数字，因此该数据的有效数字为三位。这一浓度也可采用科学记数法计为 $2.80 \times 10^{-2} mol \cdot L^{-1}$。再比如，某物质的质量为 0.3010g，最前面的“0”只起定位作用，不作为有效数字，中间的“0”作为普通数字使用，是有效数字，最后一位的“0”表示了称量精度为±0.0001g，也是有效数字，因此这一数据有四位有效数字，可采用科学记数法记为3.010×10^{-1}g。

另外，像2500这样的数据，由于其末位的“0”是不是有效数字无法明确，因此该数据的有效数字位数是不确定的。在这种情况下，最好采用科学记数法表示，如表示为2.50×10^{3}或2.500×10^{3}，分别代表该数据有三位或四位有效数字。

(2)有效数字的位数应与计量仪器的精度相对应

例如在常量滴定分析中，滴定管读数应该而且必须记录至小数点后第二位，而一般50mL量筒的读数则只能记录至小数点后第一位。又如，万分之一天平的绝对误差为±0.0001g，因此其最后一位也就是小数点后第四位的数字是可疑的，在记录时需记录至小数点后第四位即天平读数的最后一位才与天平精度相符。

(3)化学计算中所遇到的分数、系数以及倍数看成足够有效

化学分析中的分数或倍数关系，如化学反应中的计量关系，是自然数，非测量所得，可被视为足够有效，即有效数字位数可任意确定或有无限位有效数字。

(4)pH值、$\lg K^{\ominus}$等对数关系的有效数字位数取决于小数部分位数

对于化学计量中遇到的pH、pM、$\lg K^{\ominus}$等对数，其有效数字的位数仅取决于小数部分(尾数)的位数，整数部分(首数)仅说明该数的方次。例如，pH=10.58，该数据只有两位有效数字，而不是四位，因为$[H^{+}]=2.6\times10^{-11}$(两位有效数字)。

1.2.2 有效数字运算规则

(1)数字修约规则

在运用各种测量得到的数据计算实验结果时，各种测量数据的误差都会传递到结果中去，而不同测量数据的有效数字位数往往不同，计算结果的精度则首先取决于精度低的数据，因此保留所有有效数字有时是不必要的，需合理地舍去多余的数字，既使计算不过于复杂，又保证结果的准确性。数字修约的过程即是舍去多余数字的过程。

数字的修约多采用“四舍六入五成双”规则进行，即若被修约的数小于或等于4，则舍去；大于或等于6，则进一位；若等于5，则需根据前一位数的奇偶确定，若进位后前一位数成为偶数，则进位，否则则舍去。“四舍六入五成双”的好处在于逢“5”有舍有入，“5”的舍入引起的误差可相互抵消，而常用的“四舍五入”逢“5”则进位，会使修约后的总体结果偏高。

此外，数据的修约只能一次修约到所需位数，不可分次修约，否则会产生误差。如3.3482需修约至两位有效数字，一次修约结果为3.3；若分两次修约，先修约至3.35，再修约则结果为3.4，由此可见分次修约带入的误差。

［例1-3］ 将3.2615，0.305，9.4345，0.7551修约成两位有效数字。

解 3.2615→3.3，0.305→0.30，9.4345→9.4，0.7551→0.76。

(2)运算规则

加减运算：几个计量值相加或相减，计算结果保留有效数字的位数取决于小数点后位数最少的数据，即绝对误差最大的数据。

［例1-4］ 0.0232＋32.44＋2.05152＝？

解 以上3个计量值的绝对误差0.0232为±0.0001，32.44为±0.01，2.05152为±0.00001。32.44绝对误差最大，若将3个数据直接相加，结果从第二位小数开始就是可疑的，因此没有必要保留第二位小数以后的可疑数据，可先修约，再计算。经修约后，计算结果为：

$$0.02+32.44+2.05=34.51$$

该结果的绝对误差为±0.01，与原始数据中绝对误差最大的数据相近。

乘除运算：几个计量值相乘或相除，计算结果保留有效数字的位数取决于有效数字位数最少的数据，即相对误差最大的数据。

［例1-5］ (0.0523×1.113×21.03)÷324.5＝？

解 以上各计量值的相对误差：

0.0523 ±0.0001/0.0523＝±0.2%

1.113 ±0.001/1.113＝±0.09%

21.03 ±0.01/21.03＝±0.05%

324.5 ±0.1/324.5＝±0.03%

其中，相对误差最大的是0.0523(三位有效数字)，因此计算结果也应保留三位有效数字。为此，可将各计量值先修约成三位有效数字，然后再进行运算。结果为：

$$(0.0523\times1.11\times21.0)\div(3.24\times10^{2})=0.00376$$

结果0.00376的相对误差：±0.00001/0.00376＝±0.3%，与0.0523的相对误差相应，因此0.00376应保留三位有效数字。

乘方和开方：对数据进行乘方或开方，结果应保留与原数据相同的有效数字位数。

［例1-6］ $5.73^{2}=?$ $\sqrt{10.55}=?$

解 $5.73^{2}=32.8329$，保留三位有效数字，结果为32.8

$\sqrt{10.55}=3.248076$，保留四位有效数字，结果为 3.248

对数计算：对数计算结果的小数点后的位数(不包括整数部分)应保留与原数据相同的有效数字位数。

[例 1-7]　lg 101＝?

解　lg 101＝2.004321，小数点后的位数保留三位，结果 2.004

此外，还需要注意的是：

①若某一计量值的第一位数是 8 或 9 时，有效数字的位数可多算一位。如 8.43，运算时可按四位有效数字算。

②采用分步计算或计算器运算，中间过程可暂时多保留一位有效数字，最终结果应按规则保留。

③化学平衡计算结果一般保留两位有效数字。

④在物质组成测定的计算中，质量分数大于 10%的，结果一般保留四位有效数字；质量分数在 1%～10%之间的，结果一般保留三位有效数字；质量分数小于 1%的，结果一般保留两位有效数字。

⑤表示误差或偏差时，一般取一位有效数字，最多取两位。

视频 1.2

1.3　有限实验数据的统计处理

在实际的分析工作中得到的数据往往是有限的，而有限次测量的平均值未必就是无限次测量的平均值，因此常常采用统计学方法来处理数据，以得到更科学的结果。

在统计处理中，研究对象的全体称为总体或母体。从总体中抽取的、进行计量或测定所得到的一组测定值称为样本或子样。每个测定值称为个体，样本中个体的数目称为样本容量或样本大小。

1.3.1　测定结果的表示

通常，测定结果应至少包括测定次数、数据的集中趋势、数据的分散程度三项基本内容。

(1)数据的集中趋势

无限次测定的集中趋势一般采用总体平均值 μ 来表征，在没有系统误差的情况下，μ 即为真实值。

有限次测定的集中趋势有两种表示方法。

①算术平均值(arithmetical mean)：简称平均值，用 $\bar{x}$ 表示。

$$\bar{x} = \frac{1}{n}\sum_{i=1}^{n} x_i \tag{1-7}$$

当测定次数增多趋于无穷时，$\bar{x} \to \mu$。

②中位数(median)：将所测数据按大小顺序排列，位于正中的数据。

一般情况下，算术平均值较为常用。

(2)数据的分散程度

①样本标准差，简称标准差(standard deviation，SD)。前已述及，用平均偏差和相对平均偏差表示精密度，在平均偏差相同的情况下，无法反映出系统中存在的大偏差。为了突出一组测量值中大偏差对精密度的影响，引入标准偏差。

无限次测定结果的标准偏差用 σ 表示：

$$\sigma = \sqrt{\frac{\sum_{i=1}^{n}(x_i - \mu)^2}{n}} \tag{1-8}$$

式中，x_i 为单次测量结果，μ 为无限次测定结果的平均值，即总体平均值(可反映真值)。该式只限定于在 $n \to \infty$ 时适用，n 为测量次数。

在实际分析工作中，只做有限次的平行测量，有限次测量结果的标准偏差用 S 表示：

$$S = \sqrt{\frac{\sum_{i=1}^{n}(x_i - \bar{x})^2}{n-1}} \tag{1-9}$$

式中，$n-1$ 为偏差的自由度，可用 f 表示，指能用于计算一组测定值分散程度的独立变量的数目。显然，只有进行两次及以上的平行测量($n \geqslant 2$)，f 才有意义，标准偏差才能计算。$n<30$ 时适合采用式(1-9)进行计算，当 $n \to \infty$ 时，$n-1 \to n$，$\bar{x} \to \mu$，$S \to \sigma$。

[例 1-8]　计算例 1-2 中两位实验人员测定数据的标准偏差。

解　实验人员一：

$d_i = x_i - \bar{x}$：$+0.42$，$+0.31$，-0.86，$+0.09$，$+0.04$，0.00

$$S = \sqrt{\frac{\sum_{i=1}^{n}(x_i - \bar{x})^2}{n-1}} = \sqrt{\frac{\sum_{i=1}^{n} d_i^2}{n-1}}$$

$$= \sqrt{\frac{(0.42)^2 + (0.31)^2 + (0.86)^2 + (0.09)^2 + (0.04)^2 + (0.00)^2}{6-1}} = 0.45$$

实验人员二：

$d_i = x_i - \bar{x}$：$+0.28$，-0.27，$+0.29$，-0.29，$+0.30$，-0.31

$$S=\sqrt{\frac{\sum_{i=1}^{n}(x_i-\bar{x})^2}{n-1}}=\sqrt{\frac{\sum_{i=1}^{n}d_i^2}{n-1}}$$

$$=\sqrt{\frac{(0.28)^2+(0.27)^2+(0.29)^2+(0.29)^2+(0.30)^2+(0.31)^2}{6-1}}=0.32$$

由此可见，平均偏差相同，标准偏差未必相同，标准偏差与平均偏差相比更能反映测定中存在的大偏差对结果分散程度的影响，能更好地反映数据的分散程度，因此，用标准偏差表示精密度比用平均偏差更合理。标准偏差越小，表示测定结果分散程度越小，精密度越高；反之，标准偏差越大，表示测定结果分散程度越大，精密度越低。

②变异系数(coefficient of variation)也称相对标准偏差(relative standard deviation，*RSD*)，用 *CV* 表示：

$$CV(RSD)=\frac{S}{\bar{x}} \tag{1-10}$$

标准偏差和变异系数(相对标准偏差)在表示精密度方面应用较广，相对偏差可用来比较不同情况下测定结果的精密度。此外，还可采用以下方法来表示数据的分散程度。

③极差(range)与相对极差，极差用 R 表示：

$$R=X_{max}-X_{min} \tag{1-11}$$

式中，X_{max}表示样本中的最大值，X_{min}表示样本中的最小值。

相对极差为极差与样本均值之比：

$$\text{相对极差}=\frac{R}{\bar{x}} \tag{1-12}$$

④平均偏差(average deviation)与相对平均偏差(relative average deviation)。平均偏差与相对平均偏差的计算方法见式(1-5)和(1-6)。

以上四种方式适用于表示单样本多次测定时所得数据的分散程度。对于多样本测定，也就是多次平行分析，将会得到一组平均值 $\bar{x}_1$，$\bar{x}_2$，$\bar{x}_3$，…，此时可采用平均值的标准差来表示这组平均值的分散程度。显然，多样品平均值的精密度比单样本测定的精密度要高。

无限次测定的平均值标准差用 $\sigma_{\bar{x}}$ 表示：

$$\sigma_{\bar{x}}=\frac{\sigma}{\sqrt{n}} \tag{1-13}$$

有限次测定的平均值标准差用 $S_{\bar{x}}$ 表示：

$$S_{\bar{x}}=\frac{S}{\sqrt{n}} \tag{1-14}$$

［**例 1-9**］　某物质量的 4 次平行测定结果为：39.9，40.2，38.8 和 39.5mg。试计算分析结果的标准偏差、变异系数和平均值的标准偏差。

解
$$\bar{x}=\frac{39.9+40.2+38.8+39.5}{4}=39.6(\text{mg})$$

$$S=\sqrt{\frac{\sum_{i=1}^{n}(x_i-\bar{x})^2}{n-1}}$$

$$=\sqrt{\frac{(39.9-39.6)^2+(40.2-39.6)^2+(38.8-39.6)^2+(39.5-39.6)^2}{4-1}}=0.60(\text{mg})$$

$$CV(RSD)=\frac{S}{\bar{x}}=\frac{0.60}{39.6}=0.015$$

$$S_{\bar{x}}=\frac{S}{\sqrt{n}}=\frac{0.60}{\sqrt{4}}=0.30(\text{mg})$$

在报告分析结果时，应体现数据的集中趋势和分散情况，一般只要报告三项数据：测定次数 n；平均值 $\bar{x}$，用来表示集中趋势，衡量测量准确度；标准偏差 S，用来表示分散性，衡量测量精密度。

1.3.2　置信度与置信区间

标准偏差的计算提供了一种表示一组数据精密度的方法，但标准偏差无法表示样本平均值 $\bar{x}$ 与总体平均值 μ 之间的接近程度，即无法预测样本均值与真实值之间的接近程度。然而，统计学理论使我们可以在一个给定的概率之下，通过样本平均值和标准偏差，估计真值可能落在的范围。

随机误差的出现是符合正态分布规律的，在消除系统误差的前提下，总体平均值 μ 就是真实值。如图 1-1 所示，对于无限次测定，真实值落在 $\mu\pm\sigma$，$\mu\pm2\sigma$，$\mu\pm3\sigma$ 范围内的概率分别为 68.3%，95.4%和 99.7%，也就是说若进行 1000 次测定，只有 3 次测定值是落在 $\mu\pm3\sigma$ 范围之外的。总体平均值(或真值)可能落在的范围称为置信区间(confidence interval)，该区间的界限称为置信界限(confidence limit)，总体平均值(或真值)在这一范围出现的概率称为置信度或置信水准(probability，confidence level)，以 P 表示。置信度或置信水准通常以百分数表示，总体平均值(或真值)在一定范围(置信区间)外出现的概率 $(1-P)$ 称为显著性水平，以 α 表示。

例如，$\mu=50.02\pm0.10$(置信度为 95%)，应理解为真值在 50.02 ± 0.10 的区间内出现的概率为 95%，或真值出现在 50.02 ± 0.10 区间内这一判断的可靠性为 95%。

对于有限次测量，真值 μ 与样本平均值具有如下关系：

$$\mu=\bar{x}\pm t_{\alpha,f}\frac{S}{\sqrt{n}} \tag{1-15}$$

式中，$\bar{x}$ 为样本平均值，S 为标准偏差，n 为测定次数，$t_{\alpha,f}$ 为在选定的置信度下的概率系数。$t_{\alpha,f}$ 可根据偏差的自由度($f=n-1$)和所选置信度查表(表 1-1)得到。

式(1-15)所示即为一定置信度下，以测量结果的平均值为中心，真值出现的范围，称为平均值的置信区间。

表 1-1　不同偏差自由度和不同置信度下的 t 值

自由度 f	置信度				
	50%	90%	95%	99%	99.5%
1	1.000	6.314	12.706	63.657	127.32
2	0.816	2.920	4.303	9.925	14.089
3	0.765	2.353	3.182	5.841	7.453
4	0.741	2.132	2.776	4.604	5.598
5	0.727	2.015	2.571	4.032	4.733
6	0.718	1.943	2.447	3.707	4.317
7	0.711	1.895	2.365	3.500	4.029
8	0.706	1.860	2.306	3.355	3.832
9	0.703	1.833	2.262	3.250	3.690
10	0.700	1.812	2.228	3.169	3.681
90	0.687	1.725	2.086	2.845	3.153
∞	0.674	1.645	1.960	2.576	2.807

[例 1-10]　对某碳酸钠试样的纯度进行 3 次平行测定，结果分别为 95.51%，95.59%和 95.44%。(1)分别求 90%和 95%置信度下的置信区间。(2)如果进行 6 次平行测定，仍得到(1)中计算得到的平均值和标准偏差，求 95%置信度下平均值的置信区间。

解　(1)$n=3$

$$\bar{x}=\frac{95.51\%+95.59\%+95.44\%}{3}=95.51\%$$

$$S=\sqrt{\frac{\sum_{i=1}^{n}(x_i-\overline{x})^2}{n-1}}$$

$$=\sqrt{\frac{(95.51\%-95.51\%)^2+(95.59\%-95.51\%)^2+(95.44\%-95.51\%)^2}{3-1}}=0.075\%$$

查表可得，$P=90\%$时，$t_{0.10,2}=2.920$，

$$\mu=\overline{x}\pm t_{\alpha,f}\frac{S}{\sqrt{n}}=95.51\%\pm\frac{2.920\times0.075\%}{\sqrt{3}}=95.51\%\pm0.13\%$$

即置信区间为95.38%～95.64%，在此范围内包含真实值的概率为90%。

查表可得，$P=95\%$时，$t_{0.05,2}=4.303$，

$$\mu=\overline{x}\pm t_{\alpha,f}\frac{S}{\sqrt{n}}=95.51\%\pm\frac{4.303\times0.075\%}{\sqrt{3}}=95.51\%\pm0.19\%$$

即置信区间为95.32%～95.70%，在此范围内包含真实值的概率为95%。

(2)$n=6$

查表可得，$P=95\%$时，$t_{0.05,5}=2.571$，

$$\mu=\overline{x}\pm t_{\alpha,f}\frac{S}{\sqrt{n}}=95.51\%\pm\frac{2.571\times0.075\%}{\sqrt{6}}=95.51\%\pm0.08\%$$

即置信区间为95.43%～95.59%，在此范围内包含真实值的概率为95%。

由此例可见，置信度越低，置信区间越小。过高的置信度会导致置信区间过宽，可能包含大的非随机误差；而过低的置信度可能导致置信区间过窄，而把有效的随机误差排除在外。一般情况下，90%和95%是最常用的置信度。此外，一定置信度下，增加平行测定次数可使置信区间变窄，说明测量的平均值越接近总体平均值。

1.3.3　可疑数据的取舍

在分析中，求平均值往往需要进行多次重复测定。然而，多次测定的结果是否都能用于平均值的计算，是需要判断的。在一组平行进行的分析中，如果其中一个或几个测定结果明显偏离其他测定结果，这些无明显过失原因而产生偏离的数据称为可疑值。此时，需要决定这些数据的取舍，而在无法确切得知这些数据是否由于过失误差所造成时不能随意剔除，需要采用一定的统计学方法进行判断，决定取舍。在众多统计学方法中，Q检验法是在样本容量较小时最常用的方法之一。本书仅介绍Q检验法。

Q检验法基本步骤：

①将所有测定值由小到大排列，x_1，x_2，x_3，…，x_n；

②计算 Q 值，Q 值为可疑值与其相邻测量值之差除以极差(最大值与最小值之差)，若 x_n 或 x_1 分别为可疑值，则：

$$Q_{计算}=\frac{x_n-x_{n-1}}{x_n-x_1}或 Q_{计算}=\frac{x_2-x_1}{x_n-x_1} \tag{1-16}$$

Q 值越大，说明数据越可疑，Q 值达到一定程度则该可疑值应舍去。

③根据测量次数 n 和置信度 P 查表(表 1-2)，读取 $Q_{表}$；

④如果 Q 的计算值大于表中的 Q 值，即 $Q_{计算}>Q_{表}$，则该可疑值应舍去；反之，$Q_{计算}\leqslant Q_{表}$，则应保留。

表 1-2　不同测量次数和不同置信度下的 Q 值

测量次数 n	置信度 Q		
	90%	95%	99%
3	0.94	0.98	0.99
4	0.76	0.85	0.93
5	0.64	0.73	0.82
6	0.56	0.64	0.74
7	0.51	0.59	0.68
8	0.47	0.54	0.63
9	0.44	0.51	0.60
10	0.41	0.48	0.57

[**例 1-11**]　测定某试样中的氟含量，4 次测定结果分别为 1.01%，1.03%，1.05%和 1.15%，其中一数值可疑，试判断在 95%置信度下，该值是否应该舍去。

解　以上测定结果由小到大排列为：1.01%，1.03%，1.05%，1.15%

根据与相邻测量值的远近，1.15%为可疑值。

$$Q_{计算}=\frac{x_n-x_{n-1}}{x_n-x_1}=\frac{1.15\%-1.05\%}{1.15\%-1.01\%}=0.71$$

置信度为 95%，$n=4$ 时，$Q_{表}=0.85$，$Q_{计算}<Q_{表}$，因此这一值应保留。

1.3.4　分析结果的数据分析与报告

在分析工作中，一般会对试样进行多次平行测定，在分析数据结果时首先要对实验数据进行检验，判断是否有可疑值要舍去，然后进行统计处理，计算平均值、平均偏差、标准偏差和一定置信度下的置信区间等。

[**例 1-12**]　测定某一试样中 $CaCO_3$ 的质量分数，共进行 7 次平行测定，在

校正系统误差后其测定结果分别为 87.58%，87.45%，87.47%，87.50%，87.62%，87.37%和 87.81%。根据 Q 检验法对可疑数据进行取舍，然后求平均值、平均偏差、标准差和置信度为 90%时的平均值的置信区间。

解　①判断是否有可疑值需要舍去。将以上数据由小到大排列：

87.37%，87.45%，87.47%，87.50%，87.58%，87.62%，87.81%

据与相邻测量值的远近，87.81%和 87.37%为可疑值。分别计算它们的 Q 值：

$$Q=\frac{x_n-x_{n-1}}{x_n-x_1}=\frac{87.81\%-87.62\%}{87.81\%-87.37\%}=0.43$$

$$Q=\frac{x_2-x_1}{x_n-x_1}=\frac{87.45\%-87.37\%}{87.81\%-87.37\%}=0.18$$

置信度为 90%，$n=7$ 时，查表，$Q_{表}=0.51$，对于以上两可疑值，均有 $Q_{计算}<Q_{表}$，因此均可保留。

②计算平均值：

$$\bar{x}=\frac{87.37\%+87.45\%+87.47\%+87.50\%+87.58\%+87.62\%+87.81\%}{7}=87.54\%$$

③求平均偏差：　$\bar{d}=\frac{1}{7}\sum_{i-1}^{7}|x_i-\bar{x}|=0.11\%$

④求标准偏差：　$S=\sqrt{\frac{\sum_{i=1}^{7}(x_i-\bar{x})^2}{n-1}}=0.14\%$

⑤求自由度为 6，置信度为 90%下的置信区间：

查表可得：$t_{\alpha,f}=t_{0.10,6}=1.94$

$$\mu=87.54\%\pm\frac{1.94\times0.14\%}{\sqrt{7}}=87.54\%\pm0.10\%$$

视频 1.3

1.4　滴定分析法概述

滴定分析法(titrimetry)是最常用的以化学反应为基础的化学定量分析法，广泛用于物质组成的测定。

1.4.1　物质组成的量度

(1)物质的量浓度

定义：单位体积溶液中所含溶质的物质的量。液体试样常用物质的量浓度来表示物质的组成。

例如：物质 B 的浓度，以 c_B 或[B]表示：

$$c_B = \frac{n_B}{V} \tag{1-17}$$

式中，n_B 为物质 B 的物质的量，单位为 mol；V 为溶液的体积，单位为 dm^3 或 L。

因此，c_B 的单位为 $mol \cdot dm^{-3}$ 或 $mol \cdot L^{-1}$。

(2)质量摩尔浓度

定义：单位质量溶剂中所含溶质物质的量。

$$b_B = \frac{n_B}{1kg\ 溶剂} \tag{1-18}$$

(3)摩尔分数

定义：某物质中 B 组分的物质的量与该物质总的物质的量之比。

$$y_B(x_B) = \frac{n_B}{\sum_B n_B},\ n_B = \frac{m_B}{M_B} \tag{1-19}$$

式中，m_B 为组分 B 的质量，M_B 为组分 B 的相对分子质量。

(4)质量分数

定义：某物质中 B 组分的质量与该物质总质量之比。质量分数一般以 ω_B 表示。固体试样常以质量分数表示组成。

$$\omega_B = \frac{m_B}{\sum_B m_B} \tag{1-20}$$

注意：物质的质量分数无量纲，一般采用数学符号%表述其结果。

(5)质量浓度

定义：单位体积溶液中所含物质 B 的质量。质量浓度一般用 ρ_B 表示。

$$\rho_B = \frac{m_B}{V} \tag{1-21}$$

注意：质量浓度有量纲。若物质 B 的质量以 kg 为单位，溶液的体积以 L 为单位，则 ρ_B 的单位为 $kg \cdot L^{-1}$

(6)滴定度

定义：每毫升标准溶液(即滴定剂)所相当的待测组分的质量(克)，用 $T_{待测物/滴定剂}$ 表示，单位 $g \cdot mL^{-1}$。

视频 1.4

若待测组分 X 与标准溶液 B 之间按下式反应：

$$aX + bB = cC + dD$$

那么，物质 B 的滴定度与其浓度之间有如下关系：

$$T_{X/B} = \frac{a}{b} c_B M_X \times 10^{-3} \tag{1-22}$$

［例 1-13］　求 0.2000mol · L^{-1} NaOH 对于浓硫酸的滴定度。现用该 NaOH 溶液以滴定法测定某样品中游离 H_2SO_4 的质量分数，已知该样品在配成溶液前的固体质量为 10.0g，滴定中消耗 NaOH 溶液 20.32 mL，求该样品中游离 H_2SO_4 的质量分数。

解　NaOH 滴定 H_2SO_4 的反应为：

$$H_2SO_4 + 2NaOH = Na_2SO_4 + 2H_2O$$

$$T_{H_2SO_4/NaOH} = \frac{m(H_2SO_4)}{V(NaOH)} = \frac{c(NaOH) \cdot V(NaOH) \cdot M(H_2SO_4)}{2V(NaOH)}$$

$$= \frac{0.2000 \times 0.001 \times 98.08}{2 \times 1}$$

$$= 9.808 \times 10^{-3} (g \cdot mL^{-1})$$

$$w(H_2SO_4) = \frac{m(H_2SO_4)}{m} = \frac{T_{H_2SO_4/NaOH} \cdot V(NaOH)}{m}$$

$$= \frac{9.808 \times 10^{-3} \times 20.32}{10.0} = 1.99\%$$

在上例中，$T_{H_2SO_4/NaOH} = 9.808 \times 10^{-3}$ g · mL^{-1} 表示 1mL NaOH 溶液可中和 9.808×10^{-3}g 游离 H_2SO_4，也就是说 1mL NaOH 溶液相当于 9.808×10^{-3}g 游离 H_2SO_4，这就将被测物的质量和滴定剂的体积用量联系起来了。采用滴定度的优点在于，只需将滴定所消耗的标准溶液的体积乘以滴定度，就可以直接算得被测物质量，这在批量分析中较为方便。

1.4.2　滴定分析法的分类和要求

根据化学反应的不同，滴定分析法可分为以下 4 种：

(1)酸碱滴定法(acid-base titration)：以酸碱中和反应为基础的滴定分析法。

(2)沉淀滴定法(precipitation titration)：又称容量沉淀法，以沉淀反应为基础的滴定分析法。

(3)氧化还原滴定法(redox titration)：以氧化还原反应为基础的滴定分析法。

(4)配位滴定法(complexometric titration)：以配位反应为基础的滴定分析法。

用于滴定分析的化学反应必须具备以下条件：

①反应按一定的化学反应方程式定量地完成，完成程度大于 99.9%，且无副反应。

②反应能迅速完成。

③有适当的方法确定滴定终点，如选用恰当的指示剂或仪器等确定终点。

1.4.3 滴定分析的基本过程

在滴定分析中，一般先将试样配成溶液，用滴定管将已知浓度的溶液即标准溶液逐滴滴加到待测物溶液中，直至恰好完全反应，根据标准溶液浓度及所消耗的体积，通过化学反应剂量关系计算待测物质含量。滴定中常用术语如下：

滴定(titration)：通过滴定管滴加标准溶液至待测物溶液中的过程。

标准溶液(standard solution)：已知准确浓度的溶液，又称滴定剂(titrant)。

化学剂量点(stoichiometric point)：待测物质与标准溶液按化学计量式恰好完全反应的点，即理论终点。

指示剂(indicator)：用来指示终点到达的物质，通常通过颜色的改变来指示终点。

滴定终点(end point)：指示剂颜色突变的点，也就是停止滴定的点。

滴定误差(titration error)：滴定终点和化学计量点不完全相符而造成的误差，又称终点误差(end point error)。

除了使用指示剂，滴定终点还可以借助仪器如根据滴定时的电势、电导、吸光度等变化来判断，分别被称为电势滴定、电导滴定和光度滴定。

1.4.4 滴定方式

根据化学反应特性的不同，滴定可采用不同的方式进行：

①直接滴定法。用标准溶液直接对待测物质溶液进行滴定。例如用盐酸标准溶液直接滴定氢氧化钠待测溶液等简单酸碱滴定。

②间接滴定法。有些待测物质不能直接与滴定剂起反应，可以利用其他化学反应使其转化为可与一定标准溶液反应的物质，再用标准溶液滴定所生成的物质，这一过程称为间接滴定法。例如，溶液中的 Ca^{2+} 几乎不发生氧化还原的反应，不能直接利用氧化还原滴定法进行测定，但可用 $C_2O_4^{2-}$ 与之反应形成 CaC_2O_4 沉淀，沉淀过滤洗净后用 H_2SO_4 溶解，再用 $KMnO_4$ 标准溶液滴定沉淀溶解产生的 $C_2O_4^{2-}$，从而求出 Ca^{2+} 含量。

③置换滴定法。若待测物质与滴定剂不能定量反应或伴有副反应而无法直接滴定时，可以先用适当的试剂与待测物质定量反应，生成另一种可滴定的物质，再用标准溶液滴定这一物质，这种方法称为置换滴定法。例如，Ag^+ 与 EDTA 形成的配合物不稳定，不能用 EDTA 直接滴定。可加过量 $[Ni(CN)_4]^{2-}$ 于待测含 Ag^+ 试液中，则 Ag^+ 将与 Ni^{2+} 发生置换，且此反应可完全进行，置换

出的 Ni^{2+} 可与 EDTA 形成稳定的配合物，可用 EDTA 直接滴定，再根据置换反应求出 Ag^{+} 的含量。

④返滴定法。当反应速率较慢或反应物是固体时，加入符合化学计量关系的滴定剂后，反应常因不能立即完成而无法直接滴定，此时可先加入一定量过量的滴定剂，待反应完成后，再用另一种标准溶液滴定过量的滴定剂，这种滴定方式称为返滴定法。例如，Al^{3+} 与 EDTA 的配位反应速率很慢，不能用 EDTA 直接滴定。可于 Al^{3+} 溶液中先加入一定量过量的 EDTA 标准溶液并加热煮沸，待 Al^{3+} 与 EDTA 反应完全后，再用 Zn^{2+} 标准溶液返滴定过量的 EDTA，从而求得 Al^{3+} 含量。

1.4.5　标准溶液的配制与标定

在滴定分析中，无论选择何种滴定方式，均须利用标准溶液的浓度和体积来计算待测组分的含量。

能用于直接配制或标定标准溶液的物质称为基准物质(standard substance)。基准物质必须具备下列条件：

①物质的组成(包括结晶水)与化学式完全相符；

②具有足够高(99.9%以上)的纯度；

③性质稳定，如不易吸收空气中的水和 CO_2、干燥时不分解、不被空气中的氧气氧化等；

④具有尽可能大的摩尔质量，以减小称量误差。

常用的基准物质有邻-苯二甲酸氢钾，$H_2C_2O_4 \cdot 2H_2O$，$Na_2B_4O_7 \cdot 10H_2O$，Na_2CO_3，$K_2Cr_2O_7$，$CaCO_3$，$Na_2C_2O_4$，KIO_3，$KBrO_3$，As_2O_3，ZnO，NaCl，金属 Ag，Cu，Zn 等。

标准溶液的配制一般有下列两种方式：

(1)直接配制法

准确称取一定量的基准物质，溶解后定量转移至容量瓶中定容，根据所称质量和定容体积计算该标准溶液的准确浓度。需要注意的是，只有符合基准物质前三个条件的化学试剂才能采用直接配制法配制标准溶液。

(2)间接配制法

不符合基准物质前三个条件的化学试剂不能直接配制成标准溶液，需采用间接配制法，即先称取一定量的物质或量取一定量的溶液，配制成近似所需浓度的溶液，然后用基准物质或已知准确浓度的标准溶液来确定该溶液的准确浓度。这种确定浓度的过程称为标定(standardization)。

在定量分析中，标准溶液的浓度常控制在0.05～0.20mol·L^{-1}。

[例1-14] 选用纯锌为基准物，标定0.05mol·L^{-1}EDTA标准溶液的准确浓度，若欲控制EDTA溶液的消耗量在25mL左右，应称取基准物多少克？

解 该滴定为配位滴定，其滴定反应式可表示为：

$$Zn^{2+}+Y^{4-}=\!=\!=ZnY^{2-}$$

$$n(\text{EDTA})=n(\text{Zn})$$

$$m(\text{Zn})=c_{\text{EDTA}}\times V_{\text{EDTA}}\times M_{\text{Zn}}=0.05\times 0.025\times 65.39=0.082(\text{g})$$

称量时，为提高精确度，减小称量误差，可放大十倍称量，用盐酸溶解定容后(如定容至250mL)，取十分之一体积(如25.00mL)用于标定。

1.4.6 滴定分析中的计算

滴定分析中的计算主要包括标准溶液的直接配制或间接配制中的计算以及分析结果的计算等。标定和分析结果的计算按化学计量方程式进行。如，对于某滴定反应：

$$a\text{A}+b\text{B}=\!=\!=c\text{C}+d\text{D}$$

达到反应计量点时，各物质的量之比存在如下关系：

$$n_{\text{A}}:n_{\text{B}}=a:b \tag{1-23}$$

根据这一计量关系就可以进行有关计算。如，若A为待标定的物质，B为基准物质，根据以上关系：

$$\frac{c_{\text{A}}V_{\text{A}}}{c_{\text{B}}V_{\text{B}}}=\frac{a}{b} \tag{1-24}$$

$$c_{\text{A}}=\frac{ac_{\text{B}}V_{\text{B}}}{bV_{\text{A}}}=\frac{am_{\text{B}}}{bV_{\text{A}}M_{\text{B}}} \tag{1-25}$$

上式可用于标准溶液配制与标定的计算。

若A为被测组分，B为滴定剂，试样的总质量为m，则被测组分A的质量分数为：

$$\omega_{\text{A}}=\frac{m_{\text{A}}}{m}=\frac{\frac{a}{b}c_{\text{B}}V_{\text{B}}M_{\text{A}}}{m} \tag{1-26}$$

上式可用于滴定结果的计算。

在实际分析工作中，不论是进行得不完全或是伴有副反应的化学反应产量的计算，还是多步反应的滴定，只要能从中找到参与反应的化学计量关系，就能以式(1-23)为基础进行计算。

[例1-15] 用草酸($H_2C_2O_4\cdot 2H_2O$)标定氢氧化钠溶液浓度，称取草酸

的质量为 0.3253g，滴定终点时消耗 NaOH 溶液 25.10mL，求氢氧化钠溶液浓度。

解　此滴定反应的方程式为：

$$H_2C_2O_4+2NaOH \xlongequal{} Na_2C_2O_4+2H_2O$$

$$c(NaOH)=\frac{2m(H_2C_2O_4 \cdot 2H_2O)}{M(H_2C_2O_4 \cdot 2H_2O)\times V(NaOH)}=\frac{2\times 0.3253}{126.1\times 25.10\times 10^{-3}}=0.2056(mol \cdot L^{-1})$$

［例 1-16］　有一石灰石试样，假设其仅含 $CaCO_3$ 及其他不与酸作用的物质，现称取该试样 0.4000g，加入 $30.00cm^3$ $0.2500mol \cdot dm^{-3}$ 的 HCl 溶液，煮沸让它们反应完全，用 $0.2000mol \cdot dm^{-3}$ NaOH 溶液返滴定，用去 $6.84cm^3$，求这种石灰石中的 Ca 含量。

解　$CaCO_3$ 与 HCl 的反应式如下：

$$CaCO_3+2HCl \xlongequal{} CaCl_2+H_2O+CO_2$$

$$n(CaCO_3)=\frac{1}{2}n(HCl)$$

与 $CaCO_3$ 反应的 HCl 的量可由返滴定消耗的 NaOH 量计算，HCl 与 NaOH 反应式如下：

$$HCl+NaOH \xlongequal{} NaCl+H_2O$$

$$n(Ca)=n(CaCO_3)=\frac{1}{2}(0.2500\times 30.00-0.2000\times 6.84)\times 10^{-3}$$

$$m(Ca)=n(Ca)\times 40.08$$

视频 1.5

$$\omega(Ca)=\frac{m(Ca)}{m(sample)}\times 100\%$$

$$=\frac{\frac{1}{2}(0.2500\times 30.00-0.2000\times 6.84)\times 10^{-3}\times 40.08}{0.4000}\times 100\%$$

$$=30.7\%$$

【应用实例】

阿司匹林含量的测定与计算

阿司匹林，又名乙酰水杨酸，是一种常见的非甾体解热镇痛药。阿司匹林的临床应用已有上百年的历史，是医药史上三大经典药物之一。除了解热镇痛功效外，近年来发现阿司匹林有抑制血小板聚集的作用，临床上用于预防短暂脑缺血发作、心肌梗死、人工心脏瓣膜、静脉瘘或其他手术后血栓的形成，也用于心血管病的治疗。《中国药典》(2010 版)采用酸碱滴定法和高效液相色谱法测定其含量。其中酸碱滴定法利用阿司匹林分子结构中的游离羧基具有一定的酸性、可与碱成盐的性质，用氢氧化钠滴定液直接滴定以测定阿司匹林含量。由于阿司匹林为有机弱酸，用氢氧化钠滴定时，化学计量点偏碱性，故选用酚酞为指示剂。

现采用药典规定的酸碱滴定法测定某制药企业生产的阿司匹林片中阿司匹林($C_9H_8O_4$)的含量。精确称取充分研磨的阿司匹林片 0.4g，加中性乙醇 20mL，溶解后，加酚酞指示剂 3 滴，用氢氧化钠滴定液($0.1mol \cdot L^{-1}$)滴定至粉红色，当氢氧化钠滴定液浓度为准确的 $0.1mol \cdot L^{-1}$时，每 1mL NaOH 滴定液相当于 18.02mg 阿司匹林(NaOH 与阿司匹林按 1∶1 反应)。同时，精确量取 40.00mL 该氢氧化钠滴定液，用已知准确浓度的硫酸滴定液($0.05mol \cdot L^{-1}$)标定。阿司匹林的滴定消耗氢氧化钠滴定液 13.35mL，标定用的硫酸溶液消耗 40.05mL。阿司匹林含量计算如下。

首先计算氢氧化钠滴定液的准确浓度：

H_2SO_4 滴定 NaOH 的反应为：$H_2SO_4 + 2NaOH = Na_2SO_4 + 2H_2O$

$$c(\mathrm{NaOH}) = \frac{2 \times c(\mathrm{H_2SO_4}) \times V(\mathrm{H_2SO_4})}{V(\mathrm{NaOH})}$$

$$= \frac{2 \times 0.05 \times 40.05}{40} = 0.1001(\mathrm{mol \cdot L^{-1}})$$

再计算阿司匹林的含量：

$$\omega = \frac{m(\mathrm{C_9H_8O_4})}{m(\mathrm{sample})} = \frac{13.35 \times \left(\frac{0.1001}{0.1}\right) \times \left(\frac{18.02}{1000}\right)}{0.4} = 60.2\%$$

符合产品标称含量(0.5g/片，含阿司匹林 0.3g)。

【知识结构】

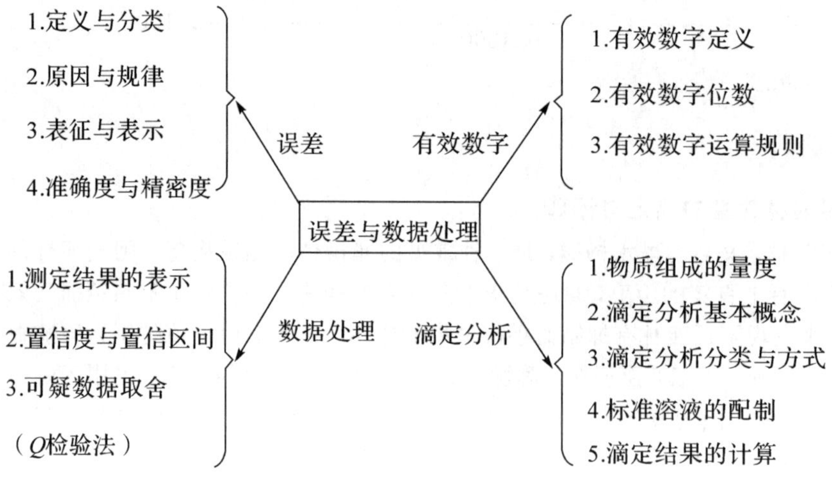

习　题

视频 1.6

1.1　下列数据各包含几位有效数字？

①200.05；②$5.040\times10^{-3}$；③$7.80\times10^{10}$

1.2　按有效数字计算规则计算下列各式：

①$2.177\times0.854+9.6\times10^{-6}-0.0326\times0.00814$

②$222.64+3.3+0.2224$

③$50.00\times27.8\times0.1167$

④pH＝3.01，计算 H^+ 浓度。

1.3　对某试样进行多次称量，结果分别为 127.2g，128.4g，127.1g，129.0g 和 128.2g，计算平均值、中位数和极差。

1.4　某试样经分析测得 Ag 含量为 95.67%，95.61%，95.71% 和 95.60%，求分析结果的平均偏差、相对平均偏差、标准偏差和相对标准偏差。

1.5　测定某样品中的 Mn 质量分数，6 次平行测定结果分别为 20.48%，20.55%，20.58%，20.60%，20.53%和 20.50%。

①计算该组测量结果的平均值、中位数、极差、平均偏差、相对平均偏差、标准偏差、变异系数和平均值的标准偏差；

②若已知该样品的真实质量分数为 20.45%，求以上测定结果的绝对误差和相对误差。

1.6　测某样品中某元素的含量，测定结果为 0.5026，0.5029，0.5023，0.5031，0.5025，0.5027 和 0.5026mol·L^{-1}，试求 95%置信度下的置信区间。

1.7　某溶液的质量分数测定结果为 20.39%，20.41%和 20.43%，计算标准偏差以及置信度 95%的置信区间。

1.8　测定溶液中 NaOH 浓度，得到的数据为 1.011，1.010，1.012 和 1.016mol·L^{-1}，用 Q 检验法进行判断，在 90%置信度下，是否有数据需要舍去？又进行了一次测定，结果为 1.014mol·L^{-1}，此时以上数据是否全部可以保留？

1.9　测定某矿石样品中锌和锡的含量，测定结果为：(1)锌：33.27%，33.37%和 33.34%；(2)锡：0.022%，0.025%和 0.026%。在置信度 90%下，用 Q 检验法判断以上结果中是否有可疑值需要舍去，计算标准偏差、变异系数和置信度 90%时平均值的置信区间。

1.10　某 NaOH 溶液的浓度为 0.5450mol·L^{-1}，现取 50.00mL，欲配制浓度 0.1000mol·L^{-1}的溶液，需加水多少毫升？

1.11 在标定 NaOH 时，要求消耗 0.2mol·L^{-1}的 NaOH 溶液体积控制在 30mL 左右。

①若采用邻苯二甲酸氢钾($KHC_8H_4O_4$)为基准物质，则应称取多少克？

②若采用草酸($H_2C_2O_4 \cdot 2H_2O$)作为基准物质，又应称取多少克？

③若分析天平的称量精度为±0.0001g，计算以上两种试剂称量的相对误差。

④以上结果说明了什么？

1.12 已知某 HCl 溶液浓度为 0.15mol·L^{-1}，若采用 $NaHCO_3$ 和 $Al(OH)_3$ 来中和，每中和 10.0mL 此 HCl 溶液需消耗多少质量的 $NaHCO_3$ 和 $Al(OH)_3$？

测验题

一、概念题

1. 用黄铁矿生产硫磺。黄铁矿中 FeS_2 含量为 84%，经隔绝空气加热，生产 1 吨纯硫磺理论上需要黄铁矿多少吨？如实际生产中用去 4.8 吨，问原料的利用率是多少？

2. 市售 98%硫酸溶液，密度为 1.84g·mL^{-1}，配成 1∶5(体积比)的硫酸溶液。

(1)计算这种硫酸的质量分数；

(2)若所得稀硫酸的密度为 1.19g·mL^{-1}，试计算其物质的量浓度？

3. 分析天平的称量误差为±0.1mg，称样量分别为 0.05g，0.2g，1.0g 时可能引起的相对误差各为多少？这些结果说明什么问题？

4. 配制以下标准溶液必须用间接法配制的是(　　)。

(A)NaCl　　(B)$Na_2C_2O_4$　　(C)NaOH　　(D)Na_2CO_3

5. 系统误差包括如下几方面的误差：________。系统误差的特点是________。偶然误差的特点是________。

6. 在未做系统误差校正的情况下，某分析人员的多次测定结果的重现性很好，则他的分析准确度________。

7. 滴定管的读数常有±0.01mL 的误差，那么在一次滴定中可能有________mL 的误差。滴定分析中的相对误差一般要求应≤0.1%，为此，滴定时的体积须控制在________mL 以上。

8. 在少数次的分析测定中，可疑数据的取舍常用________检验法。

9. 判断下列情况对测定结果的影响(正误差，负误差，无影响)：

(1)标定 NaOH 溶液浓度时所用的基准物邻-苯二甲酸氢钾中含有少量邻-

苯二甲酸________。

(2)以 $K_2Cr_2O_7$ 法测定铁矿石中含铁量。滴定速度很快，并过早读出滴定管读数________。

(3)用减量法称取试样时，在试样倒出前，使用了一只磨损的砝码________。

(4)以失去部分水的硼砂作为基准物标定 HCl 溶液的浓度________。

(5)以溴酸钾—碘量法测定苯酚纯度时，有 Br_2 逃逸________。

10. 将 0.0089g $BaSO_4$ 换算成 Ba，问计算下列换算因数时取何者较为恰当：0.5884，0.588，0.59？计算结果最后应以几位有效数字报出？

11. 要使在置信度为 95%时平均值的置信区间不超过±S，问至少要平行测定几次？

12. 某学生测定矿石中的铜含量时，得到以下结果：2.50%，2.53%，2.55%，问再测定一次而不应该舍弃的分析结果的界限是多少？

13. 按有效数字规则，修约下列答案：

(1)4.1374+2.81+0.0603=7.0077

(2)14.37×6.44=92.5428

(3)0.0613×0.4044=0.02478972

(4)4.1374×0.841÷297.2=0.0117077

(5)(4.178+0.037)÷60.4=0.0697847

14. 称取纯 $CaCO_3$ 0.5000g、溶于 50.00mL 的 HCl 溶液中，多余的酸用 NaOH 溶液回滴，消耗 6.20mL。1mL NaOH 溶液相当于 1.010mL HCl 溶液。求两种溶液的浓度，并求 NaOH 溶液对 HCl 的滴定度。

二、选择题

1. 定量分析工作中要求测定结果的误差(　　)。

(A)越小越好　　(B)等于零

(C)略大于允许误差　　(D)在允许误差范围之内

2. 在滴定分析法测定中出现的下列情况，哪种导致系统误差(　　)。

(A)滴定管的读数读错　　(B)砝码未经校正

(C)滴定时有液滴溅出　　(D)所用试剂中含有干扰离子

3. 分析测定中出现的下列情况，何种属于偶然误差(　　)。

(A)滴定所加试剂中含有微量的被测物质

(B)某分析人员几次读取同一滴定管的读数不能取得一致

(C)某分析人员读取滴定管读数时总是偏高或偏低

(D)甲乙两人用同样的方法测定，但结果总不能一致

4. 可用下列方法中哪种方法减小分析测定中的偶然误差(　　)。

(A)进行对照实验　　(B)进行空白实验

(C)进行仪器校准　　(D)增加平行实验的次数

5. 分析测定中的偶然误差,就统计规律来讲,其(　　)。

(A)数值固定不变

(B)数值随机可变

(C)大误差出现的概率小,小误差出现的概率大

(D)数值相等的正负误差出现的概率相等

6. 用25mL移液管移出的溶液体积应记录为(　　)。

(A)25mL　　(B)25.0mL　　(C)25.00mL　　(D)25.000mL

7. 滴定分析的相对误差一般要求为0.1%,滴定时耗用标准溶液的体积应控制在(　　)。

(A)10mL以下　　(B)10～15mL

(C)20～30mL　　(D)15～20mL

8. 今欲配制1L 0.0100mol·L^{-1}的$K_2Cr_2O_7$(摩尔质量为294.2g·mol^{-1}),所用分析天平的准确度为±0.1mg。若相对误差要求为±0.2%,则称取$K_2Cr_2O_7$,应称准至(　　)。

(A)0.1g　　(B)0.01g　　(C)0.001g　　(D)0.0001g

9. 滴定分析法要求相对误差为±0.1%,若称取试样的绝对误差为0.0002g,则一般至少称取试样(　　)。

(A)0.1g　　(B)0.2g　　(C)0.3g　　(D)0.4g

10. 用计算器算得$\frac{0.0142\times24.43\times305.64}{34.20}=3.10024$,按有效数字运算(修约)规则,结果应为(　　)。

(A)3.1　　(B)3.10　　(C)3.100　　(D)3.1002

第 2 章　化学反应的基本原理
(Fundamentals of Chemical Reactions)

学习目标

通过本章的学习，要求掌握：

1. 化学热力学的基本概念与有关计算；
2. 化学平衡及平衡移动规律；
3. 平衡体系组成的计算；
4. 温度、浓度(压强)对化学平衡的影响；
5. 化学反应速率的基本概念；
6. 影响化学反应速率的因素。

世界由物质组成，化学是一门研究物质的自然科学，其目的是了解物质的组成、性质、结构与变化的规律，涉及化学元素、化合物、分子、原子等的组成、结构、反应等方面。化学不仅是人类认识自然界和社会生活中物质现象的重要基础，也是人类改造物质世界的主要方法和手段之一。化学反应的基本原理主要是研究和解决化学反应的可能性和现实性，形成的理论成果则包括化学热力学和化学动力学。化学热力学，是采用宏观的方法研究反应变化过程中的能量效应及其相互转换规律，关注的是反应的热力学条件以及反应物和生成物的热力学特性，解决的是化学反应中两个问题：化学反应中的能量是如何转化的，以及化学反应朝着什么方向进行及其程度如何；化学动力学，则是采用微观的方法研究化学反应的快慢进而探讨反应的机理，关注的是反应过程中物质分子的相互作用和反应机理，解决的是反应速率的控制和反应路径的选择。化学热力学和化学动力学两者结合起来，可以更好地理解化学反应的过程和机制。

2.1　化学反应的能量守恒

能量是物质运动转换的量度，分子运动对应的能量形式是热能，原子运动对应的能量形式是化学能，带电粒子的定向运动对应的能量形式是电能，光子运动对应的能量形式是光能，等等。不同形式的能量之间可以通过物理效应或化学反应而相互转换。

2.1.1 热力学基本概念

(1)体系与环境

物质世界在空间和时间上都是无限的，但是人们在研究某一具体事物时，必须先确定所需研究的对象，把它与其他部分独立出来，确定其范围和界限，这一作为研究对象部分的物质及其空间称为体系(system)，也称为物系或系统。环境(surrounding)则是该体系以外且与该体系密切相关的物质及其所处空间。

例如，溶液中的反应，则溶液就是研究的体系，而盛溶液的容器以及溶液上方的空气等都是环境。根据体系与环境之间有无物质和能量的交换，可以把体系分为以下三类：

敞开体系(open system)：体系与环境之间既有能量转换，又有物质交换。

封闭体系(closed system)：体系与环境之间有能量转换，但没有物质交换，即体系中物质数量是不变的。封闭体系中还可分出一类，即体系和环境之间没有物质的交换，也没有热能的交换，但有功的交换，这类体系称为绝热体系。

孤立体系(isolated system)：也称为隔绝体系，体系与环境之间既无能量转换，又无物质交换。

例如，一个盛水的广口瓶，则为一个敞开体系，因为瓶子内外既有能量的交换，又有物质的交换(瓶中水的蒸发和瓶外空气的溶解)。如在此瓶上加盖瓶塞，则瓶内外只有能量的交换而无物质的交换，这时便成为一个封闭体系。如将上述瓶子换为带盖的杜瓦瓶(绝热)，由于瓶内外既无物质的交换，又无能量的交换，则构成一个孤立体系。体系与环境之间可以有确定的界面，也可以是假想存在的界面。体系与环境因研究的目的改变亦可以发生变化。

(2)体系的性质、状态和状态函数

体系的性质是指体系所有物理性质和化学性质的总和。我们把体系的性质的总和称为体系的状态(state)，描述状态性质的函数称为状态函数(state function)，也称状态变量。状态和状态函数之间可以互为自变量和因变量，当体系的状态确定后，体系的这些性质也随之确定；反之，体系的这些性质确定后，体系的状态也就确定下来了。常用来描述和确定体系性质的状态变量包括物质的量、温度、压力、体积、内能、焓、熵、吉布斯自由能等。状态函数的选择取决于研究体系的特征和所要解决的问题。

体系的状态函数具有一个重要的性质，即状态函数是状态的单值函数，其数值的大小只与体系所处的状态有关。也就是说，在体系从一种状态变化到另一种状态时，状态函数的增量仅与体系变化前后的状态有关，而与变化的具体途径无关。例如，要求将一定数量初始温度为 20℃的气体变化到终态 100℃，一种途径是先从 20℃降低到 10℃，再升高到 100℃；另一种途径则是从 20℃直接升高到 100℃，但这两种途径的温度状态函数的变化结果都是 $\Delta T=100℃-20℃=80℃$。

状态函数按其特征可以分成两类：

广度性质(extensive property)，又称容量性质，其特点是状态函数的数值与体系中物质的量(mol)成正比，如体积、质量、熵等。广度性质具有加和性，在数学上是一次齐函数。

强度性质(intensive property)，其特点是状态函数的数值与体系中物质的量无关，如温度、压力等。强度性质不具有加和性，在数学上是零次齐函数。指定了物质的量的广度性质即成为强度性质，如摩尔热容。

(3)过程和途径

体系从一个状态到另一个状态的变化称为“过程”(process)。过程通常可分为 pVT 变化过程、相变化过程和化学变化过程等。如果体系是在温度恒定的情况下进行变化，则该变化称为“恒温过程”；同理，若变化是分别在压力、体积固定时，则称为“恒压过程”、“恒容过程”。若过程中体系与环境间无热量交换，则称为“绝热过程”。

完成“过程”的具体方式称为“途径”(path)。体系由一种状态变化到另一种状态，可以经由不同的途径。对于每一个变化过程，其途径可以有无限多个。

(4)热和功

热(heat)是体系和环境之间因温度差而传递的能量，也称热量，用符号 Q 表示。热力学上规定环境向体系传递热量，体系吸热$Q>0$；反之，体系向环境传递热量，体系放热 $Q<0$。

功(work)则是除热以外体系与环境之间所交换的其他一切形式的能量，用符号 W 表示。其中，由于体系体积改变而与环境交换的能量称为体积功。例如，许多化学反应是在敞口的容器中进行的，体系由于体积变化就会对抗外界压力做体积功与环境进行能量交换。除体积功以外的功，就是非体积功，亦称为有用功，如电功、表面功等。热力学规定环境对体系做功时，$W>0$；体系对环境做功时，$W<0$。

热和功这两个物理量是能量传递的两种形式。而且，热和功是过程变量，而不是状态函数，它们没有全微分，其微小变化则记作 δQ 和 δW。它们的数值与具体变化的途径有关，当体系变化的始态、终态确定后，Q，W 随着途径的不同而不同。没有过程就没有热和功，只有指明具体途径才能计算变化过程的热和功。热和功的单位均为焦耳(J)。

(5)热力学能

热力学能(thermodynamic energy)，是指体系内分子运动的平动能、转动能、振动能、电子及核的运动能量，以及分子与分子相互吸引或排斥作用所产生的势能等能量的总和，也称内能(internal energy)，用符号 U 表示，单位是焦耳(J)。内能是描述体系做功本领的一个状态函数。

由于人们至今还不能完全认识微观粒子的全部运动形式，因此体系热力学能的绝对值还无法直接测量或计算。但是，实际应用中人们感兴趣的不是体系在某个定态下的热力学能绝对值，而是该体系从一种状态变化到另一种状态的过程中内能的改变量 ΔU。由于热力学能是状态函数，它的变化量只与体系的始、终态有关，而与变化的过程和途径无关，所以热力学能的变化量可以通过体系与环境间交换的能量来计算与度量。

2.1.2　化学反应中的能量变化

任何化学反应都伴随着能量的变化，这是由于反应物中旧化学键断裂时，需要克服原子间的相互作用而吸收能量；当原子重新组成生成物时，新化学键形成又要释放能量。人们用化学反应体系在不做非体积功的等温过程中新化学键形成时所释放的总能量与反应物中旧化学键断裂时所吸收的总能量之间的差值来定义化学反应的热效应，简称反应热。

(1)热力学第一定律及其数学表达式

自然界一切物体都具有能量，能量有不同形式，它能从一种形式转化为另一种形式，从一个物体传递给另一个物体，在转化和传递中能量的数量保持不变。该定律称为热力学第一定律，也称为能量转换与守恒定律。

若封闭体系在状态 1 时热力学能为 U_1，在状态 2 时热力学能为 U_2，当该体系由状态 1 变化至状态 2 时，体系热力学能的变化值为：

$$\Delta U = U_2 - U_1 = Q + W \tag{2-1}$$

式中，ΔU 为体系热力学能的变化量，Q 为体系与环境交换的热量，W 为体系与环境交换的功。

由于热和功均不是状态函数，所以其数值大小同它的变化过程、途径有关，但热力学能是状态函数，其变化值仅与始态和终态有关，而与变化的过程、途径无关。

(2)化学计量系数

现有某一化学反应，其计量方程式为：

$$aA+dD=\!=\!=gG+hH$$

将上式移项整理为其标准型表示，即

$$-aA-dD+gG+hH=0$$

令 $\nu_A=-a$，$\nu_D=-d$，$\nu_G=g$，$\nu_H=h$，并代入上式得：

$$\nu_A A+\nu_D D+\nu_G G+\nu_H H=0$$

简化为化学反应计量方程式的通式为：

$$\sum_B \nu_B B = 0 \tag{2-2}$$

式中，ν_B 为组分 B(分子、原子或离子)的化学计量系数(stoichiometric number)，它是数字或简分数。根据化学反应计量方程式的标准型规定，反应物的化学计量系数为负数，而产物的化学计量系数为正数。这样 ν_A，ν_D，ν_G，ν_H 分别为组分 A，D，G，H 的化学计量系数。

如合成氨反应：$\frac{1}{2}N_2+\frac{3}{2}H_2=\!=\!=NH_3$，则 $\nu_{N_2}=-\frac{1}{2}$，$\nu_{H_2}=-\frac{3}{2}$，$\nu_{NH_3}=1$，分别为该化学反应计量方程式中组分 N_2，H_2 和 NH_3 的计量系数，即表明反应中每消耗 0.5mol 的 N_2 和 1.5mol 的 H_2 将生成 1mol 的 NH_3。

(3)反应热

化学反应在压力恒定的条件下的反应热，定义为恒压反应热，以 Q_p 表示。在体积恒定的条件下的反应热，则相应称为恒容反应热，以 Q_V 表示。

考虑到大多数化学反应是在恒定外压条件下进行的，并且假设在反应过程中只做体积功 $W=-p(V_2-V_1)$，依据热力学第一定律，可得该化学反应的热力学能的变化值：

$$\Delta U=Q+W=Q_p+W$$

将上式整理，便可得到该化学反应热：

$$Q_p=\Delta U-W=U_2-U_1+p(V_2-V_1)=(U_2+pV_2)-(U_1+pV_1)$$

定义 $H=U+pV$，称为焓(enthalpy)，单位焦耳(J)。由于 U，p，V 都是状态函数，因此 H 也是状态函数。体系的焓与热力学能相似，它的绝对值无法确定，其变化值 ΔH 即焓变(enthalpy changes)可以通过下式求得：

$$\Delta H=Q_p \tag{2-3}$$

即在体系压力保持不变时，体系的化学反应热效应 Q_p 在数值上等于体系的焓变 ΔH。在热力学上规定，放热反应的 $\Delta H<0$，吸热反应的 $\Delta H>0$。

因为体系在恒压化学反应中满足 $\Delta U=Q_p+W$ 和 $Q_p=\Delta H$，所以有：

$$\Delta H-\Delta U=-W=p\Delta V \tag{2-4}$$

对于始态和终态均为液体或固体的反应体系来说，由于体积的变化不大而可以将 $p\Delta V$ 忽略不计，于是有：

$$\Delta H\approx\Delta U \tag{2-5}$$

而对于有气体参加的反应，$p\Delta V=p(V_2-V_1)=(n_2-n_1)RT=\Delta nRT$，将其代入式(2-4)得：

$$\Delta H=\Delta U+\Delta nRT \tag{2-6}$$

式中，n_2 为所有气体产物物质的量的总和，n_1 为所有气体反应物物质的量的总和，Δn 为反应前后气体物质的量的变化值。例如：

$$2C_2H_2(g)+5O_2(g)=\!=\!=4CO_2(g)+2H_2O(l)，\Delta n=4-(2+5)=-3$$

对于体系的体积保持恒定的反应过程，由于 $\Delta V=0$，则 $W=-p\Delta V=0$，由热力学第一定律可以得：

$$\Delta U=Q_V \tag{2-7}$$

即体系恒容过程，化学反应的热效应 Q_V 在数值上等于体系热力学能的变化值 ΔU。

(4)热化学方程式

将表示参加反应的物质的量和反应热的关系的化学方程式叫作热化学方程式。如：

$$CO(g)+H_2O(g)\xrightarrow{298.15K，100kPa}CO_2(g)+H_2(g)，Q_p=\Delta_r H_m^{\ominus}=-41kJ\cdot mol^{-1}$$

上式表示在 298.15K，100kPa 下，当 1mol CO 与 1mol $H_2O(g)$反应生成 1mol CO_2 和 1mol H_2 时，放出 41kJ 的热量。$\Delta_r H_m^{\ominus}$ 称为化学反应的标准摩尔焓变，下标 r 表示一般的化学反应(reaction)，m 表示反应进度为 1 个摩尔(molar)$\left(反应进度\ \xi=\dfrac{\Delta n_B}{\nu_B}\right)$，$\ominus$意指标准状态，仅指压力为 100kPa。

化学反应热与许多因素有关，在书写热化学方程式时应注意以下几个问题：

①反应热 ΔH 与测定的条件(温度、压强)有关，因此书写热化学方程式时应注明反应热 ΔH 的测定条件。若没有注明，就默认为是在 25℃，100kPa 条件下测定的。

②反应热 ΔH 只能写在标有反应物和生成物状态的化学方程式的右边。ΔH 为“－”表示放热反应，ΔH 为“＋”表示吸热反应。ΔH 的单位一般为 $kJ\cdot mol^{-1}$。

③反应物和生成物的聚集状态不同，反应热 ΔH 亦不同。因此热化学方程式必须注明物质的聚集状态，固体用“s”、液体用“l”、气体用“g”、溶液用“aq”等表示。

④热化学方程式中各物质化学式前面的化学计量系数仅表示该物质的物质的量，不表示物质的分子数或原子数，因此化学计量系数可以是整数，也可以是分数。

⑤根据焓的性质，若化学方程式中各物质的化学计量系数加倍，则 ΔH 的数值也加倍；若反应逆向进行，则 ΔH 改变符号，但绝对值不变。

⑥在稀溶液中，酸和碱发生中和反应生成 1mol 水时的反应热叫中和热。书写中和热的化学方程式应以生成 1mol 水为基准。

(5)标准摩尔生成焓和标准摩尔燃烧焓

化学反应热效应一般可以通过实验测定得到。但也存在一些难以在实验条件下实现完全反应，或者它们是非常复杂的反应，涉及多种中间产物和反应路径，它们的反应热效应如果采用实验手段就不易测准。例如，在恒温、恒压下碳不完全燃烧生成 CO 的反应。

根据化学反应热效应的定义，反应热效应的数值大小与反应条件有关。因此，一般采用标准状态(100kPa)下的标准摩尔反应焓变来表示反应热效应的大小。标准状态和指定温度下，由最稳定的单质生成单位物质的量的某物质的焓变，称为该物质的标准摩尔生成焓，用符号 $\Delta_f H_m^\ominus$ 表示，下标 f 表示生成反应(formation)。

根据上述定义，最稳定单质的标准摩尔生成焓等于零。需要注意，当一种元素存在两种或两种以上的单质时，只有一种是最稳定的。在标准条件下，将最不易发生化学反应的稳定单质称为该元素的标准态。例如，碳有两种同素异形体石墨和金刚石，其中石墨是碳的稳定单质，它的标准摩尔生成焓等于零，而金刚石的标准摩尔生成焓则可以看作是由石墨转变为金刚石这一过程的焓变，即

$$\text{C(石墨)} = \text{C(金刚石)},\ \Delta_r H_m^\ominus(298.15\text{K}) = 1.895\text{kJ}\cdot\text{mol}^{-1}$$

其他常见物质的稳定态为：S 是正交硫，Sn 是白锡，H_2，N_2，O_2，Cl_2 是气态，Br_2 是液态，而 I_2 是固态。

标准摩尔燃烧焓，是指在标准压力(100kPa)和指定温度下 1mol 物质完全燃烧时的反应焓变，简称燃烧焓，用符号 $\Delta_c H_m^\ominus$ 表示，下标 c 表示燃烧反应(combustion)。

在标准摩尔燃烧焓定义中，一般有两点需要注意：其一，可燃物质才有标准摩尔燃烧焓；其二，完全燃烧是指物质中的 C 变成为 $CO_2(g)$，H 变成为 $H_2O(l)$，N 变成为 $N_2(g)$，S 变成为 $SO_2(g)$，Cl 变成为 HCl(aq)，Si 变成为 $SiO_2(s)$。例如：$H_2S(g)+\frac{1}{2}O_2(g) = H_2O(l)+S(s)$，由于生成的 S 没有燃烧

完全，所以这个反应 $\Delta_r H_m^\ominus$ 不能作为 H_2S 的燃烧热。

物质的标准摩尔生成焓和标准摩尔燃烧焓是化学反应热计算中的重要数据，一些常见物质在 298.15K 下的标准摩尔生成焓和标准摩尔燃烧焓数据可分别从书后的附录一与附录二中查到。

(6)盖斯定律

1840 年，瑞士化学家盖斯(G. H. Hess)通过大量实验证明，不管化学反应是一步完成还是分几步完成，其反应热是相同的。换句话说，化学反应的反应热只与反应体系的始态和终态有关，而与反应的途径无关，这就是盖斯定律。

根据盖斯定律，热化学方程式之间可以进行代数变换等数学处理。盖斯定律的应用价值，就在于可以根据已准确测定的反应热来求算实验难测或根本无法测定的反应热。如：

［**例 2-1**］ 已知反应 $C(s)+O_2(g)$ ══ $CO_2(g)$，$\Delta_r H_{m,1}^\ominus=-393.5kJ\cdot mol^{-1}$ ①

$CO(g)+\frac{1}{2}O_2(g)$ ══ $CO_2(g)$，$\Delta_r H_{m,2}^\ominus=-283.0kJ\cdot mol^{-1}$ ②

求：反应 $C(s)+\frac{1}{2}O_2(g)$ ══ $CO(g)$的 $\Delta_r H_m^\ominus=?$

解 上述 3 个反应的路径具有如下关联关系：

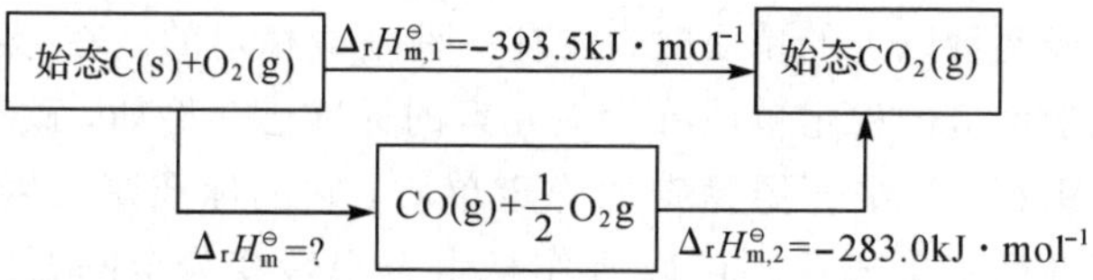

由盖斯定律可知：$\Delta_r H_m^\ominus+\Delta_r H_{m,2}^\ominus=\Delta_r H_{m,1}^\ominus$

所以有：$\Delta_r H_m^\ominus=\Delta_r H_{m,1}^\ominus-\Delta_r H_{m,2}^\ominus=-393.5-(-283.0)=-110.5kJ\cdot mol^{-1}$

由此可见，在应用盖斯定律进行计算时，关键在于设计反应过程，同时注意：①当反应式乘以或除以某数时，ΔH 也应乘以或除以某数；②反应式进行加减运算时，ΔH 也同样要进行加减运算，且要带“＋”、“－”符号，即把 ΔH 看作一个整体进行运算；③在设计的反应过程中常会遇到同一物质固、液、气三态的相互转化，状态由固→液→气变化时，会吸热；反之会放热；④当设计的反应逆向进行时，其反应热与正向反应的反应热数值相等，符号相反。

［**例 2-2**］ 已知 298K 时，反应

$(COOH)_2(s)+\frac{1}{2}O_2(g)$ ══ $2CO_2(g)+H_2O(g)$，$\Delta_r H_{m,1}^\ominus=-207.5kJ\cdot mol^{-1}$ ①

$CH_3OH(l)+\frac{3}{2}O_2(g)$ ══ $CO_2(g)+2H_2O(g)$，$\Delta_r H_{m,2}^{\ominus}=-638.6\text{kJ}\cdot\text{mol}^{-1}$ ②

$(COOCH_3)_2(l)+\frac{7}{2}O_2(g)$ ══ $4CO_2(g)+3H_2O(g)$，$\Delta_r H_{m,3}^{\ominus}=-1545.8\text{kJ}\cdot\text{mol}^{-1}$ ③

求：反应 $(COOH)_2(s)+2CH_3OH(l)$ ══ $(COOCH_3)_2(l)+2H_2O(l)$ 的 $\Delta_r H_m^{\ominus}=?$

解　根据盖斯定律，将①＋2×②－③即得下列反应

$$(COOH)_2(s)+2CH_3OH(l) == (COOCH_3)_2(l)+2H_2O(g)$$

该反应与所求反应存在差异，即 H_2O 状态。由附录查：$\Delta_f H_m^{\ominus}(H_2O,l)=-285.830\text{kJ}\cdot\text{mol}^{-1}$，$\Delta_f H_m^{\ominus}(H_2O,g)=-241.818\text{kJ}\cdot\text{mol}^{-1}$。故：

$$\begin{aligned}\Delta_r H_m^{\ominus} &=\Delta_r H_{m,1}^{\ominus}+2\Delta_r H_{m,2}^{\ominus}-\Delta_r H_{m,3}^{\ominus}+2[\Delta_f H_m^{\ominus}(H_2O,l)-\Delta_f H_m^{\ominus}(H_2O,g)]\\ &=-207.5+2\times(-638.6)-(-1545.8)+2\times[-285.83-(-241.818)]\\ &=-26.9(\text{kJ}\cdot\text{mol}^{-1})\end{aligned}$$

2.1.3　化学反应热的计算

(1)由标准摩尔生成焓计算标准反应焓变

对于一般的化学反应 $aA+dD$ ══ $gG+hH$，若所有物质均处于温度为 T 的标准状态时，该化学反应的标准摩尔反应焓变等于各生成物的标准摩尔生成焓的总和减去各反应物的标准摩尔生成焓的总和，用通式表示：

$$\Delta_r H_m^{\ominus}=\sum_B \nu_B \Delta_f H_m^{\ominus}(B) \tag{2-8}$$

式中 ν_B 表示标准型反应式中某一物质 B 的化学计量系数。

[例 2-3]　根据组分的标准摩尔生成焓，试计算反应 $2H_2(g)+O_2(g)$ ══ $2H_2O(l)$ 在 298K 和标准压力下的 $\Delta_r H_m^{\ominus}$。

解　查附录得：$\Delta_f H_m^{\ominus}(H_2O,l)=-285.83\text{kJ}\cdot\text{mol}^{-1}$，因此

$$\begin{aligned}\Delta_r H_m^{\ominus} &=2\Delta_f H_m^{\ominus}(H_2O,l)-2\Delta_f H_m^{\ominus}(H_2,g)-\Delta_f H_m^{\ominus}(O_2,g)\\ &=2\times(-285.83)-2\times0-0=-571.66(\text{kJ}\cdot\text{mol}^{-1})\end{aligned}$$

(2)由标准摩尔燃烧焓计算标准反应焓变

化学反应的标准摩尔反应焓变等于各反应物标准摩尔燃烧焓的总和减去各产物标准摩尔燃烧焓的总和。用通式表示，即为

$$\Delta_r H_m^{\ominus}=-\sum_B \nu_B \Delta_c H_m^{\ominus}(B) \tag{2-9}$$

[例 2-4]　根据组分的标准摩尔燃烧焓，试计算下列反应在 298K 和标准压力下的 $\Delta_r H_m^{\ominus}$。

$$CH_3OH(l)+\frac{1}{2}O_2(g)═══HCHO(g)+H_2O(l)$$

解 查附录得：

$\Delta_c H_m^\ominus(CH_3OH, l)=726.51kJ\cdot mol^{-1}$，$\Delta_c H_m^\ominus(HCHO, g)=570.78kJ\cdot mol^{-1}$

因此，$\Delta_r H_m^\ominus=\Delta_c H_m^\ominus(CH_3OH, l)-\Delta_c H_m^\ominus(HCHO, g)$

$=726.51-570.78=155.73(kJ\cdot mol^{-1})$

2.2 化学反应的方向

化学反应的方向与限度，就是研究可逆反应在一定条件下朝着什么方向进行和所能达到的最大程度。通过研究化学反应的方向与限度，可以帮助找到适宜的化学反应条件，以提高原料转化率或产品得率。

(1)化学反应的自发性

自然界中发生的一切变化过程都有一定的方向性。若在一定条件下，无须外界帮助就能自动进行的反应，称为自发反应，例如：铁器暴露在潮湿的空气中会生锈、酒精的燃烧、酸碱中和反应、锌置换硫酸铜溶液反应和植物的光合作用等。

在长期的生产实践中，人们发现很多的自发反应，并观察到反应过程中都伴随有能量放出，也就是反应体系的能量有倾向于变低的趋势，如 H_2 和 O_2 化合生成 H_2O 的过程。早在19世纪中叶，人们试图以反应热作为化学反应能否自发进行的判据，总结得出：反应体系在恒温恒压下，若满足 $\Delta_r H_m<0$，反应过程自发进行；相反，若满足 $\Delta_r H_m>0$，则反应过程逆向进行。由此，人们将自发反应过程的体系取决于从高能状态变为低能状态的经验规律，称为能量判据，又称为焓变判据。

然而，对于常温下冰自动熔化生成水的吸热过程，焓变判据无法解释。通过对冰水转化过程的进一步研究发现，在冰的晶体中，H_2O 分子是有规则地排列在一定的晶格点上而形成一种有序的状态；而在液态水中，H_2O 分子是可以自由移动的一种无序的状态，即没有确定的位置，也没有固定的距离。盐类的溶解、固体的分解等也是如此，比如固体 $CaCO_3$ 分解生成 CaO 固体和 CO_2 气体，该变化过程中，不仅分子数增多，而且增加了气体产物。相对于固体和液体来说，气体分子运动更自由，体系表现出更加无序状态，即体系的混乱度增大了。在热力学上，人们把描述体系混乱度的状态函数定义为熵(entropy)，用符号“S”表示。体系的混乱度越大，对应的熵值就越大。由此，人们总结得到熵增原理：自发过程都有使体系的混乱度趋于增加的趋势。这种以体系混乱度变化为依据来判断反应方向，称为熵判据。

(2)熵与熵变

在同一条件下，不同物质的熵值不同，且同一种物质的熵与其聚集状态及外界条件有关。一般来说，$S(g)>S(l)>S(s)$，当固态的温度进一步下降时，体系的熵值也进一步下降。对于任何物质来说，都存在这种规律。20 世纪初，人们根据一系列实验现象并进一步的推测，得出了热力学第三定律："在标准压力绝对零度时，任何纯物质的完美晶体的熵值为零"($S_0^\ominus$，下标"0"表示在 0K 时)。有了热力学第三定律，通过熵变 ΔS 就可以求算任何纯物质在某温度 T 时的熵值($S_T^\ominus$)，这种熵值是相对于 0K 而言的，通常称为规定熵。因为

$$\Delta S^\ominus=\Delta S_T^\ominus-\Delta S_0^\ominus=S_T^\ominus \qquad (2\text{-}10)$$

单位摩尔的某纯物质在标准态下的熵值 $S_T^\ominus$ 称为标准摩尔规定熵 $S_m^\ominus$，单位为 $J\cdot mol^{-1}\cdot K^{-1}$。书后附录一中给出 298.15K 下一些常见物质的标准摩尔规定熵值 $S_m^\ominus$。通过观察与比较物质的标准摩尔规定熵，发现如下规律：

①熵值与物质相对分子质量存在相关关系，分子结构相似且相对分子质量相近的物质熵值相近，如：$S_m^\ominus(CO)=197.7J\cdot mol^{-1}\cdot K^{-1}$，$S_m^\ominus(N_2)=191.6J\cdot mol^{-1}\cdot K^{-1}$；分子结构相似而相对分子质量不同的物质，熵值随相对分子质量增大而增大，如：HF，HCl，HBr，HI 的 $S_m^\ominus$ 分别为 173.8，186.9，198.7，206.6$J\cdot mol^{-1}\cdot K^{-1}$。

②在结构及相对分子质量都相近时，结构复杂的物质往往具有更大的熵值。如 $S_m^\ominus(C_2H_5OH，g)=282.7J\cdot mol^{-1}\cdot K^{-1}$，$S_m^\ominus(CH_3—O—CH_3，g)=266.4\ J\cdot mol^{-1}\cdot K^{-1}$。

化学反应的熵变 $\Delta_r S_m$ 与反应焓变 $\Delta_r H_m$ 的计算方法相同，只取决于反应体系的始态和终态，而与反应的路径无关。因此，应用标准摩尔规定熵 $S_m^\ominus$ 的数值可以计算化学反应的标准摩尔反应熵 $\Delta_r S_m^\ominus$：

$$\Delta_r S_m^\ominus=\sum_B \nu_B S_m^\ominus(B) \qquad (2\text{-}11)$$

［例 2-5］ 计算 298.15K，100kPa 下，$2H_2(g)+O_2(g)=\!=\!=2H_2O(l)$ 的 $\Delta_r S_m^\ominus$。

解 查附录得：$S_m^\ominus(H_2，g)=130.684J\cdot mol^{-1}\cdot K^{-1}$，$S_m^\ominus(O_2，g)=205.138J\cdot mol^{-1}\cdot K^{-1}$，$S_m^\ominus(H_2O，l)=69.91J\cdot mol^{-1}\cdot K^{-1}$，因此

$$\begin{aligned}\Delta_r S_m^\ominus &=\sum_B \nu_B S_m^\ominus(B)\\ &=2S_m^\ominus(H_2O，l)-2S_m^\ominus(H_2，g)-S_m^\ominus(O_2，g)\end{aligned}$$

$=2\times69.91-2\times130.684-205.138=-326.686(J \cdot mol^{-1} \cdot K^{-1})$

然而，有些熵增加的反应在常温、常压下不能自发进行，但在较高温度下可以自发进行，如：$C(s，石墨)+H_2O(g)\xlongequal{高温}CO(g)+H_2(g)$；还有不少熵减小的反应，在一定条件下也可自发进行，如：$2Al(s)+Fe_2O_3(s)\xlongequal{高温}Al_2O_3(s)+2Fe(s)$。因此，熵增原理是解释反应能否自发进行的一个因素，但不是唯一因素。综上，焓变和熵变都与反应的自发性有关，但又都不能独立地作为反应自发性的判据。要判断反应进行的方向，必须综合考虑体系的焓变和熵变。因此，引入一个新的热力学函数吉布斯(Gibbs)自由能。

(3)吉布斯自由能

考虑到反应的自发过程与焓变、熵变和温度有关，1878 年，美国著名物理化学家吉布斯(Gibbs J. W.)提出了一个由 H，S，T 3 个变量组合的状态函数 G：$G=H-TS$，并称为吉布斯自由能(Gibbs free energy)。由于物质或体系的 H、S 的绝对值无法测定，所以 G 的绝对值也就无从计算。

热力学研究证明，在定温、定压和只做体积功的条件下，可以用吉布斯自由能的变化量 ΔG 来判断过程的自发性：$\Delta G<0$ 的过程是自发的。因此，现在人们关心的是在一定条件下体系的 Gibbs 自由能的变化量 ΔG 的数值。

现假设在恒温 T 下进行的某一反应，当处于状态Ⅰ时，体系的焓为 H_1，熵为 S_1；变化到状态Ⅱ时，体系的焓为 H_2，熵为 S_2。则该反应发生在变化过程中的焓变 $\Delta H=H_2-H_1$，熵变 $\Delta S=S_2-S_1$，相应地，吉布斯自由能变化量 ΔG 则为：

$$\Delta G=G_2-G_1=(H_2-TS_2)-(H_1-TS_1)=\Delta H-T\Delta S \qquad (2\text{-}12)$$

对于 $\Delta_r G_m^\ominus$，因为 $\Delta_r H_m^\ominus$ 和 $\Delta_r S_m^\ominus$ 随温度的变化有限，所以可以用 298.15K 时的 $\Delta_r H_m^\ominus$ 和 $\Delta_r S_m^\ominus$ 替代其他温度下的 $\Delta_r H_m^\ominus(T)$ 和 $\Delta_r S_m^\ominus(T)$，并以此来近似计算该温度下的 $\Delta_r G_m^\ominus(T)$。

还有一种方法可以实现反应过程 ΔG 的计算，就是借助物质的标准摩尔生成吉布斯自由能。在给定温度和标准状态下，由稳定单质生成 1mol 某物质时的 Gibbs 自由能变化称为该物质的标准摩尔生成吉布斯自由能，以符号 $\Delta_f G_m^\ominus$ 表示，单位是 $kJ \cdot mol^{-1}$。同时，热力学上规定，稳定单质在 298.15K 时的标准摩尔生成吉布斯自由能为零，即 $\Delta_f G_m^\ominus$(稳定单质，298.15K)＝0。书后的附录二中列出了常见物质在 298.15K 下的 $\Delta_f G_m^\ominus$ 数值。于是，对于一个化学反应，在标准状态下，反应前后体系总的吉布斯自由能的变化值($\Delta_r G_m^\ominus$)就是该反应中所有组分的标准摩尔吉布斯自由能之和，如下式：

$$\Delta_r G_m^\ominus=\sum_B \nu_B \Delta_f G_{m,B}^\ominus \qquad (2\text{-}13)$$

［例 2-6］ 试通过两种方法计算下列反应的 $\Delta_r G_m^\ominus(298.15K)$，并比较数值的大小：$4NH_3(g)+5O_2(g)=\!=\!=4NO(g)+6H_2O(l)$。

解　经附录查得反应中各组分的相关数据如下：

	$4NH_3(g)$	$+5O_2(g)$	$=\!=\!=4NO(g)$	$+6H_2O(l)$
$\Delta_f G_m^\ominus(298.15K)/kJ\cdot mol^{-1}$	−16.45	0	86.55	−237.129
$\Delta_f H_m^\ominus(298.15K)/kJ\cdot mol^{-1}$	−46.11	0	90.25	−285.83
$S_m^\ominus(298.15K)/J\cdot mol^{-1}\cdot K^{-1}$	192.45	205.138	210.761	69.91

方法一：$\Delta_r G_m^\ominus=\sum_B \nu_B \Delta_f G_{m,B}^\ominus$

$$=4\Delta_f G_m^\ominus(NO,g)+6\Delta_f G_m^\ominus(H_2O,l)-4\Delta_f G_m^\ominus(NH_3,g)-5\Delta_f G_m^\ominus(O_2,g)$$

$$=4\times 86.55+6\times(-237.129)-4\times(-16.45)-5\times 0$$

$$=-1010.77(kJ\cdot mol^{-1})$$

方法二：$\Delta_r G_m^\ominus=\Delta_r H_m^\ominus-T\Delta_r S_m^\ominus$

其中：$\Delta_r H_m^\ominus=\sum_B \nu_B \Delta_f H_{m,B}^\ominus$

$$=4\Delta_f H_m^\ominus(NO,g)+6\Delta_f H_m^\ominus(H_2O,l)-4\Delta_f H_m^\ominus(NH_3,g)-5\Delta_f H_m^\ominus(O_2,g)$$

$$=4\times 90.25+6\times(-285.83)-4\times(-46.11)-5\times 0$$

$$=-1169.54(kJ\cdot mol^{-1})$$

$\Delta_r S_m^\ominus=\sum_B \nu_B S_{m,B}^\ominus$

$$=4S_m^\ominus(NO,g)+6S_m^\ominus(H_2O,l)-4S_m^\ominus(NH_3,g)-5S_m^\ominus(O_2,g)$$

$$=4\times 210.761+6\times 69.91-4\times 192.45-5\times 205.138$$

$$=-532.986(J\cdot mol^{-1}\cdot K^{-1})$$

故 $\Delta_r G_m^\ominus=\Delta_r H_m^\ominus-T\Delta_r S_m^\ominus$

$$=-1169.54-298.15\times(-532.986)\times 10^{-3}=-1010.63(kJ\cdot mol^{-1})$$

由上述计算结果可见，两种方法得到的 $\Delta_r G_m^\ominus$ 基本相等。

(4)化学反应方向的判据

热力学研究证明，在定温、定压且体系只做体积功的条件下，若体系发生变化，可以用 Gibbs 自由能的变化量来判断过程的方向，即

$\Delta_r G_m<0$　自发过程，化学反应能够正向自发进行。

$\Delta_r G_m>0$　非自发过程，化学反应能够逆向自发进行。

$\Delta_r G_m=0$　化学反应处于平衡状态。

这就是判断过程自发性的吉布斯自由能判据。

由式(2-12)可以看出，吉布斯自由能变化量包含了焓变和熵变这两个与反应方向有关的因子，实现了过程焓变和熵变两种效应的协调与统一，因而可以

更为直接地判断化学反应的方向。

需要注意的是，判断反应方向应该使用 $\Delta_r G_m$，而非 $\Delta_r G_m^\ominus$，这是因为许多实际的化学反应并不是在标准状态下进行的。至于 $\Delta_r G_m$ 与 $\Delta_r G_m^\ominus$ 之间的联系，则可根据热力学推导得到如下的关系式：

$$\Delta_r G_m = \Delta_r G_m^\ominus + RT\ln Q \tag{2-14}$$

此式称为化学反应等温方程式，式中 Q 称为反应商。

具体来说，现有某一化学反应，其化学计量方程式为 $aA + dD \longrightarrow gG + hH$。若该反应为气相反应，且组分组成以分压表示，则反应商的计算公式为：

$$Q = \frac{(p_G/p^\ominus)^g (p_H/p^\ominus)^h}{(p_A/p^\ominus)^a (p_D/p^\ominus)^d} \tag{2-15}$$

而对于水溶液中的化学反应，组分组成一般以摩尔浓度表示，则反应商 Q 的计算公式为：

$$Q = \frac{(c_G/c^\ominus)^g (c_H/c^\ominus)^h}{(c_A/c^\ominus)^a (c_D/c^\ominus)^d} \tag{2-16}$$

对于反应体系中的固体和纯液体而言，考虑到它们在反应过程中数量的变化对 $\Delta_r G_m$ 的影响较小，故在反应商的计算公式中，它们一般被忽略。如：

$$Zn(s) + 2H^+(aq) \longrightarrow Zn^{2+}(aq) + H_2(g)$$

其反应商的计算式为 $Q = \frac{(c_{Zn^{2+}}/c^\ominus)(p_{H_2}/p^\ominus)}{(c_{H^+}/c^\ominus)^2}$。

当反应中各组分均处于标准态时，$Q=1$，则 $\Delta_r G_m = \Delta_r G_m^\ominus$，可用 $\Delta_r G_m^\ominus$ 来判断反应方向。但对于处在非标准态的化学反应，$\Delta_r G_m \neq \Delta_r G_m^\ominus$。只是在实际操作中，当 $|\Delta_r G_m^\ominus| > 40kJ \cdot mol^{-1}$ 时，可以借助 $\Delta_r G_m^\ominus$ 作反应方向的经验判定，即

$\Delta_r G_m^\ominus < -40kJ \cdot mol^{-1}$　一般自发过程，反应能够正向自发进行。

$\Delta_r G_m^\ominus > 40kJ \cdot mol^{-1}$　一般非自发过程，反应能够逆向自发进行。

[例 2-7]　计算反应 $2Fe^{3+}(aq) + 2I^-(aq) \longrightarrow 2Fe^{2+}(aq) + I_2(s)$ 在 298.15K 下的标准摩尔吉布斯自由能，并判断反应进行的方向。

解　查表得有关物质的标准摩尔吉布斯自由能如下：

	$2Fe^{3+}(aq)$	$+2I^-(aq)$	$\longrightarrow 2Fe^{2+}(aq)$	$+I_2(s)$
$\Delta_f G_m^\ominus(298.15K)/kJ \cdot mol^{-1}$	-4.6	-51.6	-78.6	0

$$\Delta_r G_m^\ominus(298.15K) = 2\Delta_f G_m^\ominus(Fe^{2+}, aq) + \Delta_f G_m^\ominus(I_2, s) - 2\Delta_f G_m^\ominus(Fe^{3+}, aq) - 2\Delta_f G_m^\ominus(I^-, aq)$$

$$= 2\times(-78.6) + 0 - 2\times(-4.6) - 2\times(-51.6) = -44.8(kJ \cdot mol^{-1})$$

由于 $\Delta_r G_m^\ominus < 0$，所以反应可以在标准态下正向自发进行。

[例 2-8]　有一理想气体反应：$CO(g) + H_2O(g) \longrightarrow CO_2(g) + H_2(g)$，在 973.2K 时 $K^\ominus = 0.71$。问：①各物质的分压为 $1.5\times10^5 Pa$ 时能否正向自发进

行？②若增加反应物压力，使 $p_{CO}=1.0\times10^6$ Pa，$p_{H_2O}=5.0\times10^5$ Pa，$p_{CO_2}=p_{H_2}=1.5\times10^5$ Pa，该反应能否正向自发进行？

解　① $\Delta_r G_m^\ominus=-RT\ln K^\ominus=-8.314\times973.2\times\ln 0.71=2.77(\text{kJ}\cdot\text{mol}^{-1})$

$$Q=\frac{p_{CO_2}/p^\ominus\cdot p_{H_2}/p^\ominus}{p_{CO}/p^\ominus\cdot p_{H_2O}/p^\ominus}=\frac{1.5\times10^5/p^\ominus\cdot1.5\times10^5/p^\ominus}{1.5\times10^5/p^\ominus\cdot1.5\times10^5/p^\ominus}=1.0$$

根据化学反应的等温方程式，有：

$$\begin{aligned}\Delta_r G_m&=\Delta_r G_m^\ominus+RT\ln Q\\&=2.77\times10^3+8.314\times973.2\times\ln 1=2.77\times10^3(\text{J}\cdot\text{mol}^{-1})\end{aligned}$$

由于 $\Delta_r G_m>0$，故此反应在该条件下不能正向自发进行。

②当 $p_{CO}=1.0\times10^6$ Pa，$p_{H_2O}=5.0\times10^5$ Pa，$p_{CO_2}=p_{H_2}=1.5\times10^5$ Pa，此时

$$Q=\frac{p_{CO_2}/p^\ominus\cdot p_{H_2}/p^\ominus}{p_{CO}/p^\ominus\cdot p_{H_2O}/p^\ominus}=\frac{1.5\times10^5/p^\ominus\cdot1.5\times10^5/p^\ominus}{1.0\times10^6/p^\ominus\cdot5.0\times10^5/p^\ominus}=0.045$$

根据化学反应的等温方程式，有

$$\begin{aligned}\Delta_r G_m&=\Delta_r G_m^\ominus+RT\ln Q\\&=2.77\times10^3+8.314\times973.2\times\ln 0.045=-22.32\times10^3(\text{J}\cdot\text{mol}^{-1})\end{aligned}$$

由于 $\Delta_r G_m<0$，故此反应在该条件下能够正向自发进行。

［**例 2-9**］　已知反应 $CaCO_3(s)═CaO(s)+CO_2(g)$，试判断在 298.15K 和 1600K 温度下正反应是否能自发进行，并求其转变温度。

解　经附录查得反应中各组分的相关数据如下：

	$CaCO_3(s)$ ═	$CaO(s)$　+	$CO_2(g)$
$\Delta_f H_m^\ominus(298.15\text{K})/\text{kJ}\cdot\text{mol}^{-1}$	−1206.92	−635.09	−393.509
$S_m^\ominus(298.15\text{K})/\text{J}\cdot\text{mol}^{-1}\cdot\text{K}^{-1}$	92.9	39.75	213.74

其中：
$$\begin{aligned}\Delta_r H_m^\ominus&=\sum_B \nu_B\Delta_f H_{m,B}^\ominus\\&=\Delta_f H_m^\ominus(CaO,s)+\Delta_f H_m^\ominus(CO_2,g)-\Delta_f H_m^\ominus(CaCO_3,s)\\&=-635.09-393.509-(-1206.92)=178.32(\text{kJ}\cdot\text{mol}^{-1})\end{aligned}$$

$$\begin{aligned}\Delta_r S_m^\ominus&=\sum_B \nu_B S_{m,B}^\ominus\\&=S_m^\ominus(CaO,s)+S_m^\ominus(CO_2,g)-S_m^\ominus(CaCO_3,s)\\&=39.75+213.74-92.9=160.59(\text{J}\cdot\text{mol}^{-1}\cdot\text{K}^{-1})\end{aligned}$$

故
$$\begin{aligned}\Delta_r G_m^\ominus&=\Delta_r H_m^\ominus-T\Delta_r S_m^\ominus\\&=178.32-298.15\times160.59\times10^{-3}=130.44(\text{kJ}\cdot\text{mol}^{-1})\end{aligned}$$

由于 $\Delta_r G_m^\ominus>40\text{kJ}\cdot\text{mol}^{-1}$，故反应不能正向自发进行。

若温度提高至 1600K，则有：

$$\Delta_r G_m^\ominus(1600K) \approx \Delta_r H_m^\ominus(298.15K) - T\Delta_r S_m^\ominus(298.15K)$$
$$= 178.32 - 1600 \times 160.59 \times 10^{-3} = -78.62(kJ \cdot mol^{-1})$$

此时 $\Delta_r G_m^\ominus(1600K) < -40kJ \cdot mol^{-1}$，正反应可以自发进行。

转变温度的求取是基于 $\Delta_r G_m^\ominus = 0$，故有：

$$T = \frac{\Delta_r H_m^\ominus(298.15K)}{\Delta_r S_m^\ominus(298.15K)} = \frac{178.32}{160.59 \times 10^{-3}} = 1110.4(K)$$

2.3　化学平衡

可逆性是化学平衡的前提，化学反应达到平衡时是反应物和生成物共存的状态，每种物质的量不为零。由此，对于一个热力学上可进行的反应，在应用上往往需要探知原料最大可能的转化率，以及如何选择反应条件以提高转化率和获得更多的产物。

2.3.1　化学平衡及其特征

在同一条件下，一个化学反应，若既能向由反应物转变为生成物的方向进行，同时又能向由生成物转变为反应物的方向进行，这样的反应称为可逆反应(reversible reaction)，也可称作对峙反应。习惯上，将自左向右、由反应物转变为生成物的反应称为正反应，而将自右向左、由生成物转变为反应物的反应称为逆反应。几乎所有的化学反应都是可逆的，只是可逆的程度不同而已。

化学平衡(chemical equilibrium)，则是指在可逆化学反应所处的宏观条件确定后，化学反应的正逆反应速率达到相等，反应物和生成物各组分浓度保持不变的状态。举例来说，现有一个可逆反应：$CO(g) + H_2O(g) \rightleftharpoons CO_2(g) + H_2(g)$，若反应开始时，体系中只有 CO 和 H_2O 分子，则此时只能发生正反应。但是，随着反应的进行，CO 和 H_2O 分子数目减少，正反应速率随之变小。另一方面，一旦体系中出现 CO_2 和 H_2 分子，就会发生逆反应，且随着体系中 CO_2 和 H_2 分子数目的增多，逆反应的速率也在增大。当正反应速率等于逆反应速率时，体系中各个组分的浓度不再发生变化，即体系达到了化学平衡。

化学平衡建立的途径可以是多样的。若上述反应开始时体系中仅含有 CO_2 和 H_2 分子，此时只发生逆反应，且随着反应的进行，CO_2 和 H_2 分子数目不断减少，CO 和 H_2O 分子数目逐渐增多，直到体系内各个组分的浓度变化至正反应速率等于逆反应速率时，体系也便达到了化学平衡。

化学平衡有均相平衡和多相平衡之分。所有参与反应的组分均处于同一相(化学中，把物理性质与化学性质完全相同的部分称作相)中的化学平衡叫均相平衡(homogenous phase chemical equilibrium)。而把处于不同相中的组分参与的化学平衡叫多相平衡(multiple phase chemical equilibrium)，如碳酸钙的分解反应。

化学平衡具有以下特征：

(1)化学平衡是一种动态平衡。当体系达到化学平衡时，正逆反应仍在继续进行，只不过由于两者的反应速率相等，单位时间内每一种组分的生成量与消耗量相等，从而使得各个组分的浓度保持不变。

(2)化学平衡可以经由不同途径达到，即可以从反应物开始，也可以从生成物开始，还可以从反应物和生成物共存开始，均可达到化学平衡。

(3)当体系达到化学平衡时，只要外界条件不变，无论经过多长时间，各组分的浓度都将维持不变。而一旦外界条件改变，原有的化学平衡被破坏，体系将在新的条件下建立新的化学平衡。

2.3.2　平衡常数

(1)实验平衡常数

在一定条件下，当一个可逆反应处于化学平衡时，各个组分的组成以反应方程式中化学计量系数为指数的幂的乘积为一常数，并定义为经验平衡常数(empirical equilibrium constant)。由于各个组分的组成(摩尔浓度、分压等)需要借助实验测定，故也称为实验平衡常数。

现有一个可逆化学反应：$a\mathrm{A}+d\mathrm{D}\rightleftharpoons g\mathrm{G}+h\mathrm{H}$。若各个组分的组成通过实验测定，并以摩尔浓度表示，则其浓度经验平衡常数 K_c 的数学表达式为：

$$K_c=\frac{c_{\mathrm{G}}^{g}c_{\mathrm{H}}^{h}}{c_{\mathrm{A}}^{a}c_{\mathrm{D}}^{d}} \tag{2-17}$$

对于气相反应，实验平衡常数不仅可以通过组分的平衡浓度来表达，还可以通过各个组分的平衡分压来表达，即

$$K_p=\frac{p_{\mathrm{G}}^{g}p_{\mathrm{H}}^{h}}{p_{\mathrm{A}}^{a}p_{\mathrm{D}}^{d}} \tag{2-18}$$

平衡常数是表明化学反应限度的一种特征值。平衡常数越大，表示正向反应进行得越完全。在一定温度下，不同的反应，它们的平衡常数一般不同。

(2)标准平衡常数

对于 K_c，K_p 等实验平衡常数的数值和量纲会随着浓度、压力单位不同而不同，国际上现在统一采用标准平衡常数 $K^{\ominus}$，也称热力学平衡常数，其定义表达式为：

$$K^{\ominus}=\frac{(c_{\mathrm{G}}/c^{\ominus})^{g}(c_{\mathrm{H}}/c^{\ominus})^{h}}{(c_{\mathrm{A}}/c^{\ominus})^{a}(c_{\mathrm{D}}/c^{\ominus})^{d}} \tag{2-19}$$

或
$$K^{\ominus}=\frac{(p_G/p^{\ominus})^g(p_H/p^{\ominus})^h}{(p_A/p^{\ominus})^a(p_D/p^{\ominus})^d} \tag{2-20}$$

式中标准压力 $p^{\ominus}=100\mathrm{kPa}$，标准浓度 $c^{\ominus}=1.0\mathrm{mol\cdot L^{-1}}$。与实验平衡常数相比，标准平衡常数没有量纲，即量纲为1。

对于反应体系中的固体、纯液体来说，它们不出现在标准平衡常数的表达式中。如：$Zn(s)+2H^+(aq) = Zn^{2+}(aq)+H_2(g)$，其标准平衡常数的计算式为：

$$K^{\ominus}=\frac{(c_{Zn^{2+}}/c^{\ominus})(p_{H_2}/p^{\ominus})}{(c_{H^+}/c^{\ominus})^2}$$

标准平衡常数只与温度有关，而与压力和浓度选用何种单位无关。对于同一个反应，平衡常数与组分组成无关，但会随着温度和反应计量方程系数的不同而变化。此外，平衡常数只说明反应体系中各个组分在平衡状态时的组成之间的关系，而与反应到达平衡所需要的时间无关。

书写标准平衡常数表达式时，应注意以下几点：

①标准平衡常数中，生成物相对平衡浓度(或相对平衡分压)的幂的乘积做分子；反应物相对平衡浓度(或相对平衡分压)的幂乘积作分母。其中的幂的指数为相应组分在化学计量方程式中的计量系数。

②在标准平衡常数中，气体以相对平衡分压表示，溶液中的溶质以相对平衡浓度表示，而纯固体、纯液体不写入标准平衡常数表达式中(视为常数)。

③标准平衡常数的表达式必须与化学方程式相对应。同一个化学反应，若化学计量方程式的系数不同，其标准平衡常数的数值也不相同。

$$N_2(g)+3H_2(g) \rightleftharpoons 2NH_3(g), \quad K_1^{\ominus}=\frac{(p_{NH_3}/p^{\ominus})^2}{(p_{N_2}/p^{\ominus})(p_{H_2}/p^{\ominus})^3}$$

$$\frac{1}{2}N_2(g)+\frac{3}{2}H_2(g) \rightleftharpoons NH_3(g), \quad K_2^{\ominus}=\frac{(p_{NH_3}/p^{\ominus})}{(p_{N_2}/p^{\ominus})^{1/2}(p_{H_2}/p^{\ominus})^{3/2}}$$

$$2NH_3(g) \rightleftharpoons N_2(g)+3H_2(g), \quad K_3^{\ominus}=\frac{(p_{N_2}/p^{\ominus})(p_{H_2}/p^{\ominus})^3}{(p_{NH_3}/p^{\ominus})^2}$$

三者的表达式不同，但存在如下关系：$K_1^{\ominus}=(K_2^{\ominus})^2=1/K_3^{\ominus}$。

[例 2-10] 将氨基甲酸铵放在一抽空的容器中，并按下式分解：

$$NH_2COONH_4(s) \rightleftharpoons 2NH_3(g)+CO_2(g)$$

在20.8℃达到平衡时，容器内压力为8.825kPa，求标准平衡常数。

解 由分解的化学方程式可知：$p_{NH_3}=2p_{CO_2}$

而总压 $p=p_{NH_3}+p_{CO_2}=3p_{CO_2}$

因此，$K^{\ominus}=\left(\frac{p_{NH_3}}{p^{\ominus}}\right)^2\left(\frac{p_{CO_2}}{p^{\ominus}}\right)=\frac{4}{27}\left(\frac{p}{p^{\ominus}}\right)^3=\frac{4}{27}\left(\frac{8.825}{100}\right)^3=1.02\times10^{-4}$

［例 2-11］　醋酸和乙醇的酯化反应，化学方程式为：

$$CH_3COOH + C_2H_5OH \rightleftharpoons CH_3COOC_2H_5 + H_2O$$

若反应达平衡时混合物中的醋酸浓度为 0.1mol·L^{-1}，乙醇浓度为 0.2mol·L^{-1}，乙酸乙酯的浓度为 0.05mol·L^{-1}。那么，该反应的标准平衡常数

$$K^{\ominus} = \frac{(c_{CH_3COOC_2H_5}/c^{\ominus})}{(c_{CH_3COOH}/c^{\ominus})(c_{C_2H_5OH}/c^{\ominus})} = \frac{0.05}{0.1 \times 0.2} = 2.5$$

(3)多重平衡规则

如果一个化学反应是其他几个化学反应的代数和，则这个化学反应的平衡常数等于这几个化学反应的平衡常数的积(或商)，这个规则称为多重平衡规则(multiple equilibria rules)。当某个化学反应的平衡常数难以通过实验测定，人们可以根据多重平衡规则，利用若干已知反应的平衡常数进行间接计算获得。

［例 2-12］　已知下列反应的标准平衡常数：

①$HAc \rightleftharpoons H^+ + Ac^-$　　　$K_1^{\ominus} = 1.76 \times 10^{-5}$

②$NH_3 + H_2O \rightleftharpoons NH_4^+ + OH^-$　　　$K_2^{\ominus} = 1.77 \times 10^{-5}$

③$H_2O \rightleftharpoons H^+ + OH^-$　　　$K_3^{\ominus} = 1.0 \times 10^{-14}$

求化学反应 $NH_3 + HAc \rightleftharpoons NH_4^+ + Ac^-$ 的标准平衡常数。

解　经观察发现，待求解的反应＝反应①＋反应②－反应③，依据多重平衡规则有

$$K^{\ominus} = \frac{K_1^{\ominus} K_2^{\ominus}}{K_3^{\ominus}} = \frac{1.76 \times 10^{-5} \times 1.77 \times 10^{-5}}{1.0 \times 10^{-14}} = 3.12 \times 10^4$$

2.3.3　有关化学平衡的计算

化学反应达到平衡时，体系中各个组分的组成不再随时间而变化，并存在一定的定量关系。利用平衡常数，可以计算平衡时各反应物和生成物的浓度或分压，以及反应物的平衡转化率 α。

$$\alpha = \frac{\text{平衡时某反应物已转化的量}}{\text{该反应物的初始量}} \times 100\% \qquad (2\text{-}21)$$

平衡转化率是理论上该反应的最大转化率。而在实际生产中，往往体系还没有达到平衡时反应物就离开了反应器，即实际转化率一般低于平衡转化率。区别于平衡常数，转化率与反应体系的初始状态有关，而且必须指明反应物中的哪种组分的转化率。

［例 2-13］　在 250℃时，PCl_5 的分解反应：$PCl_5(g) \rightleftharpoons PCl_3(g) + Cl_2(g)$，其平衡常数 $K^{\ominus} = 1.78$。如果将一定量的 PCl_5 放入一密闭容器中，在 250℃，

200kPa 压力下，反应达到平衡，求 PCl_5 的平衡转化率是多少？

解 $PCl_5(g) \rightleftharpoons PCl_3(g) + Cl_2(g)$

	$PCl_5(g)$	$PCl_3(g)$	$Cl_2(g)$	
初始量/mol	n	0.0	0.0	
平衡量/mol	$n-x$	x	x	平衡时总摩尔数 $n+x$
平衡摩尔分数	$\frac{n-x}{n+x}$	$\frac{x}{n+x}$	$\frac{x}{n+x}$	$\frac{p_{总}}{p^\ominus}=2$

故此反应的标准平衡常数为：

$$K^\ominus=\frac{\left(\frac{x}{n+x}\cdot\frac{p}{p^\ominus}\right)\left(\frac{x}{n+x}\cdot\frac{p}{p^\ominus}\right)}{\left(\frac{n-x}{n+x}\cdot\frac{p}{p^\ominus}\right)}=1.78$$

整理得：

$$\frac{\left(\frac{2x}{n+x}\right)^2}{\frac{2(n-x)}{n+x}}=\frac{2x^2}{(n+x)(n-x)}=1.78$$

解得：$\frac{x}{n}=0.687$，即平衡转化率 $\alpha=0.687\times100\%=68.7\%$。

2.3.4 标准平衡常数与标准摩尔 Gibbs 自由能变

标准平衡常数也可以借由化学反应的等温方程式 $\Delta_r G_m=\Delta_r G_m^\ominus+RT\ln Q$ 导出。若反应体系已处于平衡状态，则 $\Delta_r G_m=0$，$Q=K^\ominus$。此时可推得：

$$\Delta_r G_m^\ominus=-RT\ln K^\ominus=-2.303RT\lg K^\ominus \tag{2-22}$$

整理变形得到：

$$\lg K^\ominus=-\frac{\Delta_r G_m^\ominus}{2.303RT} \tag{2-23}$$

在温度一定时，查取相关的热力学数据，从而可以求得该反应的标准摩尔 Gibbs 自由能变 $\Delta_r G_m^\ominus$，进而通过上式计算出该化学反应的标准平衡常数 $K^\ominus$。反之，当获取了标准平衡常数 $K^\ominus$ 的数值，就可以求得该反应的标准摩尔 Gibbs 自由能变 $\Delta_r G_m^\ominus$ 的数值。

从关系式 2-23 中可以知道，当温度一定时，$\Delta_r G_m^\ominus$ 值越小，则反应的标准平衡常数 $K^\ominus$ 值就越大，反应物的转化率就越高；相反，若 $\Delta_r G_m^\ominus$ 值越大，则反应的标准平衡常数 $K^\ominus$ 的值就越小，反应物的转化率就越低。

[**例 2-14**] 分别计算 $FeO(s)+CO(g) \xlongequal{} Fe(s)+CO_2(g)$ 在 298.15K、1000K 时的标准平衡常数 $K^\ominus$。已知 $\Delta_r H_m^\ominus(298.15K)=-16.46kJ\cdot mol^{-1}$，$\Delta_r S_m^\ominus(298.15K)=-10.65J\cdot mol^{-1}K^{-1}$。

解 $\Delta_r G_m^\ominus(298.15K)=\Delta_r H_m^\ominus(298.15K)-T\Delta_r S_m^\ominus(298.15K)$

$$= -16.46 - 298.15 \times (-10.65) \times 10^{-3} = -13.28(\mathrm{kJ \cdot mol^{-1}})$$

$$\Delta_r G_m^{\ominus}(1000\mathrm{K}) \approx \Delta_r H_m^{\ominus}(298.15\mathrm{K}) - T\Delta_r S_m^{\ominus}(298.15\mathrm{K})$$

$$= -16.46 - 1000 \times (-10.65) \times 10^{-3} = -5.81\mathrm{kJ \cdot mol^{-1}}$$

根据：$\lg K^{\ominus} = -\dfrac{\Delta_r G_m^{\ominus}}{2.303RT}$，有：

$$\lg K^{\ominus}(298.15\mathrm{K}) = -\frac{-13.28 \times 10^3}{2.303 \times 8.314 \times 298.15},\ K^{\ominus}(298.15\mathrm{K}) = 211.84$$

$$\lg K^{\ominus}(1000\mathrm{K}) = -\frac{-5.81 \times 10^3}{2.303 \times 8.314 \times 1000},\ K^{\ominus}(1000\mathrm{K}) = 2.01$$

视频 2.1

2.3.5　化学平衡的移动

化学平衡是一种动态平衡，且这种平衡是暂时的、相对的和有条件的。对某一可逆化学反应，因反应条件的改变，使反应从一种平衡状态转变为另一种平衡状态的过程，称作化学平衡的移动。化学平衡发生移动的根本原因是正逆反应速率不相等，而平衡移动的结果是可逆反应到达了一个新的平衡状态，此时正逆反应速率重新相等(与原来的速率可能相等也可能不相等)。

影响化学平衡移动的主要因素有浓度、压强、温度等，在改变这些因素的水平取值后，反应体系的浓度商 Q 与标准平衡常数 $K^{\ominus}$ 的大小关系发生改变。此时，反应体系中各个组分浓度将发生调整，以使 Q 和 $K^{\ominus}$ 相等，从而建立起新的化学平衡，即判据为：

$Q < K^{\ominus}$　化学平衡发生正向移动。

$Q > K^{\ominus}$　化学平衡发生逆向移动。

(1)浓度对化学平衡的影响

增大反应物浓度或减小产物浓度，化学平衡向正反应方向移动；减小反应物浓度或增大产物浓度，化学平衡向逆反应方向移动。

具体来说，当某一化学反应已处于平衡状态，可以按式(2-19)或(2-20)计算得到其标准平衡常数 $K^{\ominus}$。此后，若增大反应物浓度或减小产物浓度，导致该反应的浓度商 $Q < K^{\ominus}$，于是化学平衡发生正向移动，随之体系中产物的浓度上升而反应物的浓度降低，直至 Q 值重新达到 $K^{\ominus}$ 值以建立新的化学平衡。反之，若降低反应物浓度或增加产物浓度，则 $Q > K^{\ominus}$，反应朝着生成反应物的逆方向进行。

［例 2-15］　反应 $Fe^{2+}(aq) + Ag^+(aq) \rightleftharpoons Fe^{3+}(aq) + Ag(s)$ 在 25℃时标准平衡常数为 3.2。当 $c_{Ag^+} = 0.01\mathrm{mol \cdot L^{-1}}$，$c_{Fe^{2+}} = 0.1\mathrm{mol \cdot L^{-1}}$，$c_{Fe^{3+}} = 0.001\mathrm{mol \cdot L^{-1}}$ 时，求：①反应朝哪个方向进行？②平衡时 Ag^+，Fe^{2+}，Fe^{3+} 的平衡浓度和

Ag^+ 的平衡转化率？③如果保持 Ag^+ 和 Fe^{3+} 浓度不变，增加 Fe^{2+} 初始浓度至 $0.30\text{mol}\cdot L^{-1}$，求 Ag^+ 在新条件下的平衡转化率？

解　①计算反应商，判断反应方向

$$Q=\frac{(c_{Fe^{3+}}/c^{\ominus})}{(c_{Fe^{2+}}/c^{\ominus})(c_{Ag^+}/c^{\ominus})}=\frac{0.001}{0.1\times0.01}=1.0<K^{\ominus}=3.2$$

故反应正向进行。

②	$Fe^{2+}(aq)$	$+Ag^+(aq)\rightleftharpoons$	$Fe^{3+}(aq)+Ag(s)$
初始浓度/$(\text{mol}\cdot L^{-1})$	0.10	0.01	0.001
变化浓度/$(\text{mol}\cdot L^{-1})$	$-x$	$-x$	$+x$
平衡时浓度/$(\text{mol}\cdot L^{-1})$	$0.10-x$	$0.01-x$	$0.001+x$

根据标准平衡常数的表达式，有：

$$K^{\ominus}=\frac{(c_{Fe^{3+}}/c^{\ominus})}{(c_{Fe^{2+}}/c^{\ominus})(c_{Ag^+}/c^{\ominus})}=\frac{0.001+x}{(0.1-x)\times(0.01-x)}=3.2$$

解得：$x=0.0016\text{mol}\cdot L^{-1}$

并由此得：

$c_{Ag^+}=0.0084\text{mol}\cdot L^{-1}$，$c_{Fe^{2+}}=0.0984\text{mol}\cdot L^{-1}$，$c_{Fe^{3+}}=0.0026\text{mol}\cdot L^{-1}$

故 Ag^+ 的转化率 $\alpha=\frac{0.0016}{0.01}\times100\%=16.0\%$

③	$Fe^{2+}(aq)$	$+Ag^+(aq)\rightleftharpoons$	$Fe^{3+}(aq)+Ag(s)$
初始浓度/$(\text{mol}\cdot L^{-1})$	0.30	0.01	0.001
变化浓度/$(\text{mol}\cdot L^{-1})$	$-y$	$-y$	$+y$
平衡时浓度/$(\text{mol}\cdot L^{-1})$	$0.30-y$	$0.01-y$	$0.001+y$

根据标准平衡常数的表达式，有：

$$K^{\ominus}=\frac{(c_{Fe^{3+}}/c^{\ominus})}{(c_{Fe^{2+}}/c^{\ominus})(c_{Ag^+}/c^{\ominus})}=\frac{0.001+y}{(0.3-y)\times(0.01-y)}=3.2$$

解得：$y=0.0044\text{mol}\cdot L^{-1}$

故 Ag^+ 的转化率 $\alpha=\frac{0.0044}{0.01}\times100\%=44.0\%$

从计算可知，反应系统中增加反应物的量，平衡正向移动，可以提高另一种反应物 Ag^+ 的转化率。

(2)压强对化学平衡的影响

处于平衡状态的化学反应，其体系里无论是反应物，还是生成物，只要有气态物质存在，压强的改变就有可能使化学平衡移动，其影响情况视具体反应而定。也就是说，对反应前后有气体体积变化的可逆反应，增大压强，化学平衡向气体体积减小的方向移动；反之，减小压强，化学平衡向气体体积增大的方向移动。而对反应前后气体体积无变化的可逆反应而言，改变压强，化学平衡不会发生移动。

对于气相反应 $aA(g)+dD(g) \rightleftharpoons gG(g)+hH(g)$，在其达到化学平衡时，标准平衡常数可由式(2-20)计算得到。现将已处于化学平衡的反应体系，在保持温度不变的条件下从 p_1 压缩至 p_2，即 $p_2>p_1$，使体积压缩至 $1/x$，$x>1$，则由道尔顿分压定律可知，每一气体组分的分压增加 x 倍。

$$Q=\frac{(xp_G/p^{\ominus})^g(xp_H/p^{\ominus})^h}{(xp_A/p^{\ominus})^a(xp_D/p^{\ominus})^d}=x^{(g+h)-(a+d)}K^{\ominus} \tag{2-24}$$

上式简记为 $Q=x^{\Delta\nu}K^{\ominus}$，其中 $\Delta\nu=(g+h)-(a+d)$ 为反应方程式中产物和反应物的计量系数之差。

当 $\Delta\nu>0$ 时，$Q>K^{\ominus}$，平衡应向逆反应方向(即气体分子数减少的方向)移动。

当 $\Delta\nu<0$ 时，$Q<K^{\ominus}$，平衡应向正反应方向(即气体分子数减少的方向)移动。

当 $\Delta\nu=0$ 时，$Q=K^{\ominus}$，此时压力变化对平衡没有影响。

压强对化学平衡移动的影响，实质上是体系中各组分浓度变化对化学平衡移动的影响。压强增大时，平衡就会向压强减小的方向移动，且平衡移动造成的压强减小量小于原压强增大量；压强减小时，平衡就会向压强增大的方向移动，且平衡移动造成的压强增大量小于原压强减小量。

[例 2-16]　反应 $N_2O_4(g) \rightleftharpoons 2NO_2(g)$ 在 317K 时的平衡常数 $K^{\ominus}=1.0$。试分别计算当体系总压为 400kPa 和 800kPa 时 $N_2O_4(g)$ 的平衡转化率，并解释计算结果。

解　　　　　　　　　　　$N_2O_4(g) \rightleftharpoons 2NO_2(g)$

平衡组分物质的量：　　　　$1-\alpha$　　　　2α

体系总的物质的量：$n=1+\alpha$

设体系总压力为 $p_{总}$，则 $p_{N_2O_4}=\frac{1-\alpha}{1+\alpha}p_{总}$；$p_{NO_2}=\frac{2\alpha}{1+\alpha}p_{总}$

根据标准平衡常数的表达式，有：

$$K^{\ominus}=\frac{(p_{NO_2}/p^{\ominus})^2}{(p_{N_2O_4}/p^{\ominus})}=\frac{[2\alpha/(1+\alpha)]^2}{(1-\alpha)/(1+\alpha)}\cdot\frac{p_{总}}{p^{\ominus}}$$

现将 $p^{\ominus}=100\text{kPa}$ 代入上式，可求得：

$p_{总}=400\text{kPa}$ 时，$\alpha_1=24.3\%$；$p_{总}=800\text{kPa}$ 时，$\alpha_2=17.4\%$

由结果可看到，若增大压强，平衡向气体分子数减少的方向移动。

向已达到平衡的体系中加入惰性气体组分，其对化学平衡的影响可分为两种情况：

①在恒温恒压下，向已达到平衡的体系中加入惰性气体组分。由于此时反应总压不变，加入惰性气体前 $p_{总}=\sum p_i$，而加入惰性气体后 $p_{总}=\sum p_i'+p_{惰}$，由于总压 $p_{总}$ 不变，而 $p_{惰}$ 是大于零的，所以 $\sum p_i>\sum p_i'$，相当于气体的相对平衡分压减小，则平衡向气体分子数增多的方向移动。

②在恒温恒容下，向已达到平衡的体系中加入惰性组分。此时气体总压力 $p_{总}=\sum p_i'+p_{惰}$ 增加，而各物质分压 p_i 保持不变，此时 $Q=K^{\ominus}$，所以平衡不发生移动。

对于只有液体、固体参加的反应，由于压强的影响很小，所以一般认为平衡不发生移动，即压强对液、固相的反应平衡无影响。

[例 2-17] 乙烷裂解生成乙烯：$C_2H_6(g) \rightleftharpoons C_2H_4(g)+H_2(g)$，已知在 1273K 下，反应达到平衡时有 $p_{C_2H_6}=2.65\text{kPa}$，$p_{C_2H_4}=49.35\text{kPa}$，$p_{H_2}=49.35\text{kPa}$，求 $K^{\ominus}$ 值。并说明在生产中，常在恒温恒压下加入过量水蒸气提高乙烯产率的原理。

解 根据标准平衡常数的表达式，有：

$$K^{\ominus}=\frac{(p_{C_2H_4}/p^{\ominus})(p_{H_2}/p^{\ominus})}{(p_{C_2H_6}/p^{\ominus})}=\frac{(49.35/100)^2}{(2.65/100)}=9.19$$

在恒温恒压下加入水蒸气，由于总压不变，则各组分的相对分压减小，$Q<K^{\ominus}$，平衡应向正反应方向(即气体分子数增多的方向)移动。

(3)温度对化学平衡的影响

改变浓度和压强，平衡常数保持不变，但反应体系的浓度商 Q 将发生改变，使得 $Q\neq K^{\ominus}$，导致化学平衡的移动。而改变温度，将直接导致平衡常数的数值发生改变，从而使得化学平衡移动，进而引起反应体系中相关组分浓度发生变化。

由 $\Delta_r G_m^{\ominus}=-RT\ln K^{\ominus}$ 和 $\Delta_r G_m^{\ominus}=\Delta_r H_m^{\ominus}-T\Delta_r S_m^{\ominus}$，可以得：

$$\ln K^{\ominus}=-\frac{\Delta_r H_m^{\ominus}}{RT}+\frac{\Delta_r S_m^{\ominus}}{R} \tag{2-25}$$

设定可逆反应在温度 T_1 和 T_2 时的标准平衡常数分别为 $K_1^{\ominus}$ 和 $K_2^{\ominus}$，又若该温度变化区间较小时，$\Delta_r H_m^{\ominus}$ 和 $\Delta_r S_m^{\ominus}$ 的值可看作为常数，则可以得：

$$\ln K_1^{\ominus}=-\frac{\Delta_r H_m^{\ominus}}{RT_1}+\frac{\Delta_r S_m^{\ominus}}{R}$$

$$\ln K_2^{\ominus}=-\frac{\Delta_r H_m^{\ominus}}{RT_2}+\frac{\Delta_r S_m^{\ominus}}{R}$$

上面两式相减并整理化简可得：

$$\ln\frac{K_2^{\ominus}}{K_1^{\ominus}}=-\frac{\Delta_r H_m^{\ominus}}{R}\left(\frac{1}{T_2}-\frac{1}{T_1}\right) \tag{2-26}$$

此式称为范特霍夫(Van't Hoff)公式。由范特霍夫公式可以看出，温度变化对化学平衡移动的影响与化学反应热有关。

①放热反应。$\Delta_r H_m^{\ominus}<0$，升高温度($T_2>T_1$)，则 $K_2^{\ominus}<K_1^{\ominus}$，此时 $Q>K_2^{\ominus}$，平衡向逆反应方向移动；相反，降低温度($T_2<T_1$)，则 $K_2^{\ominus}>K_1^{\ominus}$，此时 $Q<K_2^{\ominus}$，平衡向正反应方向移动。

②吸热反应。$\Delta_r H_m^{\ominus}>0$，升高温度($T_2>T_1$)，则 $K_2^{\ominus}>K_1^{\ominus}$，此时 $Q<K_2^{\ominus}$，平衡向正反应方向移动；相反，降低温度($T_2<T_1$)，则 $K_2^{\ominus}<K_1^{\ominus}$，此时 $Q>K_2^{\ominus}$，平衡向逆反应方向移动。

[例 2-18]　水蒸气通过灼热煤层生成水煤气的反应：$C(s)+H_2O(g)\longrightarrow H_2(g)+CO(g)$。现已知在1000K和1200K时，$K^{\ominus}$ 分别为2.472和37.58。试求：①该反应的 $\Delta_r H_m^{\ominus}$(假设在此温度范围内 $\Delta_r H_m^{\ominus}$ 不变)；②计算1100K时该反应的 $K^{\ominus}$ 值。

解　①将1000K和1200K时的 $K^{\ominus}$ 值2.472和37.58，代入公式(2-26)，有

$$\ln\frac{37.58}{2.472}=-\frac{\Delta_r H_m^{\ominus}}{8.314}\left(\frac{1}{1200}-\frac{1}{1000}\right)$$

求解得：$\Delta_r H_m^{\ominus}=1.36\times10^5\,J\cdot mol^{-1}$

②现利用求得的 $\Delta_r H_m^{\ominus}$，并借助1000K下的 $K^{\ominus}=2.472$，计算温度为1100K的 $K^{\ominus}$

$$\ln\frac{K^{\ominus}}{2.472}=-\frac{1.36\times10^5}{8.314}\left(\frac{1}{1100}-\frac{1}{1000}\right)$$

求解得：$K^{\ominus}=10.94$

(4)催化剂对化学平衡的影响

催化剂是指能够改变化学反应速率而自身的质量和性质都不变的物质。催化剂对正反应和逆反应的影响程度是相同的，添加催化剂不会改变反应物和产物的自由能差。因此，催化剂不会影响反应平衡，不能改变体系中各组分的平衡浓度，也不会导致化学平衡的移动。

(5)化学平衡移动原理

化学平衡移动原理是一个定性预测化学平衡点的原理，又名勒夏特列原理(Le Chatelier's principle)，由法国化学家勒夏特列于1888年发现。其内容为：如果改变可逆反应的条件(如浓度、压强、温度等)，化学平衡就被破坏，并向减弱这种改变的方向移动。

比如，在一个可逆反应中，当增加反应物的浓度时，平衡要向正反应方向移动，平衡的移动使得增加的反应物浓度又会逐步减少；但这种减弱不可能消除增加反应物浓度对这种反应物本身的影响，与旧的平衡体系中这种反应物的浓度相比而言，所增加的反应物浓度还是增加了。再如，在有气体参加或生成的可逆反应中，当增加压强时，平衡总是向体积缩小的方向移动，比如在 $N_2+3H_2 \rightleftharpoons 2NH_3$ 可逆反应中，达到化学平衡后，若对这个体系增加压强，比如压强增加为原来的两倍，这时原有的化学平衡被打破，反应向体积缩小的方向移动，即在本反应中向正反应方向移动，以建立新的化学平衡。增加的压强即被减弱，不再是原平衡的两倍，但这种增加的压强不可能完全被消除，也不是与原有平衡相同，而是处于两者之间。

视频 2.2

勒夏特列原理的应用可以使某些工业生产过程的原料转化率达到或接近理论值，同时也可以避免一些并无实效的方案(如高炉加碳的方案)，其应用非常广泛。另外，化学平衡移动原理适用于所有达到动态平衡的体系，而不适用于尚未达到平衡的体系。

2.4 化学反应速率

对于某一个化学反应，虽然热力学数据可以提供反应是否可行以及反应完成后的产物稳定性等信息，但并不能提供反应的速率和反应所需的时间等信息。而决定一个化学反应能否真正服务于生产实际，主要在于其反应速率的大小。在生产实践中，人们总是希望反应快速完成，反应物转化完全。相反，对于那些危害较大的化学变化，如食物的变质、金属的锈蚀、染料的褪色等，则是希望尽可能延缓其发生。因此，通过对化学反应速率的研究，掌握其主要影响因素和作用规律，从而帮助人们实现对化学反应快慢的操作与调控。

2.4.1 化学反应速率的基本概念

化学反应速率(rate of chemical reaction)是指在一定条件下，化学反应中反应物转变为生成物的快慢程度，通常用单位时间内反应物或生成物的物质的量的变化来表示。在容积不变的均相反应容器中，通常用单位时间内反应物浓度的减少或生成物浓度的增加来表示。浓度的单位常用 $mol \cdot L^{-1}$，时间的单位根据具体反应的快慢可选秒(s)、分(min)、小时(h)等。因此反应速率的单位为 $mol \cdot L^{-1} \cdot s^{-1}$，$mol \cdot L^{-1} \cdot min^{-1}$ 或 $mol \cdot L^{-1} \cdot h^{-1}$ 等。对绝大多数反应而言，反应速率是随着反应的进行而不断变化的，因此在描述化学反应速率时可选用平均反应速率和瞬时反应速率两种。

(1)平均反应速率

平均反应速率(average rate)是指单位时间内反应物或生成物浓度改变量的绝对值。若现有反应 $aA+dD \xlongequal{} gG+hH$，则各个组分的平均反应速率为：

$$v_B=\left|\frac{\Delta c_B}{\Delta t}\right| \tag{2-27}$$

式中 v_B 的下标 B 可指代组分 A，D，G 或 H。

［**例 2-19**］ 某化学反应 $2A \xlongequal{} B+3D$ 中 A 的起始浓度为 $1.0mol \cdot L^{-1}$，B 的起始浓度为 $0.2mol \cdot L^{-1}$ 及 D 的起始浓度为 0，在进行 60min 时测得反应物 A 的浓度为 $0.5mol \cdot L^{-1}$。试计算反应开始后 60min 内各组分的平均速率。

解	2A	══	B	+	3D
初始浓度/$mol \cdot L^{-1}$	1.0		0.2		0
60min 浓度/$mol \cdot L^{-1}$	0.5		$0.2+\frac{1}{2}(1.0-0.5)$		$\frac{3}{2}(1.0-0.5)$

根据公式 2-27，得：

$$v_A=-\frac{\Delta c_A}{\Delta t}=-\frac{0.5-1.0}{60-0}=0.0083(mol \cdot L^{-1} \cdot min^{-1})$$

$$v_B=\frac{\Delta c_B}{\Delta t}=\frac{\frac{1}{2}(1.0-0.5)}{60-0}=0.00417(mol \cdot L^{-1} \cdot min^{-1})$$

$$v_D=\frac{\Delta c_D}{\Delta t}=\frac{\frac{3}{2}(1.0-0.5)}{60-0}=0.0125(mol \cdot L^{-1} \cdot min^{-1})$$

观察 3 个组分在同一时间内的平均速率，发现有：$\frac{1}{2}v_A=v_B=\frac{1}{3}v_D$。

计算结果表明，反应速率选用不同物质表示时，其数值不相等，而实际上它们所表示的是同一反应速率。因此在表示某一反应速率时，应标明是哪种物质的浓度变化。但是，若所有反应物的浓度变化都除以反应物前的计量系数，则可以得到相同的反应速率值。

同一物质在不同的反应时间内，其反应速率不同。随着反应的进行，反应速率在减小，而且始终在变化；因此平均速率不能准确地表达化学反应在某一瞬间的真实反应速率。只有采用瞬时速率才能说明反应的真实情况。

(2)瞬时反应速率

瞬时反应速率(momentary rate)是指反应在某一瞬间的反应速率。时间间隔越短，物质浓度的变化量就越小，平均反应速率就越接近于瞬时反应速率。当反应时间间隔趋于无限小时，物质浓度的变化量也无限小，这时平均反应速率达到一个极限值，即这一时刻的瞬时反应速率。瞬时反应速率可以通过作图的方法求出，即以反应体系中某组分浓度为纵坐标，时间为横坐标作 $c-t$ 曲线图，在时间 t 点处作该曲线的切线，该切线的斜率即为该组分在时间 t 处的瞬时反应速率。瞬时反应速率也可按公式计算得到。

$$v_B=\lim_{\Delta t\to 0}\left(\left|\frac{\Delta c_B}{\Delta t}\right|\right)=\left|\frac{dc_B}{dt}\right| \tag{2-28}$$

视频 2.3

对于某个化学反应，每个组分的反应速率在不同时刻是不一样的，但任意两个组分的反应速率比值是不随时间变化的。实际工作中，一般选择容易测定的物质的浓度变化来表示反应速率。而对于气相反应，压强比浓度更容易测量，因此可用气体分压代替浓度。

2.4.2 影响化学反应速率的因素

不同的化学反应一般有着不同的反应速率。反应物的结构和性质差异是内在影响因素，它对反应速率起主要作用。同一个化学反应，在不同的外界条件下，其反应速率也有明显的差异，这些外部条件包括浓度、温度、压强、表面积、催化剂等。

(1)浓度对反应速率的影响

一个化学反应方程式只能显示反应物、生成物以及它们之间的定量转化关系，不能表明反应物经过怎样的途径得到生成物。绝大多数化学反应并不是一步就完成的，而是需要多个步骤一起来实现的。反应物一步直接转化为反应产物的化学反应定义为基元反应(elementary reaction)，如：$CO+NO_2 = CO_2+NO$。基元反应没有中间产物。

化学反应分为简单反应和复杂反应。由一个基元反应构成的化学反应称为简单反应(simple reaction)；由两个或两个以上的基元反应构成的化学反应称为复杂反应(complex reaction)。比如 $H_2+I_2 = 2HI$，其反应历程包括以下两个步骤：

①$I_2 \longrightarrow 2I$(快反应)

②$H_2+2I \longrightarrow 2HI$(慢反应)

对于一个复杂反应，其含有的多个基元反应速率一般有明显差距，而整个复杂反应的反应速度则取决于其中最慢的那个基元反应的速度。由此，这个最慢的基元反应，也被称为该复杂反应的速度控制步骤。

对于基元反应，其反应速率与反应物浓度之间的定量关系可通过质量作用定律(law of mass action)来表示，即“在一定温度下，反应速率与各反应物浓度的相应幂的乘积成正比”。对于一般反应 $aA+dD = gG+hH$，反应速率方程(rate equation)为：

$$v=kc_A^{\alpha}c_D^{d} \tag{2-29}$$

式中 k 为反应速率常数(rate constant)，其数值的大小取决于反应物本身的结构性质、反应温度和催化剂，而与浓度无关。其单位由反应级数来确定，通式为：$mol^{1-n}\cdot L^{n-1}\cdot s^{-1}$，$\alpha$ 和 β 称为反应物 A 和 D 的反应级数，$n=\alpha+\beta$ 称为总反应级数。反应级数可以是整数，也可以是分数，其值的大小可表明反应物浓度的改变对反应速率的影响程度。

反应的速率方程一般需要通过实验得到。质量作用定律仅适用于基元反应，因为基元反应的反应速率与反应物的浓度呈线性关系，因此可以根据反应方程式直接写出反应的速率方程。而对于非基元反应，反应速率通常不会简单地与反应物的浓度成线性关系。因此，必须通过实验来确定反应速率方程的具体形式。需要注意的是，以上的讨论都是基于均相反应，而对于有固体或纯液体参与的反应，若它们不溶于反应介质中，则不出现在反应速率方程的表达式中。

(2)温度对化学反应速率的影响

温度也是影响反应速率的主要因素。1889 年，瑞典化学家阿伦尼乌斯(Arrhenius)基于蔗糖水解速率与温度的关系，总结出反应速率常数与温度之间的经验方程——阿伦尼乌斯公式：

$$k=Ae^{-E_a/RT} \tag{2-30}$$

式中，A 称为指前因子，E_a 为活化能，k 是反应速率常数，R 是通用气体常数。其中活化能(activation energy)，在统计热力学中是指活化分子的平均能量与反应物分子的平均能量的差值。对于复杂反应，活化能则是组成总反应的各个基元反应活化能的代数和，因其没有明确的物理意义，常被称为表观活化能。从上式经验关系式可以看出：

①速率常数与反应温度的关系：温度升高，速率常数增大，反应速率加快。一般情况下，温度每升高 10℃，k 值将增大 2～4 倍。

②活化能与速率常数的关系：在相同温度下，活化能越大，速率常数越小，反应速率越慢。

对同一反应，在温度变化不大的一定范围内，A 和 E_a 可视为常数。若已知活化能和某一温度 T_1 下的速率常数 k_1，运用上式可以求算任意温度 T_2 下的速率常数 k_2；也或已知两个不同温度下的速率常数，运用上式可以求算该反应的活化能，即

$$\lg k_2 = -\frac{E_a}{2.303RT_2} + \lg A \text{ 和 } \lg k_1 = -\frac{E_a}{2.303RT_1} + \lg A$$

两式相减并整理可得：

$$\lg \frac{k_2}{k_1} = \frac{E_a}{2.303R}\left(\frac{T_2 - T_1}{T_1 T_2}\right) \tag{2-31}$$

［**例 2-20**］ 已知反应 $2NO_2 = 2NO + O_2$ 在 592K 时速率常数 $k = 0.498 mol^{-1} \cdot L \cdot s^{-1}$，在 656K 时 $k = 4.74 mol^{-1} \cdot L \cdot s^{-1}$，计算该反应的活化能 E_a。

解 根据公式(2-31)，代入题目中数据得：

$$\lg \frac{4.74}{0.498} = \frac{E_a}{2.303 \times 8.314}\left(\frac{656-592}{592 \times 656}\right)$$

求解得：$E_a = 113.7 kJ \cdot mol^{-1}$。

(3)压强对化学反应速率的影响

当反应物中含气体时，增加压强会增加气体分子的密度，使它们更加接近，并且会增加它们之间的碰撞频率，从而增升反应速率。例如，对于合成氨反应：

$$N_2(g) + 3H_2(g) = 2NH_3(g)$$

根据勒夏特列原理(Le Chatelier's principle)，增加气体分子之间的压强会向反应物数量较少的一侧推动反应平衡，因为这可以减少气体分子的数量，从而降低反应体系的压强。在上述反应中，反应物 N_2 和 H_2 的摩尔比为 1∶3，它们的数量之和比产物 NH_3 的数量多。因此，增加压强，反应物 N_2 和 H_2 之间的碰撞频率增加，反应速率加快，推动反应向产物 NH_3 的方向进行。

需要注意的是：压强对反应速率的影响是通过改变反应物的浓度来实现的。对于反应体系中的固体、液体物质，由于改变压强对它们浓度的影响可以忽略，因此压强对无气体参加的化学反应的速率无影响。另外，向反应体系中充入不参与反应的气体时，对反应速率的影响则分为两种情形：①恒容：充入稀有气体(或非反应气体)→总压增大→物质的浓度不变(活化分子的浓度不变)→反应速率不变；②恒压：充入稀有气体(或非反应气体)→体积增大→物质的浓度减小(活化分子的浓度减小)→反应速率减小。

(4)催化剂对化学反应速率的影响

凡能改变化学反应速率而本身的组成、质量和化学性质在反应前后保持不变的一类物质称为催化剂(catalyst)。催化剂按其作用可分为两大类，能加快反应速率的称为正催化剂，能减慢反应速率的称为负催化剂或阻化剂。通常所说的催化剂是指正催化剂。

催化剂之所以能显著地改变化学反应速率，是由于催化剂能够与反应物形成一种势能较低的活化配合物，从而改变反应的历程，降低反应的活化能，使活化分子百分数和有效碰撞次数增多，反应速率增大。

例如，某个化学反应在没有催化剂参与下的反应历程为 $A+B\longrightarrow C$，反应活化能为 E_a；在加入催化剂 K 后，其反应历程需要两步：$A+K\longrightarrow[A\cdots K]\longrightarrow AK$ 和 $AK+B\longrightarrow[B\cdots A\cdots K]\longrightarrow C+K$，它们的反应活化能分别为 $E_{a(1)}$ 和 $E_{a(2)}$。如图 2-1 所示，由于 $E_{a(1)}<E_a$，$E_{a(2)}<E_a$，所以催化剂 K 参与的反应途径是一条活化能较低的反应历程，从而使反应速率得到提升。

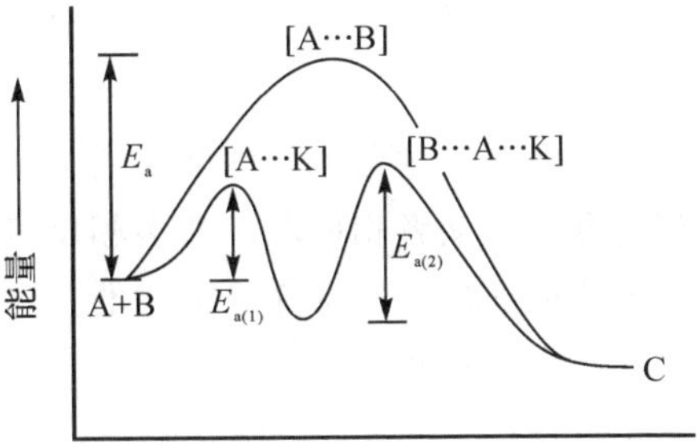

图 2-1　催化反应活化能

催化反应不仅在工业生产上有重要意义，而且在人们的生活中有着广泛应用，如生物体内的新陈代谢都是酶催化作用，大气臭氧层的破坏、酸雨的形成、汽车尾气的净化等都涉及催化作用。然而，对于有催化剂参与的反应，应注意以下几个问题：

①催化剂的催化作用体现在改变反应途径来改变反应速率，而不会改变反应体系的热力学状态和化学平衡。

②催化剂具有高效性。少量的催化剂就能显著改变化学反应的速率。

③对于可逆反应来说，催化剂既能加快正反应速率，也能加快逆反应速率，催化剂等值地降低了正、逆反应的活化能，因此催化剂能缩短到达平衡状态的时间。

④催化剂具有选择性。每种催化剂都有其使用范围，某一反应或某一类反应使用的催化剂往往对其他反应无催化作用。

⑤杂质对催化剂的性能有很大的影响。有些杂质可增强催化功能，在工业上称作“助催化剂”；有些杂质则减弱催化功能，称为“抑制剂”；还有些杂质严重阻碍催化功能，甚至使催化剂“中毒”，完全丧失催化功能，称为“毒物”。

催化剂在现代化学中占有极为重要的地位。据统计，约有 85%的化学反应需要借助于催化剂。尤其在大型化工、石油化工中，很多化学反应用于生产实践都是在找到了性能优良的催化剂后才实现的。

(5)影响反应速率的其他因素

热力学上把体系内部物理和化学性质完全均匀的部分称为一个“相”(phase)。基于相的概念，化学反应分为单相反应和多相反应两类。

单相反应：反应体系中只存在一个相的反应，如气相反应、部分液相反应。

多相反应：反应体系中同时存在着两个或两个以上相的反应，如气固相反应(如煤的燃烧、金属表面的氧化等)、液固相反应(如金属与酸的反应)、固固相反应(如水泥生产中的若干主反应等)、部分液液相反应(如油脂与 NaOH 水溶液的反应)等。

多相反应过程系由外部传质、内部传质和化学反应所组成的过程，后两者相并联又与前者相串联。在多相反应中，反应发生在相与相间的界面上，因此多相反应的反应速率除了上述的几种因素外，还与反应物间的接触面积的大小和相界面的更新有关。为此，化工生产上往往把固态反应物先行粉碎、拌匀，再进行反应；将液态反应物喷淋、雾化，再使其与气态反应物混合接触；对于溶液中进行的多相反应则普遍采用搅拌、振荡的方法，强化扩散作用，增加反应物的碰撞频率并使生成物及时脱离反应界面。

此外，超声波、激光以及高能射线，也是某些化学反应的反应速率的影响因素。

视频 2.4

2.4.3 反应速率理论

实验结果证明，化学反应速率的大小取决于两个方面，即内因和外因。内因是指反应物的本性，例如无机物间的反应一般比有机物的反应快得多。在无机反应中，分子之间的反应一般较慢，而溶液中离子之间的反应通常较快。外因是指外界条件，例如浓度、温度、催化剂等。为了说明“内因”和“外因”对化学反应速率影响的实质，提出了碰撞理论和过渡状态理论。

(1)碰撞理论(collision theory)

化学反应的发生总是伴随着电子的转移或重新分配，这种转移或重新分配似乎只有通过相关原子的接触才可能实现。1918 年，路易斯(Lewis)根据气体分子运动论，提出了碰撞理论。其理论要点如下：

①原子、分子或离子只有相互碰撞才能发生反应，或者说碰撞是反应发生的先决条件。

②只有少部分碰撞能导致化学反应，大多数反应物微粒之间的碰撞是弹性碰撞。

在动力学上，把能导致化学反应发生的碰撞称为有效碰撞，发生有效碰撞的分子称为活化分子。单位时间内有效碰撞的频率越高，反应速率越大。

根据气体分子运动论，在任何给定的温度下，分子的运动速度不同，也就是其所具有的能量不同。图 2-2 用统计方法绘出了在某给定温度下，气体分子能量分布的规律，即分子能量分布曲线，$E_{平}$ 表示分子的平均能量，E_1 表示活化分子的平均能量，而 E_a 为活化能，其值 $E_a=E_1-E_{平}$。E_a 越大，活化分子越少，有效碰撞次数就越小，化学反应速率越慢，反之亦然。要发生有效碰撞必须具备以下两个条件：

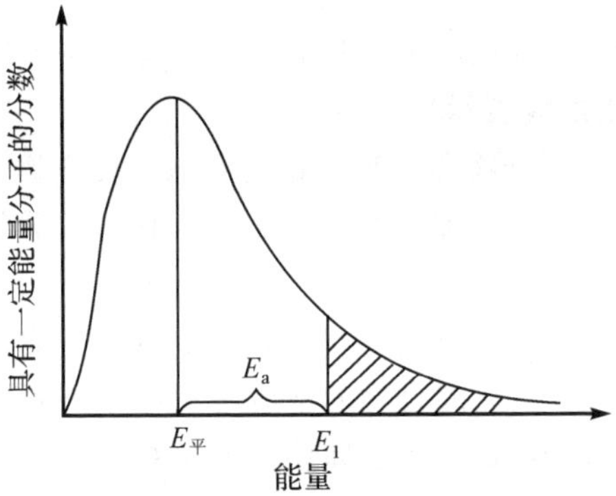

图 2-2　气体分子能量分布

①反应物分子必须具有足够大的能量。由于相互碰撞的分子的周围负电荷电子之间存在着强烈的电性排斥力，因此只有能量足够大的分子发生碰撞时，才能以足够大的动能去克服上述的电性排斥力，而导致原有化学键的断裂和新化学键的形成。

②反应物分子要以适当的空间取向才能发生碰撞，比如 $CO(g)+NO_2(g)$ $=\!=\!=CO_2(g)+NO(g)$反应，CO 与 NO_2 碰撞时，只有 CO 中的 C 与 NO_2 中的 O 迎头相碰时才会发生化学反应。

碰撞理论为深入研究化学反应速率与活化能的关系提供了理论依据，直观明了，易为初学者所接受。基于碰撞理论可以推导出阿伦尼乌斯方程和速率常数公式等化学反应动力学方程式。但该理论模型过于简单，把分子简单地看成没有内部结构的刚性球体，要么发生反应碰撞，要么发生弹性碰撞，并未从分子内部的原子重新组合的角度来揭示活化能的物理意义。

(2)过渡状态理论(Transition state theory)

随着原子结构和分子结构理论的发展，20 世纪 30 年代艾林(Eyring)在量子力学和统计学的基础上提出了化学反应速率的过渡状态理论，又称为活化配合物理论，其要点如下：

①由反应物分子变为产物分子的化学反应并不完全是简单几何碰撞，而是旧键的破坏与新键的生成的连续过程。

②当具有足够能量的分子以适当的空间取向靠近时，要进行化学键重排，能量重新分配，形成一个过渡状态的活化配合物(activated complex)。示意如下：

$$A+B-C \longrightarrow [A\cdots B\cdots C]^{*} \longrightarrow A-B+C$$

活化配合物

在活化配合物中，原有化学键被削弱但未完全断裂，新的化学键开始形成但尚未完全形成(均用虚线表示)。

③过渡状态的活化配合物是一种不稳定状态。反应物分子的动能暂时变为活化配合物的势能，因此活化配合物很不稳定，它可以分解为生成物，也可以分解为反应物。

④过渡状态理论认为，反应速率与下列三个因素有关：

活化配合物的浓度：活化配合物的浓度越大，反应速率越大；

活化配合物分解成产物的概率：即反应的选择性，活化配合物分解成产物的概率越大，反应速率越大；

活化配合物分解成产物的速率：分解成产物的速率越大，反应速率越大。

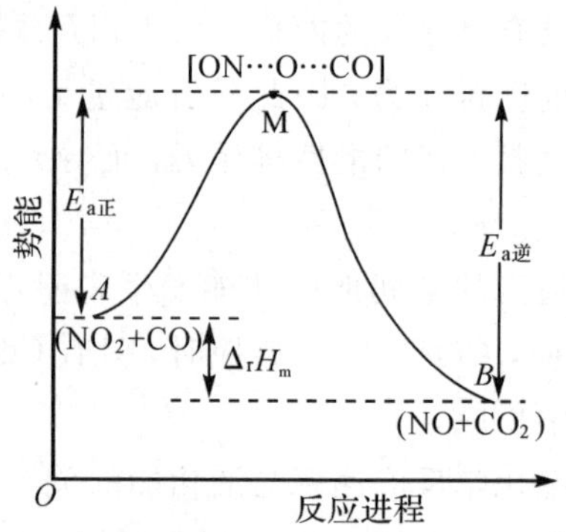

图 2-3　反应过程中势能变化意图

图 2-3 为 $NO_2+CO \longrightarrow CO_2+NO$ 反应过程中势能变化的示意图。图中 M 点的能量为基态活化配合物[ON···O···CO]的势能，A 点能量为基态反应物分子对(NO_2+CO)的势能，B 点能量为基态生成物分子对($NO+CO_2$)的势能。在过渡状态理论中，所谓活化能是指使反应进行所必须克服的势能垒，即图中 M 与 A 的能量差，因而属理论活化能范畴。由此可见，过渡状态理论中活化能的定义与分子碰撞理论中活化能的定义有所不同，但其含义在实质上是一致的。另外，过渡状态理论通过研究反应物分子在达到过渡态时的构型和能量来解释反应的速率和选择性。

综上，碰撞理论与过渡状态理论是两种互相补充的反应动力学理论。过渡状态理论吸收了碰撞理论中合理的部分，为活化能提供了一个明确的模型，并将反应速率理论与涉及的物质的微观结构相结合，可以从分子内部结构及内部运动的角度讨论反应速率。然而，过渡状态理论的应用受到一定的限制，例如许多反应的活化配合物的结构无法在实验上加以验证，同时计算方法也比较复杂。

【应用实例】

合成氨的化学平衡计算

氨是重要的无机化工产品之一，在国民经济中占有重要地位，其中约有80%氨用来生产化学肥料，20%为其他化工产品的原料。合成氨工业是现代化学工业建立和发展史上的标志性事件。氨的合成是氨厂最后一道工序，任务是在适当的温度、压力和催化剂存在的条件下，将经过精制的氢氮混合气直接合成氨。然后，将所生成的气体氨从未合成为氨的混合气体中冷凝分离出来，得到产品液氨，分离氨后的氢氮气体循环使用。合成氨是一个典型的工业生产过程，氨的合成是整个合成氨生产的关键部分。

某化工企业在 500℃，29.8MPa 下，进行氨的合成，$\frac{1}{2}N_2(g)+\frac{3}{2}H_2(g)$ ══ $NH_3(g)$，500℃时，$K^{\ominus}=3.75\times10^{-3}$。假设为理想气体反应，试估算原料气中只含有 1∶3 的氮、氢情况下的合成氨的转化率 α，与氨的含量 y_{NH_3}。

	$\frac{1}{2}N_2$	+ $\frac{3}{2}H_2$ ══	NH_3
起始 $t=0$	n_0	$3n_0$	0
平衡 $t=t_{eq}$	$n_0(1-\alpha)$	$3n_0(1-\alpha)$	$2n_0\alpha$　$n_{总}=n_0(4-2\alpha)$
平衡分压	$\frac{n_0(1-\alpha)}{n_0(4-2\alpha)}\cdot\frac{p}{p^{\ominus}}$	$\frac{3n_0(1-\alpha)}{n_0(4-2\alpha)}\cdot\frac{p}{p^{\ominus}}$	$\frac{2n_0\alpha}{n_0(4-2\alpha)}\cdot\frac{p}{p^{\ominus}}$

$$K^{\ominus}=\frac{4\alpha(2-\alpha)p^{\ominus}}{3^{\frac{3}{2}}(1-\alpha)^2 p}=3.75\times10^{-3}$$

将 $K^{\ominus}=3.75\times10^{-3}$，$p=29.8\text{MPa}$ 代入，得：

$$\alpha=1-\frac{1}{\left[1+4.87\times10^{-3}\left(\frac{p}{p^{\ominus}}\right)\right]^{\frac{1}{2}}}=36.1\%$$

$$y_{NH_3}=\frac{2n_0\alpha}{n_0(4-2\alpha)}=22.0\%$$

【知识结构】

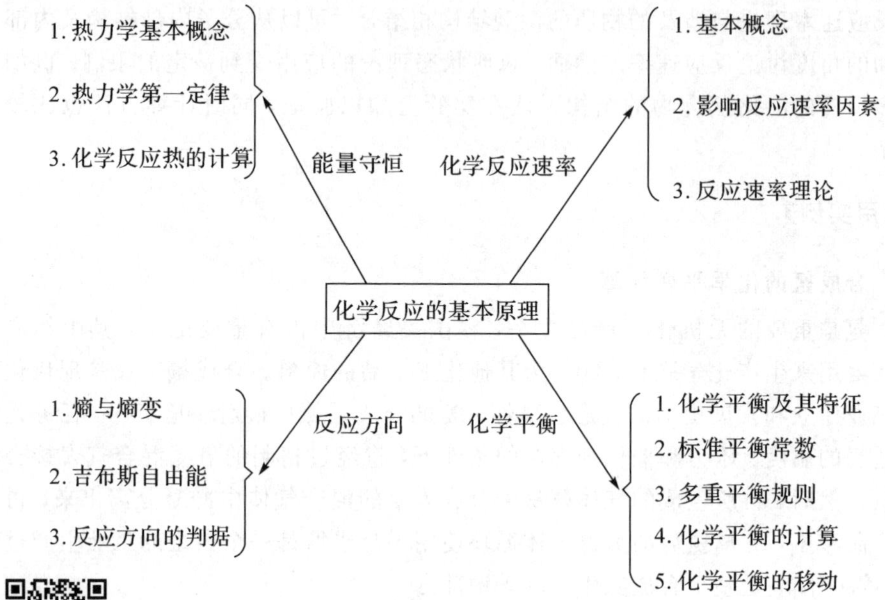

视频 2.5

习 题

2.1 计算下列体系热力学能的变化：①体系从环境吸热 1000J，并对环境做功 540J；②体系向环境放热 535J，环境对体系做功 250J。

2.2 1mol 丙二酸 $CH_2(COOH)_2$ 晶体在弹式量热计中完全燃烧，298.15K 时放出的热量为 866.5kJ，求 1mol 丙二酸在 298.15K 时的等压反应热。

2.3 硝酸甘油的爆炸反应为：$4C_3H_5(NO_3)_3(l) = 6N_2(g) + 10H_2O(g) + 12CO_2(g) + O_2(g)$。爆炸时产生的气体发生膨胀可使体积增大 1200 倍，已知 $C_3H_5(NO_3)_3(l)$的标准摩尔生成焓为$-355kJ \cdot mol^{-1}$，利用本书附表中的数据计算该爆炸反应在 298.15K 下的标准摩尔反应焓变。

2.4 现有下列反应：$CH_3COOH(l) + C_2H_5OH(l) = CH_3COOC_2H_5(l) + H_2O(l)$。试利用标准摩尔燃烧焓的数据计算该反应的 $\Delta_r H_m^\ominus$。

2.5 已知 $\Delta_c H_m^\ominus(C_3H_8, g) = -2220.9kJ \cdot mol^{-1}$，$\Delta_f H_m^\ominus(H_2O, l) = -285.8kJ \cdot mol^{-1}$，$\Delta_f H_m^\ominus(CO_2, g) = -393.5kJ \cdot mol^{-1}$，求 $C_3H_8(g)$ 的 $\Delta_f H_m^\ominus$。

2.6　已知 298.15K，标准状态下：

①$Cu_2O(s)+\frac{1}{2}O_2(g)$══$2CuO(s)$，$\Delta_r H_m^\ominus(1)=-146.02kJ\cdot mol^{-1}$

②$CuO(s)+Cu(s)$══$Cu_2O(s)$，$\Delta_r H_m^\ominus(2)=-11.30kJ\cdot mol^{-1}$

求 $CuO(s)$══$Cu(s)+\frac{1}{2}O_2(g)$的 $\Delta_r H_m^\ominus$。

2.7　已知下列化学反应的反应热：

①$C_2H_2(g)+\frac{5}{2}O_2(g)$══$2CO_2(g)+H_2O(g)$，$\Delta_r H_m^\ominus=-1246.2kJ\cdot mol^{-1}$

②$C(s)+2H_2O(g)$══$CO_2(g)+2H_2(g)$，$\Delta_r H_m^\ominus=90.9kJ\cdot mol^{-1}$

③$2H_2O(g)$══$2H_2(g)+O_2(g)$，$\Delta_r H_m^\ominus=483.6kJ\cdot mol^{-1}$

求乙炔 $C_2H_2(g)$的生成焓 $\Delta_f H_m^\ominus$。

2.8　在 750℃，总压力为 4266Pa，反应：$\frac{1}{2}SnO_2(s)+H_2(g)$══$\frac{1}{2}Sn(s)+H_2O(g)$达平衡时，水蒸气的气压力为 3160Pa。求该反应在 750℃下的 $K^\ominus$。

2.9　已知下列反应的标准平衡常数：

①$C(s)+2S(s)\rightleftharpoons CS_2(g)$，$K_1^\ominus=0.258$

②$Cu_2S(s)+H_2(g)\rightleftharpoons 2Cu(s)+H_2S(g)$，$K_2^\ominus=3.9\times10^{-3}$

③$2H_2S(g)\rightleftharpoons 2H_2(g)+2S(s)$，$K_3^\ominus=2.29\times10^{-2}$

试求反应 $2Cu_2S(s)+C(s)\rightleftharpoons 4Cu(s)+CS_2(g)$的标准平衡常数 $K^\ominus$。

2.10　写出下列各化学反应的平衡常数 $K^\ominus$ 表达式：

①$HAc(aq)\rightleftharpoons H^+(aq)+Ac^-(aq)$；

②$CaCO_3(s)\rightleftharpoons CaO(s)+CO_2(g)$；

③$C(s)+H_2O(g)\rightleftharpoons CO(g)+H_2(g)$；

④$AgCl(s)\rightleftharpoons Ag^+(aq)+Cl^-(aq)$；

⑤$Cu^{2+}(aq)+4NH_3(aq)\rightleftharpoons Cu(NH_3)_4^{2+}(aq)$；

⑥$2MnO_4^-(aq)+5SO_3^{2-}(aq)+6H^+(aq)\rightleftharpoons 2Mn^{2+}(aq)+5SO_4^{2-}(aq)+3H_2O(l)$。

2.11　利用附录数据，判断下列反应在 298.15K 下能否自发向右进行。

①$2CuO(s)$══$Cu_2O(s)+\frac{1}{2}O_2(g)$；

②$3NO_2(g)+H_2O(l)$══$2HNO_3(l)+NO(g)$；

③$4NH_3(g)+5O_2(g)$══$4NO(g)+6H_2O(g)$；

④$8Al(s)+3Fe_3O_4(s)$══$4Al_2O_3(s)+9Fe(s)$。

2.12 已知某反应 $\Delta_r H_m^\ominus(298.15K)=20kJ\cdot mol^{-1}$，在 300K 的标准平衡常数 $K^\ominus$ 为 1.0×10^3，求反应的标准摩尔熵变 $\Delta_r S_m^\ominus(298.15K)$。

2.13 计算下列反应在 298K 时的 $\Delta_r G_m^\ominus$，$\Delta_r S_m^\ominus$ 和 $\Delta_r H_m^\ominus$。

①$Ca(OH)_2(s)+CO_2(g)=CaCO_3(s)+H_2O(l)$；

②$N_2(g)+3H_2(g)=2NH_3(g)$；

③$2H_2S(g)+3O_2(g)=2SO_2(g)+2H_2O(l)$。

2.14 某反应 25℃时 $K=32$，37℃时 $K=50$。求 37℃时该反应的 $\Delta_r H_m^\ominus$，$\Delta_r G_m^\ominus$ 和 $\Delta_r S_m^\ominus$(设此温度范围内 $\Delta_r H_m^\ominus$ 为常数)。

2.15 试计算下列合成甘氨酸的反应在 298.15K 及 $p^\ominus$ 下的 $\Delta_r G_m^\ominus$，并判断此条件下反应的自发性：$NH_3(g)+2CH_4(g)+\frac{5}{2}O_2(g)=C_2H_5O_2N(s)+3H_2O(l)$。

2.16 由软锰矿二氧化锰制备金属锰可采取下列两种方法：

①$MnO_2(s)+2H_2(g)=Mn(s)+2H_2O(g)$；

②$MnO_2(s)+2C(s)=Mn(s)+2CO(g)$；

上述两个反应在 25℃，100kPa 下是否能自发进行？如果考虑工作温度越低越好的话，则制备锰采用哪一种方法比较好？

2.17 甲醇是重要的能源和化工原料，用附录的数据计算它的人工合成反应 $CO+2H_2=CH_3OH$ 的 $\Delta_r H_m^\ominus$，$\Delta_r S_m^\ominus$ 和 $\Delta_r G_m^\ominus$，判断在标准状态下反应自发进行的方向并估算转向温度。

2.18 在 25℃时，反应 $2H_2O_2(g)\rightleftharpoons 2H_2O(g)+O_2(g)$ 的 $\Delta_r H_m^\ominus=-210.9kJ\cdot mol^{-1}$，$\Delta_r S_m^\ominus=131.8J\cdot mol^{-1}\cdot K^{-1}$。试计算该反应在 25℃和 100℃时的 $K^\ominus$。

2.19 在一定温度下，测得反应：$4HBr(g)+O_2(g)\rightleftharpoons 2H_2O(g)+2Br_2(g)$ 系统中 HBr 起始浓度为 $0.0100mol\cdot L^{-1}$，10s 后 HBr 的浓度为 $0.0082mol\cdot L^{-1}$，试计算反应在 10s 之内的平均速率为多少？如果上述数据是 O_2 的浓度，则该反应的平均速率又是多少？

2.20 某基元反应：$A+B=C$，在 1.20L 溶液中，当 A 为 4.0mol，B 为 3.0mol 时，v 为 $0.0042mol\cdot L^{-1}\cdot s^{-1}$，计算该反应的速率常数，并写出该反应的速率方程式。

2.21　某二级反应，在不同温度下的反应速率常数如下：

T/K	645	675	715	750
$k\times10^3/\text{mol}^{-1}\cdot\text{L}\cdot\text{min}^{-1}$	6.15	22.0	77.5	250

①作 $\ln k-1/T$ 图计算反应活化能 E_a；②计算 700K 时的反应速率常数 k。

2.22　已知反应 $C_2H_5Br = C_2H_4 + HBr$ 活化能为 $225\text{kJ}\cdot\text{mol}^{-1}$，650K 时 $k=2.0\times10^{-3}\text{s}^{-1}$，求该反应在 700K 时的速率常数。

2.23　某反应 25℃时速率常数为 $1.3\times10^{-3}\text{s}^{-1}$，35℃时速率常数为 $3.6\times10^{-3}\text{s}^{-1}$。根据范特霍夫规则，估算该反应 55℃时的速率常数。

2.24　某病人发烧至 40℃时，使体内某一酶催化反应的速率常数增大为正常体温(37℃)的 1.25 倍，求该酶催化反应的活化能。

2.25　反应 $C_2H_4 + H_2 = C_2H_6$ 在 300K 时 $k_1=1.3\times10^{-3}\text{mol}\cdot\text{L}^{-1}\cdot\text{s}^{-1}$，400K 时 $k_2=4.5\times10^{-3}\text{mol}\cdot\text{L}^{-1}\cdot\text{s}^{-1}$，求该反应的活化能 E_a。

2.26　某反应的活化能为 $180\text{kJ}\cdot\text{mol}^{-1}$，800K 时反应速率常数为 k_1，求 $k_2=2k_1$ 时的反应温度。

2.27　设汽车内燃机内温度因燃料燃烧反应达到 1573K，试计算此温度时下列反应的 $\Delta_r G_m^{\ominus}$ 和 $K^{\ominus}$：$\frac{1}{2}N_2(g)+\frac{1}{2}O_2(g) = NO(g)$。

2.28　已知尿素 $CO(NH_2)_2$ 的 $\Delta_f G_m^{\ominus}=-197.15\text{kJ}\cdot\text{mol}^{-1}$，求尿素的合成反应在 298.15K 时的 $\Delta_r G_m^{\ominus}$ 和 $K^{\ominus}$：$2NH_3(g)+CO_2(g) \rightleftharpoons H_2O(g)+CO(NH_2)_2(s)$。

2.29　密闭容器中的反应 $CO(g)+H_2O(g) \rightleftharpoons CO_2(g)+H_2(g)$ 在 750K 时 $K^{\ominus}=2.6$，求：①当原料气中 $H_2O(g)$ 和 $CO(g)$ 的物质的量之比为 1∶1 时，$CO(g)$ 的转化率为多少？②当原料气中 $H_2O(g)$∶$CO(g)$ 为 4∶1 时，$CO(g)$ 的转化率为多少？

2.30　雷雨天会发生反应：$N_2(g)+O_2(g) = 2NO(g)$，已知在 2030K 和 3000K 时，该反应达平衡后，系统中 NO 的体积分数分别为 0.8%和 4.5%，试判断该反应是吸热反应还是放热反应？并计算 2030K 时的平衡常数。(提示：空气中 N_2 和 O_2 的体积分数分别为 78%和 21%。)

测验题

一、填空题

1. 已知 $\Delta_f H_m^\ominus[HI(g)]=-1.35kJ \cdot mol^{-1}$则反应：

$2HI(g)=\!=\!=H_2(g)+I_2(s)$的 $\Delta_r H_m^\ominus=$________。

2. 反应 $C(s)+H_2O(g)=\!=\!=CO(g)+H_2(g)$的 $\Delta_r H_m^\ominus=134kJ \cdot mol^{-1}$，当升高温度时，该反应的平衡常数 $K^\ominus$ 将________；系统中 CO(g)的含量有可能________。增大系统压力会使平衡________移动；保持温度和体积不变，加入 $N_2(g)$，平衡________移动。

3. 反应 $N_2O_4(g)=\!=\!=2NO_2(g)$是一个熵________的反应。在恒温恒压下达到平衡，若使 $n(N_2O_4)：n(NO_2)$增大，平衡将向________移动；$n(NO_2)$将________；若向该系统中加入 Ar(g)，$n(NO_2)$将________，$\alpha(N_2O_4)$________。

4. 如果反应 A 的 $\Delta G_1^\ominus<0$，反应 B 的 $\Delta G_2^\ominus<0$，$|\Delta G_1^\ominus|=0.5|\Delta G_2^\ominus|$，则 $K_1^\ominus$ 等于 $K_2^\ominus$ 的________倍，两个反应的速率常数的相对大小________。

5. 已知下列反应及其平衡常数：

$$4HCl(g)+O_2(g)\overset{T}{\rightleftharpoons}2Cl_2(g)+2H_2O(g),\ K_1^\ominus$$

$$2HCl(g)+\frac{1}{2}O_2(g)\overset{T}{\rightleftharpoons}Cl_2(g)+H_2O(g),\ K_2^\ominus$$

$$\frac{1}{2}Cl_2(g)+\frac{1}{2}H_2O(g)\overset{T}{\rightleftharpoons}HCl(g)+\frac{1}{4}O_2(g),\ K_3^\ominus$$

则 $K_1^\ominus$，$K_2^\ominus$，$K_3^\ominus$ 之间的关系是________。

6. 对于________反应，其反应级数一定等于反应物计量系数________。速率常数的单位由______决定。若某反应速率常数 k 的单位是 $mol^{-2} \cdot L^2 \cdot s^{-1}$，则该反应的反应级数是________。

7. 反应 $A(g)+2B(g)=\!=\!=C(g)$的速率方程为：$v=kc_A \cdot c_B^2$。该反应________是基元反应。当 B 的浓度增加 2 倍时，反应速率将增大________倍；当反应容器的体积增大到原体积的 3 倍时，反应速率将增大________倍。

8. 在化学反应中，可加入催化剂以加快反应速率，主要是因为________反应活化能；________增加，速率常数 k ________。

9. 对于可逆反应，当升高温度时，其速率常数 $k_正$ 将________；$k_逆$ 将________。当反应为________热反应时，平衡常数 $K^\ominus$ 将增大，该反应的 $\Delta G^\ominus$ 将________；当反应为________热反应时，平衡常数将减小。

二、选择题

1. 某基元反应 A+B $\rightleftharpoons$ D，$E_{a,正}=600kJ \cdot mol^{-1}$，$E_{a,逆}=150kJ \cdot mol^{-1}$，该反应的热效应 $\Delta H^\ominus$ 是(　　)$kJ \cdot mol^{-1}$。

(A)450　　(B)−450　　(C)750　　(D)375

2. 下列叙述中正确的是(　　)。

(A)溶液中的反应一定比气相中反应速率大

(B)反应活化能越小，反应速率越大

(C)增大系统压力，反应速率一定增大

(D)加入催化剂，使 $E_{a,正}$ 和 $E_{a,逆}$ 减少相同倍数

3. 升高同样温度，一般化学反应速率增大倍数较多的是(　　)。

(A)吸热反应　　(B)放热反应

(C)E_a 较大的反应　　(D)E_a 较小的反应

4. 反应 $CaCO_3(s) \rightleftharpoons CaO(s)+CO_2(g)$ 在高温时正反应自发进行，其逆反应在 298K 时为自发的，则逆反应的 $\Delta H^\ominus$ 与 $\Delta S^\ominus$ 的关系是(　　)。

(A)$\Delta H^\ominus>0$ 和 $\Delta S^\ominus>0$　　(B)$\Delta H^\ominus<0$ 和 $\Delta S^\ominus>0$

(C)$\Delta H^\ominus>0$ 和 $\Delta S^\ominus<0$　　(D)$\Delta H^\ominus<0$ 和 $\Delta S^\ominus<0$

5. 下列热力学函数等于零的是(　　)。

(A)$S^\ominus(O_2, g)$　　(B)$\Delta_f H_m^\ominus(I_2, s)$

(C)$\Delta_f G_m^\ominus(P_4, s)$　　(D)$\Delta_f G_m^\ominus$(金刚石)

6. 下列反应中 $\Delta S^\ominus>0$ 的是(　　)。

(A)$CO(g)+Cl_2(g) = COCl_2(g)$

(B)$N_2(g)+O_2(g) = 2NO(g)$

(C)$NH_4HS(s) = NH_3(g)+H_2S(g)$

(D)$2HBr(g) = H_2(g)+Br_2(l)$

7. 下列符号表示状态函数的是(　　)。

(A)ΔU　　(B)$S^\ominus$　　(C)$\Delta H^\ominus$　　(D)G

8. 在基本容器中加入相同物质量的 NO 和 Cl_2，在一定温度下发生反应：

$NO(g)+\frac{1}{2}Cl_2(g) \rightleftharpoons NOCl(g)$，平衡时，有关各物质分压的结论正确的是(　　)。

(A)$p(NO)=p(Cl_2)$　　(B)$p(NO)=p(NOCl)$

(C)$p(NO)<p(Cl_2)$　　(D)$p(NO)>p(Cl_2)$

9. 下列说法中正确的是(　　)。

(A)质量作用定律是一个普遍的规律，适用于一切化学反应

(B)反应级数与反应分子数总是一致的

(C)同一反应，加入不同的催化剂，但活化能的降低总是相同的

(D)反应速率常数与温度有关，而与物质的浓度无关

10. 增大反应物浓度，使反应速率加快的原因是(　　)。

(A)分子数目增加　　(B)活化分子百分数增加

(C)单位体积内活化分子总数增加　　(D)反应系统混乱度增加

三、计算题

1. 已知反应 $2CuO(s) \rightleftharpoons Cu_2O(s) + \frac{1}{2}O_2(g)$ 在 300K 时的 $\Delta G^{\ominus} = 112.7\text{kJ} \cdot \text{mol}^{-1}$；在 400K 时的 $\Delta G^{\ominus} = 102.6\text{kJ} \cdot \text{mol}^{-1}$。

(1)计算 $\Delta H^{\ominus}$ 与 $\Delta S^{\ominus}$(不查表)。

(2)当 $p(O_2) = 101.326\text{kPa}$ 时，该反应能自发进行的最低温度时多少？

2. A，B 两种物质混合后，发生如下反应：$A(g) + 2B(g) \rightleftharpoons D(g)$，500K 时在一密闭容器中反应达到平衡时，$c(A) = 0.60\text{mol} \cdot \text{L}^{-1}$，$c(B) = 1.20\text{mol} \cdot \text{L}^{-1}$，$c(D) = 2.16\text{mol} \cdot \text{L}^{-1}$。计算该反应 500K 时的平衡常数 $K^{\ominus}$；A、B 两物种的开始分压以及 A 的平衡转化率各是多少？

3. 在 250℃时 PCl_5 的分解反应 $PCl_5(g) \rightleftharpoons PCl_3(g) + Cl_2(g)$，其平衡常数 $K^{\ominus} = 1.78$，如果将一定量的 PCl_5 放入密闭容器中，在 250℃时，202.75kPa 压力下，反应达到平衡。求 PCl_5 的分解百分数是多少？

4. 在高温时，光气发生如下的分解反应：$COCl_2(g) \rightleftharpoons CO(g) + Cl_2(g)$，在 1000K 时将 0.631g 的 $COCl_2(g)$ 注入容积为 472mL 的密闭容器中，当反应达到平衡时，容器内的压力为 220.38kPa。计算该反应在 1000K 时的平衡常数 $K^{\ominus}$。

5. 反应：$PCl_5(g) \rightleftharpoons PCl_3(g) + Cl_2(g)$，

(1)523K 时，将 0.70mol 的 PCl_5 注入容积为 2.0L 的密闭容器中，平衡时有 0.50mol 的 PCl_5 被分解了，试计算该温度下的平衡常数 $K^{\ominus}$ 和 PCl_5 的分解百分数。

(2)若在上述容器中已达到平衡后，再加入 0.10mol 的 Cl_2，则 PCl_5 的分解百分数是多少？

6. 在某一容器中 A 与 B 反应，实验测得数据如下：

$c(A)/(\text{mol} \cdot \text{L}^{-1})$	$c(B)/(\text{mol} \cdot \text{L}^{-1})$	$c(C)/(\text{mol} \cdot \text{L}^{-1})$
1.0	1.0	1.2×10^{-2}

续表

$c(A)/(mol\cdot L^{-1})$	$c(B)/(mol\cdot L^{-1})$	$c(C)/(mol\cdot L^{-1})$
2.0	1.0	2.3×10^{-2}
4.0	1.0	4.9×10^{-2}
8.0	1.0	9.6×10^{-2}
1.0	1.0	1.2×10^{-2}
1.0	2.0	4.8×10^{-2}
1.0	4.0	1.9×10^{-1}
1.0	8.0	7.6×10^{-1}

(1)确定该反应的级数，写出反应速率方程式；

(2)计算反应速率常数 k。

第 3 章　酸碱平衡与酸碱滴定法
(Acid-base equilibrium and acid-base titration)

学习目标

通过本章的学习，要求掌握：

1. 酸碱理论与酸碱平衡的基本概念；
2. 一元弱酸(碱)溶液 pH 值的计算；
3. 多元酸(碱)及两性物质溶液 pH 值的计算；
4. 酸碱缓冲溶液的原理与配制；
5. 酸碱滴定曲线与酸碱指示剂的基本原理；
6. 酸碱滴定法及其应用。

酸碱性在历史上的不同阶段，有着不同的定义，人们对酸碱的了解经历了一个由浅入深、由低级到高级的认识过程。酸碱最初的直观认识是来自于味觉：酸，有酸味，能使石蕊试液变红；碱，有涩味，滑腻感，能使红色石蕊变蓝。但这种原始的评判方法因人而异，个体差异较大，不能作为科学的评判依据。

随着科学的发展和人们对自然界认识的不断深入提出了一系列的酸碱理论，经常用到的有阿仑尼乌斯的酸碱电离理论、布朗斯特和劳莱的酸碱质子理论、路易斯酸碱电子理论及软硬酸碱理论。

在阿伦尼乌斯酸碱理论中，酸碱性的强弱可以通过水溶液中的氢离子与氢氧根离子浓度进行定量比较(这里的浓度准确来讲是活度，但稀溶液中氢离子浓度与活度接近，可用易于获得数据的浓度代替活度)，氢离子浓度表示为 $c(H^+)$，氢氧根浓度表示为 $c(OH^-)$，氢离子浓度越大酸性越强，氢氧根离子浓度越大碱性越强。同温度下，水溶液中 $c(H^+) \cdot c(OH^-)$ 是定值，由此可见酸性越强的溶液碱性越弱，碱性越强的溶液酸性越弱。

1909 年，丹麦生理学家索仑生提出用 pH 来表示酸碱性的强弱。pH 是氢离子浓度的负对数，即

$$pH = -\lg[H^+]，同理\ pOH = -\lg[OH^-]$$

引入 pH 的一大好处是简便了书写，并且方便我们比较溶液的酸碱性强弱。298K 时，水溶液中 $c(H^+) \cdot c(OH^-)$是定值为 1×10^{-14}，所以 pH＋pOH＝14。pH＜7的溶液呈酸性，pH＝7 的溶液呈中性，pH＞7 的溶液呈碱性。

溶液酸性、中性或碱性的判断依据是：$c(H^+)$和 $c(OH^-)$的相对大小，在任意温度时溶液 $c(H^+)>c(OH^-)$时呈酸性，$c(H^+)=c(OH^-)$时呈中性，$c(H^+)<c(OH^-)$时呈碱性。

在常温(25℃)和标准压强(100kPa)下，pH＝7 的水溶液(如：纯水)为中性，这是因为水在标准状态下自然电离出的氢离子和氢氧根离子浓度的乘积(水的离子积常数)始终是 1×10^{-14}，且两种离子的浓度都是 1×10^{-7} mol/L。pH 小说明 H^+的浓度大于 OH^-的浓度，故溶液酸性强，而 pH 增大则说明 H^+的浓度小于 OH^-的浓度，故溶液碱性强。所以 pH 越小，溶液的酸性越强；pH 越大，溶液的碱性也就越强。

通常 pH 是一个介于 0～14 之间的数，当 pH＜7 的时候，溶液呈酸性；当 pH＞7 的时候，溶液呈碱性；当 pH＝7 的时候，溶液呈中性。但在非水溶液或非标准状态下，pH＝7 可能并不代表溶液呈中性，这需要通过计算该溶剂在这种条件下的电离常数来决定 pH 是否为中性的值。如 373K(100℃)的温度下，pH＝6 为中性溶液。

酸碱滴定法是以酸碱反应为基础的滴定分析方法。酸碱滴定也叫中和滴定，是把已知物质的量浓度的酸(或碱)用滴定管滴定的方式来测定未知物质的量浓度的碱(或酸)的滴定分析方法。实验中常用甲基橙、甲基红、酚酞等做酸碱指示剂来确定反应是否完全中和。它不仅能用于水溶液体系，也可用于非水溶液体系，酸碱滴定法是滴定分析中最重要的和应用最广泛的方法之一，也是最基本的分析化学实验方法。

在酸碱滴定中，溶液的 pH 如何随滴定剂的加入而发生变化、如何选择合适指示剂使其变色点与化学计量点接近、如何将酸碱滴定法用于实际测定中等，都是必须掌握的内容。本章将学习酸碱平衡和酸碱滴定法的基本原理和应用实例。

3.1　电解质溶液

3.1.1　电解质的分类

电解质是一类重要的化合物。凡是在水溶液或熔融状态下能解离出离子而导电的化合物都叫作电解质，如 NaCl。根据导电能力的大小，1923 年，德拜

(P. J. W. Debye)和休格尔(E. Hückel)提出强电解质理论，电解质几乎全部电离导电能力大的是强电解质，电解质只有少部分电离导电能力小的是弱电解质。因此电解质可分为强电解质和弱电解质两大类。

强电解质(strong electrolyte)是在水溶液中或熔融状态中几乎完全发生电离的电解质。强电解质电离比较完全，不存在解离平衡，如 NaCl 的解离方程式为：$NaCl = Na^+ + Cl^-$。强电解质有离子型化合物：NaCl，KCl，NaOH，KOH 等，或者强极性键化合物：HCl，H_2SO_4($H^+ + HSO_4^-$)等。

弱电解质(weak electrolyte)是在水溶液中或熔融状态下仅部分解离成离子的化合物是弱电解质，一般是弱极性键化合物，有弱酸、弱碱，少部分盐，如：醋酸(HAc)、氨水($NH_3 \cdot H_2O$)、醋酸铅、氯化汞等。另外，水是极弱电解质。弱电解质的解离是可逆的，存在解离平衡，解离方程式中用“$\rightleftharpoons$”表示可逆，如 $HAc \rightleftharpoons H^+ + Ac^-$。

3.1.2 解离度和标准解离常数

(1)解离度

弱电解质在水溶液中只是部分电离，绝大部分都是以分子形式存在，因此在弱电解质的溶液中，弱电解质的解离和生成始终都在进行中，并最终达到平衡状态，这种平衡称为解离平衡。电解质达到解离平衡时，已解离的弱电解质浓度和弱电解质原有的起始浓度之比称为解离度。用希腊字母 α 来表示，一般用百分数表示。

$$\alpha = \frac{\text{已解离的电解质浓度}}{\text{弱电解质的起始浓度}} \times 100\% \tag{3-1}$$

解离度相当于化学平衡中的转化率，其大小反映了弱电解质解离的程度，α 越小，解离的程度越小，电解质越弱。其大小主要取决于电解质的本身，除此之外还受溶液起始浓度、温度和其他电解质存在等因素的影响。

(2)标准解离常数

在一定温度下，当弱电解质解离成离子的速率与离子重新结合成弱电解质的速率相等时，则解离反应达到平衡状态，称为解离平衡。

通常用 $K^\ominus$ 表示弱电解质解离平衡常数，简称为标准解离常数。弱电解质 AB 的解离方程式可表示为：

$$AB \rightleftharpoons A^+ + B^-$$

标准解离平衡常数为：$$K^\ominus = \frac{\dfrac{c(A^+)}{c^\ominus} \times \dfrac{c(B^-)}{c^\ominus}}{\dfrac{c(AB)}{c^\ominus}}$$

因为 $c^{\ominus}=1.0\text{mol}\cdot\text{L}^{-1}$，上式可以简写为：

$$K^{\ominus}=\frac{c(\text{A}^{+})\times c(\text{B}^{-})}{c(\text{AB})}$$

(3)稀释定律

设弱电解质 AB 的起始浓度为 c，解离度为 α，达到解离平衡后，

$$c(\text{A}^{+})=c(\text{B}^{-})=c\alpha，c(\text{AB})=c(1-\alpha)$$

$$K^{\ominus}=\frac{c(\text{A}^{+})\times c(\text{B}^{-})}{c(\text{AB})}=\frac{c\alpha\times c\alpha}{c(1-\alpha)}=\frac{c\alpha^{2}}{1-\alpha}$$

在一般情况下，当电解质很弱时，解离度很小，($c/K_{\text{a}}^{\ominus}\geqslant 105$)，可以认为 $1-\alpha\approx 1$(此时误差$\leqslant 2\%$)，故上式可简化为：$K^{\ominus}=c\alpha^{2}$

$$\alpha=\sqrt{\frac{K^{\ominus}}{c}} \tag{3-2}$$

上式称之为稀释定律，它表明在一定温度下，弱电解质的解离度与其浓度的平方根成反比，即溶液越稀，解离度越大。

(4)影响解离平衡的因素

①温度的影响。$K^{\ominus}$ 与温度有关，但由于弱电解质解离的热效应不大，在较小的温度范围内一般温度变化不影响它的数量级，所以在室温范围内，通常忽略温度的影响。

②同离子效应。例如在 HAc 水溶液中，当解离达到平衡后，加入适量 NaAc 固体，使溶液中 Ac^{-} 的浓度增大，由浓度对化学平衡的影响可知($\text{HAc}\rightleftharpoons\text{H}^{+}+\text{Ac}^{-}$)，上述平衡向左移动，从而降低了 HAc 的解离度。

在弱电解质溶液中，加入含有相同离子的易溶强电解质，会使弱电解质解离度降低，该现象叫作同离子效应。

③盐效应。在弱酸或弱碱溶液中，加入不含相同离子的易溶强电解质，会使弱电解质的解离度增大。如在 HAc 溶液中加入 NaCl，由于溶液中离子强度增大，H^{+} 和 Ac^{-} 的有效浓度降低，平衡向解离的方向移动，HAc 的解离度将增大。这种现象称为盐效应。

而在 HAc 溶液中加入 NaAc，则在同离子效应发生时也伴随有盐效应，两者比较，前者比后者强得多，在一般计算中，可以忽略盐效应。

视频 3.1

3.1.3　强电解质溶液

(1)表观解离度

表观解离度是反映强电解质(或离子浓度大的)溶液中离子间相互牵制作用

的强弱程度。理论上强电解质在水溶液中是完全离解成离子的，其解离度应为100%，但是实际测得的解离度小于100%，这是离子间相互作用的结果，实际测得的解离度被称为表观解离度。

(2)离子的活度与离子强度。

①活度。"活度"是强电解质溶液中离子的理想浓度或热力学浓度，用它来代替真实浓度可以满足质量作用定律。电解质溶液中离子实际发挥作用的浓度称为活度，即有效浓度。用符号"a"来表示。它与真实浓度 c 之间的关系为：

$$a_B = \gamma_B c \tag{3-3}$$

γ_B 为离子 B 的活度系数，c 为平衡浓度。

②离子强度。强电解质在溶液中离解为阴阳离子。阴阳离子间有库仑引力，因此中心离子为异性离子所包围，使中心离子的反应能力减弱。减弱的程度用 γ_B 来衡量，它与溶液中离子的总浓度和离子的价态有关。离子强度：

$$I = \frac{1}{2}\sum_B c_B Z_B^2 \tag{3-4}$$

式中，c_B，Z_B 分别为溶液中某种离子 B 的浓度和电荷数。

德拜-休克尔(Debye-Hückel)提出了很稀溶液中计算离子平均活度系数的极限公式：298.15K 时，$-\lg\gamma_i = 0.509 Z_B^2 \sqrt{I}$。

3.2 酸碱理论与酸碱平衡

酸和碱是两类重要的化学物质，人类对酸碱的认识是逐步深入的。到目前为止，关于酸和碱的理论有四种，它们是阿仑尼乌斯提出的酸碱电离理论，布朗斯特(Brönsted)和劳莱(Lowry)提出的酸碱质子理论，路易斯提出的酸碱电子理论及软硬酸碱理论。本章只介绍前两种理论。

3.2.1 酸碱电离理论

酸碱电离理论是瑞典化学家阿仑尼乌斯首先提出的，该理论认为：在水中电离时所生成的阳离子全部都是 H^+ 的物质叫作酸；电离时所生成的阴离子全部都是 OH^- 的物质叫作碱；酸碱反应的实质就是 H^+ 与 OH^- 反应生成 H_2O。

酸碱的电离理论从物质的化学组成上揭示了酸碱的本质，酸碱电离理论对化学科学的发展起到了积极作用，直到现在仍普遍地应用着。但这一理论是有局限性的：其一，电离理论中的酸、碱两种物质包括的范围小，不能解释 NaAc 溶液呈碱性、NH_4Cl 溶液呈酸性的事实。其二，电离理论仅适用于水溶液，对于非水溶液和无溶剂体系中的物质及有关反应无法解释(如 HCl 和 NH_3 在苯

中反应生成 NH_4Cl 及气态 HCl 与 NH_3 直接反应生成 NH_4Cl)。为了克服电离理论的局限性，布朗斯特和劳莱提出了酸碱质子理论。

3.2.2　酸碱质子理论

(1)酸碱的定义和共轭酸碱对

酸碱质子理论认为：凡能给出质子的物质称为酸；凡能接受质子的物质称为碱。酸碱可以是分子也可以是离子。

根据酸碱质子理论，酸和碱不是孤立的，每一种酸给出质子后成为该酸的共轭碱；每一种碱接受质子后成为该碱的共轭酸。酸碱的这种相互依存又互相转化的性质称为共轭性。对应的酸碱构成共轭酸碱对，这种关系可用下式表示：

$$HB \rightleftharpoons H^+ + B^-$$ （HB与B^-称为共轭酸碱对）

酸　　共轭　　碱

如：

$$HAc \rightleftharpoons H^+ + Ac^-$$

$$NH_4^+ \rightleftharpoons H^+ + NH_3$$

$$HPO_4^{2-} \rightleftharpoons H^+ + PO_4^{3-}$$

$$HPO_4^{2-} + H^+ \rightleftharpoons H_2PO_4^-$$

由上述平衡式可知，一种物质如(HPO_4^{2-})在不同条件下，有时给出质子可作为酸，有时接受质子可作为碱，这样的物质称两性物质。

某一物质是酸还是碱取决于给定的条件和该物质在反应中的作用和行为。

(2)酸碱反应

根据酸碱质子理论，酸和碱反应的实质是共轭酸碱对之间的质子转移反应，质子的转移是通过水合质子实现的。

例如，HAc 在水溶液中的解离，作为溶剂的水分子同时起着碱的作用：

$$HAc + H_2O \rightleftharpoons H_3O^+ + Ac^-$$　　简写为：$HAc \rightleftharpoons H^+ + Ac^-$

酸1　　碱2　　共轭　　酸2　　碱1

共轭

又如，NH_3 与 H_2O 反应，作为溶剂的水分子同时起着酸的作用。

由此可知，NH_3 与 HAc 的反应时质子的转移是通过水合质子实现的。

$$HAc + H_2O \rightleftharpoons H_3O^+ + Ac^-$$

$$NH_3 + H_2O \rightleftharpoons OH^- + NH_4^+$$

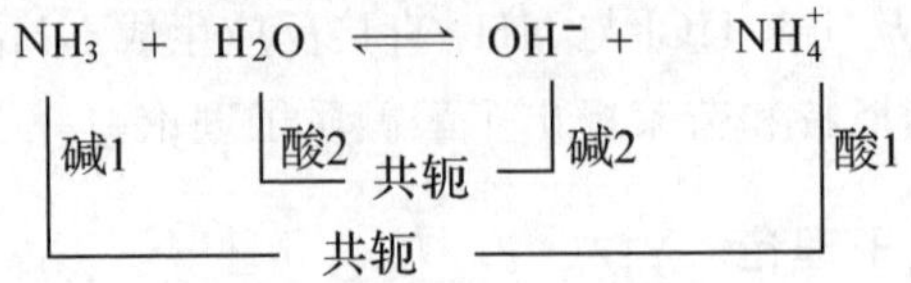

酸碱反应：　　　　$HAc+NH_3 \rightleftharpoons NH_4^+ + Ac^-$

将酸碱质子理论与酸碱电离理论加以比较可以看出：酸碱质子理论扩大了酸碱及酸碱反应范围，质子理论的概念具有更广泛的意义；质子理论的酸碱具有相对性，同一种质子在不同的环境中，其酸碱性发生改变；质子理论应用广泛，适用于水溶液和非水溶液。但它只限于质子的给予和接受，对于无质子参加的酸碱反应不能解释(如：SO_3，BF_3 等酸性物质)。

(3)溶剂的质子自递反应

H_2O 既能给出质子，又能接受质子，这种质子的转移作用在水分子之间也能发生：

$$H_2O+H_2O \rightleftharpoons H_3O^+ + OH^-$$

质子自递反应——溶剂分子之间发生的质子传递作用。

此反应平衡常数称为溶剂的质子自递常数，以 $K_S^\ominus$ 表示。水的质子自递常数又称为水的离子积，以 $K_W^\ominus$ 表示。在一定温度下，$K_W^\ominus$ 是一个常数，25℃时，$c(H_3O^+)=c(OH^-)=1.0\times10^{-7}$，$K_W^\ominus=c(H_3O^+)\times c(OH^-)=1.0\times10^{-14}$。

简写：$K_W^\ominus=c(H^+)\times c(OH^-)=1.0\times10^{-14}$

由于水的质子自递是吸热反应，故 $K_W^\ominus$ 随温度的升高而增大。如 100℃时 $K_W^\ominus=5.5\times10^{-13}$。在室温下做一般计算时，可以不考虑温度的影响。

其他溶剂如：C_2H_5OH

$$C_2H_5OH+C_2H_5OH \rightleftharpoons C_2H_5OH_2^+ + C_2H_5O^-$$

$$K_S^\ominus=c(C_2H_5OH_2^+)\times c(C_2H_5O^-)=7.9\times10^{-20} \qquad (25℃)$$

许多化学反应是在 H^+ 浓度较小($10^{-2}\sim10^{-8}\,mol\cdot L^{-1}$)的溶液中进行的，因此用 $c(H^+)$负对数(用符号 pH 代表)表示溶液的酸碱性更方便。

$pH=-\lg c(H^+)$　同理 $pOH=-\lg c(OH^-)$

$pK_W^\ominus=pH+pOH=14.00$

在 $c(H^+)\leqslant 1mol\cdot L^{-1}$，$c(OH^-)\leqslant 1mol\cdot L^{-1}$时：

$c(H^+)=c(OH^-)$时，中性，$c(H^+)=10^{-7}$，$pH=7$

$c(H^+)>c(OH^-)$时，酸性，$c(H^+)>10^{-7}$，$pH<7$

$c(H^+)<c(OH^-)$时，碱性，$c(H^+)<10^{-7}$，$pH>7$

在实际工作中，pH 值的测定有很重要的意义，pH 值的测定常采用酸度计和 pH 试纸两种方法。若需要较准确测定溶液的 pH 值时可以用酸度计，一般用 pH 试纸就可以了。

(4)酸碱强度及共轭酸碱对 $K_a^\ominus$ 与 $K_b^\ominus$ 的关系

视频 3.2

酸碱强度取决于酸碱本身的性质和溶剂的性质。

在水溶液中：酸碱的强度取决于酸将质子给予水分子或碱从水分子中夺取质子的能力的大小，通常用酸碱在水中的解离常数大小衡量，酸的标准解离常数用 $K_a^\ominus$ 表示，碱的标准解离常数用 $K_b^\ominus$ 表示。

$$HAc + H_2O \rightleftharpoons H_3O^+ + Ac^- \quad K_a^\ominus = \frac{c(H_3O^+) \times c(Ac^-)}{c(HAc)} \tag{3-5}$$

$$NH_3 + H_2O \rightleftharpoons OH^- + NH_4^+ \quad K_b^\ominus = \frac{c(OH^-) \times c(NH_4^+)}{c(NH_3)} \tag{3-6}$$

附录中列出了常见弱酸弱碱的标准解离常数 $K_a^\ominus$，$K_b^\ominus$。弱酸的 $K_a^\ominus$ 越大，表示它给出质子的能力越强，酸性就越强；反之，它的酸性就越弱。

如：$HAc \rightleftharpoons H^+ + Ac^-$　　$K_a^\ominus = 1.8 \times 10^{-5}$

$NH_4^+ \rightleftharpoons H^+ + NH_3$　　$K_a^\ominus = 5.6 \times 10^{-10}$

$HS^- \rightleftharpoons H^+ + S^{2-}$　　$K_{a2}^\ominus = 1.26 \times 10^{-14}$

这三种酸的强弱顺序为：$HAc > NH_4^+ > HS^-$

对于	Ac^-	NH_3	S^{2-}
$K_b^\ominus$	5.6×10^{-10}	1.8×10^{-5}	7.94×10^{-1}

同样，$K_b^\ominus$ 越小的碱在水中接受质子的能力越差，碱性越弱；$K_b^\ominus$ 越大则碱性越强。

这三种碱的强弱顺序为 $S^{2-} > NH_3 > Ac^-$。由此可见：对于任何一种酸，若其本身的酸性越强，其 $K_a^\ominus$ 越大，则其共轭碱的碱性就越弱，$K_b^\ominus$ 就越小。例如 HCl，它是强酸，它的共轭碱 Cl^-，几乎没有从 H_2O 中夺取 H^+ 转化为 HCl 的能力，是一种极弱的碱，它的 $K_b^\ominus$ 小到测不出来。

多元酸在溶液中逐级解离，溶液中存在多个共轭酸碱对。例如三元酸 H_3A 的解离平衡和三元碱 A^{3-} 的解离平衡关系如下：

$$H_3A \rightleftharpoons H^+ + H_2A^- \qquad K_{a1}^\ominus = \frac{c(H^+) \times c(H_2A^-)}{c(H_3A)}$$

$$H_2A^- \rightleftharpoons H^+ + HA^{2-} \qquad K_{a2}^\ominus = \frac{c(H^+) \times c(HA^{2-})}{c(H_2A^-)}$$

$$HA^{2-} \rightleftharpoons H^+ + A^{3-} \qquad K_{a3}^\ominus = \frac{c(H^+) \times c(A^{3-})}{c(HA^{2-})}$$

$$A^{3-} + H_2O \rightleftharpoons HA^{2-} + OH^- \qquad K_{b1}^\ominus = \frac{c(OH^-) \times c(HA^{2-})}{c(A^{3-})}$$

$$HA^{2-}+H_2O \rightleftharpoons H_2A^- + OH^- \quad K_{b2}^{\ominus}=\frac{c(OH^-)\times c(H_2A^-)}{c(HA^{2-})}$$

$$H_2A^-+H_2O \rightleftharpoons H_3A + OH^- \quad K_{b3}^{\ominus}=\frac{c(OH^-)\times c(H_3A)}{c(H_2A^-)}$$

H_3A 标准解离常数为 $K_{a1}^{\ominus}$，$K_{a2}^{\ominus}$，$K_{a3}^{\ominus}$，通常 $K_{a1}^{\ominus}>K_{a2}^{\ominus}>K_{a3}^{\ominus}$。

碱 A^{3-} 的解常数则为 $K_{b1}^{\ominus}>K_{b2}^{\ominus}>K_{b3}^{\ominus}$，共轭酸碱对 $K_a^{\ominus}$ 与 $K_b^{\ominus}$ 的关系为：

$$K_{a1}^{\ominus}\cdot K_{b3}^{\ominus}=K_{a2}^{\ominus}\cdot K_{b2}^{\ominus}=K_{a3}^{\ominus}\cdot K_{b1}^{\ominus}=K_w^{\ominus}$$

$$pK_{a1}^{\ominus}+pK_{b3}^{\ominus}=pK_{a2}^{\ominus}+pK_{b2}^{\ominus}=pK_{a3}^{\ominus}+pK_{b1}^{\ominus}=pK_w^{\ominus}$$

视频 3.3

3.2.3 滴定分析中的化学平衡

3.2.3.1 水溶液中的物料平衡、电荷平衡、质子平衡

(1)水溶液中的物料平衡

物料平衡又称质量平衡，指在一个化学平衡体系中某一组分的分析浓度等于该组分各种存在形式的平衡浓度之和，其数学表达式叫作物料平衡式。物料平衡表达式称为物料等衡式(MBE)：

例如浓度为 $c\,mol\cdot L^{-1}$ H_3PO_4 溶液的物料平衡式为：

$$c(H_3PO_4)+c(H_2PO_4^-)+c(HPO_4^{2-})+c(PO_4^{3-})=c$$

(2)水溶液中的电荷平衡

电荷平衡是指在一个化学平衡的体系中离子正电荷浓度的总和与离子负电荷浓度的总和相等，即溶液总是电中性的。其数学表达式叫作电荷平衡式。电荷平衡表达式称为电荷等衡式(CBE)。

例如 KH_2PO_4 溶液的电荷平衡式为：

$$c(OH^-)+c(H_2PO_4{}^-)+2c(HPO_4{}^{2-})+3c(PO_4{}^{3-})=c(H^+)+c(K^+)$$

(3)水溶液中的质子平衡

酸碱溶液中得质子的产物得到质子的物质的量与失质子产物失去质子的物质的量应该相等，这种数量关系称为“质子平衡”或“质子条件”。

质子条件表达式称为质子等衡式(PBE)：

酸给出质子的总数=碱得到质子的总数

书写酸碱溶液的质子平衡一般经过以下步骤：

①选取零水准。通常选取溶液中大量存在的，并参与了质子转移的起始酸或碱的组分和溶剂分子作为零水准。

②以零水准作为参照，与溶液中的其他组分进行比较质子的得失关系和得失数目。

③根据质子等衡原理，写出质子条件式。

[例 3-1]　写出 Na_2CO_3 溶液的质子条件式。

解　选 CO_3^{2-} 和 H_2O 作零水准，Na_2CO_3 溶液存在以下平衡：

$$H_2O + H_2O \rightleftharpoons H_3O^+ + OH^-$$

$$CO_3^{2-} + H_2O \rightleftharpoons HCO_3^- + OH^-$$

$$HCO_3^- + H_2O \rightleftharpoons H_2CO_3 + OH^-$$

溶液中除了 CO_3^{2-} 和 H_2O 之外，还存在组分为 H_2CO_3、HCO_3^-、H^+、OH^- 等，Na^+ 不参与质子转移。其中 H_2CO_3 与 CO_3^{2-} 比较，得两个质子；HCO_3^- 与 CO_3^{2-} 比较，得一个质子；$H^+(H_3O^+)$ 与 H_2O 比较，也得一个质子，而 OH^- 是失一个质子后的组分，因此质子等衡式为：

$$[H^+] + [HCO_3^-] + 2[H_2CO_3] = [OH^-]$$

移项后得：

$$[H^+] = [OH^-] - [HCO_3^-] - 2[H_2CO_3]$$

或质子等衡式也可根据物料平衡和电荷平衡求得，同样以 Na_2CO_3 为例：

$$Na_2CO_3(aq) = 2Na^+(aq) + CO_3^{2-}(aq)$$

电荷平衡：

$$[Na^+] + [H^+] = [OH^-] + [HCO_3^-] + 2[CO_3^{2-}] \quad (1)$$

物料平衡：

$$c(CO_3^{2-}) = [H_2CO_3] + [HCO_3^-] + [CO_3^{2-}] \quad (2)$$

$$2c(CO_3^{2-}) = [Na^+] \quad (3)$$

(1)+(3)−2×(2)得：

$$[H^+] = [OH^-] - [HCO_3^-] - 2[H_2CO_3]$$

书写质子平衡时应注意以下几点：

①与零水准比较得失质子数为 2 个或更多时，应写出系数；

②当溶液中同时存在一对共轭酸碱时，只能以其中某一形体作零水准。

如 $a\,mol \cdot L^{-1}\,NH_3 \cdot H_2O$ 和 $b\,mol \cdot L^{-1}\,NH_4Cl$ 混合液的质子等衡式。当选 $NH_3 \cdot H_2O$ 和 H_2O 为零水准时，有 $c(H^+) + c(NH_4^+) - b = c(OH^-)$。同理，选 NH_4^+ 和 H_2O 为零水准时，有 $c(H^+) = c(NH_3) - a + c(OH^-)$。

[例 3-2]　写出 NH_4Ac 溶液的质子条件式。

解　选 NH_4^+，Ac^- 和 H_2O 作零水准，NH_4Ac 溶液存在以下的平衡：

$$H_2O + H_2O \rightleftharpoons H_3O^+ + OH^-$$

$$NH_4^+ + H_2O \rightleftharpoons H_3O^+ + NH_3$$

$$Ac^- + H_2O \rightleftharpoons HAc + OH^-$$

溶液中除了 NH_4^+，Ac^- 和 H_2O 之外，还存在组分为 HAc，NH_3，H_3O^+，

OH^-等，其中 HAc 与 Ac^- 比较，得一个质子，H^+(H_3O^+)与 H_2O 比较，也得一个质子；NH_3与 NH_4^+ 比较，失去一个质子，而 OH^- 是 H_2O 失一个质子后的组分，因此，PBE 为：

$$[H^+]+[HAc]=[NH_3]+[OH^-]$$

移项后得：

$$[H^+]=[NH_3]+[OH^-]-[HAc]$$

[例 3-3] 写出 $Na_2C_2O_4$质子条件式。

解 解离平衡：

$$C_2O_4^{2-}+H_2O \rightleftharpoons OH^-+HC_2O_4^-$$

$$HC_2O_4^-+H_2O \rightleftharpoons OH^-+H_2C_2O_4$$

$$H_2O \rightleftharpoons OH^-+H^+$$

选择零水准：$C_2O_4^{2-}$ 和 H_2O 都是大量存在的形式，且都参与了质子转移的反应，可得到质子条件式：

$$[H^+]=[OH^-]-[HC_2O_4^-]-2[H_2C_2O_4]$$

[例 3-4] 写出 $(NH_4)_2HPO_4$溶液的 PBE。

解 零水准为：NH_4^+，HPO_4^{2-}，H_2O

解离平衡：

$$NH_4^+ \rightleftharpoons H^++NH_3$$

$$HPO_4^{2-} \rightleftharpoons H^++PO_4{}^{3-}$$

$$HPO_4^{2-}+H_2O \rightleftharpoons H_2PO_4^-+OH^-$$

$$H_2PO_4^-+H_2O \rightleftharpoons H_3PO_4+OH^-$$

$$H_2O \rightleftharpoons H^++OH^-$$

PBE 为：$[H^+]=[NH_3]+[PO_4{}^{3-}]+[OH^-]-[H_2PO_4^-]-2[H_3PO_4]$

由此可见：PBE 式中既考虑了酸式解离($HPO_4^{2-} \Longleftrightarrow PO_4^{3-}+H^+$)，又考虑了碱式解离($HPO_4^{2-}+H_2O \Longleftrightarrow H_2PO_4^-+OH^-$，$H_2PO_4^-+H_2O \Longleftrightarrow H_3PO_4+OH^-$)，同时又考虑了 H_2O 的质子自递作用，因此质子条件式反映了酸碱平衡体系中得失质子的严密数量关系，它是处理酸碱平衡的依据。

视频 3.4

3.2.3.2 水溶液中酸碱组分不同形式的分布

在弱酸、碱溶液的平衡体系中，一种物质可能以多种形式存在。平衡状态时，溶液中溶质各种形式的浓度，称为平衡浓度，平衡浓度之和称为总浓度或分析浓度。

分布系数：在弱酸、碱溶液中，酸碱以各种形式存在的平衡浓度与其分析浓度的比值即各种存在形式在总浓度中所占分数称为分布系数，分布系数用符号 δ 表示。各种存在形式的平衡浓度的大小与溶液中氢离子浓度的大小有关，因此每种存在形式的分布系数也随着溶液氢离子浓度的变化而变化。

分布曲线：分布系数 δ 与溶液 pH 间的关系曲线称为分布曲线。学习分布曲线可以帮助我们深入理解酸碱滴定、配位滴定等反应过程，并且对于反应条件的选择和控制具有指导意义。

(1)一元弱酸(碱)溶液中各种存在形式的分布

根据分布系数的定义，一元弱酸 HAc 在溶液中以 HAc 和 Ac^- 两种形式存在，分布系数可以用下式表示：

$$\delta_{HAc}=\frac{c(HAc)}{c_0(HAc)} \tag{3-7}$$

$$\delta_{Ac^-}=\frac{c(Ac^-)}{c_0(HAc)} \tag{3-8}$$

$$c_0(HAc)=c(HAc)+c(Ac^-) \tag{3-9}$$

因为

$$K_a^{\ominus}=\frac{c(H^+)\times c(Ac^-)}{c(HAc)} \tag{3-10}$$

所以

$$\frac{K_a^{\ominus}}{c(H^+)}=\frac{c(Ac^-)}{c(HAc)} \tag{3-11}$$

将(3-9)、(3-11)代入(3-7)得：

$$\delta_{HAc}=\frac{c(H^+)}{c(H^+)+K_a^{\ominus}} \tag{3-12}$$

同理

$$\delta_{Ac^-}=\frac{K_a^{\ominus}}{c(H^+)+K_a^{\ominus}} \tag{3-13}$$

所以

$$\delta_{HAc}+\delta_{Ac^-}=1$$

由此可见，对给定的 HAc 溶液(即 $K_a^{\ominus}$ 一定的情况下)中各种存在形式的分布系数 δ 的大小只与溶液的 pH 值大小有关，各种形式的分布系数之和为 1。在 HAc 溶液中，由不同的 pH 值下的 HAc 溶液的 δ_{HAc} 和 δ_{Ac^-} 值作出 δ-pH 图，如图 3-1。

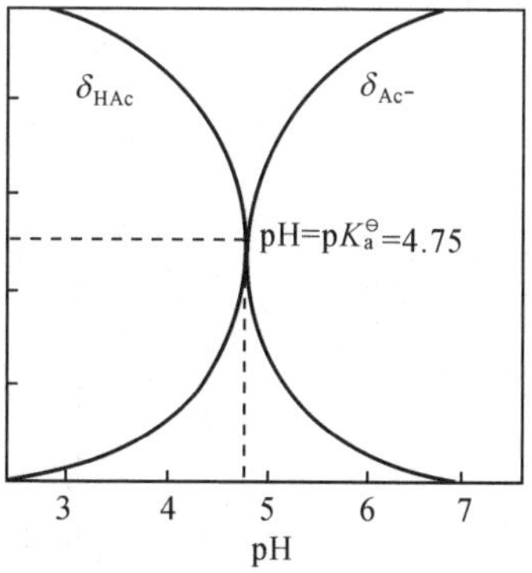

图 3-1　HAc，Ac^- 分布系数与溶液 pH 的关系曲线

从图 3-1 可以看出，δ_{HAc} 值随 pH 值的增大而减小；δ_{Ac^-} 值随 pH 值的增大而增大。

当 pH＝p$K_a^{\ominus}$＝4.75 时，$\delta_{HAc}=\delta_{Ac^-}=0.5$；当 pH＞p$K_a^{\ominus}$ 时，则 $\delta_{HAc}<\delta_{Ac^-}$，即以碱式为主；当 pH＜p$K_a^{\ominus}$ 时，则 $\delta_{HAc}>\delta_{Ac^-}$，即以酸式为主。

同样可推导出一元弱碱的分布系数。

以 $NH_3\cdot H_2O$ 溶液为例：

$$\delta_{NH_3}=\frac{c(OH^-)}{c(OH^-)+K_b^\ominus} \tag{3-14}$$

$$\delta_{NH_4^+}=\frac{K_b^\ominus}{c(OH^-)+K_b^\ominus} \tag{3-15}$$

(2)多元酸(碱)溶液中各种存在形式的分布

以二元酸 $H_2C_2O_4$ 为例，二元酸 $H_2C_2O_4$ 在水溶液中以 $H_2C_2O_4$，$HC_2O_4^-$，$C_2O_4^{2-}$ 三种形式存在，则：

$$c_0(H_2C_2O_4)=c(H_2C_2O_4)+c(HC_2O_4^-)+c(C_2O_4^{2-})$$

$$\delta_{H_2C_2O_4}=\frac{c(H_2C_2O_4)}{c_0(H_2C_2O_4)}=\frac{c(H_2C_2O_4)}{c(H_2C_2O_4)+c(HC_2O_4^-)+c(C_2O_4^{2-})} \tag{3-16}$$

由平衡：$H_2C_2O_4 \rightleftharpoons HC_2O_4^- + H^+ \quad K_{a1}^\ominus=\dfrac{c(H^+)\times c(HC_2O_4^-)}{c(H_2C_2O_4)}$ (3-17)

$$HC_2O_4^- \rightleftharpoons C_2O_4^{2-} + H^+ \qquad K_{a2}^\ominus=\frac{c(H^+)\times c(C_2O_4^{2-})}{c(HC_2O_4^-)} \tag{3-18}$$

可推得：

$$\delta_{H_2C_2O_4}=\frac{c(H^+)^2}{c(H^+)^2+K_{a1}^\ominus c(H^+)+K_{a1}^\ominus K_{a2}^\ominus} \tag{3-19}$$

同理可推得：

$$\delta_{HC_2O_4^-}=\frac{c(H^+)K_{a1}^\ominus}{c(H^+)^2+c(H^+)K_{a1}^\ominus+K_{a1}^\ominus K_{a2}^\ominus} \tag{3-20}$$

$$\delta_{C_2O_4^{2-}}=\frac{K_{a1}^\ominus K_{a2}^\ominus}{c(H^+)^2+c(H^+)K_{a1}^\ominus+K_{a1}^\ominus K_{a2}^\ominus} \tag{3-21}$$

$$\delta_{H_2C_2O_4}+\delta_{HC_2O_4^-}+\delta_{C_2O_4^{2-}}=1$$

由不同的 pH 值下的 $H_2C_2O_4$ 溶液的 $\delta_{H_2C_2O_4}$，$\delta_{HC_2O_4^-}$ 和 $\delta_{C_2O_4^{2-}}$ 值作出 δ-pH 图，如图 3-2。

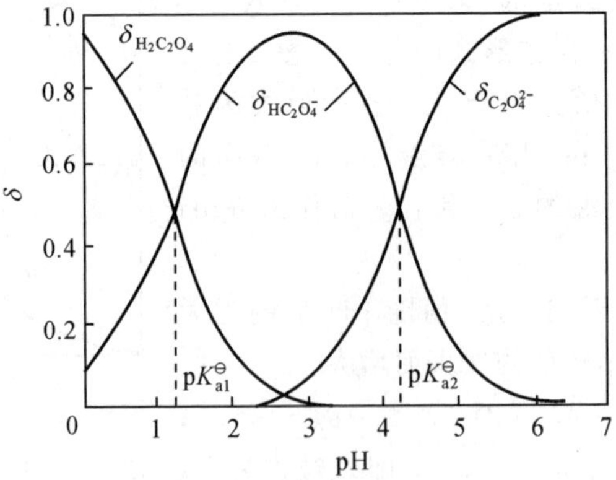

图 3-2 草酸溶液中各种存在形式的分布系数与溶液 pH 值的关系曲线

由图 3-2 可知：

当 $pH<pK_{a1}^\ominus$ 时，则以 $H_2C_2O_4$ 为主要存在形式；

当 $pH>pK_{a2}^{\ominus}$ 时，则以 $C_2O_4^{2-}$ 为主要存在形式；

当 $pK_{a1}^{\ominus}<pH<pK_{a2}^{\ominus}$ 时，则以 $HC_2O_4^-$ 为主要存在形式。

由式(3-19)计算可知，在 pH=2.75 时，$HC_2O_4^-$ 占 94.5%，而 $H_2C_2O_4$ 和 $C_2O_4^{2-}$ 分别为 2.5%和 3.0%，说明在 $HC_2O_4^-$ 的优势区内存在三种形式交叉同时存在的状况。

其他多元酸或碱如 H_nA，溶液中存在有$(n+1)$种形式，用类似方法可导 H_nA 的$(n+1)$种存在形式的 δ 值。

$$\delta_n=\frac{c(H_nA)}{c}=\frac{\{c(H^+)\}^n}{\{c(H^+)\}^n+K_{a1}^{\ominus}\cdot\{c(H^+)\}^{n-1}+\cdots+K_{a1}^{\ominus}\cdots K_{an}^{\ominus}}$$

$$\delta_{n-1}=\frac{c(H_{n-1}A^-)}{c}=\frac{K_{a1}^{\ominus}\cdot\{c(H^+)\}^{n-1}}{\{c(H^+)\}^n+K_{a1}^{\ominus}\cdot\{c(H^+)\}^{n-1}+\cdots+K_{a1}^{\ominus}\cdots K_{an}^{\ominus}}$$

$$\vdots$$

$$\delta_0=\frac{c(A^{n-})}{c}=\frac{K_{a1}^{\ominus}\cdots K_{an}^{\ominus}}{\{c(H^+)\}^n+K_{a1}^{\ominus}\cdot\{c(H^+)\}^{n-1}+\cdots+K_{a1}^{\ominus}\cdots K_{an}^{\ominus}}$$

分布曲线很直观地反映各种存在形式与溶液 pH 的关系，在选择反应条件时，可以按所需组分查图，即可得到相应的 pH 值。

例如，欲测定 Ca^{2+}，采用 $C_2O_4^{2-}$ 为沉淀剂，反应时，溶液的 pH 应控制在什么范围？

从图 3-2 可知，在 pH≥5.0 时，以 $C_2O_4^{2-}$ 为主要存在形式，有利于沉淀形成，所以应使溶液的 pH≥5.0。

视频 3.5

3.3 酸碱溶液 pH 的计算

3.3.1 一元强酸(碱)溶液

(1)一元强酸

以 HCl 为例，进行讨论。盐酸溶液的解离平衡：

$$HCl \xlongequal{} H^+ + Cl^-$$

$$H_2O \rightleftharpoons H^+ + OH^-$$

质子条件式为： $c(H^+)=c(OH^-)+c(HCl)$

①当 HCl 的浓度不是很稀时，即 $c(HCl)\gg c(OH^-)$[分析化学中计算溶液酸度时允许相对误差为±2.5%，当 $c(HCl)\geq 40c(OH^-)$时]可忽略 $c(OH^-)$，一般只要 HCl 溶液酸度 $c(HCl)\geq 10^{-6}\,mol\cdot L^{-1}$，则可近似求解：

$$c(H^+)\approx c(HCl)$$

或 $$\mathrm{pH} = -\lg c(\mathrm{H}^+) = -\lg c(\mathrm{HCl}) \tag{3-22}$$

②当 $c(\mathrm{HCl})$ 较小时($<10^{-6}\,\mathrm{mol \cdot L^{-1}}$)，$c(\mathrm{OH}^-)$ 不可忽略：

$$c(\mathrm{H}^+) = c(\mathrm{HCl}) + c(\mathrm{OH}^-) = c(\mathrm{HCl}) + \frac{K_\mathrm{W}^\ominus}{c(\mathrm{H}^+)} \tag{3-23}$$

$$c^2(\mathrm{H}^+) - c(\mathrm{HCl})c(\mathrm{H}^+) - K_\mathrm{W}^\ominus = 0 \tag{3-24}$$

$$c(\mathrm{H}^+) = \frac{c(\mathrm{HCl}) + \sqrt{c^2(\mathrm{HCl}) + 4K_\mathrm{W}^\ominus}}{2} \tag{3-25}$$

(2)一元强碱溶液

以 NaOH 溶液为例，用处理一元强酸相似的方法，可得到相对应的一组公式，即

$$c \geqslant 10^{-6}\,\mathrm{mol \cdot L^{-1}} \qquad c(\mathrm{OH}^-) \approx c$$

$$c < 10^{-6}\,\mathrm{mol \cdot L^{-1}} \qquad c(\mathrm{OH}^-) = \frac{c + \sqrt{c^2 + 4K_\mathrm{W}^\ominus}}{2} \tag{3-26}$$

视频 3.6

3.3.2　一元弱酸(碱)溶液

(1)对于一元弱酸 HA，其总浓度为 c，溶液的质子条件式为：

$$c(\mathrm{H}^+) = c(\mathrm{A}^-) + c(\mathrm{OH}^-) = \frac{c(\mathrm{HA})K_\mathrm{a}^\ominus}{c(\mathrm{H}^+)} + \frac{K_\mathrm{W}^\ominus}{c(\mathrm{H}^+)} \tag{3-27}$$

或写成： $$c(\mathrm{H}^+) = \sqrt{K_\mathrm{a}^\ominus \cdot c(\mathrm{HA}) + K_\mathrm{W}^\ominus} \quad \text{(精确公式)} \tag{3-28}$$

近似处理：

①当 $K_\mathrm{a}^\ominus$，c 均不太小时：$c \cdot K_\mathrm{a}^\ominus \geqslant 10K_\mathrm{W}^\ominus$，忽略水的解离：

$$c(\mathrm{H}^+) = \sqrt{K_\mathrm{a}^\ominus \cdot c(\mathrm{HA})} = \sqrt{K_\mathrm{a}^\ominus[c - c(\mathrm{H}^+)]} \quad \text{近似式①} \tag{3-29}$$

②当酸极弱($K_\mathrm{a}^\ominus$ 很小)或溶液极稀(c)时，即当 $c/K_\mathrm{a}^\ominus \geqslant 105$ 时，但 $c \cdot K_\mathrm{a}^\ominus \approx K_\mathrm{W}^\ominus(c \cdot K_\mathrm{a}^\ominus < 10K_\mathrm{W}^\ominus)$，此时水的解离不能忽略：

$$c(\mathrm{HA}) - \{c(\mathrm{H}^+) - c(\mathrm{OH}^-)\} \approx c(\mathrm{HA})$$

$$c(\mathrm{H}^+) = \sqrt{c(\mathrm{HA}) \times K_\mathrm{a}^\ominus + K_\mathrm{W}^\ominus} \quad \text{近似式②} \tag{3-30}$$

③在 $K_\mathrm{a}^\ominus$ 和 c 均不太小，且 $c \cdot K_\mathrm{a}^\ominus \geqslant 10K_\mathrm{W}^\ominus$，$c/K_\mathrm{a}^\ominus \geqslant 105$ 时，不仅可以忽略水的解离，且弱酸的解离 $c(\mathrm{H}^+)$ 对总浓度的影响也可以忽略，即 $c(\mathrm{HA}) - c(\mathrm{H}^+) \approx c(\mathrm{HA})$。

所以 $$c(\mathrm{H}^+) \approx \sqrt{c(\mathrm{HA})K_\mathrm{a}^\ominus} \quad \text{最简式} \tag{3-31}$$

(2)一元弱碱 B^- 溶液，其总浓度为 c

质子条件式为： $$c(\mathrm{OH}^-) = c(\mathrm{HB}) + c(\mathrm{H}^+)$$

用处理一元弱酸相似的方法，可得到相对应的一组一元弱碱公式，即

①当 $c \cdot K_b^\ominus \geqslant 10K_w^\ominus$，$c/K_b^\ominus < 105$，忽略水的解离：

$$c(OH^-)=\sqrt{K_b^\ominus \cdot c(B^-)}=\sqrt{K_b^\ominus[c-c(OH^-)]} \quad \text{近似式①} \qquad (3\text{-}32)$$

②当 $c \cdot K_b^\ominus < 10K_w^\ominus$，$c/K_b^\ominus \geqslant 105$ 时：

$$c(OH^-)=\sqrt{cK_b^\ominus+K_w^\ominus} \quad \text{近似式②} \qquad (3\text{-}33)$$

③在 $c \cdot K_b^\ominus \geqslant 10K_w^\ominus$，$c/K_b^\ominus \geqslant 105$ 时：

$$c(OH^-)=\sqrt{cK_b^\ominus} \quad \text{最简式} \qquad (3\text{-}34)$$

视频 3.7

3.3.3　多元酸(碱)溶液

二元弱酸在水溶液中存在下列平衡：

$$H_2A \rightleftharpoons H^+ + HA^-$$

$$HA^- \rightleftharpoons H^+ + A^{2-}$$

$$H_2O \rightleftharpoons H^+ + OH^-$$

质子条件式为：　$c(H^+)=c(OH^-)+c(HA^-)+2c(A^{2-})$

由于二元弱酸的 $K_{a1}^\ominus \gg K_{a2}^\ominus$，故溶液中的 H^+ 主要决定于第一步质子的传递，第二步的质子传递产生的 H^+ 极少，可忽略不计，故将二元弱酸作为一元弱酸近似处理。同理，多元弱酸也可作为一元弱酸处理。

二元弱碱溶液中 OH^- 的计算也可按一元弱碱近似处理。

3.3.4　两性物质溶液

常见的两性物质如 $NaHCO_3$，NaH_2PO_4，NH_4Ac 等，以酸式盐 NaHA 为例进行讨论。

质子条件式：　$c(H^+)=c(OH^-)+c(A^{2-})-c(H_2A)$

$$HA^- \rightleftharpoons H^+ + A^{2-} \qquad K_{a2}^\ominus=\frac{c(H^+)\times c(A^{2-})}{c(HA^-)} \qquad (3\text{-}35)$$

$$HA^- + H_2O \rightleftharpoons H_2A + OH^- \qquad K_{b2}^\ominus=\frac{c(H_2A)\times c(OH^-)}{c(HA^-)} \qquad (3\text{-}36)$$

$$H_2O \rightleftharpoons H^+ + OH^- \qquad K_w^\ominus=c(H^+)\times c(OH^-)$$

代入得：

$$c(H^+)=\frac{K_{a2}^\ominus c(HA^-)}{c(H^+)}-\frac{K_{b2}^\ominus c(HA^-)}{c(OH^-)}+\frac{K_w^\ominus}{c(H^+)} \qquad (3\text{-}37)$$

$$c(H^+)=\frac{K_{a2}^\ominus c(HA^-)}{c(H^+)}-\frac{c(H^+)\times c(HA^-)}{K_{a1}^\ominus}+\frac{K_w^\ominus}{c(H^+)} \qquad (3\text{-}38)$$

整理得：

$$c(H^+)=\sqrt{\frac{K_{a1}^\ominus[K_{a2}^\ominus c(HA^-)+K_w^\ominus]}{K_{a1}^\ominus+c(HA^-)}} \quad \text{精确式} \qquad (3\text{-}39)$$

一般情况下，$K_{a2}^\ominus$、$K_{b2}^\ominus$ 较小，HA^- 消耗甚少，$c(HA^-)\approx c$，代入上式：

$$c(H^+)=\sqrt{\frac{K_{a1}^{\ominus}(K_{a2}^{\ominus}c+K_w^{\ominus})}{K_{a1}^{\ominus}+c}}\quad \text{近似式①} \tag{3-40}$$

当 $cK_{a2}^{\ominus}\geqslant 10K_w^{\ominus}$ 时，忽略水的解离：

$$c(H^+)=\sqrt{\frac{K_{a1}^{\ominus}K_{a2}^{\ominus}c}{K_{a1}^{\ominus}+c}}\quad \text{近似式②} \tag{3-41}$$

当 $c\geqslant 10K_{a1}^{\ominus}$但 $cK_{a2}^{\ominus}<10K_w^{\ominus}$，时，不能忽略水的解离：

$$c(H^+)=\sqrt{\frac{K_{a1}^{\ominus}(K_{a2}^{\ominus}c+K_w^{\ominus})}{c}}\quad \text{近似式③} \tag{3-42}$$

视频 3.8

当 $cK_{a2}^{\ominus}\geqslant 10K_w^{\ominus}$，$c\geqslant 10K_{a1}^{\ominus}$时，$K_{a1}^{\ominus}+c\approx c$，则式(3-41)变为：

$$c(H^+)=\sqrt{K_{a1}^{\ominus}K_{a2}^{\ominus}}\quad \text{最简式} \tag{3-43}$$

3.4 缓冲溶液

在化学研究的工作中，常常需要使用缓冲溶液来维持实验体系的酸碱度。研究工作的溶液体系 pH 值的变化往往直接影响到研究工作的成效。

缓冲溶液在生产、生活和生命活动中也有重要的意义。动物的体液必须维持在一定的 pH 值范围内才能进行正常的生命活动。农作物，例如小麦正常生长需要土壤的 pH 值为 6.3～7.5。在容量分析中，某一些指示剂必须在一定的 pH 值范围内才能显示所需要的颜色。

3.4.1 缓冲溶液的缓冲原理

缓冲溶液：能抵抗少量外来或内在产生的酸、碱和加水适当稀释时，pH 值能保持基本不变的溶液称为缓冲溶液。

缓冲溶液组成：常见的缓冲溶液由弱酸及其共轭碱(弱酸盐)、弱碱及其共轭酸(弱碱盐)组成。组成缓冲溶液的弱酸及其共轭碱、弱碱及其共轭酸叫作缓冲对或缓冲系，如 HAc-NaAc。

缓冲原理：

以 HAc-NaAc 缓冲溶液为例，缓冲溶液中存在如下平衡：

$$NaAc = Na^+ + Ac^-$$

$$HAc \rightleftharpoons Ac^- + H^+$$

由于同离子效应，HAc 的解离度降低，溶液中 H^+ 浓度很小。在缓冲溶液中同时存在较大量的 HAc 分子及其共轭碱 Ac^-，当“遇到”少量外来强酸时，强电解质离解出来的 H^+ 绝大部分与 Ac^- 结合生成 HAc，溶液中 H^+ 浓度改变很少，即 pH 值保持了相对稳定，溶液中 Ac^- 是抗酸成分。当“遇到”少量外来强碱时，强电解质离解出来的 OH^- 绝大部分与 HAc 反应生成 H_2O 和 Ac^-，溶液中 OH^- 浓度没有明显改变，即 pH 值也保持相对稳定，溶液中 HAc 是抗碱成分。加水稀释缓冲溶液时，H^+ 浓度会降低，但由于弱酸的解离度增加，H^+ 浓度变化不大，pH 值保持了相对稳定。总之，缓冲溶液具有保持 pH 值相对稳定的性能，即具有缓冲作用。

弱碱及其共轭酸体系的缓冲溶液也具有缓冲作用。

3.4.2　缓冲溶液 pH 值的计算

以 HAc-NaAc 为例对缓冲溶液 pH 值的计算加以推导。

$$NaAc = Na^+ + Ac^-$$

$$HAc \rightleftharpoons Ac^- + H^+$$

在水溶液中，HAc 的离解常数为：

$$K_a^\ominus = \frac{c(H^+) \times c(Ac^-)}{c(HAc)}$$

$$c(H^+) = K_a^\ominus \frac{c(HAc)}{c(Ac^-)} \tag{3-44}$$

由于 HAc 的解离度很小，加上 Ac^- 的同离子效应，使得 HAc 解离度更小，故上式中 HAc 的平衡浓度可近似地认为就是 HAc 的初始浓度，上式中 Ac^- 的平衡浓度可近似地认为就是 NaAc 的浓度，代入上式得：

$$c(H^+) = K_a^\ominus \frac{c_{HAc}}{c_{Ac^-}}$$

$$pH = pK_a^\ominus + \lg \frac{c_{Ac^-}}{c_{HAc}} \tag{3-45}$$

［例 3-5］ 10.0mL 0.200mol·L^{-1}的 HAc 溶液与 5.5mL 0.200mol·L^{-1}的 NaOH 溶液混合，求该混合液的 pH 值($pK_a^\ominus = 4.74$)。

解　加入 HAc 的物质的量为：$0.200 \times 10.0 \times 10^{-3} = 2.0 \times 10^{-3}$(mol)

加入 NaOH 的物质的量为：$0.200 \times 5.5 \times 10^{-3} = 1.1 \times 10^{-3}$(mol)

反应后生成的 Ac^- 的物质的量为：1.1×10^{-3}(mol)

$$c_{Ac^-} = \frac{1.1 \times 10^{-3}}{(10.0 + 5.5) \times 10^{-3}} = 0.071(mol \cdot L^{-1})$$

剩余的 HAc 的物质的量为：　$2.0 \times 10^{-3} - 1.1 \times 10^{-3} = 9.0 \times 10^{-4}$(mol)

$$c_{HAc} = \frac{9.0 \times 10^{-4}}{(10.0 + 5.5) \times 10^{-3}} = 0.058(mol \cdot L^{-1})$$

$$pH = pK_a^\ominus + \lg \frac{c_{Ac^-}}{c_{HAc}} = 4.74 + \lg \frac{0.071}{0.058} = 4.74 + 0.09 = 4.83$$

[**例 3-6**] 在 NH_3-NH_4Cl 混合溶液中，NH_3 浓度为 0.8mol·L^{-1}，NH_4Cl 浓度 0.9mol·L^{-1}，求该混合液的 pH 值。

解 因为 $pK_b^\ominus=4.74$，所以 $pK_a^\ominus=9.26$，则

$$pH=pK_a^\ominus+\lg\frac{c(NH_3)}{c(NH_4^+)}=9.26+\lg\frac{0.8}{0.9}=9.21$$

3.4.3 缓冲容量和缓冲范围

任何缓冲溶液的缓冲能力都是有一定限度的，如果某一缓冲溶液中加入的强酸和强碱超过一定量时，缓冲溶液 pH 将发生较大的变化，从而失去缓冲能力。1922 年由 S. A. Van Slyke 提出的，这个概念是指单位体积缓冲溶液的 pH 改变 1，所加入一元强酸或强碱的物质的量，数学表达式为 $\beta=|\Delta n/\Delta pH|$，也可以表达为 $\beta=dn/dpH$ 或 $\beta=dc/dpH$；是指能抵抗少量外来或内在产生的酸碱的能力，亦称为缓冲能力。

对 HA-A$^-$ 组成的缓冲溶液经数学推导得 $\beta=2.3\delta_{HA}\delta_{A^-}\cdot c_{总}$，当总浓度一定并且 $c_{HA}=c_{A^-}$ 时，$\beta_{max}=0.58c_{总}$，缓冲容量最大，此时 $pK_a^\ominus=pH$。

例如：当缓冲溶液 HAc-Ac$^-$ 的总浓度为 2.00moL·L^{-1}时：

若 $c_{Ac^-}/c_{HAc}=1:1$，即 $c_{Ac^-}=c_{HAc}=1.00$mol·L^{-1}缓冲溶液的 $pH=pK_a^\ominus$，此时向每升溶液中加入 0.01mol HCl，则

$c_{Ac^-}\approx1.00-0.01=0.99$mol·L^{-1}，$c_{HAc}\approx1.00+0.01=1.01$mol·L^{-1}缓冲溶液的 pH 值：

$$pH=pK_a^\ominus+\lg\frac{c_{Ac^-}}{c_{HAc}}=pK_a^\ominus+\lg\frac{0.99}{1.01}=pK_a^\ominus-0.01$$

缓冲溶液的 pH 仅改变了 0.01pH 个单位。

若 $c_{Ac^-}/c_{HAc}=1:99$，即 $c_{Ac^-}=0.02$mol·L^{-1}，$c_{HAc}=1.98$mol·L^{-1}缓冲溶液 $pH=pK_a^\ominus-2.0$，此时向每升溶液中也加入 0.01mol HCl，则

$c_{Ac^-}\approx0.02-0.01=0.01$mol·L^{-1}，$c_{HAc}\approx1.98+0.01=1.99$mol·L^{-1}缓冲溶液的 pH 值：

$$pH=pK_a^\ominus+\lg\frac{c_{Ac^-}}{c_{HAc}}=pK_a^\ominus+\lg\frac{0.01}{1.99}=pK_a^\ominus-2.3$$

同样是每升溶液中加入 0.01mol HCl，此时溶液的 pH 改变了 2.3pH 个单位。

可见，缓冲溶液中共轭酸-碱对的浓度比越接近 1，缓冲能力越大。实验证明，若缓冲溶液中保持 c_{Ac^-}/c_{HAc}的值在$\frac{1}{10}$至 10 之间，其缓冲能力就能满足一般实验需要。即 $pH=pK_a^\ominus\pm1$ 为缓冲溶液的有效缓冲范围。显然，不同缓冲

体系的缓冲范围取决于它们弱酸的 $K_a^\ominus$ 值。

缓冲能力也与共轭酸-碱对的浓度有关。例如，保持共轭酸-碱对的浓度比为1∶1，缓冲溶液的 $pH=pK_a^\ominus$，当共轭酸-碱对总浓度由 $2.00mol\cdot L^{-1}$ 变为 $0.2\ moL\cdot L^{-1}$ 时，同样向每升溶液中加入 0.01mol HCl 时的 $pH=pK_a^\ominus-0.1$，缓冲溶液的 pH 值改变了 0.1 个 pH 单位（总浓度为 $2.00mol\cdot L^{-1}$ 时改变为 0.01 个 pH 单位），缓冲能力下降了。可见共轭酸-碱对的浓度越大，缓冲溶液的缓冲能力越强。

3.4.4　缓冲溶液的选择和配制

(1)缓冲溶液的选择

常用的缓冲溶液是由一定浓度的缓冲对组成的，一般说，不同的缓冲溶液具有不同的缓冲容量和缓冲范围。在实际工作中，为了满足需要，在选择缓冲溶液时应注意以下几点：

缓冲溶液对测量无干扰，缓冲溶液的缓冲组分不参与反应；所需控制的 pH 应在缓冲溶液的缓冲范围之内；为了保证缓冲溶液有足够的缓冲容量，缓冲对除了有足够浓度外，根据 $pH=pK_a^\ominus+\lg\frac{c_{Ac^-}}{c_{HAc}}$，当 $\frac{c_{Ac^-}}{c_{HAc}}=1:1$ 时缓冲容量最大，应选择 pH 与 $pK_a^\ominus$ 接近。

(2)缓冲溶液的配制

下面举例说明缓冲溶液的配制方法

[例 3-7]　欲配制 $pH=9.20$，$c(NH_3)=1.0mol\cdot L^{-1}$ 的缓冲溶液 500mL，如何用浓 $NH_3\cdot H_2O$ 和 NH_4Cl 固体配制？

解　$pH=9.20$，则 $c(OH^-)=1.6\times10^{-5}mol\cdot L^{-1}$

若 $c(NH_3)=1.0moL\cdot L^{-1}$

$$\frac{c(NH_3)}{c(NH_4^+)}=\frac{c(OH^-)}{K_b^\ominus}=\frac{1.6\times10^{-5}}{1.80\times10^{-5}}=0.9$$

则 $c(NH_4Cl)=1.0/0.9=1.1(mol\cdot L^{-1})$

配制 500mL 溶液，需要固体 NH_4Cl（摩尔质量为 53.5）和浓 $NH_3\cdot H_2O$ $(15mol\cdot L^{-1})$ 的量分别为：

$$m(NH_4Cl)=0.5\times1.1\times53.5=29.4(g)$$

$$V(NH_3\cdot H_2O)=(1.0\times0.500)/15=33.3(mL)$$

配制方法：称取 29.4g 固体 NH_4Cl 溶于少量水中，加入 33.3mL 浓 $NH_3\cdot H_2O$ 溶液，然后加水至 500mL。

[例 3-8]　欲配制 $pH=4.70$ 的缓冲溶液 500mL，现有 $0.50\ moL\cdot L^{-1}$ 的

NaOH 溶液 50.0mL，应取多少毫升 0.50mol·L^{-1}的 HAc 溶液与之混合。($pK_a^\ominus=4.76$)

解

$$NaOH + HAc = NaAc + H_2O$$

反应前(mol·L^{-1})　$\frac{0.50\times 50}{500}$　　$\frac{0.50x}{500}$

反应后(mol·L^{-1})　　　　$\frac{0.50(x-50.0)}{500}$　　$\frac{0.50\times 50.0}{500}$

$$pH=pK_a^\ominus+\lg\frac{c_{Ac^-}}{c_{HAc}}=4.76+\lg\frac{0.50\times 50.0/500}{0.50(x-50.0)/500}=4.70$$

$$x=107.4mL$$

即需取 107.4mL 0.50mol·L^{-1}的 HAc 溶液与之混合配制所需缓冲溶液。

缓冲溶液通常认为有两类，一类是由缓冲对组成的缓冲溶液(表 3-1)，它是用来控制溶液酸度的；另一类是所谓的标准缓冲溶液，是用作测量溶液的 pH 值的参照溶液。

表 3-1　常用缓冲溶液体系

缓冲溶液	酸的存在形式	碱的存在形式	$pK_a^\ominus$
氨基乙酸-HCl	$H_3N^+CH_2COOH$	$H_3N^+CH_2COO^-$	2.35
一氯乙酸-NaOH	$CH_2ClCOOH$	CH_2ClCOO^-	2.86
甲酸-NaOH	HCOOH	$HCOO^-$	3.74
HAc-NaAc	HAc	Ac^-	4.74
六亚甲基四胺-HCl	$(CH_2)_6N_4H^+$	$(CH_2)_6N_4$	5.15
NaH_2PO_4-Na_2HPO_4	$H_2PO_4^-$	HPO_4^{2-}	7.20
三乙醇胺-HCl	$HN^+(CH_2CH_2OH)_3$	$N(CH_2CH_2OH)_3$	7.76
三(羟甲基)甲胺-HCl	$H_3N^+C(CH_2OH)_3$	$H_2NC(CH_2OH)_3$	8.21
$Na_2B_4O_7$-HCl	H_3BO_3	$H_2BO_3^-$	9.24
NH_3-NH_4Cl	NH_4^+	NH_3	9.26
乙醇胺-HCl	$H_3N^+CH_2CH_2OH$	$H_2NCH_2CH_2OH$	9.50
氨基乙酸-NaOH	H_2NCH_2COOH	$H_2NCH_2COO^-$	9.60
$NaHCO_3$-Na_2CO_3	HCO_3^-	CO_3^{2-}	10.25

3.5　酸碱指示剂

视频 3.9

3.5.1　酸碱指示剂的变色原理

酸碱滴定过程本身不发生任何外观的变化，所以常借用其他物质来指示滴定终点，在酸碱滴定中用来指示滴定终点的物质叫酸碱指示剂。

酸碱指示剂本身是弱的有机酸或碱，其酸式与其共轭碱式，具有不同结构，且颜色不同。当溶液中的 pH 值改变时，指示剂得到质子由碱式转变为酸式，或者失去质子由酸式转变为碱式。由于结构的改变而发生颜色的改变，而且这种结构变化和变色反应都是可逆的。

例如，酚酞指示剂：酚酞是一种弱有机酸，分子式为 $C_{20}H_{14}O_4$，在 pH＜8.2 的溶液里为无色的内酯式结构，当 pH＞10 时为粉红色的醌式结构，是一种常用的酸碱指示剂。酚酞的醌式或醌式酸盐在碱性介质中很不稳定，它会慢慢地转化成无色羧酸盐式；遇到较浓的碱液，会立即转变成无色的羧酸盐式。所以，酚酞试剂滴入浓碱液时，酚酞开始变红，很快红色退去变成无色。酚酞的几种形态见下表所示。

	H_3In^+	H_2In	In^{2-}	In^{3-}
结构式	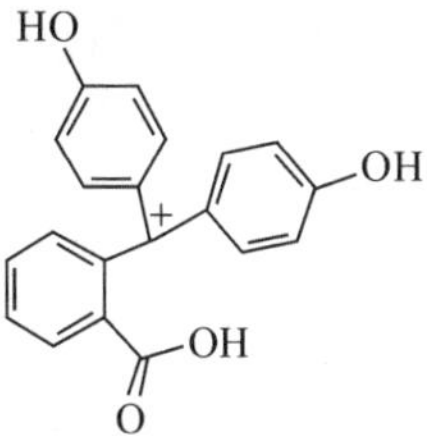	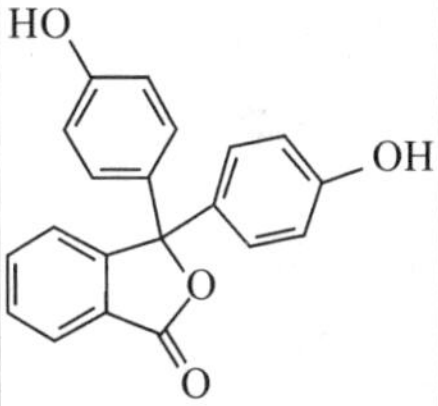	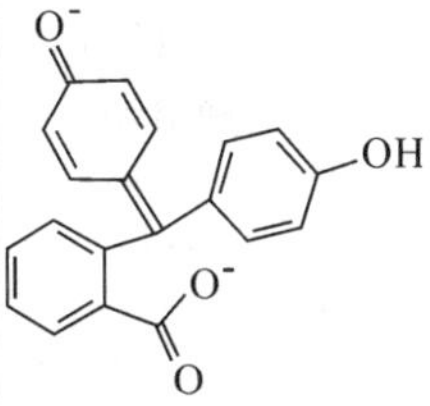	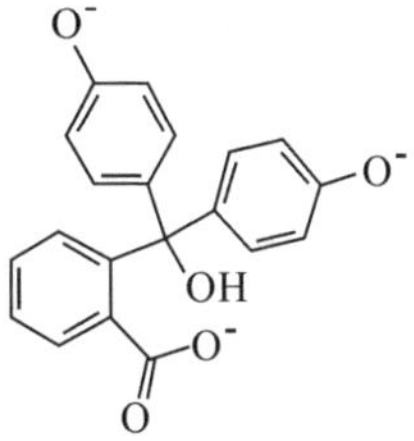
pH	＜0	0～8.2	8.2～12.0	＞12.0
条件	强酸性	酸性、近中性	碱性	强碱性
颜色	橙黄色	无色	粉红色	无色

上述结构的变化可以用下列简式表示：

$$H_3In^+ \xleftrightarrow{\text{强酸}} H_2In \underset{H^+}{\overset{OH^-}{\longleftrightarrow}} In^{2-} \xleftrightarrow{\text{强碱}} In^{3-}\text{（羧式盐）}$$

橙黄色　　无色　　　粉红色　无色

这个过程是可逆的。当 H^+ 浓度增大时，平衡自右向左移动，酚酞变成无色分子；当 OH^- 浓度增大时，平衡自左向右移动，pH 约为 8 时酚酞呈现红色，但在浓碱液中酚酞的结构由醌式又变羧酸盐式，呈现无色。酚酞指示剂在 pH $=8.0\sim10.0$ 时，它由无色逐渐变为红色。常将指示剂颜色变化的 pH 区间称为“变色范围”。

甲基橙是对-二甲基氨基偶氮苯磺酸钠，由对-氨基苯磺酸经重氮化后与 N，N-二甲基苯胺偶合而成。甲基橙在水溶液中存在以下解离平衡和颜色变化：

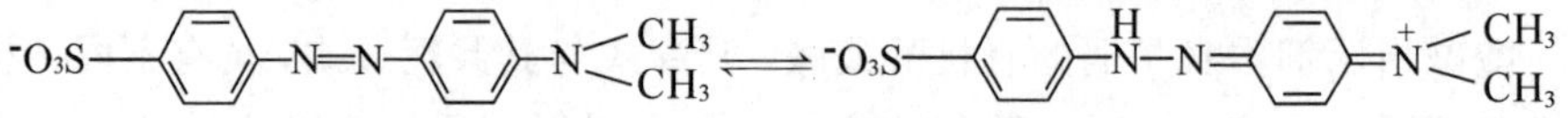

黄色　　　　　　　　　　　　获得H^+变成红色

由平衡关系可见，当 H^+ 浓度增大时，平衡自左向右移动，甲基橙主要以醌式结构的离子形式存在，溶液呈红色；当 OH^- 浓度增大时，平衡自右向左移动，则主要存在偶氮式结构，溶液呈黄色。当溶液的 pH<3.1 时甲基橙为红色，pH>4.4 则为黄色。因此，pH$=3.1\sim4.4$ 为甲基橙的变色范围。

由此可知，溶液 pH 值变化引起共轭酸碱对的分子结构相互发生转变从而引起颜色变化，溶液的颜色变化能指示滴定反应的终点。

3.5.2　指示剂变色的 pH 范围

下面以有机弱酸指示剂 HIn 为例，讨论指示剂颜色的变化与酸度的关系。

HIn 在水溶液中存在下列解离平衡：

$$HIn \rightleftharpoons H^+ + In^-$$

$$\text{酸式色} \longrightarrow \text{碱式色}$$

$$K^{\ominus}_{HIn}=\frac{c(H^+)c(In^-)}{c(HIn)}$$

$$\frac{K^{\ominus}_{HIn}}{c(H^+)}=\frac{c(In^-)}{c(HIn)}$$

指示剂所呈的颜色由 $\frac{c(In^-)}{c(HIn)}$ 决定。一定温度下，$K^{\ominus}_{HIn}$ 为常数，则 $\frac{c(In^-)}{c(HIn)}$ 的变化取决于 H^+ 的浓度。当 H^+ 的浓度发生变化时，$\frac{c(In^-)}{c(HIn)}$ 发生变化，溶液的颜色也逐渐改变。人眼对颜色过渡变化的分辨能力是有限度的，当某种颜色占一定优势之后，就不再观察到色调的变化。一般来说，若指示剂的酸色结构与碱色结构浓度相差 10 倍后，就只能看到浓度大的那种结构的颜色，当 $\frac{c(In^-)}{c(HIn)}=10$ 时，可在溶液中看出的是 In^- 颜色，此时 $pH=pK^{\ominus}_{HIn}-1$；即当 $\frac{c(In^-)}{c(HIn)}>10$

时观察到的是 In^- 的颜色；当 $\frac{c(In^-)}{c(HIn)}=\frac{1}{10}$ 时，可在溶液中看出的是 HIn 颜色，此时 $pH=pK^{\ominus}_{HIn}+1$。

因此“$pH=pK^{\ominus}_{HIn}\pm 1$”称为指示剂的变色范围。$pH=pK^{\ominus}_{HIn}$ 的 pH 值称为指示剂的理论变色点。从上面推算得出，指示剂的变色范围为 2 个 pH 单位。但实际人眼观察到的大多数指示剂的变化范围小于 2 个 pH 单位，且指示剂的理论变色点不是变色范围的中间点，这是由于人眼对各种颜色的敏感程度不同，观察的范围与理论变色范围略有差别。

常用酸碱指示剂见表 3-2。

表 3-2　常用酸碱指示剂

指示剂	变色范围	颜色		HIn 的 $pK^{\ominus}_a$	浓度
		酸色	碱色		
百里酚蓝（第一次变色）	1.2～2.8	红	黄	1.6	0.1%的 20%乙醇溶液
甲基黄	2.9～4.0	红	黄	3.3	0.1%的 90%乙醇溶液
甲基橙	3.1～4.4	红	黄	3.4	0.05%的水溶液
溴酚蓝	3.1～4.6	黄	紫	4.1	0.1%的 20%乙醇溶液或其钠盐的水溶液
溴甲酚绿	3.8～5.4	黄	蓝	4.9	0.1%水溶液，每 100mL 指示剂加 0.05mol·L^{-1} NaOH 9mL
甲基红	4.4～6.2	红	黄	5.2	0.1%的 60%乙醇溶液或其钠盐的水溶液
溴百里酚蓝	6.0～7.6	黄	蓝	7.3	0.1%的 20%乙醇溶液或其钠盐的水溶液
中性红	6.8～8.0	红	黄橙	7.4	0.1%的 60%乙醇溶液
苯酚红	6.7～8.4	黄	红	8.0	0.1%的 60%乙醇溶液或其钠盐的水溶液
酚酞	8.0～10.0	无	红	9.1	0.1%的 90%乙醇溶液
百里酚蓝（第二次变色）	8.0～9.6	黄	蓝	8.9	0.1%的 20%乙醇溶液
百里酚酞	9.4～10.6	无	蓝	10.0	0.1%的 90%乙醇溶液

3.5.3 影响指示剂变色范围的其他因素

(1)指示剂用量

对双色指示剂如甲基橙，溶液的颜色决定于$\frac{c(In^-)}{c(HIn)}$的比值，与指示剂的用量无关。但因指示剂本身也要消耗滴定剂，当指示剂浓度大时将致使滴定终点时的颜色变化不敏锐，所以双色指示剂用量少一些为宜。而单色指示剂如酚酞，指示剂的用量有较大的影响。因为一种单色指示剂，若 HIn 无色，颜色的深度仅决定于$[In^-]$，由于人眼能感觉到的$[In^-]$应为一定值，当指示剂浓度增大时，δ_{In^-}减小，即$c(H^+)$增大，pH 降低，则单色指示剂的变色范围向酸性区移动。例如在 50～100mL 溶液中加入 0.1%的酚酞指示剂 2～3 滴，pH 为 9 时出现红色；在同样条件下加入 10～15 滴，则在 pH 为 8 时出现红色。因此，用单色指示剂要严格控制指示剂的用量。

(2)温度

温度改变时指示剂常数 $K^{\ominus}_{HIn}$和水的离子积 $K^{\ominus}_{w}$ 都要变化，因此指示剂的变色范围也随之改变。温度上升对碱性指示剂的影响比对酸性指示剂的影响显著。例如，甲基橙在室温下的变色范围是 3.1～4.4，在 100℃时为 2.5～3.7。因此，滴定宜在室温下进行；如必须加热，应该将溶液冷却后再进行滴定。

(3)溶剂

指示剂在不同的溶剂中，其 $pK^{\ominus}_{HIn}$ 值是不同的。例如甲基橙在水溶液中 $pK^{\ominus}_{HIn}=3.4$，在甲醇溶液中 $pK^{\ominus}_{HIn}=3.8$。因此指示剂在不同的溶剂中具有不同的变色范围。

(4)盐类

盐类的存在对于指示剂的影响有两个方面：一是影响指示剂颜色的色光，这是由于盐类具有吸收不同波长光的性质所引起的，指示剂颜色的色光会发生改变，势必影响指示剂变色的敏锐性；二是影响指示剂的标准解离常数，从而使指示剂的变色范围发生移动。

(5)滴定的顺序

在实际工作中，如果指示剂使用不当也会影响其变色的敏锐性。例如酚酞由酸式变为碱式，即由无色变到红色，颜色变化明显，易于辨别；反之则不明显，滴定剂容易滴过量。同样，甲基橙由黄变红，比由红变黄易于辨别。因此，用强酸滴定强碱，一般用甲基橙作指示剂；用强碱滴定强酸，一般用酚酞作指示剂。

3.5.4 混合指示剂

在酸碱滴定中，指示剂一般都约有 2 个 pH 单位的变色范围，但有时需要将滴定终点控制在很窄的 pH 范围内，此时可采用混合指示剂。常见的混合指示剂配制有两种方法：一类是由两种或两种以上指示剂按一定比例混合而成，利用颜色的互补作用，使指示剂的变色范围变窄，有利于判断终点，减少滴定误差，提高分析的准确度。例如用甲基红($pK_a^\ominus=5.2$)与溴甲酚绿($pK_a^\ominus=4.9$)两者按3∶1混合后，在 pH<5.1 的溶液中呈酒红色，而在 pH>5.1 的溶液中呈绿色，且变色非常敏锐。另一类混合指示剂在某种指示剂中加入一种惰性染料，以惰性染料作为背衬，由于两种颜色叠合，而使变色出现在较窄变色范围。例如中性红与次甲基蓝按 1∶1 混合而配置的指示剂，在 pH=7.0 时呈紫蓝色，其酸色为紫蓝色，碱色为绿色，且只有 0.2pH 变色范围，比单独使用中性红范围要窄的多。常用的酸碱混合指示剂列于表 3-3。

表 3-3　几种常用的酸碱混合指示剂

指示剂溶液的组成	变色时 pH 值	颜色		备注
		酸色	碱色	
一份 0.1%甲基黄乙醇溶液 一份 0.1%次甲基蓝乙醇溶液	3.25	蓝紫	绿	pH3.4 绿色 pH3.2 蓝紫色
一份 0.1%甲基橙水溶液 一份 0.25%靛蓝二磺酸水溶液	4.1	紫	黄绿	
一份 0.1%溴甲酚绿钠盐水溶液 一份 0.02%甲基橙水溶液	4.3	橙	蓝绿	pH3.5 黄色，4.05 绿色，4.8 浅绿
一份 0.1%溴甲酚绿乙醇溶液 一份 0～2%甲基红乙醇溶液	5.1	酒红	绿	
一份 0.1%溴甲酚绿钠盐水溶液 一份 0.1%氯酚红钠盐水溶液	6.1	黄绿	蓝紫	pH5.4 蓝绿色，5.8 蓝色，6.0 蓝带紫，6.2 蓝紫
一份 0.1%中性红乙醇溶液 一份 0.1%次甲基蓝乙醇溶液	7.0	蓝紫	绿	pH7.0 蓝紫
一份 0.1%甲酚红钠盐水溶液 三份 0.1%百里酚蓝钠盐水溶液	8.3	黄	紫	pH8.2 玫瑰红 pH8.4 清晰的紫色
一份 0.1%百里酚蓝 50%乙醇溶液 三份 0.1%酚酞 50%乙醇溶液	9.0	黄	紫	从黄到绿再到紫

续表

指示剂溶液的组成	变色时pH值	颜色		备注
		酸色	碱色	
一份0.1%酚酞乙醇溶液 一份0.1%百里酚酞乙醇溶液	9.9	无	紫	pH9.6玫瑰红，10紫色
二份0.1%百里酚酞乙醇溶液 一份0.1%茜素黄R乙醇溶液	10.2	黄	紫	

视频 3.10

3.6 酸碱滴定曲线

在酸碱滴定过程中，随着滴定剂不断地加入到被滴定溶液中，溶液的pH不断地变化，根据滴定过程中pH的变化规律，选择合适的指示剂，才能正确地指示滴定终点；在酸碱滴定过程中溶液的pH值可以利用酸度计直接测量，也可以通过公式进行计算。以滴定剂的加入量为横坐标，溶液的pH值为纵坐标，作图便可得到滴定曲线。

3.6.1 强酸强碱的滴定

例如，HNO_3，HCl，NaOH，KOH，$(CH_3)_4NOH$之间的相互滴定，它们在溶液中是全部解离的，酸是以H^+(H_3O^+)的形式存在，碱是以OH^-的形式存在，滴定过程的基本反应为：

$$H^+ + OH^- \rightleftharpoons H_2O$$

现以0.1000mol·L^{-1} NaOH滴定20.00mL 0.1000mol·L^{-1} HCl为例，讨论滴定过程中pH值的变化、滴定曲线的形状和指示剂的选择。

(1)滴定前：0.1000mol·L^{-1} HCl溶液，溶液的酸度等于HCl的浓度

$$c(H^+)=c(HCl)=0.1000\text{mol}\cdot L^{-1}, \qquad pH=1.00$$

(2)滴定开始至计量点前：溶液的酸度取决于剩余HCl的浓度

(分别以V_{NaOH}、V_{HCl}表示加入NaOH溶液的总体积以及HCl溶液的总体积)

$$c(H^+)=\frac{(V_{HCl}-V_{NaOH})c_{HCl}}{V_{HCl}+V_{NaOH}}$$

例如，滴入NaOH溶液19.98mL，即当其相对误差为−0.1%时：

$$c(H^+)=\frac{(20.00-19.98)\times 0.1000}{20.00+19.98}=5.00\times 10^{-5}(\text{mol}\cdot L^{-1})$$

$$pH=4.30$$

(3)化学计量点时：滴入 NaOH 溶液为 20.00mL，HCl 全部被中和，溶液呈中性

$$c(H^+)=1.00\times10^{-7}(mol\cdot L^{-1})$$

$$pH=7.00$$

(4)化学计量点后：溶液的酸度取决于过量 NaOH 的浓度

$$c(OH^-)=\frac{(V_{NaOH}-V_{HCl})c_{NaOH}}{V_{HCl}+V_{NaOH}}$$

例如当滴入 20.02mL 的 NaOH 溶液，相对误差为+0.1%时：

$$c(OH^-)=\frac{(20.02-20.00)\times0.1000}{20.00+20.02}=5.00\times10^{-5}(mol\cdot L^{-1})$$

$$pOH=4.30,$$

$$pH=9.70$$

如此逐一计算，将计算结果列于表 3-4 中，以 NaOH 溶液的加入量为横坐标，相对应的 pH 值为纵坐标作图，可得滴定曲线如图 3-3。

表 3-4　0.1000mol · L⁻¹NaOH 溶液滴定 20.00mL 0.1000mol · L⁻¹HCl 溶液

加入 NaOH 溶液体积 V/mL	剩余 HCl 溶液体积 V/mL	过量 NaOH 体积 V/mL	溶液 H^+ 浓度 /(mol · L^{-1})	pH 值
0.00	20.00	—	1.00×10^{-1}	1.00
18.00	2.00	—	5.26×10^{-3}	2.28
19.80	0.20	—	5.00×10^{-4}	3.30
19.98	0.02	—	5.00×10^{-5}	4.30
20.00	0.00	—	1.00×10^{-7}	7.00
20.02	—	0.02	2.00×10^{-10}	9.70
20.20	—	0.20	2.00×10^{-11}	10.70
22.00	—	2.00	2.00×10^{-12}	11.70
44.00	—	20.00	3.00×10^{-13}	12.50

从图 3-3 和表 3-4 中可以看出：从滴定开始到加入 19.98mL NaOH 溶液，即 99.9%的 HCl 被滴定，溶液的 pH 值变化较慢，只改变了 3.3 个 pH 单位；但从 19.98mL 到 20.02mL 即由剩余 0.1%HCl(0.02mL)滴定到 NaOH 过量 0.1%(0.02mL)，虽然只加 0.04mL，不过 1 滴左右的 NaOH，但溶液的 pH 值却从 4.31 增高至 9.70，即 pH 值改变了 5.4 个 pH 单位，$c(H^+)$改变了 2.5×10^5 倍，溶液由酸性变为碱性。这种 pH 的突然改变称为“滴定突跃”。这一 pH

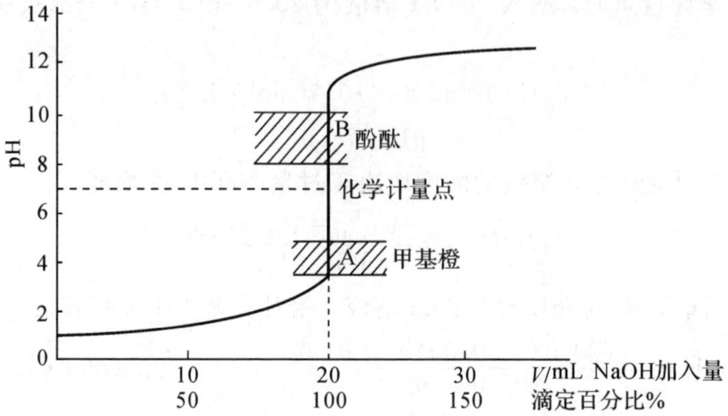

图 3-3　0.1000mol·L^{-1} NaOH 滴定 20.00mL 0.1000mol·L^{-1} HCl 的滴定曲线

区间称为滴定"pH 突跃范围"。pH 突跃范围是化学计量点前后滴定由不足 0.1%到过量 0.1%内溶液 pH 的变化范围。化学计量点的 pH 为 7.00，正处于突跃范围的中间。在 pH 突跃范围后继续加入 NaOH 溶液，pH 值的变化又逐渐趋缓，滴定曲线又趋于平缓。根据滴定曲线，或 pH 突跃范围，就可选择适当指示剂。指示剂选择的原则是：指示剂的变色范围处于或部分处于 pH 突跃范围内。凡在 pH 突跃范围内变化的指示剂都可以相当正确地指示终点，如甲基橙、甲基红、酚酞等。

总之：在强酸强碱滴定中，选择指示剂应根据 pH 突跃范围进行，凡在 pH 突跃范围内变色的指示剂都可以选择。若溶液浓度改变，化学计量点时溶液 pH 值依然是 7，但 pH 突跃范围却不相同。在强酸强碱滴定中，影响 pH 突跃大小的唯一因素是滴定剂和被滴定溶液的浓度。若酸碱浓度增大 10 倍，滴定突跃范围增加 2 个 pH 单位；若酸碱浓度降低 10 倍，滴定突跃范围减少 2 个 pH 单位，浓度改变一个数量级则滴定突跃改变 2 个 pH 单位。如图 3-4，从图可以看出，若用 0.01mol·L^{-1} HCl，0.1mol·L^{-1}，1.0mol·L^{-1} 三种浓度溶液进行滴定，滴定的 pH 突跃范围分别为 5.3～8.7，4.3～9.7，3.3～10.7。可见，酸碱溶液浓度越浓，pH 突跃范围越大，可供选择的指示剂越多；酸碱溶液浓度越稀，pH 突跃范围越小，指示剂选择就受限制。例如：图 3-4 中 0.01mol·L^{-1} NaOH 溶液滴定 20.00mL 0.01mol·L^{-1} HCl 溶液，从其滴定曲线可看出，由于其 pH 突跃范围减小到 5.3～8.7，用甲基橙指示剂，终点为误差 1%，显然就不能用甲基橙作指示剂，只能用酚酞、甲基红等才能符合滴定分析的要求。

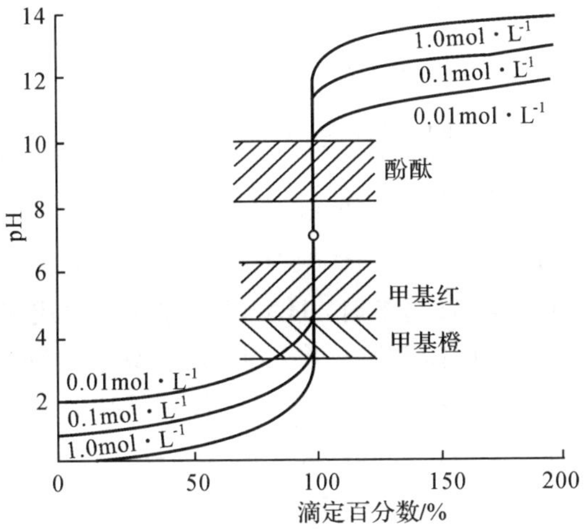

图 3-4　不同浓度的强碱滴定强酸的滴定曲线

强酸滴定强碱的与强碱滴定强酸的情况相似。如果用 0.1000mol・L^{-1} HCl 滴定 0.1000mol・L^{-1} NaOH，滴定过程 pH 变化由大到小，滴定曲线形状与强碱滴定强酸时恰好相反。

视频 3.11

3.6.2　强碱滴定一元弱酸

滴定时的基本反应：$OH^- + HA \rightleftharpoons A^- + H_2O$

现以 0.1000mol・L^{-1} NaOH 滴定 20.00mL、0.1000mol・L^{-1} HAc 为例，计算滴定过程中溶液的 pH 值。

(1)滴定前：溶液的酸度取决于 0.1000mol・L^{-1} HAc 溶液的解离。

因为：$$c/K_a^\ominus = 0.1000/1.8\times10^{-5} > 105,\ cK_a^\ominus > 10K_w^\ominus$$

所以 $c(H^+) = \sqrt{K_a^\ominus \cdot c} = \sqrt{1.8\times10^{-5}\times0.1000} = 1.34\times10^{-3}(mol\cdot L^{-1})$

$$pH = 2.87$$

(2)滴定开始至计量点前：溶液中未反应的 HAc 和反应产物 Ac^- 同时存在，此时溶液为缓冲体系：

$$OH^- + HAc \rightleftharpoons Ac^- + H_2O$$

$$pH = pK_a^\ominus + \lg\frac{c(Ac^-)}{c(HAc)}$$

而：$$c(Ac^-) = \frac{c_{NaOH}V_{NaOH}}{V_{HAc}+V_{NaOH}}$$

$$c(HAc) = \frac{c_{HAc}V_{HAc} - c_{NaOH}V_{NaOH}}{V_{HAc}+V_{NaOH}}$$

已知：$c_{HAc}=c_{NaOH}=0.1000mol\cdot L^{-1}$

$$pH=pK_a^{\ominus}+\lg\frac{V_{NaOH}}{V_{HAc}-V_{NaOH}}$$

当滴入 19.98mL NaOH，即相对误差为−0.1%时

$$pH=pK_a^{\ominus}+\lg\frac{19.98}{20.00-19.98}=7.74$$

(3)化学计量点时：

当加入 20.00mL NaOH 溶液时，HAc 全部被中和生成 NaAc，此时溶液的体积增大为原来的 2 倍，即体系为 0.05mol · L^{-1} Ac^- 溶液的水解。

$$c_{Ac^-}/K_b^{\ominus}>105 \qquad c_{Ac^-}K_b^{\ominus}>10K_w^{\ominus}$$

$$c(OH^-)=\sqrt{cK_b^{\ominus}}=\sqrt{0.05000\times5.6\times10^{-10}}=5.3\times10^{-6}(mol\cdot L^{-1})$$

$$pOH=5.28$$

$$pH=8.72(\text{此时溶液呈弱碱性})$$

(4)化学计量点后

pH 取决于过量的 NaOH 浓度，当滴入 20.02mL NaOH 溶液时，即相对误差为+0.1%时：

$$c(OH^-)=\frac{0.1000\times0.02}{20.00+20.02}=5.0\times10^{-5}$$

$$pOH=4.30$$

$$pH=9.70$$

按照上述方法可逐一计算其他各点的 pH 值，将以上计算结果列于表 3-5，以加入 NaOH 溶液的量为横坐标，相对应的 pH 值为纵坐标作图，可得滴定曲线如图 3-5。

表 3-5　0.1000mol · L^{-1} NaOH 溶液滴定 20.00mL 0.1000mol · L^{-1} HAc 溶液

加入 NaOH 溶液体积 V/mL	剩余 HAc 溶液体积 V/mL	过量 NaOH 体积 V/mL	pH 值
0.00	20.00	—	2.87
18.00	2.00	—	5.70
19.80	0.20	—	6.74
19.98	0.02	—	7.75
20.00	0.00	—	8.72
20.02	—	0.02	9.70

续表

加入 NaOH 溶液体积 V/mL	剩余 HAc 溶液体积 V/mL	过量 NaOH 体积 V/mL	pH 值
20.20	—	0.20	10.70
22.00	—	2.00	11.70
40.00	—	20.00	12.52

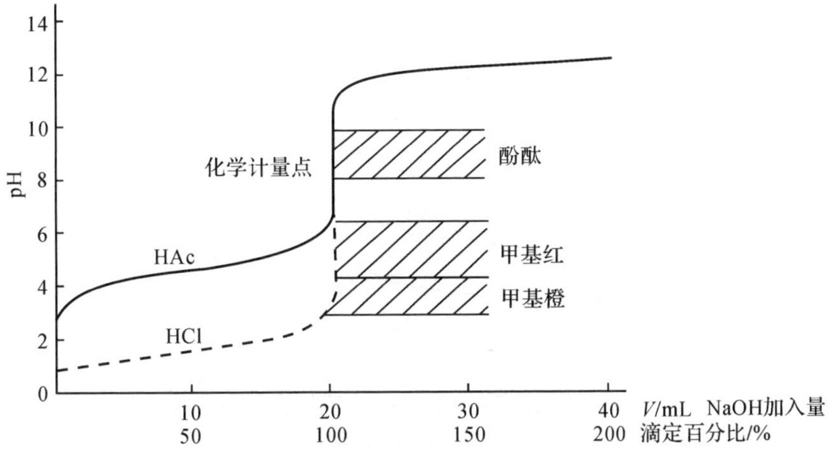

图 3-5　0.1mol · L^{-1}NaOH 滴定 20.00mL 0.1mol · L^{-1}HAc 的滴定曲线

图 3-5 中的虚线是相同浓度 NaOH 滴定 HCl 的滴定曲线。将两条曲线对比可以看出，NaOH 滴定 HAc 有以下特点：

①滴定曲线的起点高。因为弱酸 HAc 解离度要比等浓度的 HCl 小，因此用 NaOH 滴定 HAc 的滴定曲线起点比 NaOH 滴定 HCl 的滴定曲线起点高 2 个 pH 单位。

②滴定曲线的形状不同。从滴定曲线可知，滴定过程中的 pH 变化开始较快，其后变化稍慢，接近化学计量点时又逐渐加快，这是由滴定不同阶段的反应特点决定的。滴定开始后，反应产生的 Ac^- 与 HAc 形成共轭体系，随着滴定的进行，Ac^- 浓度逐渐增大，HAc 浓度不断减少，溶液的缓冲容量增大，pH 变化缓慢。50％的 HAc 被滴定时，溶液的缓冲能力最大，曲线平坦，此时溶液的 pH＝$pK_a^\ominus$。接近化学计量点时，HAc 浓度已很低，溶液的缓冲作用显著减弱，继续加入 NaOH，溶液的 pH 较快地增大；到达化学计量点时，体系为 Ac^- 弱碱溶液，曲线在弱碱性范围出现突跃；化学计量点后为 NaAc-NaOH 混合溶

液，Ac^-碱性较弱，它的解离可以忽略，曲线与 NaOH 滴定 HCl 的滴定曲线基本重合。

③突跃范围小。从滴定曲线可知，NaOH 滴定 HAc 的滴定曲线突跃范围比同样浓度的 NaOH 滴定 HCl 的滴定曲线突跃范围小很多，而且是在弱碱性范围内。因此在酸性范围内变色的指示剂，如甲基橙、甲基红等都不能用，而酚酞、百里酚酞均是合适的指示剂。

图 3-6 是用 $0.1000mol \cdot L^{-1}$ NaOH 滴定 $0.1mol \cdot L^{-1}$不同强度弱酸的滴定曲线。

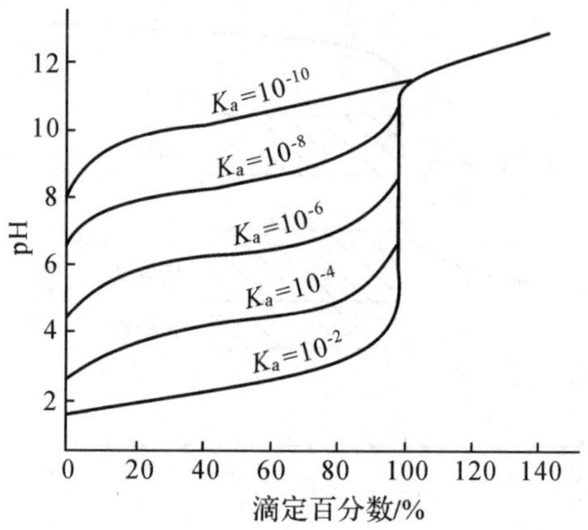

图 3-6　$0.1mol \cdot L^{-1}$NaOH 滴定 $0.1mol \cdot L^{-1}$不同 $K_a^{\ominus}$ 的一元弱酸的滴定曲线

从图 3-6 可以看出，酸的强弱是影响突跃大小的重要因素，当酸的浓度一定时，它的离解常数 $K_a^{\ominus}$ 越大，即酸越强，滴定 pH 突跃范围越大。当 $K_a^{\ominus} \leqslant 10^{-9}$时，已无明显的 pH 突跃了，在此情况下，已无法利用一般的酸碱指示剂确定滴定终点。酸的浓度也影响 pH 突跃的大小。化学计量点后不同浓度的弱酸的滴定曲线合而为一。化学计量点前，弱酸浓度增大 10 倍，增加 pH 0.5单位。不过浓度对滴定 pH 突跃的影响比强酸时小。考虑到酸的浓度和强度两方面对滴定 pH 突跃大小的影响，以及人眼观察指示剂变色点存在±0.3 pH 的出入，在浓度不太稀的情况下，通常以 $c \cdot K_a^{\ominus} \geqslant 1.0 \times 10^{-8}$作为判断弱酸能否被准确滴定的界限。此时，滴定突跃可以大于 0.3 pH 单位，终点误差在±0.1%。

3.6.3　强酸滴定一元弱碱

强酸(HCl)滴定弱碱($NH_3 \cdot H_2O$)的情况与强碱滴定弱酸的情况相似，

可采用类似方法处理。滴定过程中 pH 变化由大到小，滴定曲线如图 3-7 所示，滴定曲线形状与强碱滴定弱酸时恰好相反。化学计量点及 pH 突跃都在酸性范围内，所以只能选用酸性区变色的指示剂，如甲基橙、甲基红等指示终点。同样，可用 $c \cdot K_b^\ominus \geqslant 1.0 \times 10^{-8}$ 作为判断弱碱能否被准确进行滴定的条件。

视频 3.12

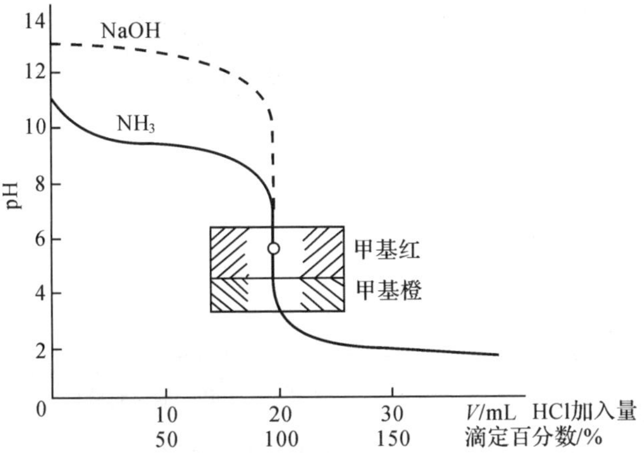

图 3-7　$0.1000mol \cdot L^{-1}$ HCl 滴定 20.00mL $0.1000mol \cdot L^{-1}$ NH_3 的滴定曲线

3.6.4　多元酸的滴定

常见的多元酸在水溶液中分步离解，如三元酸 H_3PO_4 在水溶液中分三步离解：

$$H_3PO_4 \rightleftharpoons H^+ + H_2PO_4^- \qquad K_{a1}^\ominus = 6.92 \times 10^{-3} \qquad pK_{a1}^\ominus = 2.16$$

$$H_2PO_4^- \rightleftharpoons H^+ + HPO_4^{2-} \qquad K_{a2}^\ominus = 6.23 \times 10^{-8} \qquad pK_{a2}^\ominus = 7.21$$

$$HPO_4^{2-} \rightleftharpoons H^+ + PO_4^{3-} \qquad K_{a3}^\ominus = 4.79 \times 10^{-13} \qquad pK_{a3}^\ominus = 12.32$$

对多元酸的滴定：当 $cK_{a1}^\ominus \geqslant 10^{-8}$，且 $K_{a1}^\ominus / K_{a2}^\ominus > 10^4$ 时，则第一级离解的 H^+ 可被准确滴定，在第一个化学计量点时出现 pH 突跃。同样如果 $cK_{a2}^\ominus \geqslant 10^{-8}$，且 $K_{a2}^\ominus / K_{a3}^\ominus > 10^4$ 时，则第二级离解的 H^+ 可被准确滴定，又在第二个化学计量点时出现 pH 突跃。如果 $K_{a2}^\ominus / K_{a3}^\ominus < 10^4$，两步中和反应交叉进行，即使是分步离解的两个质子 H^+ 也将被同时滴定，只有一个突跃。

用 NaOH 滴定 H_3PO_4 时，H_3PO_4 先被滴定至 $H_2PO_4^-$，在第一计量点形成第一个突跃；$H_2PO_4^-$ 后被继续滴定生成 HPO_4^{2-} 产生第二个突跃。

多元酸滴定过程中溶液的组成及滴定曲线比较复杂，可以通过实验测定和记录绘制滴定曲线，图 3-8 是强碱 NaOH 滴定 H_3PO_4 的滴定曲线。

在实际工作中，为了选择指示剂，通常是需要计算化学计量点时溶液的 pH 值，然后在此附近选择指示剂指示滴定终点。

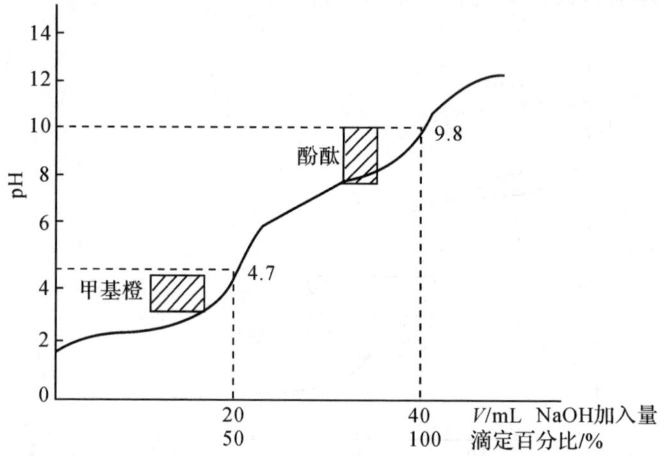

图 3-8 NaOH 滴定 H_3PO_4 溶液的滴定曲线

例如，用 0.1000mol·L^{-1} NaOH 滴定 20.00mL 0.1000mol·L^{-1} H_3PO_4。

第一化学计量点时：$NaOH + H_3PO_4 = NaH_2PO_4 + H_2O$

反应产物是 $H_2PO_4^-$，其为两性物质，此时 pH 可采用近似计算：

$$pH = \frac{1}{2}(pK_{a1}^{\ominus} + pK_{a2}^{\ominus}) = \frac{1}{2}(2.16 + 7.21) = 4.69$$

可选用指示剂为：甲基橙(3.1～4.4)。

第二化学计量点时：$NaOH + NaH_2PO_4 = Na_2HPO_4 + H_2O$

反应产物是 HPO_4^{2-}，其为两性物质，此时 pH 可采用近似计算：

$$pH = \frac{1}{2}(pK_{a2}^{\ominus} + pK_{a3}^{\ominus}) = \frac{1}{2}(7.21 + 12.32) = 9.77$$

可选用指示剂为：酚酞(8.0～10)。

3.6.5 多元碱的滴定

多元碱分步滴定的方法和多元酸分步滴定相似，多元碱一般是指多元酸与强碱作用生成的盐，如 Na_2CO_3，$Na_2B_4O_7$ 等。

现以 0.1000mol·L^{-1} HCl 溶液滴定 20.00mL 0.1000mol·L^{-1} Na_2CO_3 溶

液为例说明多元碱的分步滴定。

$$HCl+CO_3^{2-} \rightleftharpoons HCO_3^- + Cl^- \qquad K_{b1}^{\ominus}=2.14\times10^{-4}$$

$$HCl+HCO_3^- \rightleftharpoons H_2CO_3 + Cl^- \qquad K_{b2}^{\ominus}=2.23\times10^{-8}$$

$$c\cdot K_{b1}^{\ominus}=0.10\times2.14\times10^{-4}>10^{-8},$$

$$c\cdot K_{b2}^{\ominus}=0.10\times2.23\times10^{-8}=2.23\times10^{-9}\approx10^{-8}$$

$$K_{b1}^{\ominus}/K_{b2}^{\ominus}=2.14\times10^{-4}/2.23\times10^{-8}\approx10^{4}$$

对于高浓度的溶液，近似地认为两级离解可以分步滴定，形成两个滴定突跃，滴定曲线如图3-9所示。

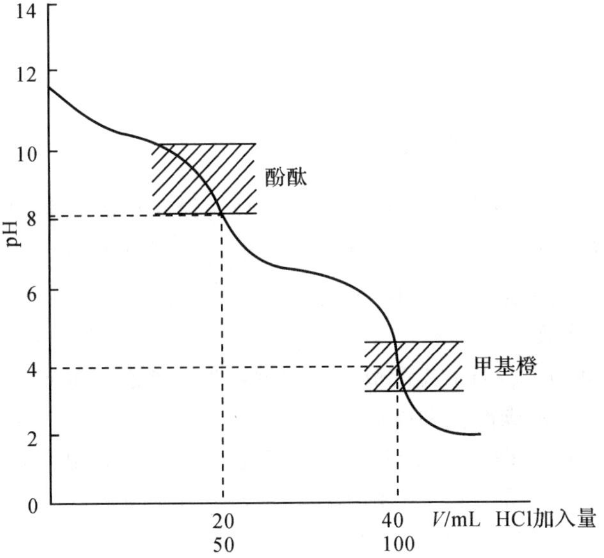

图3-9　HCl溶液滴定Na_2CO_3溶液的滴定曲线

第一化学计量点时：$HCl + Na_2CO_3 = NaHCO_3 + NaCl$，反应产物为$NaHCO_3$，其为两性物质。

$$pH=\frac{1}{2}(pK_{a1}^{\ominus}+pK_{a2}^{\ominus})$$

$$=\frac{1}{2}(6.35+10.33)=8.34$$

可选用指示剂为：酚酞(10～8.0)。

第二化学计量点时：$HCl+NaHCO_3 = H_2CO_3+NaCl$
产物为 CO_2 的饱和水溶液，约 0.04mol · L^{-1}的 H_2CO_3。

$$c(H^+)=\sqrt{c \cdot K_{a1}^{\ominus}}=\sqrt{0.04\times4.47\times10^{-7}}=1.34\times10^{-4}(mol \cdot L^{-1})$$

$$pH=3.87$$

视频 3.13

可选用指示剂为：甲基橙(4.4～3.1)。由于 $K_{b2}^{\ominus}$不够大，且溶液中 CO_2 易过多，指示终点过早出现。为提高测定的准确度，通常在接近终点时应剧烈地摇晃溶液，以加快 H_2CO_3 的分解，或加热除去 CO_2，冷却后再滴定至终点。

3.7 酸碱滴定法及其应用

3.7.1 酸碱标准溶液的配制和标定

酸碱滴定中最常用的标准溶液是 HCl(酸性强、无氧化性)和 NaOH，特殊情况下用 H_2SO_4、KOH 等其他强酸强碱，浓度一般在 0.01～1.0mol · L^{-1}之间，最常用的浓度为 0.1mol · L^{-1}。

(1)酸标准溶液

HCl 由于其易挥发性，先配成近似浓度，然后再进行标定。标定的基准物质，最常用的是无水碳酸钠和硼砂。

无水碳酸钠(Na_2CO_3)易制得纯品，价格便宜，但吸湿性强，应用前应在 270～300℃干燥至恒重，置干燥器中保存备用。标定反应如下：

$$Na_2CO_3+2HCl = 2NaCl+H_2CO_3$$

$$\hookrightarrow H_2O+CO_2\uparrow$$

用无水碳酸钠标定盐酸时选用甲基橙作指示剂，用 HCl 溶液滴定 Na_2CO_3 溶液由黄色变为橙色，即为滴定终点。

硼砂($Na_2B_4O_7 \cdot 10H_2O$)有较大的相对分子质量，称量误差小，无吸湿性，也易制得纯品，其缺点是在空气中容易风化失去结晶水，因此应保存在湿度为 60%的密闭容器中备用。标定反应如下：

$$Na_2B_4O_7+2HCl+5H_2O = 4H_3BO_3+2NaCl$$

用硼砂标定盐酸时选用甲基红作指示剂，用 HCl 溶液滴定硼砂溶液由黄色变为橙红色，即为滴定终点。

(2)碱标准溶液

NaOH 易吸收水分和空气中的 CO_2，其标准溶液应用间接法配制。标定标准溶液的基准物质常用的是邻-苯二甲酸氢钾($KHC_8H_4O_4$)和草酸等。

邻-苯二甲酸氢钾($KHC_8H_4O_4$)，易制得纯品，不吸潮，相对分子质量较大，标定反应如下：

$$KHC_8H_4O_4 + NaOH \rightleftharpoons KNaC_8H_4O_4 + H_2O$$

用邻-苯二甲酸氢钾标定氢氧化钠时，化学计量点时溶液呈碱性(pH＝9.1)，可以选用酚酞为指示剂，溶液由无色变为粉红色即滴定终点。

草酸($H_2C_2O_4 \cdot 2H_2O$)，相当稳定，相对湿度在 5%～95%时不会风化而失水，因此应保存在密闭器中备用。标定反应如下：

$$H_2C_2O_4 + 2NaOH = Na_2C_2O_4 + 2H_2O$$

用草酸标定氢氧化钠时，化学计量点溶液呈碱性(pH＝8.4)，可以选用酚酞为指示剂，溶液由无色变为粉红色即滴定终点。

3.7.2　酸碱滴定法的应用

酸碱滴定法除能滴定一般的酸碱性以及能与酸或碱起反应的物质外，也能间接地测定许多并不呈酸性或碱性的物质，因此其应用非常广泛。按照滴定方法的不同，大致可分为两大类：

3.7.2.1　直接滴定法

一般来说，凡 $c \cdot K_a^\ominus \geqslant 1.0\times10^{-8}$ 的酸性物质和 $c \cdot K_b^\ominus \geqslant 1.0\times10^{-8}$ 的碱性物质均可用酸和碱标准溶液直接滴定。

(1)食品中苯甲酸钠的滴定

苯甲酸钠是食品防腐剂之一，最高允许误差 0.1%。

测定时在含苯甲酸钠的食品样品中加 HCl，使苯甲酸钠转化成苯甲酸，在溶液中加入乙醚，萃取苯甲酸于乙醚中，加热，除去乙醚，用中性乙醇溶解后，再用 NaOH 标准溶液滴定，选用酚酞作指示剂，滴定至呈现粉红色即为终点。

$$\omega_{C_7H_5O_2Na} = \frac{c_{NaOH} \cdot V_{NaOH} \cdot M_{C_7H_5O_2Na} \times 10^{-3}}{m_S} \times 100\%$$

(2)食用醋中总酸度的测定

HAc 是一种重要的农产加工品，又是合成有机农药的一种重要原料。食醋中的主要成分是 HAc，也有少量其他弱酸，如乳酸等。测定时，将食醋用不含 CO_2 的蒸馏水适当稀释后，用 NaOH 标准溶液滴定。选用酚酞作指示剂，滴定至呈现粉红色即为终点。

由消耗的标准溶液的体积及浓度计算总酸度。

(3)混合碱的分析

工业品烧碱(NaOH)中常含有 Na_2CO_3，纯碱 Na_2CO_3 中也常含有 $NaHCO_3$，这两种工业品都称为混合碱。对于混合碱的分析叙述如下：

①烧碱中 NaOH 和 Na_2CO_3 含量的测定。采用双指示剂法测定。称取试样质量为 m_S 溶解于水，用 HCl 标准溶液滴定，先用酚酞作指示剂，滴定至溶液由红色变为无色，则到达第一化学计量点。此时 NaOH 全部被中和，而 Na_2CO_3 被中和一半，所消耗的体积记为 V_1。然后加入甲基橙，继续用 HCl 标准溶液滴定，使溶液由黄色恰好变为橙色，到达第二化学计量点。溶液中 $NaHCO_3$ 被完全中和，所消耗的 HCl 量记为 V_2。因 Na_2CO_3 被中和先生成 $NaHCO_3$，继续用 HCl 滴定使 $NaHCO_3$ 又转化为 H_2CO_3，两者所需 HCl 量相等，故 (V_1-V_2) 为中和 NaOH 所消耗 HCl 的体积，$2V_2$ 为滴定 Na_2CO_3 所需 HCl 的体积。分析结果计算公式为：

$$\omega_{NaOH}=\frac{c(V_1-V_2)M_{NaOH}}{m_S}\times10^{-3}$$

$$\omega_{Na_2CO_3}=\frac{\frac{1}{2}c(2V_2)M_{Na_2CO_3}}{m_S}\times10^{-3}$$

②纯碱中 Na_2CO_3 和 $NaHCO_3$ 的测定。工业纯碱中常含有 $NaHCO_3$，此二组分的测定可参照上述 NaOH 和 Na_2CO_3 的测定方法。但注意，此时滴定 Na_2CO_3 所消耗的体积为 $2V_1$，而滴定 $NaHCO_3$ 所消耗的体积为 V_2-V_1。分析结果计算公式为：

$$\omega_{Na_2CO_3}=\frac{\frac{1}{2}c(2V_1)M_{Na_2CO_3}}{m_S}\times10^{-3}$$

$$\omega_{NaHCO_3}=\frac{c(V_2-V_1)M_{NaHCO_3}}{m_S}\times10^{-3}$$

NaOH 和 $NaHCO_3$ 是不能共存的。若某未知试样中可能含有 NaOH，Na_2CO_3，$NaHCO_3$ 中的一种，或由它们组成的混合物，假若以酚酞及甲基橙为指示剂的滴定终点用去 HCl 的体积分别为 V_1，V_2，则未知试样可能的组成与 V_1，V_2 的关系见表 3-6。

表 3-6　V_1，V_2 的大小与试样组成的关系

V_1 和 V_2 的大小关系	$V_1\neq0$，$V_2=0$	$V_1=0$，$V_2\neq0$	$V_1=V_2\neq0$	$V_1>V_2>0$	$V_2>V_1>0$
试样的组成	OH^-	HCO_3^-	CO_3^{2-}	$OH^-+CO_3^{2-}$	$HCO_3^-+CO_3^{2-}$

混合碱测定，除用双指示剂法外还有一种测试方法是 $BaCl_2$ 法。如测 NaOH 和 Na_2CO_3 混合试样，可取两等分试样，第一份以甲基橙为指示剂，用 HCl 标准溶液滴定，测混合碱总量；第二份加入过量 $BaCl_2$ 溶液，让 Na_2CO_3 生成 $BaCO_3$ 沉淀，然后以酚酞作指示剂，用 HCl 溶液测定 NaOH 的含量，这样就能得到混合碱中的 NaOH 含量和 Na_2CO_3 含量。

[例 3-9]　试样 1.100g，水溶解后用甲基橙为指示剂，滴定终点时用去 HCl 溶液（$T_{CaO/HCl}=0.01400g\cdot mL^{-1}$）31.40mL；同样质量的该试样用酚酞做指示剂，用上述 HCl 标准溶液滴定至终点时用去 13.30mL。计算试样中不与酸反应的杂质的质量分数。（CaO：56.08；Na_2CO_3：105.99；$NaHCO_3$：84.10；NaOH：40）

解　根据题意：$V_1=13.30mL$；$V_2=31.40-13.30=18.10(mL)$；

因为 $V_2>V_1$，所以混合碱为 $Na_2CO_3+NaHCO_3$：

$$c(HCl)=\frac{2\times0.0140\times1000}{56.08}=0.4993(mol\cdot L^{-1})$$

$$\omega(Na_2CO_3)=\frac{13.30\times10^{-3}\times0.4993\times105.99}{1.100}\times100\%=63.98\%$$

$$\omega(NaHCO_3)=\frac{(18.10-13.30)\times10^{-3}\times0.4993\times84.10}{1.100}\times100\%=18.32\%$$

$$\omega(杂质)=100\%-63.98\%-18.32\%=17.70\%$$

[例 3-10]　测定某工业烧碱中 NaOH 和 Na_2CO_3 的含量，称取试样 1.5460g，在 $250cm^3$ 容量瓶中用水定容。取出 $25.00cm^3$，以甲基橙为指示剂，滴定到橙色时用去 HCl 标准溶液 $24.86cm^3$。另取 $25.00cm^3$ 溶液，加入过量的 $BaCl_2$，待 $BaCO_3$ 沉淀完全后，加入酚酞指示剂，滴定到红色刚褪去，耗去 HCl 标准溶液 $23.74cm^3$，此 HCl 标准溶液中和 0.4852 克硼砂（$Na_2B_4O_7\cdot10H_2O$）需 $24.37cm^3$。计算试样中 NaOH 和 Na_2CO_3 的质量分数。（已知 $Na_2B_4O_7\cdot10H_2O$ 的相对分子质量为 381.4，NaOH 相对分子质量为 40.00，Na_2CO_3 相对分子质量 106.00）

解　因为 $Na_2B_4O_7+2HCl+5H_2O=\!=\!=4H_3BO_3+2NaCl$

所以 $c(HCl)=\dfrac{0.4852\times2}{381.4\times24.37\times10^{-3}}=0.1044(mol\cdot L^{-1})$

根据题意：

$$\omega(NaOH)=\frac{c_{HCl}\times V_2\times M_{NaOH}\times\frac{250}{25}}{m_s}$$

$$=\frac{0.1044\times23.74\times10^{-3}\times40\times10}{1.5460}\times100\%=64.13\%$$

$$\omega(Na_2CO_3)=\frac{\frac{1}{2}c_{HCl}\times(V_1-V_2)\times M_{Na_2CO_3}\times\frac{250}{25}}{m_s}$$

$$=\frac{\frac{1}{2}\times0.1044\times(24.86-23.74)\times10^{-3}\times106\times10}{1.5460}\times100\%=4.01\%$$

[例 3-11] 某试样中仅含 NaOH 和 Na_2CO_3。称取 0.3720g 试样用水溶解后，以酚酞为指示剂，消耗 0.1500mol·L^{-1} HCl 溶液 40.00mL，问还需多少毫升 HCl 溶液达到甲基橙的变色点？并计算 NaOH 和 Na_2CO_3 的百分含量。[已知：$M(Na_2CO_3)=106.0g\cdot mol^{-1}$；$M(NaOH)=40.00g\cdot mol^{-1}$]

解 设还需 HCl 溶液 amL，有

$$\frac{(40.00-a)\times0.1500\times40}{1000}+\frac{a\times0.1500\times106}{1000}=0.3720$$

解得 $a=13.33$mL

$$\omega(NaOH)=\frac{(40.00-13.33)\times0.1500\times10^{-3}\times40}{0.3720}\times100\%=43.0\%$$

$$\omega(Na_2CO_3)=\frac{13.33\times0.1500\times10^{-3}\times106}{0.3720}\times100\%=57.0\%$$

3.7.2.2 间接滴定法

对于许多极弱的酸碱，不能直接滴定，可以通过与酸碱的反应产生可以滴定的酸碱，或增强其酸碱性后予以测定。

(1)氮的测定

肥料或土壤试样中常需要测定氮的含量，如硫酸铵化肥中含氮量的测定。由于铵盐作为酸，它的 $K_a^\ominus$ 值为：

$$K_a^\ominus=K_w^\ominus/K_b^\ominus=10^{-14}/1.8\times10^{-5}=5.6\times10^{-10}$$

它不能直接用碱标准溶液滴定，需采用间接的测定方法，常用的方法有两种：

①蒸馏法。将一定质量的铵盐溶液中加入过量的 NaOH 溶液，加热煮沸。如果将蒸出的 NH_3 用过量的硫酸或盐酸标准溶液吸收，过量的酸用标准溶液回滴定。用甲基红或甲基橙作指示剂，测定过程反应如下：

$$NH_4^+ + OH^- \xlongequal{\triangle} NH_3 + H_2O$$

$$NH_3 + HCl \xlongequal{} NH_4^+ + Cl^-$$

$$NaOH + HCl(剩余) \xlongequal{} NaCl + H_2O$$

如果将蒸出的 NH_3 用硼酸吸收，生成的 $H_2BO_3^-$ 是较强碱，可以用酸标准溶液滴定，用甲基红和溴甲酚绿混合指示剂。

②甲醛法。铵盐在水中全部解离，甲醛与 NH_4^+ 的反应如下：

$$4NH_4^+ + 6HCHO \xlongequal{} (CH_2)_6N_4H^+ + 3H^+ + 6H_2O(\text{定量进行})$$

在滴定前溶液为酸性，生成物 $(CH_2)_6N_4H^+$ 是六亚甲基四胺 $(CH_2)_6N_4$ 的共轭酸，其 $K_a^\ominus = 7.4\times10^{-6}$，可用 NaOH 直接滴定。在 NaOH 滴定至终点时，仍被中和成 $(CH_2)_6N_4$。用酚酞为指示剂，终点为粉红色。

$$\omega_N = \frac{c_{NaOH}\times V_{NaOH}\times14.0}{m_S}\times10^{-3}$$

如果试样中含有游离酸，事先要用甲基红作指示剂，用 NaOH 中和。蒸馏法操作麻烦，分析流程长，但准确度高。甲醛法简便、快速，其准确度比蒸馏法差些，但可以满足工、农业生产要求，应用较广。

(2)硼酸的测定

硼酸(H_3BO_4)的 $K_a^\ominus = 5.8\times10^{-10}$，它是极弱的酸，不能用 NaOH 直接滴定。但在 H_3BO_4 中加入乙二醇、丙三醇、甘露醇等反应生成配合酸，形成配合酸的 $K_a^\ominus = 5.5\times10^{-5}$，从而使弱酸强化。然后，用 NaOH 标准溶液直接滴定，可选用酚酞或百里酚酞作为指示剂。

[例 3-12]　取粗铵盐 2.000g，加入过量 KOH 溶液共热，蒸出的 NH_3 吸收在 50.00mL 0.5000mol·L^{-1} 的 HCl 标准溶液中，过量的 HCl 用 0.5000mol·L^{-1} NaOH 溶液回滴，用去 1.56mL，求试样中 NH_3 的质量分数。

解　根据题意 NH_3 的物质的量为：

$$\begin{aligned} n_{NH_3} &= c_{HCl}\times V_{HCl} - c_{NaOH}\times V_{NaOH} \\ &= 0.5000\times50.00\times10^{-3} - 0.5000\times1.56\times10^{-3} \\ &= 2.422\times10^{-2}(\text{mol}) \end{aligned}$$

NH_3 的质量分数为：

$$\begin{aligned} \omega_{NH_3} &= \frac{n_{NH_3}\times M_{NH_3}}{m_s}\times100\% = \frac{2.422\times10^{-2}\times17}{2.000}\times100\% \\ &= 20.59\% \end{aligned}$$

视频 3.14

【应用实例】

食醋中醋酸含量的测定

食醋是日常生活中常用的调味品，经常测定食醋中醋酸的含量以查验食醋的质量。一般用 NaOH 标准溶液滴定测定出食醋中醋酸的含量。

$$NaOH + HAc \xlongequal{} NaAc + H_2O$$

以酚酞为指示剂，用 NaOH 标准溶液滴定至溶液变成淡红色为终点，醋酸的含量为：

$$\omega_{HAc}=c_{NaOH}\times V_{NaOH}\times\frac{M_{HAc}}{1000\times\rho\times V_{醋样}}\times 100\%$$

具体应用：用移液管移取食用醋 10.00mL 于 100mL 容量瓶中，用蒸馏水稀释至刻度，再用 25mL 移液管从 100mL 容量瓶中移取 25.00mL 于锥形瓶中，加酚酞指示剂，用 0.1014mol · L^{-1} NaOH 溶液滴定消耗 11.21mL，若吸取的醋样溶液的密度为 1.004g · L^{-1}，求食醋中醋酸的含量。

解　根据题意有

$$\omega_{HAc}=c_{NaOH}\times V_{NaOH}\times 4\times\frac{M_{HAc}}{1000\times\rho\times V_{醋样}}\times 100\%$$

$$=0.1014\times 11.21\times 4\times\frac{60}{1000\times 1.004\times 10.00}\times 100\%$$

$$=2.72\%$$

即食醋中醋酸的含量为 2.72%。

【知识结构】

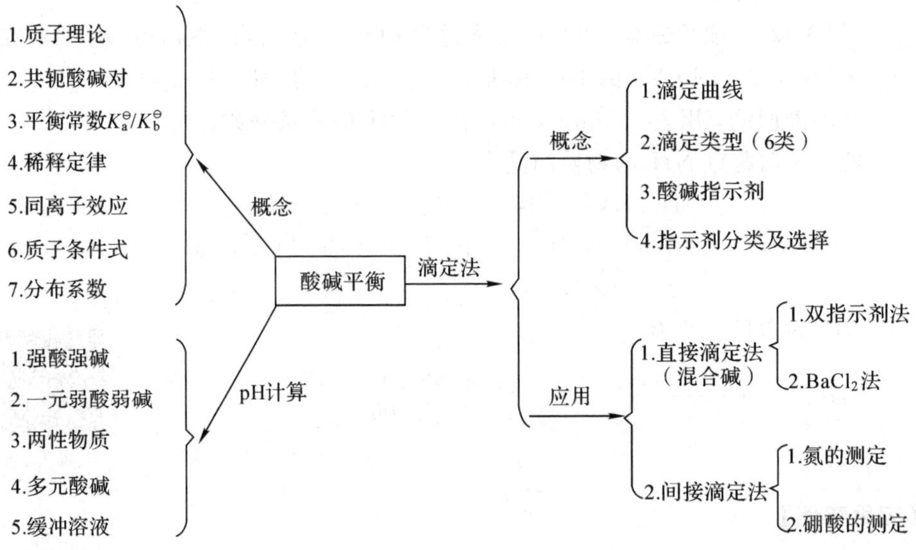

视频 3.15

习　题

3.1　写出下列各酸的共轭碱：H_2O，$H_2C_2O_4$，$H_2PO_4^-$，HCO_3^-，C_6H_5OH，$C_6H_5NH_3^+$，HS^-，$Fe(H_2O)_6^{3+}$，$R-NH_2^+CH_2COOH$。

3.2　写出下列各碱的共轭酸：H_2O，NO_3^-，HSO_4^-，S^{2-}，$C_6H_5O^-$，$Cu(H_2O)_2(OH)_2$，$(CH_2)_6N_4$，$R—NHCH_2COO^-$。

3.3　电离平衡常数的意义是什么？浓度对其有无影响？

3.4　什么叫同离子效应和盐效应？它们对弱酸、弱碱的电离度各有什么影响？

3.5　什么叫稀释定律？试计算下列不同浓度氨溶液的 $c(OH^-)$和电离度。

(1)1.0mol・L^{-1}　　(2)0.10mol・L^{-1}　　(3)0.01mol・L^{-1}

当溶液稀释时，怎样影响电离度？怎样影响 OH^- 浓度？两者是否矛盾？

3.6　根据物料平衡和电荷平衡写出：(1)$(NH_4)_2CO_3$，(2)NH_4HCO_3 溶液的质子条件式，浓度为 c(mol・L^{-1})。

3.7　写出下列酸碱组分的 MBE、CEB 和 PBE(设定质子参考水准直接写出)，浓度为 c(mol・L^{-1})。

(1)$NaNH_4HPO_4$　　(2)$NH_4H_2PO_4$　　(3)NH_4CN

3.8　若要配制(1)pH＝3.0，(2)pH＝4.0 的缓冲溶液，现有下列物质，问应该选哪种缓冲体系？(有关常数见附录表)

(1)HCOOH　　(2)$CH_2ClCOOH$　　(3)$NH_3^+CH_2COOH$(氨基乙酸盐)

3.9　下列酸碱溶液浓度均为 0.10mol・L^{-1}，能否采用等浓度的滴定剂直接准确进行滴定？

(1)HF　(2)C_6H_5OH　(3)$NH_3^+CH_2COONa$　(4)NaHS　(5)$NaHCO_3$

(6)$(CH_2)_6N_4$　(7)$(CH_2)_6N_4$・HCl　(8)CH_3NH_2

3.10　下列多元酸(碱)溶液中每种酸(碱)的分析浓度均为 0.10mol・L^{-1}(标明的除外)，能否用等浓度的滴定剂准确进行分步滴定或分别滴定？

(1)H_3AsO_4　(2)$H_2C_2O_4$　(3)0.40mol・L^{-1}乙二胺　(4)邻-苯二甲酸

3.11　判断下列情况对测定结果的影响：

(1)用混有少量的邻-苯二甲酸的邻-苯二甲酸氢钾标定 NaOH 溶液的浓度；

(2)用吸收了 CO_2 的 NaOH 标准溶液滴定 H_3PO_4 至第一计量点；继续滴定至第二计量点时，对各测定结果的影响如何？

3.12　一试液可能是 NaOH、$NaHCO_3$、Na_2CO_3 或它们的固体混合物。

用20.00mL 0.1000mol·L^{-1} HCl标准溶液，以酚酞为指示剂可滴定至终点。问在下列情况下，再以甲基橙作指示剂滴定至终点，还需加入多少毫升HCl溶液？第三种情况试液的组成如何？

(1)试液中所含NaOH与Na_2CO_3物质的量比为3∶1；

(2)原固体试样中所含$NaHCO_3$和NaOH的物质量比为2∶1；

(3)加入甲基橙后滴半滴HCl溶液，试液即成终点颜色。

3.13 酸碱滴定法选择指示剂时可以不考虑的因素：

(1)滴定突跃的范围；　(2)指示剂的变色范围；

(3)指示剂的颜色变化；　(4)指示剂相对分子质量的大小

(5)滴定方向

3.14 计算下列各溶液的pH：

(1)2.0×10^{-7}mol·L^{-1} HCl　(2)1.0×10^{-4}mol·L^{-1} HCN

(3)0.10mol·L^{-1} NH_4Cl　(4)1.0×10^{-4}mol·L^{-1} NaCN

(5)0.10mol·L^{-1} NH_4CN　(6)0.10mol·L^{-1} Na_2S

3.15 250mg $Na_2C_2O_4$溶解并稀释至500mL，计算pH=4.00时该溶液中各种形体的浓度。

3.16 若配制pH=10.00，$c_{NH_3}=1.0$mol·L^{-1}的NH_3-NH_4Cl缓冲溶液1.0L，问需要15mol·L^{-1}的氨水多少毫升？需要NH_4Cl多少克？

3.17 欲配制100mL氨基乙酸缓冲溶液，其总浓度$c=0.10$mol·L^{-1}，pH=2.00，需氨基乙酸多少克？还需加多少毫升1.0mol·L^{-1}酸或碱？已知氨基乙酸的摩尔质量$M=75.07$g·mol^{-1}。(氨基乙酸的$pK_{a_1}^{\ominus}=2.35$，$pK_{a_2}^{\ominus}=9.60$)

3.18 (1)在100mL由1.0mol·L^{-1} HAc和1.0mol·L^{-1} NaAc组成的缓冲溶液中，加入1.0mL 0.1000mol·L^{-1} NaOH溶液滴定后，溶液的pH有何变化？

(2)若在100mL pH=5.00的HAc-NaAc缓冲溶液中加入1.0mL 6.0mol·L^{-1} NaOH后，溶液的pH增大0.10单位。问此缓冲溶液中HAc、NaAc的分析浓度各为多少？

3.19 取25.00mL苯甲酸溶液，用20.70mL 0.1000mol·L^{-1} NaOH溶液滴定至计量点。

(1)计算苯甲酸溶液的浓度为多少？(2)求计量点的pH为多少？(3)滴定突跃为多少？应选择哪种指示剂指示终点？

3.20 称取含硼酸及硼砂的试样0.6010g，用0.1000mol·L^{-1} HCl标准溶

液滴定，以甲基红为指示剂，消耗 HCl 20.00mL；再加甘露醇强化后，以酚酞为指示剂，用 0.2000mol·L^{-1} NaOH 标准溶液滴定消耗 30.00mL。计算试样中硼砂和硼酸的质量分数。

3.21　某试样中仅含 NaOH 和 Na_2CO_3。称取 0.3720g 试样用水溶解后，以酚酞为指示剂，消耗 0.1500mol·L^{-1} HCl 溶液 40.00mL，问还需多少毫升 HCl 溶液达到甲基橙的变色点？

3.22　干燥的纯 NaOH 和 $NaHCO_3$ 按 2∶1 的质量比混合后溶于水，并用盐酸标准溶液滴定。使用酚酞指示剂时用去盐酸的体积为 V_1，再用甲基橙作指示剂，用去盐酸的体积为 V_2。求 V_1/V_2(保留 3 位有效数字)。

3.23　粗氨盐 1.000g，加入过量 NaOH 溶液并加热，逸出的氨吸收于 56.00mL 0.2500mol·L^{-1} H_2SO_4 中，过量的酸用 0.5000mol·L^{-1} NaOH 回滴，用去 1.56mL。计算试样中 NH_3 的质量分数。

3.24　某试样 2.000g，采用蒸馏法测氮的质量分数，蒸出的氨用 50.00mL 0.5000mol·L^{-1}硼酸标准溶液吸收，然后以溴甲酚绿与甲基红为指示剂，用 0.0500mol·L^{-1} HCl 溶液 45.00mL 滴定，计算试样中氮的质量分数。

3.25　有一 Na_3PO_4 试样，其中含有 Na_2HPO_4，称取 0.9947g，以酚酞作指示剂，用 0.2881mol·L^{-1} HCl 溶液滴定至终点，用去 17.56mL。再加入甲基橙指示剂，继续用 0.2881mol·L^{-1} HCl 溶液滴定至终点时，又用去 20.18mL。求试样中 Na_3PO_4、Na_2HPO_4 的质量分数。[$M(Na_3PO_4)=163.94$，$M(Na_2HPO_4)=142$]

3.26　有一混合碱试样，除 Na_2CO_3 外，还可能含有 NaOH 或 $NaHCO_3$ 以及不与酸作用的物质。称取该试样 1.10g 溶于适量水后，用甲基橙为指示剂需加 31.4mLHCl 溶液(1.00mLHCl 相当于 0.01400gCaO)才能达到终点。用酚酞作为指示剂时，同样质量的试样需 15.0mL 该浓度 HCl 溶液才能达到终点。计算试样中各组分的含量。[$M(CaO)=56.08g\cdot mol^{-1}$，$M(Na_2CO_3)=106.0g\cdot mol^{-1}$，$M(NaHCO_3)=84.01g\cdot mol^{-1}$，$M(NaOH)=40.00g\cdot mol^{-1}$]

测验题

一、选择题

1. 当物质的基本单元为下列化学式时，它们分别与 NaOH 溶液反应的产物如括号内所示。与 NaOH 溶液反应时的物质的量之比为 1∶3 的物质是(　　)。

(A)H_3PO_4，(Na_2HPO_4)　　(B)$NaHC_2O_4\cdot H_2C_2O_4$，($Na_2C_2O_4$)

(C) $H_2C_8H_4O_4$，($Na_2C_8H_4O_4$)　　(D) $(RCO)_2O$，(RCOONa)

2. 标定 HCl 溶液用的基准物 $Na_2B_4O_7 \cdot 12H_2O$，因保存不当失去了部分结晶水，标定出的 HCl 溶液浓度是(　　)。

(A)偏低　　(B)偏高　　(C)准确　　(D)无法确定

3. 在锥形瓶中进行滴定时，错误的是(　　)。

(A)用右手前三指拿住瓶颈，以腕力摇动锥形瓶

(B)摇瓶时，使溶液向同一方向作圆周运动，溶液不得溅出

(C)注意观察液滴落点周围溶液颜色的变化

(D)滴定时，左手可以离开旋塞任其自流

4. 用同一 NaOH 溶液分别滴定体积相等的 H_2SO_4 和 HAc 溶液，消耗的体积相等，说明 H_2SO_4 和 HAc 两溶液中的(　　)。

(A)氢离子浓度(单位：$mol \cdot L^{-1}$，下同)相等

(B) H_2SO_4 和 HAc 的浓度相等

(C) H_2SO_4 浓度为 HAc 的浓度的 1/2

(D) H_2SO_4 和 HAc 的电离度相等

5. 某弱酸 HA 的 $K_a^\ominus = 2.0 \times 10^{-5}$，若需配制 pH=5.00 的缓冲溶液，与 100mL1.00$mol \cdot L^{-1}$ NaA 相混合的 1.00$mol \cdot L^{-1}$ HA 的体积约为(　　)。

(A)200mL　　(B)50mL　　(C)100mL　　(D)150mL

6. 已知 $K_a^\ominus(HA) < 10^{-5}$，HA 是很弱的酸，现将 $a$mol·L^{-1} HA 溶液加水稀释，使溶液的体积为原来的 n 倍(设 $\alpha(HA) \ll 1$)，下列叙述正确的是(　　)。

(A) $c(H^+)$变为原来的 $1/n$　　(B) HA 溶液的解离度增大为原来 n 倍

(C) $c(H^+)$变为原来的 a/n 倍　　(D) $c(H^+)$变为原来的$(n)^{-1/2}$

7. 计算 1$mol \cdot L^{-1}$ HAc 和 1$mol \cdot L^{-1}$ NaAc 等体积混合溶液的$[H^+]$时，应选用公式(　　)。

(A) $[H^+] = \sqrt{K_a^\ominus \cdot c}$　　(B) $[H^+] = \sqrt{\dfrac{K_a^\ominus \cdot K_w^\ominus}{c}}$

(C) $[H^+] = K_{HAc}^\ominus \cdot \dfrac{c_{HAc}}{c_{Ac^-}}$　　(D) $[H^+] = \sqrt{\dfrac{c \cdot K_w^\ominus}{K_b^\ominus}}$

8. NaOH 溶液保存不当，吸收了空气中 CO_2，用邻-苯二甲酸氢钾为基准物标定浓度后，用于测定 HAc。测定结果(　　)。

(A)偏高　　(B)偏低　　(C)无影响　　(D)不定

9. 将 0.1$mol \cdot L^{-1}$ HA($K_a = 1.0 \times 10^{-5}$)与 0.1$mol \cdot L^{-1}$ HB($K_a^\ominus = 1.0 \times 10^{-9}$)等体积混合，溶液的 pH 为(　　)。

(A)3.0　　(B)3.2　　(C)4.0　　(D)4.3

10. NaH_2PO_4 水溶液的质子条件为(　　)。

(A)$[H^+]+[H_3PO_4]+[Na^+]=[OH^-]+[HPO_4^{2-}]+[PO_4^{3-}]$

(B)$[H^+]+[Na^+]=[H_2PO_4^-]+[OH^-]$

(C)$[H^+]+[H_3PO_4]=[HPO_4^{2-}]+2[PO_4^{3-}]+[OH^-]$;

(D)$[H^+]+[H_2PO_4^-]+[H_3PO_4]=[OH^-]+3[PO_4^{3-}]$

11. 可以用直接法配制标准溶液的是(　　)。

(A)含量为 99.9%的铜片　　(B)优级纯浓 H_2SO_4

(C)含量为 99.9%的 $KMnO_4$　　(D)分析纯 $Na_2S_2O_3$

12. 右图滴定曲线的类型为(　　)。

(A)强酸滴定弱碱

(B)强酸滴定强碱

(C)强碱滴定弱酸

(D)强碱滴定强酸

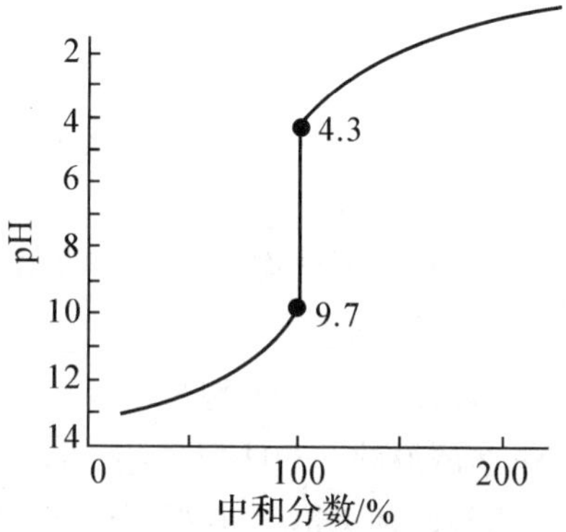

13. 某弱酸 HA 的 $K_a^\ominus=1\times10^{-5}$，则其 $0.1mol\cdot L^{-1}$溶液的 pH 值为(　　)。

(A)1.0　　(B)2.0

(C)3.0　　(D)3.5

14. 某水溶液(25°C) pH 值为 4.5，则此水溶液中 OH^- 的浓度(单位：$mol\cdot L^{-1}$)为(　　)。

(A)$10^{-4.5}$　　(B)$10^{4.5}$　　(C)$10^{-11.5}$　　(D)$10^{-9.5}$

15. 已知 H_3PO_4 的 $K_{a1}^\ominus=7.6\times10^{-3}$，$K_{a2}^\ominus=6.3\times10^{-8}$，$K_{a3}^\ominus=4.4\times10^{-13}$。用 NaOH 溶液滴定 H_3PO_4 至生成 NaH_2PO_4 时，溶液的 pH 值约为(　　)。

(A)2.12　　(B)4.66　　(C)7.20　　(D)9.86

16. 根据酸碱质子理论，下列各离子中，既可做酸，又可做碱的是(　　)。

(A)H_3O^+　　(B)$[Fe(H_2O)_4(OH)_2]^+$

(C)NH_4^+　　(D)CO_3^{2-}

17. 应用式$\frac{[H^+]^2[S^{2-}]}{[H_2S]}=K_{a1}^\ominus K_{a2}^\ominus$的条件是(　　)。

(A)只适用于饱和 H_2S 溶液　　(B)只适用于不饱和 H_2S 溶液

(C)只适用于有其他酸共存时的 H_2S 溶液　(D)上述 3 种情况都适用

18. 向 $0.10mol\cdot dm^{-3}$ HCl 溶液中通 H_2S 气体至饱和($0.10mol\cdot dm^{-3}$)，溶液中 S^{2-} 浓度为(H_2S：$K_{a1}^\ominus=9.1\times10^{-8}$，$K_{a2}^\ominus=1.1\times10^{-12}$)(　　)。

(A) 1.0×10^{-18} mol/L (B) 1.1×10^{-12} mol/L

(C) 1.0×10^{-19} mol/L (D) 9.5×10^{-5} mol/L

19. 酸碱滴定中指示剂选择的原则是(　　)。

(A)指示剂的变色范围与等当点完全相符

(B)指示剂的变色范围全部和部分落入滴定的 pH 突跃范围之内

(C)指示剂应在 pH=7.0 时变色

(D)指示剂变色范围完全落在滴定的 pH 突跃范围之内

二、填空题

1. $2.0\times10^{-3}\text{mol}\cdot\text{L}^{-1}$ HNO_3 溶液的 pH=________。

2. 盛 $FeCl_3$ 溶液的试剂瓶放久后产生的红棕色污垢，宜用________做洗涤剂。

3. 在写 NH_3 水溶液中的质子条件式时，应取 H_2O，________为零水准，其质子条件式为________________。

4. 写出下列物质共轭酸的化学式：$(CH_2)_6N_4$ ____________；

$H_2AsO_4^-$ ____________。

5. 已知 $K_{a1}^{\ominus}(H_2S)=1.32\times10^{-7}$，$K_{a2}^{\ominus}(H_2S)=7.10\times10^{-15}$。则 $0.10\text{mol}\cdot\text{L}^{-1}$ Na_2S 溶液的 $c(OH^-)$=________ $\text{mol}\cdot\text{L}^{-1}$，pH=________。

6. 已知 $K_{HAc}^{\ominus}=1.8\times10^{-5}$，pH 为 3.0 的下列溶液，用等体积的水稀释后，它们的 pH 值为：HAc 溶液____________；HCl 溶液____________；HAc-NaAc 溶液____________。

7. 由醋酸溶液的分布曲线可知，当醋酸溶液中 HAc 和 Ac^- 的存在量各占 50%时，pH 值即为醋酸的 $pK_a^{\ominus}$ 值。当 pH<$pK_a^{\ominus}$ 时，溶液中________为主要存在形式；当 pH>$pK_a^{\ominus}$ 时，则________为主要存在形式。

8. pH=9.0 和 pH=11.0 的溶液等体积混合，溶液的 pH=________；pH=5.0 和 pH=9.0 的溶液等体积混合，溶液的 pH=________。(上述溶液指强酸、强碱的稀溶液)

9. 同离子效应使弱电解质的解离度________；盐效应使弱电解质的解离度________；后一种效应较前一种效应________得多。

10. 酸碱滴定曲线是以________变化为特征。滴定时，酸碱浓度越大，滴定突跃范围________；酸碱强度越大，滴定突跃范围________。

三、计算题

1. 有一混合碱试样，除 Na_2CO_3 外，还可能含有 NaOH 或 Na_2CO_3 以及不与酸作用的物质。称取该试样 1.10g 溶于适量水后，用甲基橙为指示剂需加

31.4mL HCl 溶液(1.00mL HCl ⇔ 0.01400g CaO)才能达到终点。用酚酞作为指示剂时，同样质量的试样需 15.0mL 该浓度 HCl 溶液才能达到终点。计算试样中各组分的含量。

[M(CaO)=56.08g·mol^{-1}，M(Na_2CO_3)=106.0g·mol^{-1}，M($NaHCO_3$)=84.01g·mol^{-1}，M(NaOH)=40.00g·mol^{-1}]

2. 用酸碱滴定法分析某试样中的氮(M=14.01g·mol^{-1})含量。称取 2.000g 试样，经化学处理使试样中的氮定量转化为 NH_4^+。再加入过量的碱溶液，使 NH_4^+ 转化为 NH_3，加热蒸馏，用 50.00mL 0.2500mol·L^{-1} HCl 标准溶液吸收分馏出的 NH_3，过量的 HCl 用 0.1150mol·L^{-1} NaOH 标准溶液回滴，消耗 26.00mL。求试样中氮的含量。

3. 将 100.0mL 0.200mol·L^{-1} HAc 与 300.0mL 0.400mol·L^{-1} HCN 混合，计算混合溶液中的各离子浓度。[$K_a^\ominus$(HAc)=1.75×10^{-5}，$K_a^\ominus$(HCN)=6.2×10^{-10}]

4. 今有 1.0dm^3 0.10mol·dm^{-3}氨水，问：

(1)氨水的[H^+]是多少？

(2)加入 5.35g NH_4Cl 后，溶液的[H^+]是多少？(忽略加入 NH_4Cl 后溶液体积的变化)

(3)加入 NH_4Cl 前后氨水的解离度各为多少？(NH_3：$K_b^\ominus$=1.8×10^{-5})(相对原子质量：Cl 35.5，N 14)

5. 氢氰酸 HCN 解离常数为 4×10^{-10}，将含有 5.01g HCl 的水溶液和 6.74g NaCN 混合，并加水稀释到 0.275dm^3，求 H_3O^+，CN^-，HCN 的浓度是多少？[M(HCl)=36.46g·mol^{-1}，M(NaCN)=49.01g·mol^{-1}]

6. 测得某一弱酸(HA)溶液的 pH=2.52，该一元弱酸的钠盐(NaA)溶液的 pH=9.15，当上述 HA 与 NaA 溶液等体积混匀后测得 pH=4.52，求该一元弱酸的电离常数 $K_{HA}^\ominus$值为多少？

7. 在血液中，H_2CO_3-$NaHCO_3$ 缓冲对的功能之一是从细胞组织中，迅速地除去运动产生的乳酸[$K^\ominus$(HLac)=8.4×10^{-4}]。

(1)已知 $K_{a1}^\ominus$(H_2CO_3)=4.3×10^{-7}，求 $HLac + HCO_3^- \rightleftharpoons Lac^- + H_2CO_3$ 的平衡常数 $K^\ominus$；

(2)在正常血液中，[H_2CO_3]=1.4×10^{-3}mol·L^{-1}，[HCO_3^-]=2.7×10^{-2}mol·L^{-1}，求 pH 值；

(3)若 1.0L 血液中加入 5.0×10^{-3}mol HLac 后，pH 值为多少？

第4章 沉淀平衡与沉淀测定法
(Precipitation equilibrium and precipitation measurement)

学习目标

通过本章的学习，要求掌握：

1. 溶度积概念、溶度积和溶解度的换算；
2. 影响沉淀溶解平衡的因素，溶度积规则；
3. 沉淀溶解平衡的有关计算；
4. 沉淀的形成，影响沉淀纯度的因素；
5. 重量分析法的原理及应用；
6. 沉淀滴定法的原理及应用。

在物质的制备、分离或提纯过程中常用到难溶物质的沉淀溶解平衡。本章将讨论水溶液中难溶物质与其水合构晶离子所形成的多相离子平衡及其应用。

4.1 沉淀溶解平衡

从严格的意义上来看，在水中绝对不溶的物质是不存在的。物质在水中溶解性的大小常以溶解度(solubility)来衡量。

物质	溶解度/(g/100g·水)
易溶物质	>0.1
微溶物质	$0.01\sim0.1$
难溶物质	<0.01

4.1.1　溶度积与溶解度

(1)溶度积

对于难溶物质 $BaSO_4$ 来说，构成这一难溶物质的组分 Ba^{2+} 和 SO_4^{2-} 被称为构晶离子。在一定温度下将 $BaSO_4$ 投入水中时，受到溶剂水分子的吸引，$BaSO_4$ 表面部分的 Ba^{2+} 和 SO_4^{2-} 将以水合离子的形式进入水中，这一过程称为溶解(dissolution)。与此同时，进入水中的水合离子在溶液中做无序运动碰到 $BaSO_4$ 表面时，受到以上异号构晶离子的吸引，又能重新回到或沉淀至固体表面，这种与前一过程相反的过程称为沉淀(如图 4-1 所示)。

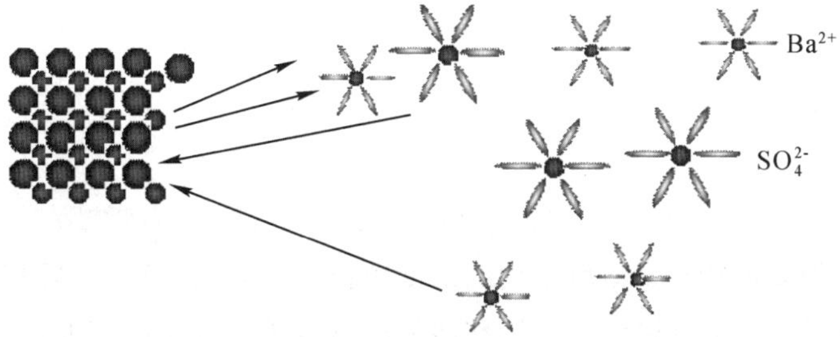

图 4-1　$BaSO_4$ 溶解与沉淀平衡过程

在一定温度下，当溶解与沉淀的速率相等时，溶液中 $BaSO_4$ 与其水合构晶离子之间达到动态的多相离子平衡：

$$BaSO_4 \rightleftharpoons Ba^{2+}(aq) + SO_4^{2-}(aq)$$

其平衡常数表达式为：$[Ba^{2+}] \cdot [SO_4^{2-}] = K_{sp}^{\ominus}(BaSO_4)$

$K_{sp}^{\ominus}$称为溶度积常数(activity product)。

当难溶物 M_mA_n 在温度一定，水中溶解或生成达到平衡时，据多重平衡原理：

$$M_mA_n(s) \rightleftharpoons mM^{n+}(aq) + nA^{m-}(aq)$$

则：
$$K_{sp}^{\ominus}(M_mA_n) = [M^{n+}]^m \cdot [A^{m-}]^n \tag{4-1}$$

式中：M^{n+}、A^{m-} 分别称为构晶离子。

与其他平衡常数相同，$K_{sp}^{\ominus}$与难溶物质的本性以及温度等有关。一般可用 $K_{sp}^{\ominus}$来衡量难溶物生成或溶解能力的强弱。$K_{sp}^{\ominus}$越大，表明该难溶物质的溶解能力越强，要生成该沉淀就越困难；$K_{sp}^{\ominus}$越小，表明该难溶物质的溶解度越小，要生成该沉淀就相对越容易。在进行相对比较时，对同型难溶物质，例如 MA_3 型的 $Al(OH)_3$ 与 $Fe(OH)_3$，$K_{sp}^{\ominus}$越大，其溶解度就越大。不同型难溶物不能根

据 $K_{sp}^{\ominus}$ 的大小直接比较它们溶解度的高低，要通过计算，才能判断其溶解度的大小。

(2)溶解度与溶度积的关系

对于 MA 型难溶物，若溶解度为 S mol·L^{-1}

$$MA(s) \rightleftharpoons M^{+}(aq) + A^{-}(aq)$$

平衡浓度/mol·L^{-1}　　　S　　　S

$$[M^{+}][A^{-}] = S \times S = K_{sp}^{\ominus}$$

$$S = (K_{sp}^{\ominus})^{1/2} \tag{4-2}$$

对于 MA_2 型(如 CaF_2)或 M_2A(Ag_2CrO_4)难溶物质，同理可推导出其溶度积与溶解度的关系为:

$$M_2A(s) \rightleftharpoons 2M^{+}(aq) + A^{2-}(aq)$$

平衡浓度/mol·L^{-1}　　　$2S$　　　S

$$[M^{+}]^2[A^{-}] = (2S)^2 \times S = K_{sp}^{\ominus}$$

$$S = (K_{sp}^{\ominus}/4)^{1/3} \tag{4-3}$$

在相互换算时应注意，所采用的浓度单位应为 mol·L^{-1}；另外，由于难溶物质的溶解度很小，可以认为其饱和溶液的密度等于纯水的密度。

［**例 4-1**］　已知 25℃时，$PbCrO_4$ 的溶解度 $S' = 1.71 \times 10^{-4}$ g·L^{-1}，求 $K_{sp}^{\ominus}(PbCrO_4)$。

解　$S = S'/M$

$= 1.71 \times 10^{-4} \div 323.19 = 5.29 \times 10^{-7}$(mol·L^{-1})

对 MA 型难溶物，$S = (K_{sp}^{\ominus})^{1/2}$

$$K_{sp}^{\ominus}(PbCrO_4) = S^2 = (5.29 \times 10^{-7})^2 = 2.80 \times 10^{-13}$$

［**例 4-2**］　已知 25℃时，Ag_2S 的 $K_{sp}^{\ominus} = 6.30 \times 10^{-50}$. 求其溶解度 S'(g·L^{-1})。

解　M_2A 型难溶物 $S = (K_{sp}^{\ominus}/4)^{1/3}$

$$S = (6.30 \times 10^{-50}/4)^{1/3}$$

$$= 2.51 \times 10^{-17}(\text{mol} \cdot \text{L}^{-1})$$

$$S' = S \cdot M = 2.51 \times 10^{-17} \times 247.8$$

$$= 6.22 \times 10^{-15}(\text{g} \cdot \text{L}^{-1})$$

应注意的是，溶度积与溶解度之间的换算只是一种近似的计算，只适用于溶解度很小的难溶物质，而且离子在溶液中不发生任何副反应(不水解、不形成配合物等)或发生副反应程度不大的情况，如 $BaSO_4$，AgCl 等。

(3)溶度积规则

对于任一沉淀反应：

$$M_mA_n(s) \rightleftharpoons mM^{n+}(aq) + nA^{m-}(aq)$$

反应商(又称浓度商或离子积，ionic product)：

$$Q_c = c^m(M^{n+})c^n(A^{m-}) \tag{4-4}$$

根据平衡移动原理，若 $Q_c > K_{sp}^{\ominus}$，反应将向左进行，溶液达到过饱和，将生成沉淀；若 $Q_c < K_{sp}^{\ominus}$，则反应朝溶解的方向进行，溶液未饱和，将无沉淀析出，如有固体物质则会溶解。当 $Q_c = K_{sp}^{\ominus}$，为饱和溶液，达到动态平衡。这一规律称为溶度积规则(the rule of solubility product)。

［例 4-3］ 已知 $PbBr_2$ 的 $K_{sp}^{\ominus} = 1.51 \times 10^{-7}$。现将 20.0ml 0.050mol · L^{-1} $Pb(NO_3)_2$ 溶液与 40.0ml 0.050mol · L^{-1} NaBr 溶液混合，问有无 $PbBr_2$ 沉淀生成？

解 两溶液相混合，可以认为总体积为 60mL，则离子积为：

$$Q_c = c(Pb^{2+})c^2(Br^-)$$

$$c(Pb^{2+}) = (0.050 \times 20.0)/60.0 = 1.67 \times 10^{-2}(mol \cdot L^{-1})$$

$$c(Br^-) = (0.050 \times 40.0)/60.0 = 3.33 \times 10^{-2}(mol \cdot L^{-1})$$

$$Q_c = 1.67 \times 10^{-2} \times (3.33 \times 10^{-2})^2 = 1.85 \times 10^{-5}$$

显然：$Q_c > K_{sp}^{\ominus}$，有 $PbBr_2$ 沉淀生成。

使用溶度积规则时应注意以下几点。

①原则上只要 $Q_c > K_{sp}^{\ominus}$，就应该有沉淀产生。但是，只有当溶液中含 10^{-5}g · L^{-1} 固体时，人眼才能观察到浑浊现象，因此实际观察到有沉淀产生时，所需的构晶离子浓度一般要比理论计算值更高一些。

②有时可能会生成过饱和溶液而不形成沉淀，这时可以通过加入晶种等方式破坏其过饱和，促使沉淀析出或结晶(crystal)。

③如果有副反应发生，则有可能使溶液中沉淀剂的有效浓度降低，从而可能不生成沉淀。

视频 4.1

4.2 影响沉淀溶解平衡的因素

4.2.1 同离子效应与沉淀完全的标准

(1)同离子效应

当沉淀反应中有与难溶物质具有共同离子的电解质溶液存在时，会使难溶物质的溶解度降低，这种现象称为沉淀反应的同离子效应。

[例 4-4] 已知 $SrCO_3$ 的 $K_{sp}^{\ominus}=5.60\times10^{-10}$。试比较在 25℃时，$SrCO_3$ 在 800mL 纯水，以及在 800mL，$[CO_3^{2-}]=0.010mol\cdot L^{-1}$ 溶液中的溶解损失。

解 对 MA 型难溶物，$S=(K_{sp}^{\ominus})^{1/2}$

①在纯水中：$S_1=(5.60\times10^{-10})^{1/2}=2.37\times10^{-5}(mol\cdot L^{-1})$

溶解损失为：$m_1=S_1VM$

$=2.37\times10^{-5}\times800\times147.63=2.80(mg)$

②设 $0.010mol\cdot L^{-1}$ CO_3^{2-} 溶液中的溶解度为 S_2：

$$SrCO_3(s)=\!=\!=Sr^{2+}(aq)+CO_3^{2-}(aq)$$

平衡时浓度/$mol\cdot L^{-1}$　　　S_2　　　$S_2+0.010$

$$[Sr^{2+}][CO_3^{2-}]=S_2(S_2+0.010)=K_{sp}^{\ominus}=5.60\times10^{-10}$$

由于 S_2 不会太大，因此 $S_2+0.010\approx0.010$。

解得 $S_2=5.60\times10^{-8}mol\cdot L^{-1}$

溶解损失：$m_2=5.60\times10^{-8}\times800\times147.63=0.0066(mg)$

由结果可知，$SrCO_3$ 在纯水中的溶解度为2.80mg，而在$[CO_3^{2-}]=0.010mol\cdot L^{-1}$的溶液中，溶解度降低为 0.0066mg。

结论：沉淀反应中同离子效应也会降低沉淀的溶解度。由于同离子效应的存在，可以在一定程度上减少沉淀的溶解损失。

沉淀损失对重量分析以及某些化工生产过程是必须考虑的。不同的应用领域对沉淀溶解损失有不同的要求。

①分析化学中的重量分析，一般要求溶解损失不得超过分析天平的称量误差(0.2mg)。

②在进行沉淀时，可以加入适当过量的沉淀剂，以减少沉淀的溶解损失。对一般的沉淀分离或制备，沉淀剂一般过量 20%～50%。

③重量分析中，对不易挥发的沉淀剂，一般过量 20%～30%。

④对易挥发的沉淀剂，一般过量 50%～100%。

⑤洗涤沉淀时，也可以根据情况及要求选择合适的洗涤剂以减少洗涤过程的溶解损失。例如，对 $BaSO_4$，若用纯水 250mL 分 5 次洗涤，溶解损失大约是 0.6mg(参考例[4-4]进行计算)。一般可先用稀沉淀剂洗涤，然后再用纯水洗涤。对 $BaSO_4$，一般可先用稀 H_2SO_4 洗涤数次，再用纯水洗至符合要求。

(2)沉淀完全的标准

对一般的沉淀分离或制备，以及定性分析：

被沉淀离子的浓度$\leqslant 10^{-5}\text{mol}\cdot\text{L}^{-1}$

对重量分析(定量沉淀完全)：

被沉淀离子的浓度$\leqslant 10^{-6}\text{mol}\cdot\text{L}^{-1}$

(3)盐效应

沉淀反应中的盐效应：沉淀剂加得过多，特别是有其他强电解质的存在，使沉淀溶解度增大的现象。例如：$BaSO_4$ 在纯水中溶解度为 $1.03\times10^{-5}\text{mol}\cdot\text{L}^{-1}$，而在 $0.050\text{mol}\cdot\text{L}^{-1}$ $MgCl_2$ 溶液中为 $1.9\times10^{-5}\text{mol}\cdot\text{L}^{-1}$。

一般只有当强电解质浓度大于 $0.05\text{mol}\cdot\text{L}^{-1}$时，盐效应才较显著，特别是非同离子的其他电解质存在，否则一般可忽略。

4.2.2　酸效应

酸效应(acid effect)主要指沉淀反应中，氢氧化物沉淀的溶解度随溶液的 pH 减小而增大的现象，以及在由弱酸或多元酸所构成的沉淀中，酸度的改变对沉淀产生的影响。主要有两种类型的计算，分别是难溶金属氢氧化物沉淀与难溶硫化物沉淀。

(1)难溶金属氢氧化物沉淀

对于难溶金属氢氧化物 $M(OH)_n$，如果溶液酸度增大，则其溶解度会增大，甚至导致沉淀溶解。若要生成难溶金属氢氧化物，那就必须达到一定的 OH^- 浓度；若酸度过大，就不能生成沉淀或使得沉淀不完全。

理论上只要知道氢氧化物的溶度积以及金属离子的初始浓度，就能计算出该金属离子开始沉淀与沉淀完全时所对应的 pH 值。

［例 4-5］　计算欲使 $0.010\text{mol}\cdot\text{L}^{-1}$ Co^{2+} 开始沉淀及沉淀完全时的 pH。($K_{sp}^{\ominus}\{Co(OH)_2\}=5.92\times10^{-15}$)

解　①开始沉淀所需的 pH 值：

$$Co(OH)_2(s) \rightleftharpoons Co^{2+}(aq)+2OH^-(aq)$$

$$[Co^{2+}][OH^-]^2=K_{sp}^{\ominus}\{Co(OH)_2\}$$

沉淀开始析出时，Co^{2+} 的浓度可以认为是其初始浓度，即 $0.010\text{mol}\cdot\text{L}^{-1}$，因此：

$$\begin{aligned}[OH^-]^2&=K_{sp}^{\ominus}\{Co(OH)_2\}/[Co^{2+}]\\&=5.92\times10^{-15}/0.010=5.92\times10^{-13}\end{aligned}$$

$$[OH^-]=7.69\times10^{-7}\,mol\cdot L^{-1}$$
$$pOH=6.11$$
$$pH=7.89$$

②沉淀完全所需的 pH 值：

定性沉淀完全时，$[Co^{2+}]\leqslant1.0\times10^{-5}\,mol\cdot L^{-1}$，故

$$[OH^-]^2\geqslant K_{sp}^{\ominus}\{Co(OH)_2\}/[Co^{2+}]$$
$$=5.92\times10^{-15}/1.0\times10^{-5}=5.92\times10^{-10}$$
$$[OH^-]\geqslant2.43\times10^{-5}\,mol\cdot L^{-1}$$
$$pOH\leqslant4.61$$
$$pH\geqslant9.39$$

因此，欲使 $0.010\,mol\cdot L^{-1}$ Co^{2+} 开始沉淀及沉淀完全时的 pH 分别为 7.89 和 9.39。

应该要注意的是：

①金属氢氧化物开始沉淀和完全沉淀并不一定在碱性环境[比如$Fe(OH)_3$，请自行计算]；

②不同的难溶金属氢氧化物 $K_{sp}^{\ominus}$不同，它们沉淀所需的 pH 值也不同。因此，通过控制 pH 可以达到分离金属离子的目的。在利用难溶金属氢氧化物分离金属离子时，常使用缓冲溶液控制 pH。一些难溶金属氢氧化物沉淀的 pH 见表 4-1。

表 4-1　一些难溶金属氢氧化物沉淀的 pH

离子	开始沉淀的 pH 值 $c(M^{n+})=0.10\,mol\cdot L^{-1}$	沉淀完全的 pH 值 $c(M^{n+})=1.0\times10^{-5}\,mol\cdot L^{-1}$	$K_{sp}^{\ominus}$
Fe^{3+}	1.48	2.81	2.79×10^{-39}
Al^{3+}	3.37	4.70	1.30×10^{-33}
Cr^{3+}	4.27	5.60	6.30×10^{-31}
Cu^{2+}	4.67	6.67	2.20×10^{-20}
Fe^{2+}	6.34	8.35	4.87×10^{-17}
Ni^{2+}	6.87	8.87	5.48×10^{-16}
Mn^{2+}	8.14	10.14	1.90×10^{-13}
Mg^{2+}	8.87	10.87	5.61×10^{-12}

[例 4-6]　30mL 0.10mol·L^{-1} $FeCl_2$和 30mL 0.010mol·L^{-1} $NH_3 \cdot H_2O$ 相混合。问：(1)是否有 $Fe(OH)_2$沉淀生成？(2)为不使 $Fe(OH)_2$沉淀析出，至少应加入 NH_4Cl 多少克？(假设加入 NH_4Cl 固体后，溶液的体积保持不变)

解　两溶液等体积混合后，$FeCl_2$和 NH_3的浓度分别减半：

混合后，$c(Fe^{2+})=0.10/2=0.050(mol \cdot L^{-1})$

$$c(NH_3)=0.010/2=0.0050(mol \cdot L^{-1})$$

因为

$$[OH^-]=\sqrt{K_b^\ominus(NH_3)c(NH_3)}$$

$$=\sqrt{1.80\times10^{-5}\times0.0050}=3.0\times10^{-4}(mol \cdot L^{-1})$$

$$Q_c=c(Fe^{2+})[OH^-]^2=0.050\times(3.0\times10^{-4})^2$$

$$=4.5\times10^{-9}>K_{sp}^\ominus\{Fe(OH)_2\}=4.87\times10^{-17}$$

所以有 $Fe(OH)_2$沉淀生成。

要使 $Fe(OH)_2$不沉淀，$c(Fe^{2+})[OH^-]^2\leqslant K_{sp}^\ominus\{Fe(OH)_2\}$

$$[OH^-]\leqslant\sqrt{4.87\times10^{-17}/0.050}=3.12\times10^{-8}(mol \cdot L^{-1})$$

由 NH_3的解离平衡常数表达式可得：

$$[NH_4^+]=K_b^\ominus[NH_3]/[OH^-]$$

所以　$[NH_4^+]\geqslant1.80\times10^{-5}\times0.0050/3.12\times10^{-8}=2.88(mol \cdot L^{-1})$

因此，需加 NH_4Cl 的质量至少为：

$$m=cVM=2.88\times0.060\times53.5=9.24(g)$$

对于难溶金属氢氧化物 $M(OH)_n$，如果金属离子的初始浓度为$[M^{n+}]$，则该金属离子开始沉淀的$[OH^-]$为：

$$[OH^-]_{开始}\geqslant\sqrt[n]{\frac{K_{sp}^\ominus}{[M^{n+}]}}$$

金属离子开始沉淀的 pH 值：

$$pH\geqslant14-pOH_{(开始)}$$

金属离子沉淀完全时的$[OH^-]$为：

$$[OH^-]_{完全}\geqslant\sqrt[n]{\frac{K_{sp}^\ominus}{1.0\times10^{-5}}}$$

金属离子沉淀完全时 pH 值：

$$pH\geqslant14-pOH_{(完全)}$$

(2)难溶硫化物沉淀

大部分金属离子可与 S^{2-} 生成硫化物沉淀，但是 $K_{sp}^\ominus$ 却各不相同，有很大差别。因为溶液中 S^{2-} 的浓度与溶液的酸度即 pH 有关，所以金属离子开始沉淀和沉淀完全时的 pH 完全不同。基于这一原理，可以根据金属硫化物的 $K_{sp}^{\ominus}$，通过调节溶液的 pH 值，使某些金属硫化物沉淀出来，而使另一些金属离子仍留在溶液中，从而达到分离的目的。

在 MS 型金属硫化物沉淀的生成过程中同时存在着两个平衡：

$$M^{2+} + S^{2-} \rightleftharpoons MS$$

$$H_2S \rightleftharpoons 2H^+ + S^{2-}$$

要使金属离子生成沉淀，需要满足：$[M^{2+}][S^{2-}] \geqslant K_{sp}^{\ominus}(MS)$

所以，
$$[S^{2-}] \geqslant \frac{K_{sp}^{\ominus}(MS)}{[M^{2+}]}$$

因为，$H_2S \rightleftharpoons 2H^+ + S^{2-}$ 的平衡常数：

$$K^{\ominus} = K_{a1}^{\ominus} \times K_{a2}^{\ominus} = \frac{[H^+]^2[S^{2-}]}{[H_2S]} \tag{4-5}$$

故 MS 型金属硫化物开始沉淀时，应控制的 H^+ 的最大浓度为：

$$[H^+] \leqslant \sqrt{\frac{K_{a1}^{\ominus}K_{a2}^{\ominus}[M^{2+}][H_2S]}{K_{sp}^{\ominus}(MS)}} \tag{4-6}$$

若要使 M^{2+} 沉淀完全，应维持的 H^+ 的最大浓度为：

$$[H^+] \leqslant \sqrt{\frac{K_{a1}^{\ominus}K_{a2}^{\ominus} \times 1.0 \times 10^{-5}[H_2S]}{K_{sp}^{\ominus}(MS)}} \tag{4-7}$$

从上两式可求出 MS 型金属硫化物开始沉淀和沉淀完全时的 pH，公式中 $[H_2S] \approx 0.10 mol \cdot L^{-1}$。可以看到，对于不同的难溶金属硫化物来说，如果金属离子浓度相同，则溶度积越小的金属硫化物，沉淀开始析出时的$[H^+]$就越大(pH 越小)，沉淀完全时的$[H^+]$也越大。

[例 4-7] 在含 $0.10 mol \cdot L^{-1}$ $FeCl_2$ 的溶液中，不断通入 H_2S，使溶液中的 H_2S 始终处于饱和状态，此时$[H_2S] = 0.10 mol \cdot L^{-1}$。试计算 FeS 开始沉淀和沉淀完全时的$[H^+]$。已知 $K_{sp}^{\ominus}(FeS) = 6.3 \times 10^{-18}$。

解 ①FeS 开始沉淀所需的$[H^+]$：

$$[H^+] \leqslant \sqrt{\frac{K_{a1}^{\ominus}K_{a2}^{\ominus}[Fe^{2+}][H_2S]}{K_{sp}^{\ominus}(FeS)}}$$

沉淀开始析出时，$[Fe^{2+}] = 0.10 mol \cdot L^{-1}$

$$[H^+] \leqslant \sqrt{\frac{8.9 \times 10^{-8} \times 1.26 \times 10^{-14} \times 0.10 \times 0.10}{6.3 \times 10^{-18}}} = 1.33 \times 10^{-3}(mol \cdot L^{-1})$$

$$pH \geqslant 2.88$$

②FeS 沉淀完全时所需的$[H^+]$：

沉淀完全时，$[Fe^{2+}] \leqslant 1.0 \times 10^{-5} mol \cdot L^{-1}$

$$[H^+] \leqslant \sqrt{\frac{8.9 \times 10^{-8} \times 1.26 \times 10^{-14} \times 1.0 \times 10^{-5} \times 0.10}{6.3 \times 10^{-18}}} = 1.33 \times 10^{-5}(mol \cdot L^{-1})$$

$$pH \geqslant 4.88$$

4.2.3 配位效应

如果沉淀剂具有一定的配位能力，或有其他配位剂存在，能与被沉淀的金属离子形成配离子(例如 Ag^+ 与 NH_3 形成$[Ag(NH_3)_2]^+$)，就会使沉淀的溶解度增大，甚至不产生沉淀，这种现象就称为沉淀反应的配位效应(complexation effect)。例如 AgCl 在水中溶解度为 $1.3 \times 10^{-5} mol \cdot L^{-1}$；在 $1.0 mol \cdot L^{-1} Cl^-$ 溶液中溶解度为 $4.1 \times 10^{-3} mol \cdot L^{-1}$。一般来说，如果沉淀的溶解度越大，形成的配离子越稳定，则配位效应的影响就越大。对于有些难溶物质的溶解，就是利用了配位效应，例如 AgCl 沉淀可以在氨水中溶解。有关这方面的知识将在配位平衡中进行讨论。

4.2.4 氧化还原效应

由于氧化还原反应的发生使沉淀溶解度发生改变的现象称为沉淀反应的氧化还原效应(redox effect)。

例如，CuS 难溶于非氧化性稀酸，但溶于氧化性硝酸：

$$3CuS(s) + 8HNO_3 = 3Cu(NO_3)_2 + 3S(s) + 2NO(g) + 4H_2O$$

再如：HgS，$K_{sp}^{\ominus}(HgS) = 1.6 \times 10^{-52}$

需靠氧化还原以及配位双重效应才能使之溶解。

$$3HgS(s) + 2NO_3^- + 12Cl^- + 8H^+ = 3[HgCl_4]^{2-} + 3S(s) + 2NO(g) + 4H_2O$$

4.2.5 其他因素

除了以上因素外，温度、溶剂、沉淀颗粒的大小以及物质结构的不同，也会影响沉淀溶解度的大小。利用这些因素也可以实现物质的分离与提纯。

(1)温度

不同物质溶解度的温度系数不同。一般随温度升高而增大，但增幅有所不同；有的随温度升高而降低。

(2)溶剂

一般无机物沉淀在有机溶剂中的溶解度要比在水中的溶解度小。如 $CaSO_4$

在水中的溶解度较大，只有在 Ca^{2+} 浓度很大时才能沉淀。但是，如果加入乙醇，就会产生沉淀。

(3)颗粒大小

一般来说，同一沉淀，颗粒(particle)越小，溶解度越大。

(4)结构

对于有些沉淀，刚生成的亚稳态晶型沉淀，经放置一段时间后转变成稳定晶型，溶解度往往会大大降低。

视频 4.2

4.3 分步沉淀与沉淀的转化

4.3.1 分步沉淀

分步沉淀(fractional precipitation)：混合溶液中由于各种难溶物溶度积的差异，它们沉淀的次序有所不同。

规律：系统中同时存在几种离子时，离子积首先超过溶度积的难溶物先沉淀。

[例 4-8] 向 I^- 和 CrO_4^{2-} 浓度均为 0.010mol·L^{-1} 的溶液中，逐滴加入 $AgNO_3$ 溶液，问哪一种离子先沉淀？第二种离子开始沉淀时，溶液中第一种离子的浓度是多少？两者有无分离的可能？(忽略加入 $AgNO_3$ 所引起的体积变化)

解 根据溶度积规则，首先计算 AgI 和 Ag_2CrO_4 开始沉淀所需的 Ag^+ 浓度分别为：

AgI 开始沉淀时：$[Ag^+][I^-] \geqslant K_{sp}^{\ominus}(AgI) = 8.52\times10^{-17}$

$$[Ag^+] \geqslant K_{sp}^{\ominus}(AgI)/[I^-] = 8.52\times10^{-17}/0.010$$

$$= 8.52\times10^{-15}(mol\cdot L^{-1})$$

Ag_2CrO_4 开始沉淀时：$[Ag^+]^2[CrO_4^{2-}] \geqslant K_{sp}^{\ominus}(Ag_2CrO_4) = 1.12\times10^{-12}$

$$[Ag^+] \geqslant \sqrt{\frac{K_{sp}^{\ominus}(Ag_2CrO_4)}{[CrO_4^{2-}]}} = \sqrt{\frac{1.12\times10^{-12}}{0.0100}}$$

$$= 1.06\times10^{-5}(mol\cdot L^{-1})$$

AgI 开始沉淀时，需要的 Ag^+ 浓度低，故 I^- 首先沉淀出来。当 CrO_4^{2-} 开始沉淀时，溶液对 Ag_2CrO_4 来说也已达到饱和，这时 Ag^+ 浓度必须同时满足这两个沉淀溶解平衡：

$$[Ag^+] = \sqrt{\frac{K_{sp}^{\ominus}(Ag_2CrO_4)}{[CrO_4^{2-}]}} = \sqrt{\frac{1.12\times10^{-12}}{0.010}} = 1.06\times10^{-5}(mol\cdot L^{-1})$$

$$[Ag^+]=\frac{K_{sp}^{\ominus}(AgI)}{[I^-]}$$

当 Ag_2CrO_4 开始沉淀时，Ag^+ 的浓度为 $1.06\times10^{-5}mol\cdot L^{-1}$，此时溶液中剩余的 I^- 浓度为：

$$[I^-]=\frac{K_{sp}^{\ominus}(AgI)}{1.06\times10^{-5}}=\frac{8.52\times10^{-17}}{1.06\times10^{-5}}=8.04\times10^{-12}(mol\cdot L^{-1})$$

可见，当 Ag_2CrO_4 开始沉淀时，I^- 的浓度已小于 $1.0\times10^{-5}mol\cdot L^{-1}$。因此，此时 AgI 已沉淀完全，两种离子能够实现定性分离。

总结：一般来说，当溶液中存在几种离子，如果是同型的难溶物质，那么它们的溶度积相差越大，混合离子就越易实现分离。如果是不同型的难溶物质，则需要通过计算来进行分析。

4.3.2　分步沉淀的应用

(1)氢氧化物沉淀分离

许多金属离子都能形成氢氧化物沉淀。但是，不同的氢氧化物沉淀的溶解度一般是不同的，而且不同的金属离子的性质也有所差异，因此可以通过溶液 pH 的控制来实现物质的分离。

[例 4-9]　某混合溶液中，Fe^{3+} 和 Cu^{2+} 浓度分别为 $0.10mol\cdot L^{-1}$ 和 $1.0mol\cdot L^{-1}$。问如何控制 pH，使 Fe^{3+} 从溶液中定性沉淀成 $Fe(OH)_3$ 沉淀？已知 $K_{sp}^{\ominus}\{Fe(OH)_3\}=2.79\times10^{-39}$；$K_{sp}^{\ominus}\{Cu(OH)_2\}=2.20\times10^{-20}$。

解　①$Fe(OH)_3$ 定性沉淀完全时：$[Fe^{3+}]\leqslant1.0\times10^{-5}mol\cdot L^{-1}$

$$[OH^-]\geqslant\sqrt[3]{\frac{2.79\times10^{-39}}{1.0\times10^{-5}}}=6.53\times10^{-12}(mol\cdot L^{-1})$$

$$pH\geqslant2.81$$

显然，难溶物沉淀完全时的 pH 与 $K_{sp}^{\ominus}$ 有关。

②$Cu(OH)_2$ 开始沉淀时：$[Cu^{2+}][OH^-]^2>K_{sp}^{\ominus}\{Cu(OH)_2\}$

$$[OH^-]>\sqrt{\frac{2.20\times10^{-20}}{1.0}}=1.48\times10^{-10}(mol\cdot L^{-1})$$

$$pH>4.17$$

因此，从理论上计算，只要将溶液的 pH 控制在 2.81～4.17 之间，就能将 Fe^{3+} 从混合溶液中沉淀完全，实现与 Cu^{2+} 的分离。

结论：

①开始沉淀和沉淀完全不一定在碱性环境。

②不同沉淀物，$K_{sp}^{\ominus}$ 不同，所需 pH 值不同，故可以分离。

③沉淀完全时的pH值，也为沉淀开始溶解的pH值。

需要注意的是，实际情况远比理论计算要复杂。首先，实际化工生产中的溶液浓度一般较高；其次，体系往往非常复杂，很难准确计算，具体条件的控制可以通过实验来确定。

(2)硫化物沉淀分离

利用硫化物进行分离的选择性不是很高，而且由于硫化物大多数是胶状沉淀，所以共沉淀和后沉淀现象比较严重，因而分离效果并不是很理想。但是，利用硫化物沉淀法成组或成批地除去重金属离子还是具有一定的实用意义，具体在“第11章　物质的分离”中进行讨论。

[例4-10] 某溶液中Ni^{2+}，Fe^{2+}的浓度均为0.10mol·L^{-1}，若向其中通入H_2S气体，并达到饱和。问溶液的pH应控制在多大的范围，才能使得两者实现定性分离？$K_{sp}^{\ominus}(NiS)=1.0\times10^{-24}$；$K_{sp}^{\ominus}(FeS)=6.3\times10^{-18}$。

解 显然，根据溶度积的相对大小，在两者浓度相同的情况下NiS会先沉淀，然后FeS沉淀。

硫化物的沉淀与否与溶液的pH有关。

根据H_2S在水溶液中的解离平衡，可以得：

$$[S^{2-}]=\frac{K_{a1}^{\ominus}\cdot K_{a2}^{\ominus}[H_2S]}{[H^+]^2}=\frac{1.12\times10^{-21}[H_2S]}{[H^+]^2}$$

$$=\frac{1.12\times10^{-21}\times0.1}{[H^+]^2}=\frac{1.12\times10^{-22}}{[H^+]^2}$$

当Ni^{2+}定性沉淀完全时，$[Ni^{2+}]\leqslant1.0\times10^{-5}$mol·L^{-1}

$$[S^{2-}]>K_{sp}^{\ominus}(NiS)/[Ni^{2+}]=1.0\times10^{-24}/1.0\times10^{-5}=1.0\times10^{-19}(\text{mol}\cdot\text{L}^{-1})$$

$$[H^+]\leqslant\sqrt{\frac{1.12\times10^{-22}}{1.0\times10^{-19}}}=0.033(\text{mol}\cdot\text{L}^{-1})$$

$$\text{pH}\geqslant1.48$$

当Fe^{2+}开始沉淀时，$[Fe^{2+}]=0.10$mol·L^{-1}

$$[S^{2-}]>K_{sp}^{\ominus}(FeS)/[Fe^{2+}]=6.3\times10^{-18}/0.10=6.3\times10^{-17}(\text{mol}\cdot\text{L}^{-1})$$

$$[H^+]\leqslant\sqrt{\frac{1.12\times10^{-22}}{6.3\times10^{-17}}}=1.33\times10^{-3}(\text{mol}\cdot\text{L}^{-1})$$

$$\text{pH}\geqslant2.88$$

显然，理论上只要将溶液的pH控制在$1.48\leqslant\text{pH}\leqslant2.88$之间，就能使两种离子定性分离完全。

由于实际情况的复杂性，理论计算的结果与实际结果也会有一定差距。而且，这类硫化物的沉淀反应会不断释出H^+，使溶液酸度随反应的进行而相应增大，故酸度控制时应注意这一问题。此外，在实验室工作中一般都改用硫代乙酰胺代替 H_2S 气体，这样不仅会减轻 H_2S 气体的恶臭与毒性的影响，而且还能改善沉淀的性质。

实际工作中，控制硫化物沉淀进行分离的做法可以有多种。可以在一定酸度条件下直接通入 H_2S，或者加入 Na_2S 或 $(NH_4)_2S$ 等产生硫化物沉淀；也可以通过沉淀转化方式，使所要去除的金属离子产生硫化物沉淀。

4.3.3　沉淀的转化

沉淀的转化(inversion of precipitation)是指一种沉淀借助于某一试剂的作用，转化为另一种沉淀的过程。

例如，要除去锅炉内壁锅垢的主要成分 $CaSO_4$，可以通过加入 Na_2CO_3 溶液，使 $CaSO_4$ 转变为溶解度更小的 $CaCO_3$，以除去锅垢。转化反应为：

$$CaSO_4(s)+CO_3^{2-} \xlongequal{} CaCO_3(s)+SO_4^{2-}$$

转化反应的完全程度同样可以利用平衡常数来衡量：

$$K^\ominus=\frac{[SO_4^{2-}]}{[CO_3^{2-}]}=\frac{K_{sp}^\ominus(CaSO_4)}{K_{sp}^\ominus(CaCO_3)}=\frac{4.93\times10^{-5}}{3.36\times10^{-9}}=1.47\times10^4$$

可见这一转化反应向右进行的趋势较大。

从上述转化反应与平衡常数表达式可以看出，转化反应能否发生与两种难溶物质的溶度积的相对大小有关。

沉淀转化的一般规律：溶度积较大的难溶物质容易转化为溶度积较小的难溶物质。两种物质的溶度积相差越大，沉淀转化得越完全。

[例 4-11]　计算下列反应的平衡常数，从计算结果中可得出什么结论？

(1) $AgSCN(s)+Cl^-(aq) \rightleftharpoons AgCl(s)+SCN^-(aq)$

(2) $AgSCN(s)+I^-(aq) \rightleftharpoons AgI(s)+SCN^-(aq)$

解　(1) $AgSCN(s)+Cl^-(aq) \rightleftharpoons AgCl(s)+SCN^-(aq)$

$$K^\ominus=\frac{[SCN^-]}{[Cl^-]}=\frac{K_{sp}^\ominus(AgSCN)}{K_{sp}^\ominus(AgCl)}=\frac{1.03\times10^{-12}}{1.77\times10^{-10}}=5.82\times10^{-3}$$

(2) $AgSCN(s)+I^-(aq) \rightleftharpoons AgI(s)+SCN^-(aq)$

$$K^\ominus=\frac{[SCN^-]}{[I^-]}=\frac{K_{sp}^\ominus(AgSCN)}{K_{sp}^\ominus(AgI)}=\frac{1.03\times10^{-12}}{8.52\times10^{-17}}=1.21\times10^4$$

视频 4.3

对于同种类型的难溶电解质，$K_{sp}^{\ominus}$大的沉淀可以转化成$K_{sp}^{\ominus}$小的沉淀。

4.4 沉淀的形成与纯度

4.4.1 沉淀的类型

根据沉淀颗粒的大小和外观形态，沉淀可以分成下列三类。

(1)晶形沉淀

颗粒直径大约0.1～1 μm、内部排列较为规则并且结构紧密的沉淀为晶形沉淀(crystalline precipitation)。晶形沉淀又分为粗晶形沉淀(如$MgNH_4PO_4$)和细晶形沉淀(如$BaSO_4$)。

(2)无定形沉淀

颗粒直径小于0.02 μm、内部由许多疏松聚集在一起的微小沉淀颗粒所组成，通常还包含大量数目不定的水分子，排列杂乱无章的沉淀一般为无定形沉淀(amorphous precipitation)，又称为非晶形沉淀，比如$Fe_2O_3 \cdot xH_2O$等沉淀。

(3)凝乳状沉淀

颗粒大小在0.02～0.1μm之间，介于晶形与无定形沉淀之间的沉淀为凝乳状沉淀(gelating precipitation)，比如AgCl等沉淀。

4.4.2 沉淀的形成

本节仅从定性角度，对沉淀的形成进行介绍。沉淀的形成可以分为两个基本过程：晶核生成与晶体长大。

(1)晶核生成

晶核(crystal nucleus)生成中的成核类型一般有两种，分别为：①均相成核；②异相成核。

①均相成核作用(homogeneous nucleation)。当溶液在过饱和状态时，构晶离子因为静电作用，通过缔合而形成晶核的过程。例如$BaSO_4$晶核的生成，就是在过饱和溶液中，Ba^{2+}与SO_4^{2-}因为静电作用，首先缔合成为Ba^{2+}与SO_4^{2-}离子对，接着再结合Ba^{2+}与SO_4^{2-}而形成离子群，如$(Ba^{2+} \cdot SO_4^{2-})_2$、$(Ba^{2+} \cdot SO_4^{2-})_3$等。当离子群增大至一定程度时就形成了晶核。

②异相成核作用(heterogeneous nucleation)。在溶液中的微粒等外来杂质作为晶种(crystal seeds)的诱导下产生沉淀的过程。例如，由分析纯试剂所配制的溶液，在每毫升溶液中至少有8个不溶性的微粒，这些微粒就能起到晶核的作用。在沉淀形成的过程中，异相成核作用总是存在的。

(2)晶体长大

在晶核形成之后，构晶离子可以向晶核表面运动并沉积下来，使晶核逐渐长大形成沉淀微粒，最后形成沉淀。沉淀的类型有两种，分别是晶形沉淀和无定形沉淀。

在沉淀形成的过程中，存在两种速率，分别是：①聚集速率；②定向速率。

①聚集速率(aggregation velocity)。指当构晶离子聚集成晶核，然后进一步聚集成沉淀微粒的速率。

②定向速率(direction velocity)。指在聚集的同时，构晶离子按一定顺序在晶核上进行定向排列的速率。

哈伯(Haber)认为，它们的相对大小会影响沉淀的类型。如果聚集速率大于定向速率，这时均相成核占主导作用，大量晶核迅速聚集，而使构晶离子无法定向排列，这时就会形成颗粒细小的无定形沉淀。反之，如果定向速率大于聚集速率，这时异相成核起主导作用，构晶离子能按一定的晶格位置进行定向排列就形成颗粒较大的晶形沉淀。

定向速率的大小主要取决于沉淀物质的本性。强极性难溶物质，如 $MgNH_4PO_4$、$BaSO_4$ 等具有较大的定向速率；而氢氧化物，特别是高价金属离子形成的氢氧化物，如 $Fe_2O_3 \cdot xH_2O$ 等，定向速率就相对较小。

聚集速率的大小主要与沉淀形成的条件有关。根据冯·韦曼(Von Weimarn)提出的经验公式，沉淀的分散度(表示沉淀颗粒的大小)与溶液的相对过饱和度有关：

$$v(\text{聚集速率})=K\times\frac{Q-S}{S}$$

式中：K 是常数，与沉淀的性质、温度、介质以及溶液中存在的其他物质有关；

Q 为开始沉淀瞬间沉淀物质的总浓度；

S 为沉淀时沉淀物质的溶解度；

$Q-S$ 为沉淀开始瞬间的过饱和度；

$\frac{Q-S}{S}$ 为溶液的相对过饱和度(relative supersaturation)。

由冯·韦曼公式可知，溶液的相对过饱和度越大，分散度越大，聚集速率就越大，这时均相成核占主导作用，就将获得小晶形沉淀，即无定形沉淀。反之，溶液的相对过饱和度越小，分散度越小，则晶核形成速度较慢，就将获得大晶形沉淀，即晶形沉淀。

不同的沉淀，形成均相成核时所需的相对过饱和程度不同，一般来说，每种沉淀都有其自身的相对过饱和极限值(也称临界值，critical value)。如果能控制沉淀条件，使沉淀时溶液的相对过饱和度小于临界值，就能得到颗粒较大的沉淀。例如，AgCl($K_{sp}^{\ominus}=1.77\times10^{-10}$)与 $BaSO_4$($K_{sp}^{\ominus}=1.08\times10^{-10}$)，两者的 $K_{sp}^{\ominus}$ 数量级相同，但是AgCl沉淀的临界值为5，而 $BaSO_4$ 的临界值为1000。AgCl的临界值小，很难控制其相对过饱和度低于临界值，而 $BaSO_4$ 由于临界值较大，因此很容易控制沉淀的条件，从而获得颗粒较大的晶形沉淀。

视频 4.4

4.4.3 影响沉淀纯度的因素

影响沉淀纯度的主要因素有两种：共沉淀与后沉淀。

(1)共沉淀现象

共沉淀现象(coprecipitation)。在进行沉淀反应时，某些可溶性杂质被同时沉淀下来的现象。例如，以 $BaCl_2$ 为沉淀剂沉淀 SO_4^{2-} 时，如果溶液中有 Cu^{2+} 存在，那么当 $BaSO_4$ 沉淀析出时，本来是可溶性的 $CuSO_4$ 就会被夹在沉淀中被同时沉淀下来，使得灼烧后的 $BaSO_4$ 中混有CuO。

共沉淀现象主要有三类。分别是：①表面吸附；②吸留与包藏；③混晶。

①表面吸附。表面吸附(adsorption)是由于晶体表面的离子电荷不完全等衡，在沉淀的角、棱、表面上的离子受到的静电力不均衡所造成的，这种吸附一般认为是物理吸附。例如，在 $BaSO_4$ 沉淀表面，由于表面的离子电荷不完全等衡，就会吸引溶液中带相反电荷的离子吸附在沉淀表面，从而组成吸附层(adsorption)。为了保持溶液的电中性，吸附层还可以再吸引异电荷离子(又称为抗衡离子，counter ion)，从而形成较为松散的扩散层(diffusion layer)。于是，吸附层和扩散层共同组成了沉淀表面的双电层(electrical double layer)，形成了表面吸附化合物。

表面吸附有选择性。其吸附规律如下：

a. 因为通常沉淀剂是过量的，所以吸附层首先吸附的是构晶离子，其次是与构晶离子大小相近、电荷相同的离子。

b. 扩散层在杂质离子浓度相同时优先吸附能与构晶离子形成溶解度最小的化合物的离子。

c. 离子的价数越高，浓度越大就越易被吸附。

例如，$BaSO_4$ 沉淀时，如果 SO_4^{2-} 沉淀剂过量，则沉淀表面首先吸附的是 SO_4^{2-}。若溶液中存在 Ca^{2+} 和 Mg^{2+}，那么扩散层将主要吸附 Ca^{2+}，这是因为 $CaSO_4$ 的溶解度比 $MgSO_4$ 的小。反之，如果 $BaSO_4$ 沉淀时，是 Ba^{2+} 沉淀剂过量，那么沉淀表面主要吸附的是 Ba^{2+}。如果溶液中存在 Cl^- 和 NO_3^-，则扩散层将主要吸附 NO_3^-，这是因为 $Ba(NO_3)_2$ 的溶解度比 $BaCl_2$ 的小。此外，沉淀的比表面(单位质量固体所具有的表面积)越大，吸附的杂质量也越大。所以，表面吸附是影响无定形沉淀纯度的主要原因。应注意的是，吸附过程是放热过程，因此升高溶液的温度，能减少吸附的杂质量。

②包藏与吸留。在沉淀过程中，沉淀剂加入过快，从而使得沉淀生长过快，杂质离子或母液来不及离开沉淀表面，就被随后沉淀出来的离子所覆盖。母液机械地包于沉淀中称为包藏(inclusion)，被吸附的杂质机械地嵌于沉淀中称为吸留(occlusion)。这是晶形沉淀不纯的主要原因。

③混晶。如果杂质离子的半径与构晶离子的半径相近，电荷相同，晶格也相同，就容易生成混晶(mixed crystal)。例如，$BaSO_4$ 沉淀时，若有 Pb^{2+} 存在，就有可能形成混晶。

(2)后沉淀现象

后沉淀(postprecipitation)，是指某沉淀析出后，另一种本来难以沉淀的物质在已沉淀的表面继续析出的现象。例如，在含 Cu^{2+}，Zn^{2+} 酸性溶液中通 H_2S，由于 CuS 的溶度积小，所以先产生 CuS 沉淀，但放置一段时间，在沉淀的表面有 ZnS 沉淀产生。产生这一现象的原因可能是由于表面吸附导致沉淀表面的沉淀剂 S^{2-} 浓度比溶液本体的高，使后沉淀组分 ZnS 的离子积远远大于其溶度积，从而析出沉淀。

4.4.4　获得纯净沉淀的方法

(1)选择合适的沉淀程序

用沉淀法分离含量相差悬殊的两种组分时，一般应先沉淀含量少的组分。否则容易造成少量组分的损失，并且也难以获得纯净的沉淀。

(2)针对沉淀不纯的原因，采取不同的方法

①对于表面吸附来说，由于它是发生在沉淀表面，一般都是物理吸附较多，且为放热过程，因而在沉淀时可以通过加热、洗涤的方式来减少表面吸附。对于一些高价离子，可以通过改变其存在形式(如价态)，就能减少或避免表面吸附。比如，在 $BaSO_4$ 沉淀时，若存在 Fe^{3+}，那么如果将 Fe^{3+} 还原为 Fe^{2+}，或加入少量 EDTA 配位剂，使 Fe^{3+} 形成配合物，就能大大减少 Fe^{3+} 的表面吸附。

②对于吸留或包藏，由于杂质或母液是在沉淀内部，因而无法通过简单的洗涤除去，只能采取陈化(aging)、重结晶(recrystallization)或再沉淀(reprecipitation)等办法才能除去。

所谓陈化，是指沉淀后，让沉淀与母液共同放置一段时间，或通过加热搅拌一定的时间后再进行过滤分离的过程。在陈化过程中，沉淀或晶体中部分不完整的构晶离子会重新进入溶液，小晶粒也会不断溶解，溶解后的构晶离子又

能在大晶粒表面沉淀，如此到一定程度后，溶液对大晶粒为饱和溶液时，对相对较小的晶粒又为不饱和，这时小晶粒又会溶解……在这个溶解过程中，被吸留或包藏的杂质、母液就能被释放出来，使沉淀变得较为纯净，颗粒大小也会变得较为均匀。

③对于混晶来说，一般采用事先分离的方法。

④对于后沉淀现象，后沉淀所引入的杂质量比共沉淀要大得多，且随放置的时间加长而增加；温度升高，后沉淀现象更为严重。所以，减少后沉淀的主要办法就是缩短沉淀与母液的共存时间，沉淀后迅速过滤分离。

(3)选择合适的沉淀条件

①对于晶形沉淀，为了获得颗粒较大、纯度较高的晶体，一般来说，应该降低相对过饱和度，主要在于降低沉淀瞬间沉淀物质的总浓度。所以，采用的沉淀条件是：在较稀的热溶液中，边搅拌边缓慢滴加稀的沉淀剂，然后将沉淀陈化。

②对于非晶形沉淀，应防止胶体(colloid)的产生，同时，尽量减少杂质的吸附。所以，采用的沉淀条件是：在较浓的热溶液中，加入一些易挥发的电解质，不断搅拌，同时适当加快沉淀剂的加入速度，沉淀后加热水进行稀释，充分搅拌后趁热过滤，不要陈化。

(4)选择合适的沉淀方法

除常规沉淀方法外，还有均相沉淀法、小体积沉淀法等沉淀方法。这里简单介绍一下均相沉淀法。

均相沉淀法(homogeneous precipitation)是通过控制一定的条件，使沉淀剂从溶液中缓慢、均匀地产生，避免了常规沉淀方法较易产生过饱和溶液，使沉淀颗粒大小不均等问题。均相沉淀中的沉淀剂可以利用酸碱反应、酯类和其他有机物的水解、配合物的水解以及氧化还原反应等方式产生。例如，采用均相沉淀法得到 CaC_2O_4 沉淀时，可以在 Ca^{2+} 的酸性溶液中加入过量的 $H_2C_2O_4$，然后加入 $CO(NH_2)_2$，在加热(70～90℃)情况下发生如下反应：$CO(NH_2)_2+H_2O = 2NH_3+CO_2$。反应所产生的 NH_3 能使溶液的酸度逐渐降低，从而使 CaC_2O_4 在整个溶液中缓慢、均匀地产生。

(5)选择合适的有机沉淀剂

有机沉淀剂的最大优点是选择性较高，对无机杂质的吸附较小。因此，在定量分离以及重量分析中，为了提高沉淀的纯度，可以选择合适的有机沉淀剂。

视频 4.5

有机沉淀剂主要有两类。①生成螯合物的沉淀剂；②生成离子缔合物的沉淀剂。例如，镍离子与丁二酮肟在氨性条件下能形成鲜红色的丁二酮肟镍沉淀；氯化四苯砷$(C_6H_5)_4AsCl$与MnO_4^-形成离子缔合物沉淀。

4.5　沉淀测定法

沉淀测定法包括了重量分析法以及沉淀滴定法。

4.5.1　重量分析法

重量分析法是一种通过称量物质的质量来确定被测组分含量的方法。分为沉淀法、气化法、电解法等。沉淀法是将待测组分转变为一定质量的沉淀，通过称量沉淀物质的质量进行测定的方法；气化法是通过测量烘干前后物质质量的变化来测定如结晶水、物质的含水率等；电解法则是通过电解，使被测组分在电极上析出，然后称量电解前后电极的质量，由电极质量的变化确定被测组分的含量。

(1)重量分析法的基本过程与特点

重量分析法的基本过程为：首先通过一定方式将试样分解为溶液，然后加入合适的沉淀剂，使被测组分转变为沉淀，物质形式称为沉淀形。接着将所得的沉淀经过滤、洗涤，再干燥(烘干或灼烧)成为组成一定的物质，此时的物质形式称为称量形。最后，称取称量形的质量，通过称量形与被测组分之间的关系，进而求出被测组分的含量。

重量分析法中，称量形的质量必须通过恒重(constant weight)来确定。所谓恒重，是指沉淀物质在两次干燥后的质量变化不超过分析天平的称量误差(0.2mg)。

重量分析法的特点是：①适用于主量组分；②不需基准物质或标准试样；③准确度高，相对误差为1‰～2‰；④所需时间长。

(2)重量分析法对沉淀形与称量形的要求

重量分析法对沉淀形以及称量形都有一定的要求：

对沉淀形的要求：①沉淀溶解度小；②沉淀纯净；③易过滤、洗涤；④易转化为称量形。

对称量形的要求：①化学组成固定；②化学稳定性好；③摩尔质量尽可能大。

在重量分析法中，称量形与沉淀形可以相同，也可以不同。

例如，在$BaCO_3$重量法测定中：Ba^{2+}→$BaSO_4$(沉淀形)→过滤→洗涤→烘干→灼烧→$BaSO_4$(称量形)。显然，在测定过程中，沉淀形与称量形是相同的。

但是在 $MgCO_3$ 重量法测定中：Mg^{2+}→$MgNH_4PO_4 \cdot 6H_2O$(沉淀形)→过滤→洗涤→烘干→灼烧—$Mg_2P_2O_7$(称量形)。在这一测定过程中，沉淀形与称量形是不同的。

(3)称量形的获得

称量形的获得有以下三种方式：

①沉淀形有固定组成，在低温下能通过除去水分(可以采用烘干方式)获得。例如 AgCl 称量形在 110～120℃下烘干就能得到。

②沉淀形虽有固定组成，但其中所包裹的水分不能在低温下除去，因此一般采用高温灼烧获得。例如 $BaSO_4$ 称量形就需要在 800℃条件下灼烧获得。

③某些水合氧化物沉淀，如 $Fe_2O_3 \cdot xH_2O$ 也都要在高温下(1100～1200℃)灼烧才能除去结晶水，从而获得称量形 Fe_2O_3。

(4)测定结果的计算

①当所得称量形与被测组分的表示形式一致时：

$$\omega(B)=\frac{\text{被测组分的质量 } m(B)}{\text{试样质量 } m_s} \tag{4-8}$$

[例 4-12] 测定矿石中 Al_2O_3 的含量。称样 0.5500g，通过反应得到 $Al(OH)_3$沉淀，经一系列过程灼烧得到 Al_2O_3 0.1979g。求试样中 Al_2O_3 质量分数。

解 $\omega(Al_2O_3)=\frac{0.1979}{0.5500}\times100\%=35.98\%$

②当所得称量形与被测组分表示形式不同时：

$$\omega(B)=\frac{\text{称量形的质量 } m\times\text{被测组分的换算因数 } F}{\text{试样质量 } m_s}$$

换算因数(化学因数，chemical factor)，常以 F 表示：被测组分的摩尔质量与称量形的摩尔质量之比。

应该注意的是，换算因数表达式中，分子分母中主要元素的原子数目应相等。

[例 4-13] 以重量法测定某试样中的镁。称取试样 0.3588g，得 $Mg_2P_2O_7$ 0.2856g。求试样中 $\omega(Mg)$，$\omega(MgO)$质量分数。

解 ①由称量形式 $Mg_2P_2O_7$的质量换算为 Mg 的质量，其换算因数为：

$$F=\frac{M(Mg)\times2}{M(Mg_2P_2O_7)}$$

$$\omega(Mg)=\frac{\text{称量形 } Mg_2P_2O_7\text{ 质量}\times\text{被测组分(Mg)的换算因数 } F}{\text{试样质量 } m_s}$$

$$=\frac{0.2856\times\frac{2\times24.31}{222.60}}{0.3588}\times100\%=17.39\%$$

②由称量形式 $Mg_2P_2O_7$ 的质量换算为 MgO 的质量，其换算因数为：

$$F=\frac{M(MgO)\times2}{M(Mg_2P_2O_7)}$$

$$\omega(MgO)=\frac{称量形\ Mg_2P_2O_7\ 质量\times被测组分(MgO)的换算因数\ F}{试样质量\ m_s}$$

$$=\frac{0.2856\times\frac{2\times40.31}{222.60}}{0.3588}\times100\%=28.83\%$$

4.5.2　沉淀滴定法

视频 4.6

沉淀滴定法是一种以沉淀反应为基础的滴定分析法，最常用的是利用生成难溶银盐的银量法，其基本反应为：$Ag^+ + X^- = AgX(s)$，X^- 为 Cl^-，Br^-，I^-，SCN^- 等。

根据所用指示剂的不同，银量法有三种。按创立者的名字命名，分别是莫尔法、佛尔哈德法、法扬司法，本节介绍莫尔法。

莫尔法是一种以 K_2CrO_4 为指示剂，在中性或弱碱性溶液中，用 $AgNO_3$ 标准溶液滴定 Cl^- 或 Br^- 的银量法。

例如，Cl^- 的测定：

滴定反应为：$Ag^+ + Cl^- = AgCl(s)$，$K_{sp}^{\ominus}(AgCl) = 1.77\times10^{-10}$

指示剂反应为：$2Ag^+ + CrO_4^{2-} = Ag_2CrO_4(s)$，$K_{sp}^{\ominus}(Ag_2CrO_4) = 1.12\times10^{-12}$

根据分步沉淀原理，溶液中首先形成 $AgCl$ 沉淀。当 Cl^- 刚被作用完全，稍过量一点的滴定剂即与 CrO_4^{2-} 形成砖红色 Ag_2CrO_4 沉淀，指示终点到达。

在莫尔法测定过程中，主要应该注意三个问题：①指示剂的用量；②溶液的酸度；③应剧烈摇动溶液。

①指示剂用量应适当。一般使 $[CrO_4^{2-}] = 5.0\times10^{-3}\,mol\cdot L^{-1}$。如果加得过多，颜色过深会影响终点的观察，并且在滴定终点时，会导致溶液中剩余较多的 Cl^-，从而造成负误差；如果加得太少，就需要加入较多的 $AgNO_3$ 标准溶液才能产生砖红色 Ag_2CrO_4 沉淀，因此会造成正误差。

②溶液的酸度应该是中性或弱碱性。一般控制 $pH = 6.5\sim10.5$。

如果酸度过高，CrO_4^{2-} 会转化为 $Cr_2O_7^{2-}$，导致 Ag_2CrO_4 沉淀出现过迟，甚至不出现终点。

$$2CrO_4^{2-}+2H^+ \xlongequal{} Cr_2O_7^{2-}+H_2O$$

若酸度过低，又有可能产生 Ag_2O 沉淀。

$$2Ag^+ +2OH^- \xlongequal{} 2AgOH\downarrow \xlongequal{} Ag_2O\downarrow +H_2O$$

若有 NH_4^+ 存在，则酸度的上限应降至 pH=7.2，因为 pH>7.2 时，有 NH_3 释放出，从而形成 $[Ag(NH_3)_2]^+$，使 AgCl 与 Ag_2CrO_4 的溶解度增大而影响滴定。

③在滴定过程中时还要注意应剧烈摇动溶液，以免产生 AgCl 沉淀吸附 Cl^-，从而造成终点提前，产生终点误差。

[例 4-14] 称取含有 KI 和 KBr 的试样 0.8500g，用重量法测定，得到两者的银盐沉淀为 0.5500g；另取同样质量的试样，用沉淀滴定法滴定，消耗 0.1500mol·L^{-1} $AgNO_3$ 16.86mL 溶液。求 KI 和 KBr 的质量分数。

解 设 $m(AgBr)$ 为 $x(g)$，则 AgI 的质量为 $(0.5500-x)$g

已知：$M(AgI)=234.77$，$M(AgBr)=187.78$，$M(KI)=166.01$，$M(KBr)=119.00$

$$\frac{x}{187.78}+\frac{0.5500-x}{234.77}=0.1500\times 16.86\times 10^{-3}$$

解得：$x=m(AgBr)=0.1748g$　$m(AgI)=0.3752g$

$$w(KI)=\frac{m(KI)}{m_s}=\frac{0.3752\times\frac{166.01}{234.77}}{0.8500}\times 100\%=31.21\%$$

视频 4.7

同理：$w(KBr)=13.03\%$

【应用实例】

蔬菜中氯化物含量的测定

蔬菜中的氯化物含量可以采用沉淀滴定法进行分析测定，具体测定方法如下：

将蔬菜样品切成小片后在均质器中磨碎。准确称取样品 1.356g 于烧杯中，加入 100mL 热水混匀加热至沸并保持 1min，冷却后定量转移至 250mL 容量瓶中，静置 15min 后，过滤去渣；收集滤液定容，用移液管吸取此溶液 25mL 于锥形瓶中，加入 0.1056mol·L^{-1} $AgNO_3$ 标准溶液 20.00mL 和新煮沸并已冷却的 6mol·L^{-1} HNO_3 溶液 5mL 以及蒸馏水 20mL，并加入铁铵矾指示剂 1mL，用 0.1115mol·L^{-1} NH_4SCN 标准溶液滴定至出现红色保持 5min 不褪色为终点，共用去 15.89mL。计算蔬菜样品中 NaCl 的质量分数。

解 根据题意，样品中 NaCl 的含量为：

$$\omega(\mathrm{NaCl})=\frac{(0.1056\times 20.00-0.1115\times 15.89)\times 10^{-3}\times 58.44}{1.356}\times\frac{250}{25}\times 100\%$$
$$=14.66\%$$

【知识结构】

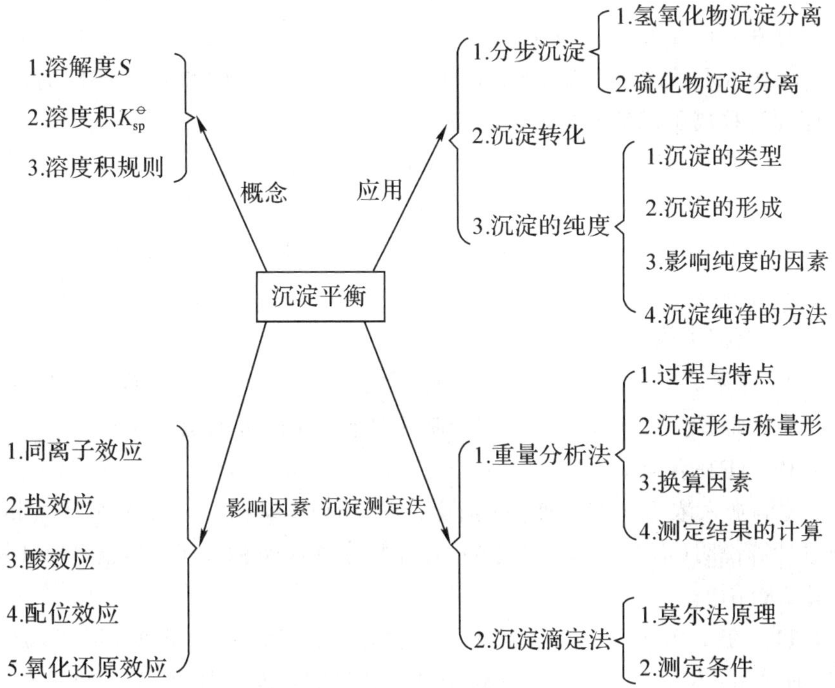

习　题

视频 4.8

4.1　已知 PbI_2 的溶度积为 9.8×10^{-9}，计算其溶解度。

4.2　已知以下难溶物的溶度积，求它们的溶解度(以 $mol\cdot L^{-1}$表示)。

(1)$Ca(OH)_2$，$K_{sp}^{\ominus}=5.02\times 10^{-6}$；

(2)Ag_2SO_4，　$K_{sp}^{\ominus}=1.20\times 10^{-5}$。

4.3　已知 CaF_2 的溶度积为 3.45×10^{-11}。求其①在纯水中；②在 $1.5\times 10^{-3}mol\cdot L^{-1}$ NaF 溶液中；③在 $2.0\times 10^{-3}mol\cdot L^{-1}$ $CaCl_2$ 溶液中的溶解度(以$mol\cdot L^{-1}$表示)。

4.4　等体积的 $0.2mol\cdot L^{-1}$的 $Pb(NO_3)_2$ 与 KI 水溶液混合，是否能产生 PbI_2 沉淀？

4.5 25℃时，铬酸银的溶解度为 0.0279g·L^{-1}，计算铬酸银的溶度积。

4.6 根据下列条件求溶度积常数。

(1)$FeC_2O_4 \cdot 2H_2O$ 在 1dm^3 水中能溶解 0.10g；

(2)$Ni(OH)_2$ 在 pH=9.00 的溶液中的溶解度为 1.6×10^{-6}mol·L^{-1}。

4.7 Mg 的一个主要来源是海水，可以用 NaOH 将 Mg^{2+} 沉淀，但是海水中同时存在 Ca^{2+}，在 $Mg(OH)_2$ 沉淀时，$Ca(OH)_2$ 是否会沉淀？已知海水中含 Mg^{2+} 0.020mol·L^{-1}，Ca^{2+} 0.010mol·L^{-1}。求在海水中加入 NaOH 时，沉淀的次序和每种离子沉淀开始时的[OH^-]。

4.8 ①在 15mL 2.0×10^{-3} mol·L^{-1} $MnSO_4$ 溶液中，加入 10mL 0.25mol·L^{-1}氨水溶液，问能否生成 $Mn(OH)_2$ 沉淀？②若在上述 15mL 2.0×10^{-3}mol·L^{-1} $MnSO_4$ 溶液中，先加入 0.4941g 固体$(NH_4)_2SO_4$(假定加入量对溶液体积影响不大)，然后再加入 10mL 0.25mol·L^{-1}氨水溶液，问是否有 $Mn(OH)_2$沉淀生成？

4.9 某溶液中含有 Fe^{3+} 和 Fe^{2+}，浓度均为 0.25mol·L^{-1}。若要使 $Fe(OH)_3$ 沉淀完全，而 Fe^{2+} 不沉淀，问所需控制的溶液 pH 的范围是多少？

4.10 ①在含有 5.0×10^{-2}mol·$L^{-1}$$Ni^{2+}$ 和 3.0×10^{-2}mol·$L^{-1}$$Cr^{3+}$ 的溶液中，逐滴加入浓 NaOH，使 pH 渐增，问 $Ni(OH)_2$ 和 $Cr(OH)_3$ 哪个先沉淀，试通过计算说明(不考虑体积变化)；②若要分离这两种离子，溶液的 pH 应控制在什么范围？

4.11 在 1.0mol·$L^{-1}$$Mn^{2+}$ 溶液中含有少量 Pb^{2+}，如欲使 Pb^{2+} 形成 PbS 沉淀，而 Mn^{2+} 留在溶液中，从而达到分离的目的，溶液中 S^{2-} 的浓度应控制在什么范围？若通入 H_2S 气体来实现上述目的，问溶液的 H^+ 浓度应控制在什么范围？

4.12 向浓度为 0.10mol·L^{-1}的 $MnSO_4$ 溶液中逐滴加入 Na_2S 溶液，通过计算说明 MnS 和 $Mn(OH)_2$ 何者先沉淀？

已知 $K_{sp}^{\ominus}(MnS)=2.5\times10^{-13}$，$K_{sp}^{\ominus}\{Mn(OH)_2\}=1.9\times10^{-13}$。

4.13 试求 $Mg(OH)_2$ 在 1.0dm^3 1.0mol·L^{-1} NH_4Cl 溶液中的溶解度。

已知 $K_b^{\ominus}(NH_3)=1.8\times10^{-5}$，$K_{sp}^{\ominus}\{Mg(OH)_2\}=5.61\times10^{-12}$。

4.14 向含有 Cd^{2+} 和 Fe^{2+} 浓度均为 0.020mol·L^{-1}的溶液中通入 H_2S 达饱和，欲使两种离子完全分离，则溶液的 pH 应控制在什么范围？

已知 $K_{sp}^{\ominus}(CdS)=8.0\times10^{-27}$，$K_{sp}^{\ominus}(FeS)=6.3\times10^{-18}$，常温常压下，饱和 H_2S 溶液的浓度为 0.1mol·L^{-1}，H_2S 的电离常数 $K_{a1}^{\ominus}=8.9\times10^{-8}$，$K_{a2}^{\ominus}=1.26\times10^{-14}$。

4.15　某溶液中含有Pb^{2+}和Ba^{2+}，①若它们的浓度均为0.10mol·L^{-1}，问加入Na_2SO_4试剂，哪一种离子先沉淀？两者有无分离的可能？②若Pb^{2+}的浓度为0.0010mol·L^{-1}，Ba^{2+}的浓度仍为0.10mol·L^{-1}，两者有无分离的可能？

4.16　如果在1.0LNa_2CO_3溶液中溶解0.010mol的$CaSO_4$，问Na_2CO_3的初始浓度应为多少？

4.17　通过计算说明分别用Na_2CO_3溶液和Na_2S溶液处理AgI沉淀，能否实现沉淀的转化？

已知$K_{sp}^{\ominus}(Ag_2CO_3)=8.46\times10^{-12}$，$K_{sp}^{\ominus}(AgI)=8.52\times10^{-17}$，$K_{sp}^{\ominus}(Ag_2S)=6.3\times10^{-50}$。

4.18　在$1dm^3$ 0.10mol·L^{-1} $ZnSO_4$溶液中含有0.010mol的Fe^{2+}杂质，加入过氧化氢将Fe^{2+}氧化为Fe^{3+}后，调节溶液pH使Fe^{3+}生成$Fe(OH)_3$沉淀而除去，问如何控制溶液的pH？

已知$K_{sp}^{\ominus}\{Zn(OH)_2\}=3.0\times10^{-17}$，$K_{sp}^{\ominus}\{Fe(OH)_3\}=2.79\times10^{-39}$。

4.19　在$100cm^3$浓度为0.20mol·L^{-1}的$MnCl_2$溶液中，加入$100cm^3$含有NH_4Cl的氨水溶液（0.10mol·L^{-1}），若不使$Mn(OH)_2$沉淀，则氨水中NH_4Cl的含量是多少克？

4.20　计算下列换算因素：

称量形	被测组分
①$AgCl$	Cl
②$Mg_2P_2O_7$	$MgSO_4\cdot7H_2O$
③Fe_2O_3	$FeSO_4\cdot(NH_4)_2SO_4\cdot12H_2O$
④$PbCrO_4$	Cr_2O_3
⑤$(NH_4)_3PO_4\cdot12MoO_3$	$Ca_3(PO_4)_2$

4.21　计算下列换算因数：

(1)以$(NH_4)_3PO_4\cdot12MoO_3$的质量计算P和P_2O_5的质量；

(2)以$Cu(C_2H_3O_2)_2\cdot3Cu(AsO_2)_2$的质量计算$As_2O_3$和CuO的质量；

(3)以丁二酮肟镍$Ni(C_4H_7N_2O_2)_2$的质量计算Ni的质量；

(4)以8-羟基喹啉铝$(C_9H_6NO)_3Al$的质量计算Al_2O_3的质量。

4.22　称取不纯的$MgSO_4\cdot7H_2O$ 0.7998g，首先使Mg^{2+}生成$MgNH_4PO_4$，最后灼烧成$Mg_2P_2O_7$，称得0.1868g。计算样品中$MgSO_4\cdot7H_2O$的质量分数。

4.23　分析某铬矿（不纯的Cr_2O_3）中的Cr_2O_3含量时，把Cr转变为$BaCrO_4$沉淀。设称取0.4995g试样，最后得$BaCrO_4$质量为0.2489g。求此矿

中 Cr_2O_3 的质量分数。

4.24 用莫尔法测定生理盐水中 NaCl 含量。准确量取生理盐水 10.00mL，加入 K_2CrO_4 指示剂 0.5～1mL，以 0.1040mol·L^{-1} $AgNO_3$ 标准溶液滴至砖红色，共用去 14.56mL。计算生理盐水中 NaCl 的含量(g·mL^{-1})。

测验题

一、选择题

1. AgCl 在 1mol·L^{-1} 氨水中比在纯水中的溶解度大。其原因是(　　)。

(A)盐效应　　(B)配位效应　　(C)酸效应　　(D)同离子效应

2. 已知 AgCl 的 $pK_{sp}^{\ominus}=9.80$。若 0.010mol·L^{-1} NaCl 溶液与 0.020mol·L^{-1} $AgNO_3$ 溶液等体积混合，则混合后溶液中$[Ag^+]$(单位：mol·L^{-1})约为(　　)。

(A)0.020　　(B)0.010　　(C)0.030　　(D)0.0050

3. $Sr_3(PO_4)_2$ 的 $S=1.0\times10^{-8}$ mol·L^{-1}，则其 $K_{sp}^{\ominus}$值为(　　)。

(A)1.0×10^{-30}　　(B)5.0×10^{-30}　　(C)1.1×10^{-38}　　(D)1.0×10^{-12}

4. 用莫尔法测定 Cl^-，对测定没有干扰的情况是(　　)。

(A)在 H_3PO_4 介质中测定 NaCl

(B)在氨缓冲溶液(pH=10)中测定 NaCl

(C)在中性溶液中测定 $CaCl_2$

(D)在中性溶液中测定 $BaCl_2$

5. 今有 0.010mol·L^{-1} $MnCl_2$ 溶液，开始形成 $Mn(OH)_2$ 溶液($pK_{sp}^{\ominus}=12.35$)时的 pH 值是(　　)。

(A)1.65　　(B)5.18　　(C)8.83　　(D)10.35

6. 已知 $BaCO_3$ 和 $BaSO_4$ 的 $pK_{sp}^{\ominus}$分别为 8.10 和 9.96。如果将 1mol $BaSO_4$ 放入 1L 1.0mol·L^{-1}的 Na_2CO_3 溶液中，则下述结论错误的是(　　)。

(A)有将近 $10^{-1.86}$mol 的 $BaSO_4$ 溶解

(B)有将近 $10^{-4.05}$mol 的 $BaCO_3$ 沉淀析出

(C)该沉淀的转化反应平衡常数约为 $10^{-1.86}$

(D)溶液中$[SO_4^{2-}]=10^{-1.86}[CO_3^{2-}]$

7. 晶形沉淀陈化的目的是(　　)。

(A)沉淀完全　　(B)去除混晶

(C)小颗粒长大，使沉淀更纯净　　(D)形成更细小的晶体

8. 某溶液中含有 KCl，KBr 和 K_2CrO_4 其浓度均为 0.010mol·L^{-1}，向该溶液中逐滴加入 0.010mol·L^{-1}的 $AgNO_3$ 溶液时，最先和最后沉淀的是(　　)。

(已知：$K_{sp}^{\ominus}(AgCl)=1.77\times10^{-10}$，$K_{sp}^{\ominus}(AgBr)=5.35\times10^{-13}$，$K_{sp}^{\ominus}(Ag_2CrO_4)=1.12\times10^{-12}$)

(A)AgBr 和 Ag_2CrO_4　　(B)Ag_2CrO_4 和 AgCl

(C)AgBr 和 AgCl　　(D)一起沉淀

9. 在 $100cm^3$ 含有 0.010mol Cu^{2+} 溶液中通 H_2S 气体使 CuS 沉淀，在沉淀过程中，保持 $c(H^+)=1.0mol\cdot L^{-1}$，则沉淀完全后生成 CuS 的量是(　　)。

[已知：H_2S：$K_{a1}^{\ominus}=8.9\times10^{-8}$，$K_{a2}^{\ominus}=1.26\times10^{-14}$，$K_{sp}^{\ominus}(CuS)=6.3\times10^{-36}$；相对原子质量：Cu 63.6，S 32]

(A)0.096g　　(B)0.96g

(C)7.0×10^{-22}g　　(D)以上数值都不对

10. $BaSO_4$ 的相对分子质量为 233，$K_{sp}^{\ominus}=1.0\times10^{-10}$，把 1.0mol 的 $BaSO_4$ 配成 $10dm^3$ 溶液，$BaSO_4$ 没有溶解的量是(　　)。

(A)0.0021g　　(B)0.021g　　(C)0.21g　　(D)2.1g

11. 当 $0.075mol\cdot L^{-1}$ 的 $FeCl_2$ 溶液通 H_2S 气体至饱和(浓度为 $0.10mol\cdot L^{-1}$)，若控制 FeS 不沉淀析出，溶液的 pH 值应是(　　)。

[已知：$K_{sp}^{\ominus}(FeS)=6.3\times10^{-18}$，$H_2S$：$K_{a1}^{\ominus}=8.9\times10^{-8}$，$K_{a2}^{\ominus}=1.26\times10^{-14}$]

(A)$pH\leqslant0.10$　　(B)$pH\geqslant0.10$

(C)$pH\leqslant8.7\times10^{-2}$　　(D)$pH\leqslant2.94$

12. $La_2(C_2O_4)_3$ 饱和溶液的浓度为 $1.1\times10^{-6}mol\cdot L^{-1}$，其溶度积为(　　)。

(A)1.2×10^{-12}　　(B)1.7×10^{-28}

(C)1.6×10^{-30}　　(D)1.7×10^{-14}

13. 已知在室温下 AgCl 的 $K_{sp}^{\ominus}=1.8\times10^{-10}$，$Ag_2CrO_4$ 的 $K_{sp}^{\ominus}=1.12\times10^{-12}$，$Mg(OH)_2$ 的 $K_{sp}^{\ominus}=5.61\times10^{-12}$，$Al(OH)_3$ 的 $K_{sp}^{\ominus}=2\times10^{-32}$. 那么溶解度最大的是(不考虑水解)(　　)。

(A)AgCl　　(B)Ag_2CrO_4

(C)$Mg(OH)_2$　　(D)$Al(OH)_3$

14. 若将 $AgNO_2$ 放入 $1.0dm^3$ pH=3.00 的缓冲溶液中，$AgNO_2$ 溶解的物质的量是(　　)。

(已知：$AgNO_2$ 的 $K_{sp}^{\ominus}=6.0\times10^{-4}$，$HNO_2$ 的 $K_a^{\ominus}=4.6\times10^{-4}$)

(A)1.3×10^{-3}mol　　(B)3.6×10^{-2}mol

(C)1.0×10^{-3}mol　　(D)不是以上的数值

二、填空题

1. 沉淀重量法，在进行沉淀反应时，某些可溶性杂质同时沉淀下来的现象称________现象，其产生原因有表面吸附、吸留和________。

2. 常用 ZnO 悬浮液控制沉淀的 pH 值。当$[Zn^{2+}]=0.1mol\cdot L^{-1}$时，它可控制的 pH 是________左右$[Zn(OH)_2$ 的 $pK_{sp}^{\ominus}=16.92]$。

将 AgCl($pK_{sp}^{\ominus}=9.80$)沉淀放入 KBr 溶液中，可能有 AgBr($pK_{sp}^{\ominus}=12.30$)沉淀形成。则 AgCl 沉淀转化为 AgBr 沉淀的平衡常数为________________。

3. 已知 $Fe(OH)_3$ 的 $pK_{sp}^{\ominus}=37.5$。若从 $0.010mol\cdot L^{-1}Fe^{3+}$ 溶液中沉淀出 $Fe(OH)_3$，则沉淀的酸度条件 $pH_{始}\sim pH_{终}$ 为______________________。

4. 在与固体 AgBr($K_{sp}^{\ominus}=4\times10^{-13}$)和 AgSCN($K_{sp}^{\ominus}=7\times10^{-18}$)处于平衡的溶液中，$[Br^-]$对$[SCN^-]$的比值为________。

5. 已知难溶盐 $BaSO_4$ 的 $K_{sp}^{\ominus}=1.1\times10^{-10}$，$H_2SO_4$ 的 $K_{a2}^{\ominus}=1.02\times10^{-2}$，则 $BaSO_4$ 在纯水中的溶解度是____________$mol\cdot L^{-1}$，在 $0.10mol\cdot L^{-1}$ $BaCl_2$ 溶液中的溶解度是____________$mol\cdot L^{-1}$。

6. CaF_2($pK_{sp}^{\ominus}=10.5$)与浓度为 1L $0.10mol\cdot L^{-1}$ HCl 溶液达到平衡时有 $s$mol 的 CaF_2 溶解了，则溶液中$[Ca^{2+}]=$________，$[F^-]=$________。

7. (1)Ag^+，Pb^{2+}，Ba^{2+} 混合溶液中，各离子浓度均为 $0.10mol\cdot L^{-1}$，往溶液中滴加 K_2CrO_4 试剂，各离子开始沉淀的顺序为______________________。

(2)有 Ni^{2+}，Cd^{2+} 浓度相同的两溶液，分别通入 H_2S 至饱和，__________开始沉淀所需酸度大，而________________开始沉淀所需酸度小。

$[K_{sp}^{\ominus}(PbCrO_4)=1.77\times10^{-14}$，$K_{sp}^{\ominus}(BaCrO_4)=1.17\times10^{-10}$，$K_{sp}^{\ominus}(Ag_2CrO_4)=1.12\times10^{-12}$，$K_{sp}^{\ominus}(NiS)=1.0\times10^{-24}$，$K_{sp}^{\ominus}(CdS)=8.0\times10^{-27}]$

8. 25℃时，$Mg(OH)_2$ 的 $K_{sp}^{\ominus}=1.8\times10^{-11}$，其饱和溶液的 pH=________。

9. 同离子效应使难溶电解质的溶解度________；盐效应使难溶电解质的溶解度__________。

10. 难溶电解质 $MgNH_4PO_4$ 的溶度积表达式是____________________。

三、计算题

1. 用 $AgNO_3$ 标准溶液滴定 Cl^-，采用此沉淀滴定法测定岩盐中 KCl($M=74.55g\cdot mol^{-1}$)含量。如果每次称样 0.5000g，欲使滴定用去的 $AgNO_3$ 体积(以毫升表示)即为试样中 KCl 的含量(以百分数表示)，问 $c(AgNO_3)$ 和 $T(KCl/AgNO_3)$为多少？

2. 如果已知 K_3PO_4 中所含的 P_2O_5 的质量和 $0.5000gCa_3(PO_4)_2$ 中所含 P_2O_5 的质量相等，问多少克 KNO_3 中 K 的质量相当于 K_3PO_4 中 K 的质量。

[已知：$M(KNO_3)=101.1g\cdot mol^{-1}$，$M\{Ca_3(PO_4)_2\}=310.18g\cdot mol^{-1}$]

3. SO_4^{2-} 沉淀 Ba^{2+} 时，$[SO_4^{2-}]$最终浓度为$=0.01mol\cdot L^{-1}$。计算 $BaSO_4$ 的溶解度。若溶液总体积为 200mL，$BaSO_4$ 沉淀损失为多少毫克？

[已知：$BaSO_4$ 的 $K_{sp}^{\ominus}=1.1\times10^{-10}$，$M(BaSO_4)=233.4g\cdot mol^{-1}$]

4. $0.05mol\cdot L^{-1}$ Sr^{2+} 和 $0.10mol\cdot L^{-1}$ Ca^{2+} 的混合溶液用固体 Na_2CO_3 处理，$SrCO_3$ 首先沉淀。当 $CaCO_3$ 开始沉淀时，Sr 沉淀的百分数为多少？

[已知：$K_{sp}^{\ominus}(CaCO_3)=3.36\times10^{-9}$，$K_{sp}^{\ominus}(SrCO_3)=1.1\times10^{-10}$]

5. 称取纯 Ag，Pb 合金试样 0.2000g 溶于稀 HNO_3 溶液中，然后用冷 HCl 溶液沉淀，得到混合氯化物沉淀 0.2466g。将此混合氯化物沉淀用热水充分处理，使 $PbCl_2$ 全部溶解，剩余的 AgCl 沉淀 0.2067g。计算：(1)合金中 Ag 的含量；(2)加入冷 HCl 后，未被沉淀的 Pb 的质量。

[已知：$M(Ag)=107.9g\cdot mol^{-1}$，$M(Pb)=207.2g\cdot mol^{-1}$，$M(AgCl)=143.3g\cdot mol^{-1}$，$M(PbCl_2)=278.1g\cdot mol^{-1}$]

6. 某溶液含 Mg^{2+} 和 Ca^{2+} 离子，浓度分别为 $0.50mol\cdot L^{-1}$，计算说明滴加 $(NH_4)_2C_2O_4$ 溶液时，哪种离子先沉淀？当第一种离子沉淀完全时($\leqslant1.0\times10^{-5}$)，第二种离子沉淀了百分之几？

[已知：$K_{sp}^{\ominus}(CaC_2O_4)=2.6\times10^{-9}$，$K_{sp}^{\ominus}(MgC_2O_4)=8.5\times10^{-5}$]

第5章 氧化还原平衡与氧化还原滴定法

(Redox Equilibrium and Redox Titration)

学习目标

通过本章的学习，要求掌握：

1. 氧化还原反应的基本概念；
2. 判断氧化还原反应进行的方向和程度；
3. 能斯特方程式；
4. 元素电势图；
5. 常用的氧化还原滴定方法：高锰酸钾法、重铬酸钾法和碘量法；
6. 氧化还原滴定分析结果的计算。

氧化还原反应(redox reaction)是在化学反应过程中，参加反应的物质之间有电子转移的反应。这类反应对化学能和电能的转化、制备新的化合物、获得新的电化学能源等都有很重要的意义。氧化还原反应属于电化学研究领域，电化学主要是研究电能和化学能之间的相互转化及转化过程中有关规律的科学。本章首先介绍有关氧化还原反应的基本概念与基本原理，然后在此基础上研究氧化还原反应进行的方向与限度，最后讨论氧化还原滴定法。

5.1 氧化还原反应

5.1.1 氧化数

为了研究氧化还原反应，引入元素氧化数(oxidation number，又称氧化值)的概念。1970年国际纯粹和应用化学联合会(International Union of Pure and Applied Chemistry，IUPAC)严格定义了氧化数，所谓氧化数是某元素一个原子的荷电数(即原子所带的净电荷数)。确定元素氧化数的一般规则如下：

①单质中元素的氧化值为零。例如：H_2 中 H 的氧化值为 0；P_4 中 P 的氧

化值为 0。

②氢的氧化值一般为+1，在金属氢化物中为−1。例如：NaH 中 H 的氧化值为−1。

③氧的氧化值一般为−2，在过氧化物（如 H_2O_2、Na_2O_2 等）中为−1，在氧的氟化物（如 OF_2 等）中为+2。

④在二元离子化合物中，元素的氧化数等于该元素离子的电荷数。例如，在 NaCl 中，Na 的氧化数为+1，Cl 的氧化数为−1。

⑤在共价型化合物中，两原子的形式电荷数即为它们的氧化值。例如：在 HCl 中 H 的氧化值为+1，Cl 的氧化值为−1。

⑥在中性分子中各元素原子氧化数的代数和为零。复杂离子的电荷数等于各元素氧化数的代数和。

根据这些规则，就可以确定化合物或离子中某元素原子的氧化数。

［**例 5-1**］ 求 $H_4P_2O_7$ 中 P 的氧化值。

解　据规则，H 的氧化值为+1，O 的氧化值为−2。

设 P 的氧化值为 x，则：

$$(+1)\times 4+2x+(-2)\times 7=0$$

解得：$x=+5$

［**例 5-2**］ 求 MnO_4^- 中 Mn 的氧化值。

解　据规则，O 的氧化值为−2。

设 Mn 的氧化值为 x，则：

$$x+(-2)\times 4=-1$$

解得：$x=+7$

同理，可以求得：

在 $Cr_2O_7^{2-}$ 中 Cr 的氧化数为+6；

在 $S_4O_6^{2-}$ 中 S 的氧化数为+2.5；

在 Fe_3O_4 中 Fe 的氧化数为+8/3。

可见，氧化数可以是整数，也可以是小数或分数。

注意：

①在共价化合物中，判断元素原子的氧化数时，不要与共价数（某元素原子形成共价键的数目）相混淆。例如，在 CH_4，CH_3Cl，CH_2Cl_2，$CHCl_3$ 和 CCl_4 中，C 的共价数均为 4，但其氧化数却分别为−4，−2，0，+2 和+4。因此，氧化数与共价数是两个互不相同的概念。

②在化合物中以 Mn(Ⅶ)，S(Ⅵ)表示元素的氧化值，用以与实际不存在的 Mn^{7+}，S^{6+} 进行区别。

5.1.2 氧化还原反应的基本概念

在氧化还原反应中，参加反应的物质之间有电子的转移，必然导致反应前后元素原子的氧化数发生变化。

基本定义：

①氧化数升高的过程称为氧化，氧化数降低的过程称为还原。

②反应中氧化数升高的物质是还原剂(reducing agent)，该物质发生的是氧化反应；反应中氧化数降低的物质是氧化剂(oxidizing agent)，该物质发生的是还原反应。

例如：$H_2O_2+2Fe^{2+}+2H^+ \longequal 2H_2O+2Fe^{3+}$

在这个氧化还原反应中，H_2O_2 是氧化剂，Fe^{2+} 是还原剂。

氧化还原反应其实是由两个半反应组成：

a. 还原剂的氧化反应：$Fe^{2+} \longequal Fe^{3+}+e^-$

b. 氧化剂的还原反应：$H_2O_2+2e^-+2H^+ \longequal 2H_2O$

③氧化还原电对：由同一种元素的氧化态物质和其对应的还原态物质所构成的整体，一般以 Ox/Red 表示。

如上例中，氧化剂电对为 H_2O_2/H_2O，还原剂电对为 Fe^{3+}/Fe^{2+}。

注意：氧化还原电对是相对的，由参加反应的两电对氧化还原能力的相对强弱而定。

如在反应 $2Fe^{3+}+2I^- \longequal 2Fe^{2+}+I_2$ 中，电对 Fe^{3+}/Fe^{2+} 为氧化剂电对。

④氧化还原反应的本质。氧化还原反应是由氧化剂电对与还原剂电对共同作用的结果，氧化还原反应的本质是电子的转移。

5.1.3 氧化还原反应方程式的配平

氧化还原反应一般比较复杂，配平氧化还原反应方程式不像其他反应那样容易。最常用的配平方法有离子-电子法和氧化数法。

(1)离子-电子法

离子-电子法配平氧化还原反应方程式的原则是：

①电荷守恒。氧化半反应与还原半反应的得失电子总数必须相等。

②质量守恒。反应前后各元素的原子总数必须相等。

下面以在酸性介质中 $KMnO_4+K_2SO_3 \longrightarrow MnSO_4+K_2SO_4$ 的反应为例，说明离子-电子法配平的具体步骤：

①根据实验事实或反应规律，写出一个没有配平的离子反应式：

$$MnO_4^-+SO_3^{2-} \longrightarrow Mn^{2+}+SO_4^{2-}$$

②将离子反应式拆分为氧化、还原两个半反应：

$$\text{还原反应 } MnO_4^- \longrightarrow Mn^{2+}$$

$$\text{氧化反应 } SO_3^{2-} \longrightarrow SO_4^{2-}$$

③根据溶液的酸碱性加上 H^+，OH^-，H_2O，使每个半反应式左右两边的原子数相等：

$$MnO_4^- + 8H^+ \longrightarrow Mn^{2+} + 4H_2O$$

$$SO_3^{2-} + H_2O \longrightarrow SO_4^{2-} + 2H^+$$

配平过程中半反应左右两边添加 H^+，OH^-，H_2O 的一般规律：

a. 对于酸性介质：多 n 个 O，$+2n$ 个 H^+，另一边 $+n$ 个 H_2O。

b. 对于碱性介质：多 n 个 O，$+n$ 个 H_2O，另一边 $+2n$ 个 OH^-。

c. 对于中性介质：左边多 n 个 O，$+n$ 个 H_2O，右边 $+2n$ 个 OH^-；

右边多 n 个 O，$+2n$ 个 H^+，左边 $+n$ 个 H_2O。

④根据反应式两边不仅原子数要相等，而且电荷数也要相等的原则，在半反应式左边或右边加减若干个电子，使两边的电荷数相等：

$$MnO_4^- + 8H^+ + 5e^- \longrightarrow Mn^{2+} + 4H_2O$$

$$SO_3^{2-} + H_2O \longrightarrow SO_4^{2-} + 2H^+ + 2e^-$$

⑤根据还原半反应和氧化半反应的得失电子总数必须相等的原则，将两式分别乘以适当系数；最后将两个半反应式相加，核对方程式两边的原子数和电荷数，就得到配平的离子反应方程式：

$$\begin{array}{rll} & MnO_4^- + 8H^+ + 5e^- \longrightarrow Mn^{2+} + 4H_2O & \times 2 \\ +) & SO_3^{2-} + H_2O \longrightarrow SO_4^{2-} + 2H^+ + 2e^- & \times 5 \\ \hline & 2MnO_4^- + 5SO_3^{2-} + 6H^+ = 2Mn^{2+} + 5SO_4^{2-} + 3H_2O & \end{array}$$

⑥亦可根据要求，将离子反应方程式改写为分子反应方程式：

$$2KMnO_4 + 5K_2SO_3 + 3H_2SO_4 = 2MnSO_4 + 6K_2SO_4 + 3H_2O$$

从上例可见，在配平半反应方程式的过程中，如果半反应式两边的氧原子数目不等，则可根据反应介质的酸碱性条件，分别在两边添加适当数目的 H^+ 或 OH^- 或 H_2O，使反应式两边的氧原子数目相等。但是应该注意：在酸性介质条件下，方程式两边不能出现 OH^-；在碱性介质条件下，方程式两边不能出现 H^+。

［**例 5-3**］　用离子-电子法配平下列反应式：$FeS_2 + HNO_3 \longrightarrow Fe_2(SO_4)_3 + NO_2$。

解　①改写成离子方程式：

$$FeS_2 + NO_3^- \longrightarrow Fe^{3+} + SO_4^{2-} + NO_2$$

②将离子反应式拆分为氧化、还原两个半反应，根据溶液是酸性介质的条件加上 H^+，H_2O，使每个半反应式左右两边的原子数相等：

$$NO_3^- + 2H^+ \longrightarrow NO_2 + H_2O$$

$$FeS_2 + 8H_2O \longrightarrow Fe^{3+} + 2SO_4^{2-} + 16H^+$$

③在半反应式左边或右边加减若干个电子,使两边的电荷数相等,将两式分别乘以适当系数:

$$NO_3^- + 2H^+ + e^- \longrightarrow NO_2 + H_2O \quad \times 15$$

$$+) \quad FeS_2 + 8H_2O \longrightarrow Fe^{3+} + 2SO_4^{2-} + 16H^+ + 15e^- \quad \times 1$$

$$\overline{FeS_2 + 15NO_3^- + 14H^+ = Fe^{3+} + 2SO_4^{2-} + 15NO_2 + 7H_2O}$$

④将离子反应方程式改写为分子反应方程式:

$$2FeS_2 + 30HNO_3 = Fe_2(SO_4)_3 + 30NO_2 + 14H_2O + H_2SO_4。$$

[**例 5-4**] 用离子-电子法配平反应式:$Cr^{3+} + S_2O_8^{2-} \longrightarrow Cr_2O_7^{2-} + SO_4^{2-}$。

解 ①将离子反应式拆分为氧化、还原两个半反应,根据溶液是酸性介质的条件加上 H^+,H_2O,使每个半反应式左右两边的原子数相等。

$$2Cr^{3+} + 7H_2O \longrightarrow Cr_2O_7^{2-} + 14H^+$$

$$S_2O_8^{2-} \longrightarrow 2SO_4^{2-}$$

②在半反应式左边或右边加减若干个电子,使两边的电荷数相等,将两式分别乘以适当系数:

$$2Cr^{3+} + 7H_2O \longrightarrow Cr_2O_7^{2-} + 14H^+ + 6e^- \quad \times 1$$

$$+) \quad S_2O_8^{2-} + 2e^- \longrightarrow 2SO_4^{2-} \quad \times 3$$

$$\overline{2Cr^{3+} + 3S_2O_8^{2-} + 7H_2O = Cr_2O_7^{2-} + 6SO_4^{2-} + 14H^+}$$

(2)氧化数法

氧化数法的原则是氧化还原反应中元素氧化数的增加总数与氧化数的降低总数必须相等,首先配平氧化数有变化的元素原子数,再配平氧化数没有变化的元素原子数;最后配平氢原子数与水分子数。

下面以 $H_2O_2 + Fe^{2+} + H^+ \longrightarrow H_2O + Fe^{3+}$ 的反应为例,进行说明。

①在氧化还原反应式中标出氧化数有变化的元素,计算出反应前后氧化数的变化值:

$$\overset{+1 \times 2}{\overbrace{H_2O_2 + Fe^{2+} + H^+ \longrightarrow H_2O + Fe^{3+}}_{-1 \times 2}}$$

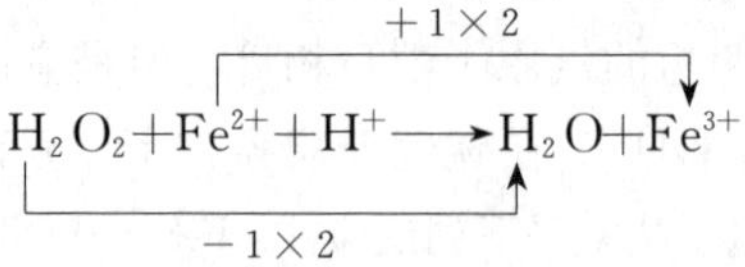

②根据氧化数降低总数和氧化数升高总数相等的原则,在氧化剂和还原剂前面分别乘上适当的系数,配平后的方程式为:

$$H_2O_2 + 2Fe^{2+} + 2H^+ = 2H_2O + 2Fe^{3+}$$

一般来说,用离子-电子法对水溶液中有不同介质参加的复杂反应的配平比较方便，它反映了水溶液中发生氧化还原反应的本质，对于书写氧化还原半反应式很有帮助。而用氧化数法配平简单迅速，应用范围较广。

视频 5.1

5.2　电极电势

5.2.1　原电池

原电池是一种能使氧化还原反应中电子的转移直接转变为电能的装置。

例如，金属锌置换铜离子的反应：把锌片放入 $CuSO_4$ 溶液中，则锌将溶解，铜将从溶液中析出，反应的离子方程式为：$Cu^{2+}+Zn = Cu+Zn^{2+}$

可以将其设计成原电池：

电池反应：$Zn(s)+Cu^{2+}(aq) = Zn^{2+}(aq)+Cu(s)$

理论上来说，任何一个氧化还原反应都能组成原电池，每个原电池都是由两个半电池构成，对应两个电对。

那么如何将该反应体系的化学能转变为电能呢？在实验室中可以采用如图 5-1所示的装置来实现这种转变。

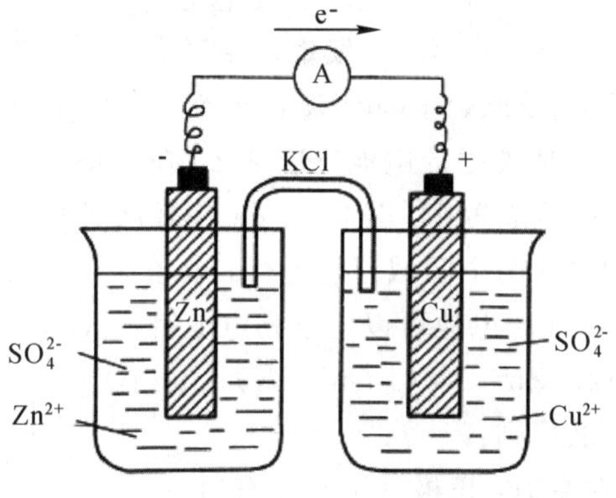

图 5-1　Cu-Zn 原电池

在两个分别装有 $ZnSO_4$ 和 $CuSO_4$ 溶液的烧杯中，分别插入 Zn 片和 Cu 片，并用盐桥(salt bridge)(一般是用琼脂与 KCl 饱和溶液制成胶冻的 U 形管)连通。然后用一个灵敏电流计(A)将两个金属片连接起来，可以看到：电流计指针发生了偏转，说明有电流发生，原电池对外做了电功；这时，Cu 片上有 Cu 析出，Zn 片则发生溶解。可以确定电流是从 Cu 极流向 Zn 极(电子从 Zn 极流向 Cu 极)。

上述装置之所以能够产生电流，是由于 Zn 要比 Cu 活泼，Zn 片上 Zn 易放出电子，Zn 氧化成 Zn^{2+} 进入溶液中，发生氧化反应：

$$Zn = Zn^{2+} + 2e^-$$

电子由 Zn 片沿导线定向流向 Cu 片，形成电子流。溶液中的 Cu^{2+} 趋向 Cu 片接受电子还原成 Cu 析出，发生还原反应：

$$Cu^{2+} + 2e^- = Cu$$

在上述反应进行中，$ZnSO_4$ 溶液由于 Zn^{2+} 的增多而带正电荷；而 $CuSO_4$ 溶液由于 Cu^{2+} 的减少，SO_4^{2-} 过剩而带负电荷。

这种能够使氧化还原反应中电子的转移直接转变为电能的装置，称为原电池(primary cells)。

电化学规定：发生氧化反应的电极是阳极；发生还原反应的电极是阴极。电位高的是正极；电位低的是负极。

在原电池中，电子流出的电极称为负极(negative electrode)，负极上发生氧化反应；电子流入的电极称为正极(positive electrode)，正极上发生还原反应。电极上发生的反应称为电极反应。

因此，对原电池来说，负极就是阳极，正极就是阴极。

在 Cu-Zn 原电池中：

阳极：$(-)Zn = Zn^{2+} + 2e^-$　发生氧化反应

阴极：$(+)Cu^{2+} + 2e^- = Cu$　发生还原反应

原电池的电池反应：$Zn(s) + Cu^{2+}(aq) = Zn^{2+}(aq) + Cu(s)$

在 Cu-Zn 原电池中所发生的电池反应和 Zn 在 $CuSO_4$ 溶液中的化学反应是一样的，区别是在原电池装置中，还原剂 Zn 和氧化剂 Cu^{2+} 没有直接接触，氧化反应与还原反应同时在两个区域分别进行，电子通过导线进行传递。

为简明起见，Cu-Zn 原电池可以用下列电池符号表示：

电池符号：$(-)Zn|Zn^{2+}(c_1) \| Cu^{2+}(c_2)|Cu(+)$

书写原电池符号的规则：

(1)负极“(－)”在左边，正极“(＋)”在右边。

(2)半电池中两相界面用“|”分开；同相不同物种用“，”分开；盐桥用“‖”表示；c 表示溶液的浓度。当浓度 $c^{\ominus} = 1.0 mol \cdot L^{-1}$ 时，可不必写出。如有气体物质，则应标出其分压 p。非标准态时要注明 c_i 或 p_i。

(3)若电极反应无金属导体，用惰性电极 Pt 或 C(石墨)。

(4)纯液体、固体和气体写在靠惰性电极一边，用“|”分开。

每个原电池都由两个“半电池”组成。每一个“半电池”都是由同一元素处于不同氧化数的两种物质所构成，一种是处于低氧化数的可作为还原剂的物质(称为还原态物质)；另一种是处于高氧化数的可作为氧化剂的物质(称为氧化态物质)。这种由同一元素的氧化态物质和其对应的还原态物质所构成的整体，称为氧化还原电对(oxidation-reduction couples)，可以用符号 Ox/Red 来表示。例如，Cu 和 Cu^{2+}，Zn 和 Zn^{2+} 所组成的氧化还原电对可分别写成 Cu^{2+}/Cu，Zn^{2+}/Zn。非金属单质及其相应的离子也可以构成氧化还原电对，例如 H^+/H_2 和 O_2/OH^-。在用 Fe^3/Fe^{2+}，$C1_2/C1^-$，O_2/OH^- 等电对作半电池时，可以用能够导电而本身不参加反应的惰性导体(如金属 Pt 或石墨)作电极。

在氧化还原电对中，氧化型物质和还原型物质在一定条件下可以相互转化：

$$Ox+ne^-=\!=\!=Red$$

式中 n 为电极反应转移的电子数。

表示氧化型和还原型相互转化的关系式，称为电极反应(或半电池反应)。

[例 5-5]　将反应：$2H^+(1.0mol\cdot L^{-1})+Fe(s)=\!=\!=Fe^{2+}(0.2mol\cdot L^{-1})+H_2(101.325kPa)$设计成原电池，并写出电池符号。

解　根据电化学规则，发生氧化反应的电极是阳极，发生还原反应的电极是阴极。将反应进行拆分：

阳极：$Fe(s)=\!=\!=Fe^{2+}(aq)+2e^-$(负极)

阴极：$2H^+(aq)+2e^-=\!=\!=H_2(g)$(正极)

$(-)Fe|Fe^{2+}(0.2mol\cdot L^{-1})\parallel H^+(1.0mol\cdot L^{-1}),H_2(101.325\ kPa)|Pt(+)$

5.2.2　电极电势

电极电势产生的机理是十分复杂的。1889年，德国化学家能斯特(H. W. Nernst)提出双电层理论来说明金属及其盐溶液之间电势差的形成和原电池产生电流的机理。

双电层理论认为，因为金属晶体是由金属原子、金属离子和自由电子所组成，所以如果将金属放置于其盐溶液中，那么在金属与其盐溶液的接触界面上就会发生两种不同的过程：一种是金属表面的金属阳离子受极性水分子的吸引而进入溶液的过程；另一种则是溶液中位于金属表面的水合金属离子受到自由电子的吸引，从而结合电子成为金属原子而重新在金属表面上析出的过程。当这两种过程的速率相等时，即达到动态平衡：

$$M(s)\rightleftharpoons M^{n+}(aq)+ne^-$$

如果金属越活泼或溶液中金属离子的浓度越小，金属溶解的趋势就大于溶液中金属离子析出到金属表面上的趋势，达到平衡时金属表面就因为聚集了金属溶解时留下的自由电子而带负电荷，而溶液则因金属离子进入溶液而带正电荷。于是，由于正、负电荷相互吸引的结果，在金属与其盐溶液的接触界面处就建立了由带负电荷的电子与带正电荷的金属离子所构成的双电层，如图 5-2(a)所示。

反之，如果金属越不活泼或溶液中金属离子浓度越大，金属溶解的趋势就小于金属离子析出的趋势，达到平衡时金属表面因为聚集了金属离子带正电荷，溶液则由于金属离子减少而带负电荷，这样构成了相应的双电层，如图 5-2(b)所示。这种双电层之间存在一定的电势差，这个电势差就是金属与金属离子所构成的氧化还原电对的平衡电极电势。

显然，金属与其相应离子所组成的氧化还原电对不同，金属离子的浓度不同，这种平衡电极电势就不相同。因此，若将两种不同的氧化还原电对设计组成原电池，那么在两个电极之间就会产生一定的电势差，从而产生电流。

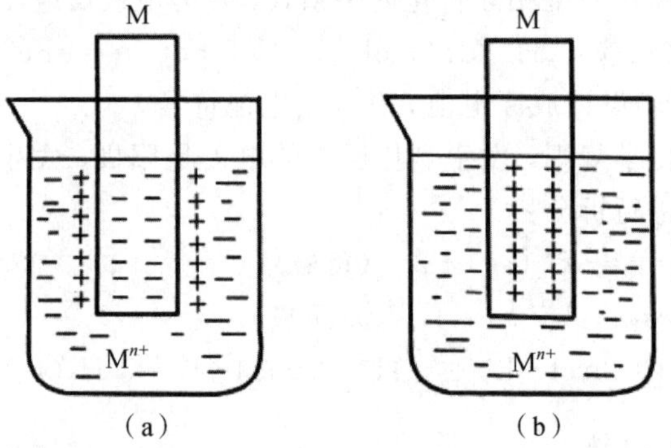

图 5-2　金属的电极电势

5.2.3　标准电极电势

(1)标准氢电极

单个电极的平衡电势的绝对值还无法测定。目前，只能选定某一电对的平衡电势作为参比，然后，将其他电对与之组成原电池，通过测定原电池的电动势，求出各电对平衡电势的相对值。

参比电极(reference electrode)：电极电势在测定过程中保持恒定不变的电极。理论上一般选择标准氢电极(图 5-3)为参比电极。

标准氢电极的电极反应：$2H^+(aq)+2e^- \!=\!=\!= H_2(g)$

标准氢电极的符号可以写为：$Pt|H_2(100kPa)|H^+(1.0mol\cdot L^{-1})$

标准氢电极(standard hydrogen electrode，SHE)是将镀有一层铂黑的铂片

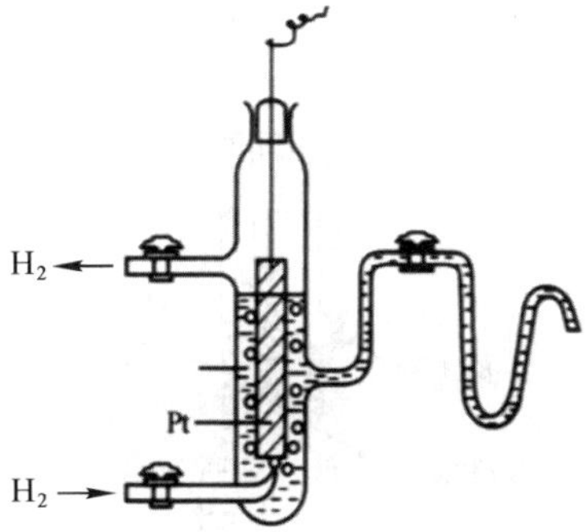

图 5-3　标准氢电极

插入 H^+ 浓度为 $1.0mol \cdot L^{-1}$(严格讲应是活度等于 1)的溶液中，在一定温度下不断通入标准压力($p^{\ominus}=100kPa$)的纯 H_2，H_2 被铂黑所吸附并达到饱和，H_2 与溶液中的 H^+ 离子建立了如下的动态平衡：$2H^+(aq)+2e^- \rightleftharpoons H_2(g)$。这种状态下的平衡电势称为标准氢电极的电极电势。

国际上规定标准氢电极的电极电势在任何温度下的值都为 0，即 $E^{\ominus}(H^+/H_2)=0.000V$。

如果求某电极的平衡电势的相对值时，可以将该电对与标准氢电极组成原电池测定其电动势，则该原电池的电动势就等于两电对的相对电势差值。因为标准氢电极的电极电势规定为 0，所以测得的相对电势差值即为某电对的电极电势。

(2)甘汞电极

实际应用时，常采用二级标准电极，如饱和甘汞电极，代替标准氢电极作为参比电极进行测定。

甘汞电极(calomel electrode)的构造如图 5-4 所示。

在内玻璃管中封接一根铂丝，铂丝插入厚度为 0.5～1cm 的纯 Hg 中，下置一层 Hg_2Cl_2(甘汞)和 Hg 的糊状物，在外玻璃管中装入 KCl 溶液。电极下端与待测溶液接触的部分是熔结陶瓷芯或玻璃砂芯类等多孔物质。

甘汞电极的电极反应：$Hg_2Cl_2(s)+2e^- = 2Hg(l)+2Cl^-(aq)$

甘汞电极的电极符号可以写为：$Hg|Hg_2Cl_2(s)|KCl(c)$

常用饱和甘汞电极以 KCl 溶液为饱和溶液，用 SCE 表示或者 Cl^- 浓度分别为 $1.0mol \cdot L^{-1}$，$0.1mol \cdot L^{-1}$的甘汞电极作参比电极。在 298.15K 时，它们的电极电势分别为＋0.2410V，＋0.2680V 和＋0.3335V。

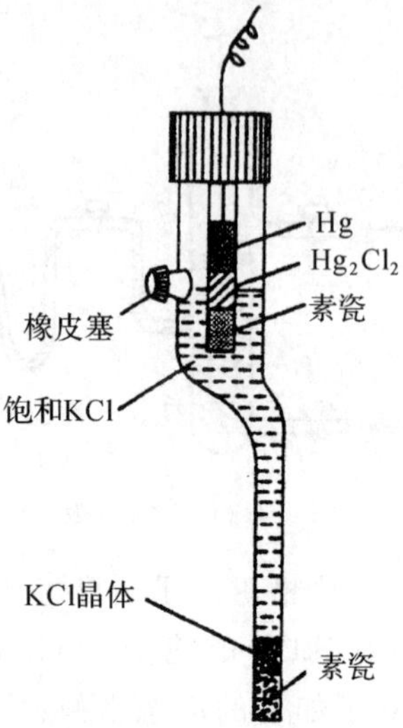

图 5-4　甘汞电极

(3)标准电极电势

电化学规定：在热力学标准状态下，即有关物质的浓度为 $1.0mol \cdot L^{-1}$(严格地说，应是活度等于 1)，有关气体的分压为 100kPa、液体或固体是纯物质时，某电极的电极电势称为该电极的标准电极电势(standard electrode potential)，以符号 $E^{\ominus}(Ox/Red)$表示。

一般将标准氢电极与任意给定的标准电极构成一个原电池，测定该原电池的电动势，确定正、负极，就可以得到该给定标准电极的标准电极电势。

例如，测定标准锌电极的标准电极电势，可以设计构成下列原电池：

$$(-)Zn|Zn^{2+}(1mol \cdot L^{-1}) \| H^{+}(1mol \cdot L^{-1})|H_2(100kPa)|Pt(+)$$

在 298.15K 时测得该电池的标准电动势 $E^{\ominus}=0.7618V$

根据 $E^{\ominus}=E^{\ominus}(+)-E^{\ominus}(-)=E^{\ominus}(H^{+}/H_2)-E^{\ominus}(Zn^{2+}/Zn)$

因为　$E^{\ominus}(H^{+}/H_2)=0.000V$

所以　$E^{\ominus}(Zn^{2+}/Zn)=-0.7618V$

利用同样方法可以测得 298.15K 时任意氧化还原电对的标准电极电势。

在书后附录五的标准电极电势表中，列出了一系列常见氧化还原电对的电极反应和标准电极电势。

标准电极电势的意义：

①$E^{\ominus}(Ox/Red)$代数值越小，电对所对应的还原态物质的还原能力越强，氧化态物质的氧化能力越弱。

②$E^{\ominus}(\mathrm{Ox/Red})$代数值越大，电对所对应的氧化态物质的氧化能力越强，还原态物质的还原能力越弱。

因此，电极电势是表示氧化还原电对中所对应的氧化态物质或还原态物质其氧化还原能力相对大小的一个物理量。电极电势可以用来衡量不同氧化还原电对氧化还原能力的相对强弱。

使用标准电极电势表时应注意以下几点：

①本教材采用 1953 年 IUPAC 规定的还原电势，即认为 Zn 比 H_2 更易失电子，故 $E^{\ominus}(Zn^{2+}/Zn)<0$。

②电极电势无加合性，即电极电势与电极反应式的化学计量系数无关。如：

$$2Cu^{2+}+4e^{-} \xlongequal{} 2Cu,\ E^{\ominus}(Cu^{2+}/Cu)=+0.3419\mathrm{V}$$

$$Cu^{2+}+2e^{-} \xlongequal{} Cu,\quad E^{\ominus}(Cu^{2+}/Cu)=+0.3419\mathrm{V}$$

③$E^{\ominus}(\mathrm{Ox/Red})$是水溶液中的标准电极电势。非标准态的 $E(\mathrm{Ox/Red})$需要进行计算，不能用 $E^{\ominus}(\mathrm{Ox/Red})$比较物质的氧化还原能力大小。

④$E^{\ominus}(\mathrm{Ox/Red})$与电极反应作正负极无关。标准电极电势的正或负不随电极反应的书写不同而不同。例如：

$Zn^{2+}+2e^{-} \xlongequal{} Zn$（作阴极、正极，还原），$E^{\ominus}(Zn^{2+}/Zn)=-0.7618\mathrm{V}$

$Zn \xlongequal{} Zn^{2+}+2e^{-}$（作阳极、负极，氧化），$E^{\ominus}(Zn^{2+}/Zn)=-0.7618\mathrm{V}$

⑤一些电对的 $E^{\ominus}(\mathrm{Ox/Red})$与介质的酸碱性有关，酸性介质以 $E_{\mathrm{A}}^{\ominus}(\mathrm{Ox/Red})$表示，碱性介质以 $E_{\mathrm{B}}^{\ominus}(\mathrm{Ox/Red})$表示。

⑥标准电极电势是在标准状态下测得的，通常取温度为 298.15K 时的值。如果浓度、压力以及温度发生改变，标准电极电势也将随之改变。

视频 5.2

5.2.4　影响电极电势的因素——能斯特(Nernst)方程式

在一定状态下，电极电势的大小不但取决于氧化还原电对的本性，而且与氧化态物质和还原态物质的浓度（或者气体的分压）以及反应的温度等因素有关。

考虑任意一个给定的电极反应：$a\mathrm{Ox}+ne^{-} \xlongequal{} b\mathrm{Red}$，可以从热力学推导出 Nernst 方程式：

$$E(\mathrm{Ox/Red})=E^{\ominus}(\mathrm{Ox/Red})+\frac{\mathrm{R}T}{n\mathrm{F}}\ln\frac{\left\{\frac{c^{\mathrm{eq}}(\mathrm{Ox})}{c^{\ominus}}\right\}^{a}}{\left\{\frac{c^{\mathrm{eq}}(\mathrm{Red})}{c^{\ominus}}\right\}^{b}} \qquad (5\text{-}1)$$

$E(\mathrm{Ox/Red})$是氧化态物质和还原态物质为任意浓度时电对的电极电势，

$E^\ominus(Ox/Red)$是电对的标准电极电势，R 是气体常数($R=8.314J\cdot K^{-1}\cdot mol^{-1}$)，$F$ 是法拉第常数($F=96485C\cdot mol^{-1}$)，$c^\ominus=1.0mol\cdot L^{-1}$，$n$ 是电极反应中转移的电子数。Nernst 方程式反映了参加电极反应的各物质浓度、反应温度对电极电势的影响。

在 298.15K 时，将各常数代入上式，并将自然对数换成常用对数得：

$$E(Ox/Red)=E^\ominus(Ox/Red)+\frac{0.0592}{n}\lg\frac{[Ox]^a}{[Red]^b} \tag{5-2}$$

应用能斯特方程式时，应注意以下几点。

①[Ox]，[Red]分别代表了电极反应中氧化型和还原型一侧各组分平衡浓度幂的乘积。如果参加电极反应的除氧化态、还原态物质外，还有其他物质如 H^+，OH^- 等，则这些物质的浓度也应表示在能斯特方程式中(固体、纯液体以及溶剂水除外)。

例如，对于 $MnO_4^-+8H^++5e^-=\!=\!=Mn^{2+}+4H_2O$

Nernst 方程式为：

$$E(MnO_4^-/Mn^{2+})=E^\ominus(MnO_4^-/Mn^{2+})+\frac{0.0592}{5}\lg\frac{[MnO_4^-][H^+]^8}{[Mn^{2+}]}$$

②如果是气体物质，用相对压力 $p_B/p^\ominus$ 代入。

例如，对于电极反应：$2H^+(aq)+2e^-=\!=\!=H_2(g)$

Nernst 方程式为：

$$E(H^+/H_2)=E^\ominus(H^+/H_2)+\frac{0.0592}{2}\lg\frac{[H^+]^2}{p(H_2)/p^\ominus}$$

一般来说，常温下温度对 $E(Ox/Red)$的影响不大，从 Nernst 方程式可见，对于确定的电对，$E(Ox/Red)$主要取决于[Ox]，[Red](或它们的平衡分压)的大小。

(1)浓度的影响

[例 5-6] 计算 Ni^{2+}/Ni 电对在$[Ni^{2+}]=5.50\times10^{-3}mol\cdot L^{-1}$时的电极电势{已知 $E^\ominus(Ni^{2+}/Ni)=-0.2570V$}。

解

$$\begin{aligned}E(Ni^{2+}/Ni)&=E^\ominus(Ni^{2+}/Ni)+\frac{0.0592}{2}\lg[Ni^{2+}]\\&=-0.2570+\frac{0.0592}{2}\lg(5.50\times10^{-3})\\&=-0.3239(V)\end{aligned}$$

(2)分压的影响

[例 5-7] 计算 O_2/H_2O 电对在$[H^+]=1.5mol\cdot L^{-1}$，$p(O_2)=200.0kPa$ 时的电极电势{已知 $E^\ominus(O_2/H_2O)=+1.229V$}。

解 电极反应：$O_2+4H^++4e^-=\!=\!=2H_2O$

$$E(O_2/H_2O)=E^{\ominus}(O_2/H_2O)+\frac{0.0592}{4}\lg\frac{\left[\frac{p(O_2)}{p^{\ominus}}\right][H^+]^4}{[H_2O]^2}$$

$$E(O_2/H_2O)=1.229+\frac{0.0592}{4}\lg\frac{\frac{200.0}{100.0}\times(1.5)^4}{1}=1.2439(V)$$

(3)溶液酸度的影响

[例 5-8]　已知 $MnO_4^-+8H^++5e^- \rightleftharpoons Mn^{2+}+4H_2O$ 的 $E^{\ominus}(MnO_4^-/Mn^{2+})=+1.507V$，$Sn^{4+}+2e^- \rightleftharpoons Sn^{2+}$ 的 $E^{\ominus}(Sn^{4+}/Sn^{2+})=+0.1510V$。若将它们构成原电池，系统中$[H^+]=10.0mol\cdot L^{-1}$，其他离子浓度均为 $1.00mol\cdot L^{-1}$，请写出原电池符号，并求原电池电动势。

解　$E(MnO_4^-/Mn^{2+})=E^{\ominus}(MnO_4^-/Mn^{2+})+\frac{0.0592}{5}\lg\frac{[MnO_4^-][H^+]^8}{[Mn^{2+}]}$

因为　$[MnO_4^-]=[Mn^{2+}]=1.00mol\cdot L^{-1}$

所以 $E(MnO_4^-/Mn^{2+})=1.507+\frac{0.0592}{5}\lg(10.0)^8=1.6017(V)$

$$E(Sn^{4+}/Sn^{2+})=E^{\ominus}(Sn^{4+}/Sn^{2+})=+0.1510V$$

$$E=E(+)-E(-)=E(MnO_4^-/Mn^{2+})-E^{\ominus}(Sn^{4+}/Sn^{2+})$$
$$=1.6017-0.1510=1.4507(V)$$

原电池符号：$(-)Pt|\ Sn^{2+},Sn^{4+}\ \|\ MnO_4^-,H^+(10.0mol\cdot L^{-1}),Mn^{2+}\ |Pt(+)$

(4)沉淀的生成对电极电势的影响

当电对中氧化型或还原型物质与沉淀剂作用生成沉淀时，它们的浓度会发生改变，从而引起电极电势值的变化。

[例 5-9]　在 $Ag^++e^- = Ag$ 电极中加入 NaBr 溶液，则会发生 $Ag^++Br^- = AgBr$。计算在 298.15K、反应达到平衡、$[Br^-]=1.0mol\cdot L^{-1}$时，Ag 电极的电极电势[已知 $E^{\ominus}(Ag^+/Ag)=0.7996V$]。

解　原 Ag 电极的电极反应：$Ag^++e^- = Ag$

$$E(Ag^+/Ag)=E^{\ominus}(Ag^+/Ag)+0.0592\lg[Ag^+]$$

根据　$Ag^++Br^- = AgBr$

$$K_{sp}^{\ominus}(AgBr)=[Ag^+][Br^-]=5.35\times10^{-13}$$

因此　$[Ag^+]=5.35\times10^{-13}/[Br^-]$

$$E(Ag^+/Ag)=E^{\ominus}(Ag^+/Ag)+0.0592\lg(5.35\times10^{-13}/[Br^-])$$

又因为　$[Br^-]=1.0mol\cdot L^{-1}$

所以　$E(Ag^+/Ag)=0.7996+0.0592\lg(5.35\times10^{-13})=0.07312(V)$

从计算结果可以看到，与 $E^{\ominus}(Ag^+/Ag)$ 比较，由于 AgBr 沉淀的生成，使电极中 Ag^+ 的浓度下降，电极电势值下降，Ag^+ 的氧化能力降低，而 Ag 的还原能力增强。

从上述例题中可以看出：

①氧化还原电对的氧化态物质或还原态物质离子浓度的改变对电对的电极电势有影响。

②如果电对的氧化态物质生成了沉淀(或配合物)，则电极电势将变小；如果电对的还原态物质生成了沉淀(或配合物)，则电极电势将变大。

视频 5.3

③介质的酸碱性对含氧酸盐氧化性的影响比较大，一般来说，含氧酸盐在酸性介质中将表现出较强的氧化性。

5.2.5 条件电极电势

标准电极电势是指在一定温度下(通常为 298.15K)，电极反应中各组分都处于标准状态，即离子的活度等于 1(氧化态和还原态均应以活度表示)，气体的分压等于 100kPa 时的电极电势。

所以，在应用能斯特方程式时，还应考虑离子强度和氧化态与还原态的存在形式。通常我们知道的是溶液中物质的浓度而不是活度，为了简便，常常忽略溶液中离子强度的影响，以浓度代替活度进行计算。但是在实际化工过程中，溶液的离子强度通常是较大的，这种影响往往不可忽略。同时，当溶液的组成改变时，电对的氧化态和还原态的存在形式也随之改变，使得电极电势发生改变。

对电极反应 $Ox+ne^- \Longrightarrow Red$(主反应)，若发生副反应，氧化型物质的氧化能力或还原型物质的还原能力都可能发生改变。图 5-5 是电极反应的副反应示意图。

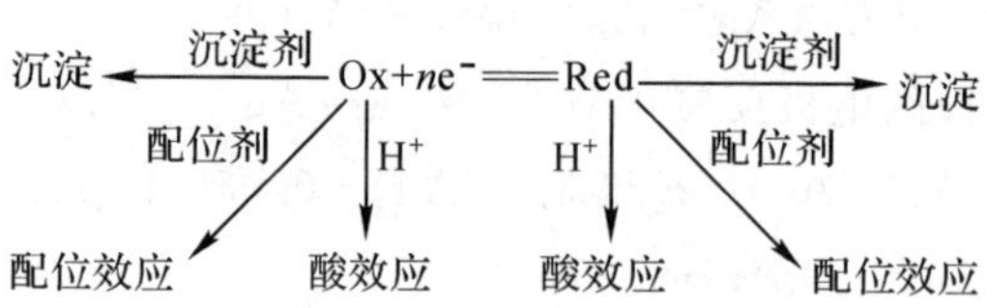

图 5-5 电极反应的副反应示意图

这时：$[Ox]=c_{Ox}/\alpha_{Ox}$，$[Red]=c_{Red}/\alpha_{Red}$。

式中，c_{Ox}，c_{Red} 分别为氧化型和还原型的总浓度，α_{Ox}，α_{Red} 分别为相应的副反应系数。298.15K 时，

$$E(\mathrm{Ox/Red})=E^{\ominus}(\mathrm{Ox/Red})+\frac{0.0592}{n}\lg\frac{\alpha_{\mathrm{Red}}c_{\mathrm{Ox}}}{\alpha_{\mathrm{Ox}}c_{\mathrm{Red}}} \tag{5-3}$$

一定条件下，α_{Ox}、α_{Red} 均为定值，将它们并入常数项，并令新常数项为 $E^{\ominus\prime}(\mathrm{Ox/Red})$，即：

$$E^{\ominus\prime}(\mathrm{Ox/Red})=E^{\ominus}(\mathrm{Ox/Red})+\frac{0.0592}{n}\lg\frac{\alpha_{\mathrm{Red}}}{\alpha_{\mathrm{Ox}}} \tag{5-4}$$

电对的电极电势为：

$$E(\mathrm{Ox/Red})=E^{\ominus\prime}(\mathrm{Ox/Red})+\frac{0.0592}{n}\lg\frac{c_{\mathrm{Ox}}}{c_{\mathrm{Red}}} \tag{5-5}$$

当 $c_{\mathrm{Ox}}=c_{\mathrm{Red}}=1.0\mathrm{mol\cdot L^{-1}}$ 或 $c_{\mathrm{Ox}}/c_{\mathrm{Red}}=1$ 时，$E(\mathrm{Ox/Red})=E^{\ominus\prime}(\mathrm{Ox/Red})$

$E^{\ominus\prime}(\mathrm{Ox/Red})$为条件电极电势(conditional potential)，它是校正了各种外界因素影响之后所得到的实际电极电势。

条件电极电势的大小，反映了离子强度以及各种副反应对氧化还原反应的影响，说明了该氧化还原电对的实际氧化还原能力。因此，运用条件电极电势比用标准电极电势能更准确地判断氧化还原反应的方向、次序和反应程度。

附录六列出了部分氧化还原电极在不同介质中的条件电极电势$E^{\ominus\prime}(\mathrm{Ox/Red})$，在处理有关氧化还原反应的计算时，采用条件电极电势更符合实际情况。

[例 5-10]　已知 $E^{\ominus}(\mathrm{H_3AsO_4/HAsO_2})=+0.560\mathrm{V}$；$E^{\ominus}(\mathrm{I_2/I^-})=+0.5355\mathrm{V}$。由此可见在标准态下，$I_2$不可能氧化 $HAsO_2$。而当 pH=8.0 时，反应 $\mathrm{HAsO_2+I_2+2H_2O=\!=\!=H_3AsO_4+2I^-+2H^+}$ 能够正向进行，试计算说明。

解　先求两个电极在 pH=8 条件下的电极电势。

根据 $\mathrm{H_3AsO_4+2H^++2e^-\rightleftharpoons HAsO_2+2H_2O}$ 的 Nernst 方程式：

$$E(\mathrm{H_3AsO_4/HAsO_2})=E^{\ominus}(\mathrm{H_3AsO_4/HAsO_2})+\frac{0.0592}{2}\lg\frac{[\mathrm{H_3AsO_4}][\mathrm{H^+}]^2}{[\mathrm{HAsO_2}]}$$

当$[\mathrm{H_3AsO_4}]=[\mathrm{HAsO_2}]=1.0\mathrm{mol\cdot L^{-1}}$时：

$$E(\mathrm{H_3AsO_4/HAsO_2})=E^{\ominus}(\mathrm{H_3AsO_4/HAsO_2})+\frac{0.0592}{2}\lg[\mathrm{H^+}]^2$$

$$=0.560+\frac{0.0592}{2}\lg(10^{-8})^2=0.0864(\mathrm{V})$$

而在 pH=8 时，I_2/I^- 电对未发生副反应，所以

$$E(\mathrm{I_2/I^-})=E^{\ominus}(\mathrm{I_2/I^-})=+0.5355\mathrm{V}$$

此时 $E^{\ominus}(\mathrm{I_2/I^-})>E(\mathrm{H_3AsO_4/HAsO_2})$，因此 I_2可以氧化 $HAsO_2$。

在 $\mathrm{HAsO_2+I_2+2H_2O=\!=\!=H_3AsO_4+2I^-+2H^+}$ 反应中，I_2/I^- 电对作正

视频 5.4

极，$H_3AsO_4/HAsO_2$ 电对作负极。

$$E = E(+) - E(-) = E^{\ominus}(I_2/I^-) - E(H_3AsO_4/HAsO_2)$$
$$= 0.5355 - 0.0864 = 0.4491(V) > 0$$

因为 $E > 0$，所以反应正向进行。

5.3 电极电势的应用

电极电势是电化学中很重要的物理量，可以用以比较氧化剂和还原剂的相对强弱，此外还可以用在计算原电池的电动势、判断氧化还原反应进行的方向和限度、计算反应的标准平衡常数等方面。

5.3.1 判断原电池的正、负极，计算原电池的电动势

在组成原电池的两个电极中，电极电势代数值较大的是原电池的正极，代数值较小的是原电池的负极。原电池的电动势等于正极的电极电势减去负极的电极电势：

$$E = E(+) - E(-)$$

求解步骤：

(1)根据 Nernst 方程式，分别计算两个电极的电极电势；

(2)电极电势大的电极为正极，电极电势小的为负极；

(3)计算原电池的电动势：$E = E(+) - E(-)$；

(4)写出电极反应，完成电池反应；

(5)写出原电池符号。

[例 5-11] 确定下列原电池的正负极，计算其 298K 时的电动势，写出电池反应与原电池符号。

$$Ni \mid Ni^{2+}(0.1 mol \cdot L^{-1}) \parallel Cu^{2+}(0.01 mol \cdot L^{-1}) \mid Cu$$

解 首先，根据能斯特方程式分别计算两电极的电极电势：

$$E(Ni^{2+}/Ni) = E^{\ominus}(Ni^{2+}/Ni) + \frac{0.0592}{2}\lg[Ni^{2+}]$$

$$= -0.257 + \frac{0.0592}{2}\lg 0.1 = -0.2866(V)$$

$$E(Cu^{2+}/Cu) = E^{\ominus}(Cu^{2+}/Cu) + \frac{0.0592}{2}\lg[Cu^{2+}]$$

$$= +0.3419 + \frac{0.0592}{2}\lg 0.01 = +0.2827(V)$$

因为电极电势大的作为正极，所以 Cu^{2+}/Cu 电对是正极，Ni^{2+}/Ni 电对为负极。

原电池的电动势为：

$$E = E(Cu^{2+}/Cu) - E(Ni^{2+}/Ni)$$
$$= 0.2827 - (-0.2866) = 0.5693(V)$$

原电池的电池反应：

$$(+)Cu^{2+} + 2e^- = Cu$$
$$(-)Ni = Ni^{2+} + 2e^-$$
$$Ni + Cu^{2+} = Ni^{2+} + Cu$$

原电池符号为：

$$(-)Ni \mid Ni^{2+}(0.1mol \cdot L^{-1}) \parallel Cu^{2+}(0.01mol \cdot L^{-1}) \mid Cu(+)$$

［例 5-12］ 确定下列原电池的正负极，计算其 298K 时的电动势，写出电池反应与原电池符号。

$$Zn \mid Zn^{2+}(0.001mol \cdot L^{-1}) \parallel Cr^{3+}(0.2mol \cdot L^{-1}) \mid Cr$$

解　首先，根据能斯特方程式分别计算两电极的电极电势：

$$E(Zn^{2+}/Zn) = E^{\ominus}(Zn^{2+}/Zn) + \frac{0.0592}{2}\lg[Zn^{2+}]$$
$$= -0.7618 + \frac{0.0592}{2}\lg 0.001 = -0.8506(V)$$

$$E(Cr^{3+}/Cr) = E^{\ominus}(Cr^{3+}/Cr) + \frac{0.0592}{3}\lg[Cr^{3+}]$$
$$= -0.7440 + \frac{0.0592}{3}\lg 0.2 = -0.7578(V)$$

因为电极电势大的作为正极，所以 Cr^{3+}/Cr 电对是正极，Zn^{2+}/Zn 电对作负极。

原电池的电动势为：

$$E = E(Cr^{3+}/Cr) - E(Zn^{2+}/Zn)$$
$$= -0.7578 - (-0.8506) = 0.0928(V)$$

原电池的电池反应：

$$(+)Cr^{3+} + 3e^- = Cr \qquad \times 2$$
$$(-)Zn = Zn^{2+} + 2e^- \qquad \times 3$$
$$3Zn + 2Cr^{3+} = 2Cr + 3Zn^{2+}$$

原电池符号为：

$$(-)Zn \mid Zn^{2+}(0.001mol \cdot L^{-1}) \parallel Cr^{3+}(0.2mol \cdot L^{-1}) \mid Cr(+)$$

［例 5-13］ 确定下列原电池的正负极，计算其 298K 时的电动势，写出电池反应与原电池符号。

$Cd|Cd^{2+}(0.5mol\cdot L^{-1})\|HAc(0.5mol\cdot L^{-1})|H_2(100kPa)|Pt$

解 首先，根据能斯特方程式分别计算两电极的电极电势：

$$E(Cd^{2+}/Cd)=E^{\ominus}(Cd^{2+}/Cd)+\frac{0.0592}{2}\lg[Cd^{2+}]$$

$$=-0.4030+\frac{0.0592}{2}\lg 0.5=-0.4119(V)$$

$$E(H^+/H_2)=E^{\ominus}(H^+/H_2)+\frac{0.0592}{2}\lg\frac{[H^+]^2}{\left(\frac{p_{H_2}}{p^{\ominus}}\right)}$$

$$=0.000+\frac{0.0592}{2}\lg\frac{(\sqrt{cK_a^{\ominus}})^2}{1}$$

$$=\frac{0.0592}{2}\lg(1.80\times10^{-5}\times0.5)=-0.1494(V)$$

因为电极电势大的作为正极，所以 H^+/H_2 电对是正极，Cd^{2+}/Cd 电对作负极。

原电池的电动势为：

$$E=E(H^+/H_2)-E(Cd^{2+}/Cd)$$
$$=-0.1494-(-0.4119)=0.2625(V)$$

原电池的电池反应：

$$(+)2H^+ + 2e^- = H_2$$
$$(-)Cd = Cd^{2+} + 2e^-$$
$$\overline{Cd+2H^+ = Cd^{2+}+H_2}$$

原电池符号为：

$(-)Cd|Cd^{2+}(0.5mol\cdot L^{-1})\|HAc(0.5mol\cdot L^{-1})|H_2(100kPa)|Pt(+)$

5.3.2 判断氧化还原反应的方向

根据电极电势代数值的相对大小，可以判断氧化还原反应进行的方向。

求解步骤：

(1)对 $aA+bB = yY+zZ$ 反应进行分析，确定正负极：

①氧化反应→阳极(－)；

②还原反应→阴极(＋)；

(2)分别根据 Nernst 方程，求 $E(+)$ 与 $E(-)$；

(3)$E=E(+)-E(-)$；

(4)$E>0$，反应正向进行；$E<0$，反应逆向进行。

[例 5-14] 已知 $E^{\ominus}(MnO_2/Mn^{2+})=+1.224V$；$E^{\ominus}(Cl_2/Cl^-)=$

$+1.359V$。当 $c(HCl)=10.0mol\cdot L^{-1}$，其他物质为标准态时，反应 $MnO_2+2Cl^-+4H^+ = Mn^{2+}+Cl_2+2H_2O$ 将会如何进行，试计算说明。

解 (1)对反应 $MnO_2+2Cl^-+4H^+ = Mn^{2+}+Cl_2+2H_2O$ 进行分析：

①氧化反应⟶阳极(－)

$$2Cl^- = Cl_2+2e^-$$

②还原反应⟶阴极(＋)

$$MnO_2+4H^++2e^- = Mn^{2+}+2H_2O$$

(2)求两个电极在 $c(HCl)=10.0mol\cdot L^{-1}$ 条件下的电极电势。

根据 $MnO_2+4H^++2e^- = Mn^{2+}+2H_2O$ 的 Nernst 方程式：

$$E_{(+)}=E(MnO_2/Mn^{2+})=E^{\ominus}(MnO_2/Mn^{2+})+\frac{0.0592}{2}\lg\frac{[MnO_2][H^+]^4}{[Mn^{2+}]}$$

$$E(MnO_2/Mn^{2+})=1.2240+\frac{0.0592}{2}\lg(10.0)^4$$

$$=1.3424(V)$$

$$E_{(-)}=E(Cl_2/Cl^-)=E^{\ominus}(Cl_2/Cl^-)+\frac{0.0592}{2}\lg\frac{p(Cl_2)/p^{\ominus}}{[Cl^-]^2}$$

$$E(Cl_2/Cl^-)=1.3590+\frac{0.0592}{2}\lg\frac{1}{(10.0)^2}$$

$$=1.2998(V)$$

(3) $E=E(+)-E(-)=E(MnO_2/Mn^{2+})-E(Cl_2/Cl^-)$

$$=1.3424-1.2998$$

$$=0.0426(V)>0$$

因为 $E>0$，所以反应正向进行。

上例说明，当电极反应有 H^+ 或 OH^- 参加时，溶液酸度的改变可能会影响氧化还原反应进行的方向，可以通过计算来加以判断。

5.3.3 判断氧化还原反应的次序

在化工生产过程中，有时要对一个多组分体系中的某一组分进行选择性的氧化(或还原)处理，这就要对体系中各组分有关电对的电极电势进行计算与比较，从而判断体系中氧化还原反应的次序。

判断氧化还原反应的次序原则：一般是电动势最大的两电对优先发生反应。

[例 5-15] 在含 $1mol\cdot L^{-1}$ Ni^{2+}，Cu^{2+} 的溶液中，加入还原剂 Zn 时，哪种离子先被还原？何时第二种离子再被还原？

解 可查得 $E^{\ominus}(Zn^{2+}/Zn)=-0.7618V$；$E^{\ominus}(Ni^{2+}/Ni)=-0.2570V$；

$E^{\ominus}(Cu^{2+}/Cu)=+0.3419V$

$$E^{\ominus}(Cu^{2+}/Cu)-E^{\ominus}(Zn^{2+}/Zn)=0.3419-(-0.7618)=1.1037(V)$$

$$E^{\ominus}(Ni^{2+}/Ni)-E^{\ominus}(Zn^{2+}/Zn)=-0.2570-(-0.7618)=0.5048(V)$$

因为电动势最大的两电对优先发生反应，所以 Cu^{2+} 优先被还原。

随着反应进行，Cu^{2+} 其浓度不断下降，$E(Cu^{2+}/Cu)$ 不断下降，当 $E(Cu^{2+}/Cu)=E^{\ominus}(Ni^{2+}/Ni)$ 时，Cu^{2+} 被还原的同时，Ni^{2+} 开始被还原。

$$E(Cu^{2+}/Cu)=E^{\ominus}(Cu^{2+}/Cu)+\frac{0.0592}{2}\lg[Cu^{2+}]=E^{\ominus}(Ni^{2+}/Ni)$$

这时，通过解上述方程：

$$0.3419+\frac{0.0592}{2}\lg[Cu^{2+}]=-0.2570$$

解得：$[Cu^{2+}]=5.85\times10^{-21}mol\cdot L^{-1}$

视频 5.5

可以看出，当 Ni^{2+} 开始被还原时，Cu^{2+} 实际上已被还原完全。

5.3.4 确定氧化还原反应的限度

从化学热力学可推导，对于任意一个氧化还原反应：

$$aA+bB=\!=\!=yY+zZ$$

其化学反应平衡常数 $K^{\ominus}$ 的大小可以通过以下公式求得：

$$\lg K^{\ominus}=\frac{n'E^{\ominus}}{0.0592}=\frac{n'\{E^{\ominus}(+)-E^{\ominus}(-)\}}{0.0592} \tag{5-6}$$

式中，n' 为上述氧化还原反应中的电子转移总数。即 n' 是氧化还原反应中两个电对的电子转移数 n_1 和 n_2 的最小公倍数。

因此，如果将一个氧化还原反应设计成一个原电池，就可以通过该原电池的标准电动势 $E^{\ominus}$ 计算氧化还原反应的标准平衡常数 $K^{\ominus}$，从而可推测该反应能够进行的限度。

应用上述公式时应注意，同一个氧化还原反应的计量方程式如果写法不同，反应中的电子转移总数 n' 就不同，其平衡常数也就不同。

[例 5-16] 已知 $E^{\ominus}(Cr_2O_7^{2-}/Cr^{3+})=+1.232V$；$E^{\ominus}(Fe^{3+}/Fe^{2+})=+0.771V$。求反应 $Cr_2O_7^{2-}+6Fe^{2+}+14H^+=\!=\!=2Cr^{3+}+6Fe^{3+}+7H_2O$ 在 298.15K 时的标准平衡常数为多少？

解 将上述氧化还原反应设计成一个原电池，则 $Cr_2O_7^{2-}/Cr^{3+}$ 电对作正极，$Cr_2O_7^{2-}$ 是氧化剂；Fe^{3+}/Fe^{2+} 电对作负极，Fe^{2+} 是还原剂。求解步骤如下：

①$E^{\ominus}=E^{\ominus}(+)-E^{\ominus}(-)=E^{\ominus}(Cr_2O_7^{2-}/Cr^{3+})-E^{\ominus}(Fe^{3+}/Fe^{2+})$

$$=1.232-0.771=0.461(V)$$

②$n'=6$

③$\lg K^{\ominus}=\dfrac{nE^{\ominus}}{0.0592}=\dfrac{6\times0.461}{0.0592}=46.72$

$K^{\ominus}=5.25\times10^{46}$

注意：求算标准平衡常数时，要用标准电动势进行计算。

［例 5-17］　计算反应：Ni (s) ＋ Sn^{2+} (aq) $\rightleftharpoons$ Ni^{2+} (aq) ＋ Sn (s) 在 298.15K 时的 $K^{\ominus}$。

解　查表得：$E^{\ominus}(Sn^{2+}/Sn)=-0.1375V$，$E^{\ominus}(Ni^{2+}/Ni)=-0.2570V$。

将上述氧化还原反应设计成一个原电池，根据反应，Sn^{2+}/Sn 电对为正极，Ni^{2+}/Ni 电对作负极。求解步骤如下：

①$\lg K^{\ominus}=\dfrac{n'\{E^{\ominus}(+)-E^{\ominus}(-)\}}{0.0592}$

②$n'=2$

③$\lg K^{\ominus}=\dfrac{2\times[-0.1375-(-0.2570)]}{0.0592}=4.04$

$K^{\ominus}=1.10\times10^{4}$

5.3.5　计算平衡常数 $K_{sp}^{\ominus}$ 和 pH 值

难溶电解质的溶度积常数 $K_{sp}^{\ominus}$ 以及弱酸或者弱碱的 $K_a^{\ominus}$(或 $K_b^{\ominus}$)等化学平衡常数以及溶液的 pH 值，都可以通过测定电动势的方法来计算得到。

(1)计算 $K_{sp}^{\ominus}$

通过设计原电池，利用测定原电池电动势的方法可以测定难溶电解质的溶度积常数 $K_{sp}^{\ominus}$，很多难溶电解质的 $K_{sp}^{\ominus}$ 就是用这一电化学方法测定的。

［例 5-18］　298K 时，测得下列电池的电动势为 0.7264V。

(－)Ag | AgBr (s) | Br^- ($1.0mol\cdot L^{-1}$) ‖ Ag^+ ($1.0mol\cdot L^{-1}$) | Ag (＋)，求 AgBr 的溶度积常数 $K_{sp}^{\ominus}$。

解　电极、电池反应为：

正极：$Ag^+ + e^- = Ag$

负极：$Ag + Br^- = AgBr + e^-$

电池反应：$Ag^+ + Br^- = AgBr$

$$K^{\ominus}=\frac{1}{K_{sp}^{\ominus}(AgBr)}$$

根据题意可知，该电池是标准电池，其标准电动势 $E^{\ominus}=0.7264V$

$$\lg K^{\ominus}=\frac{n'E^{\ominus}}{0.0592}=\frac{1\times0.7264}{0.0592}=12.27$$

$$K^{\ominus}=1.86\times10^{12}$$

$$K_{sp}^{\ominus}(AgBr)=5.37\times10^{-13}$$

(2)计算 pH 值及 $K_a^{\ominus}$(或 $K_b^{\ominus}$)

[例 5-19] 测得下述电池在 25℃的电动势为 $E=0.490V$，已知

$$E^{\ominus}(Hg_2Cl_2/Hg)=0.2680V$$

$$(-)Pt|H_2(100kPa)|H^+(0.010mol\cdot L^{-1}\ HX)\parallel KCl(1.0mol\cdot L^{-1})|Hg_2Cl_2(s)|Hg(+)$$

求：①溶液的 pH 值；

②$K_a^{\ominus}(HX)$。

解 ①溶液的 pH 值

因为 $E=E^{\ominus}(Hg_2Cl_2/Hg)-E(H^+/H_2)=0.490V$

$E^{\ominus}(Hg_2Cl_2/Hg)=0.2680V$

所以 $E(H^+/H_2)=-0.2220V$

又因为 $$E(H^+/H_2)=E^{\ominus}(H^+/H_2)+\frac{0.0592}{2}\lg\frac{[H^+]^2}{\dfrac{p^{eq}(H_2)}{p^{\ominus}}}$$

$$E(H^+/H_2)=\frac{0.0592}{2}\lg[H^+]^2=-0.2220(V)$$

解得：$[H^+]=1.78\times10^{-4}mol\cdot L^{-1}$，$pH=3.75$

②$K_a^{\ominus}(HX)$

根据 HX 的解离平衡：

$$K_a^{\ominus}(HX)=\frac{[H^+][X^-]}{[HX]}$$

$$=\frac{(1.78\times10^{-4})^2}{0.010-1.78\times10^{-4}}$$

视频 5.6

则： $K_a^{\ominus}(HX)=3.23\times10^{-6}$

5.3.6 元素电势图

(1)元素电势图的基本概念

很多元素有多种氧化态，可以组成不同的氧化还原电对。为了表示同一元素不同氧化态物质的氧化还原能力以及它们之间的相互关系，拉提莫尔(W. M. Latimer)将同一元素的不同氧化态物质按照氧化数高低的顺序进行排列，并用连线在两种氧化态物质之间标出相应电对的标准电极电势，从而得到元素标准电极电势图，简称元素电势图。

元素电势图就是元素各种氧化值物质之间标准电极电势变化的关系图。

例如：溴的元素电势图表示为：

在酸性介质中：

$$E_A^{\ominus}/V \quad BrO_3^- \underset{+1.44}{\overset{\overset{\displaystyle +1.52}{+1.49}}{\rule{0pt}{0pt}}} HBrO \underset{+1.33}{\overset{+1.59}{\rule{0pt}{0pt}}} Br_2 \overset{+1.087}{\rule{0pt}{0pt}} Br^-$$

在碱性介质中：

$$E_B^{\ominus}/V \quad BrO_3^- \underset{+0.62}{\overset{\overset{\displaystyle +0.52}{+0.54}}{\rule{0pt}{0pt}}} BrO^- \underset{+1.33}{\overset{+0.45}{\rule{0pt}{0pt}}} Br_2 \overset{+1.09}{\rule{0pt}{0pt}} Br^-$$

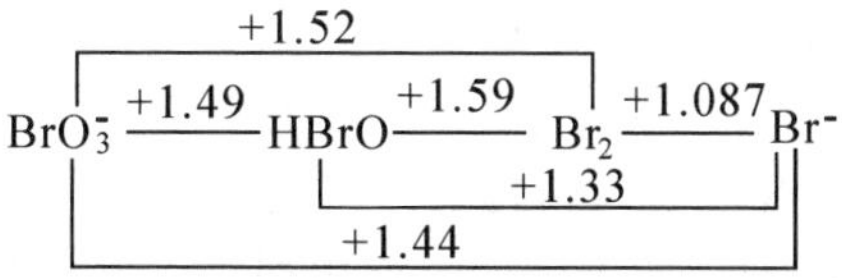

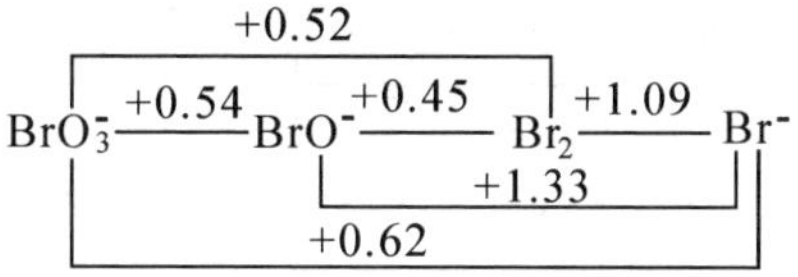

根据元素电势图可清楚地看出元素不同氧化值物质之间氧化还原能力的相对大小。

（2）元素电势图的应用

①判断不同氧化态时的性质，判断是否发生歧化反应。

规律：对于元素电势图

$$M^{2+} \xrightarrow{E_{左}^{\ominus}} M^+ \xrightarrow{E_{右}^{\ominus}} M$$

若 $E_{右}^{\ominus} > E_{左}^{\ominus}$ 时，处于中间氧化值的物质 M^+ 就会发生歧化：

$$2M^+ = M^{2+} + M$$

例如，氧的元素电势图为：

$$O_2 \underset{+1.229}{\overset{+0.69}{\rule{0pt}{0pt}}} H_2O_2 \overset{+1.776}{\rule{0pt}{0pt}} H_2O$$

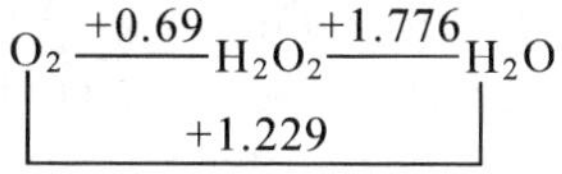

因为 $E^{\ominus}(H_2O_2/H_2O) > E^{\ominus}(O_2/H_2O_2)$

所以 H_2O_2 会发生歧化反应：$2H_2O_2 = O_2 + 2H_2O$

若 $E_{右}^{\ominus} < E_{左}^{\ominus}$ 时，处于中间氧化值的物质 M^+ 就不发生歧化，而是发生反歧化：

$$M^{2+} + M = 2M^+$$

例如，汞的元素电势图为：

$$Hg^{2+} \xrightarrow{+0.920} Hg_2^{2+} \xrightarrow{+0.7973} Hg$$

因为 $E^{\ominus}(Hg_2^{2+}/Hg) < E^{\ominus}(Hg^{2+}/Hg_2^{2+})$

所以发生反歧化反应：$Hg^{2+} + Hg = Hg_2^{2+}$

②计算未知电对的电极电势。

某元素的元素电势图为：

$$\mathrm{A}\xrightarrow[n_1]{E_1^{\ominus}}\mathrm{B}\xrightarrow[n_2]{E_2^{\ominus}}\mathrm{C}\xrightarrow[n_3]{E_3^{\ominus}}\mathrm{D}$$

$$(n)\quad E_x^{\ominus}$$

可以推导出：

$$n\,E_x^{\ominus}=n_1\,E_1^{\ominus}+n_2\,E_2^{\ominus}+n_3\,E_3^{\ominus} \tag{5-7}$$

式中，n_1，n_2，n_3，n 分别代表各电对内转移的电子数，$n=n_1+n_2+n_3$。

［例 5-20］ 请根据下列酸性介质中铜的元素电势图，求 $E^{\ominus}(Cu^{2+}/Cu)$。

$$Cu^{2+}\xrightarrow{+0.1530}Cu^{+}\xrightarrow{+0.5210}Cu$$

$$E^{\ominus}(Cu^{2+}/Cu)$$

解 因为 $nE^{\ominus}(Cu^{2+}/Cu)=n_1E^{\ominus}(Cu^{2+}/Cu^{+})+n_2E^{\ominus}(Cu^{+}/Cu)$

所以 $E^{\ominus}(Cu^{2+}/Cu)=\dfrac{(0.1530\times1)+(0.5210\times1)}{2}=0.3370(\mathrm{V})$

③了解元素的氧化还原特性。

例如，根据铁在酸性介质中的元素电势图与氧的元素电势图：

$$Fe^{3+}\xrightarrow{+0.771}Fe^{2+}\xrightarrow{-0.447}Fe$$

$$-0.037$$

$$O_2\xrightarrow{+0.69}H_2O_2\xrightarrow{+1.776}H_2O$$

$$+1.229$$

在酸性介质中，可以预测铁的一些氧化还原特性：

a. 因为 $E^{\ominus}(H^{+}/H_2)=0$，$E^{\ominus}(Fe^{2+}/Fe)<0$，而 $E^{\ominus}(Fe^{3+}/Fe^{2+})>0$，所以在盐酸等非氧化性酸中，Fe 被氧化为 Fe^{2+}。

$$Fe+2H^{+}=\!=\!=Fe^{2+}+H_2\uparrow$$

b. 因为 $E^{\ominus}(O_2/H_2O)=1.229\mathrm{V}>E^{\ominus}(Fe^{3+}/Fe^{2+})=0.771\mathrm{V}$，所以在酸性介质中，$Fe^{2+}$ 不稳定，易被 O_2 氧化。

$$4Fe^{2+}+O_2+4H^{+}=\!=\!=4Fe^{3+}+2H_2O$$

c. Fe^{2+} 不会发生歧化，而可以发生反歧化反应，如加入铁钉可保护 Fe^{2+} 溶液。

$$Fe+2Fe^{3+}=\!=\!=3Fe^{2+}$$

［例 5-21］ 碘与氧在酸性介质中的元素电势图分别如下：

$$IO_3^{-}\xrightarrow{+1.14}HIO\xrightarrow{+1.45}I_2\xrightarrow{+0.53}I^{-}$$

$$+1.20$$

$$O_2\xrightarrow{+0.69}H_2O_2\xrightarrow{+1.776}H_2O$$

$$+1.229$$

问在酸性介质中，标准态下 IO_3^- 与 H_2O_2 能否发生反应，结果如何？

解　从元素电势图看出：$E^{\ominus}(O_2/H_2O_2)=0.69V$，$E^{\ominus}(IO_3^-/I_2)=1.20V$。因此，标准态下，$IO_3^-$ 与 H_2O_2 会发生反应：

$$2HIO_3+5H_2O_2 = I_2+5O_2+6H_2O$$

但是，$E^{\ominus}(H_2O_2/H_2O)=1.776V>E^{\ominus}(IO_3^-/I_2)$，故接着会发生以下反应：

$$5H_2O_2+I_2 = 2HIO_3+4H_2O$$

上述两个反应，循环进行，最终结果为：

$$\begin{array}{rl} & 2HIO_3+5H_2O_2 = I_2+5O_2+6H_2O \\ +) & 5H_2O_2+I_2 = 2HIO_3+4H_2O \\ \hline & 10H_2O_2 = 5O_2+10H_2O \end{array}$$

视频 5.7

即　$$2H_2O_2 = O_2+2H_2O$$

5.4　氧化还原反应速率

在氧化还原反应中，通过计算氧化还原电对的电极电势，可以判断反应进行的方向、次序与限度，但是这属于化学热力学范畴，只能说明氧化还原反应进行的可能性，并不能说明反应进行的速率，也就是不能说明现实性。实际上，氧化还原反应的机理比较复杂，有些反应从理论上看是可以进行的，但实际上反应进行很慢，因而不具备现实性。

因此，对于氧化还原反应，不仅要判断反应的可能性，还要从反应速率来考虑反应的现实性。

(1)影响氧化还原反应速率的因素

①电子转移。由于在氧化还原反应中有电子的转移，而电子的转移往往会遇到各种阻力。例如，溶液中溶剂分子会产生阻力，离子之间的静电作用力亦会带来阻力。

②价态变化。氧化还原反应中由于价态的变化，也伴随结构、化学键、电子层结构产生变化。例如，$Cr_2O_7^{2-}$ 被还原为 Cr^{3+}、MnO_4^- 被还原为 Mn^{2+} 时，离子的结构都发生了很大的改变，在这个过程中会产生阻力。这可能是导致氧化还原反应速率缓慢的主要原因。

③历程复杂，分步完成。

例如：$Cr_2O_7^{2-}+6Fe^{2+}+14H^+ = 2Cr^{3+}+6Fe^{3+}+7H_2O$

一般认为分三步进行：

Cr(Ⅵ)+Fe(Ⅱ)=Cr(Ⅴ)+Fe(Ⅲ)

Cr(Ⅴ)+Fe(Ⅱ)=Cr(Ⅳ)+Fe(Ⅲ)

Cr(Ⅳ)+Fe(Ⅱ)══Cr(Ⅲ)+Fe(Ⅲ)

由于氧化还原反应历程复杂，分步完成，也可能导致氧化还原反应速率变慢。

(2)催化剂与自动催化反应

有的氧化还原反应不需外加催化剂，反应自身的产物就能促进反应的进行，这种反应被称为自动催化反应。

例如：$2MnO_4^- + 5C_2O_4^{2-} + 16H^+ \longrightarrow 2Mn^{2+} + 10CO_2 + 8H_2O$

在上述反应中，Mn^{2+} 的存在能催化该反应迅速进行。由于 Mn^{2+} 是反应的产物，所以这种反应称为自动催化反应(self-catalyzed reaction)。

此反应在刚开始时，由于溶液中 Mn^{2+} 含量极少，所以反应进行得很慢。但一旦反应开始后溶液中生成了 Mn^{2+}，反应就能迅速进行。

(3)诱导反应

由于一种氧化还原反应的发生而促进另一种氧化还原反应进行的现象，称为诱导作用。

例如：$MnO_4^- + 5Fe^{2+} + 8H^+ \longrightarrow Mn^{2+} + 5Fe^{3+} + 4H_2O$

如果该反应在盐酸中进行，还会发生如下反应：

$$2MnO_4^- + 10Cl^- + 16H^+ \longrightarrow 2Mn^{2+} + 5Cl_2 + 8H_2O$$

上面两个反应的后一个反应称为诱导反应或共轭反应。这种在一般情况下自身进行很慢，由于另一个反应的发生而使它加速进行的反应，称为诱导反应(induced reaction)。

本例中 $KMnO_4$ 氧化 Fe^{2+} 诱导了 Cl^- 的氧化。其中 MnO_4^- 称为作用体，Fe^{2+} 称为诱导体，Cl^- 称为受诱体。

在滴定分析中，应设法防止诱导反应的发生。

5.5 氧化还原滴定法

以氧化还原反应为基础的滴定分析法称为氧化还原滴定法，该法应用十分广泛，可以用来直接或间接地测定无机物和有机物。主要有高锰酸钾法、重铬酸钾法与碘量法。

5.5.1 对滴定反应的要求与被测组分的预处理

(1)对滴定反应的要求

对滴定反应：$n_2Ox_1 + n_1Red_2 \longrightarrow n_2Red_1 + n_1Ox_2$

根据滴定分析对反应限度的要求：

终点最多允许 Red_2 残留 0.1%，或 Ox_1 过量 0.1%

当 $n_1=n_2=n'=1$ 时：

因为 $\lg K^\ominus=\lg\dfrac{[Red_1][Ox_2]}{[Ox_1][Red_2]}=\dfrac{n'E^\ominus}{0.0592}$

所以 $\lg K^\ominus=\lg(10^3\times10^3)=E^\ominus/0.0592$

可得：$E^\ominus=0.36V$

因此，一般只有当两电对的 $E\geqslant0.40V$，这样的氧化还原反应才能用于滴定分析。

(2)对被测组分的预处理

在氧化还原滴定法中，大多数是用氧化剂滴定还原剂，所以如果被测组分是氧化剂，则需要先将被测组分转变为还原态。预还原剂应具备以下要求：

①应将被测组分定量还原。

②具有较高的选择性。

③过量的预还原剂易于除去。

5.5.2　氧化还原滴定曲线

在氧化还原滴定中，随着标准溶液的加入，溶液的电极电势会不断发生变化，在化学计量点附近电极电势有突跃。

例如，以 $0.1000mol\cdot L^{-1}$ Ce^{4+} 溶液滴定 $0.1000mol\cdot L^{-1}$ Fe^{2+} 溶液(在 $1mol\cdot L^{-1}$ H_2SO_4 溶液中)。

滴定反应为：$Ce^{4+}+Fe^{2+}=\!=\!=Ce^{3+}+Fe^{3+}$

查得两电对的条件电极电势为：$E^{\ominus\prime}(Ce^{4+}/Ce^{3+})=1.44V$，
$E^{\ominus\prime}(Fe^{3+}/Fe^{2+})=0.68V$。

滴定曲线计算如下：

(1)滴定开始至化学计量点

①滴定未开始时，溶液中只有 Fe^{2+}，而$[Fe^{3+}]/[Fe^{2+}]$未知，因此无法利用能斯特方程式进行计算。

②滴定开始后，溶液中存在两个电对。两个电对的电极电势分别为：

$$E(Fe^{3+}/Fe^{2+})=E^{\ominus\prime}(Fe^{3+}/Fe^{2+})+0.0592\lg\{c(Fe^{3+})/c(Fe^{2+})\} \quad (5\text{-}8)$$

$$E(Ce^{4+}/Ce^{3+})=E^{\ominus\prime}(Ce^{4+}/Ce^{3+})+0.0592\lg\{c(Ce^{4+})/c(Ce^{3+})\} \quad (5\text{-}9)$$

随着滴定剂的加入，两个电对的电极电势不断变化但保持相等，因此溶液中各平衡点的电势可选便于计算的任一电对进行计算。

$$E(溶液)=E(Ce^{4+}/Ce^{3+})=E(Fe^{3+}/Fe^{2+}) \quad (5\text{-}10)$$

在化学计量点前溶液中有剩余的 Fe^{2+}，可采用 Nernst 关系式，计算

Fe^{3+}/Fe^{2+}电对的电势变化。

$$E(Fe^{3+}/Fe^{2+})=E^{\ominus'}(Fe^{3+}/Fe^{2+})+0.0592\lg\{c(Fe^{3+})/c(Fe^{2+})\} \quad (5\text{-}11)$$

(2)化学计量点

当滴定到达化学计量点时，$c(Ce^{4+})$和$c(Fe^{2+})$很小，但是相等；因此反应达到化学计量点时两电对的电势相等。

令化学计量点时的电势为E_{sp}，则：

$$E_{sp}=E(Ce^{4+}/Ce^{3+})=E(Fe^{3+}/Fe^{2+}) \quad (5\text{-}12)$$

化学计量点时，加入Ce^{4+}的物质的量与Fe^{2+}的物质的量相等，则：

$$c(Ce^{4+})=c(Fe^{2+}),\ c(Ce^{3+})=c(Fe^{3+})$$

$$E_{sp}=E^{\ominus'}(Ce^{4+}/Ce^{3+})+0.0592\lg\{c(Ce^{4+})/c(Ce^{3+})\} \quad (5\text{-}13)$$

$$E_{sp}=E^{\ominus'}(Fe^{3+}/Fe^{2+})+0.0592\lg\{c(Fe^{3+})/c(Fe^{2+})\} \quad (5\text{-}14)$$

令$E_1^{\ominus'}=E^{\ominus'}(Ce^{4+}/Ce^{3+})$，$E_2^{\ominus'}=E^{\ominus'}(Fe^{3+}/Fe^{2+})$

得

$$E_{sp}=\frac{n_1E_1^{\ominus'}+n_2E_2^{\ominus'}}{n_1+n_2} \quad (5\text{-}15)$$

上式是化学计量点电势的计算式，适用于电对的氧化态和还原态的系数相等时使用。

对于本例，化学计量点时的电势$E_{sp}=\frac{1.44+0.68}{2}=1.06(V)$

(3)化学计量点后

在化学计量点后溶液中有过量的Ce^{4+}，可采用Nernst关系式，计算Ce^{4+}/Ce^{3+}电对的电势变化。

$$E(Ce^{4+}/Ce^{3+})=E^{\ominus'}(Ce^{4+}/Ce^{3+})+0.0592\lg\{c(Ce^{4+})/c(Ce^{3+})\} \quad (5\text{-}16)$$

(4)电势突跃范围

根据滴定分析误差要求小于±0.1%，因此可以从能斯特方程式计算，被滴物质剩余0.1%时至滴定剂过量0.1%时相应的电势。

对于本例，当Fe^{2+}剩余0.1%时：

$$E(\text{溶液})=0.68+0.0592\lg(99.9/0.1)=0.86(V)$$

当Ce^{4+}过量0.1%时：

$$E(\text{溶液})=1.44+0.0592\lg(0.1/100)=1.26(V)$$

从计算结果可以看出，以Ce^{4+}滴定Fe^{2+}的电势突跃范围为0.86～1.26V，该滴定反应的电势突跃十分明显。

电势突跃的大小和氧化剂、还原剂两电对条件电极电势的差值有关。条件电极电势的差值越大，突跃就越大。其滴定曲线见图5-6。

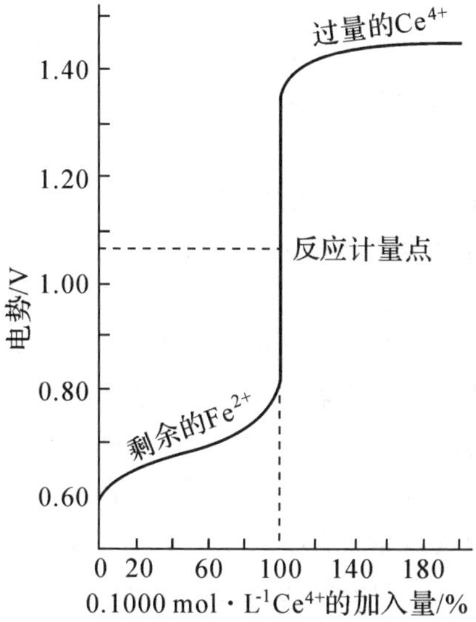

图 5-6　0.1000mol · L^{-1} Ce^{4+} 溶液滴定 0.1000mol · L^{-1} Fe^{2+} 溶液的滴定曲线

5.5.3　氧化还原滴定指示剂的分类及选择

在氧化还原滴定中，可利用指示剂在化学计量点附近颜色的变化来指示终点的到达。常用的指示剂有以下几种。

(1)自身指示剂

有些滴定剂或被测组分本身有颜色，而产物无色或颜色很浅，这时可利用反应自身颜色的改变确定终点，在滴定时就不需要另加指示剂，本身的颜色变化就能起指示剂的作用，这种在滴定中起指示作用的物质就称为自身指示剂。

例如，在高锰酸钾法中，就采用自身指示剂。因为 MnO_4^- 本身显紫红色，而还原产物 Mn^{2+} 几乎无色，因此在用 $KMnO_4$ 滴定待测定物质(无色或者颜色很浅)时，可以不用指示剂。在化学计量点后，过量 MnO_4^- 的浓度为 2×10^{-6} mol · L^{-1} 时溶液即变为粉红色。

(2)专属指示剂

有些物质本身不具有氧化还原性质，但是能与滴定剂或被测物质产生特殊的颜色，从而指示滴定终点。这种物质称为专属指示剂。

例如，在碘量法中就采用专属指示剂。因为可溶性淀粉与 I_2 能形成深蓝色吸附化合物，显色反应灵敏，通过蓝色的出现与消失可以指示滴定终点。因此，在采用 $Na_2S_2O_3$ 为滴定剂滴定 I_2 时就用可溶性淀粉作为指示剂。

(3)氧化还原指示剂

本身具有氧化还原性质的有机化合物，由于其氧化态与还原态具有不同颜色，因此在滴定过程中，能因氧化还原作用而发生颜色的变化，这类物质称为氧化还原指示剂。

例如，在重铬酸钾法中就采用氧化还原指示剂。

若用 In_{ox} 和 In_{Red} 分别表示指示剂的氧化态和还原态，指示剂电对的电极反应为：

$$In_{Ox} + ne^- \rightleftharpoons In_{Red}$$

如：二苯胺磺酸钠　　　红紫色　　　无色

以 $K_2Cr_2O_7$ 溶液滴定 Fe^{2+} 时，采用二苯胺磺酸钠作为指示剂为例，当用 $K_2Cr_2O_7$ 溶液滴定 Fe^{2+} 到化学计量点时，稍过量的 $K_2Cr_2O_7$ 即将二苯胺磺酸钠从无色的还原态氧化为红紫色的氧化态，从而指示终点的到达。

在滴定过程中，指示剂的电势变化可以用 Nernst 方程表示：

$$E(In_{Ox}/In_{Red}) = E^{\ominus}(In_{Ox}/In_{Red}) + \frac{0.0592}{n}\lg\frac{[In_{Ox}]}{[In_{Red}]} \quad (5\text{-}17)$$

当溶液中氧化还原电对的电势改变时，指示剂的氧化态和还原态的浓度比 $[In_{Ox}]/[In_{Red}]$ 也会随之发生改变，从而使溶液的颜色发生变化。

当 $[In_{Ox}]/[In_{Red}] \geqslant 10$ 时，溶液呈现氧化态的颜色：

$$E(In_{Ox}/In_{Red}) \geqslant E^{\ominus}(In_{Ox}/In_{Red}) + \frac{0.0592}{n} \quad (5\text{-}18)$$

当 $[In_{Ox}]/[In_{Red}] \leqslant \frac{1}{10}$ 时，溶液呈现还原态的颜色：

$$E(In_{Ox}/In_{Red}) \leqslant E^{\ominus}(In_{Ox}/In_{Red}) - \frac{0.0592}{n} \quad (5\text{-}19)$$

故这类指示剂变色的电势范围为：

$$E(In_{Ox}/In_{Red}) = E^{\ominus}(In_{Ox}/In_{Red}) \pm \frac{0.0592}{n}(V) \quad (5\text{-}20)$$

若采用条件电极电势，则为：

$$E(In_{Ox}/In_{Red}) = E^{\ominus\prime}(In_{Ox}/In_{Red}) \pm \frac{0.0592}{n}(V) \quad (5\text{-}21)$$

表 5-1 列出了一些重要氧化还原指示剂的 $E^{\ominus\prime}(In_{Ox}/In_{Red})$ 及颜色变化。

氧化性还原指示剂选择原则：

在选择指示剂时，应使指示剂 $E^{\ominus\prime}(In_{Ox}/In_{Red})$ 尽可能接近反应的化学计量点 E_{sp} 或在电势突跃范围内，以减小终点误差。

例如：以 Ce^{4+} 滴定 Fe^{2+}，$E_{sp}=1.06V$；电势突跃为 0.86～1.26V。一般选

邻-二氮杂菲-亚铁，其 $E^{\ominus\prime}(In_{Ox}/In_{Red})=1.06V$。

表 5-1　一些重要氧化还原指示剂的 $E^{\ominus\prime}(In_{Ox}/In_{Red})$ 及颜色变化

氧化还原指示剂	$[H^+]=1mol\cdot L^{-1}$ $E^{\ominus\prime}(In_{Ox}/In_{Red})/V$	颜色变化	
		氧化态	还原态
中性红	0.24	红	无色
亚甲基蓝	0.36	蓝	无色
二苯胺	0.76	紫	无色
二苯胺磺酸钠	0.84	红紫	无色
邻-苯氨基苯甲酸	0.89	红紫	无色
邻-二氮杂菲-亚铁	1.06	浅蓝	红色
硝基-邻-二氮杂菲-亚铁	1.25	浅蓝	紫红

视频 5.8

5.6　氧化还原滴定法的应用

根据所采用的滴定剂的不同，可以将氧化还原滴定法分为多种，习惯上以所用氧化剂的名称加以命名，主要有高锰酸钾法、重铬酸钾法、碘量法等。

5.6.1　高锰酸钾法

(1)高锰酸钾法原理

以 $KMnO_4$ 为滴定剂的氧化还原滴定法，称为高锰酸钾法。

在强酸性溶液中，MnO_4^- 还原为 Mn^{2+}：

$MnO_4^-+8H^++5e^-\!=\!=\!=Mn^{2+}+4H_2O$，$E^{\ominus}(MnO_4^-/Mn^{2+})=1.507V$

在中性或碱性溶液中，MnO_4^- 还原为 MnO_2：

$MnO_4^-+2H_2O+3e^-\!=\!=\!=MnO_2+4OH^-$，$E^{\ominus}(MnO_4^-/MnO_2)=0.595V$

在强碱性溶液中，MnO_4^- 还原为 MnO_4^{2-}：

$MnO_4^-+e^-\!=\!=\!=MnO_4^{2-}$，$E^{\ominus}(MnO_4^-/MnO_4^{2-})=0.558V$

由于高锰酸钾在强酸性溶液中具有强氧化性，所以高锰酸钾法一般在强酸性溶液中进行，采用自身指示剂。

(2)高锰酸钾法的滴定方式

运用高锰酸钾法进行测定时，根据待测物质的性质，可以采用不同的方法。

①直接滴定法。如果待测物质是还原性物质，可以用 $KMnO_4$ 作氧化剂，直接进行滴定。如 H_2O_2、Fe^{2+}、草酸盐等还原性物质。

②返滴定法。如果待测物质是氧化性物质，如 MnO_2，PbO_2，Pb_3O_4，$K_2Cr_2O_7$，$KClO_3$ 等，可以采用返滴定法。

具体测定过程如下：在待测物质中加入一定量过量 $Na_2C_2O_4$，使之作用完全，剩余 $C_2O_4^{2-}$ 以 $KMnO_4$ 标准溶液滴定。

滴定反应为：$2MnO_4^- + 5C_2O_4^{2-} + 16H^+ \xlongequal{} 2Mn^{2+} + 10CO_2 + 8H_2O$

例如，测定 MnO_2 时，可以加入一定量过量的 $Na_2C_2O_4$，待 MnO_2 与 $C_2O_4^{2-}$ 完全作用后，用 $KMnO_4$ 标准溶液返滴定剩余的 $C_2O_4^{2-}$，从而求得 MnO_2 的含量。

③间接滴定法。测定某些非氧化还原性质的物质，如 Ba^{2+}、Ca^{2+} 等。虽然这些物质不具有氧化还原性，但能与其他物质(比如 $Na_2C_2O_4$)发生定量反应，也可以用高锰酸钾法进行间接测定。

例如，用高锰酸钾法间接测定 Ca^{2+}。具体实验过程示意如下：

Ca^{2+}→CaC_2O_4→过滤、洗涤→稀 H_2SO_4→$H_2C_2O_4$→用 $KMnO_4$ 标准溶液滴定溶液中剩余的 $C_2O_4^{2-}$→求得 Ca^{2+} 的含量。

显然，凡是能与 $C_2O_4^{2-}$ 定量沉淀为草酸盐的金属离子(如 Sr^{2+}，Ba^{2+}，Ni^{2+}，Cd^{2+}，Zn^{2+}，Cu^{2+}，Pb^{2+}，Hg^{2+}，Ag^+，Bi^{3+}，Ce^{3+} 等)，都能采用 $KMnO_4$ 间接测定法进行测定。

(3)高锰酸钾法的测定条件

$KMnO_4$ 试剂中常含少量杂质，其标准溶液不够稳定，需要进行标定。

$KMnO_4$ 溶液的浓度可用 $H_2C_2O_4 \cdot 2H_2O$，$FeSO_4 \cdot (NH_4)_2SO_4 \cdot 6H_2O$，$Na_2C_2O_4$ 等还原剂作基准物来标定。其中草酸钠不含结晶水，容易提纯，因此通常用草酸钠为基准物标定高锰酸钾浓度。

在 H_2SO_4 溶液中，标定反应为：

$$2MnO_4^- + 5C_2O_4^{2-} + 16H^+ \xlongequal{} 2Mn^{2+} + 10CO_2 + 8H_2O$$

标定反应的滴定条件如下：

①溶液的酸度。酸度过高，易导致 $H_2C_2O_4$ 分解；酸度过低，则容易生成 MnO_2。因此，滴定时溶液的酸度需要控制在 $0.5 \sim 1.0 mol \cdot L^{-1}$。

②溶液的温度。温度较低，$T<60℃$时反应进行缓慢，但是当$T>90℃$，对 $H_2C_2O_4$ 的滴定会导致 $H_2C_2O_4$ 分解：$H_2C_2O_4 = CO_2 + CO + H_2O$。因此，温度一般控制在 75～85℃。

③滴定速度。标定反应是靠 Mn^{2+} 的自动催化作用。滴定开始时，溶液中没有 Mn^{2+}，加入的 $KMnO_4$ 溶液褪色很慢，所以开始滴定要慢一些。等反应生成 Mn^{2+}，反应速率逐渐加快之后，滴定速度就可以稍快些，但不能太快，否则部分加入的 $KMnO_4$ 溶液来不及与 $C_2O_4^{2-}$ 反应，就会因发生下列副反应而分解：

$$4MnO_4^- + 12H^+ = 4Mn^{2+} + 5O_2 + 6H_2O$$

$$2MnO_4^- + 3Mn^{2+} + 2H_2O = 5MnO_2 + 4H^+$$

所以，滴定速度应该是：慢、快、慢。

[例 5-22]　以 $KMnO_4$ 法测矿样中 CaO，称试样 0.4000g，以酸分解后加 $(NH_4)_2C_2O_4$，得 CaC_2O_4 沉淀，过滤洗涤后溶于 H_2SO_4 中，用 $0.1000mol\cdot L^{-1}$ $KMnO_4$ 溶液滴定所得 $H_2C_2O_4$，用去 20.00mL。求 CaO 的质量分数。

解　$\omega(CaO) = \dfrac{m(CaO)}{m_s}$

$m(CaO) = (nM)_{CaO}$

因为$Ca^{2+} + C_2O_4^{2-} = CaC_2O_4$

$CaC_2O_4 + H_2SO_4 = Ca^{2+} + H_2C_2O_4 + SO_4^{2-}$

滴定反应：$2MnO_4^- + 5C_2O_4^{2-} + 16H^+ = 2Mn^{2+} + 10CO_2 + 8H_2O$

所以$1mol\ CaO \Leftrightarrow 1mol\ Ca^{2+} \Leftrightarrow 1mol\ C_2O_4^{2-}$

$5mol\ C_2O_4^{2-} \Leftrightarrow 2mol\ MnO_4^-$

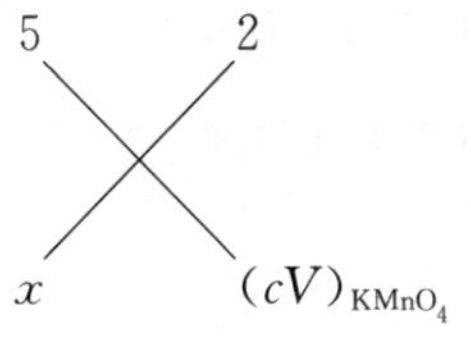

$$\omega(CaO) = \frac{\frac{5}{2} \times c(MnO_4^-)V(MnO_4^-) \times M(CaO)}{m_s \times 1000}$$

$$= \frac{\frac{5}{2} \times 0.1000 \times 20.00 \times 56.08}{0.4000 \times 1000} \times 100\% = 70.10\%$$

[例 5-23] 用高锰酸钾法测定试样中Mn_3O_4含量。称取含Mn_3O_4试样0.5632g，经溶解处理，使全部锰转化为Mn^{2+}形式，在有焦磷酸钠存在下，用0.02812mol·L^{-1} $KMnO_4$标准溶液滴定，终点时消耗$KMnO_4$ 26.50mL。求试样中Mn_3O_4含量。

解 滴定反应如下：

$$MnO_4^- + 4Mn^{2+} + 8H^+ = 5Mn^{3+} + 4H_2O$$

$$n(Mn^{2+}) = 4n(MnO_4^-) = 4c(MnO_4^-)V(MnO_4^-)$$

$$= 4 \times 0.02812 \times 26.50 \times 10^{-3} = 2.981 \times 10^{-3}(\text{mol})$$

根据题意，1mol $Mn_3O_4 \Leftrightarrow$ 3mol Mn^{2+}

$$n(Mn_3O_4) = \frac{1}{3}n(Mn^{2+}) = \frac{1}{3} \times 2.981 \times 10^{-3} = 9.937 \times 10^{-4}(\text{mol})$$

所以

$$\omega(Mn_3O_4) = \frac{n(Mn_3O_4) \times M(Mn_3O_4)}{m_s} \times 100\%$$

$$= \frac{9.937 \times 10^{-4} \times 228.8}{0.5632} \times 100\% = 40.37\%$$

[例 5-24] 用$KMnO_4$法测定硅酸盐样品中Ca^{2+}的含量。称取试样0.5873g，在一定条件下，将钙沉淀为CaC_2O_4，过滤、洗涤沉淀，将洗净的CaC_2O_4溶解于稀H_2SO_4中，用0.05033mol·L^{-1}的$KMnO_4$标准溶液滴定，消耗26.14mL，计算硅酸盐中Ca的质量分数。

解 根据题意：

$$CaC_2O_4 + H_2SO_4(\text{稀}) = H_2C_2O_4 + CaSO_4$$

滴定反应：$2MnO_4^- + 5C_2O_4^{2-} + 16H^+ = 2Mn^{2+} + 10CO_2 + 8H_2O$

$$1\text{mol } Ca^{2+} \Leftrightarrow 1\text{mol } C_2O_4^{2-}$$

$$5\text{mol } C_2O_4^{2-} \Leftrightarrow 2\text{mol } MnO_4^-$$

$$n(Ca^{2+}) = \frac{5}{2}c(MnO_4^-)V(MnO_4^-)$$

$$\omega(Ca^{2+}) = \frac{n(Ca^{2+}) \times M(Ca)}{m_s} \times 100\%$$

$$= \frac{\frac{5}{2} \times c(MnO_4^-)V(MnO_4^-) \times M(Ca)}{m_s} \times 100\%$$

视频 5.9

$$= \frac{\frac{5}{2} \times 0.05033 \times 26.14 \times 10^{-3} \times 40.08}{0.5873} \times 100\% = 22.45\%$$

5.6.2 重铬酸钾法

(1)重铬酸钾法原理

在酸性条件下，$K_2Cr_2O_7$ 与还原剂作用被还原为 Cr^{3+}：

$Cr_2O_7^{2-}+14H^{+}+6e^{-}═══2Cr^{3+}+7H_2O$，$E^{\ominus}(Cr_2O_7^{2-}/Cr^{3+})=1.232V$；
可见 $K_2Cr_2O_7$ 是一种较强的氧化剂，能与许多无机物和有机物反应。如：

$6Fe^{2+}+Cr_2O_7^{2-}+14H^{+}═══6Fe^{3+}+2Cr^{3+}+7H_2O$

采用二苯胺磺酸钠作指示剂。

重铬酸钾法主要特点：

①$K_2Cr_2O_7$ 易提纯，可以直接配制成标准溶液；

②$K_2Cr_2O_7$ 相当稳定；

③不受 Cl^- 还原作用的影响，可在 HCl 溶液中滴定；

④指示剂采用氧化还原指示剂。

(2)重铬酸钾法的滴定方式

①直接法。可以用 $K_2Cr_2O_7$ 标准溶液直接滴定待测物质。如：

$$6Fe^{2+}+Cr_2O_7^{2-}+14H^{+}═══6Fe^{3+}+2Cr^{3+}+7H_2O$$

②返滴定法。一些有机试样，常在硫酸溶液中加入过量 $K_2Cr_2O_7$ 标准溶液，加热至一定温度，冷却后稀释，再用 Fe^{2+} 标准溶液进行返滴定。

③间接滴定法。比如 Ba^{2+} 的测定，可以在待测溶液中，先加入 K_2CrO_4 生成 $BaCrO_4$，然后过滤、洗涤生成 $K_2Cr_2O_7$，再用 Fe^{2+} 标准溶液进行返滴定。有关转化反应如下：

$$Ba^{2+}\xrightarrow{CrO_4^{2-}}BaCrO_4\xrightarrow{\text{过滤，洗涤}}Cr_2O_7^{2-}$$

$$2CrO_4^{2-}+2H^{+}═══Cr_2O_7^{2-}+H_2O$$

滴定反应：$6Fe^{2+}+Cr_2O_7^{2-}+14H^{+}═══6Fe^{3+}+2Cr^{3+}+7H_2O$

[例 5-25]　将 1.500g 钢样中的 Cr 氧化成 $Cr_2O_7^{2-}$，加入 25mL 0.1mol・L^{-1} $FeSO_4$ 标准溶液，然后用 0.0170mol・L^{-1} $KMnO_4$ 溶液 6.90mL 回滴过量的 $FeSO_4$，计算钢中 Cr 的质量分数。

解　根据题意：

因为 $2Cr ⇔ Cr_2O_7^{2-}$

所以 $n(Cr)=2n(Cr_2O_7^{2-})$

因为 $6Fe^{2+}+Cr_2O_7^{2-}+14H^{+}═══6Fe^{3+}+2Cr^{3+}+7H_2O$

所以 $Cr_2O_7^{2} ⇔ 6Fe^{2+}$

$$n(Cr_2O_7^{2-})=\frac{1}{6}n(Fe^{2+})$$

因为 $5Fe^{2+}+MnO_4^-+8H^+ \xlongequal{} Mn^{2+}+5Fe^{3+}+4H_2O$

所以 $MnO_4^- \Leftrightarrow 5Fe^{2+}$

$$n(Fe^{2+})=5n(MnO_4^-)$$

根据上述关系，得：

$$n(Cr_2O_7^{2-})=\frac{1}{6}n(Fe^{2+})=\frac{1}{6}\{n[Fe^{2+}(总)]-5n(MnO_4^-)\}$$

$$=\frac{1}{6}(0.0250\times0.1000-5\times0.0170\times0.0069)$$

$$=3.19\times10^{-4}(mol)$$

$$\omega(Cr)=\frac{n(Cr)\times M(Cr)}{m_s}\times100\%=\frac{2n(Cr_2O_7^{2-})\times M(Cr)}{m_s}\times100\%$$

$$=\frac{2\times3.19\times10^{-4}\times51.996}{1.500}\times100\%=2.21\%$$

视频 5.10

5.6.3 碘量法

碘量法是利用 I_2 的氧化性和 I^- 的还原性进行滴定的分析方法。

(1)直接碘量法(碘滴定法)

直接碘量法(iodimetry)是利用 I_2 的氧化性直接测定一些强还原剂，也称为碘滴定法。I_2 是一较弱的氧化剂，能与较强的还原剂作用，因此可用 I_2 标准溶液直接滴定 Sn(Ⅱ)，Sb(Ⅲ)，$As_2O_3^{2-}$，S^{2-}，SO_3^{2-} 等还原性物质，以淀粉作指示剂。例如：

$$I_2+SO_3^{2-}+H_2O \xlongequal{} 2I^-+SO_4^{2-}+2H^+$$

(2)间接碘量法(滴定碘法)

间接碘量法(iodometry)是利用 I^- 的还原性，与氧化性物质如 KIO_3，Cu^{2+}，$Cr_2O_7^{2-}$，CrO_4^{2-}，MnO_4^-，H_2O_2，BrO_3^- 等作用，定量释放出 I_2，所释出 I_2 再以 $Na_2S_2O_3$ 标准溶液滴定，以淀粉作指示剂。这种方法也称为滴定碘法。例如：

$$IO_3^-+5I^-+6H^+ \xlongequal{} 3I_2+3H_2O$$

析出的 I_2 用 $Na_2S_2O_3$ 标准溶液滴定：

$$I_2+2S_2O_3^{2-} \xlongequal{} 2I^-+S_4O_6^{2-}$$

凡能与 I^- 作用定量析出 I_2 的氧化性物质以及能与过量 I_2 在碱性介质中作用的有机物质，都可用间接碘量法测定。

(3)间接碘量法的测定条件

①酸度条件。间接碘量法需控制溶液的酸度，在中性、弱酸性介质中进行。

酸度过高：a. $S_2O_3^{2-}$ 会分解。

$$S_2O_3^{2-}+2H^+ = H_2O+SO_2\uparrow+S\downarrow$$

b. I^- 易被空气中 O_2 所氧化。

$$4I^-+4H^++O_2 = 2I_2+2H_2O$$

酸度过低：a. 发生副反应。

$$S_2O_3^{2-}+4I_2+10OH^- = 2SO_4^{2-}+8I^-+5H_2O$$

b. I_2 会发生歧化。

$$3I_2+6OH^- = IO_3^-+5I^-+3H_2O$$

②方法的主要误差来源及采取的措施。

主要误差来源：I_2 易挥发；I^- 易被氧化。

采取的措施：

a. 防止 I_2 挥发

加入过量的 KI 使 I_2 形成 I_3^-；在室温下滴定；滴定过程中不要剧烈摇动溶液，释放出 I_2 后立刻滴定，且滴速适当快些。

b. 防止 I^- 被氧化

酸度不宜过高；避免阳光照射；干扰离子事先除去。

碘量法的终点是用淀粉指示剂来确定。淀粉溶液应新鲜配制，若放置过久，则与 I_2 形成的配合物不呈蓝色而呈紫色或红色。

(4)$Na_2S_2O_3$ 标准溶液的标定

实验中所用的 $Na_2S_2O_3$ 溶液可以用 KIO_3、$K_2Cr_2O_7$ 等基准物质来进行标定。例如，用 KIO_3 为基准物来标定 $Na_2S_2O_3$ 溶液。

KIO_3 先与 KI 反应析出 I_2：

$$IO_3^-+5I^-+6H^+ = 3I_2+3H_2O$$

析出的 I_2 再用 $Na_2S_2O_3$ 标准溶液滴定：

$$I_2+2S_2O_3^{2-} = 2I^-+S_4O_6^{2-}$$

$Na_2S_2O_3$ 标准溶液的计算：

因为1mol IO_3^- $\Leftrightarrow$ 3mol I_2

1mol I_2 $\Leftrightarrow$ 2mol $S_2O_3^{2-}$

所以 $c(Na_2S_2O_3)=\dfrac{6m(KIO_3)}{M(KIO_3)\times V(Na_2S_2O_3)}$

标定时应注意以下几点。

①基准物(如 KIO_3 或 $K_2Cr_2O_7$)与 KI 反应时，溶液的酸度越大，反应速率则越快，但酸度太大时，I^- 易被空气中的 O_2 所氧化，所以在开始滴定时酸度一般控制在 0.2～0.4mol·L^{-1}。

②以淀粉作指示剂时，应先用 $Na_2S_2O_3$ 溶液滴定至大部分 I_2 作用完，溶液呈浅黄色，这时再加入淀粉溶液，用 $Na_2S_2O_3$ 溶液继续滴定至蓝色恰好消失，即为终点。如果淀粉指示剂加入过早，则大量的 I_2 与淀粉结合成蓝色物质，这部分碘就不容易与 $Na_2S_2O_3$ 进行反应，从而造成滴定误差。

[例 5-26] 测定某有机物中丙酮的含量时，称取试样 0.1200g 于 NaOH 溶液的碘量瓶中振荡，精确加入 48.00mL，0.06mol·L^{-1} I_2 标准溶液，盖好。放置一段时间后，加 H_2SO_4，用 0.1mol·L^{-1} $Na_2S_2O_3$ 溶液滴定至淀粉指示剂褪色，消耗 10.00mL。计算样品中丙酮的质量分数。

解 根据题意，有关反应如下：

$$CH_3COCH_3+3I_2+4NaOH \xlongequal{} CH_3COONa+3NaI+3H_2O+CHI_3$$

$$I_2+2S_2O_3^{2-} \xlongequal{} 2I^-+S_4O_6^{2-}$$

所以 1mol CH_3COCH_3 $\Leftrightarrow$ 3mol I_2

$$n(CH_3COCH_3)=\frac{1}{3}n(I_2)=\frac{1}{3}\{c(I_2)V(I_2)-n[I_2(余)]\}$$

$$=\frac{1}{3}\left[c(I_2)V(I_2)-\frac{1}{2}n(Na_2S_2O_3)\right]$$

$$=\frac{1}{3}(0.06\times48.00\times10^{-3}-\frac{1}{2}\times0.1\times10.00\times10^{-3})$$

$$=7.93\times10^{-4}(mol)$$

$$\omega(CH_3COCH_3)=\frac{n(CH_3COCH_3)\times M(CH_3COCH_3)}{m(sample)}\times100\%$$

$$=\frac{7.93\times10^{-4}\times58.09}{0.1200}\times100\%=38.39\%$$

[例 5-27] 今有不纯的 KI 试样 0.5852g，在 H_2SO_4 溶液中加入纯 K_2CrO_4 0.2940g 与之反应，煮沸逐出生成的 I_2。放冷后又加入过量 KI，使之与剩余的 K_2CrO_4 作用，析出的 I_2 用 0.1050mol·L^{-1} $Na_2S_2O_3$ 标准溶液滴定，用去 12.31mL。问试样中 KI 的质量分数为多少？

解 根据题意，有关反应如下：

$$2CrO_4^{2-}+2H^+ \xlongequal{} Cr_2O_7^{2-}+H_2O$$

$$Cr_2O_7^{2-} + 6I^- + 14H^+ = 2Cr^{3+} + 3I_2 + 7H_2O$$

$$2S_2O_3^{2-} + I_2 = 2I^- + S_4O_6^{2-}$$

故　$2\,mol\ CrO_4^{2-} \Longleftrightarrow 1\,mol\ Cr_2O_7^{2-} \Longleftrightarrow 6\,mol\ I^- \Longleftrightarrow 3\,mol\ I_2 \Longleftrightarrow 6\,mol\ S_2O_3^{2-}$

因此　$1\,mol\ CrO_4^{2-} \Longleftrightarrow 3\,mol\ S_2O_3^{2-}$

K_2CrO_4 的总物质的量 $n(总) = \dfrac{0.2940}{194.20} = 1.514 \times 10^{-3}\,(mol)$

剩余的 K_2CrO_4 物质的量：

$$n[K_2CrO_4(余)] = \frac{1}{3} \times 0.1050 \times 12.31 \times 10^{-3} = 4.309 \times 10^{-4}\,(mol)$$

消耗的 K_2CrO_4 物质的量：

$$n(K_2CrO_4) = 1.514 \times 10^{-3} - 4.309 \times 10^{-4} = 1.083 \times 10^{-3}\,(mol)$$

因为　$1\,mol\ CrO_4^{2-} \Longleftrightarrow 3\,mol\ I^-$

所以　$n(KI) = 3n(K_2CrO_4)$

因此　$\omega(KI) = \dfrac{3 \times 1.083 \times 10^{-3} \times 166}{0.5852} \times 100\% = 92.16\%$

视频 5.11

5.6.4　氧化还原滴定结果的计算

氧化还原滴定结果的计算，主要是根据氧化还原反应式中的化学计量关系。例如，待测组分 X 经一系列反应后得到 Z，然后用滴定剂 T 滴定 X，若由各步反应中的化学计量关系可以得出：

$$a\text{X} \Longleftrightarrow b\text{Y} \Longleftrightarrow c\text{Z} \Longleftrightarrow d\text{T}$$

$$\begin{matrix} a & & d \\ & \times & \\ n_x & & n_T = c_T V_T \end{matrix}$$

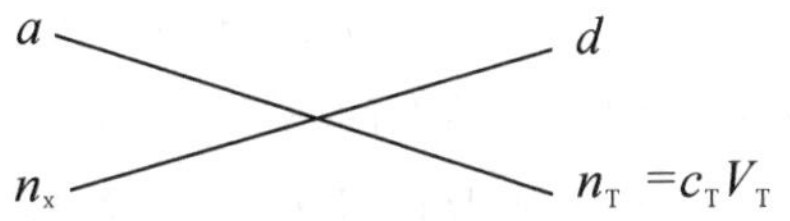

则：

$$n_X = \frac{a \times n_T}{d} \tag{5-22}$$

因此，试样中 X 的质量分数为：

$$\omega_X = \frac{m_X}{m_s} = \frac{n_X M_X}{m_s} = \frac{\dfrac{a}{d} n_T M_X}{m_s} = \frac{\dfrac{a}{d} c_T V_T M_X}{m_s} \tag{5-23}$$

式中，c_T 和 V_T 分别为滴定剂 T 的浓度和体积；M_X 为待测组分 X 的摩尔质量，m_s 为试样的质量。

[**例 5-28**] 用 $K_2Cr_2O_7$ 法测定铁。称铁矿样 0.2435g，预处理成 Fe^{2+}，滴定时消耗 $K_2Cr_2O_7$ 标准溶液 24.38mL。此 $K_2Cr_2O_7$ 标准溶液 25.15mL 在酸性介质中与过量的 KI 作用后析出 I_2，需消耗浓度为 $0.1195mol \cdot L^{-1}$ $Na_2S_2O_3$ 溶液 20.12mL。试计算 Fe_2O_3 的质量分数。

解 根据题意，有关反应如下：

$$6Fe^{2+} + Cr_2O_7^{2-} + 14H^+ \xlongequal{} 6Fe^{3+} + 2Cr^{3+} + 7H_2O$$

$$Cr_2O_7^{2-} + 6I^-(\text{过量}) + 14H^+ \xlongequal{} 2Cr^{3+} + 3I_2 + 7H_2O$$

$$I_2 + 2S_2O_3^{2-} \xlongequal{} 2I^- + S_4O_6^{2-}$$

因为 $1mol\ Cr_2O_7^{2-} \Leftrightarrow 3mol\ I_2 \Leftrightarrow 6mol\ S_2O_3^{2-}$

所以 $n(K_2Cr_2O_7) = \dfrac{1}{6}n(Na_2S_2O_3)$

$$c(K_2Cr_2O_7)V(K_2Cr_2O_7) = \frac{1}{6}c(Na_2S_2O_3)V(Na_2S_2O_3)$$

$$c(K_2Cr_2O_7) = \frac{1}{6} \times \frac{c(Na_2S_2O_3)V(Na_2S_2O_3)}{V(K_2Cr_2O_7)}$$

$$= \frac{1}{6} \times \frac{0.1195 \times 20.12 \times 10^{-3}}{25.15 \times 10^{-3}} = 0.01593(mol \cdot L^{-1})$$

因为 $1mol\ Cr_2O_7^{2-} \Leftrightarrow 6mol\ Fe^{2+} \Leftrightarrow 3mol\ Fe_2O_3$

所以 $n(Fe_2O_3) = 3n(K_2Cr_2O_7)$

因此 $\omega(Fe_2O_3) = \dfrac{3 \times n(K_2Cr_2O_7) \times M(Fe_2O_3)}{m_s}$

$$= \frac{3 \times 0.01593 \times 24.38 \times 10^{-3} \times 159.7}{0.2435} \times 100\% = 76.41\%$$

[**例 5-29**] 用碘量法测定样品中的 $BaCl_2$ 的含量。称取 0.2890g 样品，溶解后先加入过量碘酸盐将 Ba^{2+} 沉淀为 $Ba(IO_3)_2$。沉淀经过滤，洗涤后溶解并酸化，再加入过量的 KI，然后用 $Na_2S_2O_3$ 标准溶液滴定至终点，用去 28.35mL。已知 $Na_2S_2O_3$ 标准溶液的浓度为 $T(K_2Cr_2O_7/Na_2S_2O_3) = 0.008989g \cdot mL^{-1}$，计算样品中 $BaCl_2$ 的质量分数。[$M(K_2Cr_2O_7) = 294.19$，$M(BaCl_2) = 208.23$]

解 根据题意，$K_2Cr_2O_7$ 与过量的 KI 反应，析出的 I_2 再与 $Na_2S_2O_3$ 反应。相关反应如下：

$$Cr_2O_7^{2-} + 6I^- + 14H^+ \xlongequal{} 2Cr^{3+} + 3I_2 + 7H_2O$$

$$2S_2O_3^{2-} + I_2 \xlongequal{} S_4O_6^{2-} + 2I^-$$

因此　$1\text{mol } K_2Cr_2O_7 \Leftrightarrow 6\text{mol } Na_2S_2O_3$

所以　$n(K_2Cr_2O_7)=\frac{1}{6}n(Na_2S_2O_3)=\frac{1}{6}c(Na_2S_2O_3)\times V(Na_2S_2O_3)$

根据滴定度的定义：

$$c(Na_2S_2O_3)=\frac{6\times T(K_2Cr_2O_7/Na_2S_2O_3)\times 1000}{M(K_2Cr_2O_7)}$$

$$=\frac{6\times 0.008989\times 1000}{294.19}=0.1833(\text{mol}\cdot L^{-1})$$

根据题意：$Ba^{2+}+2IO_3^- = Ba(IO_3)_2$

$IO_3^-+5I^-+6H^+ = 3I_2+3H_2O$

$2S_2O_3^{2-}+I_2 = S_4O_6^{2-}+2I^-$

因此　$1\text{mol } Ba^{2+} \Leftrightarrow 2\text{mol } IO_3^- \Leftrightarrow 6\text{mol } I_2 \Leftrightarrow 12\text{mol } Na_2S_2O_3$

所以　$n(Ba^{2+})=\frac{1}{12}n(Na_2S_2O_3)$

$$\omega(BaCl_2)=\frac{\frac{1}{12}c(Na_2S_2O_3)\times V(Na_2S_2O_3)\times M(BaCl_2)}{m_s}$$

$$=\frac{\frac{1}{12}\times 0.1833\times 28.35\times 10^{-3}\times 208.23}{0.2890}\times 100\%$$

$$=31.20\%$$

视频 5.12

【应用实例】

工业废水的化学耗氧量(COD)测定

在某化工企业取工业废水样 120.0mL 用 H_2SO_4 酸化后，加入 28.00mL 0.01695mol・L^{-1} $K_2Cr_2O_7$ 溶液，以 Ag_2SO_4 为催化剂，煮沸一定时间，待水样中还原性物质完全氧化后，以邻-二氮杂菲-亚铁为指示剂，用 0.1000mol・L^{-1} $FeSO_4$ 溶液滴定剩余的 $K_2Cr_2O_7$，用去 16.00mL。计算废水样中化学耗氧量，以 mg・L^{-1} 表示。

解　有关反应为：$2Cr_2O_7^{2-}+3C+16H^+ = 4Cr^{3+}+3CO_2\uparrow+8H_2O$

$Cr_2O_7^{2-}+6Fe^{2+}+14H^+ = 2Cr^{3+}+6Fe^{3+}+7H_2O$

因此　$3\text{mol C} \Leftrightarrow 2\text{mol } Cr_2O_7^{2-}$

$6\text{mol } Fe^{2+} \Leftrightarrow 1\text{mol } Cr_2O_7^{2-}$

所以 $n(\mathrm{C})=\dfrac{3}{2}\times\{n[K_2Cr_2O_7(\text{总})]-n[K_2Cr_2O_7(\text{余})]\}$

$$=\frac{3}{2}\{n[K_2Cr_2O_7(\text{总})]-\frac{1}{6}c(FeSO_4)\times V(FeSO_4)\}$$

$$\mathrm{COD}=\frac{n(\mathrm{C})\times M(O_2)}{V_s}$$

$$=\frac{\frac{3}{2}\times\left[0.01695\times28.00\times10^{-3}-\frac{1}{6}\times0.1000\times16\times10^{-3}\right]\times32\times10^{3}}{\frac{120}{1000}}$$

$$=83.17(\mathrm{mg\cdot L^{-1}})$$

【知识结构】

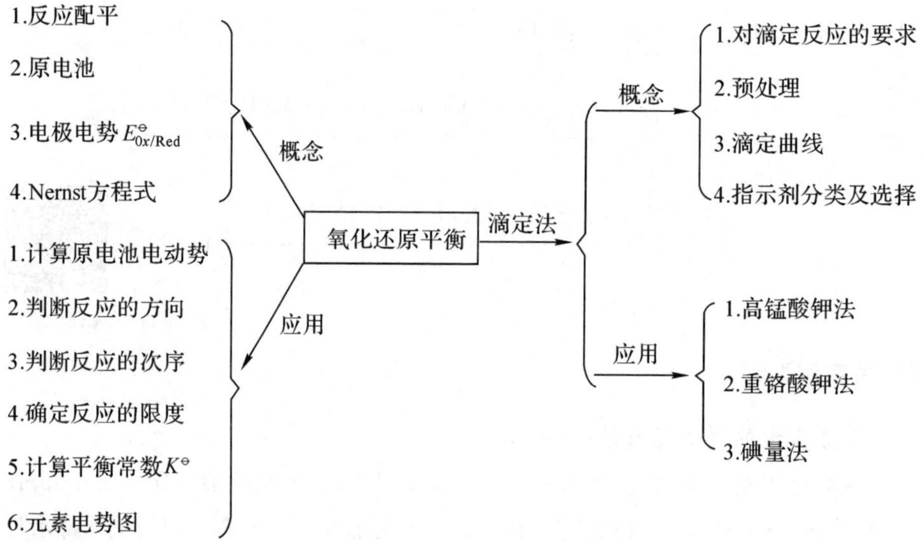

视频 5.13

习　题

5.1　指出下列化合物中各元素的氧化数。

Fe_3O_4，PbO_2，Na_2O_2，$Na_2S_2O_3$，NCl_3，KO_2，N_2O_4

5.2　配平下列反应方程式。

(1)$Zn+HNO_3$(极稀)$\longrightarrow Zn(NO_3)_2+NH_4NO_3+H_2O$

(2)$Mg+HNO_3$(稀)$\longrightarrow Mg(NO_3)_2+N_2O+H_2O$

(3) $CuS+HNO_3$(浓)$\longrightarrow CuSO_4+NO_2+H_2O$

(4) $K_2Cr_2O_7+KI+H_2SO_4 \longrightarrow Cr_2(SO_4)_3+K_2SO_4+I_2+H_2O$

(5) $Na_2C_2O_4+KMnO_4+H_2SO_4 \longrightarrow MnSO_4+K_2SO_4+Na_2SO_4+CO_2+H_2O$

(6) $H_2O_2+KMnO_4+H_2SO_4 \longrightarrow MnSO_4+K_2SO_4+O_2+H_2O$

(7) $Na_2S_2O_3+I_2 \longrightarrow Na_2S_4O_6+NaI$

(8) $Na_2S_2O_3+Cl_2+NaOH \longrightarrow NaCl+Na_2SO_4+H_2O$

5.3　配平下列离子反应式(酸性介质)：

(1) $IO_3^-+I^- \longrightarrow I_2$

(2) $Mn^{2+}+NaBiO_3 \longrightarrow MnO_4^-+Bi^{3+}$

(3) $Cr^{3+}+PbO_2 \longrightarrow Cr_2O_7^{2-}+Pb^{2+}$

5.4　配平下列离子反应式(碱性介质)：

(1) $CrO_4^{2-}+HSnO_2^- \longrightarrow CrO_2^-+HSnO_3^-$

(2) $H_2O_2+CrO_2^- \longrightarrow CrO_4^{2-}$

(3) $Br_2+OH^- \longrightarrow BrO_3^-+Br^-$

5.5　将反应 $2Fe^{2+}(1.0mol\cdot L^{-1})+Cl_2(100kPa) \longrightarrow 2Fe^{3+}(0.10mol\cdot L^{-1})+2Cl^-(2.0mol\cdot L^{-1})$设计成原电池，并写出电池符号。

5.6　计算 Zn^{2+}/Zn 电对，在$[Zn^{2+}]=1.00\times10^{-3}mol\cdot L^{-1}$时的电极电势{已知 $E^\ominus(Zn^{2+}/Zn)=-0.7618V$}。

5.7　计算以 AgCl 饱和，$[Cl^-]=0.1mol\cdot L^{-1}$的溶液中 Ag 电极的电极电势[已知 $E^\ominus(Ag^+/Ag)=0.7996V$]。

5.8　已知 $E^\ominus(Cu^{2+}/Cu^+)=+0.153V$；$E^\ominus(I_2/I^-)=+0.5355V$。由此可见，$Cu^{2+}$不可能氧化 I^-，然而实际在 KI 适当过量的条件下能发生反应。试计算说明。

5.9　(1)根据标准电极电势，判断下列反应进行的方向：

$$MnO_4^-+5Fe^{2+}+8H^+ = Mn^{2+}+5Fe^{3+}+4H_2O$$

(2)将该氧化还原反应设计构成一个原电池，用电池符号表示该原电池的组成，计算其标准电动势。

(3)当氢离子浓度为 $10mol\cdot L^{-1}$，其他各离子浓度均为 $1.0mol\cdot L^{-1}$时，计算该电池的电动势。

5.10　计算电池的电动势 E，并指出其正负极。

(1) $Zn|Zn^{2+}(0.1mol\cdot L^{-1})\,\|\,Cu^{2+}(2.0mol\cdot L^{-1})|Cu$

(2) $Ag|AgCl(s),Cl^-(0.010mol\cdot L^{-1})\,\|\,Ag^+(0.010mol\cdot L^{-1})|Ag$

5.11　计算下列反应的标准平衡常数：

(1) $2Ag^++Zn = 2Ag+Zn^{2+}$

(2)$HAsO_2+I_2+2H_2O = 2I^- + H_3AsO_4 + 2H^+$

5.12 计算反应：$Ag^+ + Fe^{2+} = Ag + Fe^{3+}$

(1)298.15K 时的 $K^{\ominus}$；

(2)反应开始时，若$[Ag^+]=1.0mol \cdot L^{-1}$，$[Fe^{2+}]=0.10mol \cdot L^{-1}$，达平衡时，$Fe^{3+}$浓度为多少？

5.13 有一电池：Ag|AgCl(s)，Cl^-($0.010mol \cdot L^{-1}$) ‖ Ag^+($0.010mol \cdot L^{-1}$)|Ag，测得其电池的电动势为 0.3409V。求 AgCl 的 $K_{sp}^{\ominus}$。

5.14 298K 时，在 Fe^{3+}，Fe^{2+} 的混合溶液中加入 NaOH 溶液，有$Fe(OH)_3$，$Fe(OH)_2$的沉淀生成(假设无其他反应发生)。当沉淀反应达到平衡时，保持$[OH^-]=1.0mol \cdot L^{-1}$。求 Fe^{3+}/Fe^{2+} 电对的电极电势。

5.15 已知 $E^{\ominus}(Cu^{2+}/Cu)=0.3419V$，$E^{\ominus}(Cu^{2+}/Cu^+)=0.1530V$，$K_{sp}^{\ominus}(CuCl)=1.72\times10^{-7}$。通过计算判断反应 $Cu^{2+}+Cu+2Cl^- = 2CuCl$ 在 298K、标准状态下能否自发进行，并计算反应的平衡常数 $K^{\ominus}$。

5.16 根据下列酸性介质中铁的元素电势图求 $E^{\ominus}(Fe^{3+}/Fe)$。

$$Fe^{3+} \xrightarrow{+0.771} Fe^{2+} \xrightarrow{-0.447} Fe$$

5.17 称取褐铁矿试样 0.4125g，用 HCl 溶解后，将 Fe^{3+} 还原为 Fe^{2+}，用 $K_2Cr_2O_7$ 标准溶液滴定。若所用 $K_2Cr_2O_7$ 溶液的体积(以 mL 为单位)与试样中 Fe_2O_3 的质量分数相等，求 $K_2Cr_2O_7$ 溶液对铁的滴定度。

5.18 在 H_2SO_4 溶液中，2.000g 工业甲醇与 25.00mL $0.01688mol \cdot L^{-1}$ 的 $K_2Cr_2O_7$ 溶液作用。在反应完成后，以二苯胺磺酸钠作指示剂，用 $0.1000mol \cdot L^{-1}$ $(NH_4)_2Fe(SO_4)_2$ 溶液滴定剩余的 $K_2Cr_2O_7$，用去 10.00mL。求试样中甲醇的质量分数。(有关反应为：$CH_3OH + Cr_2O_7^{2-} + 8H^+ = 2Cr^{3+} + CO_2 + 6H_2O$)

5.19 有一 $K_2Cr_2O_7$ 标准溶液，已知其浓度为 $0.01721mol \cdot L^{-1}$，求其对 Fe_2O_3 的滴定度 $T(Fe_2O_3/K_2Cr_2O_7)$。称取某含铁试样 0.2833g，溶解后将溶液中的 Fe^{3+} 还原为 Fe^{2+}，然后用上述 $K_2Cr_2O_7$ 标准溶液滴定，用去 25.60mL。求试样中 Fe_2O_3 的质量分数。

5.20 称取含 KI 试样 1.500g 溶于水。加 10.00mL $0.05000mol \cdot L^{-1}$ KIO_3 溶液处理，反应后煮沸除尽所生成的 I_2，冷却后，加入过量 KI 溶液与剩余的 KIO_3 反应。析出的 I_2 需用 21.65mL $0.1008mol \cdot L^{-1}$ $Na_2S_2O_3$ 溶液滴定。计算试样中 KI 的质量分数。

5.21 称取铜矿试样 0.6130g，用酸溶解后，控制溶液的 pH 为 3.0～4.0，用 20.00mL $Na_2S_2O_3$ 溶液滴定至终点。1mL $Na_2S_2O_3$ 溶液相当于 0.004164g

$KBrO_3$。计算 $Na_2S_2O_3$ 溶液准确浓度及试样中 Cu_2O 的质量分数。(有关反应为：$6S_2O_3^{2-}+BrO_3^-+6H^+ \longrightarrow 3S_4O_6^{2-}+Br^-+3H_2O$；$2Cu^{2+}+2S_2O_3^{2-} \longrightarrow 2Cu^++S_4O_6^{2-}$)

5.22　现有硅酸盐试样 1.2000g，用重量法测定其中铁及铝时，得到 $Fe_2O_3+Al_2O_3$ 沉淀共重 0.5000g。将沉淀溶于酸并将 Fe^{3+} 还原成 Fe^{2+} 后，用 $0.03322mol \cdot L^{-1}$ $K_2Cr_2O_7$ 溶液滴定至终点时用去 25.00mL。试样中 FeO 及 Al_2O_3 的质量分数各为多少？

5.23　试剂厂生产的试剂 $FeCl_3 \cdot 6H_2O$，根据国家标准 GB1621—1979 规定其一级品含量不少于 96.00%，二级品含量不少于 92.00%。为了检查质量，称取 0.5000g 试样，溶于水，加浓 HCl 溶液 3mL 和 KI 2g，最后用 $0.1000mol \cdot L^{-1}$ $Na_2S_2O_3$ 标准溶液 18.15mL 滴定至终点。计算说明该试样符合哪级标准。

5.24　用碘量法测定葡萄糖的含量。准确称取试样 10.00g 溶解后，定容于 250mL 容量瓶中，移取 50.00mL 试液于碘量瓶中，加入 $0.05000mol \cdot L^{-1}$ I_2 溶液 30.00mL(过量)，在搅拌下加入 40mL $0.1mol \cdot L^{-1}$ NaOH 溶液，摇匀后，放置暗处 20min。然后加入 $0.5mol \cdot L^{-1}$ HCl 8mL，析出的 I_2 用 $0.1000mol \cdot L^{-1}$ $Na_2S_2O_3$ 溶液滴定至终点，消耗 9.94mL。计算试样中葡萄糖的质量分数。[有关反应为：$C_6H_{12}O_6+I_2$(过量)$+2NaOH \longrightarrow C_6H_{12}O_7+2NaI+H_2O$]

测验题

一、选择题

1. 下列两个原电池在标准状态时均能放电：

(1)(−)Pt|Sn^{2+}，Sn^{4+} ⫶ Fe^{3+}，Fe^{2+}|Pt(+)

(2)(−)Pt|Fe^{2+}，Fe^{3+} ⫶ MnO_4^-，H^+，Mn^{2+}|Pt(+)，下列叙述中错误的是(　　)。

(A)$E^\ominus(MnO_4^-/Mn^{2+})>E^\ominus(Fe^{3+}/Fe^{2+})>E^\ominus(Sn^{4+}/Sn^{2+})$

(B)$E^\ominus(MnO_4^-/Mn^{2+})>E^\ominus(Sn^{4+}/Sn^{2+})>E^\ominus(Fe^{3+}/Fe^{2+})$

(C)原电池(2)的电动势与介质酸碱性有关

(D)由原电池(1)、(2)中选择两个不同电对组成的第三个原电池电动势为最大

2. 已知 $E^\ominus(Pb^{2+}/Pb)=-0.1262V$，$K_{sp}^\ominus(PbI_2)=7.1\times10^{-9}$，则由反应

$Pb(s)+2HI(1.0mol \cdot L^{-1}) \longrightarrow PbI_2(s)+H_2(p^\ominus)$构成的原电池的标准电

动势 $E^{\ominus}$=(　　)。

(A)−0.37V　(B)−0.61V　(C)+0.37V　(D)+0.61V

3. 已知：$E^{\ominus}(Ag^+/Ag)=+0.799V$，而 $E^{\ominus}(Fe^{3+}/Fe)=0.77V$，说明金属银不能还原三价铁，但实际上反应在 1mol·L^{-1} HCl 溶液中，金属银能够还原三价铁，其原因是(　　)。

(A)增加了溶液的酸度　(B)HCl 起了催化作用

(C)生成了 AgCl 沉淀　(D)HCl 诱导了该反应发生

4. 为了使 $Na_2S_2O_3$ 标准溶液稳定，正确配制的方法是(　　)。

(A)将 $Na_2S_2O_3$ 溶液煮沸 1h，放置 7 天，过滤后再标定

(B)用煮沸冷却后的纯水配制 $Na_2S_2O_3$ 溶液后，即可标定

(C)用煮沸冷却后的纯水配制，放置 7 天后再标定

(D)用煮沸冷却后的纯水配制，且加入少量 Na_2CO_3，放置 7 天后再标定

5. 用间接碘法测定锌含量的反应式为 $3Zn^{2+}+2I^-+2[Fe(CN)_6]^{3-}+2K^+ \longrightarrow K_2Zn_3[Fe(CN)_6]_2\downarrow+I_2$，析出的 I_2 用 $Na_2S_2O_3$ 标准溶液滴定，Zn 与 $Na_2S_2O_3$ 的化学计量关系 $n(Zn):n(Na_2S_2O_3)$ 是(　　)。

(A)1∶3　(B)3∶1　(C)2∶3　(D)3∶2

6. 在 $K_2Cr_2O_7$ 测定铁矿石中全铁含量时，把铁还原为 Fe^{2+}，应选用的还原剂是(　　)。

(A)Na_2WO_3　(B)$SnCl_2$　(C)KI　(D)Na_2S

7. 已知在 1moL·L^{-1} H_2SO_4 溶液中，$E^{\ominus\prime}(MnO_4^-/Mn^{2+})=1.45V$，$E^{\ominus\prime}(Fe^{3+}/Fe^{2+})=0.68V$。在此条件下 $KMnO_4$ 标准溶液滴定 Fe^{2+}，其化学计量点的电位为(　　)。

(A)0.38V　(B)0.73V　(C)0.89V　(D)1.32V

8. 用盐桥连接两只盛有等量 $CuSO_4$ 溶液的烧杯。两只烧杯中 $CuSO_4$ 溶液浓度分别为 1.00mol·L^{-1} 和 0.0100mol·L^{-1}，插入两支电极，则在 25℃时两电极间的电压为(　　)。

(A)0.118V　(B)0.059V　(C)−0.188V　(D)−0.059V

9. 以 0.015mol·L^{-1} Fe^{2+} 溶液滴定 0.015mol·L^{-1} Br_2 溶液($2Fe^{2+}+Br_2 \longrightarrow 2Fe^{3+}+2Br^-$)，当滴定到化学计量点时，溶液中 Br^- 的浓度(单位：mol·L^{-1})为(　　)。

(A)0.015　(B)0.015/2　(C)0.015/3　(D)0.015×2/3

10. 已知 $E^{\ominus}(I_2/2I^-)=0.5355V$，$E^{\ominus}(Cu^{2+}/Cu^+)=0.1530V$。从两电对的电位来看，下列反应：$2Cu^{2+}+4I^- \rightleftharpoons 2CuI+I_2$ 应该向左进行，而实际是向右进行，其主要原因是(　　)。

(A)由于生成 CuI 是稳定的配合物，使 Cu^{2+}/Cu^{+} 电对的电位升高

(B)由于生成 CuI 是难溶化合物，使 Cu^{2+}/Cu^{+} 电对的电位升高

(C)由于 I_2 难溶于水，促使反应向右

(D)由于 I_2 有挥发性，促使反应向右

11. $KBrO_3$ 是强氧化剂，$Na_2S_2O_3$ 是强还原剂，但在用 $KBrO_3$ 标定 $Na_2S_2O_3$ 时，不能采用它们之间的直接反应的原因是(　　)。

(A)两电对的条件电极电位相差太小　　(B)可逆反应

(C)反应不能定量进行　　(D)反应速率太慢

12. 0.05mol·L^{-1} $SnCl_2$ 溶液 10mL 与 0.10mol·L^{-1} $FeCl_3$ 溶液 20mL 混合，平衡体系的电势是(　　)。{已知 $E^{\ominus'}(Fe^{3+}/Fe^{2+})=0.68V$，$E^{\ominus'}(Sn^{4+}/Sn^{2+})=0.14V$}

(A)0.68V　　(B)0.14V　　(C)0.50V　　(D)0.32V

13. 对于反应 $n_2Ox_1+n_1Red_2 \rightleftharpoons n_1Ox_2+n_2Red_1$，若 $n_1=n_2=2$，要使化学计量点时反应完全程度达到 99.9%以上，两个电对(Ox_1/Red_1 和 Ox_2/Red_2)的条件电位之差($E_1^{\ominus}{}'-E_2^{\ominus}{}'$)至少应为(　　)。

(A)0.354V　　(B)0.0885　　(C)0.100V　　(D)0.177V

二、填空题

1. 任何电极电势绝对值都不能直接测定，在理论上，某电对的标准电极电势 $E^{\ominus}(Ox/Red)$是将其与__________电极组成原电池测定该电池的电动势而得到的电极电势的相对值。在实际测定中常以__________电极为基准，与待测电极组成原电池测定之。

2. 已知 $E^{\ominus}(Cl_2/Cl^-)=1.36V$ 和酸性溶液中钛的元素电势图为：$Ti^{3+} \xrightarrow{1.25V} Ti^{+} \xrightarrow{-0.34V} Ti$，则水溶液中 Ti^+________发生歧化反应。当金属钛与 $H^+(aq)$发生反应时，得到________离子，其反应方程式为________________；在溶液中 Cl_2 与 Ti 反应的产物是________。

3. 已知：$E^{\ominus}(Hg_2^{2+}/Hg)=0.7973V$，$E^{\ominus}(Cu^{2+}/Cu)=0.3419V$，将铜片插入 $Hg_2(NO_3)_2$ 溶液中，将会有________析出，其反应方程式为____________________，若将上述两电对组成原电池，当增大 $c(Cu^{2+})$时，其 E 变________，平衡将向________移动。

4. 已知：$O_2+2H_2O+4e^- \rightleftharpoons 4OH^-$，$E_1^{\ominus}=0.401V$，$O_2+4H^++4e^- \rightleftharpoons 2H_2O$，$E_2^{\ominus}=1.23V$。

当 $p(O_2)=1.00\times10^5 Pa$，$E_1=E_2$ 时，pH=________，此时 $E_1=E_2=$________V。

5. 氧化还原滴定曲线描述了滴定过程中电对电位的变化规律性，滴定突跃的大小与氧化剂和还原剂两电对的________有关，它们相差越大，电位突跃范围越________。

6. 间接碘量法的基本反应是____，所用的标准溶液是________，选用的指示剂是________。

7. 在操作无误的情况下，碘量法主要误差来源是________和________________________。

8. 用间接碘量法测定 Cu^{2+} 时，加入 KI，它起________、________和________的作用。

9. 反应：$H_3AsO_4 + 2I^- + 2H^+ \rightleftharpoons H_3AsO_3 + I_2 + H_2O$，已知 $E^{\ominus}(AsO_4^{3-}/AsO_3^{3-}) = 0.56V$，$E^{\ominus}(I_2/I^-) = 0.5355V$，当溶液酸度 pH＝8 时，反应向________方向进行。

三、配平反应方程式(用离子-电子法配平并写出配平过程)

1. $PbO_2 + MnBr_2 + HNO_3 \longrightarrow Pb(NO_3)_2 + Br_2 + HMnO_4$

2. $FeS_2 + HNO_3 \longrightarrow Fe_2(SO_4)_3 + NO_2 + H_2SO_4 + H_2O$

四、计算题

1. 计算下列电池的电动势：

SCE ‖ $Na_2C_2O_4(5.0\times10^{-4} mol\cdot L^{-1})$，$Ag_2C_2O_4$(饱和)|Ag

已知 $K_{sp}^{\ominus}(Ag_2C_2O_4) = 1.1\times10^{-11}$，$E(SCE) = 0.2420V$，$E^{\ominus}(Ag^+/Ag) = 0.799V$。

2. 已知 298K 时 $E^{\ominus}(Ni^{2+}/Ni) = -0.25V$，$E^{\ominus}(V^{3+}/V) = -0.89V$。

某原电池：(－)V(s)|$V^{3+}(0.0011mol\cdot L^{-1})$ ‖ $Ni^{2+}(0.24mol\cdot L^{-1})$|Ni(s)(＋)

(1)写出电池反应的离子方程式，并计算其标准平衡常数 $K^{\ominus}$；

(2)计算电池电动势 E，并判断反应方向；

(3)电池反应达到平衡时，V^{3+}，Ni^{2+} 的浓度各是多少？电动势为多少？$E(Ni^{2+}/Ni)$是多少？

3. 已知下列电极反应的电势：$Cu^{2+} + e^- \rightleftharpoons Cu^+$，$E^{\ominus}(Cu^{2+}/Cu^+) = 0.15V$；$Cu^{2+} + I^- + e^- \rightleftharpoons CuI$，$E^{\ominus}(Cu^{2+}/CuI) = 0.86V$，计算 CuI 的溶度积。

4. 按国家标准规定，$FeSO_4\cdot7H_2O$ 的含量：99.50%～100.5%为一级；99.00%～100.5%为二级；98.00%～101.0%为三级。现用 $KMnO_4$ 法测定，称取试样 1.012g，酸性介质中用浓度为 $0.02034mol\cdot L^{-1}$ 的 $KMnO_4$ 溶液滴定，消耗 35.70mL 至终点。求此产品中 $FeSO_4\cdot7H_2O$ 的含量，并说明符合哪级产品标准。[已知 $M(FeSO_4\cdot7H_2O) = 278.04g\cdot mol^{-1}$]

第 6 章　物质结构
(Structure of Substance)

学习目标

通过本章的学习，要求掌握：

1. 原子轨道、波函数、电子云、量子数等基本概念；
2. 原子核外电子排布的一般规律及方法；
3. 离子键与共价键的特征及它们的区别；
4. 价键理论、杂化轨道理论与分子轨道理论及其应用；
5. 分子间作用力、氢键的特征与性质；
6. 晶体的概念，晶格能、离子极化对物质性质的影响。

通常情况下，化学反应只发生在原子核外的电子层中，除核反应外原子核并不发生变化。物质的性质与物质的结构有关，要理解物质化学反应的能量变化、阐明化学反应的本质、了解物质结构与性质的关系，就必须研究原子结构、分子结构的有关知识。

6.1　原子结构基本模型

1911 年，英国人卢瑟福(E. Rutherford)进行了 α 粒子散射实验，根据实验结果，提出原子的全部质量都集中在带正电荷的原子核上，核的直径只有原子直径的万分之一，电子绕核高速旋转。1926 年，奥地利物理学家薛定谔(E. Schrödinger)建立了描述微观粒子(电子、原子等)运动规律的量子力学理论。由此运用量子力学理论研究原子结构及其运动规律，逐步形成了原子结构的近代理论。

6.1.1　原子的玻尔模型

(1)原子光谱

白光是复合光，由各种波长不同的光组成。白光通过棱镜后，不同波长的光以不同的角度折射，形成一条按红、橙、黄、绿、青、蓝、紫的次序连续分布的彩色光谱，这种光谱称为连续光谱。

当气体被火焰、电弧或其他方法灼热时，会发出不同波长的光，通过棱镜折射，形成一系列按波长顺序排列的线条，这种由原子受激发后辐射出来的线状光谱或不连续光谱称为原子光谱。

在抽成真空的放电管中充入少量氢气，并通过高压放电，则氢气会放出玫瑰红色的可见光以及紫外光和红外光。图 6-1 为氢原子光谱。每一种元素的原子都有自己的特征光谱。

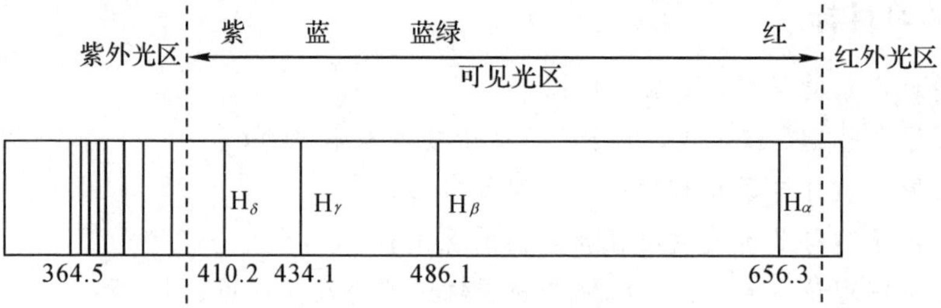

图 6-1　氢原子光谱

巴尔麦系：1885 年瑞士的一位中学教师 J. J. Balmer 在观察氢原子的可见光区谱线时，发现谱线波长符合下述公式：

$$\bar{v}=\frac{1}{\lambda}=R_{\mathrm{H}}\left(\frac{1}{2^2}-\frac{1}{n^2}\right) \tag{6-1}$$

式中，$n=3, 4, 5, \cdots$，$R_{\mathrm{H}}=3.292\times10^{15}\mathrm{S}^{-1}$，为里德堡(Rydberg)常数。

氢原子在可见光区的 4 条谱线称为巴尔麦系。拉曼(Lyman)等在紫外光区和红外光区也找到了若干组谱线。

卢瑟福含核原子模型不能解释上述事实。因为电子绕核高速运动，必然不断放出能量，原子光谱应该是连续的。电子失去能量后，最终会坠入原子核，使原子毁灭。而事实上并非如此，氢原子是稳定的。

(2)玻尔理论

1900 年，物理学家普朗克(M. Planck)提出量子论。普朗克第一次摆脱了经典物理学的束缚，提出了微观世界的一个重要特征——能量量子化。他认为辐射能的吸收和发射是不连续的，是按照基本量或基本量的整数倍吸收和发射的，这种情况称为能量的量子化。

1905 年，爱因斯坦(A. Einstein)提出光子学说，认为光不仅是一种波，而且具有粒子性，从实验可以得出，光子能量 E 与辐射能的频率 ν 成正比，即

$$E=h\nu \tag{6-2}$$

光子的动量 P 与其波长 λ 成反比：

$$P=h/\lambda \tag{6-3}$$

式中，h 为普朗克常数，$h=6.626\times10^{-34}$　J·S。

式(6-2)和(6-3)将光的粒子性和波动性联系起来。

1913年，丹麦人玻尔在卢瑟福原子含核模型的基础上，结合普朗克的量子论、爱因斯坦的光子学说，提出氢原子的电子结构理论。

玻尔根据辐射的不连续性和线状光谱有间隔的特性，推断原子中的电子的能量也不可能是连续的，而是量子化的。波尔理论的要点包括以下几个方面。

①原子中的电子不能沿任意轨道运动，只能在确定半径和能量的轨道上运动。电子运动是量子化的，处于定态轨道中运动的电子，既不吸收能量也不发射能量。

②通常情况下，原子中的电子尽可能处于离核最近的轨道上，此时电子受核的束缚较牢，能量最低称为基态。

当基态电子获得能量后，可以跃迁到离核较远的高能态的轨道上去，此时原子处于激发态。轨道的这种不同能量状态称为能级。氢原子轨道能级如图6-2所示。能量越高所对应的波长 λ 越短。

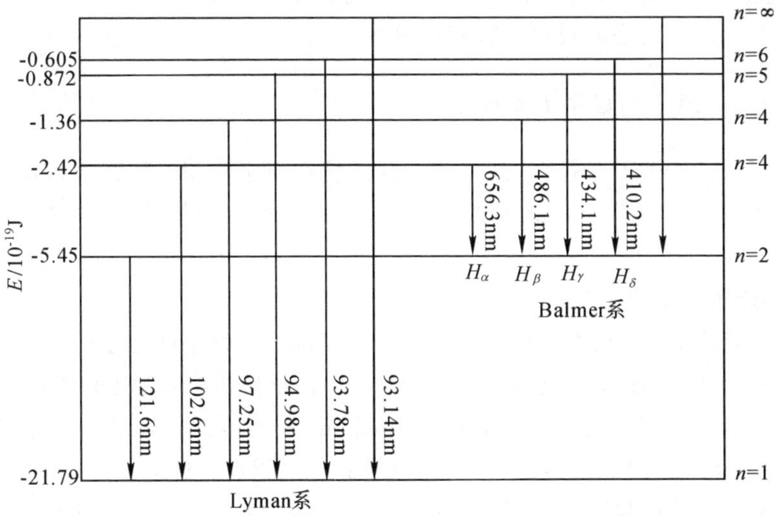

图6-2　氢原子轨道能级

③处于激发态的电子不稳定，返回到离核较近的轨道时以光的形式释放出能量，因而产生发射光谱。光的频率取决于两个原子轨道间的能量差。

$$h\nu=E_2-E_1 \qquad \nu=E_2-E_1/h \tag{6-4}$$

由于各轨道的能量不同，其能量差也不同。因此，当电子从某一高能轨道跃入到另一低能轨道时，只能发射出固定能量、波长和频率的光束，这就是原子产生不连续的线状光谱的原因。原子的线状光谱是原子中轨道能量量子化的实验证据。

由于原子结构的不同，原子发光时都有各自的特征光谱，据此可进行元素的原子光谱分析。处于激发态氢原子中的一个电子，由 $n=3$ 跃入 $n=2$ 的轨道时，根据(6-4)式：

$$\nu_{3\to2}=\frac{\Delta E}{h}=\frac{E_3-E_2}{h}=\frac{-2.42\times10^{-19}-(-5.45\times10^{-19})}{6.626\times10^{-34}}$$

$$=4.57\times10^{14}(\mathrm{S}^{-1})$$

$$\lambda=\frac{c}{\nu_{3\to2}}=\frac{3.00\times10^{8}}{4.57\times10^{14}}=656.3\times10^{-9}(\mathrm{m})=656.3(\mathrm{nm})$$

即 H_α 谱线，为玫瑰红色。

玻尔理论圆满地解释了氢原子的光谱，但不能解释多原子光谱，甚至也不能解释氢原子光谱中的精细结构。其原因是这一理论是建立在经典力学模型基础之上，而从宏观到微观，物质的运动规律发生了深刻变化，电子的运动根本不遵循经典物理学中的力学定律，它所服从的是微观粒子特有的规律。

视频 6.1

6.1.2 原子的量子力学模型

微观粒子如电子、中子、质子等，其体积和质量都很小，有些运动速度可以接近光速。微观粒子的运动规律与宏观物体的运动规律在本质上有很大差别。

(1)微观粒子的波粒二象性

通过光的干涉、衍射等现象说明光具有波动性，而通过光电效应又证明了光具有粒子性。因此，光具有波动性和粒子性两重性质，称为光的波粒二象性。

1924 年，法国物理学家德布罗依(Louis de Broglie)指出，对于实物粒子的研究，人们注重其粒子性而忽略其波动性；与之相反，对于光的本质的研究，人们长期以来重视其波动性而忽略其粒子性。认为微观粒子在一定情况下，不仅是粒子，而且可能呈现波的性质，这种波称为德布罗依波。

其相应波长为：

$$\lambda=\frac{h}{p}=\frac{h}{mv} \tag{6-5}$$

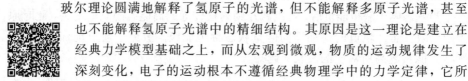

1927 年，戴维逊的电子衍射实验证明了德布罗依的预言，电子运动时确有

波动性，微观粒子具有波粒二象性。实验是将一束高速的电子流从 A 处射出，通过薄的镍晶体 B，经晶格的狭缝射到感光屏 C 上，出现与光的衍射一样的环纹(图 6-3)。

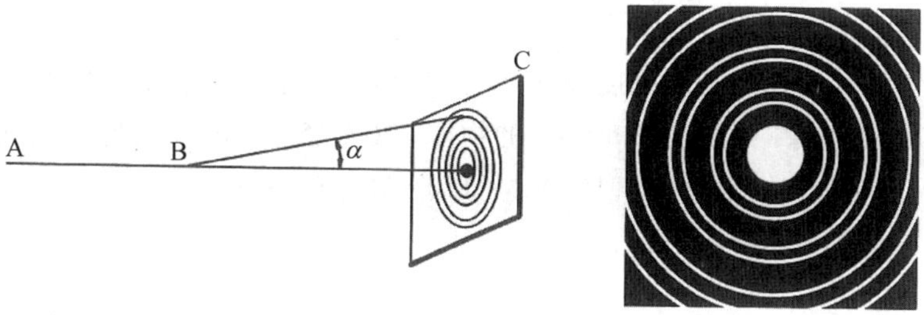

图 6-3 电子衍射

从实验所得的电子衍射图计算得到的电子所对应的波长与式(6-5)所预期的完全一致。

$$\lambda=\frac{h}{mv}=\frac{6.626\times10^{-34}}{(9.11\times10^{-31})(1.0\times10^{6})}=7.3\times10^{-10}(\text{m})=730(\text{pm})$$

计算 0.20kg 的速率 20m·s^{-1}棒球的波长：

$$\lambda=\frac{h}{mv}=\frac{6.626\times10^{-34}}{0.20\times20}=1.7\times10^{-34}(\text{m})=1.7\times10^{-22}(\text{pm})$$

棒球波长如此之小，以至于不能用实验观测，宏观物体的波动性难以显现，而微观粒子则显现出明显的波动性。

(2)测不准原理

宏观物体的运动，根据经典力学，可以准确同时求得它们在某一瞬间的速度、位置和动量。但具有波粒二象性的微观粒子，则不可能同时测定其在某一瞬间的位置和速度。

1927 年，海森堡(W. Heisenberg)提出测不准原理。其数学表达式为：

$$\Delta p_x\cdot\Delta x\geqslant h\qquad(\text{或 }\Delta p_x\cdot\Delta x\geqslant h/2\pi)\tag{6-6}$$

式中，h 为普朗克常数。

表明不可能在准确测量物体的位置(或坐标)的同时，又能准确地测量该物体的速度(或动量)。物体位置的测定准确度越高(Δx 越小)，其动量在 x 方向的分量的准确度就越差(Δp_x 越大)；反之亦然。

像电子这样的微观粒子，如果非常准确地知道其能量，则不能同时准确地知道它的位置。原子中的电子在 50pm 范围内绕核运动，即电子的 Δx 为 50pm，则其动量测不准度为：

$$\Delta p_x=\frac{6.626\times10^{-34}}{2\times3.142\times5\times10^{-11}}=2.1\times10^{-24}(\text{kg}\cdot\text{m}\cdot\text{S}^{-1})$$

相应的电子运动速度的不准确度为：

$$\Delta v=\frac{\Delta p_x}{m}=\frac{2.1\times10^{-24}}{9.1\times10^{-31}}=2.3\times10^{6}(\text{m}\cdot\text{S}^{-1})$$

电子运动速度的不准确度如此之大，意味着电子运动的轨道是不存在的。

设质量为1g，速度为$1\text{m}\cdot\text{s}^{-1}$的物体，其速度的不准确度为0.01%，即

$$\Delta p=0.01\%\times1=1.0\times10^{-4}(\text{m}\cdot\text{S}^{-1})$$

则位置的不准确度为：

$$\Delta x=\frac{h}{2\pi m\Delta v}=1.05\times10^{-27}\text{m}$$

其不准确度很小，显然在测定误差范围之内。因此，宏观物体可以用坐标和动量来描述其运动状态，两者可以准确测定。

(3)微观粒子运动的统计规律

根据量子力学理论，微观粒子的运动规律只能采用统计的方法做出概率性的判断。在电子衍射实验中，控制电子流很小，感光屏上只出现无规则的衍射斑点，显示出电子的微粒性。随时间的延长，斑点数目的增多，感光屏上出现规则的衍射条纹，最后的图像与波的衍射强度分布一致，显示出电子的波动性，所以说波动性是粒子性的统计结果。

这种统计结果说明，虽然不能同时测准单个电子的速度和位置，但是电子在哪个区域出现的机会少，在哪个区域出现的机会多，是有一定的规律的。

对大量电子的行为而言，电子出现数目多的区域衍射强度大，少的区域衍射强度小。对单个电子而言，电子到达机会多的区域是衍射强度大的地方。

在电子衍射图像中，相同条件下大量电子的集体行为，相当于单个电子千万次重复的统计性结果。电子的运动规律对单个电子是概率性，对大量电子是具有统计性的。

总之，具有波动性的微观粒子不再服从经典力学规律，其运动没有确定的轨道，只有一定的空间概率分布，遵循测不准原理。要研究电子出现的空间区域，须要寻找一个函数，使该函数的图像和这个空间区域建立联系。

这个函数就是微观粒子的波函数，经常用希腊字母ψ表示波函数。

6.2 核外电子运动状态

由于微观粒子的运动具有波粒二象性，其运动规律需要用量子力学来描

述。波函数 ψ 的几何图像可以用来表示微观粒子活动的空间区域。1926 年，奥地利物理学家薛定谔在德布罗依物质波的启发下，通过对力学和光学的分析，提出了描述微观粒子运动状态变化规律的基本方程即薛定谔方程，它是量子力学的基本方程。通过解薛定谔方程可以得到波函数 ψ。

6.2.1　描述微观粒子运动的基本方程——薛定谔方程

薛定谔方程是一个二阶偏微分方程：

$$\frac{\partial^2\psi}{\partial x^2}+\frac{\partial^2\psi}{\partial y^2}+\frac{\partial^2\psi}{\partial z^2}+\frac{8\pi^2 m}{h^2}(E-V)\psi=0 \qquad (6\text{-}7)$$

式中，ψ 是描述特定微观粒子运动状态的波函数，h 为普朗克常数，m 为微观粒子的质量，E 是体系的总能量，V 为体系的势能，x，y，z 为空间坐标。

解代数方程，其解是一个数；解常微分方程，结果是一组单变量函数；偏微分方程的解则是一组多变量函数，如 $F(x, y, z)$等。

波函数 ψ 经常是三个变量的函数，就是一系列多变量函数。

在薛定谔方程中，波函数 ψ 对自变量 x，y，z 偏微分，所以解得的波函数将是关于 x，y，z 的多变量函数。波函数 ψ 的图像将和三维空间中的某些区域相关联。

薛定谔方程的意义是质量为 m 的微观粒子在势能为 V 的势场中运动，描述该运动状态的波函数应满足该方程。方程的每个解代表一个运动状态，每个状态相应有确定的能量 E。

对氢原子体系来说，解薛定谔方程所得的一系列 ψ 是描述特定微观粒子运动状态的波函数。将直角坐标三变量 x，y，z 转变为球坐标三变量 r，θ，φ。

空间某一点 P，在三维直角坐标系中，其位置可由 x，y，z 三变量确定。在球坐标系中，则可由 r，θ，φ 三变量确定，如图 6-4 所示。

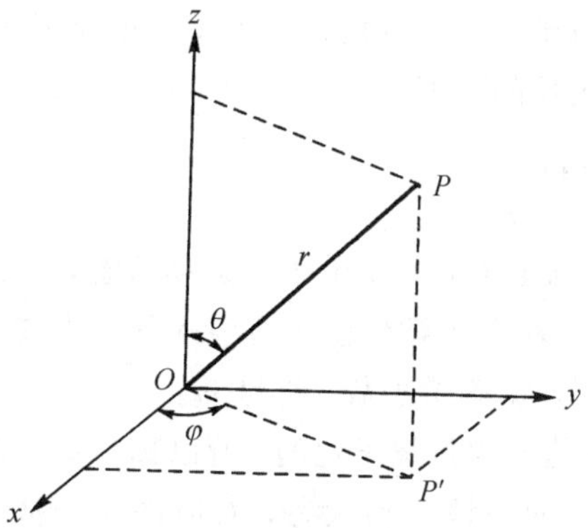

图 6-4　球坐标与三维直角坐标系的关系

$$x = r\sin\theta\cos\varphi \quad y = r\sin\theta\sin\varphi \quad z = r\cos\theta$$

$$r^2 = x^2 + y^2 + z^2$$

将 $\psi(r, \theta, \varphi)$分解为径向部分 $R(r)$和角度部分 $Y(\theta, \varphi)$函数的积，从而求解波函数 $\psi(r, \theta, \varphi)$。

而 ψ 则可以表示为：

$$\psi(r, \theta, \varphi) = R(r) \cdot Y(\theta, \varphi)$$

其中 $R(r)$只和变量 r 有关，即只和电子与核间的距离有关，为波函数的径向部分。$Y(\theta, \varphi)$只和 θ，φ 有关，称为波函数的角度部分。

在解常微分方程求 $Y(\varphi)$时，要引入一个参数 m，且只有当 m 的值满足某些要求时，$Y(\varphi)$的解才是合理的。

在解常微分方程求 $Y(\theta)$时，要引入一个参数 l，且只有当 l 的值满足某些要求时，$Y(\theta)$的解才是合理的。

在解常微分方程求 $R(r)$时，要引入一个参数 n，且只有当 n 的值满足某些要求时，$R(r)$的解才是合理的。

最终得到的波函数是一系列三变量、三参数的函数：

$$\psi_{n,l,m}(r, \theta, \varphi) = R(r) \cdot Y(\theta) \cdot Y(\varphi)$$

6.2.2 波函数和原子轨道

任何微观粒子的运动状态都可以用一个波函数 ψ 来描述。粒子运动状态有大小、正负之分，反映了粒子的波动性。

波函数经常不明显写出它的具体的数学形式，而是用一组量子数来标记。

波函数 ψ_{1s}，ψ_{2s}，ψ_{2p}，…就是原子轨道(atomic orbital)。量子力学中的“原子轨道”的意义不是指电子在核外运动所遵循的轨迹，而是指电子的一种空间运动状态。

原子轨道指的是电子一个允许的能量状态，就是原子的波函数 ψ，它表示电子在原子核外可能出现的范围。

6.2.3 四个量子数

1s，2p，3d，4f 等确定了原子中电子的运动状态，这是标记波函数的方法。在求解薛定谔方程时，为使求解有意义而引入的三个参数，其中：主量子数，符号 n；角量子数，符号 l；磁量子数，符号 m。

由于 n，l，m 的取值必须是量子化的，所以称为量子数。一组 n，l，m 确定的允许值表示核外电子的一种运动状态，对应的一个波函数常用 $\psi(n, l, m)$表示。

(1)主量子数 n

主量子数 n 表示核外电子最大概率区离核的远近。它确定原子中允许电子出现的电子层。对于 $n=1$，2，3，4，5，6，7 光谱学中将七个电子层的符号分别用 K，L，M，N，O，P，Q 等符号表示。

n 值小，表示该层电子能量低，离核近；反之离核远，该层电子能量高。

(2)角量子数 l

角量子数 l 表示电子运动角动量的大小，它决定电子在空间的角度分布和原子轨道的形状，称为电子亚层。在某一电子层内，电子的运动状态和能量稍有不同，在同一电子层内还有电子亚层，此时 n 相同，l 不同，能量也不同。

对于 n 的任意给定值，l 可以取 0～$(n-1)$的正整数。例如：$n=4$，即第四电子层，l 可有 0，1，2，3 四个取值，即可有 4 个电子亚层。习惯上用光谱符号：s，p，d，f 表示电子亚层，电子云的几何形状分别为球形、哑铃形和花瓣形。

用 n 的数值和 l 的符号组合来给出波函数(轨道)名称，例如 2s，4d 等。通式为 ns，np，nd，nf 叫做电子组态。

不同 l 值有不同的角动量，它在多电子原子中与主量子数一起确定电子的能量，所以 2s，3d 等又称为能级。

(3)磁量子数 m

磁量子数 m 决定了在外加磁场作用下，电子绕核运动的角动量在磁场方向的分量大小。它是用来描述原子轨道在空间的不同取向。

对于给定的 l 值，m 可以取从 $-l$ 到 l(包括 0 在内)的所有整数值。例如当 $l=2$时，m 可以是-2，-1，0，$+1$，$+2$。也就是说，对于任意给定的 l，亚层中的电子可以有$(2l+1)$个不同的空间取向。

n，l，m 三个量子数规定了一个原子轨道。在没有外加磁场的情况下，n，l 相同、m 不同的同一亚层的原子轨道，能量完全相同，称为简并轨道。

(4)自旋量子数 m_s

自旋量子数 m_s 表示了两种不同的电子自旋方式。可取两个数值：$+1/2$ 或 $-1/2$，习惯上用“↑”或“↓”表示。同向称为自旋平行↑↑，逆向称为自旋相反↑↓。

综上所述，每个电子可以用四个量子数 n，l，m，m_s 来描述其运动状态。n 决定电子的能量和离核距离，l 决定原子轨道形状，m 决定原子轨道在空间伸展方向，m_s 决定电子自旋方向。

在同一原子中，彼此处于完全相同运动状态的电子不会同时存在。即每一个原子轨道(n，l，m 相同)只能容纳两个自旋方向相反(m_s 不同)的电子，这就是保里不相容原理。据此可知每个电子层的轨道总数是 n^2，可容纳的电子总数是 $2n^2$(见表 6-1)。

表 6-1　量子数与电子层最大容量

电子层主量子数 n	K	L		M			N			
	1	2		3			4			
电子亚层	s	s	p	s	p	d	s	p	d	f
电子亚层角量子数 l	0	0	1	0	1	2	0	1	2	3
电子亚层符号	1s	2s	2p	3s	3p	3d	4s	4p	4d	4f
磁量子数 m	0	0	−1 0 +1	0	−1 0 +1	−2 −1 0 +1 +2	0	0 −1 0 +1	−2 −1 0 +1 +2	−3 −2 −1 0 +1 +2 +3
电子亚层轨道数目	1	1	3	1	3	5	1	3	5	7
容纳电子数目	2	2	6	2	6	10	2	6	10	14
n 电子层最大容量 $2n^2$	2	8		18			32			

［**例 6-1**］　量子数为 $n=3$ 的电子层有哪几个亚层？各亚层有几个原子轨道？这几个电子层最多能容纳多少个电子？

解　①3 个亚层(s，p，d)；

②分别有 1，3，5 个原子轨道；

③最多能容纳电子数目＝2＋6＋10＝18

(即 $2n^2=2\times3^2=18$)

6.2.4　原子轨道的角度分布图

我们把波函数 $\psi(r,\theta,\varphi)$分解成 $R(r)\cdot Y(\theta,\varphi)$，$R(r)$只与电子离核的远近有关，称为径向波函数，$Y(\theta,\varphi)$与角度有关，称为角度波函数。后者对于讨论原子轨道的空间构型意义重大。下面重点讨论波函数角度分布图。

对 $Y(\theta,\varphi)$，分别赋予其不同的 θ，φ 值，然后对所求出的 Y 值作图，所得到的闭合立体曲面即为原子轨道的角度分布图。

［**例 6-2**］　画出 p_z 原子轨道分布图。

求解薛定谔方程得：

$$Y_{p_z} = \sqrt{\frac{3}{4\pi}} \cos\theta$$

不同 θ 时 Y 的相对大小为

θ	0°	30°	45°	60°	90°	120°	135°	150°	180°
$\cos\theta$	+1	+0.866	+0.707	+0.5	0	−0.5	−0.707	−0.866	−1
Y_{p_z}	+0.489	+0.423	+0.346	+0.244	0	−0.244	−0.346	−0.43	−0.489

以坐标原点引出方向为(θ，φ)的直线，取其长度等于 $Y(\theta, \varphi)$值的线段(相对值)，连接所有线段的端点，得到在 xz 平面上且被 xy 平面平分的两个半圆，然后绕 z 轴旋转 360°，即得原子轨道的角度分布图。

其他原子轨道角度分布图，也可依类似的方法画出。

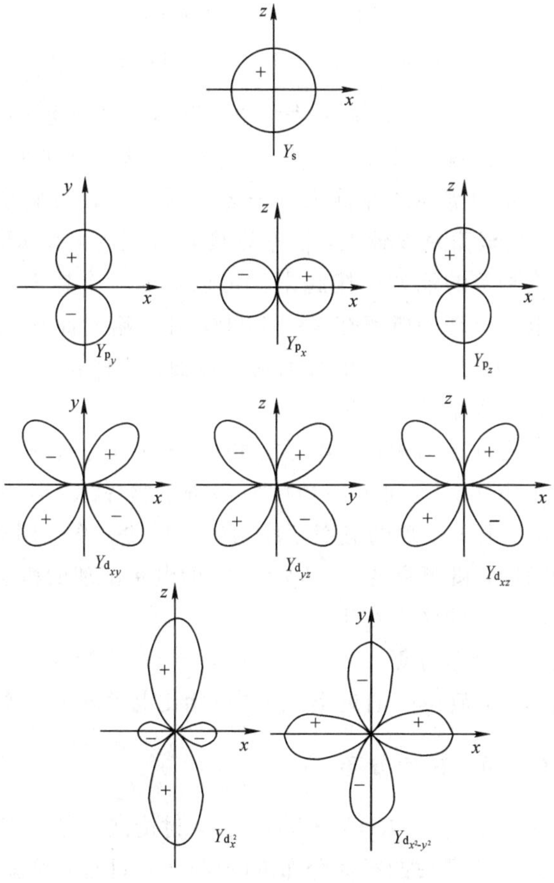

图 6-5　s，p，d 原子轨道角度分布剖面

z 轴为原子轨道的对称轴，xy 平面是原子轨道角度分布图的节面。值可正可负。其他原子轨道角度分布图可类似求得。注意花瓣形 d 轨道的极值方向(图 6-5)。

6.2.5 电子云

微粒波函数 ψ 的平方 $|\psi|^2$ 反映了粒子在空间某点单位体积内出现的概率，即概率密度。电子等实物粒子的波是一种概率波。衍射图中，衍射强度大的地方，电子出现的概率密度大，反之则小。

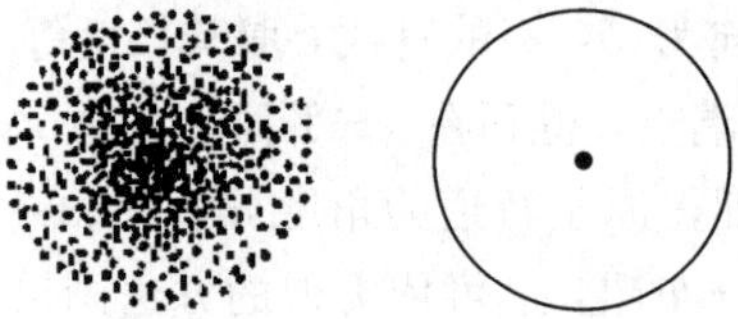

(a)电子云图　　(b)界面图

图 6-6　氢原子 1s 电子云和界面

习惯上，用小黑点分布的疏密来表示电子出现概率密度的相对大小，较密处即单位体积内电子出现的机会多，反之则少。用这种方法来描述电子在核外出现的概率密度分布的空间图像称为电子云。图 6-6(a)为氢原子的 1s 电子云图，电子在核附近的概率密度较大，概率密度随核距离 r 增大而减小。如果把电子出现概率密度相等的地方连接起来就可以形成一个界面，选取一个界面，使在这个界面内电子出现的概率在 95%以上，且忽略界面外电子出现的概率。如图6-6(b)所示，氢原子 1s 电子的界面为一球面，这种表示方式把原子轨道的主要特征——形状和大小都表示出来了。

与原子轨道角度分布图相比，电子云角度分布图的基本形状不发生变化。这种图形只是表示电子在空间不同角度所出现的概率大小，因未考虑径向部分，所以并不能表示电子出现的概率密度与核远近的关系。图 6-7 为 s，p，d 电子云角度分布剖面图，概率密度大，$|\psi|^2$ 大，即电子出现的机会多。

原子轨道与电子云的区别在于：

①原子轨道角度分布有正、负之分，而电子云角度分布均为正值。

②因 $|\psi|$ 值小于 1，故 $|\psi|^2$ 值更小，两图形相比电子云角度分布图"瘦"一些。

视频 6.2

6.2.6 径向分布

$\psi(r,\theta,\varphi)=R(r)\cdot Y(\theta,\varphi)$，讨论波函数 ψ 和 r 之间的关系，只要讨论波函数的径向分布 $R(r)$ 与 r 之间的关系就可以，波函数的

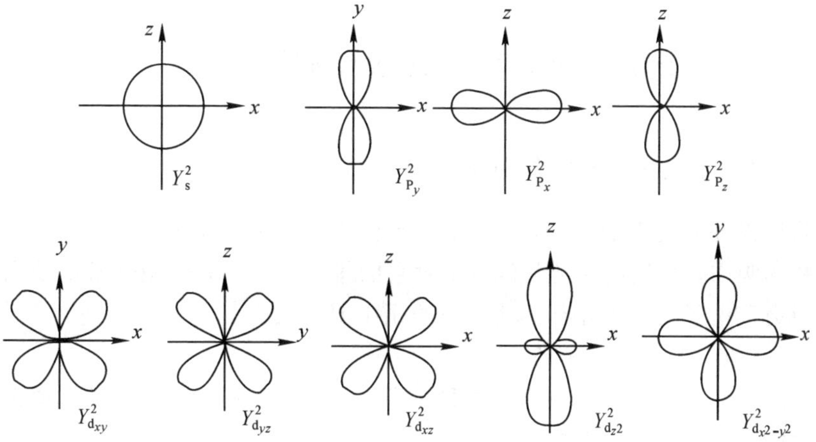

图 6-7　s，p，d 电子云角度分布剖面图

角度部分与 r 无关。

概率密度 $|\psi|^2$ 随 r 的变化，仅表现为 $|\psi|^2$ 随 r 的变化。$|\psi|^2$ 对 r 作图，得到径向密度分布图，如图 6-8 所示。

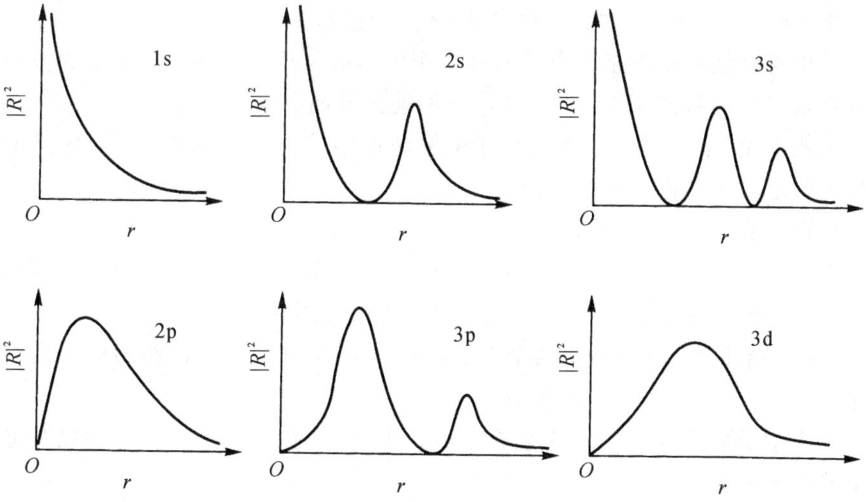

图 6-8　概率密度径向分布

这种径向概率密度分布图和图 6-6 中电子云图中黑点的疏密一致。

6.3 原子电子层结构和元素周期系

6.3.1 多电子原子核外电子排布

除氢以外的元素的原子，属于多电子原子。在多电子原子中，电子不仅受原子核的吸引，而且还受到其他电子对它的排斥。所以，作用于某电子上的核的吸引力及电子之间的排斥力也比氢原子中要复杂。

6.3.1.1 多电子原子的能级

氢原子轨道的能量仅决定于主量子数 n，凡是 n 值相同的原子轨道都具有相同的能量，其能量通式为：

$$E_n = -\frac{1312}{n^2}\mathrm{kJ \cdot mol^{-1}}$$

(1)屏蔽效应

多电子原子中，某一电子除受核的引力之外，还会受到其余电子的排斥力。因此，某一电子实际上所受到核的引力要比相应值等于原子序数 z 的核电荷的引力小。$z^* = z - \sigma$，z^* 为有效核电荷，σ 为屏蔽常数。

这种将其他电子对某个电子的排斥作用归结为抵消一部分核电荷的作用称为屏蔽效应。屏蔽效应大，则电子具有的能量升高。

一般来说，内层电子对外层电子的屏蔽作用较大，而外层电子对内层电子可以近似地看作不产生屏蔽作用。

计算 σ 值的 Slater 规则：

①轨道分组：(1s)，(2s，2p)，(3s，3p)，(3d)，(4s，4p)，(4d)，(4f)，(5s，5p)，…右边组的电子对于左边组电子的屏蔽常数 $\sigma=0$。

②ns，np 同组 1s 轨道上两个电子间 $\sigma=0，3$，其他各组同组内电子之间的 $\sigma=0.35$。

③主量子数为($n-1$)的各电子对 ns，np 电子的 $\sigma=0.85$。($n-2$)以及更内层中的电子 $\sigma=1$。

④被屏蔽电子为(nd)或(nf)组中的电子，同组电子对其产生的屏蔽作用 $\sigma=0.35$，左侧面各组对其屏蔽常数 $\sigma=1$。

例如，原子序数为 17 的 Cl 原子核作用在 3p 上某个电子的有效核电荷：

$$z^* = z - \sigma = 17 - (1.00 \times 2 + 0.85 \times 8 + 0.35 \times 6) = 6.10$$

外层电子所受到的有效核电荷作用越小，离核的半径越大，越易从原子中失去。

(2)能级交错

多电子原子中电子能级的高低由 n，l 决定，从光谱实验的结果，可得出三条规律：

①l 相同，随 n 值增大，轨道能量升高。

②n 相同，随 l 值增大，轨道能量升高。

③n，l 都不同，有时出现能级交错现象。

多电子原子 $(n+0.7l)$ 值越大，则能量越高，这一规律被称为徐光宪规则，如 4s，3d 分别为 4.0 和 4.4，故 $E_{4s}<E_{3d}$。这种 n 值较大的亚层能量反而比 n 值较小的能量低的现象称为能级交错，可以从屏蔽效应得到部分解释。

(3)鲍林近似能级图

1939 年，美国著名结构化学家鲍林(L. Pauling)根据光谱实验结果得出多电子原子中各轨道能级相对高低的情况，并用图表示(图 6-9)，称鲍林近似能级图。

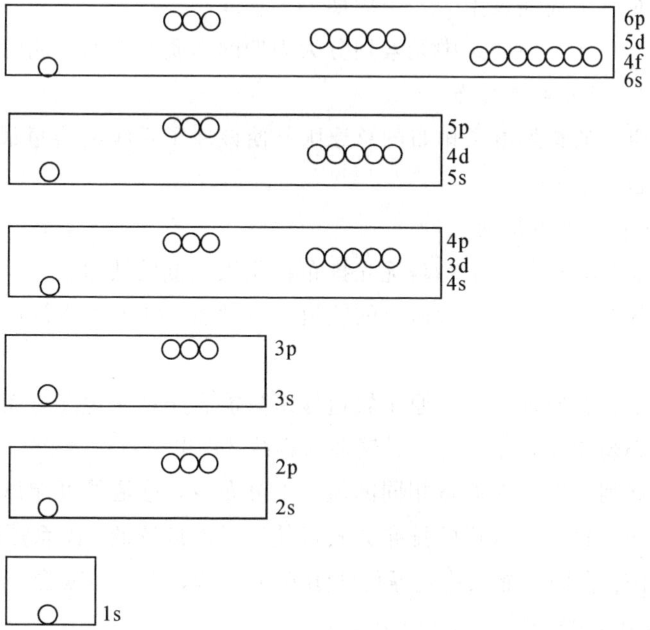

图 6-9　鲍林近似能级图

图中用小圆圈表示原子轨道，所在位置的相对高低代表了各轨道能级的相对高低。鲍林能级图反映了核外电子填充的一般顺序。

从图 6-9 鲍林近似能级图可以看出：

①同一原子不同电子层的同类亚层之间，能级的相对高低与主量子数 n 有关，能级顺序为：

1s＜2s＜3s＜4s＜5s＜6s

2p＜3p＜4p＜5p＜6p

3d＜4d＜5d

4f＜5f

②同一原子同一电子层内，各亚层能级的相对高低与角量子数 l 有关：

ns＜np＜nd＜nf

③同一原子内不同电子层的不同亚层之间能级交错现象。如：

4s＜3d＜4p，5s＜4d＜5p，6s＜4f＜5d＜6p

鲍林能级图反映了随着原子序数的递增电子填充的先后顺序。每个方框表示一个能级组，各能级组的能量依次增加，每个能级组对应于周期表中的一个周期。

视频 6.3

元素周期系中元素划分为周期的本质原因就是能量。

6.3.1.2　核外电子排布

多电子原子的核外电子排布的总原则是使该原子系统的能量最低，原子处于最稳定状态。

(1)核外电子排布原则

①能量最低原理。电子总是优先排布在能级较低的轨道上，以使原子处于能量最低的状态。只有当能量最低的轨道已占满后，电子才能依次进入能量较高的轨道。

②保里不相容原理。一个原子轨道最多只能容纳两个电子，而且这两个电子自旋方向必须相反，每个电子层最多可容纳 $2n^2$ 电子。

③洪特规则。电子在能量相同的轨道上分布时，总是尽可能以自旋相同的方向分占不同的轨道。这样的排布方式可使原子能量较低，体系更稳定。

洪特特例：在同一能级中，等价轨道在半充满、全充满或全空时系统较稳定。如：p^3，d^5，f^7；p^6，d^{10}，f^{14}；p^0，d^0，f^0。

全空、半充满和全充满几种情况，各轨道保持一致，对称性高，体系稳定。对于简并度高的 d，f 轨道尤其明显，对于简并度低的 p 轨道则不明显。

(2)基态原子中电子的排布

其核外电子的填充顺序遵从核外电子排布原则，按鲍林近似能级顺序由低到高排布。电子填入各亚层的顺序图如图 6-10 所示。

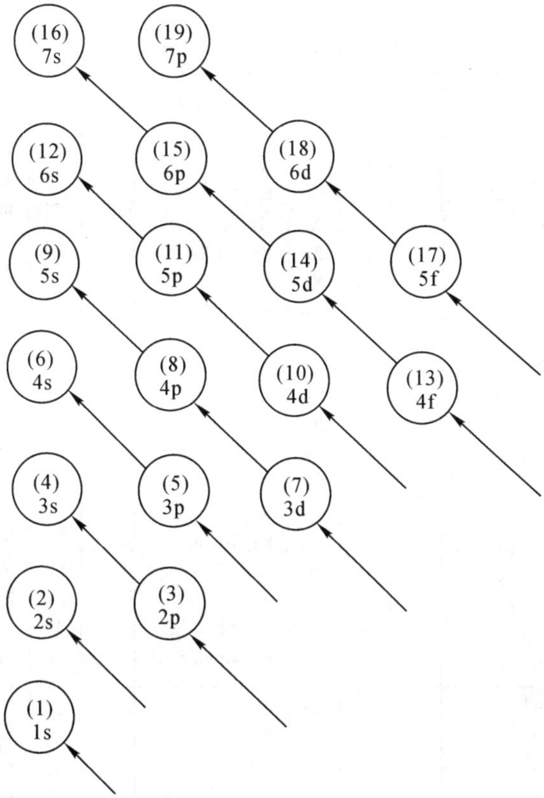

图 6-10　电子填入各亚层的顺序

排布顺序与书写规则如下：

按 1s-2s-2p-3s-3p-4s-3d-4p-5s-4d-5p-6s-4f-5d-6p 排布。

例如：26 号 Fe：$1s^2 2s^2 2p^6 3s^2 3p^6 4s^2 3d^6$

但是，书写时改为：$1s^2 2s^2 2p^6 3s^2 3p^6 3d^6 4s^2$，也可书写为：$[Ar]3d^6 4s^2$。

其中[Ar]表示 Fe 的原子实。

某原子的原子核及电子排布同某稀有气体原子里的电子排布相同的那部分实体称为原子实。

$_{18}Ar$ 的电子排布式为：$1s^2 2s^2 2p^6 3s^2 3p^6$。

有 19 种元素原子的外层电子分布有例外，比如：

$_{29}Cu$　$1s^2 2s^2 2p^6 3s^2 3p^6 3d^{10} 4s^1$　　3d 全充满而不是 $3d^9 4s^2$

$_{24}Cr$　$1s^{2}2s^{2}2p^{6}3s^{2}3p^{6}3d^{5}4s^{1}$　　3d 半充满而不是 $3d^{4}4s^{2}$

表 6-2 是各元素基态原子的电子层结构。

表 6-2　各元素原子的电子排布

周期	原子序数	元素符号	电子结构	周期	原子序数	元素符号	电子结构	周期	原子序数	元素符号	电子结构
1	1	H	$1s^{1}$	5	37	Rb	$[Kr]5s^{1}$	6	73	**Ta**	$[Xe]4f^{14}5d^{3}6s^{2}$
	2	He	$1s^{2}$		38	Sr	$[Kr]5s^{2}$		74	**W**	$[Xe]4f^{14}5d^{4}6s^{2}$
2	3	Li	$[He]2s^{1}$		39	**Y**	$[Kr]4d^{1}5s^{2}$		75	**Re**	$[Xe]4f^{14}5d^{5}6s^{2}$
	4	Be	$[He]2s^{2}$		40	**Zr**	$[Kr]4d^{2}5s^{2}$		76	**Os**	$[Xe]4f^{14}5d^{6}6s^{2}$
	5	B	$[He]2s^{2}2p^{1}$		41	**Nb**	$[Kr]4d^{4}5s^{1}$		77	**Ir**	$[Xe]4f^{14}5d^{7}6s^{2}$
	6	C	$[He]2s^{2}2p^{2}$		42	**Mo**	$[Kr]4d^{5}5s^{1}$		78	**Pt**	$[Xe]4f^{14}5d^{9}6s^{1}$
	7	N	$[He]2s^{2}2p^{3}$		43	**Tc**	$[Kr]4d^{4}5s^{2}$		79	**Au**	$[Xe]4f^{14}5d^{10}6s^{1}$
	8	O	$[He]2s^{2}2p^{4}$		44	**Ru**	$[Kr]4d^{7}5s^{1}$		80	**Hg**	$[Xe]4f^{14}5d^{10}6s^{2}$
	9	F	$[He]2s^{2}2p^{5}$		45	**Rh**	$[Kr]4d^{8}5s^{1}$		81	Tl	$[Xe]4f^{14}5d^{10}6s^{2}6p^{1}$
	10	Ne	$[He]2s^{2}2p^{6}$		46	**Pd**	$[Kr]4d^{10}$		82	Pb	$[Xe]4f^{14}5d^{10}6s^{2}6p^{2}$
3	11	Na	$[Ne]3s^{1}$		47	**Ag**	$[Kr]4d^{10}5s^{1}$		83	Bi	$[Xe]4f^{14}5d^{10}6s^{2}6p^{3}$
	12	Mg	$[Ne]3s^{2}$		48	**Cd**	$[Kr]4d^{10}5s^{2}$		84	Po	$[Xe]4f^{14}5d^{10}6s^{2}6p^{4}$
	13	Al	$[Ne]3s^{2}3p^{1}$		49	In	$[Kr]4d^{10}5s^{2}5p^{1}$		85	At	$[Xe]4f^{14}5d^{10}6s^{2}6p^{5}$
	14	Si	$[Ne]3s^{2}3p^{2}$		50	Sn	$[Kr]4d^{10}5s^{2}5p^{2}$		86	Rn	$[Xe]4f^{14}5d^{10}6s^{2}6p^{6}$
	15	P	$[Ne]3s^{2}3p^{3}$		51	Sb	$[Kr]4d^{10}5s^{2}5p^{3}$	7	87	Fr	$[Rn]7s^{1}$
	16	S	$[Ne]3s^{2}3p^{4}$		52	Te	$[Kr]4d^{10}5s^{2}5p^{4}$		88	Ra	$[Rn]7s^{2}$
	17	Cl	$[Ne]3s^{2}3p^{5}$		53	I	$[Kr]4d^{10}5s^{2}5p^{5}$		89	**Ac**	$[Rn]6d^{1}7s^{2}$
	18	Ar	$[Ne]3s^{2}3p^{6}$		54	Xe	$[Kr]4d^{10}5s^{2}5p^{6}$		90	**Th**	$[Rn]6d^{2}7s^{2}$
4	19	K	$[Ar]4s^{1}$	6	55	Cs	$[Xe]6s^{1}$		91	**Pa**	$[Rn]5f^{2}6d^{1}7s^{2}$
	20	Ca	$[Ar]4s^{2}$		56	Ba	$[Xe]6s^{2}$		92	**U**	$[Rn]5f^{3}6d^{1}7s^{2}$
	21	**Sc**	$[Ar]3d^{1}4s^{2}$		57	**La**	$[Xe]5d^{1}6s^{2}$		93	**Np**	$[Rn]5f^{4}6d^{1}7s^{2}$
	22	**Ti**	$[Ar]3d^{2}4s^{2}$		58	**Ce**	$[Xe]4f^{1}5d^{1}6s^{2}$		94	**Pu**	$[Rn]5f^{6}7s^{2}$
	23	**V**	$[Ar]3d^{3}4s^{2}$		59	**Pr**	$[Xe]4f^{3}6s^{2}$		95	**Am**	$[Rn]5f^{7}7s^{2}$
	24	**Cr**	$[Ar]3d^{5}4s^{1}$		60	**Nd**	$[Xe]4f^{4}6s^{2}$		96	**Cm**	$[Rn]5f^{7}6d^{1}7s^{2}$
	25	**Mn**	$[Ar]3d^{5}4s^{2}$		61	**Pm**	$[Xe]4f^{5}6s^{2}$		97	**Bk**	$[Rn]5f^{9}7s^{2}$
	26	**Fe**	$[Ar]3d^{6}4s^{2}$		62	**Sm**	$[Xe]4f^{6}6s^{2}$		98	**Cf**	$[Rn]5f^{10}7s^{2}$
	27	**Co**	$[Ar]3d^{7}4s^{2}$		63	**Eu**	$[Xe]4f^{7}6s^{2}$		99	**Es**	$[Rn]5f^{11}7s^{2}$
	28	**Ni**	$[Ar]3d^{8}4s^{2}$		64	**Gd**	$[Xe]4f^{7}5d^{1}6s^{2}$		100	**Fm**	$[Rn]5f^{12}7s^{2}$
	29	**Cu**	$[Ar]3d^{10}4s^{1}$		65	**Tb**	$[Xe]4f^{9}6s^{2}$		101	**Md**	$[Rn]5f^{13}7s^{2}$
	30	**Zn**	$[Ar]3d^{10}4s^{2}$		66	**Dy**	$[Xe]4f^{10}6s^{2}$		102	**No**	$[Rn]5f^{14}7s^{2}$
	31	Ga	$[Ar]3d^{10}4s^{2}4p^{1}$		67	**Ho**	$[Xe]4f^{11}6s^{2}$		103	**Lr**	$[Rn]5f^{14}6d^{1}7s^{2}$
	32	Ge	$[Ar]3d^{10}4s^{2}4p^{2}$		68	**Er**	$[Xe]4f^{12}6s^{2}$		104	**Rf**	$[Rn]5f^{14}6d^{2}7s^{2}$
	33	As	$[Ar]3d^{10}4s^{2}4p^{3}$		69	**Tm**	$[Xe]4f^{13}6s^{2}$		105	**Db**	$[Rn]5f^{14}6d^{3}7s^{2}$
	34	Se	$[Ar]3d^{10}4s^{2}4p^{4}$		70	**Yb**	$[Xe]4f^{14}6s^{2}$		106	**Sg**	$[Rn]5f^{14}6d^{4}7s^{2}$
	35	Br	$[Ar]3d^{10}4s^{2}4p^{5}$		71	**Lu**	$[Xe]4f^{14}5d^{1}6s^{2}$		107	**Bh**	$[Rn]5f^{14}6d^{5}7s^{2}$
	36	Kr	$[Ar]3d^{10}4s^{2}4p^{6}$		72	**Hf**	$[Xe]4f^{14}5d^{2}6s^{2}$		108	**Hs**	$[Rn]5f^{14}6d^{6}7s^{2}$
									109	**Mt**	$[Rn]5f^{14}6d^{7}7s^{2}$

注：表中黑体为过渡元素，有下划线的是镧系和锕系元素。

(3)价电子层构型

价电子结构：对主族而言，即最外电子层结构，对副族元素而言(镧、锕系除外)为最外层加上次外层 d 轨道电子。如$_{25}$Mn 价层电子构型为 $3d^5 4s^2$，$_{47}$Ag 的价电子层构型为 $4d^{10} 5s^1$。元素化学性质主要取决于价电子层结构。$_{58}$Ce 外层电子排布是 $4f^1 5d^1 6s^2$，不能写成 $6s^2$ 或 $5d^1 6s^2$。

视频 6.4

但价层中的电子并非全是价电子。如：

$_{29}$Cu 的价层电子构型：$3d^{10} 4s^1$；

其氧化值：+1

$_{30}$Zn 的价层电子构型：$3d^{10} 4s^2$；

其氧化值：+2

6.3.2　原子的电子层结构和元素周期系

元素性质的周期性来源于基态原子电子层结构随原子序数递增而呈现的周期性。

元素周期律正是原子电子层结构周期性变化的反映，元素在周期表中的位置与它们的电子层结构有直接关系。

根据核外电子排布的周期性规律，可把 112 种元素分成 7 个周期，5 个区，8 个主族，8 个副族。

(1)原子序数(atomic number)

由原子的核电荷数或核外电子总数而定。

(2)周期(period)

周期的序数相对应于电子层数。

周期有长短之分，每一周期都是从碱金属 ns^1 开始到稀有气体 ns^2np^6 结束。长周期中，过渡元素的最后电子填充在$(n-1)$d 或$(n-2)$f。长周期中元素的性质递变较为缓慢。

各周期元素的数目等于相应能级组中原子轨道所能容纳的电子总数，如表6-3所示。

表 6-3　各周期元素与相应能级组的关系

周　期	元素数目	相应能级组中的原子轨道	电子最大容量
1	2	1s	2

续表

周　期	元素数目	相应能级组中的原子轨道	电子最大容量
2	8	2s2p	8
3	8	3s3p	8
4	18	4s3d4p	18
5	18	5s4d5p	18
6	32	6s4f5d6p	32
7	26(未完)	7s5f6d(未完)	未满

(3)族(group)

元素原子的价电子层结构决定了该元素在周期表中所处族次。

主族元素(ⅠA至ⅦA)的价电子数等于最外层s和p电子的总数，也等于其族序数。稀有气体习惯被称为零族。

副族元素中的ⅠB、ⅡB元素的价电子数等于最外层s电子的数目，ⅢB至ⅦB元素的价电子数等于最外层s和次外层d亚层中电子总数。铁、钴、镍统称为Ⅷ族。同一族中各元素的电子层数虽然不同，但却有相同的价电子构型和相同的价电子数。

(4)区(block)

根据元素原子价电子层结构不同，可将周期表中的元素分为s，p，d，ds和f五个区(见图6-11)。

①s区：价层电子为$ns^{1\sim2}$，位于周期表左侧，即第1，2两列，为活泼金属。价层电子一般指在化学反应中能发生变化的电子。

②p区：价层电子$ns^2np^{1\sim6}$，位于周期表右侧，即第13～18共6列。p区的右上方为非金属元素，左下方为金属元素。

③d区：价层电子$(n-1)d^{1\sim8}s^{1\sim2}$位于周期表中部，即第3～10共8列。d区元素称为过渡元素，$(n-1)$d中的电子由不充满向充满过渡。这些元素化学性质相似，有多变氧化态。

④ds区：价层电子$(n-1)d^{10}s^{1\sim2}$，d能级上为全充满。即第11，12两列。

⑤f区：价层电子$(n-2)f^{0\sim14}(n-1)d^{0\sim2}ns^2$，包括镧系和锕系元素，称内过渡元素。该区元素性质极为相似。

［例6-3］ 某元素的原子序数为27，写出电子分布式、元素名称、符号和所在周期表中的位置(周期、族)？

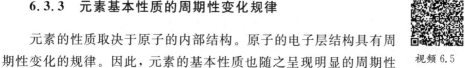

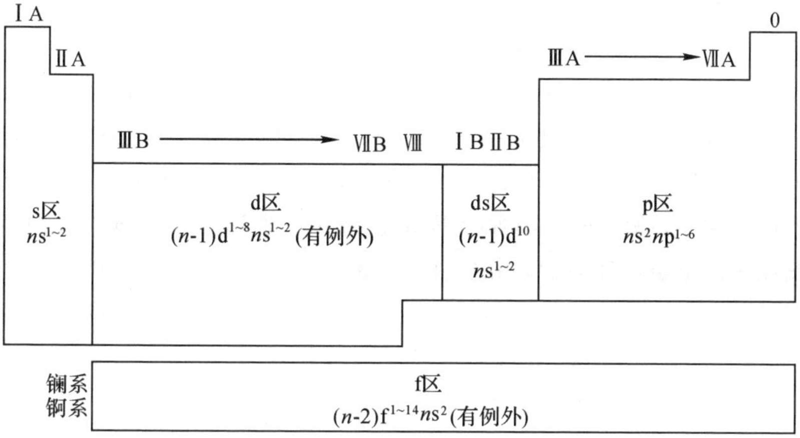

图 6-11　周期表中元素的分区

解　电子分布式：$1s^2 2s^2 2p^6 3s^2 3p^6 3d^7 4s^2$ 或 $[Ar]3d^7 4s^2$

元素名称、符号：钴(Co)；属第四周期、Ⅷ族

[例 6-4]　某元素在第四周期、第ⅡB 族。问其电子分布式、元素名称、元素符号和原子序数？

解　第四能级组为最高能级组，即：4s3d4p；

已知该元素属ⅡB 族，故最外层为 2 个电子，则有 $4s^2$；

此时 3d 轨道充满电子，故该元素电子分布式为：$[Ar]3d^{10}4s^2$；

该元素为锌(Zn)；原子序数为 30。

6.3.3　元素基本性质的周期性变化规律

视频 6.5

元素的性质取决于原子的内部结构。原子的电子层结构具有周期性变化的规律。因此，元素的基本性质也随之呈现明显的周期性变化。

(1)有效核电荷 z^*

在短周期中，从左到右电子依次填充到最外层，由于同层电子间屏蔽作用较弱，有效核电荷显著增加。

长周期中的过渡元素部分，电子填充在次外层，屏蔽效应较大，有效核电荷略有下降；但后半部(填充 np 电子)有效核电荷又显著增大。

同一族元素由上到下，因增加了电子内层，结果使有效核电荷增加不显著。

(2)原子半径 r

它是人为规定的一种物理量，常有共价半径、范德华半径和金属半径三种。

同种元素组成的共价键中，其核间距离的一半称为该原子的共价半径。

分子晶体中，相邻非键的两个同种原子核间距的一半称为范德华半径。图 6-12 显示氯原子的范德华半径为 180pm，大于其共价半径。

金属单质中，相邻两金属原子核间距离的一半称为该金属原子的金属半径。铜原子的金属半径为 128pm(见图 6-13)。

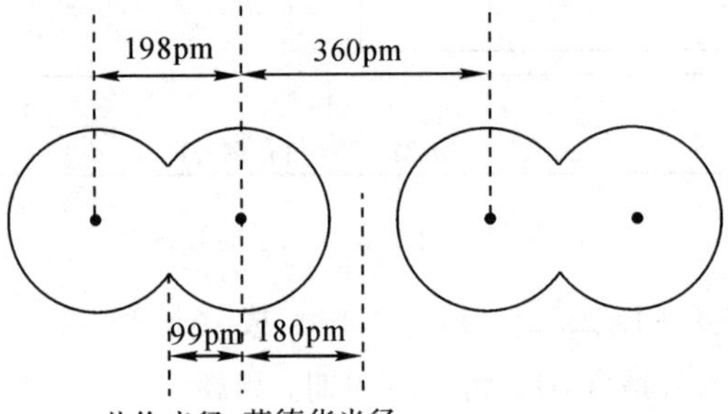

图 6-12　氯原子的共价半径和范德华半径

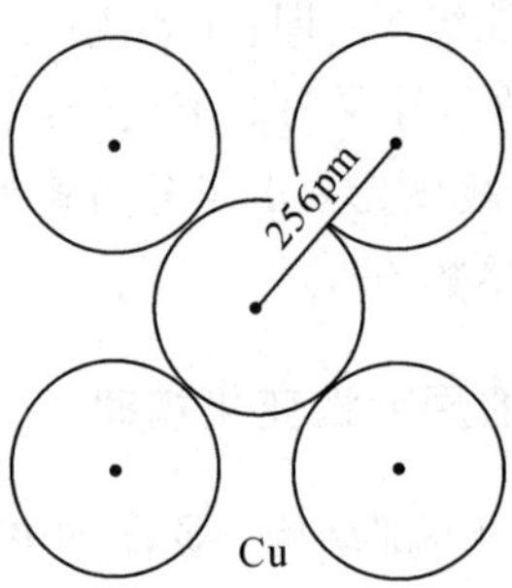

图 6-13　铜原子的金属半径

原子半径的大小主要取决于原子的有效核电荷和核外电子的层数。

同一短周期中从左到右由于原子有效核电荷逐渐增加，而电子层数保持不变。核对电子的吸引力逐渐增大，原子半径逐渐缩小。

长周期中，过渡元素的原子中的电子增加在$(n-1)$d 层上，内层电子屏蔽作用较大，有效核电荷增加较少，原子半径减小较慢。而到了后半部，即 IB 开始，新增加的电子继续填入最外层，由于有效核电荷的增加，原子半径又逐渐减小。

长周期中的过渡元素，从左到右原子半径缩小的幅度更小，这是由于新加入的电子填入$(n-2)$f层上，对外层电子的屏蔽效应更大，有效核电荷增加更小，原子半径减小更慢。

这种镧系元素整个系列的原子半径缩小的现象称为镧系收缩。

同一主族，从上到下尽管核电荷数增多，但电子层增加的因素占主导地位，原子半径显著增加。

副族元素除Sc分族外，增幅较小，而第五六周期过渡元素的原子半径非常接近。

元素的原子半径见表6-4所示。

表6-4　元素的原子半径(单位：pm)

ⅠA	ⅡA	ⅢB	ⅣB	ⅤB	ⅥB	ⅦB	Ⅷ			ⅠB	ⅡB	ⅢA	ⅣA	ⅤA	ⅥA	ⅦA	0
H																	**He**
37																	54
Li	**Be**											**B**	**C**	**N**	**O**	**F**	**Ne**
156	105											91	77	71	60	67	80
Na	**Mg**											**Al**	**Si**	**P**	**S**	**Cl**	**Ar**
186	160											143	117	111	104	99	96
K	**Ca**	**Sc**	**Ti**	**V**	**Cr**	**Mn**	**Fe**	**Co**	**Ni**	**Cu**	**Zn**	**Ga**	**Ge**	**As**	**Se**	**Br**	**Kr**
231	197	161	154	131	125	118	125	125	124	125	133	123	122	116	115	114	99
Rb	**Sr**	**Y**	**Zr**	**Nb**	**Mo**	**Tc**	**Ru**	**Rh**	**Pd**	**Ag**	**Cd**	**In**	**Sn**	**Sb**	**Te**	**I**	**Xe**
243	215	180	161	147	136	135	132	132	138	144	149	151	140	145	139	138	109
Cs	**Ba**	**La**	**Hf**	**Ta**	**W**	**Re**	**Os**	**Ir**	**Pt**	**Au**	**Hg**	**Tl**	**Pb**	**Bi**	**Po**	**At**	**Rn**
265	210	173	154	143	137	138	134	136	139	144	147	189	175	155	167	145	

La	**Ce**	**Pr**	**Nd**	**Pm**	**Sm**	**Eu**	**Gd**	**Tb**	**Dy**	**Ho**	**Er**	**Tm**	**Yb**	**Lu**
187	183	182	181	181	180	199	179	176	175	174	173	173	194	172

引自 MacMillian. Chemical and Physical Data(1992)。

(3)电离能 I

基态气体原子失去一个电子成为带一个正电荷的气态正离子所消耗的能量称为该元素原子的第一电离能，用 I_1 表示。依次有 I_n 等，形成正电荷的越大，失去电子越困难，故有 $I_1<I_2<I_3<I_4$……

I_1 见表6-5。元素原子的电离能越大，原子失去电子越难；反之亦然。电离能大小主要取决于原子的有效核电荷、原子半径和原子的电子层结构。

表 6-5　元素的第一电离能 I_1(kJ·mol^{-1})

ⅠA	ⅡA	ⅢB	ⅣB	ⅤB	ⅥB	ⅦB	Ⅷ			ⅠB	ⅡB	ⅢA	ⅣA	ⅤA	ⅥA	ⅦA	0
H																	**He**
1310																	2370
Li	**Be**											**B**	**C**	**N**	**O**	**F**	**Ne**
519	900											799	1096	1401	1310	1680	2080
Na	**Mg**											**Al**	**Si**	**P**	**S**	**Cl**	**Ar**
494	736											577	786	1060	1000	1260	1520
K	**Ca**	**Sc**	**Ti**	**V**	**Cr**	**Mn**	**Fe**	**Co**	**Ni**	**Cu**	**Zn**	**Ga**	**Ge**	**As**	**Se**	**Br**	**Kr**
418	590	632	661	648	653	716	762	757	736	745	908	577	762	966	941	1140	1350
Rb	**Sr**	**Y**	**Zr**	**Nb**	**Mo**	**Tc**	**Ru**	**Rh**	**Pd**	**Ag**	**Cd**	**In**	**Sn**	**Sb**	**Te**	**I**	**Xe**
402	548	636	669	653	694	699	724	745	803	732	866	556	707	833	870	1010	1170
Cs	**Ba**	**La**	**Hf**	**Ta**	**W**	**Re**	**Os**	**Ir**	**Pt**	**Au**	**Hg**	**Tl**	**Pb**	**Bi**	**Po**	**At**	**Rn**
376	502	540	531	760	779	762	841	887	866	891	1010	590	716	703	812	920	1040

La	**Ce**	**Pr**	**Nd**	**Pm**	**Sm**	**Eu**	**Gd**	**Tb**	**Dy**	**Ho**	**Er**	**Tm**	**Yb**	**Lu**
538	528	523	530	536	543	547	592	564	572	581	589	597	603	524

注：引自 Huheey J E. Inorganic Chemistry：Principles of Structure and Reactivity，2nd Ed. 和 CRC，Handbook of Chemistry and Physics，73rd Ed.(1992—1993)。

同一周期中，从左到右由于有效核电荷的逐渐增加，元素的电离能逐渐增大。稀有气体由于具有稳定的电子层结构，故在同一周期中最大。

长周期中部，电离能增加不明显。Be $2s^2$，N $2s^22p^3$ 结构稳定，失去电子难，电离能大。半充满或全充满电子构型元素的原子有较大的电离能。

同一主族自上而下，随电子层数目的增加，电离能逐渐减小。金属元素的电离能一般低于非金属元素。

(4)电子亲和能 E_A

1mol 某元素的基态气态原子得到 1mol 电子变为一价负离子所放出的能量称为该元素原子的第一电子亲和能(见表 6-6)，用 E_A 表示。

非金属的第一电子亲和能总是正值，而金属的第一电子亲和能一般很小或为负值。

$$O(g)+e^- \longrightarrow O^-(g) \quad E_{A1}=14kJ\cdot mol^{-1}$$

$$O^-(g)+e^- \longrightarrow O^{2-}(g) \quad E_{A2}=-780kJ\cdot mol^{-1}$$

同周期元素从左到右电子亲和能逐渐增大。卤素的电子亲和能最大(易成为 8 隅体构型)。同一主族中，电子亲和能从上到下一般逐渐减小，但有例外。

表 6-6　部分元素原子的电子亲和能 E_A（单位：kJ · mol^{-1}）

H															
72.8															
Li	**Be**										**B**	**C**	**N**	**O**	**F**
60	(<0)										27	122	0±20	141.1	328
Na	**Mg**										**Al**	**Si**	**P**	**S**	**Cl**
52.7	(<0)										44	120	71.1	210.4	348.8
K	**Ca**	**Ti**	**V**	**Cr**		**Fe**	**Co**	**Ni**	**Cu**	**Zn**	**Ga**	**Ge**	**As**	**Se**	**Br**
48.4	(<0)	38	91	65		55	90	111	118	(<0)	29	116	77	195	324.6
Rb	**Sr**			**Mo**						**Cd**	**In**	**Sn**	**Sb**	**Te**	**I**
47.0	(<0)			92						(<0)	29	116	106	190	295
Cs	**Ba**		**Ta**	**W**	**Re**			**Pt**	**Au**		**Tl**	**Pb**	**Bi**		
46.0	(<0)		81	79	15			205.1	223.1		31.	96	92		
Fr															
44.0															

(5)电负性 χ

1932 年，鲍林提出电负性的概念，他认为电负性表示一种元素的原子在分子中吸引成键电子的能力。规定氟的电负性为 4.0，其他元素和氟相比，得出相应数值，并给出电负性的 Pauling 值(表 6-7)。电负性常用 χ 表示。

元素的电负性越大，表明原子在分子中吸引成键电子的能力越强。

表 6-7　元素的电负性(L. Pauling 值)

H																	**He**
2.18																	—
Li	**Be**											**B**	**C**	**N**	**O**	**F**	**Ne**
0.98	1.57											2.04	2.55	3.04	3.44	3.98	—
Na	**Mg**											**Al**	**Si**	**P**	**S**	**Cl**	**Ar**
0.93	1.31											1.61	1.90	2.19	2.58	3.16	—
K	**Ca**	**Sc**	**Ti**	**V**	**Cr**	**Mn**	**Fe**	**Co**	**Ni**	**Cu**	**Zn**	**Ga**	**Ge**	**As**	**Se**	**Br**	**Kr**
0.82	1.00	1.36	1.54	1.63	1.66	1.55	1.8	1.88	1.91	1.90	1.65	1.81	2.01	2.18	2.55	2.96	—
Rb	**Sr**	**Y**	**Zr**	**Nb**	**Mo**	**Tc**	**Ru**	**Rh**	**Pd**	**Ag**	**Cd**	**In**	**Sn**	**Sb**	**Te**	**I**	**Xe**
0.82	0.95	1.22	1.33	1.60	2.16	1.9	2.28	2.2	2.20	1.93	1.69	1.73	1.96	2.05	2.1	2.66	—
Cs	**Ba**	**La**	**Hf**	**Ta**	**W**	**Re**	**Os**	**Ir**	**Pt**	**Au**	**Hg**	**Tl**	**Pb**	**Bi**	**Po**	**At**	**Rn**
0.79	0.89	1.10	1.3	1.5	2.36	1.9	2.2	2.2	2.28	2.54	2.00	2.04	2.33	2.02	2.0	2.2	—

一般金属元素 $\chi<2.0$，非金属元素 $\chi>2.0$。同一周期中，从左到右电负性逐渐增加。同一主族中，从上到下随电子层数目的增加依次减小。同一元素的原子所处氧化态不同时，其电负性值亦不同[Fe(Ⅱ)＝1.83　Fe(Ⅲ)＝1.96]。

(6)元素的金属性和非金属性

元素的原子越易失去电子，其金属性越强；越易得到电子，其非金属性越强。常用电离能来衡量原子失去电子的难易，用电子亲和能来衡量原子获得电子的难易。

同一周期中，从左到右元素的金属性逐渐减弱；同一主族中，从上到下非金属性逐渐减弱。一般地，非金属元素的电负性大于 2.0，金属的电负性小于 2.0。

视频 6.6

112 种元素中，其中非金属 22 种，金属 90 种。p 区 B，Si，As，Te，At 其性质介于金属元素和非金属元素之间。

6.4　共价化合物

自然界里的物质除稀有气体以外，都不是以单个原子的状态存在，而是以原子之间相互结合成的分子或晶体的状态存在，原子结合为分子或晶体时，各个直接相连的粒子间都有强烈的相互作用。这种相互作用力称为化学键。化学键主要分为共价键、离子键和金属键三种类型。

1916 年，美国科学家路易斯(Lewis)提出共价键理论。该理论认为分子中的原子为求本身的稳定都有形成稀有气体电子结构的趋势。但达到这种结构是通过共用电子对来实现，而不是通过电子转移形成离子和离子键来完成。

6.4.1　价键理论

(1)共价键的形成

1927 年，W. Heitler 和 F. London 研究了氢原子结合为氢分子时所形成的共价键。他们将两个氢原子相互作用时的能量 E 作为两个氢原子核间距离 R 的函数，计算得到了曲线，如图 6-14 所示。

他们认为，两个氢原子各自带着一个电子从无穷远处彼此靠近达到一定距离后，每一个原子核开始吸引另一个氢原子中的电子，这就发生了所谓的交换作用。

当电子自旋方向平行的两个氢原子相互靠近时，电子互相排斥，能量升高，如图 6-15(b)所示，而当电子自旋方向相反的两个氢原子相互靠近时，核间出现电子概率密度增大的区域，如图 6-15(a)所示。这样不仅削弱了两核间的排斥力，而且还增加了核间电子云对两核的吸引力，使体系能量得以降低，形成稳定的共价键。

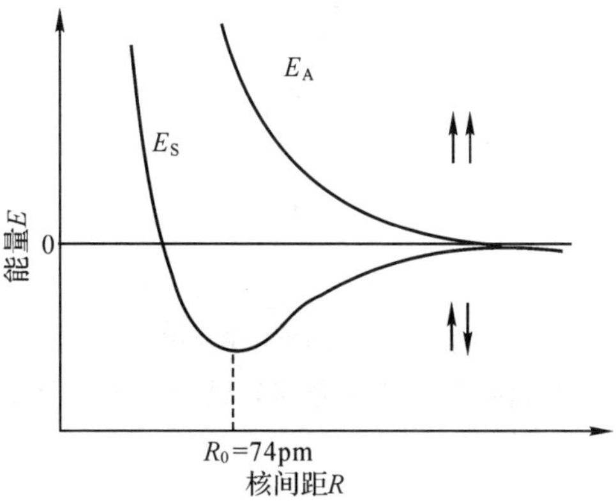

E_A：排斥态能量曲线；E_S：基态能量曲线

图 6-14　氢分子的能量与核间距关系

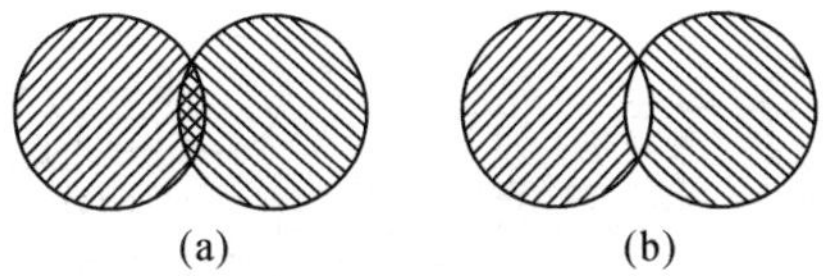

(a)基态；(b)排斥态

图 6-15　H_2 分子的两种状态

氢原子的玻尔半径为 53pm，氢分子键长为 74.2pm。可见共价键是由成键电子的原子轨道重叠而形成的化学键。

1931 年鲍林与斯莱特提出了价键理论，其要点如下：

①一个原子有几个未成对电子，便可与几个自旋相反的未成对电子配对成键。共价键具有饱和性。

②原子间总是尽可能沿着原子轨道能够最大重叠的方向重叠成键。轨道重叠得越多，形成的共价键越牢固。共价键具有方向性，这是因为除 s 轨道外，p，d，f 轨道都有一定的空间伸展方向。图 6-16 为 HCl 分子成键示意图，其中(a)为最大重叠。

(2)共价键的类型

原子轨道波函数有正、负之分，轨道重叠时必须对称性相同(如图 6-17a，b，c，d 和 e)，这种重叠称为有效重叠。此时，两原子核间电子概率密度增大，导致体系能量降低，可以形成共价键。反之，为无效重叠(图 6-17f，g，h，i 和 j)难以形成共价键。根据原子轨道重叠方式的不同，可把共价键分为 σ 键和 π 键。

①σ 键。两个原子轨道沿着键轴方向，以“头碰头”的方式发生重叠。其特

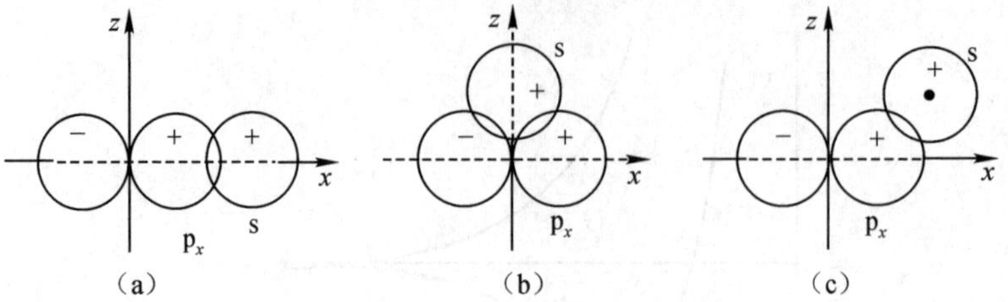

图 6-16 HCl 分子成键

征是电子云沿键轴近似于圆柱形对称分布，成键两原子可以绕键轴自由旋转，这种化学键称为 σ 键。

②π 键。两个原子轨道沿垂直于键轴的方向，以"肩并肩"的方式发生最大重叠。其特征是重叠部分集中在键轴的上方和下方，形状相同而符号相反，呈镜面反对称，这种键称为 π 键。

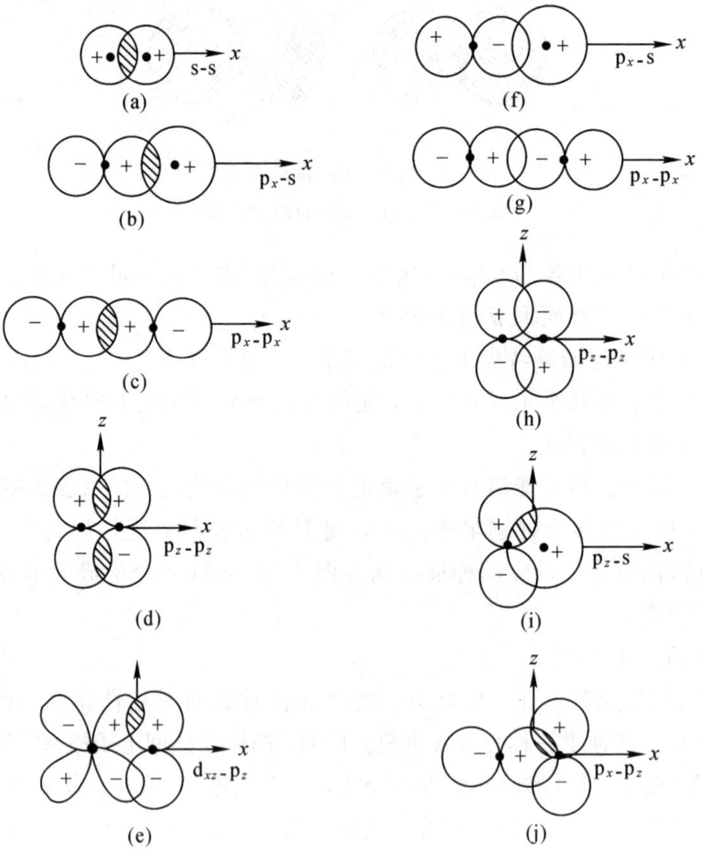

图 6-17 原子轨道重叠的几种方式

π 键的轨道重叠较 σ 键小，因而能量较高，键能较小。

如：C—C 的键能为 345.6kJ · mol^{-1}；C═C 的键能为 610kJ · mol^{-1}。$\Delta E = 610 - 345.6 = 264.4$kJ · mol^{-1}。

在 N_2 分子中，N 原子的外层电子构型为 $2s^2 2p^3$，参与成键的是 2p 原子轨道上的 3 个单电子。3 个 2p 原子轨道是相互垂直的。N_2 分子中一个 σ 键，两个 π 键，且相互垂直，2s 轨道上有未成键的孤对电子，∶N≡N∶。如图 6-18 所示。

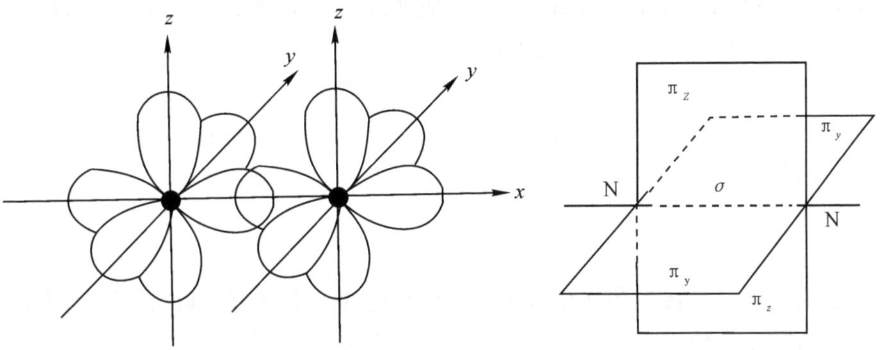

图 6-18　N_2 分子中的化学键

③配位键。共用电子对由某一个原子单方面提供而形成的化学键称为配位键。

形成条件：①某一原子有孤对电子；②另一原子其价电子层有空轨道。

如：C≡O　分子中有 σ、π 键，同时氧原子的 p 电子可以与碳原子的 p 轨道形成一个配位 O→C 的 π 键。

(3)键参数

化学键的状况，可由量子力学的计算结果进行定量描述。也可常用几个物理量简单地描述之，这些物理量称为键参数。

①键长。分子内成键两原子核间的平均距离称为键长。理论上用量子力学近似方法可以算出键长，在两个确定的原子之间，若形成不同的化学键，其键长越短，键能就越大，键就越牢固。比如，从 H—F 到 H—I，键长依次增大，成键原子相互结合力逐渐减弱，因此从 HF 到 HI 分子的热稳定性递减。

②键能。将 1molA—B 理想气态双原子分子的共价键解离为气态 A 原子和 B 原子时，所需要的能量称为 A—B 键的摩尔键能，亦称 A—B 键的解离能。

但对于多原子分子来说，多次解离能的平均值等于键能。如：CH_4 中，C—H键能为 415.5kJ · mol^{-1}。

③键角。分子中两相邻化学键之间的夹角称为键角，在多原子分子中才涉及键角。它是确定分子空间构型的重要参数之一。

如 CO_2 分子中，O—C—O 键角是 180°，则 CO_2 分子为直线型。

视频 6.7

6.4.2 杂化轨道理论

价键理论在解释多原子分子的几何构型时遇到了困难，如 $BeCl_2$ 为直线型，且两 Cl—Be 键完全相同，用价键理论不能解释。1931 年鲍林提出了杂化轨道理论(hybrid orbital theory)，非常成功地解释了构型方面的这类问题。

(1)杂化轨道的概念及理论要点

杂化轨道理论认为：一个原子与其他原子成键时所用轨道不是原来纯粹的 s 轨道或 p 轨道，而是若干个能量相近的原子轨道经过叠加，重新分配能量和调整空间伸展方向，形成成键能力更强的新的原子轨道，这一过程称为原子轨道的杂化，所得的新轨道称为杂化轨道。

杂化轨道理论的要点：

①成对电子可激发为成单电子，能级相近的若干轨道可以“混合”起来组合成一组新的杂化轨道。

②n 个原子轨道可以杂化成 n 个杂化轨道，如图 6-19 表示两个 sp 杂化轨道的形成。

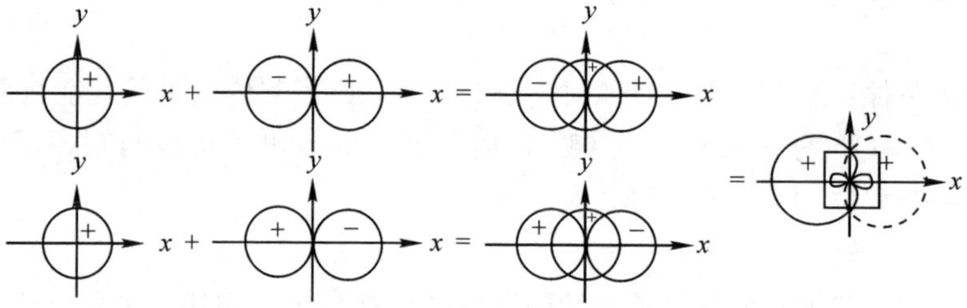

图 6-19　sp 杂化轨道的形成

如果把两个 sp 杂化轨道图形汇合在一起，则得到图 6-20。

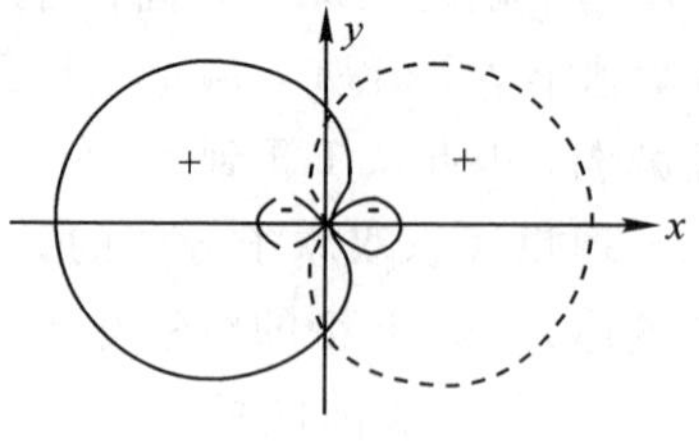

图 6-20　sp 杂化轨道

③杂化轨道的方向性更强，可以满足轨道最大重叠，形成的化学键键能大，分子更稳定。

(2)杂化轨道的类型

①sp 杂化轨道。由 1 个 ns 和 1 个 np 轨道通过杂化形成的原子轨道称为 sp 杂化轨道。每个 sp 杂化轨道含有$\frac{1}{2}$s 和$\frac{1}{2}$p 成分，轨道对称轴夹角为 180°，所形成的分子为直线型分子。

例如，$BeCl_2$ 是直线型分子，ⅡB 族 Zn、Cd、Hg 的某些化合物的中心原子亦为 sp 杂化。

②sp^2 杂化轨道。由 1 个 ns 轨道和 2 个 np 轨道通过杂化形成的原子轨道称为 sp^2 杂化轨道。

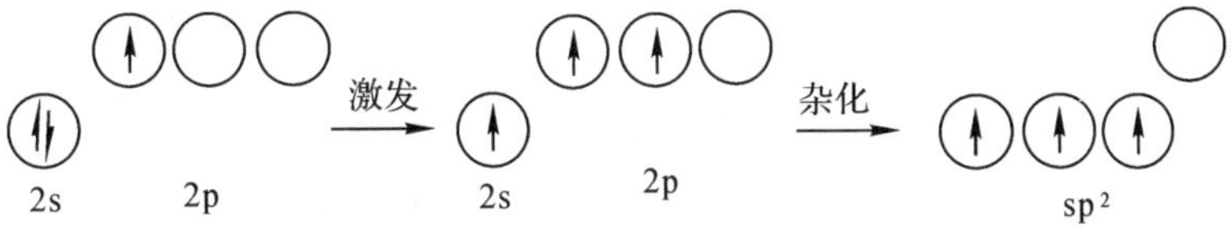

每个 sp^2 杂化轨道含有$\frac{1}{3}$s 和$\frac{2}{3}$p 成分，轨道对称轴之间夹角为 120°，所形成的分子为平面三角形。如 B：$1s^2 2s^2 2p^1$，BF_3 的 4 个原子在同一平面上，如图6-21所示。BF_3 分子具有平面三角形结构。

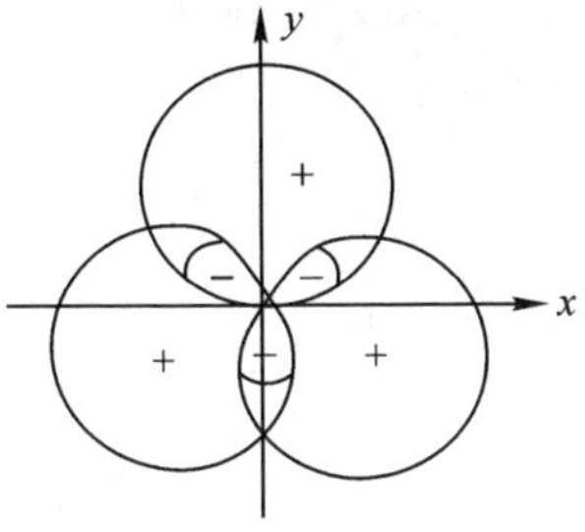

图 6-21　sp^2 杂化轨道

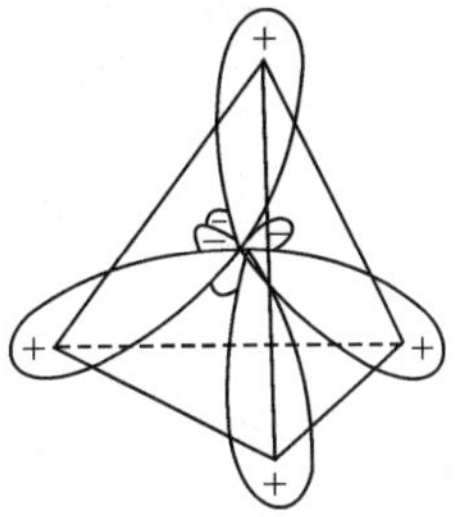

图 6-22　sp^3 杂化轨道

③sp^3 杂化轨道。由 1 个 ns 和 3 个 np 轨道杂化而形成的原子轨道称为 sp^3 杂化轨道。每个杂化轨道含$\frac{1}{4}$s 和$\frac{3}{4}$p 轨道成分，其空间取向如图 6-22 所示。

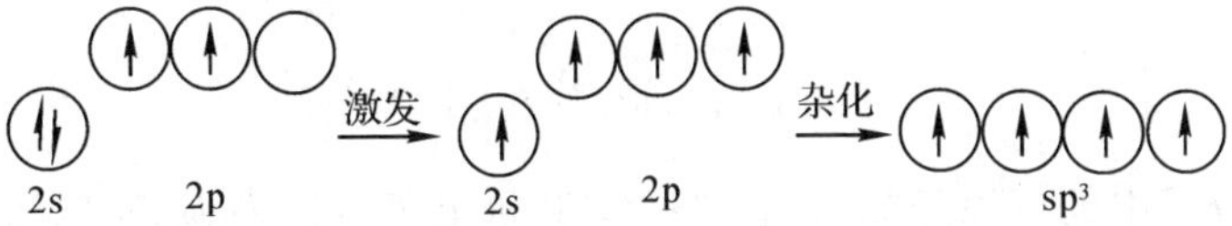

轨道对称轴之间夹角为 109°28′，所形成的分子为正四面体构型。如：CH_4，CCl_4，SiH_4 等中心原子为 sp^3 杂化。例如，CH_4 中的碳原子在形成共价

键过程中，碳的1个s轨道与3个p轨道杂化组合成4个能量相等的sp^3杂化轨道。每个轨道上1个电子，4个轨道分别指向正四面体的4个顶点，与4个氢原子成键时便形成了正四面体构型。

d轨道亦可参与杂化如dsp^2或sp^3d^2等杂化态。

(3)等性杂化和不等性杂化

所得杂化轨道能量、成分相同，成键能力相等，这样的杂化称为等性杂化。

如:甲烷中C的sp^3杂化。

当有不参与成键的孤对电子存在时，可使杂化轨道中的成分、能量不同，这样的杂化轨道称为不等性杂化。

如：NH_3分子成键过程中，中心N原子是采取sp^3杂化成键的。其价电子构型为$2s^22p^3$。N—H键角为107.3°，分子呈三角锥形，见图6-23(a)、(b)。

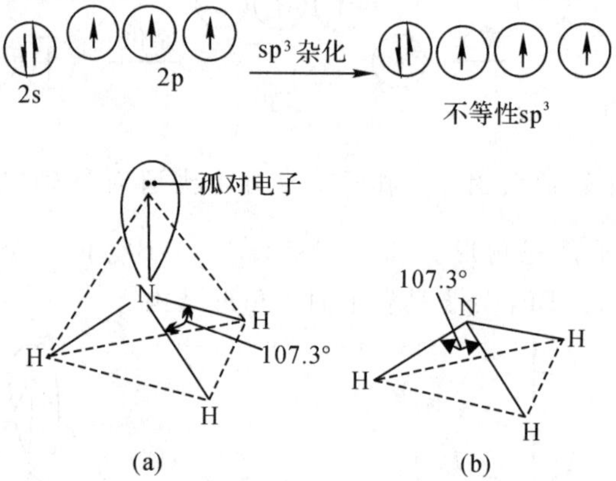

图6-23　NH_3分子的空间结构

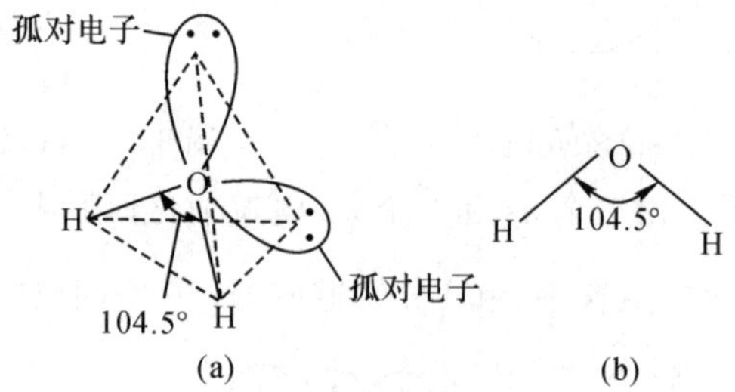

图6-24　H_2O分子的空间结构

H_2O分子中的氧原子亦为sp^3杂化，其价电子层构型为$2s^22p^4$。由于存在孤对电子效应，O—H键之间夹角为104.5°，分子呈V形，如图6-24所示。

总结：杂化轨道的类型与分子的空间构型，如表6-8所示。

表 6-8　杂化轨道类型与分子空间构型的关系

杂化轨道类型	sp	sp^2	sp^3	不等性 sp^3	
参加杂化的轨道	s+p	s+(2)p	s+(3)p	s+(3)p	
杂化轨道数	2	3	4	4	
成键轨道夹角	180°	120°	109°28′	$90°<\theta<109°28'$	
分子空间构型	直线型	平面三角形	正四面体	三角锥或 V 形	
实例	$BeCl_2$	BF_3	CH_4	NH_3	H_2O
	$HgCl_2$	BCl_3	$SiCl_4$	PH_3	H_2S
中心原子	Be(ⅡA)	B(ⅢA)	C，Si	N，P	O，S
	Hg(ⅡB)		(ⅣA)	(ⅤA)	(ⅥA)

6.4.3　分子轨道理论(Molecular orbital theory)

视频 6.8

价键理论和杂化轨道理论在解释 O_2 分子的顺磁性上发生了困难。液态 O_2 易为磁铁所吸引，故其分子中应该存在着未成对电子，前叙理论不能解释这一问题，而通过分子轨道理论则可得到圆满解释。

6.4.3.1　分子轨道理论的要点

①分子中的电子是在整个分子范围内运动的，每一个电子的运动状态也可用相应的波函数来表示。每一个波函数 ψ 可代表一个分子轨道。

②分子轨道由原子轨道线性组合而成。n 个原子轨道经线性组合形成 n 个分子轨道。

③原子轨道有效地组成分子轨道必须符合能量近似原则、轨道最大重叠原则及对称性匹配原则。

④分子中的电子将遵循能量最低原理、保里不相容原理和洪特规则，依次填入分子轨道之中。

6.4.3.2　分子轨道的形成

原子轨道叠加组成分子轨道，同号叠加组成成键分子轨道，异号叠加组成反键分子轨道。

(1)s-s 原子轨道的组合(以 H_2 分子为例)

$\psi_1 = C_1\varphi_A + C_2\varphi_B$　成键轨道，基态时电子填入该轨道。

$\psi_2 = C_1\varphi_A - C_2\varphi_B$　反键轨道

沿键轴呈圆柱形对称分布，称为 σ 轨道。

2 个氢原子形成氢分子时，2 个电子为整个氢分子所有，根据能量最低的原则，排在能量低的成键轨道上，所以能形成稳定的 H_2 分子(图 6-25)。

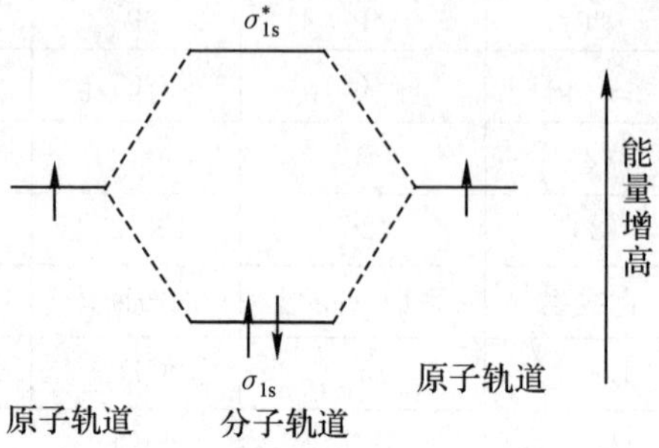

图 6-25　氢分子的分子轨道

氦之所以是单原子分子，且自然界没有 He_2 分子存在，是因为两个 He 原子的 4 个电子同时排布在成键和反键轨道上，不能使分子的能量比原子低。

图 6-26 为 $ns-ns$ 原子轨道组合成 σ 分子轨道示意图。

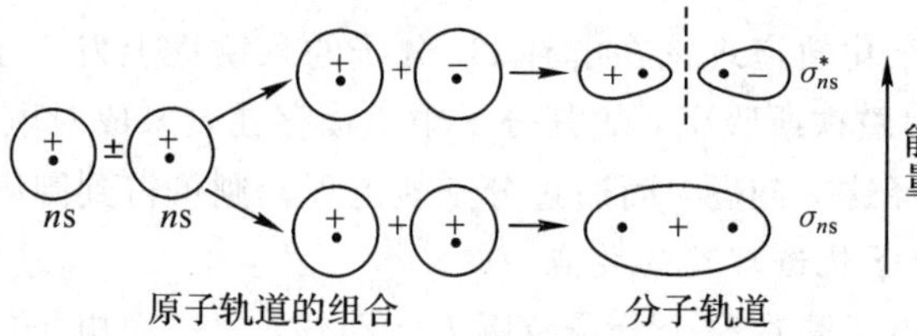

图 6-26　$ns-ns$ 原子轨道组合成 σ 分子轨道

(2)np_x-np_x 原子轨道的组合

①np_x-np_x 以“头碰头”方式重叠形成 σ_{np_x} 成键轨道和 $\sigma^*_{np_x}$ 反键分子轨道，如图 6-27 所示。

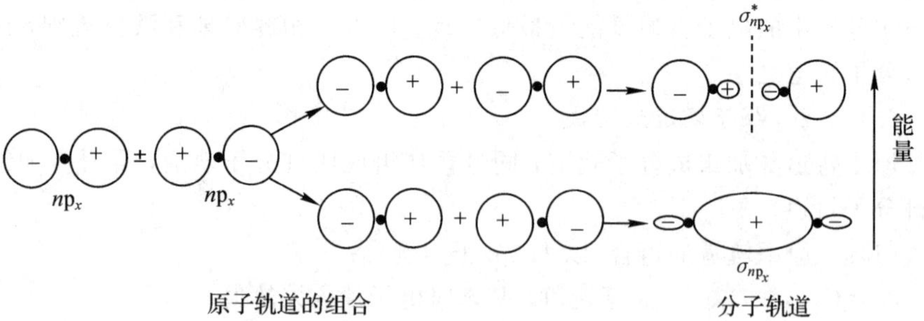

图 6-27　np_x-np_x 原子轨道的组合成 σ 分子轨道

②当 np_x-np_x 形成 σ 分子轨道后，np_y 和 np_z 只能采取“肩并肩”的重叠方

式组合成 π_{np_y}，π_{np_z} 成键分子轨道和 $\pi^*_{np_y}$，$\pi^*_{np_z}$ 反键分子轨道，两轨道互相垂直。如图 6-28 所示。

π 分子轨道呈镜面反对称，两个成键 π 及反键 π^* 轨道都是二重简并轨道，两个原子各用 3 个 np 轨道组成 6 个分子轨道。

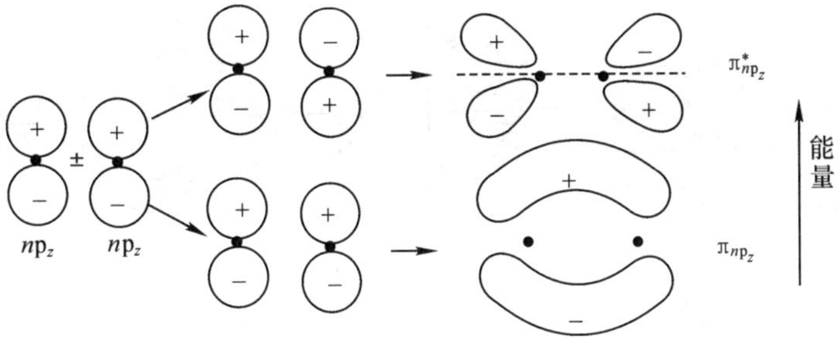

图 6-28　np_z-np_z 原子轨道组合成 π 分子轨道

对称性匹配、能量相近的 ns 和 np 也能组合成有效的分子轨道，例如 HCl 分子。

(3)分子轨道能级图

由于参与组合的原子轨道本身能量不同，因而组成相应的分子轨道的能量也不同。根据光谱实验数据，将分子中各轨道能量由低至高顺序进行排列，即可得到分子轨道能级图。

现讨论第二周期同核双原子分子轨道能级图。

①当 2s 和 2p 原子轨道的能量差较大时(如第二周期中 O 和 F)，只能是相应原子轨道的组合，见图 6-29(a)。

$$\sigma_{1s}<\sigma^*_{1s}<\sigma_{2s}<\sigma^*_{2s}<\sigma_{2p_x}<\pi_{2p_y}=\pi_{2p_z}<\pi^*_{2p_y}=\pi^*_{2p_z}<\sigma^*_{2p_x}$$

②当 2s 和 2p 原子轨道的能量差较小时(如第二周期中 B,C,N)，邻近轨道可相互作用，结果是 σ_{2p_x} 轨道能量升高，π_{2p} 轨道能量降低，$\sigma_{2px}>\pi_{2p}$ 见图 6-29(b)。

$$\sigma_{1s}<\sigma^*_{1s}<\sigma_{2s}<\sigma^*_{2s}<\pi_{2py}=\pi_{2pz}<\sigma_{2px}<\pi^*_{2py}=\pi^*_{2p_z}<\sigma^*_{2px}$$

分子轨道理论中用键级来描述分子的稳定性。

$$\text{键级}=\frac{\text{成键轨道的电子数}-\text{反键轨道的电子数}}{2}$$

[例 6-5]　H_2^+ 分子离子和 Li_2 分子。

解　$H_2^+(\sigma_{1S})^1$ 1 个电子进入成键分子轨道，使体系能量降低。H_2^+ 中的键称为单电子 σ 键，能稳定存在。

分子的稳定性通过键级来描述。键级越大，则键能越大，分子越稳定。键级为零的分子不可能存在。

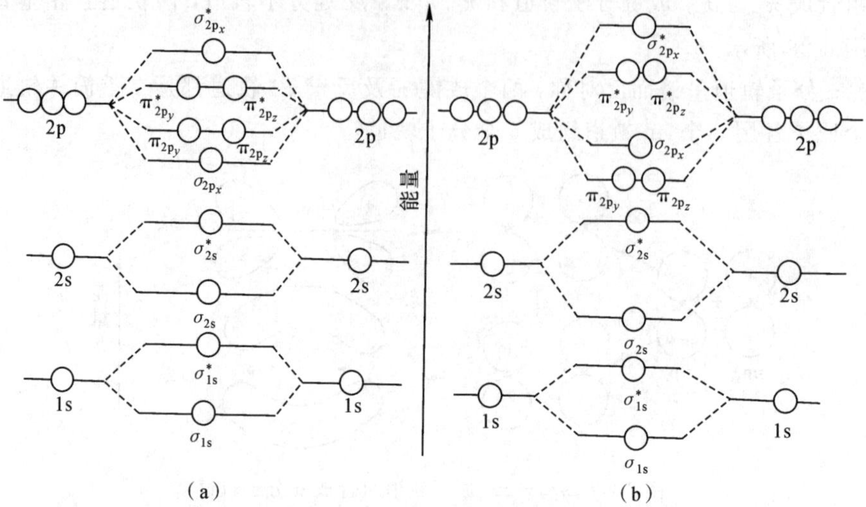

图 6-29　第二周期同核双原子分子轨道能级图

H_2^+ 的键级$=\dfrac{1-0}{2}=\dfrac{1}{2}$。

$Li_2[(\sigma_{1s})^2(\sigma_{1s}^*)^2(\sigma_{2s})^2]$，键级$=\dfrac{2-0}{2}=1$

[例 6-6]　请用分子轨道理论解释 He_2 分子和 He_2^+ 分子离子。

解　He_2 键级为 0，故稀有气体为单原子分子。He_2^+ 键级为$\dfrac{1}{2}$，光谱实验已证实 He_2^+ 的存在。

分子轨道式：

$$He_2[(\sigma_{1s})^2(\sigma_{1s}^*)^2];\ He_2^+[(\sigma_{1s})^2(\sigma_{1s}^*)^1]$$

[例 6-7]　请用分子轨道理论解释 N_2 分子和 O_2 分子。

解　N_2 分子轨道能级图如 6-29(b)。

$$N_2[(\sigma_{1s})^2(\sigma_{1s}^*)^2(\sigma_{2s})^2(\sigma_{2s}^*)^2(\pi_{2p_y})^2(\pi_{2p_z})^2(\sigma_{2p_x})^2]$$

$$键级=\frac{10-4}{2}=3$$

O_2 分子轨道能级图如 6-29(a)

$$O_2[(\sigma_{1s})^2(\sigma_{1s}^*)^2\ (\sigma_{2s})^2(\sigma_{2s}^*)^2(\sigma_{2p_x})^2(\pi_{2p_y})^2(\pi_{2p_z})^2(\pi_{2p_y}^*)^1(\pi_{2p_z}^*)^1]$$

$$键级=\frac{10-6}{2}=2$$

视频 6.9

氧分子中含有两个成单电子，故呈顺磁性，O_2 较 N_2 活泼。

6.5　分子间作用力与氢键

决定分子化学性质的是化学键，但物质的全部性质及其所处的状态还不能单从化学键的性质来说明。例如，在低温时许多气体能凝聚为液体及固体，这个过程说明在分子及分子之间还存在着相互吸引作用。由于范德华(van der Waals)对这种作用力的存在进行了富有成效的研究，因此人们把分子之间的力叫作范德华力。这种作用力对物质的某些物理性质有很大影响。

6.5.1　分子的极性和变形性

(1)分子的极性

极性共价键与非极性共价键：

由于成键原子电负性的不同，成键电子对偏向电负性大的原子而产生偶极，即为极性共价键。反之，为非极性共价键。共价键极性强弱取决于成键原子电负性差值的大小。

极性分子与非极性分子：

正、负电荷中心不能重合，整个分子显示极性，这类分子称为极性分子。当正、负电荷中心相重合时，整个分子不显极性，即为非极性分子。

偶极矩 μ 为极性分子中电荷中心上的电荷量 q 与正、负电荷中心距离 l 的乘积

$$\mu=q\cdot l$$

偶极矩是一种矢量，它的矢量方向是正电重心指向负电重心。

双原子分子的偶极矩就是极性键的键距。

多原子分子的偶极矩是各键距的矢量和，如 H_2O 分子的偶极矩就是两个极性键的键距的矢量和；BCl_3 分子的偶极矩就是三个极性键的键距的矢量和，其偶极矩为零。

偶极矩为零即为非极性分子，偶极矩不为零即为极性分子。偶极矩越大，分子的极性越强。

在双原子分子中，同核键无极性，分子亦无极性，如 O_2、H_2 等；异核键有极性，则分子亦有极性，如 HCl、HI 等。

在多原子分子中，键有极性，分子不一定有极性。分子有无极性与分子的组成及空间构型相关。如直线型的 CO_2 分子中，C—O 有极性，而 CO_2 是非极性分子。水分子呈 V 型，O—H 有极性，H_2O 是极性分子，CH_4 分子中，C—H有极性，而 CH_4 是非极性分子。

总之，共价键的极性取决于相邻原子间共用电子对是否有偏移，而分子的极性取决于整个分子的正、负电荷中心是否重合。

(2)分子的变形性

在外电场作用下，分子中的电子和原子核产生相对位移，使分子发生变形，正负电荷中心的位置发生变化，分子的极性亦随之改变，这一过程称为分子的极化。

在电场作用下，非极性分子原来重合的正、负电荷中心会彼此分离而出现的分子偶极称为诱导偶极。

极性分子本身存在的偶极称为永久偶极。

分子的极化程度可用极化率表示，极化率越大，则分子的变形性也越大。例如，变形性：H－I＞H－F。

视频 6.10

6.5.2 分子间作用力和氢键

任何分子都有变形的可能，分子的极性和变形性是当分子相互接近时分子间产生吸引作用的根本原因。根据分子类型不同，分子间的力可分三种类型。

(1)色散力

两个非极性分子相互靠近时，由于正负电荷的相对移动会产生瞬时偶极，由瞬时偶极所产生的分子间的吸引力称为色散力。因分子处于不断运动中，虽然瞬时偶极在瞬时出现，但色散力是一直存在的，如图 6-30 所示。

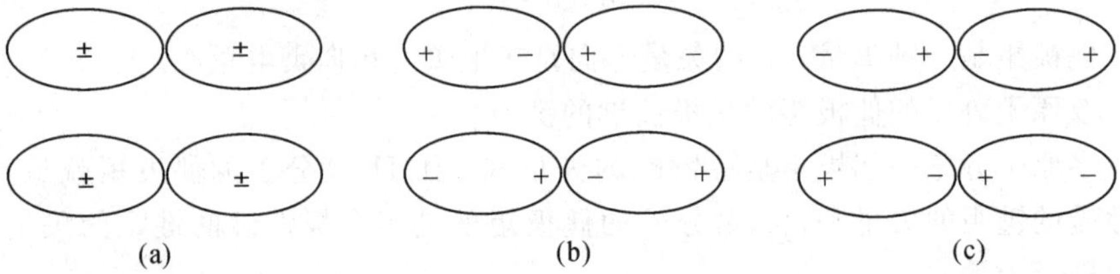

图 6-30　非极性分子相互作用

分子的极化率越大，色散力也越大。色散力是存在于一切分子之间的作用力。

(2)诱导力

极性分子的固有偶极与非极性分子的诱导偶极之间的相互作用称为诱导力。诱导力不仅与极性分子的偶极矩有关，同时也与非极性分子本身的极化率有关(见图 6-31)。

图 6-31　极性分子与非极性分子相互作用

(3)取向力

两个极性分子相互靠近时，由于极性分子本身的固有偶极的作用，使分子取正、负极相邻的状态，由此产生的相互作用力称为取向力。取向力的大小取决于极性分子本身固有偶极的大小和分子间的距离。

一般分子间色散力是主要的，只有当偶极矩很大时，分子间取向力才显得重要。

总之，在非极性分子之间只存在色散力，极性分子与非极性分子之间存在诱导力和色散力。在极性分子间同时存在着取向力、诱导力和色散力(图 6-32)。

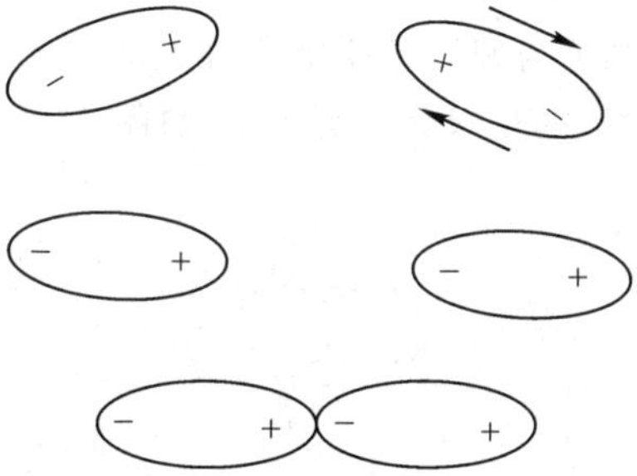

图 6-32　极性分子相互作用示意图

Ar，HCl，H_2O 的偶极矩、分子间力的数据见下表。

分子	偶极矩(*D*)	取向力	诱导力	色散力	总作用力
Ar	0	0	0	8.50	8.50
HCl	1.08	3.31	1.0	16.85	21.14
H_2O	1.84	36.39	1.93	9.00	47.32

HX 分子间力按 HCl、HBr、HI 顺序增大，熔、沸点亦按此顺序升高。

稀有气体以色散力为主，熔，沸点按 He，Ne，Ar，Kr，Xe，Rn 顺序逐渐增加。

6.5.3　氢键

(1)氢键的形成

强极性键(X—H)上的氢核与电负性很大、含有孤对电子并带有部分负电荷的原子之间的静电吸引力称为氢键(hydrogen bond)。比如，H—F 分子间氢键的形成。因为 F 电负性为 4.0，而 H 原子的电负性为 2.1，两者相差很大，所以 $H^{\delta+}$—$F^{\delta-}$ 键极性很大。这样，氢原子几乎成为裸露的质子且半径很小，当带正电荷的氢原子与另一个 HF 分子中含有孤对电子并带部分负电荷的 F 原子靠近便产生了吸引力，这种吸引力称为氢键。H—F分子间氢键可表示为：

$$H—F\cdots\cdots H—F$$

氢键表示法：X—H$\cdots\cdots$Y

X，Y 为 F，O，N 等电负性大且半径小的原子。

不仅同种分子之间可以形成氢键，不同分子之间也可以形成氢键。例如，氨分子与水分子间：

$$
\begin{array}{ccc}
H & H & H \quad\quad H \\
| & | & | \quad\quad | \\
H—N—H\cdots O—H & & H—N\cdots H—O \\
& & | \\
& & H
\end{array}
$$

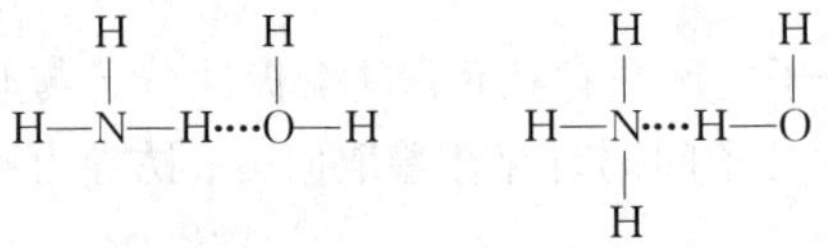

分子内氢键：当氢原子与邻近基团电负性大的原子相隔 4～5 个化学键时，形成氢键后，可构成稳定的五六元环结构。如图 6-33 为邻-硝基苯酚分子内氢键。

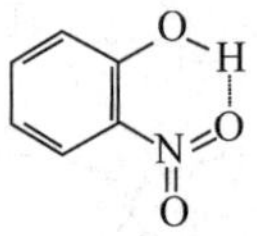

图 6-33 邻-硝基苯酚分子内氢键

(2)形成氢键的条件

①有一个与电负性很大的元素(X)形成强极性键的氢原子。

②有一个电负性很大、含有孤对电子并带有部分负电荷的原子(Y)。

③X，Y 的原子半径都要小。

(3)氢键的特点

①方向性。 X—H$\cdots$Y为直线。

②饱和性。因氢原子较小，不可能形成第二个氢键。

③键能与元素电负性及原子半径有关。

④对物质性质的影响。形成氢键的化合物其熔、沸点都显著升高。一般地，分子间氢键的形成可使其在极性溶剂中的溶解度增大，液体的密度增大。

视频 6.11

6.6　离子化合物

6.6.1　离子键的形成与特征

1916 年柯塞尔(W. Kossel)提出了离子键理论，离子键理论认为，当电负性小的金属原子与电负性大的非金属原子相遇时，很容易发生电子转移，形成正、负离子，从而都具有类似稀有气体原子的稳定结构。正、负离子之间靠静电引力结合，形成稳定的化学键称为离子键。当两原子电负性差≥1.7 时，所形成的化学键以离子键为主。

(1)离子键的形成

离子键是由原子得失电子后，形成的正、负离子之间通过静电吸引作用而形成的化学键。一般来说，离子所带电荷越多，离子间距离越小，则正、负离子间作用力越大，所形成的离子键越牢固。

离子键没有方向性，同时也没有饱和性。如：NaCl 晶体中 Cl^- 周围等距离地排列 6 个 Na^+ 离子，但未饱和，更远距离仍然吸引异号离子，只不过是距离较远，相互作用较弱。

(2)离子的特征

①离子电荷：原子在形成离子化合物过程中失去或获得的电子数。

②离子的电子构型：简单负离子具有 8 隅体构型。正离子的电子构型见表 6-9。

表 6-9　正离子的电子构型

离子外电子层电子排布通式	离子的电子构型	正离子实例
$1s^2$	2	Li^+，Be^{2+}
ns^2np^6	8	Na^+，Mg^{2+}，Al^{3+}，Sc^{3+}
$ns^2np^6nd^{1\sim9}$	9～17	Cr^{3+}，Mn^{2+}，Fe^{2+}，Cu^{2+}，Fe^{3+}
$ns^2np^6nd^{10}$	18	Cu^+，Zn^{2+}，Cd^{2+}，Hg^{2+}
$(n-1)s^2(n-1)p^6(n-1)d^{10}ns^2$	18+2	Sn^{2+}，Pb^{2+}，Sb^{3+}，Bi^{3+}

2 电子和 8 电子构型的正离子可以稳定存在，但其他几种非稀有气体构型的正离子也有一定的稳定性。

③离子半径。离子和原子一样，电子云分布在核的周围而无确定的边界，因此离子的真实半径是很难确定的。在离子晶体里，我们把正、负离子看成是相互接触得到的两个球体，两个原子核间的平衡距离(核间距 d)等于两个离子

半径之和($d=r_1+r_2$)，如图 6-34 所示。

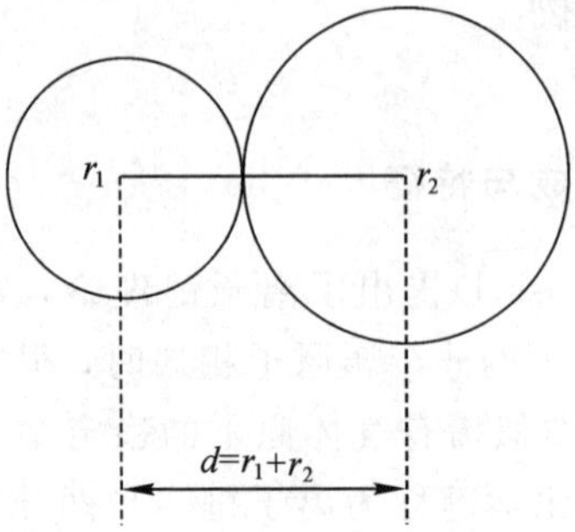

图 6-34　正负离子半径与核间距的关系

离子半径变化规律：

a. 总电子数相等的正离子半径一般小于负离子半径。如：Na^+ 为 95pm，F^- 为 136pm，$r_{Na^+}<r_{F^-}$。

b. 正离子半径小于该元素的原子半径，而负离子半径则大于该元素的原子半径。

c. 同一周期电子层结构相同的正离子，随着电荷数的增加，离子半径依次减少，如：$r_{Na^+}>r_{Mg^{2+}}>r_{Al^{3+}}$。

d. 主族元素中，由于电子层数依次增多，具有相同电荷数的同族离子半径自上而下依次增大，如：$r_{Na^+}<r_{K^+}<r_{Rb^+}<r_{Cs^+}$，$r_{F^-}<r_{Cl^-}<r_{Br^-}<r_{I^-}$。

e. 同一元素的阳离子半径，随电荷数增加而减小，如：$r_{Fe^{3+}}<r_{Fe^{2+}}$；$r_{Pb^{4+}}<r_{Pb^{2+}}$。

f. 相邻族右下角与左上角斜对角线的阳离子半径相近。r_{Li^+}(60pm)$\approx r_{Mg^{2+}}$(65pm)。

表 6-10 为离子半径的鲍林值(以 $r_{O^{2-}}=140$pm 为基准)。

表 6-10　离子半径/pm

H^+ 208																
Li^+ 60	Be^{2+} 31											B^{3+} 20	C^{4+} 15	N^{3-} 171	O^{2-} 140	F^- 136
Na^+ 95	Mg^{2+} 65											Al^{3+} 50	Si^{4+} 41	P^{3-} 212	S^{2-} 184	Cl^- 181
K^+ 133	Ca^{2+} 99	Sc^{3+} 81	Ti^{4+} 68	V^{5+} 59	Cr^{6+} 52	Mn^{7+} 46	Fe^{2+} 76	Co^{2+} 74	Ni^{2+} 72	Cu^+ 96	Zn^{2+} 74	Ga^{3+} 62	Ge^{4+} 53	As^{3-} 222	Se^{2-} 198	Br^- 195

6.6.2　离子晶体

视频 6.12

(1)晶体的特征

固体可以分为晶体和非晶体(即无定形体)，晶体的特征为：

①有一定的几何外形，其内部质点呈现规则的空间排列。如 NaCl 为立方体，SiO_2 为六角柱体，炭黑则属于微晶体。

②具有固定的熔点。在一定的外压下，将晶体加热到某一温度时开始熔化，在全部熔化之前温度始终保持不变。非晶体无突然液化现象。

③晶体的某些性质(如力学性质、光学性质、导电导热性、溶解性)具有各向异性，而非晶体为各向同性。

晶体的特征是由晶体的内部结构所决定的。

(2)晶体的基本类型

晶体微粒在空间的排列具有周期性特征。这些有规则排列的点形成的空间格子称为晶格(点阵)，晶格中的各点称为结点。能代表晶体结构特征的最小组成部分或构成晶体的最小重复单位叫作晶胞。

根据晶体外形的对称性不同可分为七大晶系(立方、四方、正交、单斜、三斜、六方和三方)；按晶格结点在空间的位置，又分为十四种晶格，如立方晶系中具有简单立方、面心立方和体心立方三种晶格(图 6-35)。

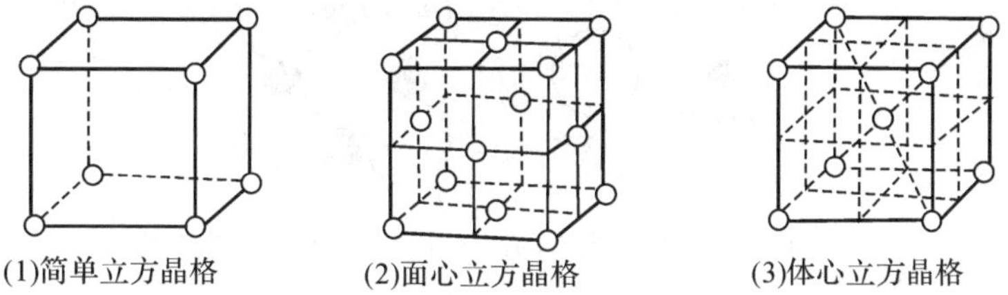

图 6-35　立方晶系

按晶格结点上微粒的种类组成及其粒子间相互作用力的不同可分为离子晶体、原子晶体、分子晶体、金属晶体、过渡型晶体和混合型晶体等类型。

(3)三种典型的 AB 型离子晶体

配位数：通常将晶体内每个粒子周围邻接的异号粒子的数目，称为该粒子的配位数。如 NaCl 晶体中的 Na^+ 和 Cl^- 的配位数都是 6。

①NaCl 型属于面心立方晶格，正负离子的配位数都是 6。

②CsCl 型属于体心立方晶格，离子排列在正立方体的八个顶角和体心上，正、负离子的配位数都是 8。

③立方 ZnS 型属于面心立方晶格，每个离子都相邻 4 个相反电荷的离子，正四面体型，正负离子的配位数都是 4(图 6-36)。

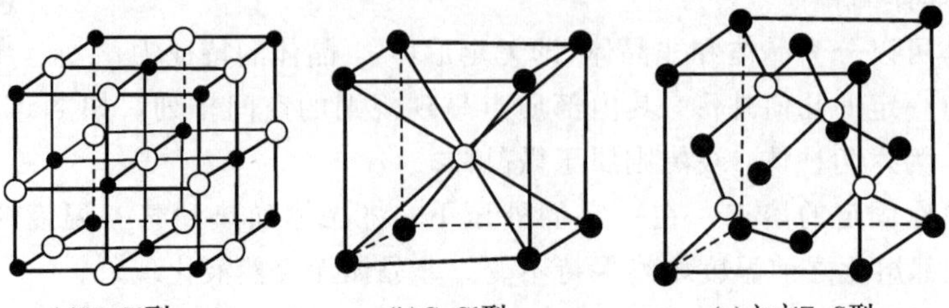

图 6-36　NaCl，CsCl 和立方 ZnS 型晶格

6.6.3　离子半径比与晶体构型

正、负离子的大小，离子的电荷及离子的电子构型决定了离子晶体的不同结构类型。

在离子晶体中，只有当正、负离子紧密接触时，晶体才是稳定的。离子能否紧靠与正、负离子的半径比 r_+/r_- 有关。取配位数比为 6∶6 的晶体构型的某一层为例，若 $r_-=1$，则可以解出 $r_+=0.414$(图 6-37)。

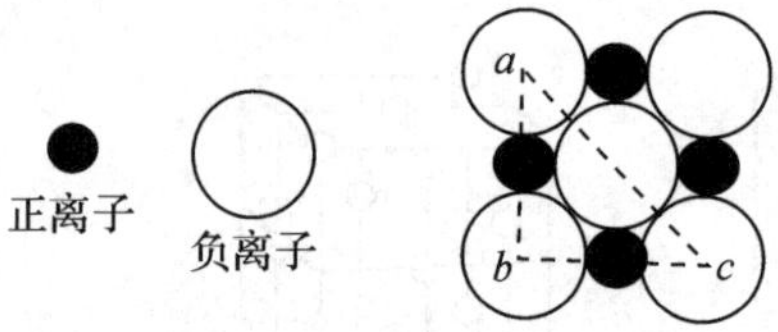

图 6-37　配位数比为 6 的晶体中正、负离子的半径比

即 $r_+/r_-=0.414$ 时，正、负离子及负离子之间都能紧密接触。

AB 型离子晶体的离子半径比与晶体构型的关系如下(图 6-38)：

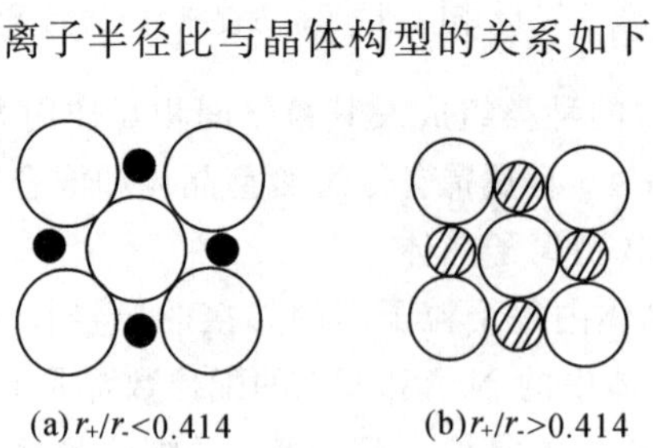

图 6-38　半径比与配位数的关系

离子半径与配位数的关系见表 6-11 所示。

表 6-11　离子半径与配位数的关系

r_+/r_-	配位数	构型
0.225～0.414	4	ZnS 型
0.414～0.732	6	NaCl 型
0.732～1.00	8	CsCl 型

视频 6.13

6.6.4　离子晶体的晶格能 *U*

在离子晶体中，离子键的强度和晶体的稳定性可以用晶格能的大小来衡量。气态正、负离子结合成 1mol 离子晶体时所放出的能量 $\Delta H_m^\ominus$，或 1mol 离子晶体解离为自由气态离子所吸收的能量，称为离子晶体的晶格能 U。两个过程能量值相同，符号相反，即 $U=-\Delta H_m^\ominus$，但一般以正值表示。如：

$$K^+(g)+Br^-(g)=\!=\!=KBr(s) \qquad \Delta H_m^\ominus=-687.7\ kJ\cdot mol^{-1}$$

晶格能越大，则破坏晶体时所需消耗的能量越多，表明该离子晶体越稳定，表现在物理性质上，其硬度大、熔点高、热膨胀系数小。晶格能可以通过 Born-Haber 热力学循环来计算。

(1)晶格能的计算

例如，计算 KBr 的晶格能 U：

$K(s)=\!=\!=K(g)$　　$\Delta H_{m1}^\ominus$(升华热)$=90\ kJ\cdot mol^{-1}$

$K(g)=\!=\!=K^+(g)+e^-$　　$\Delta H_{m2}^\ominus$(电离能)$=419\ kJ\cdot mol^{-1}$

$\frac{1}{2}Br_2(l)=\!=\!=\frac{1}{2}Br_2(g)$　　$\frac{1}{2}\Delta H_{m3}^\ominus$(汽化热)$=15\ kJ\cdot mol^{-1}$

$\frac{1}{2}Br_2(g)=\!=\!=Br(g)$　　$\frac{1}{2}\Delta H_{m4}^\ominus$(键能)$=96\ kJ\cdot mol^{-1}$

$Br(g)+e^-=\!=\!=Br^-(g)$　　$\Delta H_{m5}^\ominus$(电子亲和能)$=-324.6\ kJ\cdot mol^{-1}$

$K(s)+\frac{1}{2}Br_2(l)=\!=\!=KBr(s)$　　$\Delta_f H_m^\ominus$(标准生成焓)$=-392.3\ kJ\cdot mol^{-1}$

1836 年，化学家盖斯(G. H. Hess)从大量实验中总结出一条规律：任一化学反应，不论是一步完成，还是分几步完成的，其热效应都是一样的；即反应热效应只与反应物和生成物的始态和终态有关，而与变化的途径无关。这就是盖斯定律。

设计过程如下：

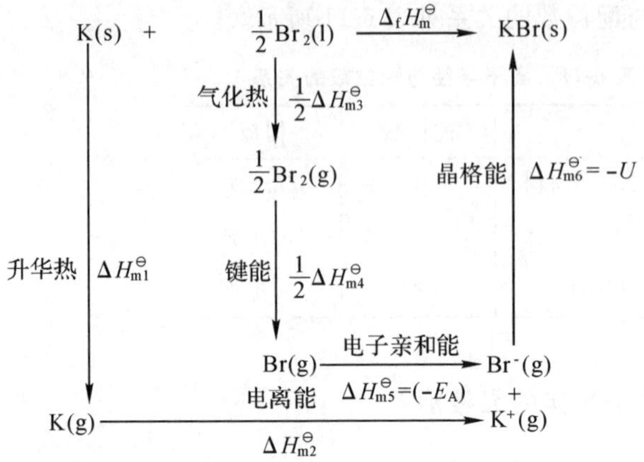

根据盖斯定律，计算 KBr 的晶格能：

$$\Delta_f H_m^\ominus = \Delta H_{m1}^\ominus + \Delta H_{m2}^\ominus + \frac{1}{2}\Delta H_{m3}^\ominus + \frac{1}{2}\Delta H_{m4}^\ominus + \Delta H_{m5}^\ominus + \Delta H_{m6}^\ominus$$

$$\Delta H_{m6}^\ominus = -392.3 - 90 - 419 - 15 - 96 + 324.6 = -688(\text{kJ} \cdot \text{mol}^{-1})$$

$$U = -\Delta H_{m6}^\ominus = 688\text{kJ} \cdot \text{mol}^{-1}$$

(2)影响晶格能的因素

视频 6.14

①离子电荷：Z 大，晶格能 U 大。例：$U(\text{NaCl}) < U(\text{MgO})$。

②离子半径：r 大，晶格能 U 小。例：$U(\text{MgO}) > U(\text{CaO})$。

综合判定晶格能的大小，可以用离子势 $\varphi = \frac{Z}{r}$，离子势越大，则晶格能越大。

6.6.5 离子极化

6.6.5.1 离子极化的概念

简单离子由于正负电荷中心重合，一般都不显极性。离子在外电场作用下，其核与电子会发生相对位移，从而产生诱导偶极，这一过程称为离子极化(见图 6-39)。

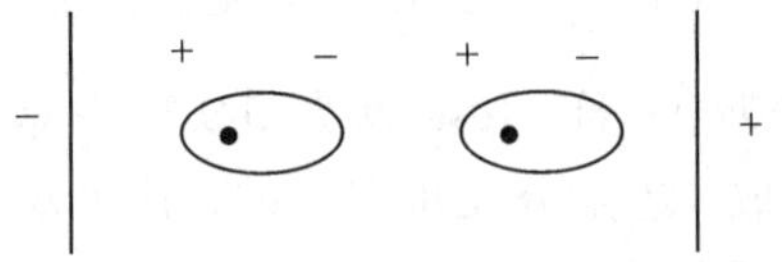

图 6-39 离子在电场中的极化

离子极化的强弱取决于离子的极化力和离子的变形性。

(1)离子的极化力

指某种离子使异号电荷离子极化(即变形)的能力，一般指正离子为主的极化力。正离子电荷越多，半径越小，产生的电场强度越强，离子的极化能力越强。当离子电荷相同、半径相近时，电子构型对离子极化力的影响：

8 电子构型<9～17 电子构型<18 电子、18+2 电子、2 电子构型

Na^+，Mg^{2+}，Ca^{2+}<Fe^{2+}，Ni^{2+}，Cr^{3+}<Ag^+，Pb^{2+}，Li^+

(2)离子的变形性

在外电场作用下，离子外层电子与核会发生相对位移，这种性质称为离子的变形性。离子半径大，外层电子发生位移容易，其变形性大。另外，正离子所带电荷越多，变形性越小；负离子所带电荷越多，变形性越大。

当离子电荷相同、半径相近时，外层具有 d 电子构型正离子比稀有气体构型离子的变形性大得多。

通常用极化率作为离子变形性的一种量度。表 6-12 列出了常见离子的极化率。

表 6-12　离子的极化率

离子	极化率/10^4 pm	离子	极化率/10^4 pm	离子	极化率/10^4 pm
Li^+	3.1	Ca^{2+}	47	OH^-	175
Na^+	17.9	Sr^{2+}	86	F^-	104
K^+	83	B^{3+}	0.3	Cl^-	366
Rb^+	140	Al^{3+}	5.2	Br^-	477
Cs^+	242	Hg^{2+}	125	I^-	710
Be^{2+}	0.8	Ag^+	172	O^{2-}	388
Mg^{2+}	9.4	Zn^{2+}	28.5	S^{2-}	1020

(3)离子的相互极化

一般地，正离子极化力较强，变形性较小；而负离子变形性较大，但极化力较小。

由正离子的电场引起负离子的极化常是主要的。只有当正离子为 18 或 18+2电子构型时极化力和变形性才都比较显著。

当阳离子也容易变形时，往往会引起两种离子之间相互加强的极化效应，这种效应称为附加极化作用(如图 6-40 所示)。如 AgI 晶体中，Ag^+ 极化力强，

变形性大；离子半径大，极易变形。I^-半径又很大，极易变形。

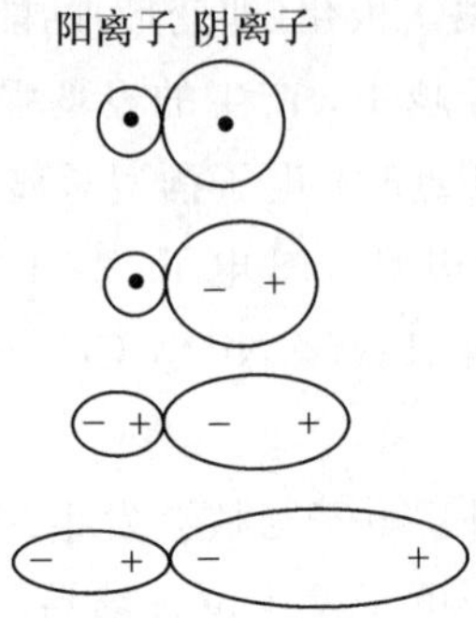

图 6-40　离子附加极化作用

(4)离子极化的一般规律

①阴离子相同时，阳离子 Z^+ 越大，阴离子越易被极化；

②阳离子 Z^+ 相同时，阳离子 r^+ 越小，阴离子越易被极化；

③阳离子 Z^+ 相同、r^+ 相近时，阴离子越大越易被极化；

④附加极化作用：当阳离子与阴离子一样，也易变形时，它们会相互极化，使诱导偶极增大(18，18+2，2 电子构型)。

离子晶体中，每个离子的总极化力是离子固有极化力与附加极化力之和。

离子极化强弱的判断：①分析阳离子的极化；②分析阴离子的变形；③分析是否有附加极化作用。

6.6.5.2　离子极化对物质结构和性质的影响

(1)对键型的影响

当极化力强、变形性大的正离子与变形性大的负离子相互接触时，由于正、负离子的相互极化作用显著，导致正、负离子的核间距离缩短，键的极性减弱，使键型由离子键向共价键过渡，如图 6-41 所示。可见，离子键和共价键之间没有绝对的界限。

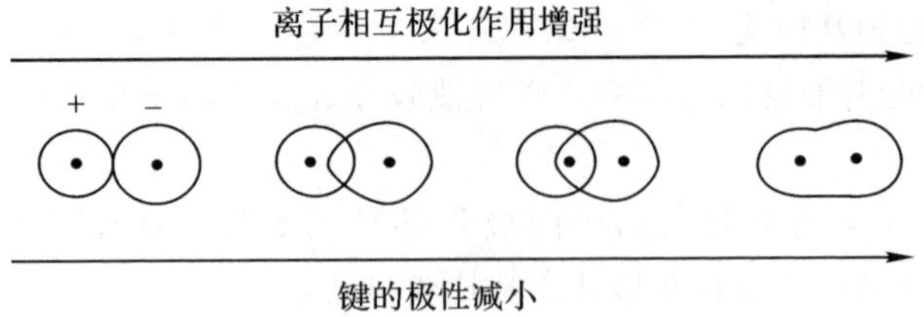

图 6-41　离子极化对键型的影响

(2)对晶体结构的影响

如果正离子极化力不大、负离子变形也不明显时，晶体结构不会发生变化。但当正、负离子相互极化时，必然导致离子核间距缩短，从而使配位数比减小。AgI 由于有强烈的相互极化作用，变为立方 ZnS 型晶体(配位数 4)。

(3)对化合物性质的影响

①对溶解度的影响。由于离子相互极化使离子键向共价键过渡，物质在水中的溶解度明显下降.如 AgCl、AgBr 和 AgI 在水中的溶解度递减。

②对化合物颜色的影响。正离子极化力越强，或负离子变形性越大，越有利于化合物颜色的产生。由于 O 的变形比 S 小，因此硫化物颜色总是较相应的氧化物深，如 PbO 为黄色，而 PbS 为黑色。

③对晶体熔点的影响。$FeCl_2$ 的熔点为 672℃，$FeCl_3$ 熔点为 306℃，其原因是 Fe^{3+} 的极化能力比 Fe^{2+} 强，离子间作用力减弱。有时氧化物还可偏向原子晶体，比如，SiO_2 熔点 1610℃，$SiCl_4$ 分子晶体熔点 −70℃。

[例 6-8] 用离子极化理论说明下列各组氯化物的熔沸点高低。

(1)$MgCl_2$ 和 $SnCl_4$；(2)$ZnCl_2$ 和 $CaCl_2$；(3)$FeCl_3$ 和 $FeCl_2$；(4)$MnCl_2$ 和 $TiCl_4$。

解　(1)因为 Sn^{4+} 极化能力比 Mg^{2+} 强得多。$SnCl_4$ 为共价化合物，$MgCl_2$ 为离子化合物。

所以熔点：$MgCl_2 > SnCl_4$。

(2)因为 Zn 与 Ca 为同一周期元素，离子半径 $Zn^{2+} < Ca^{2+}$，而且 Zn^{2+} 为 18 电子构型，Ca^{2+} 为 8 电子构型，因而 Zn^{2+} 极化能力比 Ca^{2+} 强。$ZnCl_2$ 的共价成分比 $CaCl_2$ 多。

所以熔点：$ZnCl_2 < CaCl_2$。

(3)因为 Fe^{3+} 电荷比 Fe^{2+} 电荷高，前者半径比后者小，因此 Fe^{3+} 极化能力比 Fe^{2+} 强，$FeCl_3$ 比 $FeCl_2$ 共价成分多。

所以熔点：$FeCl_3 < FeCl_2$。

(4)因为 Ti^{4+} 电荷比 Mn^{2+} 电荷高，前者半径比后者小，因此 Ti^{4+} 极化能力比 Mn^{2+} 强，$TiCl_4$ 比 $MnCl_2$ 共价成分多。

所以熔点：$MnCl_2 > TiCl_4$。

视频 6.15

6.6.6　其他晶体

(1)原子晶体

通过共价键直接形成的一个巨型分子，其内部的原子有规则地排列着，这种晶体称为原子晶体，如金刚石晶体(图 6-42)。原子晶体硬度大，熔点高，一般不导电、不导热。

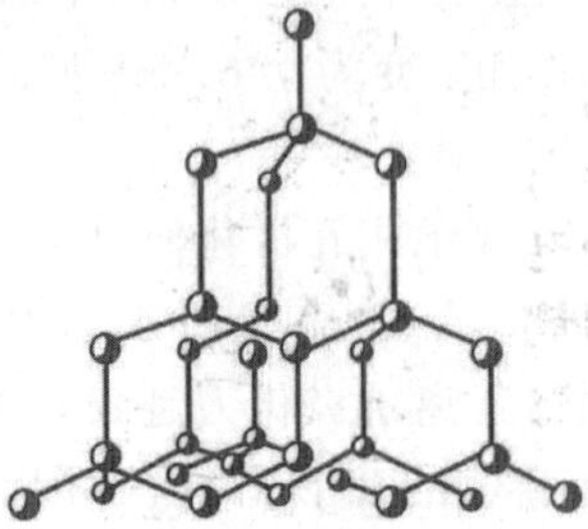

图 6-42　金刚石晶体

(2)分子晶体

晶格结点上排列的微粒为分子，靠分子间的作用力结合而成的晶体统称为分子晶体。分子晶体一般硬度小，熔点低，如干冰(CO_2)(图 6-43)。

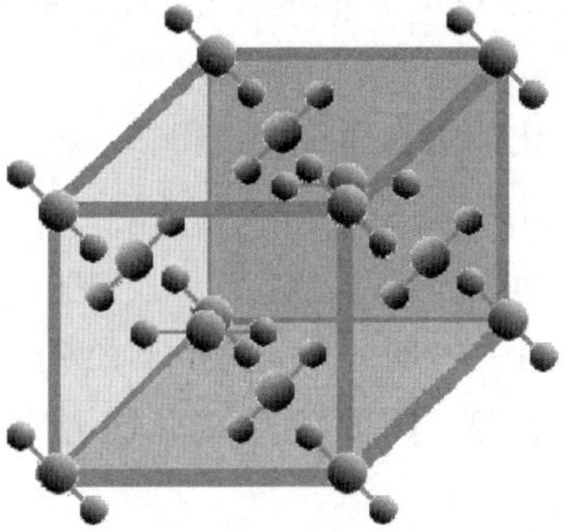

图 6-43　干冰晶体

(3)金属晶体

①金属原子密堆积。晶格结点上排列的微粒是金属原子。金属晶体是靠金属离子和自由电子之间的引力结合的。等径圆球密堆积有 3 种基本构型：体心立方，面心立方和六方密堆积。前者配位数为 8，后两者为 12(见图 6-44)。

②金属键。金属晶体内自由电子的这种运动使金属原子、金属正离子与自由电子之间产生的结合力称为金属键。金属晶体中的自由电子是非定域的，因此金属键没有方向性和饱和性。金属具有良好的导电性、导热性和延展性。

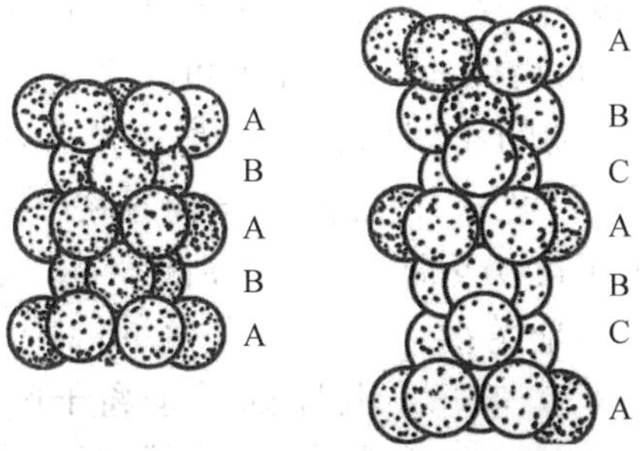

六方密堆积　　面心立方密堆积　　体心立方密堆积

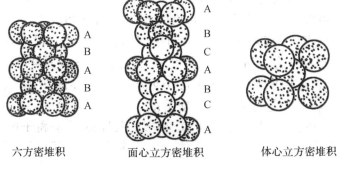

图 6-44　等径圆球密堆积

(4)混合型晶体

石墨具有层状结构(图 6-45)，层与层之间为分子间作用力。同层碳原子以 sp^2 杂化、形成大 π 键。石墨有金属光泽，并具有良好的导电性和导热性，可作为润滑剂。

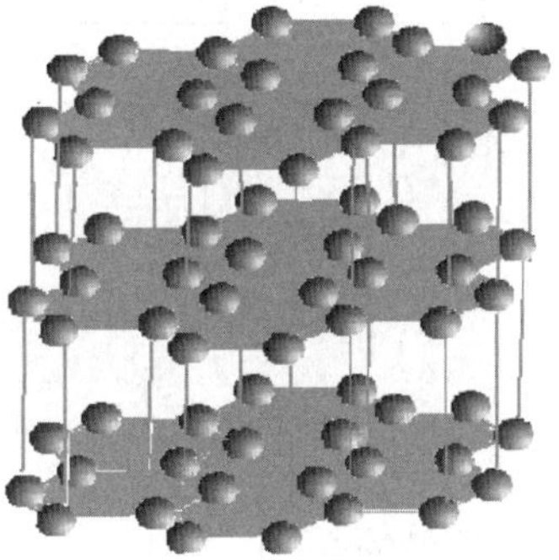

图 6-45　石墨的层状结构

视频 6.16

【应用实例】

四氯化锗 $GeCl_4$ 的空间构型的推测

四氯化锗作为一种重要的半导体材料，常被用于制备锗晶体，$GeCl_4$ 也可以用于制备光学材料，是光导纤维的常用掺杂剂。试用杂化轨道理论推测 $GeCl_4$ 的空间构型。

解　$GeCl_4$ 中的锗原子在形成共价键过程中，锗的 1 个 s 轨道与 3 个 p 轨道杂化组合成 4 个能量相等的 sp^3 杂化轨道。每个轨道上一个电子，4 个轨道分别指向正四面体的 4 个顶点，与 4 个氯原子成键时便形成了正四面体构型。中心原子 Ge 的杂化过程如下：

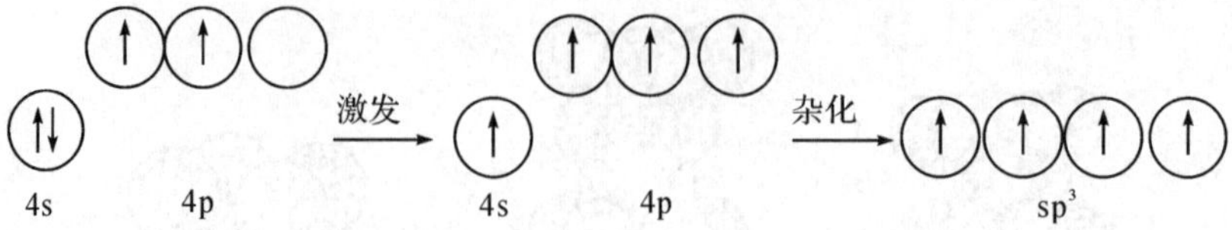

$GeCl_4$分子为正四面体构型，键角为109°28′。

【知识结构-1】——原子结构

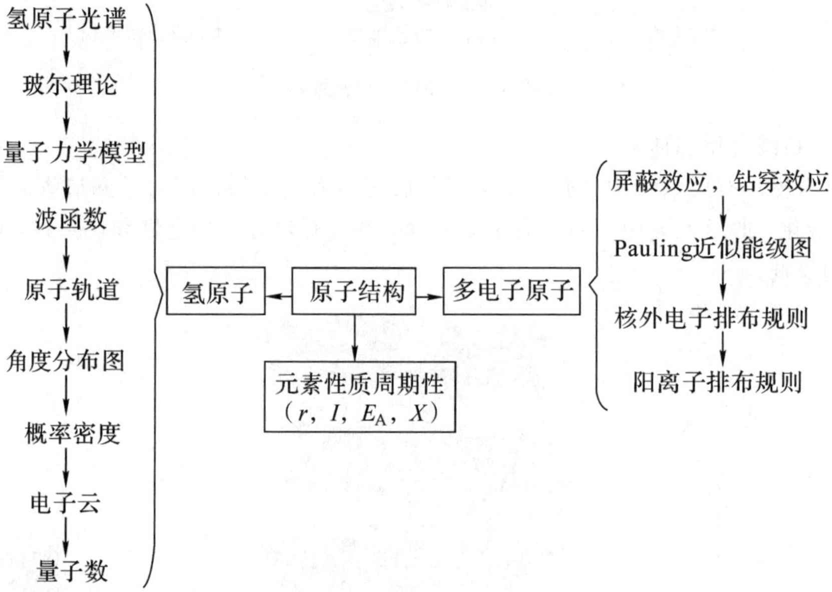

【知识结构-2】——分子结构与晶体结构

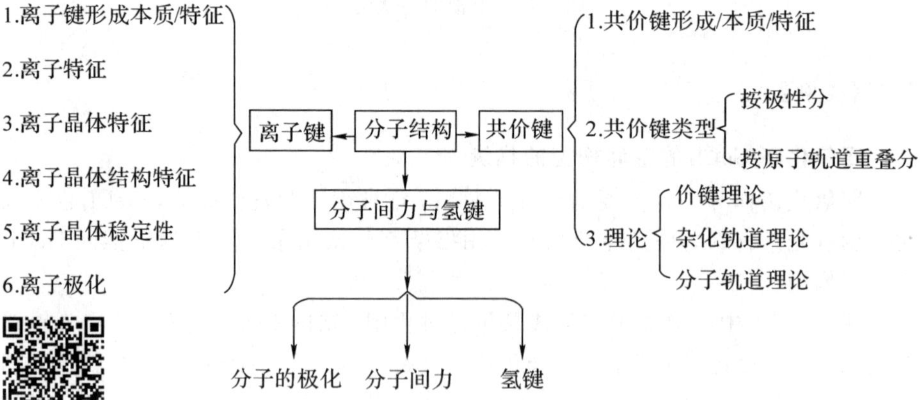

视频 6.17

习　题

6.1　试区别下列概念：连续光谱与线状光谱、概率与概率密度、电子云和原子轨道、基态原子和激发态原子。

6.2　氮的价电子构型是 $2s^2 2p^3$，试用 4 个量子数分别表明每个电子的状态。

6.3　写出下列各轨道的名称：

(1) $n=5$，$l=3$；(2) $n=3$，$l=2$；(3) $n=4$，$l=1$；(4) $n=2$，$l=0$。

6.4　请填写下列各组在表示电子运动状态时所缺的量子数。

(1) $n=3$，$l=2$，$m=?$，$m_s=+\frac{1}{2}$　　(2) $n=4$，$l=?$，$m=-1$，$m_s=-\frac{1}{2}$

(3) $n=?$，$l=2$，$m=1$，$m_s=+\frac{1}{2}$　　(4) $n=2$，$l=1$，$m=0$，$m_s=?$

6.5　下列各量子数哪些是不合理的，为什么？

(1) $n=2$，$l=2$，$m=-1$；(2) $n=2$，$l=3$，$m=+2$；(3) $n=2$，$l=1$，$m=0$

(4) $n=2$，$l=0$，$m=-1$；(5) $n=3$，$l=0$，$m=0$；(6) $n=3$，$l=1$，$m=+1$

6.6　在下述三种类型的原子轨道中，试说明：

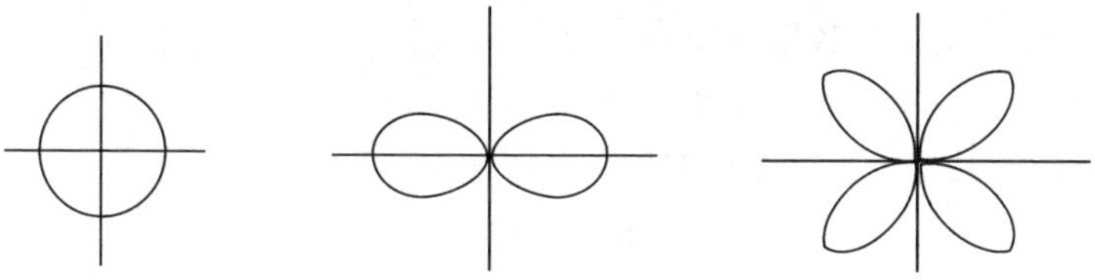

(a)　　(b)　　(c)

(1) 在 $n=4$ 电子层中，可以找到多少个 l 值相同的轨道(a)，轨道(b)，轨道(c)呢？

(2) 在原子轨道(b)中包含的最大电子数是多少？

(3) 上述 3 种轨道中每一种轨道的 l 值是多少？

(4) 上述 3 种轨道以能量递增顺序排列，这些轨道在 M 电子层中和在其他电子层中有无不同的顺序？

(5) 关于上述 3 种类型的轨道中的一个电子而言，可能的 n 的最小值是多少？

6.7　在 19 号元素钾中，3d 和 4s 哪一种状态能量高？为什么？

6.8 完成下表：

原子序数	核外电子排布式	电子层数	周期	族	区	元素名称
16						
19						
42						
48						

6.9 试完成下表：

价电子构型	原子序数	周期	族	元素符号	最高氧化数	最低氧化数	金属性或非金属性
$3s^2$							
		2	ⅤA				
	40			Zr			
$5s^25p^5$							
	30				+2		

6.10 写出下列物种的电子排布式：Cr，Cl^-，Al^{3+}，Ag，I，Cu。

6.11 请填充下列各题的空白[如题(1)示]。

(1)K(Z=19)　　$1s^22s^22p^63s^23p^64s^1$

(2)Pb(Z=82)　　【Xe】$4f^{()}5d^{()}6s^{()}6p^{()}$

(3)　　$1s^22s^22p^63s^23p^5$

(4)Zn(Z=30)　　$1s^22s^22p^63s^23p^63d^{()}4s^{()}$

(5)　　【Ar】$3d^14s^2$

6.12 设有元素 A，B，C，D，E，G 和 M，试按下面给出的条件推断元素符号以及在周期表中的位置，并写出价电子构型。

(1)A，B，C 为同一周期的金属元素，已知 C 有 3 个电子层，它们的原子半径在所属的周期中为最大，并且 $r_A > r_B > r_C$；

(2)D、E 为非金属元素，与氢化合成 HD 和 HE，在室温时 D 的单质为液体，E 的单质是固体；

(3)G 是所有元素中电负性最大的元素；

(4)M 为金属元素，它有 4 个电子层，它的最高氧化数与氯的最高氧化数相同。

6.13 写出 K^+，Ti^{4+}，Sc^{3+}，Br^- 四种离子的离子半径由小到大的顺序。

6.14　根据 VB 法画出下列分子的结构式(一对电子用一根短线表示)：

PH_3，H_2O，SiH_4，CS_2，HCN

6.15　试用杂化轨道理论说明下列分子的成键类型，并预测分子的空间构型，判断分子是否有极性：

CCl_4，CO_2，H_2S，BCl_3.

6.16　试用杂化轨道理论说明 BF_3 是平面三角形，而$[BF_4]^-$却是正四面体，NH_3 是三角锥形。

6.17　请问 CO_2，SO_2，NO_2，SiO_2，BaO_2 各是什么类型的化合物，指出它们的几何构型；若为分子型化合物，表明有无极性，并说明是怎样由原子形成分子的，分子的各原子间化学键是 σ 键还是 π 键或配位键。

6.18　试用分子轨道理论说明为何 O_2 分子不如 O_2^+ 离子稳定，而 N_2 分子比 N_2^+ 离子稳定。

6.19　应用同核双原子分子轨道能级图，推断下列分子或离子是否存在？

O_2^+，O_2^-，O_2^{2-}，H_2^+，He_2^+，He_2。

6.20　下列化合物是否有极性？为什么？

Ne，HF，H_2S，$HgBr_2$，SiH_4，BF_3，NF_3。

6.21　用分子间作用力说明下列事实：

(1)常温下 F_2，Cl_2 是气体，Br_2 是液体，而 I_2 是固体。

(2)HCl、HBr、HI 的熔点和沸点随着相对分子质量的增大而升高。

(3)稀有气体 He，Ne，Ar，Kr，Xe 沸点随着相对分子质量的增大而升高。

6.22　下列分子间存在什么形式的分子间作用力(取向力、诱导力、色散力、氢键)？

(1)CH_4　(2)HCl 气体　(3)He 和 H_2O　(4)甲醇和水　(5)H_2S

6.23　下列化合物中哪些存在氢键？并指出它们是分子间氢键还是分子内氢键。

C_6H_6，NH_3，C_2H_6，H_3BO_3，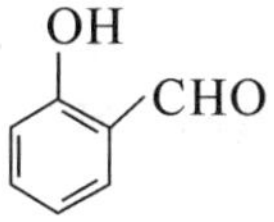

，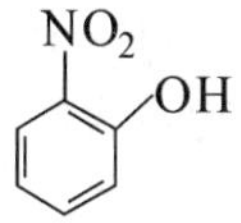

，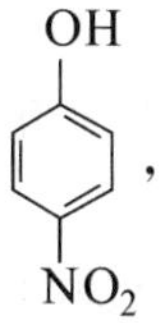

，HNO_3。

6.24　试以下列数据画出玻恩-哈伯循环，并计算氯化钾的晶格能(kJ/mol)

$K(s) = K(g)$　　　　$\Delta H_1 = 90.0\ kJ \cdot mol^{-1}$

$Cl_2(g) = 2Cl(g)$　　　　$\Delta H_2 = 243\ kJ \cdot mol^{-1}$

$K(g) = K^+(g) + e^-$　　　　$\Delta H_3 = 425\ kJ \cdot mol^{-1}$

$Cl(g) + e^- = Cl^-(g)$　　　　$\Delta H_4 = -349\ kJ \cdot mol^{-1}$

$K(s)+\frac{1}{2}Cl_2(g)$══$KCl(s)$　$\Delta H_5=-435.8\ kJ\cdot mol^{-1}$

6.25　试比较下列化合物中正离子的极化能力大小：

(1)NaCl，$MgCl_2$，$SiCl_4$，$AlCl_3$，PCl_5

(2)KCl，$CaCl_2$，$FeCl_3$，$ZnCl_2$

6.26　比较下列各组物质中，何者熔点高？

(1)干冰和冰　(2)SiC 和 I_2　(3)CuCl 和 KI

6.27　试用离子极化的观点解释下列现象：

(1)AgF 易溶于水，AgCl，AgBr，AgI 难溶于水，溶解度从 AgF 到 AgI 依次减小。

(2)AgCl，AgBr，AgI 的颜色逐渐加深。

测验题

一、选择题

1. 下列分子属于非极性分子的是(　　)。

(A)HCl　(B)NH_3　(C)SO_2　(D)CO_2

2. 下列分子中偶极矩最大的是(　　)。

(A)HCl　(B)H_2　(C)CH_4　(D)CO_2

3. 下列元素中，各基态原子的第一电离能最大的是(　　)。

(A)Be　(B)B　(C)C　(D)N　(E)O

4. H_2O 的沸点为 100℃，而 H_2Se 的沸点是－42℃，这可用下列哪一种理论来解释(　　)。

(A)范德华力　(B)共价键　(C)离子键　(D)氢键

5. 下列哪种物质只需克服色散力(　　)。

(A)O_2　(B)HF　(C)Fe　(D)NH_3

6. 下列哪种化合物不含有双键和叁键(　　)。

(A)HCN　(B)H_2O　(C)CO　(D)N_2　(E)C_2H_4

7. 能够充满 1～2 电子亚层的电子数是(　　)。

(A)2　(B)6　(C)10　(D)14

8. 下列哪一个代表 3d 电子量子数的合理状态(　　)。

(A)3，2，＋1，＋1/2　(B)3，2，0，－1/2

(C)A、B 都不是　(D)A、B 都是

9. 下列化合物中，哪一个氢键表现得最强(　　)。

(A) NH_3　　(B) H_2O　　(C) H_2S　　(D) HCl

10. 下列分子中键级最大的是(　　)。

(A) O_2　　(B) H_2　　(C) N_2　　(D) F_2

11. 下列物质中哪一个进行的杂化不是 sp^3 杂化(　　)。

(A) NH_3　　(B)金刚石　　(C) CCl_4　　(D) BF_3

12. 用来表示核外某一电子运动状态的下列各组量子数(n, l, m, m_s)中，哪一组是合理的(　　)。

(A)(2，1，−1，−1/2)　　(B)(0，0，0，1/2)

(C)(3，1，2，+1/2)　　(D)(1，2，0，+1/2)

(E)(2，1，0，0)

13. 所谓的原子轨道是指(　　)。

(A)一定的电子云　　(B)核外电子的概率

(C)一定的波函数　　(D)某个径向的分布

14. 下列电子构型中，属于原子基态的是(　　)，属于原子激发态的是(　　)。

(A) $1s^2 2s^1 2p^1$　　(B) $1s^2 2s^2$

(C) $1s^2 2s^2 2p^6 3s^1 3p^1$　　(D) $1s^2 2s^2 2p^6 3s^2 3p^6 4s^1$

15. 周期表中第五、六周期的ⅣB，ⅤB，ⅥB 元素性质非常相似，这是由于(　　)。

(A)s 区元素的影响　　(B)p 区元素的影响

(C)d 区元素的影响　　(D)镧系收缩的影响

16. 描述 $\psi_{3d_{z^2}}$ 的一组 n, l, m 是(　　)。

(A) $n=2$, $l=1$, $m=0$　　(B) $n=3$, $l=2$, $m=0$

(C) $n=3$, $l=1$, $m=0$　　(D) $n=3$, $l=2$, $m=1$

17. 在下列原子半径大小顺序中，正确的是(　　)。

(A) Be<Na<Mg　　(B) Be<Mg<Na

(C) Be>Na>Mg　　(D) Na<Be<Mg

18. 下列说法正确的是(　　)。

(A)同原子间双键键能是单键键能的两倍

(B)原子形成共价键的数目等于基态原子的未成对电子数

(C)分子轨道是由同一个原子中的能量相近似、对称匹配的原子轨道线性组合而成

(D) p_y 和 p_y 的线性组合形成 π 成键分子轨道和 π^* 反键分子轨道

19. 下列关于 O_2^{2-} 和 O_2^- 性质的说法中，不正确的是(　　)。

(A)两种离子都比 O_2 分子稳定性小

(B)O_2^{2-} 的键长比 O_2^- 的键长短

(C)O_2^{2-} 是反磁性的，而 O_2^- 是顺磁性的

(D)O_2^- 的键能比 O_2^{2-} 的键能大

20. 用分子轨道理论来判断下列说法，不正确的是(　　)。

(A)N_2^+ 的键级比 N_2 分子的小

(B)CO^+ 的键级是 2.5

(C)N_2^- 和 O_2^+ 是等电子体

(D)在第二周期同核双原子分子中，Be_2 分子能稳定存在

21. 下列说法正确的是(　　)。

(A)BCl_3 分子中 B—Cl 键是非极性的

(B)BCl_3 分子中 B—Cl 键矩为 0

(C)BCl_3 分子是极性分子，而 B—Cl 键是非极性的

(D)BCl_3 分子是非极性分子，而 B—Cl 键是极性的

22. 下列晶体中，熔化时只需克服色散力的是(　　)。

(A)K　　(B)H_2O　　(C)SiC　　(D)SiF_4

23. 下列物质熔沸点高低顺序是(　　)。

(A)He>Ne>Ar　　(B)HF>HCl>HBr

(C)CH_4<SiH_4<GeH_4　　(D)W>Cs>Ba

24. 下列物质熔点由高到低顺序是(　　)。

a. $CuCl_2$　　b. SiO_2　　c. NH_3　　d. PH_3

(A)a>b>c>d　　(B)b>a>c>d

(C)b>a>d>c　　(D)a>b>d>c

25. 下列各分子中，偶极矩不为零的是(　　)。

(A)$BeCl_2$　　(B)BF_3　　(C)NF_3　　(D)C_6H_6

二、填空题

1. 氧气分子有一个________键和两个________键。

2. 极性分子之间存在着________________作用。

非极性分子之间存在着________________作用。

极性分子和非极性分子之间存在着________________作用。

3. 离子极化的发生使键型由________向________转化。

化合物的晶型也相应地由________向________转化。

通常表现出化合物的熔、沸点________，溶解度________，颜色________。

4. HCl 的沸点比 HF 要低得多，这是因为 HF 分子之间除了有________外，还存在________。

5. 根据分子轨道理论，N_2 分子的电子构型是________________，F_2 分子的电子构型为________________。

6. 形成配位键的两个条件是：(1)____________________________；(2)________________。

举两例说明其分子中存在配位键，如________________。

三、简答题

1. A，B 两元素，A 原子的 M 层和 N 层的电子数分别比 B 原子的 M 层和 N 层的电子数少 7 个和 4 个。写出 A，B 两原子的名称和电子排布式，写出推理过程。

2. 第四周期某元素原子中的未成对电子数为 1，但通常可形成＋1 和＋2 价态的化合物。试确定该元素在周期表中的位置，并写出＋1 价离子的电子排布式和＋2 价离子的外层电子排布式。

3. 从原子结构解释为什么铬和硫都属于第Ⅵ族元素，但它们的金属性和非金属性不相同，而最高化合价却又相同？

4. “四氯化碳和四氯化硅都容易水解”这句话对吗？

5. 写出 O_2^+，O^2，O_2^-，O_2^{2-} 的分子轨道能级式，计算它们的键级，比较稳定性和磁性。

6. 画出 $d_{x^2-y^2}$、d_{xy} 的原子轨道及电子云图形。

7. 用杂化轨道理论分别说明 H_2O，$HgCl_2$ 分子的形成过程(杂化类型)以及分子在空间的几何构型。

第 7 章　配位平衡与配位滴定法
(Coordination equilibrium and coordination titration)

学习目标

通过本章的学习，要求掌握：

1. 配位化合物的基本概念与价键理论；
2. 配位平衡的基本概念及有关计算；
3. 螯合物与 EDTA 的性质；
4. 条件稳定常数的概念及其计算；
5. 金属指示剂的概念与应用；
6. 配位滴定法及其应用。

配位化合物(简称配合物)是一类组成和结构比较复杂的化合物，它在自然界普遍存在，如叶绿素是一种镁的配位化合物，植物的光合作用需要靠它来完成；又如人体血液中的血红蛋白是铁的配位化合物，血红蛋白在血液中起着输送氧气的作用。配位化合物的应用也非常广泛，已经渗透到分析化学、生物化学、有机化学、催化动力学、生命科学等领域，在科学研究和生产实践中发挥着越来越重要的作用，配位化合物与工业分析、金属的分离和提纯、化学反应催化、电镀、医药、环保、生命科学、金属冶炼、能量存储等许多领域密切相关；事实上，配位化合物已经形成了独立的分支学科——配位化学。配位化学是当前化学学科研究中最为活跃的领域之一。本章将从配合物的基本概念出发，介绍其组成、结构、性质、在溶液中的配位平衡以及在滴定分析中的应用。

7.1　配位化合物的基本概念

7.1.1　配位化合物的定义

配位化合物是一类具有特殊化学结构的化合物。由中心离子或原子(又称形成体)与几个配位体(简称配体)分子或离子以配位键相结合而形成的复杂分子或离子，通常称为配位单元(也叫配离子)。凡是含有配位单元(配离子)的化合物都称作配位化合物。

例如在硫酸铜溶液中加入氨水，刚开始滴加时有蓝色的 $Cu(OH)_2$ 沉淀生成，当继续滴加氨水至过量时，蓝色沉淀逐渐溶解变成了深蓝色的溶液。总反应为：

$$CuSO_4 + 4NH_3 \longrightarrow [Cu(NH_3)_4]SO_4\text{(深蓝色)}$$

在这溶液中，除 SO_4^{2-} 离子和 $[Cu(NH_3)_4]^{2+}$ 离子外，几乎检测不出 Cu^{2+} 离子的存在。又如，在 $HgCl_2$ 溶液中加入 KI，开始的时候形成橘黄色的 HgI_2 沉淀，继续滴加 KI 过量时，沉淀消失变成了无色的溶液。

$$HgCl_2 + 2KI \longrightarrow HgI_2\downarrow + 2KCl \qquad HgI_2 + 2KI \longrightarrow K_2[HgI_4]$$

像 $[Cu(NH_3)_4]SO_4$ 和 $K_2[HgI_4]$ 这种比较复杂的化合物就是配位化合物。在实际工作中，一般把配离子也称为配位化合物。另外由中心离子和配体以配位键结合的分子，如 $[Ni(CO)_4]$、$[Co(NH_3)_3Cl_3]$ 也称配位化合物。

7.1.2　配位化合物的组成

配位化合物一般由内界和外界两部分组成。在配位化合物中，把由简单的正离子或原子(形成体)和一定数量的阴离子或中性分子(配位体)以配位键方式相结合而形成的复杂离子(或分子)即配位单元部分称为配合物的内界，通常都把内界写在方括号内。内界可以是带正电荷的配位阳离子，如 $[Cu(NH_3)_4]^{2+}$，也可以是带负电荷的配位阴离子，如 $[Fe(CN)_6]^{3-}$。在配位化合物中除了内界，把距离中心离子较远的其他离子称为外界，内界与外界之间通过离子键相结合，内界与外界在水中一般能全部解离。

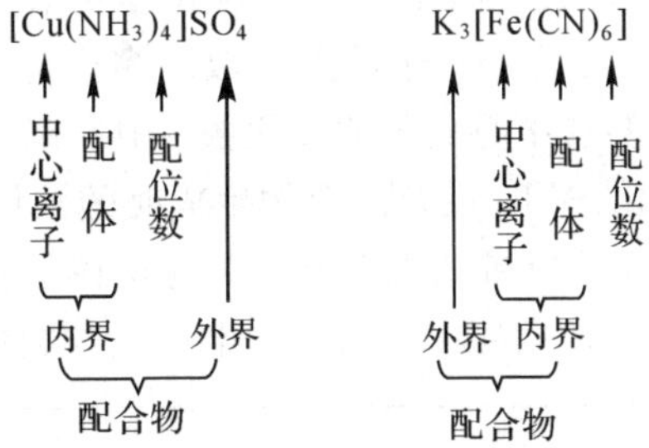

(1)中心离子(形成体)

一般是阳离子，也有些是中性原子，是配位化合物的核心，如 $[Cu(NH_3)_4]SO_4$ 中的 Cu^{2+} 离子、$[Ni(CO)_4]$ 中的 Ni 原子。中心离子大多数为金属离子，尤其过渡金属离子居多，也可以是高氧化态的非金属元素，如 $[SiF_6]^{2-}$ 中的 Si(Ⅳ)。

(2)配位体和配位原子

在配位化合物中与中心离子以配位键结合的阴离子或者中性分子叫配位体，如：$:CN^-$，$:NH_3$，$:SCN^-$，$:OH^-$，$H_2O:$等。配位体中具有孤对电子并直接与中心离子形成配位键的原子称为配位原子，上述配位体中旁边带有“:”的即为配位原子。

因为不同的配位体所含有的配位原子不一定相同，所以根据配位体所提供的配位原子的数目，将配位体分为单齿配位体和多齿配位体。只含有一个配位原子的配体称为单齿配体，如 X^-，NH_3，H_2O，CN^-等。含有两个及两个以上配位原子并同时与一个中心离子形成配位键的配体，称为多齿配体，如乙二胺 $H_2NCH_2CH_2NH_2$(简写作 en)及草酸根 $C_2O_4^{2-}$ 等，其配位情况示意图如下(箭头是配位键的指向)：

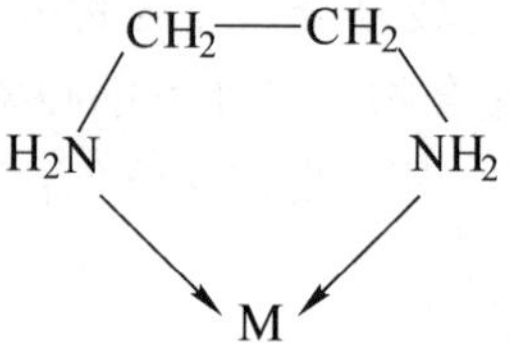

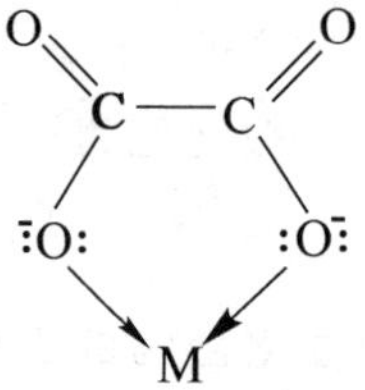

(3)配位数

配位化合物中，与中心离子(或原子)直接形成配位键的配位原子的总数目称为该中心离子(或原子)的配位数。一般，简单配合物的配体是单齿配体，中心离子(或原子)配位数即是内界中配位体的总数。例如，在配合物 $[Co(NH_3)_6]^{3+}$ 中，中心离子 Co^{3+} 与 6 个 NH_3 分子中的 N 原子配位，其配位数为 6。在配合物 $[Cu(en)_2]SO_4$ 中，中心离子 Cu^{2+} 与两个乙二胺分子结合，而每个乙二胺分子中有两个 N 原子配位，故 Cu^{2+} 的配位数不是 2 而是 4。因此，要注意配位数与配位体数的区别，配位数是配位原子数而不是配位体的个数。

在形成配位化合物时，中心离子的配位数的多少与多方面的因素有关，影响配位数多少的因素主要有中心离子的氧化数、中心离子的半径和配位体的电荷、半径及彼此间的极化作用，以及配合物生成时的条件(如温度、浓度)等。

一般情况下，中心离子所带的电荷高，对配位体的吸引力就强，所形成的配位化合物配位数较高。常见的中心离子的电荷数与配位数有如下的关系：

中心离子的电荷	+1	+2	+3	+4
常见的配位数	2	4	6	6(或 8)

中心离子的半径越大，其周围的空间也越大，可容纳的配位体数量就越多，配位数也就越大。如 Al^{3+} 与 F^- 可以形成配位数为 6 的 $[AlF_6]^{3-}$ 配离子，而体

积较小的 B(Ⅲ)原子只能形成配位数为 4 的$[BF_4]^-$配离子。但如果中心离子的半径过大，也会减小对配体的吸引力，有时配位数反而会减小。

单齿配位体的半径越大，在中心离子周围可容纳的配位体数目就越少。例如，Al^{3+}与F^-形成$[AlF_6]^{3-}$，与Cl^-则形成配位数为 4 的$[AlCl_4]^-$。配位体的负电荷越多，在增加中心离子对配体吸引力的同时，也增加了配体间的斥力，配位数减小，如$[SiO_4]^{4-}$中 Si 的配位数比$[SiF_6]^{2-}$中的小。

此外，配位数的大小还与配合物形成时配位体的浓度、溶液的温度有关，一般温度越低，配位体浓度越大，配位数越大。

中心离子的配位数一般为 2，4，6，8 等，最常见的是 4 和 6。配位数为 2 的如Ag^+，Cu^+等；配位数为 4 的如Cu^{2+}，Zn^{2+}，Ni^{2+}，Hg^{2+}，Cd^{2+}，Pt^{2+}等；配位数为 6 的如Fe^{3+}，Fe^{2+}，Al^{3+}，Pt^{4+}，Cr^{3+}，Co^{3+}等。

(4)配离子的电荷数

配离子的电荷数等于中心离子和配体电荷的代数和。在$[Co(NH_3)_6]^{3+}$、$[Cu(en)_2]^{2+}$中，配体都是中性分子，所以配离子的电荷等于中心离子的电荷。在$[Fe(CN)_6]^{4-}$中，中心离子Fe^{2+}的电荷为+2，6 个CN^-的电荷为−6，所以配离子的电荷为−4。

视频 7.1

7.1.3　配合物的命名

对配合物的命名一般遵循无机化合物的命名原则，阴离子在前，阳离子在后，两者之间加“化”或者“酸”。称为“某化某”，如$[Co(NH_3)_6]Cl_3$，氯化六氨合钴(Ⅲ)；“某酸某”，如$K_3[Fe(CN)_6]$，六氰合铁(Ⅲ)酸钾；“某某酸”，如$H[AuCl_4]$，四氯合金(Ⅲ)酸等。

若配位化合物有两种或两种以上的配位体，不同配体名称之间用“·”分开，各配位体的个数用数字一、二、三……写在该种配体名称的前面。其命名原则为：

①先阴离子，后中性分子；

如：$K[PtCl_5(NH_3)]$　五氯·一氨合铂(Ⅳ)酸钾

②先无机配体，后有机配体；

如：$[Co(NH_3)_2(en)_2]^{3+}$　二氨·二(乙二胺)合钴(Ⅲ)

③同类配体的名称，按配位原子元素符号在英文字母中的顺序排列；

如：$[Co(NH_3)_5(H_2O)]^{3+}$　五氨·一水合钴(Ⅲ)

④同类配体的配位原子相同，则含原子少的排在前；

如：$[Pt(NO_2)(NH_3)(NH_2OH)(Py)]Cl$

　　氯化一硝基·一氨·一羟胺·一吡啶合铂(Ⅱ)

⑤配位原子相同，配体中原子数也相同，则按在结构式中与配位原子相连

的元素符号在英文字母中的顺序排列；

如：$[Pt(NH_2)(NO_2)(NH_3)_2]$　一胺基·一硝基·二氨合铂（Ⅱ）

配阴离子的命名：配位体→"合"→中心离子（用罗马数字标明氧化数）→"酸"→外界。如：

$K_4[Fe(CN)_6]$	六氰合铁（Ⅱ）酸钾
$K_3[Fe(CN)_6]$	六氰合铁（Ⅲ）酸钾
$NH_4[Cr(SCN)_4(NH_3)_2]$	二氨·四硫氰合铬（Ⅲ）酸铵
$Na_2[Zn(OH)_4]$	四羟基合锌（Ⅱ）酸钠

配阳离子的命名：外界→配位体→"合"→中心离子（用罗马数字标明氧化数），如：

$[Cu(NH_3)_4]SO_4$	硫酸四氨合铜（Ⅱ）
$[Co(NH_3)_6]Br_3$	溴化六氨合钴（Ⅲ）
$[CoCl_2(NH_3)_3(H_2O)]Cl$	氯化二氯·三氨·一水合钴（Ⅲ）
$[PtCl(NO_2)(NH_3)_4]CO_3$	碳酸一氯·一硝基·四氨合铂（Ⅳ）

无外界配合物的命名：

$[PtCl_2(NH_3)_2]$　二氯二氨合铂（Ⅱ）　　$[Ni(CO)_4]$　四羰基合镍

除以上的命名法外，有些配位化合物至今还在沿用习惯命名。如$K_4[Fe(CN)_6]$叫黄血盐或者亚铁氰化钾，$K_3[Fe(CN)_6]$叫赤血盐或者铁氰化钾，$[Ag(NH_3)_2]^+$叫银氨配离子。

视频 7.2

7.1.4　配合物的类型

（1）简单配合物

简单配合物是由单齿配位体与一个中心离子形成的配合物，如$[Cu(H_2O)_4]^{2+}$、$[Cr(H_2O)_6]^{3+}$、$K_2[PtCl_4]$、$Na_3[AlF_6]$、$[Cu(NH_3)_4]SO_4$、$K_4[Fe(CN)_6]$等。

（2）螯合物

螯合物是由中心离子与多齿配位体形成的具有环状结构的配位化合物，是配合物的一种。在螯合物的结构中，一定有一个或多个多齿配体提供多对电子与中心离子形成配位键。例如Cu^{2+}与乙二胺$H_2N—CH_2—CH_2—NH_2$形成螯合物。

$$Cu^{2+} + 2\ \begin{matrix} CH_2—NH_2 \\ | \\ CH_2—NH_2 \end{matrix} = \left[\begin{matrix} H_2 & & H_2 \\ N & & N \\ H_2C & & CH_2 \\ H_2C & Cu & CH_2 \\ H_2N & & NH_2 \end{matrix} \right]^{2+}$$

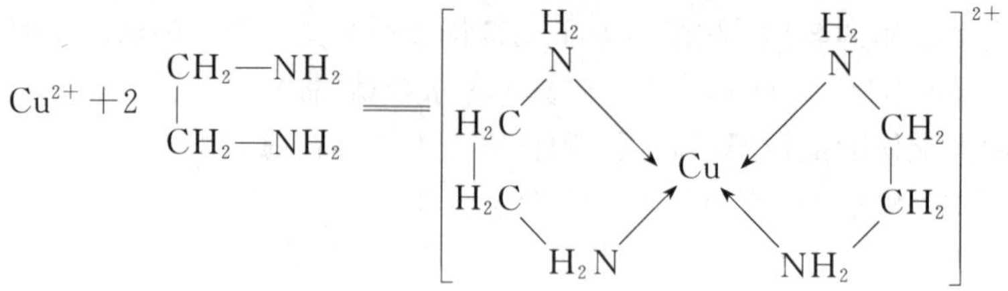

螯合物结构中的环被称为螯合环。能形成螯合环的配体被称为螯合剂，如乙二胺(en)、乙二胺四乙酸(EDTA)、草酸根、氨基酸等均可作螯合剂。在螯合物中，中心离子与螯合剂分子或离子的数目之比称为螯合比。上述螯合物二(乙二胺)合铜(Ⅱ)的螯合比为 1∶2。螯合物的环上有几个原子，就被称为几元环，上述螯合物二(乙二胺)合铜(Ⅱ)含有两个五元环。

中心离子与多齿配体生成的螯合物，比它与单齿配体生成的类似配合物有较高的稳定性，这是因为要同时断开螯合剂配位于金属上的多个配位键是困难的。螯合剂用途很广，例如 EDTA 为六齿螯合剂，可用于水软化、食物保存等方面。

(3)特殊配合物

多核配合物：配合物分子中含有两个或以上中心原子的配合物。如：$[Cu(NH_3)_4][PtCl_4]$。

羰基配合物：CO 分子与某些 d 区元素形成的配合物，如：$[Ni(CO)_4]$。

有机金属配合物：金属直接与碳形成配位键的配合物。如：二茂铁 $[(C_5H_5)_2Fe]$分子是一种金属有机配合物。

7.2　配位化合物的价键理论

配位化合物的化学键理论用于解释配位化合物的中心原子(或离子)与配位体之间的成键本质问题，L. Pauling 等人在 20 世纪 30 年代初提出了分子结构的杂化轨道理论，然后用此理论来处理配位化合物的形成、配位化合物的几何构型、配位化合物的磁性等问题，建立了配位化合物的价键理论。

7.2.1　价键理论的基本内容

(1)配位化合物的中心离子 M 与配位体 L 之间的结合，一般通过配位体提供孤对电子而中心离子 M 提供空轨道，形成配位键 M← ∶L，这种键的本质是共价键性质的，称为 σ 配位键。

(2)在形成配位化合物(或配离子)时，中心离子 M 所提供的空轨道(sp，dsp 或 spd 等)必须先进行杂化，形成能量相同的与配位原子数目相等的新的杂化轨道。

(3)配位化合物的空间构型与中心离子的杂化类型有关。

7.2.2 中心离子的杂化类型与配位化合物的空间构型

(1)配位数为 2 的杂化类型和空间结构

如$[Ag(NH_3)_2]^+$，Ag^+离子的电子构型为$(n-1)d^{10}$，中心离子采用 sp 杂化轨道，配位化合物的空间结构为一直线型结构。

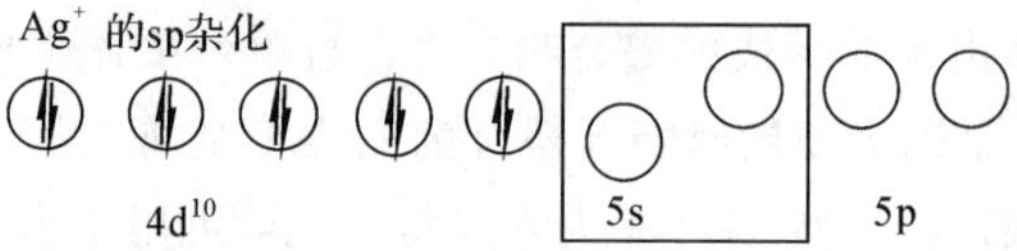

(2)配位数为 4 的杂化类型和空间结构

①正四面体配位化合物。在电子构型为$(n-1)d^{10}$的中心离子配位数为 4 的配位化合物中，中心离子一定采用 sp^3 杂化，空间结构一定为正四面体的配位化合物。如：$[Zn(NH_3)_4]^{2+}$中 Zn^{2+} 离子采用 sp^3 杂化，空间结构为正四面体。

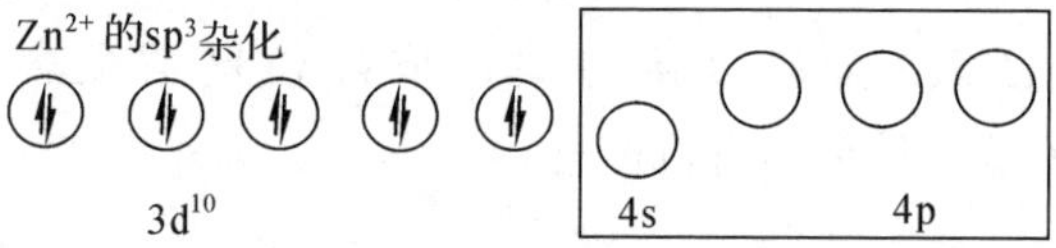

②平面正方形配位化合物。在电子构型为$(n-1)d^8$ 的中心离子配位数为 4 的配位化合物中，中心离子可以采用 sp^3 杂化，如$[Ni(NH_3)_4]^{2+}$，也可以采用 dsp^2 杂化类型；一般不会采用 sp^2d 杂化，因为 sp^2d 杂化类型是舍去能量低的轨道而用能量高的轨道进行杂化，是不合理的。

$Ni(NH_3)_4^{2+}$ 中的 Ni^{2+}采取 sp^3 杂化类型，空间结构为正四面体。

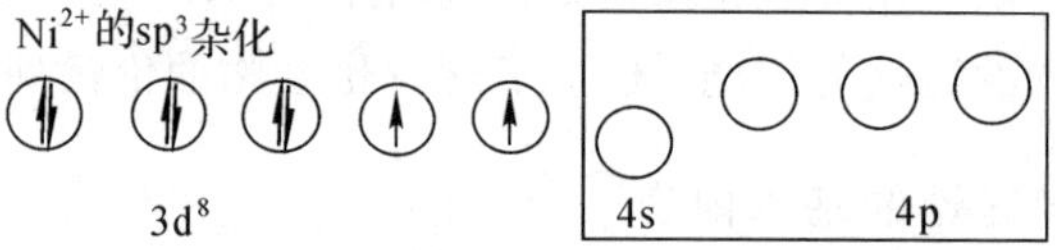

$Ni(CN)_4^{2-}$ 中的 Ni^{2+}采取 dsp^2 杂化类型，空间结构为平面正方形。

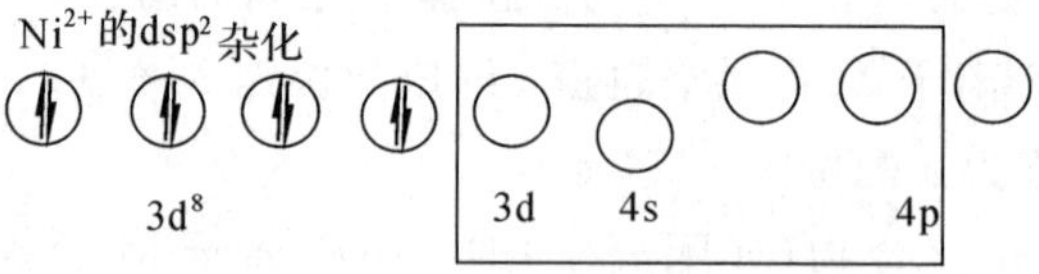

③配位数为 6 的杂化类型和空间结构。在电子构型为$(n-1)d^x$$(x=4, 5, 6)$的中心离子配位数为 6 的配位化合物中，中心离子既能采取 sp^3d^2(外轨型)杂化，也能采取 d^2sp^3(内轨型)杂化。配位数为 6 的配位化合物的中心离子采用 d^2sp^3(内轨型)杂化还是采用 sp^3d^2(外轨型)杂化，主要取决于配位体对中心离子价电子是否有明显的影响，从而使$(n-1)d$ 轨道上的 d 电子发生重排。

例如：FeF_6^{3-} 和 $Fe(CN)_6^{3-}$

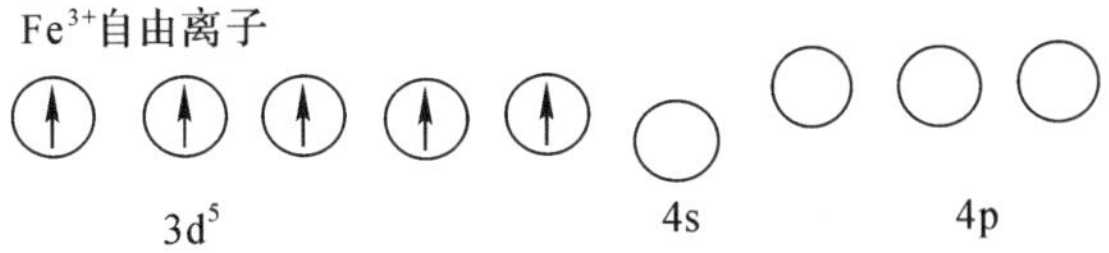

对于 F^- 离子配位体来说，由于元素的电负性很大，不易给出孤对电子对，所以对 Fe^{3+} 离子的 3d 轨道上的电子不会有明显的影响，因此 Fe^{3+} 离子中的 3d 轨道上的电子排布情况不会发生改变，仍然保持 5 个单电子，Fe^{3+} 离子就只能采取 sp^3d^2 杂化来接受 6 个 F^- 离子配位体的孤对电子对。

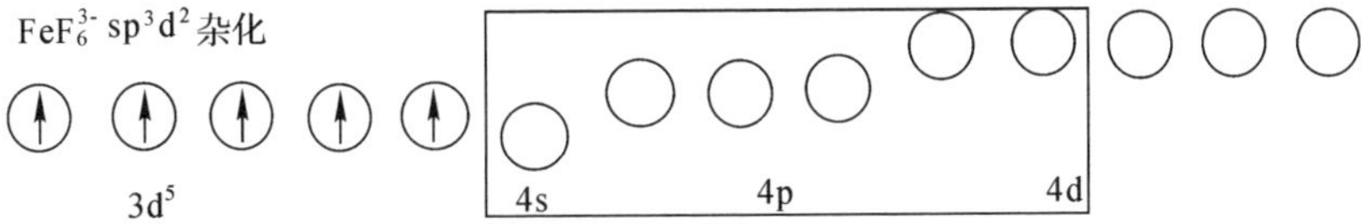

而对于 CN^- 配位体来说，CN^- 中 C 配位原子的电负性小，较易给出孤对电子对，对 Fe^{3+} 离子的 3d 轨道会有重大的影响，3d 轨道的能量发生变化而使电子重排，重排后 Fe^{3+} 离子的价电子层的结构是：

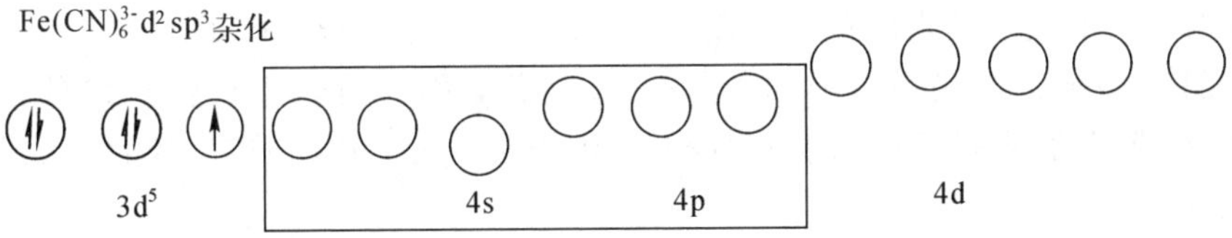

所以 Fe^{3+} 离子采取 d^2sp^3 杂化。

其他还有配位数为 3，5 的中心离子的杂化类型。常见的杂化轨道类型和配位化合物的空间结构见表 7-1。

表 7-1　常见杂化轨道类型和配位化合物的空间结构

杂化类型	配位数	空间构型	实例	配合物类型
sp	2	直线型	$CuCl_2$	外轨型
sp^2	3	正三角形	$[HgI_3]^-$	外轨型
sp^3	4	正四面体	BF_4^-	外轨型
sp^3	4	三角锥体	$Pb(OH)_3^-$	有孤对电子时构型发生改变
dsp^2	4	正四边形	Au_2Cl_6	内轨型
dsp^3	5	三角双锥型	$Fe(CO)_5$	内轨型

续表

杂化类型	配位数	空间构型	实例	配合物类型
sp^3d	5	三角双锥型	PCl_5	外轨型
d^2sp^2	5	四方锥型	$[TiF_5]^-$	内轨型
d^2sp^3	6	正八面型	$[Fe(CN)_6]^{3-}$	内轨型
sp^3d^2	6	正八面型	PCl_6^-	外轨型
sp^3d^2	6	四方锥型	$[SbF_5]^{2-}$	有孤对电子时构型改变

7.2.3 内轨配合物和外轨配合物

配位化合物中的中心离子可以使用两种杂化形式来形成共价键：

一种杂化形式为 ns，np，nd 杂化，称为外轨型杂化，这种杂化方式形成的配合物称为外轨型配位化合物，如$[Ag(NH_3)_2]^+$，$Ni(NH_3)_4^{2+}$，$[Zn(NH_3)_4]^{2+}$，FeF_6^{3-} 等。

形成外轨型配位化合物时，配合物中心离子的核外电子排布与自由离子的排布一样，即配合物中心离子的未成对电子数与自由离子的未成对数相同，配位化合物具有较多的未成对电子数。如FeF_6^{3-} 有 5 个未成对电子。

另一种杂化形式为$(n-1)d$，ns，np 杂化，称为内轨型杂化。这种杂化方式形成的配合物称为内轨型配位化合物，如$[PtCl_6]^{2-}$，$Ni(CN)_4^{2-}$，$Fe(CN)_6^{3-}$ 等。

形成内轨型配位化合物时，配合物中心离子的核外电子排布受配体的影响发生了变化与自由离子的排布不一样，即配合物中心离子的未成对电子数比自由离子的未成对数要少，配位化合物具有较少的未成对电子数。如$Fe(CN)_6^{3-}$只有 1 个未成对电子。

7.2.4 形成外轨配合物或内轨配合物的影响因素

(1)中心离子的价电子结构

一般情况下，中心离子的$(n-1)d$ 轨道的电子结构为 $d^{1\sim3}$ 的易形成内轨型配位化合物。

中心离子的$(n-1)d$ 轨道的电子结构为 d^{10} 的一般为外轨型配位化合物。

中心离子的$(n-1)d$ 轨道的电子结构为 $d^{4\sim9}$ 的，如 Fe^{3+} 遇强场配体 CN^- 生成内轨型配位化合物$[Fe(CN)_6]^{3-}$，遇弱场配体 F^- 生成外轨型配位化合物$[FeF_6]^{3-}$。

(2)配位原子的电负性的影响

配位体中的配位原子的电负性较小，容易给出孤对电子，形成配位键的能力较强，称强场配体。如 CN^-，NO_2^-，SCN^-、羰基，易形成内轨型配位化合物。

配位原子的电负性较大，难给出孤对电子，形成配位键的能力较弱，称弱场配体。如 Cl^-，F^-，Br^-，I^-，易形成外轨型配位化合物。

不同配位体对形成内轨型配位化合物的影响规律大致如下：

$CO > CN^- > NO_2^- > en > RNH_2 > NH_3 > H_2O > C_2O_4^{2-} > OH^- > F^- > Cl^- > SCN^- > S^{2-} > Br^- > I^-$

通常情况下 NH_3 之前的配位体易形成内轨型配位化合物；NH_3 之后的配位体易形成外轨型配位化合物；NH_3 则根据中心离子的不同而不同，$[Co(NH_3)_6]^{3+}$ 为内轨型配位化合物，$Ni(NH_3)_4^{2+}$ 为外轨型配位化合物。但也有例外的情况，如 $PtCl_6^{2-}$ 是内轨型配位化合物。

(3)中心离子所带的电荷

同一种配位体与同一过渡元素中心离子形成的配位化合物，中心离子所带的正电荷越多，越有利于形成内轨型配位化合物。如：$[Co(NH_3)_6]^{2+}$ 为外轨型配位化合物，$[Co(NH_3)_6]^{3+}$ 为内轨型配位化合物。

7.2.5　配位化合物的稳定性和磁性

(1)配位化合物的稳定性

由于内轨型配位化合物是中心离子中能量低的 $(n-1)$d 轨道参与杂化，因此获得的配位化合物较稳定。所以，同一中心离子形成配位数相同的配离子时，一般内轨型配位化合物的稳定性比外轨型配位化合物的稳定性要好，如 $[Fe(CN)_6]^{3-}$ 的稳定性比 $[FeF_6]^{3-}$ 的稳定性要高。

(2)配位化合物的磁性

①配位化合物分子中的电子若全部配对，则属反磁性；反之，当分子中有未成对电子，则属顺磁性。因此，研究和测定配合物的磁性，可提供有关中心金属离子电子结构和氧化态等方面的信息。

②测量配合物磁性的仪器为磁天平(magnetic balance)，有古埃磁天平(Guay balance)和法拉第磁天平(Faraday balance)，后者可以变温测量物质的磁矩。

③物质的磁性与配合物的未成对电子数有关，磁矩 $\mu_s = \sqrt{n(n+2)}$，n 为未成对电子数，内轨型配位化合物大多成单电子数少，磁矩小；外轨型配位化合物大多成单电子数多，磁矩大。

视频 7.3

7.3 配位平衡及影响因素

7.3.1 稳定常数和不稳定常数

Cu^{2+} 和 NH_3 配位反应生成配位化合物的同时还存在着 $[Cu(NH_3)_4]^{2+}$ 的解离反应；当配位反应与解离反应的速度相等时，便达到了反应平衡状态，称之为配位解离平衡，简称配位平衡。

$$Cu^{2+} + 4NH_3 \underset{\text{解离}}{\overset{\text{配位}}{\rightleftharpoons}} [Cu(NH_3)_4]^{2+}$$

$$K^{\ominus}_{\text{稳}} = \frac{c_{[Cu(NH_3)_4]^{2+}}/c^{\ominus}}{(c_{Cu^{2+}}/c^{\ominus}) \cdot (c_{NH_3}/c^{\ominus})^4} \quad \text{简写为：} K^{\ominus}_{\text{稳}} = \frac{[Cu(NH_3)_4^{2+}]}{[Cu^{2+}][NH_3]^4} \tag{7-1}$$

该反应的平衡常数叫作配离子的配位平衡常数。其平衡常数的数值越大，说明生成配离子的倾向性越大，而解离的可能性越小，配离子就越稳定，所以常把它称为配离子的稳定常数，一般用 $K^{\ominus}_{\text{稳}}$ 表示，不同配离子的 $K^{\ominus}_{\text{稳}}$ 值不同。$K^{\ominus}_{\text{稳}}$ 的倒数即为不稳定常数 $K^{\ominus}_{\text{不稳}}$。

$$K^{\ominus}_{\text{不稳}} = 1/K^{\ominus}_{\text{稳}} \tag{7-2}$$

同种类型的配离子，即配位体数目一样的配离子，如不存在其他的副反应时，可直接根据其 $K^{\ominus}_{\text{稳}}$ 值的大小来比较配离子稳定性的大小。如 $[Ag(CN)_2]^-$ ($K^{\ominus}_{\text{稳}} = 1.26 \times 10^{21}$) 比 $[Ag(NH_3)_2]^+$ ($K^{\ominus}_{\text{稳}} = 1.12 \times 10^7$) 稳定得多。但对不同类型的配离子就不能简单地用 $K^{\ominus}_{\text{稳}}$ 值大小来比较它们的稳定性大小，必须通过计算相同浓度时溶液中中心离子的浓度大小来进行比较。例如，$[Cu(en)_2]^{2+}$ ($K^{\ominus}_{\text{稳}} = 1.0 \times 10^{20}$) 和 $[CuY]^{2-}$ ($K^{\ominus}_{\text{稳}} = 5.01 \times 10^{18}$)，似乎是前者要比后者稳定，但事实上通过计算比较可以确定后者要比前者稳定。

7.3.2 逐级稳定常数与累积稳定常数

在溶液中，配位化合物的生成一般是分步进行的，所以在配离子的溶液中存在着一系列的配位平衡，每一步的配位平衡都有相应的稳定常数，称为逐级稳定常数。例如：

$$Cu^{2+} + NH_3 \rightleftharpoons [Cu(NH_3)]^{2+} \quad K^{\ominus}_{\text{稳}1} = \frac{[Cu(NH_3)^{2+}]}{[Cu^{2+}][NH_3]}$$

$$[Cu(NH_3)]^{2+} + NH_3 \rightleftharpoons [Cu(NH_3)_2]^{2+} \quad K^{\ominus}_{\text{稳}2} = \frac{[Cu(NH_3)_2^{2+}]}{[Cu(NH_3)^{2+}][NH_3]}$$

$$[Cu(NH_3)_2]^{2+} + NH_3 \rightleftharpoons [Cu(NH_3)_3]^{2+} \quad K^{\ominus}_{\text{稳}3} = \frac{[Cu(NH_3)_3^{2+}]}{[Cu(NH_3)_2^{2+}][NH_3]}$$

$$[Cu(NH_3)_3]^{2+} + NH_3 \rightleftharpoons [Cu(NH_3)_4]^{2+} \quad K^{\ominus}_{稳4} = \frac{[Cu(NH_3)_4^{2+}]}{[Cu(NH_3)_3^{2+}][NH_3]}$$

根据多重平衡规则，逐级稳定常数的乘积是该配位化合物的总的稳定常数，即

$$K^{\ominus}_{稳} = K^{\ominus}_{稳1} K^{\ominus}_{稳2} K^{\ominus}_{稳3} K^{\ominus}_{稳4} = \frac{[Cu(NH_3)_4^{2+}]}{[Cu^{2+}][NH_3]^4} \tag{7-3}$$

根据 $K^{\ominus}_{稳}$ 的值大小可以判断配位化合物的稳定性，其值越大表明稳定性越高，反应进行得越完全，在分析化学中可用于判断能否用于滴定分析。

将逐级稳定常数依次相乘就得到配位化合物的各级累积稳定常数 β_i

$$\beta_1 = K^{\ominus}_{稳1} = \frac{[Cu(NH_3)^{2+}]}{[Cu^{2+}][NH_3]}$$

$$\beta_2 = K^{\ominus}_{稳1} K^{\ominus}_{稳2} = \frac{[Cu(NH_3)_2^{2+}]}{[Cu^{2+}][NH_3]^2}$$

$$\beta_3 = K^{\ominus}_{稳1} K^{\ominus}_{稳2} K^{\ominus}_{稳3} = \frac{[Cu(NH_3)_3^{2+}]}{[Cu^{2+}][NH_3]^3}$$

$$\beta_4 = K^{\ominus}_{稳1} K^{\ominus}_{稳2} K^{\ominus}_{稳3} K^{\ominus}_{稳4} = K^{\ominus}_{稳} = \frac{[Cu(NH_3)_4^{2+}]}{[Cu^{2+}][NH_3]^4} \tag{7-4}$$

对于配位数为 n 的配位化合物：

$$M + nL \rightleftharpoons ML_n$$

$$\beta_1 = K^{\ominus}_{稳1} = \frac{[ML]}{[M][L]}$$

$$\beta_2 = K^{\ominus}_{稳1} K^{\ominus}_{稳2} = \frac{[ML_2]}{[M][L]^2}$$

$$\beta_3 = K^{\ominus}_{稳1} K^{\ominus}_{稳2} K^{\ominus}_{稳3} = \frac{[ML_3]}{[M][L]^3}$$

$$\vdots$$

$$\beta_n = K^{\ominus}_{稳1} K^{\ominus}_{稳2} \cdots K^{\ominus}_{稳n} = K^{\ominus}_{稳} \tag{7-5}$$

根据化学平衡原理，利用配离子的稳定常数 $K_{稳}$ 可以进行配位平衡的有关计算。

［例 7-1］　将 10.00mL 0.020mol・L^{-1} 的 $CuSO_4$ 溶液加到 10.00mL 1.08mol・L^{-1}的氨水溶液中，求混合溶液中 Cu^{2+} 的浓度。已知 $K^{\ominus}_{稳Cu(NH_3)_4^{2+}} = 10^{13.32}$。

解　混合后的初始浓度 $c(CuSO_4) = 0.010$mol・L^{-1}，$c(NH_3 \cdot H_2O) = 0.54$mol・L^{-1}，由于氨水溶液浓度远大于 $c(Cu^{2+})$浓度，故可看作全部配合，设达到平衡时$[Cu^{2+}] = x$

$$Cu^{2+} \quad + \quad 4NH_3 \quad = \quad [Cu(NH_3)_4]^{2+}$$

开始浓度	0.010	0.54	0
平衡浓度	x	$0.54-4(0.010-x)$	$0.010-x$

$$K^{\ominus}_{稳}=\frac{[Cu(NH_3)_4^{2+}]}{[Cu^{2+}]\cdot[NH_3]^4}$$

因为 $Cu(NH_3)_4{}^{2+}$ 的稳定常数很大，所以 x 很小。因此：

$$0.010-x\approx 0.010$$

视频 7.4

则 $$\frac{0.010}{x(0.54-0.040)^4}=2.09\times 10^{13}$$

得 $$x=[Cu^{2+}]=7.66\times 10^{-15}\ mol\cdot L^{-1}$$

混合溶液中 Cu^{2+} 的浓度为 $7.66\times 10^{-15}\ mol\cdot L^{-1}$。

7.3.3 配位平衡的移动

配位平衡是化学平衡的一种，随着反应条件的变化配位平衡会发生移动。

(1)配位平衡与酸碱平衡

很多配位化合物是由中心离子和弱酸或弱碱配位形成的，如 $[FeF_6]^{3-}$，$[Ag(NH_3)_2]^+$，因此改变溶液的酸度就有可能会使配位平衡发生移动。当溶液中 H^+ 离子的浓度增加时，H^+ 和配位体相结合成弱电解质分子或者离子，从而使配位体的浓度降低，导致配位平衡向解离的方向移动，这时溶液中有配位平衡和酸碱平衡同时存在，配位平衡与酸碱平衡之间存在竞争反应。例如：

$$Fe^{3+}+6F^- \rightleftharpoons [FeF_6]^{3-}$$

$$+$$

$$6H^+ \rightleftharpoons 6HF$$

总反应为：$[FeF_6]^{3-}+6H^+ \rightleftharpoons Fe^{3+}+6HF$

再如：$[Ag(NH_3)_2]^+ +2H^+ \rightleftharpoons Ag^+ +2NH_4^+$

相反，当溶液中的 H^+ 离子的浓度降低到一定程度时，金属离子容易发生水解，即 OH^- 的浓度达到一定数值时，会有氢氧化物沉淀生成，也会使配位平衡向解离平衡的方向移动。所以，要使配离子在溶液中能稳定存在，溶液的酸度必须控制在一定范围之内，一般用缓冲溶液控制溶液的酸度。

(2)配位平衡与沉淀溶解平衡

在配位平衡中加入能与配位化合物的中心离子生成难溶物质的沉淀剂，例如在 $[Cu(NH_3)_4]^{2+}$ 的溶液中，加入 Na_2S 的溶液时，配位剂 NH_3 和沉淀剂 S^{2-} 离子均要争夺 Cu^{2+} 离子，S^{2-} 离子争夺 Cu^{2+} 离子的能力更强，因而会有 CuS 沉淀生成，$[Cu(NH_3)_4]^{2+}$ 解离，即为配位平衡与沉淀溶解平衡之间的竞争反应。

用反应式表示为：

$$[Cu(NH_3)_4]^{2+} \rightleftharpoons Cu^{2+} + 4NH_3$$

$$+$$

$$S^{2-} \rightleftharpoons CuS\downarrow$$

总反应为：$[Cu(NH_3)_4]^{2+} + S^{2-} \rightleftharpoons CuS\downarrow + 4NH_3$

同样，也可以利用配位平衡使沉淀溶解。如：

$AgCl(s) + 2NH_3 \rightleftharpoons [Ag(NH_3)_2]^+ + Cl^-$

平衡常数：$K^{\ominus} = \dfrac{[Ag(NH_3)_2^+]\cdot[Cl^-]}{[NH_3]^2} = \dfrac{[Ag(NH_3)_2^+]\cdot[Cl^-]}{[NH_3]^2} \times \dfrac{[Ag^+]}{[Ag^+]}$

$$= K^{\ominus}_{稳,[Ag(NH_3)_2]^+} \cdot K^{\ominus}_{sp,AgCl} \qquad (7\text{-}6)$$

由此可知，难溶物的 $K^{\ominus}_{sp}$ 和配离子的 $K^{\ominus}_{稳}$ 越大，表示难溶物越易溶解；反之，$K^{\ominus}_{sp}$ 和 $K^{\ominus}_{稳}$ 越小，表示配离子越易破坏。

[例 7-2]　欲使 0.1mol 的 AgCl 完全溶解，最少需要 1 升多少浓度的氨水？

解　查表得 $K^{\ominus}_{sp,AgCl} = 1.77\times10^{10}$，$K^{\ominus}_{稳,[Ag(NH_3)_2]^+} = 1.12\times10^7$。

设平衡时 NH_3 的浓度为 $x$mol · L^{-1}，

而平衡时$[Ag(NH_3)_2^+] = [Cl^-] = 0.1$mol · L^{-1}

$$AgCl(s) + 2NH_3 \rightleftharpoons [Ag(NH_3)_2]^+ + Cl^-$$

平衡浓度(mol · L^{-1})　　x　　　0.1　　　0.1

$$K^{\ominus} = \frac{[Ag(NH_3)_2^+]\cdot[Cl^-]}{[NH_3]^2} = K^{\ominus}_{稳,[Ag(NH_3)_2]^+} \cdot K^{\ominus}_{sp,AgCl}$$

即　$\dfrac{0.1\times0.1}{[NH_3]^2} = 1.12\times10^7\times1.77\times10^{-10}$

所以　$[NH_3] = \sqrt{\dfrac{0.1\times0.1}{1.12\times10^7\times1.77\times10^{-10}}} = 2.2(\text{mol}\cdot\text{L}^{-1})$

氨水的起始浓度为：$2.2 + 2\times0.1 = 2.4(\text{mol}\cdot\text{L}^{-1})$

所以，至少需用 1 升 2.4mol · L^{-1}的氨水。

[例 7-3]　有一含有 0.10mol · L^{-1}游离 NH_3，0.01mol · L^{-1} NH_4Cl 和 0.15mol · L^{-1}$[Cu(NH_3)_4]^{2+}$溶液，问溶液中是否有 $Cu(OH)_2$ 沉淀生成？

解　查表得 $K^{\ominus}_{稳}\{[Cu(NH_3)_4]^{2+}\} = 2.09\times10^{13}$，$K^{\ominus}_{sp}[Cu(OH)_2] = 2.2\times10^{-20}$，$K^{\ominus}_b(NH_3) = 1.80\times10^{-5}$

要判断是否有 $Cu(OH)_2$ 沉淀生成，应先计算出$[Cu^{2+}]$、$[OH^-]$，然后再根据溶度积规则判断。

由 $K^{\ominus}_{稳} = \dfrac{[Cu(NH_3)_4^{2+}]}{[Cu^{2+}]\cdot[NH_3]^4}$

有$[Cu^{2+}]=\frac{[Cu(NH_3)_4^{2+}]}{K_{稳}^{\ominus}\cdot[NH_3]^4}=\frac{0.15}{2.09\times10^{13}\times(0.1)^4}=7.2\times10^{-11}(mol\cdot L^{-1})$

溶液中存在 NH_3-NH_4Cl 缓冲对，OH^- 浓度应按缓冲溶液计算，则

$[OH^-]=\frac{K_b^{\ominus}\times[NH_3]}{[NH_4Cl]}=\frac{1.80\times10^{-5}\times0.10}{0.01}=1.80\times10^{-4}(mol\cdot L^{-1})$

因为 $Q=[Cu^{2+}]\cdot[OH^-]^2=7.2\times10^{-11}\times(1.80\times10^{-4})^2$

$=2.33\times10^{-18}>K_{sp,Cu(OH)_2}^{\ominus}=2.2\times10^{-20}$

所以溶液中有 $Cu(OH)_2$ 沉淀生成。

(3)配位平衡与氧化还原平衡

在氧化还原反应中加入配位剂，有电子得失的中心离子与配位剂发生配位反应，会使溶液中金属离子的浓度改变，金属离子浓度的改变会使金属离子氧化还原能力发生变化，氧化还原反应的方向改变，从而阻止某些氧化还原反应的发生，或者使通常不会发生的氧化还原反应可以进行。例如，Fe^{3+} 离子本来可以氧化 I^- 离子，但如果在该溶液中加入了 F^- 离子溶液，则会生成较稳定的 $[FeF_6]^{3-}$ 配离子，使得 Fe^{3+} 离子的浓度大大降低，结果电对 Fe^{3+}/Fe^{2+} 的电极电势大大降低，从而使 Fe^{3+} 的氧化能力降低，Fe^{2+} 的还原能力增强，使反应的方向发生改变，使得下列反应可自动地向右进行，这时溶液中存在氧化还原平衡和配位平衡的竞争反应。

$$Fe^{2+}+\frac{1}{2}I_2 \rightleftharpoons Fe^{3+}+I^-$$

$$+$$

$$6F^- \rightleftharpoons [FeF_6]^{3-}$$

总反应式为：$Fe^{2+}+\frac{1}{2}I_2+6F^- \rightleftharpoons [FeF_6]^{3-}+I^-$

(4)配位平衡之间的转化

如果在一种配位化合物的溶液中，加入另外一种能与中心离子生成更加稳定的配位化合物的配位剂，则会发生配位化合物之间的转化作用。例如在 $[Ag(NH_3)_2]^+$ 的溶液中，加入 KCN：

$$Ag^+ + 2NH_3 \rightleftharpoons [Ag(NH_3)_2]^+ \quad (K_{稳}^{\ominus}=1.12\times10^7)$$

$$+$$

$$2CN^- \rightleftharpoons [Ag(CN)_2]^- \quad (K_{稳}^{\ominus}=1.26\times10^{21})$$

总反应为：$[Ag(NH_3)_2]^+ + 2CN^- \rightleftharpoons [Ag(CN)_2]^- + 2NH_3$

$$K^{\ominus}=\frac{[Ag(CN)_2^-]\cdot[NH_3]^2}{[Ag(NH_3)_2^+]\cdot[CN^-]^2}=\frac{[Ag(CN)_2^-]\cdot[NH_3]^2}{[Ag(NH_3)_2^+]\cdot[CN^-]^2}\times\frac{[Ag^+]}{[Ag^+]}=\frac{K_{稳,[Ag(CN)_2]^-}^{\ominus}}{K_{稳,[Ag(NH_3)_2]^+}^{\ominus}}$$

$$=\frac{1.26\times10^{21}}{1.12\times10^{7}}=1.13\times10^{14} \tag{7-7}$$

平衡常数 $K^{\ominus}$ 的值很大，说明上述反应向着生成 $[Ag(CN)_2]^-$ 的方向进行的趋势很大。因此，在 $[Ag(NH_3)_2]^+$ 的溶液中，只要加入足量的 CN^- 离子，$[Ag(NH_3)_2]^+$ 就会被解离而生成 $[Ag(CN)_2]^-$。由较不稳定的配位化合物转化成较稳定的配位化合物，较容易；反之，如果要使较稳定的配位化合物转化为较不稳定的配位化合物就很难实现。如：

视频 7.5

$$[FeF_6]^{3-}+x SCN^-\ (x=1，2，3，4，5，6) \rightleftharpoons [Fe(SCN)_x]^{3-x}+6F^-$$

（无色）　　　　　　　　　　　　　　　　（血红色）

7.3.4　螯合物的稳定性

与具有相同配位原子的非螯合型配位化合物相比较，金属螯合物因有环状结构所以具有特殊的稳定性。这种产生特殊的稳定性的环状结构称之为螯合环，我们把这种因为螯合环的形成而使得螯合物具有特殊的稳定性称之为螯合效应。例如：Cu^{2+} 的两种配位离子 $[Cu(NH_3)_4]^{2+}$、$[Cu(en)_2]^{2+}$，它们的中心离子、配位原子和配位数都是相同的，但 $K^{\ominus}_{稳}$ 分别为 2.09×10^{13} 和 1.0×10^{20}。很显然，$[Cu(en)_2]^{2+}$ 的稳定性要高得多。螯合物的稳定性高低与环的大小和环的多少有关。一般情况下，五元环和六元环最为稳定；一种配位体与中心离子所形成的螯合物拥有螯合环的数目越多，螯合物就越稳定。如 Ca^{2+} 离子与 EDTA 所形成的螯合物中因有 5 个五元环的结构，所以很稳定。

经上述讨论表明，要形成稳定性高的螯合物，螯合剂必须具备以下两点：

①螯合剂的分子或离子中要含有两个或两个以上的配位原子，而且这些配位原子要同时与一个中心离子配位结合。

②螯合剂中每两个配位原子间要相隔 2～3 个其他原子，这样以便螯合剂能与中心离子形成稳定性高的五元环和六元环。其他多于或者少于五元环和六元环的螯合物都不稳定。

7.3.5　EDTA 及其螯合物

大多数的无机配合物的稳定性不够高，且存在逐级配位现象，各级稳定常数相差较小，因此，在溶液中往往存在多种配位数的配合物，很难定量计算。有些反应找不到合适的指示剂，难以判断终点，所以在配位滴定中应用较少。许多有机配位剂由于常含有两个以上的配位原子，能与被测金属离子形成稳定的而且组成一定的螯合物，所以在分析化学中得到广泛的应用。目前使用最多的是氨羧配位剂，这是一类以氨基二乙酸基团[$—N(CH_2COOH)_2$]为基体的有机化合物，其分子中含有氨基氮和羧基氧两种配位能力很强的配位原子，可以与许多金属离子形成环状的螯合物。在配位滴定中应用的氨羧配位剂有很多种，其中最常用的是乙二胺四乙酸根(ethylene diamine tetraacetic acid)，简称EDTA，其结构式为：

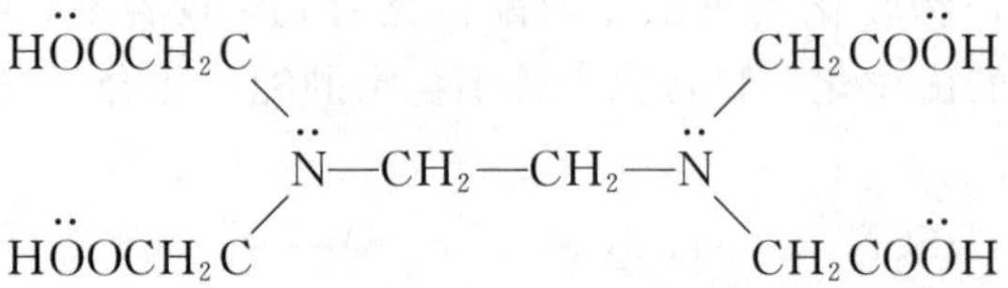

在EDTA分子中含有2个氨基氮和4个羧基氧，一共有6个配位原子，可以与许多金属离子形成十分稳定的螯合物，常用它作滴定分析的标准溶液，可以滴定几十种金属离子，因此现在所说的配位滴定一般指的就是EDTA滴定。

(1)EDTA的性质

EDTA是一个四元有机酸，通常用H_4Y表示。两个羧基上的H^+转移到氨基氮上，形成双偶极离子。当溶液的酸度较大时，两个羧酸根可以再接受两个H^+，这时的EDTA就相当于六元酸，用H_6Y^{2+}表示。EDTA在水中的溶解度很小，微溶于水(室温下的溶解度为0.02g/100g水)，难溶于酸和一般的有机溶剂，但易溶于氨水和NaOH溶液，并生成相应的盐。因此，在实践中一般采用溶解度较大的含有2分子结晶水的EDTA二钠盐(用符号$Na_2H_2Y \cdot 2H_2O$表示)，在习惯上仍称为EDTA。室温下(22～25℃)在水中的溶解度约为11g/100g水，浓度约为$0.3mol \cdot L^{-1}$，是配位滴定中应用最广的配位滴定剂。

EDTA在水溶液有六级解离平衡：

$$H_6Y^{2+} \rightleftharpoons H^+ + H_5Y^+ \qquad K_{a1}^{\ominus} = 1.23 \times 10^{-1}$$

$$H_5Y^+ \rightleftharpoons H^+ + H_4Y \qquad K_{a2}^{\ominus} = 2.51 \times 10^{-2}$$

$$H_4Y \rightleftharpoons H^+ + H_3Y^- \qquad K_{a3}^{\ominus} = 1.00 \times 10^{-2}$$

$$H_3Y^- \rightleftharpoons H^+ + H_2Y^{2-} \qquad K_{a4}^{\ominus} = 2.16 \times 10^{-3}$$

$$H_2Y^{2-} \rightleftharpoons H^+ + HY^{3-} \qquad K_{a5}^{\ominus} = 6.92 \times 10^{-7}$$

$$HY^{3-} \rightleftharpoons H^+ + Y^{4-} \qquad K_{a6}^{\ominus} = 5.50 \times 10^{-11}$$

从EDTA的解离常数来看，它的第一、第二级解离比较强，第五、第六级解离比较弱。由于是分步电离，EDTA在水溶液中以H_6Y^{2+}，H_5Y^+，H_4Y，H_3Y^-，H_2Y^{2-}，HY^{3-}，Y^{4-}七种形式存在。很显然，加碱可以促进它的电离，所以溶液中的pH值越高，EDTA的电离度就越大，EDTA的分布系数与溶液pH的关系如图7-1所示。

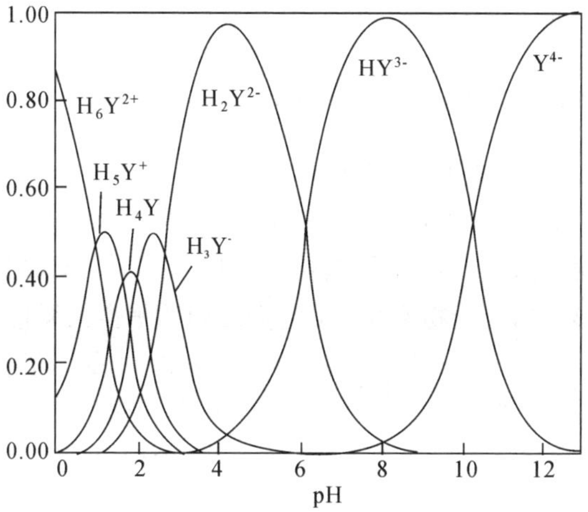

图 7-1　EDTA 的分布系数与溶液 pH 的关系

由图 7-1 可见，在 pH<0.90 的强酸性溶液中，EDTA 主要以 H_6Y^{2+} 形式存在；在 pH 为 0.97～1.60 的溶液中，主要以 H_5Y^{+} 形式存在；在 pH 为 1.60～2.00 溶液中，主要以 H_4Y 形式存在；在 pH 为 2.00～2.67 的溶液中，主要以 H_3Y^{-} 形式存在；在 pH 为 2.67～6.16 的溶液中，主要以 H_2Y^{2-} 形式存在；在 pH 为 6.16～10.26 的溶液中，主要以 HY^{3-} 形式存在；在 pH≥12 的溶液中，才主要以 Y^{4-} 形式存在。

(2)EDTA 与金属离子的配位反应特点

①普遍性。由于在 EDTA 分子中存在 6 个配位原子，EDTA 几乎能与所有的金属离子(碱金属离子除外)发生配位反应，生成稳定的螯合物。

②组成一定。在一般情况下，EDTA 与金属离子形成的配合物是 1∶1 的螯合物，这给分析结果的计算带来很大的方便，如下所示。

$$M^{2+} + H_2Y^{2-} \rightleftharpoons MY^{2-} + 2H^{+}$$

$$M^{3+} + H_2Y^{2-} \rightleftharpoons MY^{-} + 2H^{+}$$

$$M^{4+} + H_2Y^{2-} \rightleftharpoons MY + 2H^{+}$$

③稳定性高。EDTA 与金属离子所形成的配合物一般具有五元环的结构，所以稳定常数大，稳定性高。常见的 EDTA 配合物的 $K^{\ominus}_{稳}$ 值见附录七。

④可溶性。EDTA 与金属离子形成的配合物一般可溶于水，使滴定能在水溶液中进行。

视频 7.6

⑤配合物的颜色。EDTA 与无色金属离子配位时，一般生成无色配合物，与有色金属离子则生成颜色更深的配合物。例如 Cu^{2+} 显浅蓝色，而

CuY^{2-} 显深蓝色；Ni^{2+} 显浅绿色，而 NiY^{2-} 显蓝绿色。

7.3.6 副反应系数和条件稳定常数

以 EDTA 作为配位滴定剂，在测定金属离子的反应中，由于大多数金属离子与其生成的配合物具有较大的稳定常数，所以反应可以定量完成。但在实际反应中，不同的滴定条件下，除了被测金属离子与 EDTA 的主反应外，还存在许多副反应，使形成的配合物不稳定，它们之间的平衡关系可用下式表示：

主反应 M + Y = MY

L OH H N H OH

ML MOH HY³⁻ NY³⁻ MHY MOHY

副反应 ML_2 $M(OH)_2$ H_2Y^{2-}

⋮ ⋮ ⋮

ML_n $M(OH)_n$ H_6Y^{2+}

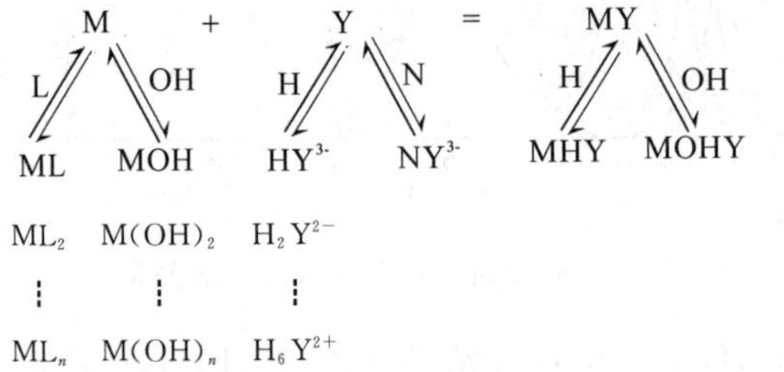

在一般情况下，如果体系中没有干扰离子且没有其他的配位剂，则影响主反应的因素主要是 EDTA 的酸效应及金属离子的水解；若存在其他配位剂，则除了考虑金属离子的水解，还应考虑金属离子的辅助配位效应。

(1)酸效应与酸效应系数

EDTA 在溶液中有多种存在形式，但只有 Y^{4-} 能与金属离子直接配位，其配位平衡可表示为：

$$M+Y \Longrightarrow MY$$

$$\big\Vert +H^+$$

$$HY^{3-} \underset{}{\overset{H^+}{\Longrightarrow}} H_2Y^{2-} \overset{H^+}{\Longrightarrow} \cdots$$

H^+ 浓度增加，会使 EDTA 的电离平衡逆向移动，从而使 EDTA 的配位能力降低。这种由于 H^+ 的存在，使配位剂 Y 参加主反应能力降低的现象称为酸效应。

酸效应的大小用酸效应系数 $\alpha_{Y(H)}$ 来衡量，它是指未参加配位反应的 EDTA 各种存在形式的总浓度 $c(Y')$ 与能直接参与主反应的 Y^{4-} 的平衡浓度 $c(Y^{4-})$ 之比。

$$\alpha_{Y(H)}=\frac{c(Y')}{c(Y^{4-})}=\frac{c(Y^{4-})+c(HY^{3-})+c(H_2Y^{2-})+\cdots+c(H_6Y^{2+})}{c(Y^{4-})}$$

$$=1+\frac{c(HY^{3-})}{c(Y^{4-})}+\frac{c(H_2Y^{2-})}{c(Y^{4-})}+\cdots+\frac{c(H_6Y^{2+})}{c(Y^{4-})} \tag{7-8}$$

$$=1+\frac{c(H^+)}{K_{a6}^{\ominus}}+\frac{c(H^+)^2}{K_{a6}^{\ominus}K_{a5}^{\ominus}}+\cdots+\frac{c(H^+)^6}{K_{a6}^{\ominus}K_{a5}^{\ominus}\cdots K_{a1}^{\ominus}}$$

由上式可知，EDTA 酸效应系数的大小只与溶液的酸度有关，溶液的酸度越高，$\alpha_{Y(H)}$ 就越大，Y^{4-} 的浓度越小，螯合能力就越小。EDTA 的酸效应系数 $\alpha_{Y(H)}$ 与 EDTA 的分布系数 δ_Y 的关系为：

$\alpha_{(Y(H)}$ 与 δ_Y 是互为倒数的关系 $\alpha_{Y(H)}=\dfrac{1}{\delta_Y}$

因为 $\delta_Y=\dfrac{K_{a1}^{\ominus}K_{a2}^{\ominus}\cdots K_{a6}^{\ominus}}{c_{H^+}^6+c_{H^+}^5K_{a1}^{\ominus}+\cdots+K_{a1}^{\ominus}K_{a2}^{\ominus}\cdots K_{a6}^{\ominus}}$

所以 $\alpha_{Y(H)}=1+\dfrac{c_{H^+}}{K_{a6}^{\ominus}}+\dfrac{c_{H^+}^2}{K_{a6}^{\ominus}K_{a5}^{\ominus}}+\cdots+\dfrac{c_{H^+}^6}{K_{a6}^{\ominus}K_{a5}^{\ominus}\cdots K_{a1}^{\ominus}}$

因此，在配位滴定中溶液的 pH 值不能太低，否则配位反应就不完全。EDTA 在不同 pH 条件时的酸效应系数见表 7-2。

表 7-2　EDTA 在不同 pH 条件时的酸效应系数

pH	$\lg\alpha_{Y(H)}$	pH	$\lg\alpha_{Y(H)}$	pH	$\lg\alpha_{Y(H)}$	pH	$\lg\alpha_{Y(H)}$
0.0	23.64	3.8	8.85	7.4	2.88	11.0	0.07
0.4	21.32	4.0	8.44	7.8	2.47	11.5	0.02
0.8	19.08	4.4	7.64	8.0	2.27	11.6	0.02
1.0	18.01	4.8	6.84	8.4	1.87	11.7	0.02
1.4	16.02	5.0	6.45	8.8	1.48	11.8	0.01
1.8	14.27	5.4	5.69	9.0	1.28	11.9	0.01
2.0	13.51	5.8	4.98	9.4	0.92	12.0	0.01
2.4	12.19	6.0	4.65	9.8	0.59	12.1	0.01
2.8	11.09	6.4	4.06	10.0	0.45	12.2	0.005
3.0	10.60	6.8	3.55	10.4	0.24	13.0	0.0008
3.4	9.70	7.0	3.32	10.8	0.11	13.9	0.0001

(2)配位效应与配位效应系数

①金属离子的辅助配位效应。如果滴定体系中存在其他的配位剂(L)，则由于其他配位剂 L 与金属离子的配位反应而使金属离子 M 参加主反应能力降低的现象被称为金属离子的辅助配位效应。辅助配位效应的大小用配位效应系数 $\alpha_{M(L)}$ 来表示，它是指未与滴定剂 Y^{4-} 配位的金属离子 M 的各种存在形式的总浓度 $c(M')$ 与游离金属离子浓度 $c(M)$ 之比，即

$$\alpha_{M(L)}=\frac{c(M')}{c(M)}=\frac{c(M)+c(ML_1)+c(ML_2)+\cdots+c(ML_n)}{c(M)}$$
$$=1+\frac{c(ML_1)}{c(M)}+\frac{c(ML_2)}{c(M)}+\cdots+\frac{c(ML_n)}{c(M)}$$
$$=1+c(L)\beta_1+c^2(L)\beta_2+\cdots+c^n(L)\beta_n \quad (7\text{-}9)$$

②金属离子的羟基配位效应系数。当不存在其他配位剂时，在低酸度的情况下，OH^-也可以看作是一种配位剂，能与金属离子形成一系列羟基配合物，使金属离子 M 参加主反应能力降低，这种现象被称为金属离子的羟基配位效应，其大小用羟基效应系数 $\alpha_{M(OH)}$表示为：

$$\alpha_{M(OH)}=\frac{c(M')}{c(M)}=\frac{c(M)+c\{M(OH)_1\}+c\{M(OH)_2\}+\cdots+c\{M(OH)_n\}}{c(M)}$$
$$=1+c(OH)\beta_1+c^2(OH)\beta_2+\cdots+c^n(OH)\beta_n \quad (7\text{-}10)$$

显然，$\alpha_{M(OH)}$与溶液的 pH 值有关，pH 值越大，金属离子发生水解的程度越大，越不利于主反应的进行。

综合以上两种情况，金属离子总的辅助配位效应系数可表示为：

$$\alpha_M=\alpha_{M(L)}+\alpha_{M(OH)}-1 \quad (7\text{-}11)$$

(3)EDTA 配合物的条件稳定常数

EDTA 与金属离子形成配离子的稳定性用绝对稳定常数来衡量。但在实际反应中，由于 EDTA 或金属离子可能存在一定的副反应，所以配合物的平衡常数 $K^{\ominus}_{MY}$不能真实反映主反应进行的程度。应该用未与滴定剂 Y^{4-}配位的金属离子 M 的各种存在形式的总浓度 $c(M')$来代替 $c(M)$，用未参与配位反应的 EDTA 各种存在形式的总浓度 $c(Y')$代替 $c(Y)$，这样配合物的稳定性可表示为：

$$K^{\ominus'}_{MY}=\frac{c(MY)}{c(M')c(Y')}=\frac{c(MY)}{\alpha_{M(L)}c(M)\cdot\alpha_{Y(H)}c(Y)}=\frac{K^{\ominus}_{MY}}{\alpha_{M(L)}\alpha_{Y(H)}} \quad (7\text{-}12)$$

即
$$\lg K^{\ominus'}_{MY}=\lg K^{\ominus}_{MY}-\lg\alpha_{M(L)}-\lg\alpha_{Y(H)} \quad (7\text{-}13)$$

$K^{\ominus'}_{MY}$称为配合物的条件稳定常数，它反映了实际反应中配合物的稳定性。

综合以上讨论，EDTA 和金属离子 M 的反应在实际反应中由于与溶液的酸度和其他的配位离子存在一定的副反应，影响 EDTA 与金属离子 M 形成配离子的稳定性，考虑各种情况下 EDTA 与金属离子 M 配位化合物的条件平衡常数 $K^{\ominus}_{MY}$有以下类型：

只考虑酸效应时配位化合物的条件稳定常数为：

$$\lg K^{\ominus'}_{MY}=\lg K^{\ominus}_{MY}-\lg\alpha_{Y(H)} \quad (7\text{-}14)$$

考虑酸效应和配位效应时配位化合物的条件稳定常数为：

$$\lg K^{\ominus'}_{MY}=\lg K^{\ominus}_{MY}-\lg\alpha_{M(L)}-\lg\alpha_{Y(H)} \quad (7\text{-}15)$$

考虑酸效应和配位效应同时又考虑羟基配位效应时配位化合物的条件稳定常数为：

$$\lg K_{MY}^{\ominus'} = \lg K_{MY}^{\ominus} - \lg \alpha_{Y(H)} - \lg(\alpha_{M(L)} + \alpha_{M(OH)} - 1) \quad (7\text{-}16)$$

［例 7-4］　在不考虑水解等副反应的情况下，求 pH＝6.0 和 pH＝9.0 时 Mg^{2+} 和 EDTA 的条件稳定常数。

解　已知 $\lg K_{MgY}^{\ominus} = 8.64$

查表可知，pH＝6.0 时，$\lg \alpha_{Y(H)} = 4.65$，

所以　$\lg K_{MgY}^{\ominus'} = \lg K_{MgY}^{\ominus} - \lg \alpha_{Y(H)} = 8.64 - 4.65 = 3.99$

查表可知，pH＝9.0 时，$\lg \alpha_{Y(H)} = 1.28$，

所以　$\lg K_{MgY}^{\ominus'} = \lg K_{MgY}^{\ominus} - \lg \alpha_{Y(H)} = 8.64 - 1.28 = 7.36$

［例 7-5］　计算溶液的 pH＝11.0，$[NH_3] = 0.10 mol \cdot L^{-1}$ 时配合物 ZnY 的条件稳定常数。若溶液中 Zn^{2+} 的总浓度为 $0.02 mol \cdot L^{-1}$，计算游离态的 Zn^{2+} 的浓度。

解　查表可知，Zn^{2+} 和$[NH_3]$形成的各级配离子的稳定常数 $\beta_1 \sim \beta_4$ 分别为：$10^{2.37}$，$10^{4.81}$，$10^{7.31}$，$10^{9.46}$，所以 Zn^{2+} 的配位反应系数为：

$$\begin{aligned}\alpha_{Zn(NH_3)} &= 1 + c(NH_3)\beta_1 + c^2(NH_3)\beta_2 + c^3(NH_3)\beta_3 + c^4(NH_3)\beta_4 \\ &= 1 + 10^{-1.0} \times 10^{2.37} + 10^{-2.0} \times 10^{4.81} + 10^{-3.0} \times 10^{7.31} + 10^{-4.0} \times 10^{9.46} = 10^{5.49}\end{aligned}$$

当 pH＝11.0 时，$\lg \alpha_{Y(H)} = 0.07$，同时 Zn^{2+} 有羟基配位效应：

$$\alpha_{Zn(OH)} = 10^{5.4}$$

所以　$\alpha_{Zn} = 10^{5.49} + 10^{5.4} - 1 = 10^{5.7}$

$$\lg K_{ZnY}^{\ominus'} = \lg K_{ZnY}^{\ominus} - \lg \alpha_{(Zn)} - \lg \alpha_{Y(H)} = 16.40 - 5.7 - 0.07 = 10.63$$

游离的 Zn^{2+} 的浓度：$[Zn^{2+}] = \dfrac{c_{Zn^{2+}}}{\alpha_{Zn^{2+}}} = \dfrac{0.02}{10^{5.7}} = 3.99 \times 10^{-8} (mol \cdot L^{-1})$

视频 7.7

7.4　配位滴定法及其应用

配位滴定法是以配位反应为基础的滴定分析方法，常用来测定多种金属离子或间接测定其他离子。用于配位滴定的反应必须符合完全、定量、快速等要求，因此配位滴定要求在一定的反应条件下，形成的配位化合物要相当稳定，配位数必须固定，即只形成一种配位数的配合物。因为是用配位剂作为标准溶液直接或间接滴定被测物质，在滴定过程中通常需要选用适当的指示剂来指示滴定终点。

配位剂分无机和有机两类，但由于许多无机配位剂与金属离子形成的配合物稳定性不高，反应过程比较复杂或找不到适当的指示剂，所以一般不能用于

配位滴定。20 世纪 40 年代以来，很多有机配位剂，特别是氨羧配位剂用于配位滴定后，配位滴定得到了迅速发展，目前已成为应用最广的滴定分析方法之一。在这些氨羧配位剂中，乙二胺四乙酸最为常用。

7.4.1 配位滴定的基本原理

(1)配位滴定曲线

在配位滴定中，随着配位滴定剂 EDTA 的不断加入，在化学计量点附近，溶液中金属离子 M 的浓度发生急剧变化。如果以 pM 为纵坐标，以加入标准溶液 EDTA 的量 $c(Y)$为横坐标作图，则可得到与酸碱滴定曲线相类似的配位滴定曲线。

现以 EDTA 标准溶液滴定 Ca^{2+} 溶液为例，讨论滴定过程中金属离子浓度的变化情况。已知 $c(Ca^{2+})=0.01000mol\cdot L^{-1}$，$V(Ca^{2+})=20.00mL$，$c(Y)=0.01000mol\cdot L^{-1}$，控制溶液 pH=12，体系中不存在其他的配位剂。

查表可知，$\lg K^{\ominus}_{MY(CaY)}=11.00$，$\lg\alpha_{Y(H)}=0.01$

所以，$\lg K^{\ominus'}_{CaY}=\lg K^{\ominus}_{CaY}-\lg\alpha_{Y(H)}=11.00-0.01=10.99$

即 $K^{\ominus'}_{CaY}=10^{10.99}$

①滴定前：$c(Ca^{2+})=0.01000mol\cdot L^{-1}$，pCa=2.0

②滴定开始至化学计量点前：近似地以剩余 Ca^{2+} 浓度来计算 pCa。

当加入 EDTA 标准溶液 18.00mL(即被滴定 90.00%)时，

$$c(Ca^{2+})=0.01000\times\frac{2.00}{20.00+18.00}=5.3\times10^{-4}(mol\cdot L^{-1})$$

$$pCa=3.3$$

加入 EDTA 标准溶液 19.98mL(即被滴定 99.9%)时，

$$c(Ca^{2+})=0.01000\times\frac{20.00-19.98}{20.00+19.98}=5.00\times10^{-6}(mol\cdot L^{-1})$$

$$pCa=5.3$$

③化学计量点时：由于 CaY 配合物比较稳定，所以在化学计量点(即滴定 100%)时，Ca^{2+} 与加入的标准溶液几乎全部配位成 CaY 配合物。即

$$c(CaY)=0.01000\times\frac{20.00}{20.00+20.00}=5.0\times10^{-3}(mol\cdot L^{-1})$$

化学计量点时 $c(Ca^{2+})=c(Y)$，所以

$$K^{\ominus}_{CaY}=\frac{c(CaY)}{c(Ca)\cdot c(Y)}=\frac{c(CaY)}{c^2(Ca^{2+})}$$

$$c(Ca^{2+})=\sqrt{\frac{c(CaY)}{K^{\ominus}_{CaY}}}=\sqrt{\frac{0.005000}{10^{10.99}}}=2.26\times10^{-7}(mol\cdot L^{-1})$$

$$pCa=6.6$$

④化学计量点后：当加入的滴定剂为 22.02mL(即滴定 100.1%)时，EDTA 过量 0.02mL，其浓度为：

$$c(Y)=0.01000\times\frac{20.02-20.00}{20.02+20.00}=5.00\times10^{-6}(mol\cdot L^{-1})$$

同时，可近似认为 $c(CaY)=5.0\times10^{-3}mol\cdot L^{-1}$

所以　$$c(Ca^{2+})=\frac{c(CaY)}{K^{\ominus'}_{CaY}\cdot c(Y)}=\frac{5.0\times10^{-3}}{10^{10.99}\times5.0\times10^{-6}}=1.02\times10^{-8}(mol\cdot L^{-1})$$

$$pCa=7.9$$

将上述的计算结果列表，以滴定的 EDTA 标准溶液的百分数为横坐标，pCa 为纵坐标作图得一曲线即为配位滴定曲线(图 7-2)。在化学计量点(即滴定 100%)附近时，溶液中金属离子 Ca^{2+} 的浓度发生急剧变化，以滴定 99.9%～100.1%时的 pCa 值为 EDTA 滴定 Ca^{2+} 的突跃范围，$0.01000mol\cdot L^{-1}$ EDTA 标准溶液滴定 $0.01000mol\cdot L^{-1}$ Ca^{2+} 溶液的突跃范围为 pCa=5.3～7.9，化学计量点为 pCa=6.6。

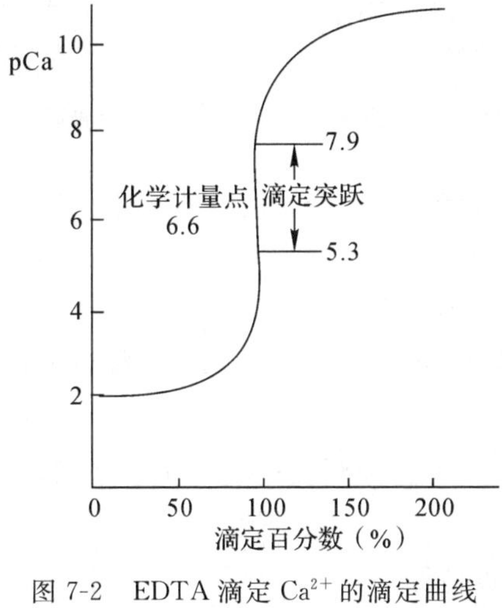

图 7-2　EDTA 滴定 Ca^{2+} 的滴定曲线

(2)影响滴定突跃范围的因素

配位滴定突跃范围的大小与 $\lg K^{\ominus'}_{MY}$ 大小有关，当金属离子浓度一定时，配合物的条件稳定常数越大，突跃范围越大；决定 $\lg K^{\ominus'}_{MY}$ 大小的因素，首先是其

绝对稳定常数 $\lg K^{\ominus}_{MY}$，还有溶液的酸度，其他配位剂的配位作用等也有很大影响。酸效应越大，则 $\lg K^{\ominus'}_{MY}$ 值就越小；所以配位滴定反应要严格控制酸度。在不同 pH 条件下的滴定曲线，如图 7-3 所示，在化学计量点前的 Ca^{2+} 浓度与酸效应无关，因此多条曲线重合在一起。化学计量点和化学计量点后均以条件稳定常数为依据，不同的曲线源于不同 pH 条件下的 $K^{\ominus'}_{MY}$。条件一定时，MY 配合物的条件稳定常数越大，滴定曲线上的突跃范围也越大。

最后还应指出一点，金属离子的起始浓度大小对滴定突跃也有影响，这和酸碱滴定中酸(碱)浓度影响突跃范围相似。金属离子起始浓度越小，滴定曲线的起点越高，因而其突跃部分就越短(见图 7-4)，从而使滴定突跃变小。

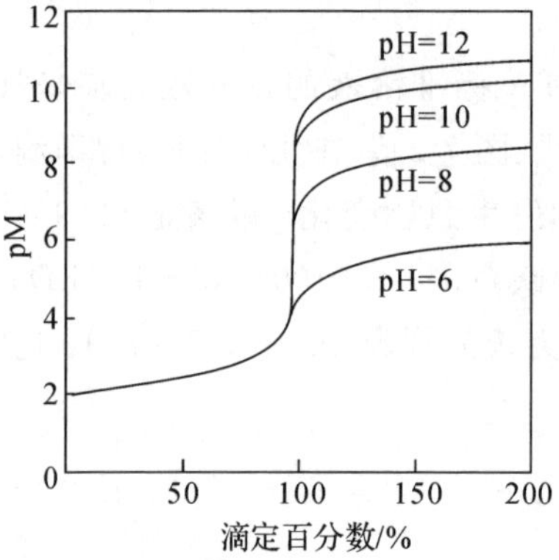

图 7-3　EDTA 滴定 Ca^{2+} 的滴定曲线

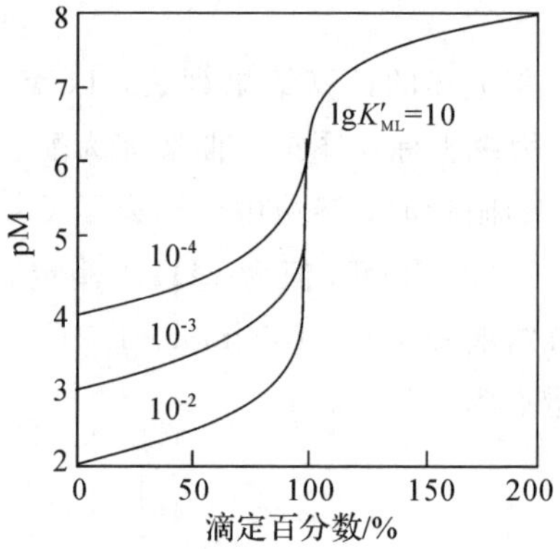

图 7-4　金属离子浓度对滴定曲线的影响

(3)准确滴定某一金属离子的条件

视频 7.8

根据终点误差理论可以推断，要想用 EDTA 溶液成功滴定金属离子 M(即误差≤0.1%)，则必须 $c(M)\cdot K^{\ominus'}_{MY}\geq 10^6$。当金属离子浓度 $c(M)=0.01mol\cdot L^{-1}$ 时，此配合物的条件稳定常数必须大于或等于 10^8。

即 $$\lg K^{\ominus'}_{MY}\geq 8(c_M=0.01mol\cdot L^{-1}) \tag{7-17}$$

或 $$\lg c_M K^{\ominus'}_{MY}\geq 6 \tag{7-18}$$

(4)配位滴定的酸度范围

①配位滴定反应最高酸度。EDTA 参与配位反应的主要形式 Y^{4-} 的浓度随着溶液中酸度的不同有很大的影响，酸度对配位滴定的影响非常大。根据 $\lg K^{\ominus'}_{MY}=\lg K^{\ominus}_{MY}-\lg\alpha_{Y(H)}$(只考虑酸效应)和准确滴定的条件 $\lg K^{\ominus'}_{MY}\geq 8$，所以当用 EDTA 溶液滴定不同的金属离子时，对稳定性高的配位化合物，溶液的酸度

稍高一点也能准确地进行滴定，但对稳定性稍差的配合物，酸度若高于某一数值时，就不能准确地滴定。因此，滴定不同的金属离子，有不同的最高酸度(最低 pH 值)，小于这一最低 pH 值，就不能进行准确滴定。

由例 7-4 可知，对于 Pb^{2+} 的滴定，当 pH＝1.0 时，$\lg K^{\ominus'}_{MY(PbY)}=0.29<8$；当 pH＝5.0 时，$\lg K^{\ominus'}_{MY(PbY)}=11.85>8$。

也就是说，pH＝1.0 时不能用 EDTA 准确滴定 Pb^{2+}，而在 pH＝5.0 时可以准确滴定。

所以由 $\lg K^{\ominus'}_{MY}=\lg K^{\ominus}_{MY}-\lg\alpha_{Y(H)}$ 和 $\lg K^{\ominus'}_{MY}\geqslant 8$ 得各种金属离子 $\lg\alpha_{Y(H)}$ 的值：

$$\lg K^{\ominus}_{MY}-\lg\alpha_{Y(H)}\geqslant 8$$

即

$$\lg\alpha_{Y(H)}\leqslant\lg K^{\ominus}_{MY}-8 \qquad (7\text{-}19)$$

再查表 7-2，查出其相应的 pH 值，这个 pH 值即为要滴定某一金属离子所允许的最低 pH 值(最高酸度)。

②EDTA 酸效应曲线。如果以不同的 $\lg K^{\ominus}_{MY}$ 值对相应的最低 pH 值作图，就得到酸效应曲线(林邦曲线)，见图 7-5。

酸效应曲线的作用：

a. 从曲线上可以找出单独滴定某一金属离子所需的最低 pH 值。例如，滴定 Fe^{3+}，pH 必须大于 1.3；滴定 Zn^{2+}，pH 必须大于 4。

b. 判断滴定时金属离子之间是否存在干扰以及干扰的程度，从而可以利用控制酸度，达到分别滴定或连续滴定的目的。

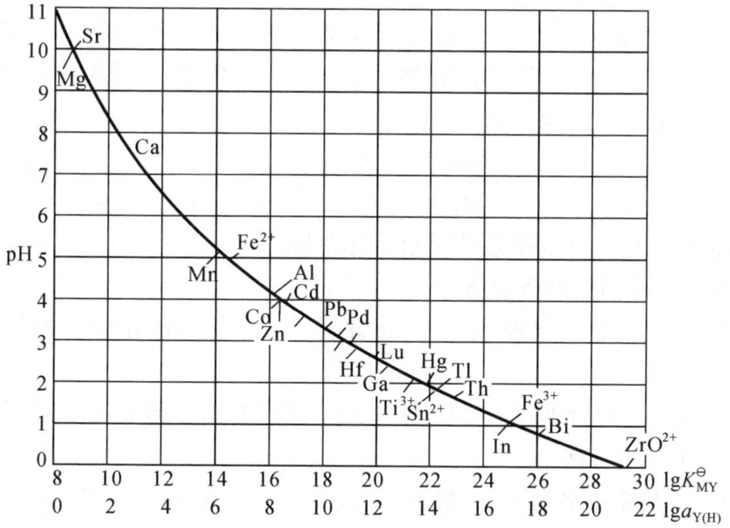

图 7-5　EDTA 的酸效应曲线(金属离子浓度 0.01mol·L^{-1})

在通常情况下，EDTA 可以以不同的形式存在于溶液中，因此配位滴定时会不断释放出 H^+，例如：

$$M^{2+}+H_2Y^{2-}=MY^{2-}+2H^+$$

这就使溶液酸度不断增高，从而降低 $K^{\ominus}_{MY}$ 值，影响到反应的完全程度。因此，配位滴定中常加入缓冲溶液控制溶液的酸度。例如，用乙二胺四乙酸滴定 Ca^{2+}，Mg^{2+} 时就要加入 pH 为 10 的 NH_3-NH_4^+ 缓冲溶液。

视频 7.9

7.4.2 金属指示剂

配位滴定和其他滴定分析方法一样，也需要用指示剂来指示终点。配位滴定中的指示剂是用来指示溶液中金属离子浓度的变化情况，所以称为金属离子指示剂，简称金属指示剂。

(1)金属指示剂的变色原理

金属指示剂本身是一种有机配位剂，它能与金属离子生成与指示剂本身的颜色明显不同的有色配合物。当加指示剂于被测金属离子溶液中时，它即与部分金属离子配位，此时溶液呈现该配合物的颜色。若以 M 表示金属离子，In 表示指示剂的阴离子(略去电荷)，其反应可表示如下：

$$M+In \rightleftharpoons MIn$$

(甲色)(乙色)

滴定开始后，随着 EDTA 的不断滴入，溶液中大部分处于游离状态的金属离子与 EDTA 配位，至计量点时，由于金属离子与指示剂的配合物(MIn)稳定性比金属离子与 EDTA 的配合物(MY)稳定性差，因此 EDTA 能从 MIn 配合物中夺取 M 而使 In 游离出来。即

$$MIn+Y \rightleftharpoons MY+In$$

(乙色)　　　　(甲色)

此时，溶液由乙色转变成甲色从而指示终点到达。

(2)金属指示剂应具备的条件

金属离子的显色剂很多，但只有具备下列条件者才能用作配位滴定的金属指示剂。

①在滴定的 pH 条件下，MIn 与 In 的颜色应有显著的不同，这样终点变化才明显，便于眼睛观察。

②MIn 的稳定性要适当(一般要求 $K^{\ominus}_{稳,MIn}>10^4$)，且其稳定性小于 MY(一般 $\lg K^{\ominus}_{稳,MY}-\lg K^{\ominus}_{稳,MIn}\geqslant 2$)。如果稳定性太低，它的解离度太大，造成终点提

前，或颜色变化不明显，终点难以确定。相反，如果稳定性过高，在计量点时，EDTA难于夺取MIn中的M而使In游离出来，终点显示不出颜色的变化或颜色变化不明显。

③指示剂与金属离子的显色反应要灵敏、迅速、有一定的选择性。在一定条件下，只对某一种(或某几种)离子发生显色反应。MIn应是水溶性的，指示剂的稳定性好，与金属离子的配位反应灵敏性好，并具有一定的选择性。

(3)金属指示剂在使用中存在的问题

①指示剂的封闭现象。某些离子能与指示剂形成非常稳定的配合物，以致在达到计量点后，滴入过量的EDTA也不能夺取MIn中的M而使In游离出来，所以看不到终点的颜色变化，这种现象称为指示剂的封闭现象。

例如，Al^{3+}，Fe^{3+}，Cu^{2+}，Ni^{2+}，Co^{2+}等离子对铬黑T指示剂和钙指示剂有封闭作用，可用KCN掩蔽Cu^{2+}，Ni^{2+}，Co^{2+}和三乙醇胺掩蔽Al^{3+}，Fe^{3+}。如发生封闭作用的离子是被测离子，一般利用返滴定法来消除干扰。如Al^{3+}对二甲酚橙有封闭作用，测定$A1^{3+}$时可先加入过量的EDTA标准溶液，使$A1^{3+}$与EDTA完全配位后，再调节溶液pH为5～6，用Zn^{2+}标准溶液返滴定，即可克服$A1^{3+}$对二甲酚橙的封闭作用。

②指示剂的僵化现象。有些金属离子与指示剂形成的配合物溶解度小或稳定性差，使EDTA与MIn之间的交换反应慢，造成终点不明显或拖后，这种现象叫指示剂的僵化。可加入适当的有机溶剂促进难溶物的溶解，或将溶液适当加热以加快置换速度。

③指示剂的氧化变质现象。金属指示剂多数是具有共轭双键体系的有机物，容易被日光、空气、氧化剂等分解或氧化；有些指示剂在水中不稳定，日久会分解。所以，常将指示剂配成固体混合物或加入还原性物质，或临用时配制。

(4)常用的金属指示剂

①铬黑T。铬黑T简称EBT，它属于二酚羟基的弱酸性偶氮类染料，其化学名称是1-(1-羟基-2-萘偶氮)-6-硝基-2-萘酚-4-磺酸钠。铬黑T的钠盐为黑褐色粉末，带有金属光泽。在不同的pH值溶液中存在不同的解离平衡。当pH<6时，指示剂显红色，而它与金属离子所形成的配合物也是红色，终点无法判断；在pH值为7～11的溶液里指示剂显蓝色，与红色有极明显的色差，所以用铬黑T作指示剂应控制pH在此范围内；当pH>12时，则显橙色，与红色的色差也不够明显。实验证明，以铬黑T作指示剂，用EDTA进行直接滴定时pH值在9～10.5之间最合适。

$$\underset{\text{(红色)}}{H_2In^-} \xrightleftharpoons[+H^+]{-H^+} \underset{\text{(蓝色)}}{HIn^{2-}} \xrightleftharpoons[+H^+]{-H^+} \underset{\text{(橙色)}}{In^{3-}}$$

$$pH<6 \qquad pH7\sim11 \qquad pH>12$$

铬黑 T 能与许多二价金属离子如 Ca^{2+}，Mg^{2+}，Mn^{2+}，Zn^{2+}，Cd^{2+}，Pb^{2+} 等形成红色的配合物，它与金属离子以 1∶1 配位。例如，以铬黑 T 为指示剂用 EDTA 滴定 Mg^{2+}（pH=10 时），滴定前溶液显酒红色。

$$Mg^{2+} + \underset{\text{(蓝色)}}{HIn^{2-}} \rightleftharpoons \underset{\text{(酒红色)}}{MgIn^-} + H^+$$

滴定开始后，Y^{4-} 先与游离的 Mg^{2+} 配位。

$$Mg^{2+} + HY^{3-} \rightleftharpoons MgY^{2-} + H^+$$

在滴定终点前，溶液中一直显示 $MgIn^-$ 的酒红色，直到化学计量点时，Y^{4-} 夺取 $MgIn^-$ 中的 Mg^{2+}，由 $MgIn^-$ 的红色转变为 HIn^{2-} 的蓝色。

$$\underset{\text{(酒红色)}}{MgIn^-} + HY^{3-} \rightleftharpoons MgY^{2-} + \underset{\text{(蓝色)}}{HIn^{2-}}$$

在整个滴定过程中，颜色变化为酒红色→紫色→蓝色。

因铬黑 T 水溶液不稳定，很易聚合，一般与固体 NaCl 以 1∶100 比例相混，配成固体混合物使用，也可配成三乙醇胺溶液使用。

②钙指示剂。钙指示剂简称 NN 或钙红，它也属于偶氮类染料。钙指示剂的水溶液也随溶液 pH 不同而呈不同的颜色：pH<7 时显红色，pH=8～13.5 时显蓝色，pH>13.5 时显橙色。由于在 pH=12～13 时，它与 Ca^{2+} 形成红色配合物，所以常用作在 pH=12～13 的酸度下，测定钙含量时的指示剂，终点溶液由红色变成蓝色，颜色变化很明显。钙指示剂纯品为紫黑色粉末，很稳定，但其水溶液或乙醇溶液均不稳定，所以一般取固体试剂与 NaCl 按 1∶100 的比例混合均匀，研细，密闭保存于干燥器中备用。

视频 7.10

7.4.3 混合金属离子的分别滴定

溶液中经常会存在多种金属离子，一般它们都能与 EDTA 形成配位化合物，此时能否分别滴定这些离子呢？如果溶液中含 M、N 两种金属离子，都与 EDTA 形成配位化合物，且 $K^{\ominus\prime}_{MY} > K^{\ominus\prime}_{NY}$，用 EDTA 滴定时，首先被滴定的是 M，要考虑的问题是：①有 N 存在时，能否准确滴定 M？②M 被滴定后，N 能否被继续准确滴定？这是金属离子分步滴定的问题。

EDTA 滴定金属离子 M 时，当有共存离子 N 存在时要准确滴定离子 M 而

N 离子不干扰，一般必须满足：

$$\frac{c_{\mathrm{M}}K_{\mathrm{MY}}^{\ominus'}}{c_{\mathrm{N}}K_{\mathrm{NY}}^{\ominus'}}\geqslant 10^5 \tag{7-20}$$

即

$$\lg(c_{\mathrm{M}}K_{\mathrm{MY}}^{\ominus'})-\lg(c_{\mathrm{N}}K_{\mathrm{NY}}^{\ominus'})\geqslant 5 \tag{7-21}$$

此式即为金属离子分别滴定的判别式。若满足此条件，说明滴定金属离子 M 时离子 N 不干扰滴定，但能否准确滴定金属离子 M、N，还必须符合准确滴定单一离子时的判别式 $\lg cK_{\mathrm{MY}}^{\ominus'}\geqslant 6$。

在多种金属离子共存时，如何减免其他离子对被测离子的干扰，使其满足 $\lg(c_{\mathrm{M}}K_{\mathrm{MY}}^{\ominus'})-\lg(c_{\mathrm{N}}K_{\mathrm{NY}}^{\ominus'})\geqslant 5$ 的条件提高配位滴定的选择性，常用的方法有以下几种：

(1)酸度的控制

应用酸效应(林邦曲线)，可以比较方便地解决如下问题：

①确定单独滴定某一金属离子时所允许的最低 pH 值。例如：EDTA 滴定 Fe^{3+} 时，pH 应大于 1.3；滴定 Zn^{2+} 时，pH 应大于 4。由此可见，EDTA 配合物中稳定性较高的金属离子，可以在较高酸度下进行滴定。

②判断在某一 pH 值下测定某种离子，什么离子有干扰。例如在 pH=4～6 滴定 Zn^{2+} 时，若存在 Fe^{2+}，Cu^{2+}，Mg^{2+} 等离子，Fe^{2+}，Cu^{2+} 有干扰，而 Mg^{2+} 无干扰。

③判断当有几种金属离子共存时，能否通过控制溶液酸度进行选择滴定或连续滴定。例如，当 Fe^{3+}，Zn^{2+} 和 Mg^{2+} 共存时，由于它们在酸效应曲线上相距较远，我们可以先在 pH=1～2 时滴定 Fe^{3+}，然后在 pH=5～6 时滴定 Zn^{2+}，最后再调节溶液 pH=10 左右滴定 Mg^{2+}。

需要说明的是：酸效应曲线给出的是配位滴定所允许的最低 pH 值(最高酸度)，在实践中，为了使配位反应更完全，通常采用的 pH 值要比最低 pH 值略高。但也不能过高，否则，金属离子可能水解，甚至生成氢氧化物沉淀。例如，用 EDTA 滴定 Mg^{2+} 时所允许的最低 pH=9.7，实际采用 pH=10，若 pH>12 则生成 $Mg(OH)_2$ 沉淀而不能滴定。

另外，在配位滴定中，我们既要考虑滴定前溶液的酸度，又要考虑滴定过程中溶液酸度的变化。因为在 EDTA 与金属离子反应时，不断有 H^+ 离子释放出来，使溶液的酸度增加，所以在配位滴定中，常常需要用缓冲溶液来控制溶液酸度。一般在 pH<2 或 pH>12 的溶液中滴定时，可直接用强酸或强碱控制。

[例 7-6] 15.00mL 0.020mol·L^{-1} EDTA 与 10.00mL 0.020mol·L^{-1} Zn^{2+} 溶液相混合，若 pH 为 4.0。

①计算[Zn^{2+}]。

②若欲控制[Zn^{2+}]为 10^{-7} mol·L^{-1}，问溶液的最低 pH 应控制在多大？(已知 $\lg K^{\ominus}_{ZnY}=16.4$)

pH	3.0	3.4	3.8	4.0	4.4	4.8	5.0
$\lg\alpha_{Y(H)}$	10.60	9.70	8.85	8.44	7.64	6.84	6.45

解 根据题意，混合后：

$$①[Y]=\frac{15.00\times0.02-10.00\times0.020}{15.00+10.00}=4.0\times10^{-3}(\text{mol}\cdot\text{L}^{-1})$$

$$[ZnY]=\frac{10.00\times0.020}{25.00}=8.0\times10^{-3}(\text{mol}\cdot\text{L}^{-1})$$

当 pH=4.0 时，则 $\lg\alpha_{Y(H)}=8.44$

$$\lg K^{\ominus'}_{ZnY}=\lg K^{\ominus}_{ZnY}-\lg\alpha_{Y(H)}=16.4-8.44=7.96$$

$$K^{\ominus'}_{ZnY}=\frac{[ZnY]}{[Zn^{2+}][Y]}=10^{7.96}=\frac{8.0\times10^{-3}}{4.0\times10^{-3}\times[Zn^{2+}]}$$

$$[Zn^{2+}]=2.2\times10^{-8}\text{mol}\cdot\text{L}^{-1}$$

②若[Zn^{2+}]$=1\times10^{-7}$mol·L^{-1}，则 $K^{\ominus'}_{ZnY}=\frac{8.0\times10^{-3}}{4.0\times10^{-3}\times10^{-7}}=2\times10^{7}$

则 $\lg K^{\ominus'}_{ZnY}=7.3$

所以 $\lg\alpha_{Y(H)}=\lg K^{\ominus}_{ZnY}-\lg K^{\ominus'}_{ZnY}=16.4-7.3=9.1$

pH=3.8

[例 7-7] 已知 $\lg K^{\ominus}_{MnY}=14.04$，$K^{\ominus}_{sp}\{Mn(OH)_2\}=1.9\times10^{-13}$。

(1)求 pH=4.0 时，Mn^{2+} 与 EDTA 配合物的条件稳定常数(不考虑羟基络合等副反应)。

(2)如果[Mn^{2+}]=0.01mol·L^{-1}，在 pH=4.0 时能否准确滴定(说出判断依据)。

(3)以 0.01mol·L^{-1}的 EDTA，滴定 0.01mol·L^{-1}的 Mn^{2+}，允许的最低 pH 值是多少？

(4)以 0.01mol·L^{-1}的 EDTA，滴定 0.01mol·L^{-1}的 Mn^{2+}，允许的最高 pH 值是多少？

解　(1)$\lg K^{\ominus'}_{MnY}=\lg K^{\ominus}_{MnY}-\lg\alpha_{Y(H)}=14.04-8.44=5.6$

(2)$\lg c_{Mn}K^{\ominus'}_{MnY}=\lg 0.01\times10^{5.6}=3.6<6$

所以不能准确滴定。

(3)允许滴定的最低 pH 值：

$$\lg c_{Mn}K^{\ominus'}_{MnY}\geqslant6$$

$$\lg\alpha_{Y(H)}\leqslant\lg c_{Mn}+\lg K^{\ominus}_{MnY}-6$$

$$=\lg 0.01+14.04-6=6.04$$

通过查表可得准确滴定的最低 pH 值要大于 5.5。

(4)最高 pH 值在无其他配位剂存在时一般可粗略地由金属离子的水解酸度求得。

$$[OH^-]\geqslant\sqrt{\frac{K^{\ominus}_{sp}}{[Mn^{2+}]}}=\sqrt{\frac{1.9\times10^{-13}}{0.01}}=4.35\times10^{-6}(mol\cdot L^{-1})$$

允许的最高 pH 值为：pH=14−pOH=14−5.36=8.64

(2)加入掩蔽剂

当混合离子体系中不满足 $\lg K^{\ominus}_{MY}$ 相差 6 以上，则不能用控制酸度的方法直接滴定其中一种离子，必须采取掩蔽或分离干扰离子后再进行滴定。按照所用反应类型不同，可分为：

①配位掩蔽法。利用掩蔽剂与干扰离子形成稳定配合物来降低干扰离子的浓度进而消除干扰的方法叫作配位掩蔽法。这是用得最广泛的方法，例如用乙二胺四乙酸测定水中的 Ca^{2+}，Mg^{2+} 时，Fe^{3+}，Al^{3+} 等离子的存在对测定有干扰，可加入三乙醇胺作为掩蔽剂，使 Fe^{3+}，Al^{3+} 与掩蔽剂生成配合物。此配合物比它们与 Y^{4-} 的配合物还要稳定，这样就可消除它们对 Ca^{2+}，Mg^{2+} 测定的干扰。常见的配位掩蔽剂见表 7-3。

表 7-3　常见的配位掩蔽剂

名称	pH 范围	被掩蔽离子
KCN	>8	Co^{2+}，Ni^{2+}，Cu^{2+}，Zn^{2+}，Hg^{2+}，Cd^{2+}，Ag^{+}
NH_4F	4～6	Al^{3+}，Ti(Ⅳ)，Sn^{4+}，Zr^{4+}，W(Ⅵ)
	10	Al^{3+}，Mg^{2+}，Ca^{2+}，Sr^{2+}，Ba^{2+}，稀土
三乙醇胺	10	Al^{3+}，Ti(Ⅳ)，Sn^{4+}，Fe^{3+}
	11～12	Al^{3+}，Fe^{3+}

续表

名称	pH 范围	被掩蔽离子
二巯基丙醇	10	Bi^{3+}，Zn^{2+}，Hg^{2+}，Cd^{2+}，Ag^{+}，Pb^{2+}，As^{3+}，Sn^{4+}，少量 Co^{2+}，Ni^{2+}，Cu^{2+}，Fe^{3+}
铜试剂	10	能与 Hg^{2+}，Cu^{2+}，Cd^{2+}，Pb^{2+}，Bi^{3+} 生成沉淀，故使用量应少于 2μg/mL(Cu^{2+})和 10μg/mL(Bi^{3+})
	1.2	Sb^{3+}，Fe^{3+}，Sn^{4+}，Cu^{2+}(少于 5μg/mL)
	2	Fe^{3+}，Sn^{4+}，Mn^{2+}
酒石酸	5.5	Al^{3+}，Fe^{3+}，Sn^{4+}，Ca^{2+}
	6～7.5	Cu^{2+}，Mg^{2+}，Al^{3+}，Fe^{3+}，Sb^{3+}，Mo^{4+}，W(Ⅵ)
	10	Sn^{4+}，Al^{3+}

②氧化还原掩蔽法。利用氧化还原反应改变干扰离子的价态来降低干扰离子的浓度，以消除干扰的方法叫作氧化还原掩蔽法。例如，用 EDTA 滴定 Zr^{4+}、Fe^{3+} 中的 Zr^{4+} 时，Fe^{3+} 对测定有干扰。加入抗坏血酸将 Fe^{3+} 还原成 Fe^{2+}，就可以消除 Fe^{3+} 干扰，因为

$$\lg K^{\ominus}_{FeY^-}=25.1，\lg K^{\ominus}_{ZrY^{2-}}=29.9，\lg K^{\ominus}_{FeY^{2-}}=14.33$$

③沉淀掩蔽法。利用沉淀反应降低干扰离子浓度，以消除干扰的方法叫作沉淀掩蔽法。例如，在 Ca^{2+}，Mg^{2+} 共存的溶液中，加入 NaOH，使溶液的 pH >12。此时 Mg^{2+} 形成 $Mg(OH)_2$ 沉淀，而不干扰 Ca^{2+} 的滴定。使用沉淀掩蔽法时，生成的沉淀溶解度要小，反应要完全；生成的沉淀应无色或浅色，最好是晶型沉淀，吸附作用小，否则会由于颜色深、表面积大吸附被测离子而影响测定的准确度。

(3)解蔽法

当所掩蔽的离子不是干扰离子而是需要测定其含量的离子时，则在测定完其他离子含量后需要将其释放出来，再用标准溶液测定其含量。所谓解蔽就是指通过加入某种试剂使被掩蔽离子重新释放出来的过程。例如 Zn^{2+}，Mg^{2+} 共存时，可在 pH=10 的缓冲溶液中加入氰化钾，使 Zn^{2+} 形成$[Zn(CN)_4]^{2-}$配离子而被掩蔽。先用 EDTA 单独滴定 Mg^{2+}，然后在滴定 Mg^{2+} 后的溶液中加入甲醛溶液，以破坏$[Zn(CN)_4]^{2-}$配离子，使 Zn^{2+} 释放出来而解蔽。其反应如下：

$$[Zn(CN)_4]^{2-}+4HCHO+4H_2O=\!=\!=Zn^{2+}+4HOCH_2CN+4OH^-$$

反应中释放出来的 Zn^{2+} 可用 EDTA 继续滴定。这里 KCN 是 Zn^{2+} 的掩蔽剂，

HCHO 是一种解蔽剂。

(4)预先分离干扰离子

当使用上述方法不能奏效时，需要将干扰离子预先分离，然后再进行测定。例如磷矿物中一般含有 Ca^{2+}，Fe^{3+}，Mg^{2+}，Al^{3+}，PO_4^{3-} 及 F^-。F^- 能与 Al^{3+} 生成配合物，会严重干扰 Al^{3+} 的测定，在酸度较低时又能与 Ca^{2+} 生成 CaF_2 沉淀而干扰 Ca^{2+} 的测定。通常在酸化和加热条件下使 F^- 生成 HF 挥发而消除干扰。

视频 7.11

7.4.4　配位滴定法的应用

(1)EDTA 标准溶液的配制和标定

EDTA 标准溶液的配制一般采用间接法，用 EDTA 二钠盐先配成近似浓度的溶液，再用基准物质标定。标定 EDTA 溶液的基准物质有 Zn，Cu，ZnO，$CaCO_3$，$MgSO_4 \cdot 7H_2O$，$ZnSO_4 \cdot 7H_2O$ 等，常用的为 $CaCO_3$。用 $CaCO_3$ 作基准物质标定 EDTA 溶液浓度时，调节溶液 pH≥12.0，用钙指示剂，EDTA 滴定到溶液由酒红色变为纯蓝色为终点，计算 EDTA 标准溶液的浓度，如有 MgY 共存，变色更敏锐。

(2)直接滴定法

这种方法是将分析溶液调节至所需酸度，加入其他必要的辅助试剂及指示剂，直接用 EDTA 进行滴定，然后根据消耗 EDTA 标准溶液的体积，计算试样中被测组分的含量。这是配位滴定中最基本的方法，该方法迅速、方便，误差小。

直接滴定法应用时需满足：

①金属离子与 EDTA 的反应须迅速，且生成的配合物 $\lg K_{MY}^{\ominus'} \geq 8$。

②在滴定条件下，金属离子不水解，不生成沉淀。

③滴定应有合适的指示剂。

如用 EDTA 进行水中钙、镁及总硬度测定，可先测定钙量，再测定钙、镁的总量，用钙、镁总量减去钙的含量即得镁的含量；再由钙、镁总量换算成相应的硬度单位即为水的总硬度。

钙含量的测定：在水样中加入 NaOH 至 pH≥12，Mg^{2+} 生成 $Mg(OH)_2$，不干扰 Ca^{2+} 的滴定。再加入少量钙指示剂，溶液中的部分 Ca^{2+} 与指示剂配位生成配合物，使溶液呈红色。当滴定开始后，不断滴入的 EDTA 首先与游离的 Ca^{2+} 配位，至计量点时则夺取与钙指示剂结合的 Ca^{2+}，使指示剂游离出来，溶液由红色变为纯蓝色，从而指示终点的到达。

钙、镁总量的测定：在 pH=10 时，于水样中加入铬黑 T 指示剂，然后用

EDTA 标准溶液滴定。由于铬黑 T 与 EDTA 分别都能与 Ca^{2+}，Mg^{2+} 生成配合物，其稳定次序为：CaY>MgY>MgIn>CaIn。由此可知，加入铬黑 T 后，它首先与 Mg^{2+} 结合，生成红色的配合物 MgIn。当滴入 EDTA 时，首先与之配位的是游离的 Ca^{2+}，其次是游离的 Mg^{2+}，最后夺取与铬黑 T 配位的 Mg^{2+}，使铬黑 T 的阴离子游离出来，此时溶液由红色变为蓝色，从而指示终点的到达。

当水样中 Mg^{2+} 极少时，加入的铬黑 T 除了与 Mg^{2+} 配位外还与 Ca^{2+} 配位，但 Ca^{2+} 与铬黑 T 的显色灵敏度比 Mg^{2+} 低得多，所以当水中含 Mg^{2+} 极少时，用铬黑 T 作指示剂往往得不到敏锐的终点。要克服此缺点，可在 EDTA 标准溶液中加入适量的 Mg^{2+}(要在 EDTA 标定之前加入，这样并不影响 EDTA 与被测离子之间滴定的定量关系)，或者在缓冲溶液中加入一定量的 Mg-EDTA 盐。

溶液中如有 Fe^{3+}、Al^{3+} 等干扰离子，可用三乙醇胺掩蔽。如存在 Cu^{2+}，Pb^{2+}，Zn^{2+} 等干扰离子，可用 KCN、Na_2S 等掩蔽。

水硬度的表示法有三种，但常用德国度(符号°H)表示。这种方法是将水中所含的钙、镁离子都折合为 CaO 来计算，然后以每升水含 10mg CaO 为 1 德国度。

水中钙镁离子含量和总硬度由下式计算：

$$钙含量(mg \cdot L^{-1})=\frac{c_{EDTA} \cdot V_1 \cdot M_{Ca}}{V_{水}}\times 1000$$

$$镁含量(mg \cdot L^{-1})=\frac{c_{EDTA}(V-V_1) \cdot M_{Mg}}{V_{水}}\times 1000$$

$$总硬度(°H)=\frac{c_{EDTA} \cdot V \cdot M_{CaO}}{V_{水}}\times 100$$

式中，c_{EDTA} 为 EDTA 标液的浓度，V 和 V_1 分别为滴定同体积水样中的钙镁总量和钙含量时消耗 EDTA 标液的体积(mL)，$V_{水}$ 为水样的体积(mL)。

(3)返滴定法

这种方法是在试液中先加入过量的 EDTA 标准溶液，使待测离子完全与 EDTA 反应，过量的 EDTA 用另一种金属离子的标准溶液滴定。

该方法适用以下情况：

①当被测离子与 EDTA 反应缓慢。

②被测离子在滴定的 pH 值下会发生水解。

③被测离子对指示剂有封闭作用，又找不到合适的指示剂时。

另外，应用该方法时需注意，在用另一种金属离子的标准溶液滴定过量的 EDTA 时，生成的配离子稳定性不能大于 EDTA 与被测离子形成的配离子的稳定性，否则会发生配离子的转化而置换出待测金属离子。

例如，用 EDTA 滴定 Al^{3+} 时，由于存在以下问题：①Al^{3+} 与 Y^{4-} 配位缓

慢；②在酸度较低时，Al^{3+} 发生水解，使之与 EDTA 配位更慢；③Al^{3+} 能封闭指示剂，因此不能用直接法滴定。

返滴法测定 Al^{3+} 时，先将过量的 EDTA 标准溶液加到酸性 Al^{3+} 溶液中，调节 pH＝3.5，煮沸溶液。此时酸度较高，又有过量 EDTA 存在，Al^{3+} 不会水解，煮沸又加速 Al^{3+} 与 Y^{4-} 的配位反应。然后冷却溶液，并调节 pH 值为 5～6，以保证配位反应定量进行。再加入二甲酚橙指示剂。过量的 EDTA 用 Zn^{2+} 标准溶液进行返滴定至终点。从标准溶液消耗的净值，求出被测离子的含量；Ba^{2+} 的测定也常采用此法。

(4)置换滴定法

这种方法适用于测定一些与 EDTA 生成配合物不稳定的金属离子含量，也适用于混合离子中某一金属离子的含量测定。

例如，Ag^+ 与 Y^{4-} 的配合物稳定性较小，不能用 EDTA 直接滴定 Ag^+。

方法：加过量的$[Ni(CN)_4]^{2-}$于含 Ag^+ 的试液中，则发生如下置换反应：

$$2Ag^+ + [Ni(CN)_4]^{2-} \rightleftharpoons 2[Ag(CN)_2]^- + Ni^{2+}$$

此反应进行得很完全，置换出的 Ni^{2+} 可用 EDTA 滴定。

又如测定锡青铜中(含 Sn、Cu、Zn、Pb)Sn 的含量。

将试样溶解后，加入过量的 EDTA 标准溶液，使所有的金属离子与 EDTA 完全反应。过量的 EDTA 在 pH＝5～6 时，以二甲酚橙为指示剂，用 Zn^{2+} 标准溶液进行滴定。然后在溶液中加 NH_4F，此时 F^- 离子选择置换出 SnY 中的 EDTA，再用 Zn^{2+} 标准溶液滴定置换出的 EDTA，即可求得 Sn 的含量。

(5)间接滴定法

这种方法是在待测液中加入一定量过量沉淀剂，使待测离子生成沉淀，过量的沉淀剂用 EDTA 来滴定。该方法适用于测定一些不能与 EDTA 形成稳定配离子甚至不能生成配离子的金属离子和非金属离子的含量。

例如，PO_4^{3-} 中 P 的测定：在试液中加入一定量过量的 $Bi(NO_3)_3$，使之生成 $BiPO_4$ 沉淀，剩余的 Bi^{3+} 用 EDTA 标准溶液滴定，由 EDTA 的量计算出过量的 Bi^{3+}，进而计算出与 Bi^{3+} 反应的 PO_4^{3-} 的量。

又如，硫酸盐的测定：SO_4^{2-} 是非金属离子，不能和 EDTA 直接配位，因此不能用直接法滴定。但可采用加入过量的已知准确浓度的 $BaCl_2$ 溶液，使 SO_4^{2-} 与 Ba^{2+} 生成 $BaSO_4$ 沉淀，再用 EDTA 标准溶液滴定剩余的 Ba^{2+}，从而间接测定试样中 SO_4^{2-} 的含量。

[例 7-8]　称取含 Fe_2O_3 和 Al_2O_3 的试样 0.2015g，试样溶解后，在 pH＝2 时以磺基水杨酸为指示剂，加热至 50℃左右，以 0.02008mol·L^{-1}的 EDTA 滴

定至红色消失，消耗 EDTA 15.20mL。然后加入上述 EDTA 标准溶液 25.00mL，加热煮沸，调 pH=4.5，以 PAN 为指示剂，趁热用 $0.02112mol \cdot L^{-1}$ Zn^{2+} 标准溶液返滴，用去 8.16mL。求试样中 Fe_2O_3 与 Al_2O_3 的百分含量。[$M(Fe_2O_3)=159.7$，$M(Al_2O_3)=102.0$]

解 根据题意：

$$\omega(Fe_2O_3)=\frac{\frac{1}{2}\times c(EDTA)\times V(EDTA)\times M(Fe_2O_3)}{m_s\times 1000}\times 100\%$$

$$=\frac{\frac{1}{2}\times 0.02008\times 15.20\times 159.7}{0.2015\times 1000}\times 100\%=12.09\%$$

$$\omega(Al_2O_3)=\frac{\frac{1}{2}[c(EDTA)\times V(EDTA)-c(Zn)\times V(Zn)]\times M(Al_2O_3)}{m_s\times 1000}\times 100\%$$

$$=\frac{\frac{1}{2}(0.02008\times 25.00-0.02112\times 8.16)\times 102.0}{0.2015\times 1000}\times 100\%$$

$$=8.34\%$$

视频 7.12

[例 7-9] 称取某含铅锌镁试样 0.4080g，溶于酸后，加入酒石酸，用氨水调至碱性，加入 KCN 以掩蔽 Zn^{2+}，用 $0.02060mol \cdot L^{-1}$ EDTA 滴定时耗去 42.20mL。然后加入二巯基丙醇置换 PbY，用 $0.00765mol \cdot L^{-1}$ Mg^{2+} 标液滴定时耗去 19.30mL。最后加入甲醛解蔽出 Zn^{2+}，用 $0.02060mol \cdot L^{-1}$ EDTA 滴定消耗 28.60mL。计算试样中铅、锌、镁质量分数。[$M(Pb)=207.2$，$M(Zn)=65.38$，$M(Mg)=24.31$]

解 根据题意有

$$\omega(Pb)=\frac{0.00765\times 19.30\times 207.2}{0.4080\times 1000}\times 100\%=7.50\%$$

$$\omega(Zn)=\frac{0.02060\times 28.60\times 65.38}{0.4080\times 1000}\times 100\%=9.44\%$$

$$\omega(Mg)=\frac{(0.02060\times 42.20-0.00765\times 19.30)\times 24.31}{0.4080\times 1000}=4.30\%$$

试样中铅、锌、镁质量分数分别为 7.50%，9.44%，4.30%。

【应用实例】

苯巴比妥钠含量的分析测定

苯巴比妥钠，是一种有机化合物，化学式为 $C_{12}H_{11}N_2O_3Na$，是长效巴比妥类的典型代表，为镇静、催眠、抗惊厥药。可以用配位滴定法进行分析测定。

称取某制药企业生产的苯巴比妥钠（$C_{12}H_{11}N_2O_3Na$，摩尔质量为 $254.2g \cdot mol^{-1}$）试样 0.2014g，溶于稀碱溶液中并加热（60℃）使之溶解，冷却后，加入醋酸酸化并移入 250mL 容量瓶中，加入 $0.03000mol \cdot L^{-1}$ $Hg(ClO_4)_2$ 标准溶液 25.00mL，稀释至刻度，放置待下述反应发生：$2C_{12}H_{11}N_2O_3^- + Hg^{2+} = Hg(C_{12}H_{11}N_2O_3)_2$，过滤弃去沉淀，滤液用干烧杯接收。吸取 25.00mL 滤液，加入 10mL $0.01mol \cdot L^{-1}$ MgY 溶液，释放出的 Mg^{2+} 在 pH=10.0 时以铬黑 T 为指示剂，用 $0.01000mol \cdot L^{-1}$ EDTA 滴定至终点，消耗 3.60mL。计算试样中苯巴比妥钠的质量分数。

解　发生以下反应：

$$2C_{12}H_{11}N_2O_3^- + Hg^{2+} = Hg(C_{12}H_{11}N_2O_3)_2$$

$$Hg^{2+}(\text{剩余}) + MgY^{2-} = HgY^{2-} + Mg^{2+}$$

$$Mg^{2+} + Y^{4-} = MgY^{2-}$$

$$\omega = \frac{2\times(0.03000\times25.00 - 0.01000\times3.60\times\frac{250.0}{25.00})\times10^{-3}\times254.2}{0.2014}\times100\%$$

$$=98.45\%$$

【知识结构-1】——配位平衡

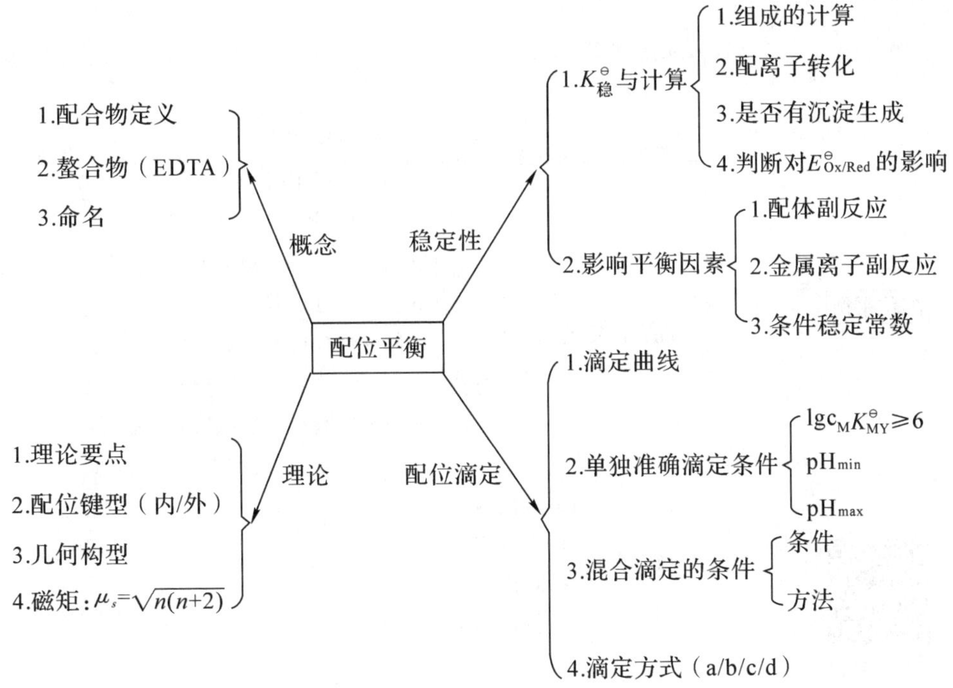

【知识结构 2】——配位平衡稳定性

配位平衡 —稳定性→

- 1. $K^{\ominus}_{稳}$与计算
  - 1.组成的计算
  - 2.配离子转化
  - 3.是否有沉淀生成
  - 4.判断对$E^{\ominus}_{Ox/Red}$的影响
- 2.影响平衡因素
  - 1.配体副反应
    - 酸度：$\alpha_{Y(H)}$ ⇒ 查表
    - 共存离子：$\alpha_{Y(N)} \approx c_N K^{\ominus}_{NY}$
    - $\alpha_Y = \alpha_{Y(H)} + \alpha_{Y(N)} - 1$
  - 2.金属离子副反应
    - $\alpha_{M(L)}$
    - $\alpha_{M(OH)}$
    - $\alpha_M = \alpha_{M(L)} + \alpha_{M(OH)} - 1$
  - 3.条件稳定常数
    - $\lg K^{\ominus'}_{MY} = \lg K^{\ominus}_{MY} - \lg\alpha_Y - \lg\alpha_M$
    - $\alpha_Y = \alpha_{Y(H)} + \alpha_{Y(N)}$
    - $\alpha_M = \alpha_{M(L)} + \alpha_{M(OH)} - 1$

$\alpha_{M(L)} = 1 + \beta_1[L] + \beta_2[L]^2 + \cdots + \beta_n[L]^n$

$\alpha_{M(OH)} = 1 + \beta_1[OH] + \beta_2[OH]^2 + \cdots + \beta_n[OH]^n$

【知识结构-3】——配位滴定

配位平衡 —配位滴定→

- 1. 滴定曲线
- 2. 单独准确滴定条件
  - $\lg c_M K^{\ominus'}_{MY} \geqslant 6$
  - pH_{min}
    - $\lg c_M K^{\ominus'}_{MY} \geqslant 6$
    - $\lg K^{\ominus'}_{MY} = \lg K^{\ominus}_{MY} - \lg\alpha_{Y(H)}$
    - → $\lg\alpha_{Y(H)}$ → 查表
  - pH_{max} → 利用 $M(OH)_n$ 的 $K^{\ominus}_{sp}$
- 3. 混合滴定的条件
  - 条件
    - $\lg c_M K^{\ominus'}_{MY} \geqslant 6$　分别滴定：$\lg c_N K^{\ominus'}_{NY} \geqslant 6$
    - $\lg c_M K^{\ominus'}_{MY} - \lg c_N K^{\ominus'}_{NY} \geqslant 5$
  - 方法
    - 控制酸度($pH_{min} - pH_{max}$)
    - 掩蔽与解蔽
      - a. 配位掩蔽
      - b. 氧化还原掩蔽
      - c. 沉淀掩蔽
- 4. 滴定方式
  - a. 直接滴定
  - b. 返滴定
  - c. 间接滴定
  - d. 置换滴定

视频 7.13

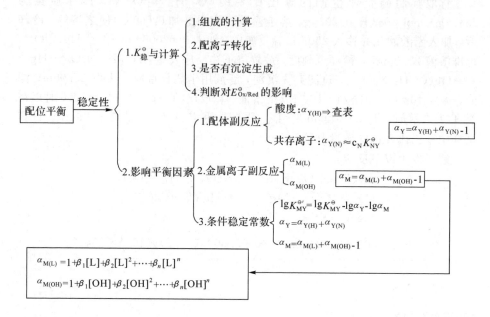

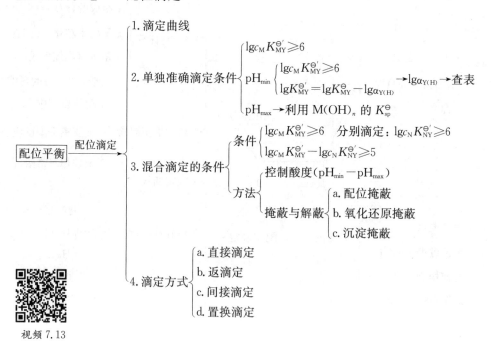

习　题

7.1　完成下表：

配合物或配离子	命名	中心离子	配体	配位原子	配位数
	六氟合硅(Ⅳ)酸铜				
$[PtCl_2(OH)_2(NH_3)_2]$					
	四异硫氰酸合钴(Ⅲ)酸钾				
	三羟基·水·乙二胺合铬(Ⅲ)				
$[Fe(CN)_5(CO)]^{3-}$					
$[FeCl_2(C_2O_4)(en)]^-$					
	三硝基·三氨合钴(Ⅲ)				
	四羰基合镍				

7.2　人们先后制得多种钴氨配合物，其中 4 种组成如下：

(1)$CoCl_3 \cdot 6NH_3$　　(2)$CoCl_3 \cdot 5NH_3$

(3)$CoCl_3 \cdot 4NH_3$　　(4)$CoCl_3 \cdot 3NH_3$

若用 $AgNO_3$ 溶液沉淀上述配合物中的 Cl^-，所得沉淀的含氯量依次相当于总含氯量的$\frac{3}{3}$，$\frac{2}{3}$，$\frac{1}{3}$，0，根据这一实验事实确定四种氨钴配合物的化学式。

7.3　下列配合物中心离子的配位数都是 6，试判断它们在相同浓度的水溶液中导电能力的强弱。

K_2PtCl_6、$Co(NH_3)_6Cl_3$、$Cr(NH_3)_4Cl_3$、$Pt(NH_3)_6Cl_4$

7.4　根据配合物的价键理论，画出$[Co(NH_3)_6]^{3+}$和$[Cd(NH_3)_4]^{2+}$(已知磁矩为 0)的电子分布情况，并推测它们的空间构型。

7.5　试确定下列配合物是内轨型还是外轨型，说明理由，并以它们的电子层结构表示。

①$K_4[Mn(CN)_6]$测得磁矩 $\mu_B=2.00$

②$(NH_4)_2[FeF_5(H_2O)]$测得磁矩 $\mu_B=5.78$

7.6 完成下表：

配离子	磁矩	杂化	空间构型	内、外轨型
$[Cr(C_2O_4)_3]^{3-}$	3.38B.M.			
$[Co(NH_3)_6]^{2+}$	4.26B.M.			
$[Mn(CN)_6]^{4-}$	2.00B.M.			
$[Fe(EDTA)]^{2-}$	0.00B.M.			

7.7 实验测得$[Co(NH_3)_6]^{3+}$是反磁性的，则：

(1)属于什么空间构型？

(2)根据价键理论判断中心离子的杂化方式。

7.8 在1.0L氨水中溶解0.10mol AgCl，问氨水的最初浓度是多少？

7.9 解释下列几种实验现象：

(1)为何AgI不能溶于氨水中，却能溶于KCN溶液中？

(2)为何AgBr能溶于KCN溶液中，而Ag_2S却不能溶？

(3)用无色KSCN溶液在白纸上写字或画图，干后喷$FeCl_3$溶液，为什么会出现血红色字画？

(4)$[FeF_6]^{3-}$和$[Fe(H_2O)_6]^{3+}$配离子的颜色很浅甚至无色，而$[Fe(CN)_6]^{3-}$却呈深红色。

7.10 在50mL 0.10mol·L^{-1}的$AgNO_3$溶液中，加密度为0.932g·mL^{-1}含NH_3 18.24%的氨水30mL，水稀释到100mL，求算这溶液中的Ag^+浓度。

7.11 在第7.10题的混合液中加0.10mol·L^{-1}的KBr溶液10mL，有没有AgBr沉淀析出？如果欲阻止AgBr沉淀析出，氨的最低浓度是多少？

7.12 计算AgCl在0.1mol·L^{-1}氨水中的溶解度。

7.13 当溶液的pH=11.0并含有0.0010mol·L^{-1}游离的CN^-时，计算$\lg K^{\ominus'}_{HgY}$的值。

7.14 试计算Ni-EDTA配合物在含有0.1mol·L^{-1} NH_3和0.1mol·L^{-1} NH_4Cl缓冲溶液中的条件稳定常数。

7.15 计算用二乙胺四乙酸溶液滴定Zn^{2+}时允许的最高酸度。

7.16 用配位滴定法测定含钙的试样：

(1)以纯度为99.80%的$CaCO_3$配制1mg·mL^{-1}的标准溶液1000mL，需称取$CaCO_3$的质量是多少？

(2)取上述含钙标准溶液20.00mL，用EDTA 18.25mL滴定至终点，求EDTA的浓度。

(3)取含钙试样 100mg 的试液，滴定时消耗上述 EDTA 6.64mL，计算试样中 CaO 的百分含量。

7.17　取水样 100.00mL，在 pH = 10.0 时，用铬黑 T 为指示剂，用 $c(H_4Y)=0.01050mol\cdot L^{-1}$的溶液滴定至终点，用去体积为 19.00mL，计算水的总硬度。

7.18　测定铝盐的含量时称取试样 0.2550g，溶解后加入 $0.05000mol\cdot L^{-1}$ EDTA 溶液 50.00mL，加热煮沸，冷却后调节 pH = 5.0，加入二甲酚橙指示剂，以 $0.02000mol\cdot L^{-1}$ $Zn(Ac)_2$ 溶液滴定过量的 EDTA 至终点，消耗 25.00mL，求试样中 Al_2O_3 的质量分数？[$M(Al_2O_3)=101.96g\cdot mol^{-1}$]

7.19　分析铜锌的合金，称取 0.5000g 试样，用容量瓶配成 100.0mL 试液，吸取 25.00mL，调至 pH = 6.0 时，以 PAN 作指示剂，用 $c(H_4Y)=0.05000mol\cdot L^{-1}$的溶液滴定 Cu^{2+} 和 Zn^{2+}，用去 37.30mL。另外又吸取 25.00mL 试液，调至 pH = 10，加 KCN，以掩蔽 Cu^{2+} 和 Zn^{2+}。用同浓度的 H_4Y 溶液滴定 Mg^{2+}，用去 4.10mL。然后再加甲醛以解蔽 Zn^{2+}，又用同浓度的 H_4Y 溶液滴定，用去 13.40mL。计算试样中 Cu^{2+}，Zn^{2+} 和 Mg^{2+} 的含量。

测验题

一、选择题

1. 欲用 EDTA 测定试液中的阴离子，宜采用(　　)。

(A)直接滴定法　(B)返滴定法　(C)置换滴定法　(D)间接滴定法

2. 用 EDTA 测定 Cu^{2+}，Zn^{2+}，Al^{3+} 中的 Al^{3+}，最合适的滴定方式是(　　)。

(A)直接滴定　(B)间接滴定　(C)返滴定　(D)置换滴定

(已知 $\lg K^{\ominus}_{CuY}=18.8$，$\lg K^{\ominus}_{ZnY}=16.5$，$\lg K^{\ominus}_{AlY}=16.1$)

3. EDTA 滴定 Al^{3+} 的 pH 一般控制在 4.0～7.0 范围内。下列说法正确的是(　　)。

(A)pH < 4.0 时，Al^{3+} 离子水解影响反应进行程度

(B)pH > 7.0 时，EDTA 的酸效应降低反应进行的程度

(C)pH < 4.0 时，EDTA 的酸效应降低反应进行的程度

(D)pH > 7.0 时，Al^{3+} 的 NH_3 配位效应降低了反应进行的程度

4. 在 Fe^{3+}，Al^{3+}，Ca^{2+}，Mg^{2+} 的混合液中，用 EDTA 法测定 Fe^{3+}，Al^{3+}，要消除 Ca^{2+}，Mg^{2+} 的干扰，最简便的方法是采用(　　)。

(A)沉淀分离法　(B)控制酸度法　(C)溶液萃取法　(D)离子交换法

5. 用指示剂(In)，以 EDTA(Y)滴定金属离子 M 时常加入掩蔽剂(X)消除某干扰离子(N)的影响。不符合掩蔽剂加入条件的是(　　)。

(A)$K^{\ominus}_{NX}<K^{\ominus}_{NY}$　　(B)$K^{\ominus}_{NX}\gg K^{\ominus}_{NY}$

(C)$K^{\ominus}_{MX}\ll K^{\ominus}_{MY}$　　(D)$K^{\ominus}_{MIn}>K^{\ominus}_{MX}$

6. 已知 $\lg K^{\ominus}_{BiY}=27.9$，$\lg K^{\ominus}_{NiY}=18.7$。今有浓度均为 $0.01mol\cdot L^{-1}$ 的 Bi^{3+}，Ni^{2+} 混合试液。欲测定其中 Bi^{3+} 的含量，允许误差<0.1%，应选择 pH 值为(　　)。

pH	0	1	2	3	4	5
$\lg\alpha_{Y(H)}$	24	18	14	11	8.6	6.6

(A)<1　　(B)1～2　　(C)2～3　　(D)>4

7. 某配离子$[M(CN)_4]^{2-}$的中心离子 M^{2+} 以$(n-1)d$，ns，np 轨道杂化而形成配位键，则这种配离子的磁矩和配位键的极性将(　　)。

(A)增大，较弱　　(B)减小，较弱

(C)增大，较强　　(D)减小，较强

8. EDTA 溶液中，HY^{3-} 和 Y^{4-} 两种离子的酸效应系数之比，即 $\alpha_{HY^{3-}}/\alpha_{Y^{4-}}$ 等于(　　)。

(A)$[H^+]/K^{\ominus}_{a5}$　　(B)$[H^+]/K^{\ominus}_{a6}$　　(C)$K^{\ominus}_{a5}/[H^+]$　　(D)$K^{\ominus}_{a6}/[H^+]$

9. AgCl 在 $1mol\cdot L^{-1}$ 氨水中比在纯水中的溶解度大。其原因是(　　)。

(A)盐效应　　(B)配位效应　　(C)酸效应　　(D)同离子效应

10. 已知 AgBr 的 $pK^{\ominus}_{sp}=12.30$，$Ag(NH_3)_2^+$ 的 $\lg K^{\ominus}_{稳}=7.40$，则 AgBr 在 $1.001mol\cdot L^{-1}NH_3$ 溶液中的溶解度(单位：$mol\cdot L^{-1}$)为(　　)。

(A)$10^{-4.90}$　　(B)$10^{-6.15}$　　(C)$10^{-9.85}$　　(D)$10^{-2.45}$

11. 用 EDTA 滴定 Bi^{3+} 时，为了消除 Fe^{3+} 的干扰，采用的掩蔽剂是(　　)。

(A)抗坏血酸　　(B)KCN　　(C)草酸　　(D)三乙醇胺

12. 用 EDTA 测定 Zn^{2+}，Al^{3+} 混合溶液中的 Zn^{2+}，为了消除 Al^{3+} 的干扰可采用的方法是(　　)。

(A)加入 NH_4F，配位掩蔽 Al^{3+}　　(B)加入 NaOH，将 Al^{3+} 沉淀除去

(C)加入三乙醇胺，配位掩蔽 Al^{3+}　　(D)控制溶液的酸度

13. 25℃时，在 Ag^+ 的氨水溶液中，平衡时 $c(NH_3)=2.98\times10^{-4}mol\cdot L^{-1}$，并认为有 $c(Ag^+)=c([Ag(NH_3)_2]^+)$，忽略 $Ag(NH_3)^+$ 的存在。则 $[Ag(NH_3)_2]^+$ 的不稳定常数为(　　)。

(A)2.98×10^{-4}　　(B)4.44×10^{-8}

(C)8.88×10^{-8}　　(D)数据不足，无法计算

14. 下列叙述中正确的是(　　)。

(A)配合物中的配位键必定是由金属离子接受电子对形成的

(B)配合物都有内界和外界

(C)配位键的强度低于离子键或共价键

(D)配合物中，形成体与配位原子间以配位键结合

15. 某金属离子 M^{2+} 可以生成两种不同的配离子$[MX_4]^{2-}$和$[MY_4]^{2-}$，$K^{\ominus}_{稳}([MX_4]^{2-})<K^{\ominus}_{稳}([MY_4]^{2-})$。若在$[MX_4]^{2-}$溶液中加入含有 Y^- 的试剂，可能发生某种取代反应。下列有关叙述中，错误的是(　　)。

(A)取代反应为：$[MX_4]^{2-}+4Y^- \rightleftharpoons [MY_4]^{2-}+4X^-$

(B)由于 $K^{\ominus}_{稳}([MX_4]^{2-})<K^{\ominus}_{稳}([MY_4]^{2-})$，所以该反应的 $K^{\ominus}>1$

(C)当 Y^- 的量足够时，反应必然向右进行

(D)配离子的这种取代反应，实际应用中并不多见

16. 已知$[Co(NH_3)_6]^{3+}$的磁矩 $\mu=0$B. M，则下列关于该配合物的杂化方式及空间构型的叙述中正确的是(　　)。

(A)sp^3d^2 杂化，正八面体　　(B)d^2sp^3 杂化，正八面体

(C)sp^3d^2 杂化，三方棱柱　　(D)d^2sp^3 杂化，四方锥

17. 下列叙述中错误的是(　　)。

(A)配合物必定是含有配离子的化合物

(B)配位键由配体提供孤对电子，形成体接受孤对电子而形成

(C)配合物的内界常比外界更不易解离

(D)配位键与共价键没有本质区别

18. 25℃时，在 Cu^{2+} 的氨水溶液中，平衡时 $c(NH_3)=6.7\times10^{-4}\,mol\cdot L^{-1}$，并认为有 50%的 Cu^{2+} 形成了配离子$[Cu(NH_3)_4]^{2+}$，余者以 Cu^{2+} 形式存在。则$[Cu(NH_3)_4]^{2+}$的不稳定常数为(　　)。

(A)4.5×10^{-7}　　(B)2.0×10^{-13}

(C)6.7×10^{-4}　　(D)数据不足，无法确定

二、是非题

1. 五氯・一氨合铂(Ⅳ)酸钾的化学式为 $K_3[PtCl_5(NH_3)]$。(　　)

2. 已知$[HgCl_4]^{2-}$的 $K^{\ominus}_{稳}=1.0\times10^{16}$，当溶液中 $c(Cl^-)=0.10mol\cdot L^{-1}$ 时，$c(Hg^{2+})/c([HgCl_4]^{2-})$的比值为 1.0×10^{-12}。(　　)

3. 在多数配位化合物中，内界的中心原子与配体之间的结合力总是比内界与外界之间的结合力强。因此配合物溶于水时较容易解离为内界和外界，而较难解离为中心离子(或原子)和配体。(　　)

4. 磁矩大的配合物，其稳定性强。(　　)

5. 金属离子 A^{3+}、B^{2+} 可分别形成 $[A(NH_3)_6]^{3+}$ 和 $[B(NH_3)_6]^{2+}$，它们的稳定常数依次为 4×10^5 和 2×10^{10}，则相同浓度的 $[A(NH_3)_6]^{3+}$ 和 $[B(NH_3)_6]^{2+}$ 溶液中，A^{3+} 和 B^{2+} 的浓度关系是 $c(A^{3+})>c(B^{2+})$。 (　　)

6. 能形成共价分子的主族元素，其原子的内层 d 轨道均被电子占满，所以不可能用内层 d 参与形成杂化轨道。 (　　)

7. $[AlF_6]^{3-}$ 的空间构型为八面体，Al 原子采用 sp^3d^2 杂化。 (　　)

8. 已知 $K_2[Ni(CN)_4]$ 与 $Ni(CO)_4$ 均呈反磁性，所以这两种配合物的空间构型均为平面正方形。 (　　)

三、计算题

1. 在 $c_{Al^{3+}}=0.010mol\cdot L^{-1}$ 的溶液中，加入 NaF 固体，使溶液中游离的 F^- 浓度为 $0.10mol\cdot L^{-1}$。计算溶液中 $[Al^{3+}]$，$[AlF_4^-]$，$[AlF_5^{2-}]$ 和 $[AlF_6^{3-}]$。

(已知 AlF_6^{3-} 的 $\lg\beta_1\sim\lg\beta_6$ 为 6.1，11.15，15.0，17.7，19.4，19.7)

2. 查得汞(Ⅱ)氰配位物的 $\lg\beta_1\sim\lg\beta_4$ 分别为 18.0，34.7，38.5，41.5。计算：(1)pH=10.0 含有游离 CN^- 浓度为 $0.1mol\cdot L^{-1}$ 的溶液中的 $\lg\alpha_{Hg(CN)}$ 值；(2)如溶液中同时存在 EDTA，Hg^{2+} 与 EDTA 是否会形成 Hg(Ⅱ)-EDTA 配合物？

(已知 $\lg K^{\ominus}_{HgY}=21.8$；pH=10 时，$\lg\alpha_{Y(H)}=0.45$，$\lg\alpha_{Hg(OH)}=13.9$)

3. 已知 $\lg K^{\ominus}_{ZnY}=16.50$，$K^{\ominus}_{sp,Zn(OH)_2}=5.0\times10^{-16}$。用 $2.0\times10^{-2}mol\cdot L^{-1}$ EDTA 滴定浓度均为 $2.0\times10^{-2}mol\cdot L^{-1}$ Zn^{2+}，Mg^{2+} 混合溶液中的 Zn^{2+}，适宜酸度范围是多少？

pH	4.0	4.4	4.8	5.1	5.4	5.8	6.0
$\lg\alpha_{Y(H)}$	8.44	7.64	6.84	6.45	5.69	4.98	4.65

4. 将金属锌棒插入含有 $0.01mol\cdot L^{-1}[Zn(NH_3)_4]^{2+}$ 和 $1mol\cdot L^{-1}NH_3$ 的溶液中，计算电对的电极电位。(已知 $E^{\ominus}_{Zn^{2+}/Zn}=-0.763V$；$Zn^{2+}$ 与 NH_3 配合物的累积稳定常数 $\lg\beta_1=2.37$，$\lg\beta_2=4.81$，$\lg\beta_3=7.31$，$\lg\beta_4=9.46$)

第 8 章　p 区元素及其主要化合物
(p block elements and their main compounds)

学习目标

通过本章的学习，要求掌握：

1. p 区元素单质的物理化学性质；
2. p 区元素重要单质、化合物的制备方法；
3. p 区元素重要化合物的典型性质；
4. p 区元素酸碱性、氧化还原性的变化规律；
5. 常见离子的鉴定方法。

P 区元素(除 He 外)原子结构的特征是最后一个电子填充在 np 轨道上，最外层电子结构为 $ns^2np^{1\sim6}$。本章将主要讨论 p 区重要元素(ⅢA－ⅦA)的单质通性及其主要化合物的结构、性质及其变化规律。

本区同一周期的元素，从左到右非金属性逐渐增强；同一主族的元素，从上到下金属性逐渐增强。

8.1　卤素及其主要化合物

化学周期表中的第ⅦA 族元素包括氟(fluorine，F)、氯(chlorine，Cl)、溴(bromine，Br)、碘(iodine，I)、砹(astatine，At)，总称为卤素(halogen)元素。卤素希腊文原意为“成盐元素”，他们表现出典型的非金属性质。卤素中的砹(At)为放射性元素，仅微量且短暂地存在于铀和钍的蜕变产物中。

8.1.1　卤素的通性

由于卤素原子的价电子层构型为 ns^2np^5，与稀有气体的 8 电子稳定结构相比仅缺少一个电子，因此卤素原子都有获得一个电子形成 ns^2np^6 的趋势，从而形成卤离子，或与另一个原子形成共价键，所以卤素原子都能以－1 氧化态形式存在。除了电负性最大的氟元素以外，在一定的条件下，氯、溴、碘的外层 ns，np 成对电子受到激发可以跃迁到 nd 轨道，nd 轨道也参与成键，从而呈现 +1，+3，+5，+7 氧化态，这些氧化态通常表现在氯、溴、碘的含氧化合物和卤素间化合物中，如 $HClO$，HIO_3，Cl_2O_7，BrF_3 等。

卤素中从氯到碘的电子亲和能依次减小，但氟的电子亲和能却比氯小，其反常的原因是氟的原子半径特别小，核周围电子密度较大，当接受外来电子或共用电子对成键时，会引起电子间较大的斥力，从而部分抵消了气态氟原子形成气态氟离子时所放出的能量。卤素原子的基本性质如表 8-1 所示。

表 8-1　卤素原子的一些基本性质

元素	氟	氯	溴	碘	砹
原子序数	9	17	35	53	85
电子构型	$[He]2s^2 2p^5$	$[Ne]3s^2 3p^5$	$[Ar]3d^{10} 4s^2 4p^5$	$[Kr]4d^{10} 5s^2 5p^5$	$[Xe]4f^{14} 5d^{10} 6s^2 6p^5$
常见氧化态	−1	−1，1，3，5，7	−1，1，3，5，7	−1，1，3，5，7	可能有−1，1，5
共价半径/pm	64	99	114.2	133.3	145
第一电离能/($kJ \cdot mol^{-1}$)	1681	1251	1140	1008	—
电子亲和能/($kJ \cdot mol^{-1}$)	327.9	348.8	324.6	295.3	270
电极电势(X_2/X^-)	3.053	1.358	1.087	0.535	—
电负性(鲍林标度)	3.98	3.16	2.96	2.66	2.2

由于卤素单质具有很高的化学活性，因此它们在自然界中不可能以游离状态存在，而是以稳定的卤化物形式存在。其中，氟在自然界中的分布主要以萤石(CaF_2)、冰晶石和氟磷灰石这三种矿物存在，在地壳中的质量分数为 0.065%。氯和溴在自然界中分布很广，最大的资源是海水，海水含盐约 3%，主要是 NaCl，相当于 $20g \cdot L^{-1}$ 的氯，$0.06520g \cdot L^{-1}$ 的溴。而在地壳中则主要存在于火山岩和沉积岩中。碘在自然界中的存在形式有别于氯和溴，它不仅有碘化物还有碘酸盐的形式。碘在海水中的含量甚微，但海带、海藻这些生物具有选择性吸收和聚积碘的能力，因而干海藻是碘的一个重要来源。

8.1.2　卤素单质

(1)卤素单质的物理性质

卤素分子内原子间以共价键相结合而形成双原子分子。从氟到碘，随着分子间色散力的逐渐增加，卤素单质的密度、熔点、沸点等物理性质均依次递增。表8-2列出了卤素单质的一些重要物理性质。

表8-2　卤素单质的物理性质

元素	氟	氯	溴	碘
聚集状态	气	气	液	固
颜色	淡黄	黄绿	红棕	紫黑
单质的熔点/K	53.38	172.02	265.95	386.5
单质的沸点/K	84.86	238.95	331.76	457.35
单质的密度/g·cm^{-3}	1.108(l)	1.57(l)	1.12(l)	4.93(s)
汽化热/kJ·mol^{-1}	6.32	20.41	30.71	46.61
$E^{\ominus}(X_2/X^-)$/V	2.889	1.360	1.0774	0.5345

在常温下，氟和氯是气态，溴是易挥发的液体，碘为固体。氯较易液化，在288K下，加压至607.8kPa或常压下冷至239K时气态氯即转变为液态氯。碘在常压下加热即升华，在高压下可表现出如金属一样的导电能力。

颜色是卤素单质的重要性质之一。气态卤素单质氟呈淡黄色，氯呈黄绿色，而液态溴呈棕红色，固态碘呈紫黑色。从氟到碘颜色依次加深的变化规律可以用分子轨道能级进行解释。

卤素单质的分子是非极性分子，在极性溶剂中溶解度不大。通常条件下，氯、溴、碘在水中的饱和浓度分别为0.09、0.22和0.011mol·L^{-1}。氟与水相遇发生剧烈反应并放出氧气。氯和溴的水溶液称为氯水和溴水，它们在水中不仅有单纯的溶解，而且还有不同程度的反应。碘在水中溶解度极小，但易溶于碘化物溶液中，这主要是由于形成了溶解度很大的I_3^-。

$$I_2 + I^- = I_3^-$$

所有卤素单质均具有刺激性气味，强烈刺激眼、耳、口、鼻、气管等黏膜，吸入较多的蒸汽会严重中毒，甚至造成死亡，因此使用时要做好防护措施。

(2)卤素单质的化学性质

卤素是很活泼的非金属元素。卤素单质具有强氧化性，能与大多数元素直接化合。氟是最活泼的非金属，几乎能与所有金属和非金属直接化合，而且反应通常十分剧烈，有时伴有燃烧和爆炸。氯也能与所有金属和大多数非金属元素直接化合，但反应不如氟剧烈。溴、碘的活泼性与氯相比则更差。

卤素单质的氧化性是它们最典型的化学性质，随着原子半径增大，卤素的氧化性依次减弱。从卤素的标准电极电势看，卤素单质在水溶液中的氧化性也按照 $F_2>Cl_2>Br_2>I_2$ 的次序递变。

卤素与水会发生两种重要的化学反应。第一类反应是氧化反应：

$$2X_2+2H_2O═══4X^-+4H^++O_2$$

这种反应的剧烈程度同样是按照 $F_2>Cl_2>Br_2>I_2$ 的次序递变。氟的氧化性最强，与水的氧化反应是自发的、剧烈的放热反应。

$$2F_2+2H_2O═══4F^-+4H^++O_2 \qquad \Delta_r G_m^\ominus=-713.02\ kJ\cdot mol^{-1}$$

氯只有在光照下缓慢地与水反应放出 O_2，此过程极为缓慢。碘与水则不发生这类反应。但相反地，O_2 却可以作用于碘化氢溶液，析出单质碘。

第二类反应是卤素的歧化反应：

$$X_2+H_2O \rightleftharpoons X^-+H^++HXO$$

视频 8.1

歧化反应也是卤素单质与水发生的主要化学反应，反应可逆。在 25℃时，Cl_2、Br_2、I_2 歧化反应的标准平衡常数分别为 4.2×10^{-4}、7.2×10^{-9}、2.0×10^{-13}。由此可见，氯水、溴水、碘水的主要成分仍为卤素单质，且反应进行的程度随原子序数的增大而依次减小。

8.1.3 卤化氢和氢卤酸

常温下卤化氢都是无色、有刺激性臭味的气体。卤化氢分子都是共价型分子，分子中键的极性按 HF，HCl，HBr，HI 的顺序减弱。表 8-3 列出了卤化氢的一些性质。

表 8-3 卤化氢的一些性质

元素	HF	HCl	HBr	HI
熔点/℃	−83.57	−114.18	−86.87	−50.8
沸点/℃	19.52	−85.05	−66.71	−35.1
核间距/pm	92	127	141	161
偶极矩/($\times10^{-30}$ C·m)	6.37	3.57	2.76	1.40
键能/($kJ\cdot mol^{-1}$)	570	432	366	298

(1)卤化氢或氢卤酸的性质递变

氢卤酸在水溶液中可以电离出氢离子和卤离子，因此卤化氢的酸性和卤离子的还原性是卤化氢的主要化学性质。由表8-3可见，卤化氢的许多性质都表现出了规律性的变化。

①酸性。除氢氟酸($K_a^\ominus = 6.9\times10^{-4}$)为弱酸外，其余的氢卤酸在稀的水溶液中全部离解成氢离子和卤离子，都是强酸，而且酸性按照 HCl<HBr<HI 的顺序依次增强，氢溴酸、氢碘酸的酸性甚至高于高氯酸。

氢氟酸具有与二氧化硅或硅酸盐(玻璃的主要成分)反应生成气态 SiF_4 的特殊性质：

$$SiO_2 + 4HF \xlongequal{} 2H_2O + SiF_4\uparrow$$

$$CaSiO_3 + 6HF \xlongequal{} CaF_2 + 3H_2O + SiF_4\uparrow$$

其他氢卤酸则没有这个性质。因此，氢氟酸不能盛于玻璃容器中，一般贮存于塑料容器中。氢氟酸常用于蚀刻玻璃，或者分解硅酸盐以测定硅的含量。

②还原性。根据以下各氧化还原电对的标准电极电势 $E^\ominus(X_2/X^-)$：

氧化还原电对	F_2/F^-	Cl_2/Cl^-	Br_2/Br^-	I_2/I^-
$E^\ominus(X_2/X^-)/V$	2.87	1.36	1.07	0.54

可知卤素的氧化能力和卤离子的还原能力大小顺序为：

氧化能力　$F_2 > Cl_2 > Br_2 > I_2$

还原能力　$I^- > Br^- > Cl^- > F^-$

因此，按照 F→Cl→Br→I 的次序，前面的卤素单质(X_2)可以将后面的卤素从它们的卤化物中置换出来。如：

$$Cl_2 + 2Br^- \xlongequal{} 2Cl^- + Br_2$$

$$Cl_2 + 2I^- \xlongequal{} 2Cl^- + I_2$$

$$Br_2 + 2I^- \xlongequal{} 2Br^- + I_2$$

这类反应在工业上常用来制备单质溴和碘。空气中的氧能氧化氢碘酸发生如下反应：

$$4I^- + 4H^+ + O_2 \xlongequal{} 2I_2 + 2H_2O$$

氢溴酸与氧的反应则比较缓慢。盐酸在通常条件下是不可能被氧氧化的，但在强氧化剂如 $KMnO_4$，$K_2Cr_2O_7$，PbO_2，$NaBiO_3$ 等的作用下可以表现出还原性。

$$MnO_2 + 4HCl(浓) \xlongequal{} MnCl_2 + 2H_2O + Cl_2\uparrow$$

氢氟酸没有还原性。

③热稳定性。卤化氢的稳定性可以用键能的大小来说明。键能越大，卤化氢越稳定。从表 8-3 中看出，HF、HCl、HBr 和 HI 的键能依次减小，所以卤化氢的热稳定性的次序为 HF＞HCl＞HBr＞HI。HF 的分解温度高于 1000℃，而 HI 则在 300℃就明显分解。

④其他性质。卤化氢都是极性分子，随着卤素电负性的减小，卤化氢的极性按照 HF＞HCl＞HBr＞HI 的顺序递减。氟化氢的熔点、沸点在卤化氢中并非最低，其熔点高于溴化氢，沸点高于碘化氢，这是由于 HF 分子间存在氢键的缘故。

(2)氢卤酸的制备方法

氢卤酸的制备主要采用卤化物置换和单质还原两种方法。除此以外，还可以采用非金属卤化物的水解以及碳氢化合物的卤代反应来制备氢卤酸。

①浓硫酸与金属卤化物作用。实验室中制备卤化氢常常采用这种方法：

$$2MX + H_2SO_4 = M_2SO_4 + 2HX\uparrow$$

采用这种方法制备氟化氢时，以萤石为原料，反应在铅或铂蒸馏釜中进行。

$$CaF_2 + H_2SO_4 = CaSO_4 + 2HF\uparrow$$

氟化氢用水吸收得氢氟酸，保存在铅、石蜡或塑料瓶中。

在较低温度下，食盐和浓硫酸作用生成氯化氢和硫酸氢钠。

$$NaCl + H_2SO_4 = NaHSO_4 + HCl\uparrow$$

若反应温度高，硫酸氢钠可与氯化钠进一步作用生成氯化氢和硫酸钠。

$$NaHSO_4 + NaCl = Na_2SO_4 + HCl\uparrow$$

用浓硫酸置换的方法不能制取溴化氢和碘化氢，因为浓硫酸具有氧化性，它能将生成的溴化氢和碘化氢进一步氧化，使生成的卤化氢纯度变低。

$$NaBr + H_2SO_4(\text{浓}) = NaHSO_4 + HBr\uparrow$$

$$2HBr + H_2SO_4(\text{浓}) = SO_2\uparrow + Br_2 + 2H_2O$$

$$NaI + H_2SO_4(\text{浓}) = NaHSO_4 + HI\uparrow$$

$$8HI + H_2SO_4(\text{浓}) = H_2S\uparrow + 4I_2 + 4H_2O$$

因此，只能采用无氧化性、高沸点的浓磷酸代替浓硫酸，才可以采用此法制取溴化氢和碘化氢。

$$NaBr + H_3PO_4 = NaH_2PO_4 + HBr\uparrow$$

$$NaI + H_3PO_4 = NaH_2PO_4 + HI\uparrow$$

②单质还原法。

$$H_2 + X_2 = 2HX$$

卤素单质的化学活性从 F_2 到 I_2 明显降低。氟和氢虽可直接化合，但反应过于剧烈且单质氟的成本高，因此直接化合法并没有实用价值。溴与碘和氢的反应很不完全且反应速度缓慢，亦无工业生产价值。实际上只有氯气和氢气直接合成是工业上生产盐酸的重要方法之一，它通过氢气在氯气流中平静燃烧直接合成氯化氢。

③非金属卤化物的水解。这类反应比较剧烈，适宜于溴化氢和碘化氢的制取。

$$PBr_3+3H_2O = H_3PO_3+3HBr\uparrow$$

$$PI_3+3H_2O = H_3PO_3+3HI\uparrow$$

实际上不一定先制取卤化磷，可以把溴或碘逐滴加在磷和少许水的混合物上或把水逐滴加在磷和溴或磷和碘的混合物上，即可连续地制取溴化氢和碘化氢。

$$2P+3Br_2+6H_2O = 2H_3PO_3+6HBr\uparrow$$

$$2P+3I_2+6H_2O = 2H_3PO_3+6HI\uparrow$$

④碳氢化合物的卤代反应。氟、氯和溴与饱和烃或芳烃反应制备卤代烃时的产物之一是卤化氢，常把它看成是反应的副产物。例如氯气和乙烷作用：

$$C_2H_6(g)+Cl_2(g) = C_2H_5Cl(g)+HCl(g)$$

在农药生产和有机合成工业中多采用此法制备大量的盐酸。

8.1.4　卤素的含氧化合物

(1)卤素的氧化物

卤素元素的强氧化性决定了其氧化物大多数不稳定，受到撞击或光照即可爆炸分解。在已知的卤素氧化物中，碘的氧化物是最稳定的，氯和溴的氧化物在室温下就明显分解。高价态的卤素氧化物较低价态的卤素氧化物稳定。由于氟的电负性大于氧，因此氟和氧的二元化合物是氧的氟化物而不是氟的氧化物。表 8-4 中列出的已知的卤素氧化物，都是间接制成的。在这些化合物中，重要的有 OF_2，ClO_2，I_2O_5。

表 8-4　卤素的氧化物

氟	氯	溴	碘
OF_2	Cl_2O	Br_2O	I_2O_4
O_2F_2	Cl_2O_3	BrO_2	I_2O_5
O_4F_2	ClO_2	Br_3O_8	I_2O_9
	Cl_2O_6		
	Cl_2O_7		

①二氟化氧(OF_2)。OF_2 是无色气体，具有强氧化性，与金属、硫、磷、卤素等剧烈作用生成氟化物和氧化物。把单质氟通入 2%氢氧化钠溶液中可以制得 OF_2。

$$2F_2+2NaOH \xlongequal{\quad} 2NaF+H_2O+OF_2$$

OF_2 溶于水中得到中性溶液，溶解在 NaOH 溶液中得到 F^- 和氧气，它不是酸酐。

OF_2 与一氧化二氯(Cl_2O)的分子结构一样，其中的氧原子采取不等性 sp^3 杂化，有两对孤对电子。它的分子结构如下：

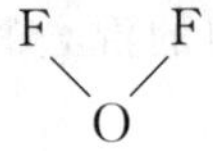

②二氧化氯(ClO_2)。ClO_2 是黄色气体，冷凝时为红色液体，沸点为 284K。当气体分压为 666Pa 以上时，ClO_2 易发生爆炸。大量制取 ClO_2 的方法是：

$$2NaClO_3+SO_2+H_2SO_4 \xlongequal{\quad} 2ClO_2+2NaHSO_4$$

ClO_2 气体与碱作用生成亚氯酸盐和氯酸盐，因此它是混合酸的酸酐：

$$2ClO_2+2NaOH \xlongequal{\quad} NaClO_2+NaClO_3+H_2O$$

ClO_2 气体分子中含有单个电子，因此具有顺磁性。含有奇数电子的分子通常具有高的化学活性，ClO_2 是强氧化剂和氯化剂，当与还原性物质接触时可发生爆炸，它可用于水的净化和纸张、纤维、纺织品的漂白。

ClO_2 分子结构呈 V 形，键角为 116.5°，键长为 149pm，比单键短些。

③五氧化二碘(I_2O_5)。I_2O_5 是白色固体，它是所有卤素氧化物中最稳定的，可由碘酸加热至 443K 脱水生成。

$$2HIO_3 \xlongequal{\quad} I_2O_5+H_2O$$

I_2O_5 是碘酸的酸酐，作为氧化剂，它可以氧化 NO、C_2H_4、H_2S、CO 等。在合成氨工业中用 I_2O_5 来定量测定 CO 的含量：

$$I_2O_5+5CO \xlongequal{\quad} 5CO_2+I_2$$

I_2O_5 的分子结构为：

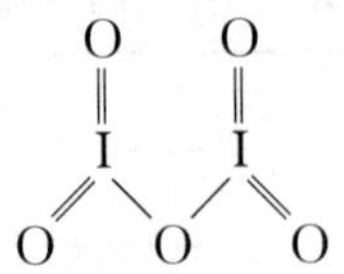

(2)卤素的含氧酸及其盐

氯、溴和碘均可生成四种类型的含氧酸，它们分别为次卤酸(HXO)、亚卤酸(HXO_2)、卤酸(HXO_3)和高卤酸(HXO_4)，其中卤素的氧化态分别为+1、+3、+5、+7，它们的含氧酸根离子结构见图 8-1。

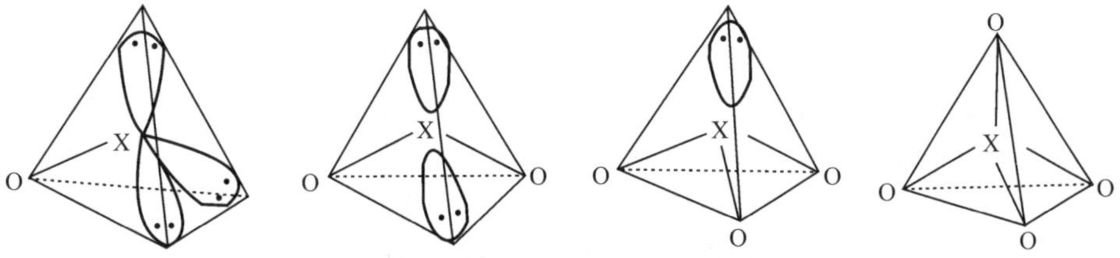

图 8-1　卤素含氧酸的结构

在这些结构中，卤素原子均采用 sp^3 杂化方式，故次卤酸根为直线形、亚卤酸根为 V 形、卤酸根为三角锥形、高卤酸根为四面体形。

很多卤素含氧酸仅存在于溶液中或仅存在于含氧酸盐中。在卤素的含氧酸中只有氯的含氧酸有较多的实际用途。

①次卤酸 HXO 及其盐。次卤酸 HClO、HBrO 和 HIO 都是很弱的酸，酸的强度随卤素原子序数的增大而减小：

HXO	HClO	HBrO	HIO
$K_a^\ominus$	3.4×10^{-8}	2×10^{-9}	1×10^{-11}

因此，碱金属的次氯酸盐都容易水解，溶液显碱性：

$$XO^- + H_2O \xlongequal{} HXO + OH^-$$

卤素单质与水作用生成次卤酸和氢卤酸：

$$X_2 + H_2O \xlongequal{} H^+ + X^- + HXO$$

这是一种水解反应，也是一种自身氧化还原反应，可以看作卤素的一部分使另一部分氧化而自身被还原。这个反应的标准平衡常数 $K^\ominus$ 对 Cl_2，Br_2，I_2 来说分别为 4.2×10^{-4}，7.2×10^{-9}，2.0×10^{-13}，可见卤素单质与水反应的进行程度是按 Cl，Br，I 的次序递减的。由平衡常数 $K^\ominus$ 可以算出 298K 时卤素饱和溶液中次卤酸的浓度。

表 8-5　298K 时卤素饱和溶液中平衡浓度

卤素	Cl_2	Br_2	I_2
总浓度/($mol\cdot dm^{-3}$)	0.091	0.21	0.0013
$[X_2]$/($mol\cdot dm^{-3}$)	0.061	0.21	0.0013
$[H^+]=[X^-]=[HXO]$/($mol\cdot dm^{-3}$)	0.030	1.15×10^{-3}	6.4×10^{-6}

从表 8-5 可以看出在氯的饱和溶液中仅有 33％的 Cl_2 发生了水解反应。这样所

得的次卤酸浓度很低，卤素与水反应时除了生成次卤酸外还有氢卤酸，如能设法除去生成的氢卤酸，则反应向右进行的程度将增大。

次卤酸都很不稳定，仅存在于水溶液中，其稳定程度按 HClO，HBrO，HIO 顺序迅速减小。次卤酸的分解方式基本有两种：

$$2HXO = 2HX + O_2\uparrow \quad ①$$

$$3HXO = 3H^+ + 2X^- + XO_3^- \quad ②$$

这是两个能同时独立进行的平行反应，究竟以哪个反应为主则主要取决于外界条件。在光照或使用催化剂时，次卤酸几乎完全按式①进行而释放出氧气，因此次卤酸都是强氧化剂。如果加热，则反应主要按式②进行，这是次卤酸的歧化反应。

BrO^- 在室温时歧化速率已相当快，只有在 273K 左右低温时才能较稳定并得到次溴酸盐，在 323～353K 时产物全部是溴酸盐。

IO^- 的歧化速度很快，溶液中不存在次碘酸盐。因此，碘和碱溶液的反应能定量地得到碘酸盐：

$$3I_2 + 6OH^- = 5I^- + IO_3^- + 3H_2O$$

次氯酸及次氯酸盐都是强氧化剂，具有杀菌、漂白作用。例如，将氯气通入 $Ca(OH)_2$ 中，就得到大家熟知的漂白粉。漂白粉是由 $Ca(ClO)_2$，$Ca(OH)_2$，$CaCl_2$ 等组成的混合物，其有效成分是 $Ca(ClO)_2$。

$$2Cl_2 + 2Ca(OH)_2 = Ca(ClO)_2 + CaCl_2 + 2H_2O$$

$$2Cl_2 + 3Ca(OH)_2 = Ca(ClO)_2 \cdot CaCl_2 \cdot Ca(OH)_2 \cdot 2H_2O \text{（原料水分较少时）}$$

②亚卤酸 HXO_2 及其盐。已知的亚卤酸仅有亚氯酸，它存在于水溶液中，酸性比次氯酸强，为中强酸，$K_a^\ominus(298K)$ 为 1.1×10^{-2}。

ClO_2 和碱反应得到亚氯酸盐，同时有氯酸盐生成。

$$2ClO_2 + 2OH^- = ClO_2^- + ClO_3^- + H_2O$$

若用过氧化钠或过氧化氢的碱溶液与 ClO_2 作用，可得到不混有氯酸盐的纯 $NaClO_2$。

$$2ClO_2 + Na_2O_2 = 2NaClO_2 + O_2$$

亚氯酸盐在溶液中较为稳定，有强氧化性，可用作漂白剂。在固态时加热或撞击亚氯酸盐，则其迅速分解发生爆炸，在溶液中受热可转化为氯酸盐和氯化物：

$$3NaClO_2 = 2NaClO_3 + NaCl$$

［**例 8-1**］ 试用电极电势来说明以下现象：通 Cl_2 于消石灰中.可得漂白粉；而在漂白粉溶液中加入盐酸可产生 Cl_2。

解 在碱性溶液中 $E^\ominus(ClO^-/Cl_2) = 0.40V$，$E^\ominus(Cl_2/Cl^-) = 1.359V$，三种物质中 Cl 的氧化数分别为＋1，0，－1，Cl_2 处于中间，即 Cl_2 可以在碱性溶

液中歧化成 ClO^- 和 Cl^-，所以 Cl_2 通入消石灰中可以得到漂白粉；在酸性溶液中，$E^\ominus(HClO/Cl_2)=1.611V$，$E^\ominus(Cl_2/Cl^-)=1.359V$，即可以发生反歧化反应，所以在漂白粉中加入盐酸可产生 Cl_2。

③卤酸 HXO_3 及其盐。将氯酸钡或溴酸钡与硫酸作用可生成氯酸或溴酸溶液：

$$Ba(XO_3)_2+H_2SO_4 = BaSO_4\downarrow+2HXO_3$$

碘酸则可以方便地用碘与浓硝酸制取：

$$I_2+10HNO_3 = 2HIO_3+10NO_2\uparrow+4H_2O$$

氯酸和溴酸存在于水溶液中，稀溶液加热至沸点时分解，但冷的溶液在减压条件下可以浓缩至黏稠状态。溴酸的分解反应为：

$$4HBrO_3 = 2Br_2+5O_2\uparrow+2H_2O$$

氯酸则发生歧化反应，实际上可发生剧烈的爆炸：

$$8HClO_3 = 4HClO_4+2Cl_2\uparrow+3O_2\uparrow+2H_2O$$

氯酸可以存在的最大质量百分比是 40%，溴酸是 50%，碘酸则以白色固体存在。固体碘酸受热时可脱水生成 I_2O_5。可见卤酸的稳定性按 $HClO_3$、$HBrO_3$、HIO_3 次序增大。

氯酸和溴酸是强酸，碘酸是中强酸，其浓溶液都是强氧化剂。

氯酸盐的制备可以采用两种方法：卤素单质在浓碱溶液中歧化和卤素单质或卤离子用化学方法氧化或用电解方法氧化。

氯酸盐可以用氯和热碱溶液歧化制取，也可以通过电解热的氯化物溶液得到。

碘酸盐可以用单质碘与热的碱溶液作用制取：

$$3I_2+6NaOH = NaIO_3+5NaI+3H_2O$$

也可以用氯气在碱介质中氧化碘化物得到：

$$KI+6KOH+3Cl_2 = KIO_3+6KCl+3H_2O$$

卤酸盐在酸性溶液中都是强氧化剂，在反应中通常还原为相应的卤离子。从 XO_3^-/X^- 的标准电极电势来看，它们氧化能力的次序是溴酸盐＞氯酸盐＞碘酸盐。

卤酸盐在水中的溶解度随卤素原子序数增加而减小。氯酸盐比溴酸盐和碘酸盐易溶于水。

卤酸盐的热分解反应比较复杂，氯酸钾加热到 629K 时熔化，668K 时开始按下式分解：

$$4KClO_3 = 3KClO_4+KCl$$

同时有少量氧气和氯化物生成。

$$2KClO_3 \xlongequal{} 2KCl + 3O_2\uparrow$$

而该反应正是有 MnO_2 作为催化剂时，$KClO_3$ 的分解反应。

氯酸锌的热分解产物则为氧化锌、氧气和氯气：

$$2Zn(ClO_3)_2 \xlongequal{} 2ZnO + 2Cl_2\uparrow + 5O_2\uparrow$$

氯酸盐在加热或与易被氧化的物质如有机物或硫酸接触时能发生爆炸。氯酸钾通常用于制造火柴、信号弹与礼花，氯酸钠用作除草剂，溴酸盐和碘酸盐用作分析试剂。

④高卤酸 HXO_4 及其盐。用浓硫酸与高氯酸钾作用制取高氯酸：

$$KClO_4 + H_2SO_4 \xlongequal{} KHSO_4 + HClO_4$$

用减压蒸馏方法可以把 $HClO_4$ 从反应混合物中分离出来，但温度要低于 365K，否则会发生爆炸。

工业上采取电解氧化盐酸的方法制取高氯酸。电解时用铂做阳极，用银或铜做阴极。在阳极区可得到质量分数达 20% 的高氯酸。

$$4H_2O + Cl^- \xlongequal{} ClO_4^- + 8H^+ + 8e^-$$

经减压蒸馏可得质量分数为 70% 的市售 $HClO_4$。

无水高氯酸是无色液体，不稳定，在贮藏时会发生爆炸，但高氯酸水溶液是稳定的。质量分数低于 60% 的 $HClO_4$ 溶液加热时不分解。质量分数为 72.4% 的 $HClO_4$ 溶液是恒沸混合物，沸点为 476K。

高氯酸是无机酸中最强的酸，在水中完全电离为 H^+ 和 ClO_4^-。

高氯酸是常用的分析试剂。高氯酸盐易溶于水，但钾盐的溶解度很小，因此在定性分析中常用高氯酸鉴定钾离子。高氯酸镁吸湿性很强，可用作干燥剂。

对高溴酸的制备近些年才获得成功。用溴酸盐与强氧化剂 F_2 或 XeF_2 作用，或将溴酸盐电解氧化可得到高溴酸盐。

$$BrO_3^- + F_2 + 2OH^- \xlongequal{} BrO_4^- + 2F^- + H_2O$$

$$BrO_3^- + XeF_2 + 2OH^- \xlongequal{} BrO_4^- + Xe + 2F^- + H_2O$$

质量分数为 55%($6mol \cdot dm^{-3}$)的高溴酸很稳定，甚至在 373K 也不分解，但高于此浓度时高溴酸不稳定。

高碘酸通常有两种形式，即正高碘酸(H_5IO_6)和偏高碘酸(HIO_4)，在强酸性溶液中主要以 H_5IO_6 形式存在。H_5IO_6 在 373K 时真空蒸馏，可逐步失水转化为 HIO_4。

正高碘酸 H_5IO_6 是无色单斜晶体，熔点 413K，分子是八面体结构，如图 8-2 所示。其中 I 原子采用了 sp^3d^2 杂化，I—O 键长 193pm。由于碘原子半径较大，周围可容纳 6 个氧原子。

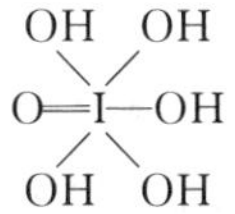

图 8-2　正高碘酸 H_5IO_6 的分子结构

高碘酸的氧化性比高氯酸强，与一些试剂作用时反应平稳而又迅速，因此在分析化学上把它当作稳定的强氧化剂使用。如：它可以把 Mn^{2+} 氧化为 MnO_4^- 。

$$2Mn^{2+}+5IO_4^-+3H_2O=\!=\!=2MnO_4^-+5IO_3^-+6H^+$$

高碘酸盐一般难溶于水。将氯气通入碘酸盐的碱溶液中可以得到高碘酸盐。

$$Cl_2+IO_3^-+6OH^-=\!=\!=IO_6^{5-}+2Cl^-+3H_2O$$

从上述讨论可以看出，卤素含氧酸和含氧酸盐的许多重要性质，如酸性、氧化性、热稳定性等，都随分子中氧原子数的改变而呈规律性的变化。以氯的含氧酸及其盐为代表将这些性质的变化规律总结如图 8-3 所示。

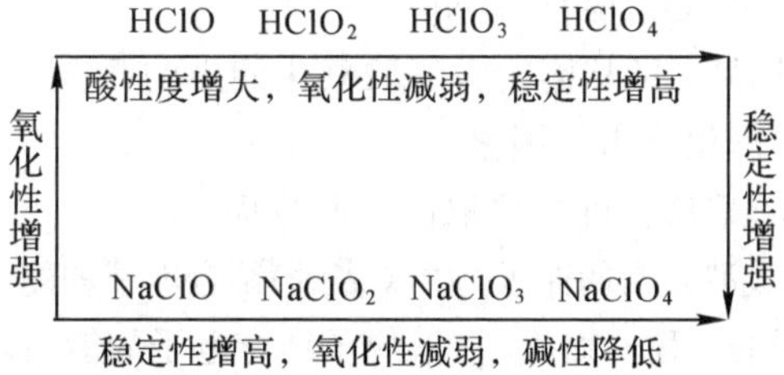

图 8-3　氯的含氧酸及其盐的性质变化

8.1.5　含氧酸的氧化还原性

含氧酸(包括酸酐和含氧酸)的氧化还原性是卤素重要的化学性质，各种含氧酸的氧化还原性的相对强弱规律及其原因比较复杂，有的可能涉及反应的机理。在此我们仅从含氧酸的结构和热力学观点进行阐述。通常采用标准电极电势 $E^{\ominus}_{Ox/Red}$ 作为氧化还原能力强弱的量度：$E^{\ominus}_{Ox/Red}$ 越正，表示电对中氧化性物质的氧化性越强；$E^{\ominus}_{Ox/Red}$ 越负，表示电对中还原性物质的还原性越强。

含氧酸的氧化还原性是比较复杂的，表现在同一种元素具有不同氧化态的含氧酸，同一含氧酸可以被还原成不同的产物；即使是同一含氧酸在不同的条件下其氧化还原性的强弱也各不相同。因此，为了便于比较，我们以各元素最高氧化态的含氧酸在酸性介质(pH＝0)中还原为单质时的标准电极电势 $E^{\ominus}_{Ox/Red}$ 值的大小，来讨论它们的氧化性强弱规律。

(1)含氧酸氧化还原性的周期性

无机含氧酸的氧化还原能力变化规律如下:

①同一周期主族元素和同一周期过渡元素最高氧化态含氧酸的氧化性随原子序数的递增而增强。例如:

主族:$H_2SiO_4 < H_3PO_4 < H_2SO_4 < HClO_4$

副族:$VO_2^+ < Cr_2O_7^{2-} < MnO_4^-$

②同族主族最高氧化态含氧酸的氧化性随原子序数的递增而呈现锯齿形变化,第三周期元素含氧酸的 $E^{\ominus}_{Ox/Red}$ 有下降趋势,而第四周期元素含氧酸的 $E^{\ominus}_{Ox/Red}$ 值有升高趋势。从第四周期到第五周期元素的含氧酸的 $E^{\ominus}_{Ox/Red}$ 值变化比较复杂。同副族元素含氧酸的 $E^{\ominus}_{Ox/Red}$ 随周期数的递增而略有下降。

③相同氧化态的同一周期的主族元素的含氧酸的氧化性大于副族元素的含氧酸。例如 $BrO_4^- > MnO_4^-$,$SeO_4^{2-} > Cr_2O_7^{2-}$。

④相同元素形成的不同氧化态的含氧酸其氧化性随氧化数的升高而减弱。如 $HClO_2 < HClO$,HNO_3(稀)$< HNO_2$。

对于上述变化规律,可从影响含氧酸氧化能力的几个主要因素进行分析。

(2)影响含氧酸氧化能力的因素

含氧酸被还原的难易程度主要取决于两方面:

①中心原子(即成酸元素的原子,用 R 表示)结合电子的能力。含氧酸的还原就是中心原子获得电子的过程。因此,中心原子结合电子的能力越强,酸越容易被还原,即酸的氧化性越强($E^{\ominus}_{Ox/Red}$ 越正)。而原子结合电子的能力可用电负性大小来表示,因此含氧酸中心原子电负性越大,越容易获得电子而被还原,氧化性越强。

②中心原子和氧原子之间键(R—O 键)的强度。含氧酸还原为低氧化态或单质的过程包括 R—O 键的断裂,因此 R—O 键越强和必须断裂的 R—O 键越多,则酸越稳定,氧化性越弱。

视频 8.2

8.2 氧族元素及其主要化合物

元素周期表中第ⅥA 族包括氧(oxygen,O)、硫(sulfur,S)、硒(selenium,Se)、碲(tellurium,Te)和钋(polonium,Po)5 种元素,统称氧族元素。硫、硒和碲又常被称为硫族元素;其中钋是由玛丽·居里夫妇于 1896 年从沥青铀矿中发现的放射性稀有元素。

8.2.1 氧族元素的通性

氧族元素的 ns^2np^4 价电子层中有 6 个价电子,所以它们都能结合两个电子形成氧化数为－2 的阴离子，而表现出非金属元素特征。与卤素原子相比，它们结合两个电子不像卤素原子结合一个电子那么容易(因为结合第 2 个电子需要吸收能量)，因此氧族元素的非金属活泼性弱于卤族元素。另一方面，由氧向硫过渡，在原子性质上表现出电离能和电负性有一个突然降低，所以硫、硒、碲等原子同电负性较大的元素结合时，常因失去电子而显正氧化态。氧以下的元素，在价电子层中都存在空的 d 轨道，当同电负性大的元素结合时，它们也参加成键，所以硫、硒、碲可显＋2，＋4，＋6 氧化态。

本族元素的原子半径、离子半径、电离势和电负性的变化趋势和卤素相似。随着电离能的降低，本族元素从非金属过渡到金属：氧和硫是典型的非金属，硒和碲是半金属，而钋为金属。

单质的非金属活泼性从氧到碲依次减弱。氧和硫是比较活泼的，氧几乎与所有金属元素都能形成离子型化合物，而单质硫、硒和碲与许多金属则形成共价型化合物。

氧族元素及其单质的一些基本性质见表 8-6。

表 8-6　氧族元素及其单质的一些基本性质

元素	O	S	Se	Te
价层电子构型	$2s^2 2p^4$	$3s^2 3p^4$	$4s^2 4p^4$	$5s^2 5p^4$
主要氧化态	－2，－1，0	－2，0，＋4，＋6	－2，0，＋2，＋4，＋6	－2，0，＋2，＋4，＋6
常压下状态	气态	固态	固态	固态
熔点/℃	－218.79	115.21	221	449.51
沸点/℃	－182.95	444.60	685	988
共价半径/pm	66	104	117	137
X^{2-} 离子半径/pm	140	184	198	221
第一电离能/($kJ \cdot mol^{-1}$)	1314	1000	941	869
电负性 X	3.5	2.5	2.4	2.1

8.2.2　氧及其化合物

视频 8.3

(1)氧和臭氧

氧元素有两种同素异形体，即氧(O_2)和臭氧(O_3)。自然界中氧有三种同位素：^{16}O，^{17}O，^{18}O，其中 ^{16}O 的含量为 99.7%。

根据分子轨道理论，氧分子的结构可以表示如下：

其分子轨道为：$(\sigma_{1s})^2(\sigma_{1s}^*)^2(\sigma_{2s})^2(\sigma_{2s}^*)^2(\sigma_{2px})^2(\pi_{2py})^2(\pi_{2pz})^2(\pi_{2py}^*)^1(\pi_{2pz}^*)^1$

在 O_2 的分子结构中，存在一个 σ 键和两个三电子 π 键(一个三电子 π 键相当于半个 π 键)。因 O_2 分子中有两个未成对电子，很好地解释了 O_2 分子的顺磁性。

O_3 因有特殊的气味所以被称为臭氧。分子结构呈 V 形。可认为中心氧原子用不等性的 sp^2 杂化轨道和另外两个氧原子形成 σ 键，未参与杂化的双电子 p 轨道和另外两个氧原子的单电子 p 轨道垂直于分子平面，这 3 个 p 轨道重叠形成 π_3^4 的离域大 π 键。

由于 O_3 分子中 O—O 键级约为 1.5，小于 O_2 分子中的 O—O 键级，所以 O_3 分子中 O—O 键更易断开。

实验室是将氧气通过无声放电制得 O_3 的，亦可用 BaO_2 和浓 H_2SO_4 反应制得 O_3。

$$3O_2 \xlongequal{\text{放电}} 2O_3$$

$$3BaO_2 + 3H_2SO_4(\text{浓}) = O_3 + 3BaSO_4 + 3H_2O$$

比较电极电势的数值可看出，O_3 具有比 O_2 更强的氧化性，它能将 PbS 氧化为 $PbSO_4$。

电极反应	$E_A^\ominus$/V
$O_2 + 4H^+ + 4e^- \rightleftharpoons 2H_2O$	1.23
$O_3 + 2H^+ + 2e^- \rightleftharpoons H_2O + O_2$	2.08

距地面 20～40km 的高空分布着一层臭氧层，它可吸收太阳光中的紫外线，保护地球上的动植物免受侵害。由于工业的发展，大气中的还原性气体如 H_2S，SO_2 以及氟利昂气体的排放，使臭氧层受到破坏，对人类的生存造成危害。

臭氧可以用作漂白剂、消毒剂及空气净化剂，用它来处理污物不仅效率高，且没有二次污染。

(2) H_2O_2

过氧化氢(H_2O_2)水溶液俗称双氧水，市售的双氧水为其 30% 的水溶液，医疗用双氧水为 3%的水溶液。

①H_2O_2 的结构如图 8-4 所示。

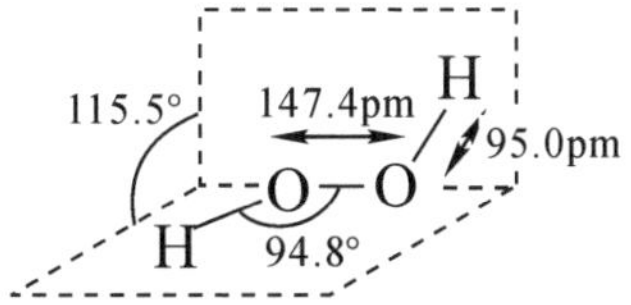

图 8-4　H_2O_2 的结构

光谱研究证明，H_2O_2 的构型就像一本半展开的书，过氧键在“书”的夹缝上，两个氢在两页纸的平面上。分子中过氧键 O—O 的键能仅为 142kJ · mol^{-1}，它的不稳定性和氧化性都与此有关。

②H_2O_2 是一种极弱的酸，存在如下平衡：

$$H_2O_2 \rightleftharpoons HO_2^- + H^+ \qquad K_{a1}^{\ominus}=2.4\times10^{-12}$$

$$HO_2^- \rightleftharpoons O_2^{2-} + H^+ \qquad K_{a2}^{\ominus}=10^{-25}$$

H_2O_2 作为酸，可以与一些强碱反应生成盐，即为过氧化物，例如：

$$H_2O_2 + Ba(OH)_2 = BaO_2 + 2H_2O$$

过氧化物不同于二氧化物，在过氧化物分子中存在过氧键，而二氧化物中则没有过氧键。

③H_2O_2 具有不稳定性。纯净的 H_2O_2 在低温时分解较慢，当光照、受热或重金属离子存在时会促进它的分解。因此 H_2O_2 应保存在阴凉处，并且用棕色瓶或塑料容器盛放。若加入少量的锡酸钠、焦磷酸钠、尿素或 8-羟基喹啉，便可阻止它的分解。

$$2H_2O_2(l) \rightleftharpoons 2H_2O(l) + O_2$$

④H_2O_2 的氧化还原性

H_2O_2 的标准电极电势如下：

$$E_A^{\ominus}/V \qquad O_2 \xrightarrow{+0.68} H_2O_2 \xrightarrow{+1.78} H_2O$$

$$E_B^{\ominus}/V \qquad O_2 \xrightarrow{-0.08} H_2O_2 \xrightarrow{+0.80} H_2O$$

H_2O_2 中氧的氧化数为−1，它可被还原为−2 价，也可被氧化为零价，所以它既有氧化性又有还原性。从电势图中可看出它无论是在酸性介质还是在碱性介质中都是强氧化剂，只有遇到更强的氧化剂时，才呈现还原性。有关 H_2O_2 的氧化还原性的表现为：

介质	用途	举例
酸	作氧化剂	$H_2O_2+2Fe^{2+}+2H^+ = 2Fe^{3+}+2H_2O$
		$2I^-+H_2O_2+2H^+ = I_2+2H_2O$
		$PbS+4H_2O_2 = PbSO_4+4H_2O$
	作还原剂	$2MnO_4^-+5H_2O_2+6H^+ = 2Mn^{2+}+5O_2\uparrow+8H_2O$
碱	作氧化剂	$2[Cr(OH)_4]^-+3H_2O_2+2OH^- = 2CrO_4^{2-}+8H_2O$
	作还原剂	$Ag_2O+H_2O_2 = 2Ag+O_2\uparrow+H_2O$

H_2O_2 在酸性介质中，能与 $Cr_2O_7^{2-}$ 作用生成蓝色的过氧化铬(CrO_5)，CrO_5 可以被乙醚萃取，反应如下：

$$Cr_2O_7^{2-}+4H_2O_2+2H^+ = 2CrO_5+5H_2O$$

CrO_5 不稳定，放置就会分解：

$$4CrO_5+12H^+ = 4Cr^{3+}+7O_2\uparrow+6H_2O$$

该反应常被用来鉴定 H_2O_2 或 $Cr_2O_7^{2-}$。CrO_5 的结构如下：

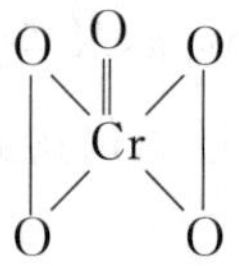

H_2O_2 作为氧化剂的主要优点是其还原产物为水，即不会在反应体系中引入新的杂质，而且过量的部分也可以通过加热分解除去。

3% H_2O_2 用做消毒剂和食品防腐剂。30%的 H_2O_2 是实验室常用试剂。同时 H_2O_2 的氧化性使其具有显著的漂白性能。

8.2.3 硫及其化合物

(1)硫化氢

硫化氢(H_2S)是在热力学上唯一稳定的硫的氢化物，它作为火山爆发或细菌作用的产物广泛存在于自然界中，事实上它也是单质硫的主要来源之一。它是无色有腐蛋恶臭味的气体，剧毒；吸入后引起头痛、晕眩；大量吸入会引起严重中毒甚至死亡。

H_2S 分子构型与 H_2O 相似，呈 V 形，分子中 S 原子是不等性 sp^3 杂化。S 原子半径比 O 大，电负性比 O 小，因此 H_2S 的热稳定性远比 H_2O 差，在 400℃时分解为 H_2 和 S。由于 S—H 键的极性比 O—H 键小，H_2S 分子的极性比 H_2O 小。在 H_2S 分子中基本上不存在氢键，所以 H_2S 的熔点(187K)和沸点

(202K)都要比水低得多。

硫与氢气可以直接化合生成硫化氢：$S+H_2 \longrightarrow H_2S$

实验室中常用金属硫化物与稀酸反应制备硫化氢：

$$FeS+H_2SO_4(稀) \longrightarrow H_2S\uparrow + FeSO_4$$

$$Na_2S+H_2SO_4(稀) \longrightarrow H_2S\uparrow + Na_2SO_4$$

一般条件下，1 体积水能溶解 2.6 体积的 H_2S，浓度为 $0.1mol\cdot L^{-1}$。H_2S 的水溶液称为氢硫酸，是一种弱的二元弱酸：$pK_{a1}^{\ominus}=7.72$，$pK_{a2}^{\ominus}=14.85$。

H_2S 还可以作为沉淀剂，通常用硫代乙酰胺来代替 H_2S 使用，因为硫代乙酰胺可以缓慢发生水解生成 H_2S 或 S^{2-}：

$$CH_3CSNH_2+2H_2O \longrightarrow CH_3COO^- + NH_4^+ + H_2S$$

$$CH_3CSNH_2+3OH^- \longrightarrow CH_3COO^- + NH_3 + H_2O + S^{2-}$$

H_2S 具有强还原性，能和许多氧化剂如 I_2，Br_2，$KMnO_4$，浓 H_2SO_4 等反应：

$$I_2+H_2S \longrightarrow 2HI+S\downarrow$$

$$H_2S+4Br_2+4H_2O \longrightarrow H_2SO_4+8HBr$$

$$H_2S+H_2SO_4(浓) \longrightarrow SO_2\uparrow + S\downarrow + 2H_2O$$

$$2KMnO_4+5H_2S+3H_2SO_4 \longrightarrow K_2SO_4+2MnSO_4+8H_2O+5S\downarrow$$

H_2S 水溶液在空气中放置时，会逐渐变浑浊，这是由于 H_2S 被氧氧化成为 S 单质。

$$2H_2S+O_2 \longrightarrow 2H_2O+2S\downarrow$$

(2)硫化物

金属和硫直接化合或在金属盐溶液中加入含 S^{2-}[如 Na_2S，$(NH_4)_2S$]的溶液都能制得金属硫化物。金属硫化物大多是有颜色、难溶于水的固体。碱金属和碱土金属的硫化物及硫化铵易溶于水，而ⅠB 和ⅡB 族重金属的硫化物是溶解度最小的化合物之一。硫化物的溶解度不仅取决于温度，还与溶解时溶液的 pH 及 H_2S 的分压有关。金属硫化物在水中有不同的溶解性和特征颜色(表 8-7)，在分析化学中可用于分离和鉴别不同的金属。

表 8-7　常见金属硫化物的颜色和溶度积(298.15K)

化合物	颜色	$K_{sp}^{\ominus}$	化合物	颜色	$K_{sp}^{\ominus}$
Na_2S	白		PbS	黑	1.0×10^{-29}
ZnS	白	1.2×10^{-23}	CoS	黑	7.0×10^{-23}
MnS	肉色	1.4×10^{-15}	Cu_2S	黑	2.6×10^{-49}

续表

化合物	颜色	$K_{sp}^{\ominus}$	化合物	颜色	$K_{sp}^{\ominus}$
NiS	黑	3.0×10^{-21}	CuS	黑	6.0×10^{-36}
FeS	黑	3.7×10^{-19}	Ag_2S	黑	1.6×10^{-49}
CdS	黄	3.6×10^{-29}	Hg_2S	黑	1.0×10^{-45}
SnS	灰白	1.0×10^{-28}	Bi_2S_3	黑	6.8×10^{-92}

各种硫化物的生成和溶解在定性分析中广泛地用于混合离子的分离(详见第十一章)。

(3)氧化物

硫呈现多种氧化态，能形成种类繁多的氧化物。其中以 SO_2 和 SO_3 最稳定也最重要。

①二氧化硫。硫或 H_2S 在空气中燃烧，或煅烧硫铁矿 FeS_2 均可得 SO_2：

$$3FeS_2+8O_2 = Fe_3O_4+6SO_2$$

二氧化硫与臭氧分子是等电子体，具有相同的结构，是 V 型分子构型(键角为 119.5°)，见图 8-5。

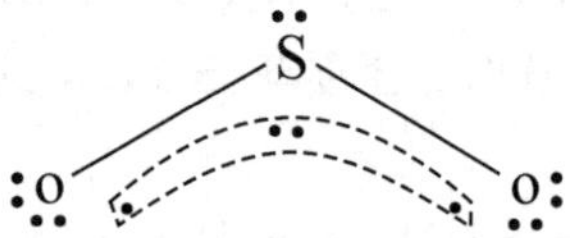

图 8-5　SO_2 分子的结构

SO_2 分子中的 S 原子采取不等性 sp^2 杂化，其中两个杂化轨道与氧成键，另一杂化轨道有一对孤电子。S 原子未参加杂化的 p 轨道上的孤对电子分别与两个氧原子的 p 轨道单个电子形成 π_3^4 大 π 键，因此 S—O 键具有双键特征。

SO_2 中的 S 的氧化数为+4，所以 SO_2 既有氧化性又有还原性，但主要呈现的是还原性。只有遇到强还原剂时，SO_2 才表现出氧化性。典型的氧化还原反应如下：

$$KIO_3+3SO_2(\text{过量})+3H_2O = KI+3H_2SO_4$$

$$Br_2+SO_2+2H_2O = 2HBr+H_2SO_4$$

$$SO_2+2H_2S = 3S\downarrow+2H_2O$$

工业上生产 SO_2 主要是用来制备硫酸和亚硫酸盐等，因 SO_2 能和一些有机色素结合生成无色的化合物，故还可用于漂白纸张等。

SO_2 是大气中一种主要的气态污染物，是形成酸雨的根源，燃烧煤炭、石油等均会产生相当多的 SO_2，含有 SO_2 的空气不仅对人类及动、植物有害，还会腐蚀建筑物、金属制品，损坏油漆颜料、织物和皮革等。目前，如何将 SO_2 对环境的危害减小到最低限度已成为科学家迫切需要解决的问题。

②三氧化硫。SO_3 的分子构型为平面三角形，键角 120°，S—O 键长为 143pm，同样具有双键特征(S—O 单键键长约 155pm)。其中，S 元素采取 sp^2 杂化，在竖直方向(没有形成杂化轨道剩下的 p 轨道)上的 p 轨道中有一对电子，在形成的杂化轨道中有一对成对电子和 2 个单个电子，2 个氧原子分别与其形成 σ 键，2 个氧原子竖直方向上 p 轨道各有 1 个电子，一个氧原子与杂化轨道的孤对电子形成配位键，其竖直方向上有 2 个电子，这样在 4 个原子的竖直方向的电子共同形成一个 π_4^6 的大 π 键。

SO_3 是一种强氧化剂，高温时能将 HBr，P 等分别氧化成为 Br_2，P_4O_{10}；也能氧化 Zn，Fe 等金属。SO_3 极易与水化合生成硫酸，同时放出大量的热。

(4)硫的含氧酸及其盐

硫能生成种类繁多的含氧酸(表 8-8)，除普通的含氧酸外，还有硫代酸、连硫酸、焦硫酸、过硫酸等。其中多数不能以游离状态存在，而是以盐的形式存在。

表 8-8　硫的各种含氧酸

名称	化学式	硫的氧化数	结构式	存在形式
连二亚硫酸	$H_2S_2O_4$	+3	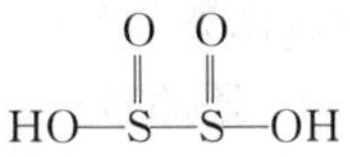	盐
亚硫酸	H_2SO_3	+4	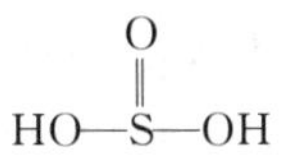	盐
硫酸	H_2SO_4	+6	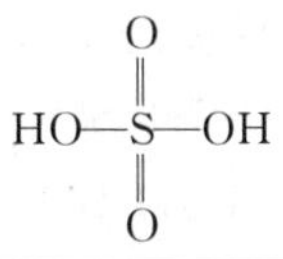	酸、盐
焦硫酸	$H_2S_2O_7$	+6	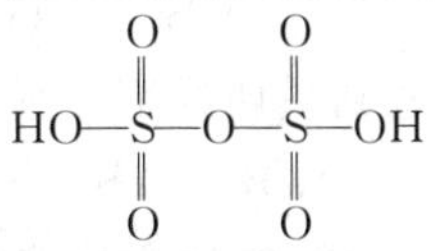	酸、盐
硫代硫酸	$H_2S_2O_3$	+2	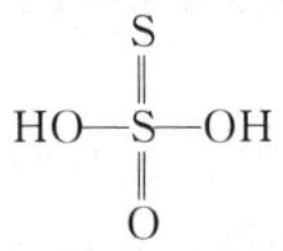	盐

续表

名称	化学式	硫的氧化数	结构式	存在形式
过一硫酸	H_2SO_5	$+8$	$HO-\overset{\overset{O}{\|}}{\underset{\underset{O}{\|}}{S}}-O-O-H$	酸、盐
过二硫酸	$H_2S_2O_8$	$+7$	$HO-\overset{\overset{O}{\|}}{\underset{\underset{O}{\|}}{S}}-O-O-\overset{\overset{O}{\|}}{\underset{\underset{O}{\|}}{S}}-O$	酸、盐
连多硫酸	$H_2S_xO_6$ $x=3\sim6$		$HO-\overset{\overset{O}{\|}}{\underset{\underset{O}{\|}}{S}}-(S)_{(x-2)}-\overset{\overset{O}{\|}}{\underset{\underset{O}{\|}}{S}}-O$	盐

①亚硫酸及其盐。在 20℃，1 体积的水可溶解 40 体积的 SO_2。SO_2 的水溶液称为亚硫酸(H_2SO_3)。目前尚未制得纯净的 H_2SO_3。H_2SO_3 是一个二元酸，它只存在于水溶液中。

$$H_2SO_3 \Longrightarrow HSO_3^- + H^+ \qquad K_{a1}^{\ominus} = 1.3 \times 10^{-2}$$
$$HSO_3^- \Longrightarrow SO_3^{2-} + H^+ \qquad K_{a2}^{\ominus} = 6.2 \times 10^{-8}$$

H_2SO_3 中 S 的氧化数为 $+4$，是中间氧化态，因此它既有氧化性又有还原性。由电极电势可知，还原性是其主要性质。

在酸性介质中，$SO_4^{2-} + 4H^+ + 2e^- \Longrightarrow H_2SO_3 + H_2O$ $E^{\ominus}(SO_4^{2-}/H_2SO_3) = 0.172V$
$H_2SO_3 + 4H^+ + 4e^- \Longrightarrow S + 3H_2O$ $E^{\ominus}(H_2SO_3/S) = 0.450V$

在碱性介质中，$SO_4^{2-} + H_2O + 2e^- \Longrightarrow SO_3^{2-} + 2OH^-$ $E^{\ominus}(SO_4^{2-}/SO_3^{2-}) = -0.930V$

通常情况下，$KMnO_4$，$K_2Cr_2O_7$，$FeCl_3$ 都能将 H_2SO_3 氧化为 SO_4^{2-}。

$$2MnO_4^- + 5H_2SO_3 \Longrightarrow 5SO_4^{2-} + 2Mn^{2+} + 3H_2O + 4H^+$$
$$Cr_2O_7^{2-} + 3H_2SO_3 + 2H^+ \Longrightarrow 3SO_4^{2-} + 2Cr^{3+} + 4H_2O$$
$$2Fe^{3+} + H_2SO_3 + H_2O \Longrightarrow SO_4^{2-} + 2Fe^{2+} + 4H^+$$

H_2SO_3 只有遇到强还原剂才显示出氧化性。

$$SO_3^{2-} + 2S^{2-} + 6H^+ \Longrightarrow 3S \downarrow + 3H_2O$$

除碱金属和铵的亚硫酸盐易溶外，其他亚硫酸盐均为微溶或难溶。酸式盐的溶解度大于正盐。

Na_2SO_3 在空气中放置时会被逐渐氧化，因此常用作抗氧剂。Na_2SO_3 和 $NaHSO_3$ 一般用作印染工业的还原剂和丝毛织物的漂白剂。

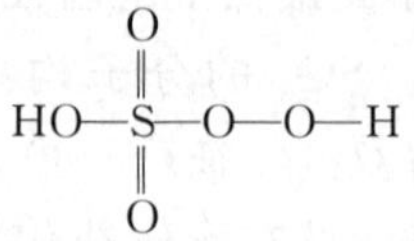

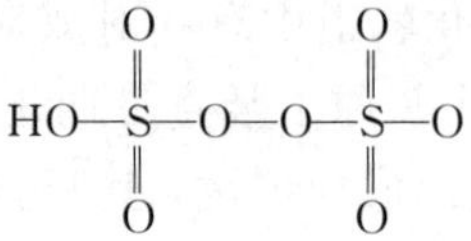

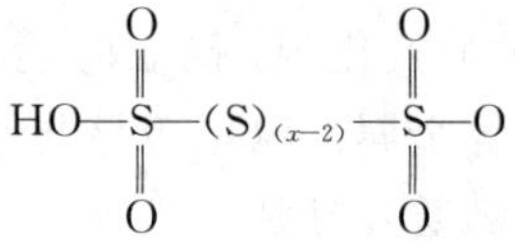

$$2Na_2SO_3 + O_2 = 2Na_2SO_4$$

②硫酸及其盐。纯 H_2SO_4 为无色透明的油状物，市售浓 H_2SO_4 的密度为 1.84g·mL^{-1}，约为 18mol·L^{-1}。沸点为 338℃。

H_2SO_4 能和水生成一系列的水合物 $H_2SO_4 \cdot xH_2O(x=1\sim5)$。正是因为浓 H_2SO_4 有较强的吸水性，所以常被用作干燥剂。浓 H_2SO_4 还具有强烈的脱水作用。它能从一些有机物中将氢、氧元素按水的组成比将其脱去，也能将某些无机物中的结晶水脱去。如：

$$C_{12}H_{22}O_{11}(s) = 11H_2O + 12C$$

$$CuSO_4 \cdot 5H_2O(\text{蓝色}) = CuSO_4(\text{白色}) + 5H_2O$$

浓 H_2SO_4 是一种强氧化剂，它能氧化多种金属和非金属，本身被还原为 SO_2，有时被还原为 S。但是 Al，Fe，Cr 金属在冷的浓 H_2SO_4 中，其表面能生成一层致密的氧化膜，阻止了进一步和酸作用，这个现象被称为钝化。因此，可用铁制容器盛放浓 H_2SO_4，也可用铝制管道输送浓 H_2SO_4。

稀 H_2SO_4 具有酸的通性，不具有氧化性，金属从酸中置换出氢是酸中 H^+ 的作用。稀 H_2SO_4 是强酸，第一步完全电离，第二步的 $K_{a2}^{\ominus}=1.1\times10^{-2}$，$HSO_4^-$ 相当于中强酸。

硫酸盐有正盐和酸式盐两种，酸式盐一般易溶于水且溶液显酸性。不过只有碱金属和碱土金属能形成酸式盐，其他金属只形成正盐。在硫酸盐中只有 Ca^{2+}，Sr^{2+}，Ba^{2+}，Pb^{2+}，Ag^+ 的盐微溶或难溶，其余的硫酸盐均易溶于水。

大多数硫酸盐含有结晶水。如 $CuSO_4 \cdot 5H_2O$(胆矾)、$FeSO_4 \cdot 7H_2O$(绿矾)、$ZnSO_4 \cdot 7H_2O$(皓矾)、$Na_2SO_4 \cdot 10H_2O$(芒硝)、$CaSO_4 \cdot 2H_2O$(石膏，又称生石膏)。硫酸盐还易形成复盐。如 $K_2SO_4 \cdot MgSO_4 \cdot 6H_2O$(镁钾矾)、$(NH_4)_2SO_4 \cdot FeSO_4 \cdot 6H_2O$(莫尔盐)、$K_2SO_4 \cdot Al_2(SO_4)_3 \cdot 24H_2O$(明矾)、$K_2SO_4 \cdot Cr_2(SO_4)_3 \cdot 24H_2O$(铬钾矾)等。许多硫酸盐都有重要用途，如 $MgSO_4 \cdot 7H_2O$ 在医药上用作泻药，$BaSO_4$ 用作白色涂料，$CaSO_4 \cdot 2H_2O$ 在铸造模型和雕像中使用等。

③硫代硫酸及其盐。硫酸分子中的一个氧原子被硫取代，称为硫代硫酸。至今尚未制得纯净的 $H_2S_2O_3$，常用的是 $Na_2S_2O_3 \cdot 5H_2O$，俗称大苏打或海波。

$S_2O_3^{2-}$ 中，中心硫原子的氧化数为 +6，它所连接的另一个硫原子为 −2，两个硫原子的平均氧化数为 +2，$S_2O_3^{2-}$ 的构型与 SO_4^{2-} 相似，为四面体形。它是一个中等强度的还原剂，I_2 可将其氧化成 $S_4O_6^{2-}$。这是一个定量反应，是分析化学中碘量法的基础。

$$I_2 + 2S_2O_3^{2-} = S_4O_6^{2-} + 2I^-$$

$Na_2S_2O_3$ 与酸反应时得不到 $H_2S_2O_3$，而是 SO_2 和 S。

$$S_2O_3^{2-}+2H^+ = SO_2\uparrow+S\downarrow+H_2O$$

AgCl，AgBr 均可与 $S_2O_3^{2-}$ 作用生成$[Ag(S_2O_3)_2]^{3-}$配离子。

$$AgBr+2S_2O_3^{2-} = [Ag(S_2O_3)_2]^{3-}+Br^-$$

摄影中用 $Na_2S_2O_3\cdot5H_2O$ 作定影液，以除去未感光的 AgBr，就是基于这一反应。在工业上，利用 $S_2O_3^{2-}$ 的强配位能力从银矿中提取银。在医药中可内服 $S_2O_3^{2-}$ 作为卤素、氰化物或其他重金属的解毒剂。

$$CN^-+S_2O_3^{2-} = SO_3^{2-}+SCN^-$$

④过硫酸及其盐。过硫酸中存在过氧键，可认为过硫酸是 H_2O_2 的衍生物。当 H—O—O—H 中的一个 H 被—SO_3H(磺酸基)取代生成过一硫酸 H_2SO_5，两个 H 被—SO_3H(磺酸基)取代生成过二硫酸 $H_2S_2O_8$。

过一硫酸和过二硫酸均是无色晶体，常用的是其钾盐和铵盐。$K_2S_2O_8$ 和 $(NH_4)_2S_2O_8$ 都是强氧化剂。过硫酸与苯、酚等有机物混合会发生爆炸。过硫酸盐在酸性溶液中能将 Mn^{2+} 氧化成为 MnO_4^-。

$$S_2O_8^{2-}+2e^- = 2SO_4^{2-} \qquad E^\ominus(S_2O_8^{2-}/SO_4^{2-})=2.01V$$

$$5S_2O_8^{2-}+2Mn^{2+}+8H_2O = 2MnO_4^-+10SO_4^{2-}+16H^+$$

［**例 8-2**］ 在酸性的 KIO_3 溶液中加入 $Na_2S_2O_3$，有什么反应发生?

解 当 $Na_2S_2O_3$ 不足时，有 I_2 生成：

$$8IO_3^-+5S_2O_3^{2-}+H_2O = 4I_2+10SO_4^{2-}+2H^+$$

当 $Na_2S_2O_3$ 过量时，生成的 I_2 又溶解：

$$I_2+2S_2O_3^{2-} = 2I^-+S_4O_6^{2-}$$

8.2.4 硒和碲的化合物

H_2Se 是无色有刺激气味的有毒气体，它在水中的溶解度与 H_2S 相似，生成氢硒酸，其酸性比 H_2S 强，其 $K_{a1}^\ominus=1.3\times10^{-4}$，$K_{a2}^\ominus=10^{-11}$。$H_2Se$ 具有很强的还原性，空气中易被氧化析出 Se。H_2SeO_3 是弱酸，其酸性比 H_2SO_3 弱。亚硒酸及其盐的稳定性比亚硫酸及其盐的稳定性好。H_2SeO_3 可以将 H_2SO_3 氧化成 H_2SO_4，本身被还原成单质 Se：

$$H_2SeO_3+2SO_2+H_2O = Se+2H_2SO_4$$

硒有光电活性，可用于电影、传真和制造光电管中，制无色玻璃(玻璃中有 Fe^{2+} 呈现浅绿色，加入 Se 呈红色，红色与绿色互补呈无色)。此外，含硒的盐类及其含氧酸有抗癌的作用。

SeO_2，TeO_2 为中等强度氧化剂。

$$SeO_2 + 2SO_2 + 2H_2O \xlongequal{\quad} Se + 2H_2SO_4$$

$$TeO_2 + 2SO_2 + 2H_2O \xlongequal{\quad} Te + 2H_2SO_4$$

H_2SeO_3，H_2SeO_4 均为无色固体，前者与 H_2SO_3 对比为中等强度氧化剂，后者为不挥发性强酸，吸水性强。氧化性比 H_2SO_4 强，可溶解金，生成 $Au_2(SeO_4)_3$，其他性质类似于 H_2SO_4。

视频 8.4

8.3　氮族元素及其主要化合物

周期系第ⅤA 族包括氮(nitrogen，N)、磷(phosphorus，P)、砷(arsenic，As)、锑(antimony，Sb)、铋(bismuth，Bi)五种元素，统称为氮族元素。其中，N 和 P 是典型的非金属，As 为半金属，Sb 和 Bi 为金属。

8.3.1　氮族元素的通性

表 8-9 列出了氮族元素的一些基本性质。

表 8-9　氮族元素的基本性质

元素		N	P	As	Sb	Bi
原子序数		7	15	33	51	83
相对原子质量		14.01	30.97	74.92	121.75	208.98
共价半径/pm		55	110	121	141	154.7
离子半径/pm	M^{3-}	171	212	222	245	—
	M^{3+}	16	44	58	76	98
	M^{5+}	13	35	46	62	74
第一电离势/($kJ \cdot mol^{-1}$)		1402	1011.8	859.7	833.7	703.3
第一电子亲和势/($kJ \cdot mol^{-1}$)		−7	71.7	77	101	100
电负性		3.04	2.19	2.18	2.05	2.02

氮族元素的共同特点是基态原子的价电子组态为 ns^2np^3。同电负性很大的氟和氧成键时，5 个价电子可以全部失去，所以本族元素的最高氧化值为+5。但是自上而下到元素 Bi 时，由于 Bi 原子出现了充满的 4f 和 5d 轨道，而 f，d 电子对原子核的屏蔽作用较小，6s 电子又具有较大的穿透作用，所以 6s 能级显著降低，从而使 6s 电子成为“惰性电子对”而不易参加成键。结果 Bi 常因失去 3 个 p 电子而显+3 氧化态，由于 Bi 原子半径在同族中最大，因此它形成+3 氧化态的倾向也最大，表现为较活泼的金属。

氮族元素在基态时，原子都有半充满的 p 轨道，因而相比于同周期中前后元素有较高的电离能，与其他元素成键时，往往表现出较强的共价性。随着原子半径的增大，形成离子键的倾向有所增强。

氮族元素除了 N 原子以外，其他原子的最外层都有空的 d 轨道，成键时 d 轨道也可能参与成键，所以除 N 原子具有不超过 4 的配位数以外，其他原子的最高配位数可达到 6，如$[PCl_6]^{3-}$中 P 的杂化轨道为 sp^3d^2。

氮的电负性大而半径小，能和其他元素形成较强的键。由于单质氮(N_2)在常态下异常稳定，人们常认为氮是化学性质不活泼的元素。实际上氮元素有很强的化学活性。单质 N_2 分子的稳定性恰好说明氮原子能形成较强的键，N_2 的离解能为 $941kJ \cdot mol^{-1}$。另一方面，N_2 分子的高度稳定性也是相对的，含氮化合物的生成热一般都是负值，只是单质氮反应的活化能特别高而已。

氮原子价电子结构为 $2s^2 2p^3$，s 轨道有一对孤电子，p 轨道有 3 个单电子，没有空的价层 d 轨道。氮的价层电子结构决定了它的成键特征。

(1)离子键

氮元素有较高的电负性，它同电负性较小的金属如 Li、Mg 等形成二元氮化物时，能够以离子键存在。但是 N^{3-} 的负电荷高，遇水会剧烈水解，生成 NH_3 和金属的氢氧化物。因此 N^{3-} 的离子型化合物只能存在于无水的固态化合物中。

(2)共价键

氮原子同非金属形成化合物时，总是以共价键同其他原子相结合。在 NH_3、N_2H_4 等分子中，N 原子采取 sp^3 杂化，形成 3 个 σ 键，还有一个孤电子对不参加成键。在 HNO_2、NOCl 等分子中，N 原子采取 sp^2 杂化，形成一个 σ 键和一个双键。在 N_2 和 HCN 等分子中，N 原子采取 sp 杂化，形成叁键，即一个 σ 键和两个 π 键，保留一孤对电子不参加成键。

在一些分子中，N 原子参与形成大 π 键。虽然 N 原子价电子层中没有空的 d 轨道可以利用，但可以激发 1 个 2s 电子到 2p 轨道，N 采取 sp^2 杂化。未杂化的 2p 轨道的电子对可以参与形成大 π 键，形成氧化值为+5 的化合物，例如 HNO_3 分子中和 N_2O_5 分子中的大 π 键。多数氮的氧化物都存在大 π 键。

(3)配位键

视频 8.5

氮的化合物，如氨、联氨、部分低氧化态的氮氧化物等都有孤电子对，可作为电子对给予体与金属离子配位，例如$[Cu(NH_3)_4]^{2+}$。N_2 分子的孤电子对也可以与金属离子配位，已经制备出许多过渡金属的分子氮配合物，例如 $[Os(NH_3)_5(N_2)]^{2+}$ 和 $[(NH_3)_5Ru(N_2)Ru(NH_3)_5]^{4+}$ 等配离子。对分子氮配合物的进一步研究，有可能解决 N_2 分子的活化问题。

8.3.2　氮及其化合物

(1)单质氮

氮在地壳中的含量是 0.0046%，绝大部分的氮是以单质分子 N_2 的形式存在于大气中。除土壤中含有一些铵盐、硝酸盐外，氮很少以无机化合物形式存在于自然界中。自然界最大也是唯一的含氮矿藏是南美洲智利的硝石($NaNO_3$)矿。化合态的氮主要存在于有机体中，它是组成植物体的蛋白质的重要元素。

单质氮 N_2 在常态下是一种无色无味的气体，在标准状况下，气体密度为 $1.25g \cdot L^{-1}$，熔点为 63K，沸点为 75K。氮气微溶于水，在 283K 时，1 体积水大约可以溶解 0.02 体积氮气。近年来，科学家对氮分子的结构进行了深入的研究。

价键理论认为，N 原子进行不等性的 sp 杂化，形成两个杂化轨道，一个轨道被一个电子占据；另一个被孤电子对占据，每个 N 原子中被 1 个电子占据的轨道以"头碰头"形式形成 σ 键，每个 N 原子上未参加杂化的 p_y 和 p_z 轨道分别以"肩并肩"形式形成两个 π 键。

而分子轨道理论则认为，氮分子的轨道排布式是：

$$(\sigma_{1s})^2(\sigma_{1s}^*)^2(\sigma_{2s})^2(\sigma_{2s}^*)^2(\pi_{2p_y})^2(\pi_{2p_z})^2(\sigma_{2p_x})^2$$

由于 N 原子中的 2s 和 2p 轨道能量相差较小，在成键过程中互相作用后影响轨道能量，使氮分子中的三个键由 $(\sigma_{p_x}^2)^2$，$(\pi_{p_y}^2)^2$ 和 $(\pi_{p_z}^2)^2$ 构成，即一个 σ 键和两个 π 键，键级为 3。

由于 N_2 分子具有三重键，其键能特别大，核间距短，加之电子云的分布非常对称，难以极化，因此 N_2 分子极为稳定。氮分子的离解能是双原子分子中最高的。实验证明，加热至 3273K 时只有 0.1% N_2 分解。由于氮的稳定性很高，常温下不易参加化学反应，故常用作保护气体以防止某些物质和空气接触而被氧化。

在高温有催化剂存在的条件下，氮也表现出一定的活泼性，可以和一些金属、非金属反应生成各种氮化物。

氮气和ⅠA族的锂在常温下就可以直接化合：$6Li + N_2 = 2Li_3N$

ⅡA族的 Mg、Ca、Sr、Ba 在红热的温度下才可与氮气作用：

$$3Mg + N_2 = Mg_3N_2$$

ⅢA族的 B、Al 在白热的温度下才能与氮气反应，生成大分子化合物：

$$2B+N_2 = 2BN\text{(大分子化合物)}$$

在放电条件下，氮气可以直接与氧化合生成一氧化氮：

$$N_2+O_2 = 2NO$$

而在高温高压并有催化剂存在的条件下，氮气与氢气反应合成氨，这个反应已被广泛应用于工业领域：

$$N_2+3H_2 = 2NH_3$$

工业上一般用分离空气的方法制备单质氮，而实验室则常用氨或铵盐氧化的方法制备氮气，最常用的是加热亚硝酸钠和氯化铵的饱和溶液来制备氮气：

$$NH_4Cl+NaNO_2 = NaCl+2H_2O+N_2\uparrow$$

(2)氨和铵盐

NH_3 是无色而且有特殊臭味的气体，由于 NH_3 分子间易形成氢键，故常温下加压易液化。NH_3 极易溶于水，在 20℃时 1 体积的水能溶解 700 体积的 NH_3。NH_3 的水溶液称氨水。市售浓氨水含 NH_3 约 28%，是常用的弱碱。NH_3 极易溶于水的原因一方面是 NH_3 和 H_2O 都是极性分子，符合“相似相溶”的规则，另一方面是 NH_3 和 H_2O 易形成氢键。

液态 NH_3 汽化热($23.32kJ\cdot mol^{-1}$)较高，故液氨常用作制冷剂；液氨也是常用的溶剂，它能发生微弱的自电离：

$$2NH_3 \rightleftharpoons NH_4^+ + NH_2^- \qquad K^\ominus \approx 10^{-30}$$

NH_3 的化学性质主要有：

①氨的加合反应。NH_3 分子上有一孤对电子，是路易斯碱，能和许多物质形成氨合物。例如：

$$NH_3(g)+BF_3(g) = H_3N\rightarrow BF_3$$

$$NH_3(g)+HCl(g) = NH_4Cl(s)$$

$$Cu^{2+}+4NH_3(g) = [Cu(NH_3)_4]^{2+}$$

常把上述反应称为氨的加合反应。

②氨的氧化反应。NH_3 分子中的 N 是 −3 价，具有还原能力，可被纯净的 O_2 和 Cl_2 等氧化剂氧化。

$$4NH_3+5O_2 \xlongequal{Pt\text{-}Rh} 4NO\uparrow +6H_2O$$

该反应是制备硝酸的重要反应之一。

③氨的取代反应。NH_3 分子中的 H 可被其他原子或原子团取代，生成氨基($-NH_2$)的衍生物($NaNH_2$)，亚胺基(NH^{2-})的衍生物(Ag_2NH，$CaNH$)或氮化物(Li_3N、Mg_3N_2)。$COCl_2$(光气)与 NH_3 反应生成 $CO(NH_2)_2$(尿素)。

$$COCl_2+4NH_3 = CO(NH_2)_2+2NH_4Cl$$

铵盐与碱金属盐相似，特别是 K^+ 和 NH_4^+ 的半径接近，常常是同种盐具有相同的晶型和溶解度，所以 K^+ 和 NH_4^+ 在鉴定时也常常互相干扰。但铵盐不稳定，加热易分解。在铵盐的溶液中加入碱，则有 NH_3 放出，这是常用的检验铵盐的方法。铵盐受热分解具有以下规律：

①组成铵盐的阴离子对应的酸无氧化性，如 HCl，H_3PO_4，H_2CO_3，铵盐的分解产物是 NH_3 和对应的酸。如：

$$NH_4Cl \xlongequal{\triangle} NH_3 + HCl$$

$$NH_4HCO_3 \xlongequal{\triangle} NH_3 + H_2O + CO_2\uparrow$$

②组成铵盐的阴离子对应的酸有氧化性，如 HNO_3、$H_2Cr_2O_7$，铵盐的分解产物是氮或氮的氧化物。如：

$$NH_4NO_3 \xlongequal{\triangle} N_2O\uparrow + 2H_2O$$

$$2NH_4NO_3 \xlongequal{297℃} 2N_2\uparrow + 4H_2O + O_2\uparrow$$

$$(NH_4)_2Cr_2O_7 \xlongequal{\triangle} N_2\uparrow + 4H_2O + Cr_2O_3$$

$$NH_4NO_2 \xlongequal{\triangle} N_2\uparrow + 2H_2O$$

但需要注意的是，硝酸铵、亚硝酸铵加热时会迅速分解，有时会引起爆炸。

硫酸铵大量用作肥料，俗称肥田粉。硝酸铵既可用作肥料也可用来制造炸药。

(3)氮的氧化物

氮和氧能形成多种氧化物，在这些氮氧化物中，NO 和 NO_2 较为重要。这些氮氧化物的结构及性质如表 8-10 所示。

表 8-10　氮的氧化物

化学式	氧化数	聚集状态	结构	性质
N_2O	+1	无色气体	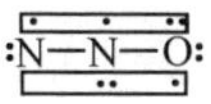	稳定，略有甜味，吸入少量的气体有麻醉作用，俗称“笑气”，溶于水是一种氧化剂
NO	+2	无色气体	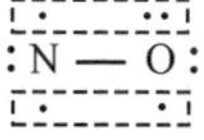	不助燃，易被氧化为 NO_2，顺磁性，可作配体形成配合物
N_2O_3	+3	低于 3.5℃为蓝色液体	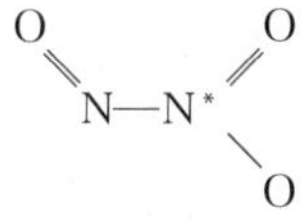	不稳定，常压下即分解为 NO 和 NO_2

续表

化学式	氧化数	聚集状态	结构	性质
NO_2	+4	红棕色气体		有特殊臭味，易溶于水生成硝酸，有毒，有氧化性，低温聚合为无色的 N_2O_4
N_2O_5	+5	无色固体	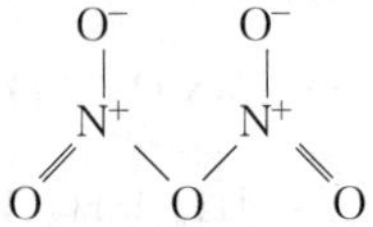	极不稳定，易发生爆炸性分解，挥发时分解为 NO_2 和 O_2，强氧化剂，溶于水生成硝酸

①NO 的结构和特性。NO 有顺磁性，因两个原子共有 11 个电子，根据分子轨道理论，其电子排布为：

$$(\sigma_{1s})^2(\sigma_{1s^*})^2(\sigma_{2s})^2(\sigma_{2s})^2(\pi_{2p_y})^2(\pi_{2p_z})^2(\sigma_{2p_x})^2(\pi_{2p_x^*})^1$$

NO 有未成对电子，其键级为 2.5。分子中存在一个 σ 键，一个 2 电子 π 键，一个 3 电子 π 键。在化学上这种具有奇数价电子的分子称为奇电子分子。

NO 分子中具有多重键，所以分子的热稳定性很高，加热到 500℃也没有明显分解。因 NO 的生成热是 $\Delta H^{\ominus}=90\text{kJ}\cdot\text{mol}^{-1}$，故有很强的化学活性，氧化还原性是 NO 的重要性质。如：

$$2NO+O_2 = 2NO_2$$

$$2NO+Cl_2 = 2NOCl$$

由于 NO 具有未成对电子和未键合的电子对，因此可以作为配体形成多种配合物。如 $Cr(NO)_4$、$Co(CO)_3NO$ 等，这些配合物之所以存在，现代理论认为：NO 失去 1 个电子给中心原子，NO^+ 可以用孤对电子向中心原子的空轨道配位，过渡金属 Cr、Co 等可用 d 电子向 NO^+ 的反键 π 轨道上配位，形成反馈 π 键，反馈 π 键的生成，增加了配合物的稳定性。这种以 NO^+ 成键的化合物，称为亚硝酰配合物。在定性分析中常用 $FeSO_4$ 来检验 NO_3^- 或 NO_2^- 的存在，具体操作是在装有待测液的试管中加入 $FeSO_4$ 溶液，然后沿试管壁慢慢注入浓硫酸，在浓硫酸与待测液的交界处出现棕色环，生成了硫酸亚硝酰合铁(Ⅱ)。

$$3Fe^{2+}+NO_3^-+4H^+ = 3Fe^{3+}+NO+2H_2O$$

$$Fe^{2+}+NO+SO_4^{2-} = Fe(NO)SO_4$$

②NO_2 的结构和特性。NO_2 也是奇电子分子，呈 V 形。其中 N 用 sp^3 杂化轨道和氧成键，三原子间有一个 π_3^4 的大 π 键。

在气态或液态溶液中，存在着 NO_2 和 N_2O_4 的平衡：

$$2NO_2 \rightleftharpoons N_2O_4 \qquad \Delta H^{\ominus}=-57.2\text{kJ}\cdot\text{mol}^{-1}$$

根据平衡式，降温加压有利于 N_2O_4 的生成。NO_2 在常温下是以 NO_2 和 N_2O_4 的混合气体存在，在高于 21.15℃几乎都是以红棕色的 NO_2 存在，低于 0℃几乎只有无色的 N_2O_4 存在。

NO_2 是酸性氧化物，它和水的反应如下：

$$2NO_2 + H_2O = HNO_3 + HNO_2$$

该反应用于工业上制造硝酸。NO_2 与 NaOH 反应生成硝酸盐和亚硝酸盐，常用此反应消除制备硝酸时的尾气污染。

$$2NO_2 + 2NaOH = NaNO_3 + NaNO_2 + H_2O$$

(4)氮的含氧酸及其盐

①亚硝酸及其盐。HNO_2 是一弱酸($K_a^\ominus = 7.2 \times 10^{-4}$)，仅存在于稀冷的溶液中，极不稳定，易发生歧化分解。

$$NaNO_2 + H_2SO_4 \xlongequal{冷} HNO_2 + NaHSO_4$$

$$2HNO_2(无色) \rightleftharpoons H_2O + N_2O_3(淡蓝色) \rightleftharpoons H_2O + NO_2\uparrow + NO\uparrow$$

亚硝酸盐大多数为无色，易溶于水，在溶液中不能稳定存在。但固体亚硝酸盐有很高的稳定性，可由硝酸盐加热分解制得。

$$2KNO_3 \xlongequal{\triangle} 2KNO_2 + O_2\uparrow$$

亚硝酸和亚硝酸盐既有氧化性又有还原性，主要用作氧化剂。其电极电势如下：

介质	用途	半反应式	$E^\ominus$/V
酸	作氧化剂	$2HNO_2 + 4H^+ + 4e^- = N_2O + 3H_2O$	1.29
		$HNO_2 + H^+ + e^- = NO + H_2O$	1.00
	作还原剂	$NO_3^- + 3H^+ + 2e^- = HNO_2 + H_2O$	0.94
碱	作氧化剂	$2NO_2^- + 3H_2O + 4e^- = N_2O + 6OH^-$	0.15
		$NO_2^- + H_2O + e^- = NO + 2OH^-$	−0.16
	作还原剂	$NO_3^- + H_2O + 2e^- = NO_2^- + 2OH^-$	0.01

在稀溶液中，NO_2^- 的氧化性比 NO_3^- 强，NO_2^- 能将 I^- 氧化为 I_2，NO_3^- 则不能发生此反应，亚硝酸盐参与的常见氧化还原反应为：

$$Fe^{2+} + NO_2^- + 2H^+ = Fe^{3+} + NO + H_2O$$

$$2MnO_4^- + 5NO_2^- + 6H^+ = 2Mn^{2+} + 5NO_3^- + 3H_2O$$

亚硝酸盐大量用于染料工业和有机合成工业中，亚硝酸盐具有防腐作用。亚硝酸盐有毒，是致癌物质，使用时需要特别注意。

②硝酸及其盐。纯硝酸是无色液体，沸点是84℃，密度是$1.50g \cdot mL^{-1}$。硝酸不稳定，常温下光照或受热会分解：

$$4HNO_3 = 4NO_2\uparrow + 2H_2O + O_2\uparrow$$

所以硝酸中常因含有NO_2而带黄色，硝酸能与水以任意比例混合，市售的浓硝酸含硝酸约为69%，密度约为$1.41g \cdot mL^{-1}$，物质的量浓度为$16mol \cdot L^{-1}$。将NO_2溶于100%的硝酸中，得到红棕色的“发烟硝酸”。

HNO_3是平面形分子，可以理解为2s轨道上1个电子激发到2p轨道上，然后发生sp^2杂化。3个杂化轨道与氧形成σ键，另一个垂直于sp^2杂化平面的p轨道上一对电子和两个氧原子的p轨道上单电子形成离域大π键(π_3^4)。NO_3^-中的N同样是以sp^2杂化轨道与氧形成3个σ键，未参与杂化的p轨道上一对电子和三个氧原子p轨道上单电子形成离域大π键，NO_3^-中外来的一个电子也在大π键上，于是形成了π_4^6的离域大π键(图8-6)。

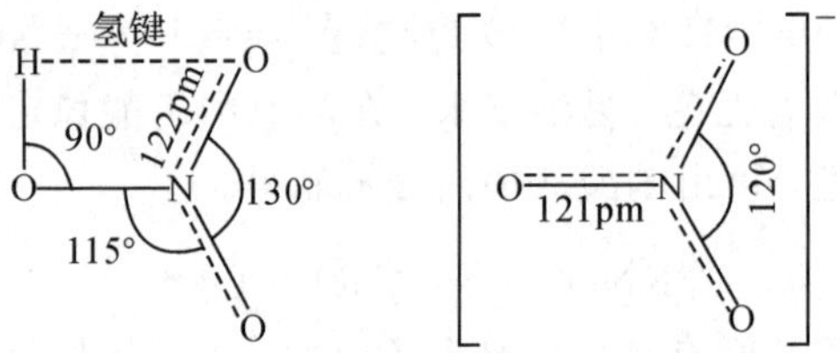

图8-6　HNO_3和NO_3^-的结构

硝酸是氮的最高氧化态的化合物。分子具有不稳定性，所以具有极强的氧化能力。例如，S和P分别与硝酸共沸得到硫酸和磷酸。

$$2HNO_3 + S = H_2SO_4 + 2NO\uparrow$$

$$5HNO_3 + 3P + 2H_2O = 3H_3PO_4 + 5NO\uparrow$$

金属除了金、铂及一些稀有金属外，都能与硝酸反应生成相应的硝酸盐。硝酸与金属的反应有以下几条规律：

a.铁、铬、铝易溶于稀硝酸，却不溶于浓硝酸。这可能是因为金属表面形成了一层薄而致密的氧化物膜，阻碍了金属进一步和硝酸作用而变成“钝态”。

b.浓硝酸与Sn、As、Mo、W等作用，生成它们的含氧酸。这些酸分别是$H_2SnO_3 \cdot xH_2O$、H_3AsO_4、H_2MoO_4、H_2WO_4。

c.硝酸与其余金属反应生成硝酸盐，但因硝酸的浓度不同，还原的产物也不同。也就是说，还原产物中氮的氧化态有很多可能。

$$HNO_3 \rightarrow NO_2 \rightarrow HNO_2 \rightarrow NO \rightarrow N_2O \rightarrow N_2 \rightarrow NH_4^+$$

硝酸的氧化能力与浓度、温度有关，显然浓度越大，温度越高，氧化能力越强；还原剂的活泼性也会影响硝酸的还原产物。一般来说，硝酸浓度越低，氮的还原价态越低。浓硝酸一般主要被还原为 NO_2，稀硝酸被还原为 NO，铁、锌、镁与很稀的硝酸作用可将其还原为 NH_4^+。

$$Cu+4HNO_3(浓)=Cu(NO_3)_2+2NO_2\uparrow+2H_2O$$

$$3Cu+8HNO_3(稀)=3Cu(NO_3)_2+2NO\uparrow+4H_2O$$

$$4Zn+10HNO_3(稀)=4Zn(NO_3)_2+N_2O\uparrow+5H_2O$$

$$4Zn+10HNO_3(很稀)=4Zn(NO_3)_2+NH_4NO_3+3H_2O$$

d. 金、铂及一些稀有金属能溶解于王水(1 体积的浓硝酸和 3 体积的浓盐酸)中。

$$Au+HNO_3+4HCl=H[AuCl_4]+NO\uparrow+2H_2O$$

$$3Pt+4HNO_3+18HCl=3H_2[PtCl_6]+4NO\uparrow+8H_2O$$

8.3.3　磷及其化合物

P 原子的价电子结构是 $3s^23p^33d^0$，有空的 3d 轨道参与成键。P 作为配位原子(PH_3、PX_3、PR_3)除提供电子对外，还有空轨道接受中心原子提供的电子，从而加强他们之间的作用(σ 键和 π 键双重作用)。

(1)磷单质的性质

磷有三种同素异形体：白磷、红磷和黑磷(图 8-7)。白磷的分子式是 P_4，4 个磷原子处于一个四面体的 4 个顶点，P—P 键长为 221pm，键角为 60°。白磷在隔绝空气(惰性气体环境如氮气)时加热至 533K 或经紫外光照射就转变为红磷，红磷的结构还不清楚。黑磷是磷的最稳定的同素异形体。白磷在高压 1216MPa 下加热可转化为黑磷，黑磷是层状晶体，每个磷原子也是以三个共价键与另外三个磷原子相连。

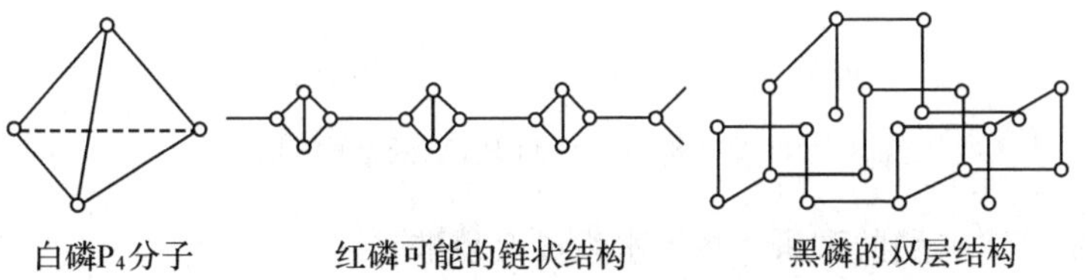

图 8-7　白磷、红磷和黑磷的结构

白磷有剧毒，不溶于水，易溶于非极性有机溶剂，如 CS_2、C_6H_6 等中。能在空气中缓慢氧化释放光能，产生磷光现象(鬼火)，进而自燃，所以必须隔绝空气储存。

白磷可在空气中自燃生成 P_4O_{10}，而红磷在加热下与氧反应生成 P_4O_{10}。

白磷和卤素、硫能直接化合，生成相应的化合物。

$$2P+3X_2 \xlongequal{} 2PX_3$$

$$PX_3+X_2 \xlongequal{} PX_5$$

$$4P+3S \xlongequal{} P_4S_3$$

白磷可被氢气还原：

$$P_4+6H_2 \xlongequal{} 4PH_3$$

白磷可被硝酸氧化为磷酸：

$$P+5HNO_3 \xlongequal{} H_3PO_4+5NO_2\uparrow+H_2O$$

(2)磷的氧化物

将磷酸钙、二氧化硅及碳的混合物在电炉中加热至1500℃就可得到白磷。将磷在空气中燃烧得到P_4O_6，磷在充足的氧气中燃烧生成P_4O_{10}。

$$2Ca_3(PO_4)_2+6SiO_2+10C \xlongequal{} 6CaSiO_3+10CO\uparrow+P_4$$

$$P_4+3O_2 \xlongequal{} P_4O_6 \qquad \Delta H^{\ominus}=-1640kJ\cdot mol^{-1}$$

$$P_4+5O_2 \xlongequal{} P_4O_{10} \qquad \Delta H^{\ominus}=-3012kJ\cdot mol^{-1}$$

根据热力学数据，P_4O_{10}更稳定。将P_4O_6在空气中加热即可转化为P_4O_{10}。P_4O_6和P_4O_{10}的结构见图8-8。

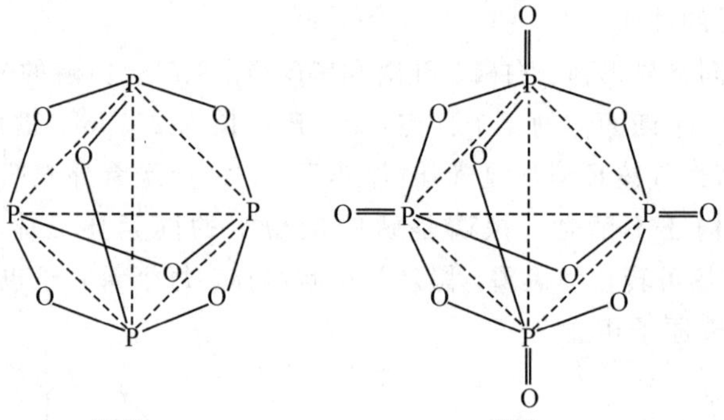

图8-8　P_4O_6和P_4O_{10}的结构

P_4O_6是亚磷酸的酸酐，溶于水生成亚磷酸。

$$P_4O_6+6H_2O \xlongequal{} 4H_3PO_3$$

P_4O_{10}是磷酸的酸酐，P_4O_{10}溶于少量的水中生成偏磷酸$(HPO_3)_n$，和过量水作用逐渐生成磷酸，若是用硝酸作催化剂则完全转化为磷酸。

$$P_4O_{10}+2H_2O \xlongequal{} (HPO_3)_4$$

$$P_4O_{10}+6H_2O \xlongequal[HNO_3]{\triangle} 4H_3PO_4$$

P_4O_{10}有很强的吸水性，是常用的干燥剂之一，它的干燥效率比无水

$CaCl_2$、浓硫酸还高。它甚至能夺取硫酸、硝酸中的水，使它们变为酸酐。

$$P_4O_{10} + 6H_2SO_4 \longrightarrow 6SO_3 + 4H_3PO_4$$

$$P_4O_{10} + 12HNO_3 \longrightarrow 6N_2O_5 + 4H_3PO_4$$

（3）磷的含氧酸及其盐

磷能生成多种含氧酸，见表 8-11。

表 8-11　磷的含氧酸

名称	化学式	氧化数	$K_1^\ominus$	种类	结构
次磷酸	H_3PO_2	$+1$	1.0×10^{-2}	一元酸	$\begin{array}{c} H \\ \| \\ HO-P=O \\ \| \\ H \end{array}$
亚磷酸	H_3PO_3	$+3$	3.7×10^{-2}	二元酸	$\begin{array}{c} H \\ \| \\ HO-P=O \\ \| \\ OH \end{array}$
磷酸	H_3PO_4	$+5$	7.1×10^{-3}	三元酸	$\begin{array}{c} OH \\ \| \\ HO-P=O \\ \| \\ OH \end{array}$
偏磷酸	$(HPO_3)_n$	$+5$	$\sim 10^{-1}$	一元酸	$\begin{array}{c} O \\ \| \| \\ P=O \\ \| \\ OH \end{array}$
焦磷酸	$H_4P_2O_7$	$+5$	1.4×10^{-1}	四元酸	$\begin{array}{c} O \quad\quad O \\ \| \| \quad\quad \| \| \\ HO-P-O-P-OH \\ \| \quad\quad\quad \| \\ OH \quad\quad OH \end{array}$

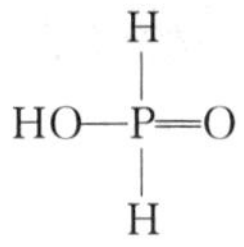

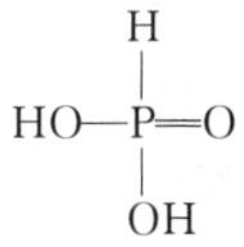

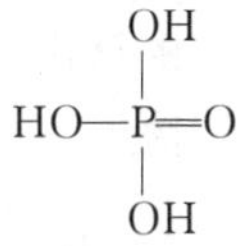

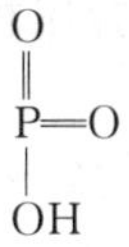

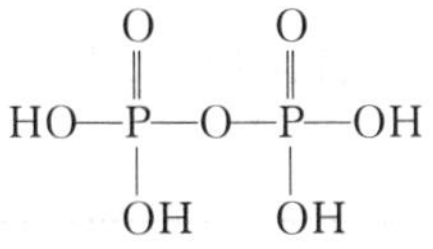

次磷酸（H_3PO_2）是一元酸，从它的结构中可看出两个 H 与 P 直接相连，这两个 H 不存在电离的问题，只有羟基上的 H 可以电离，所以次磷酸是一元酸。同理，亚磷酸（H_3PO_3）是二元酸。在磷的含氧酸中，除偏磷酸、焦磷酸是强酸外，其余的酸都是中强酸。

磷酸是中强三元酸，市售 H_3PO_4 的浓度多为 85%，是一种黏稠状的液体。H_3PO_4 在强烈加热时发生分子间脱水，可生成焦磷酸、三聚磷酸和四偏磷酸。

$$2H_3PO_4 \longrightarrow H_4P_2O_7 + H_2O$$

$$3H_3PO_4 \longrightarrow H_5P_3O_{10} + 2H_2O$$

$$4H_3PO_4 = (HPO_3)_4 + 4H_2O$$

磷酸作为三元酸，可形成三类磷酸盐，即磷酸正盐[Na_3PO_4，$Ca_3(PO_4)_2$]、磷酸一氢盐(Na_2HPO_4，$CaHPO_4$)、磷酸二氢盐[NaH_2PO_4，$Ca(H_2PO_4)_2$]。

实验室和医药上常用各种可溶性磷酸盐配制缓冲溶液。

8.3.4 砷、锑、铋

砷、锑、铋的最外层结构为ns^2np^3，和氮、磷一样都有5个价电子，不同的是它们次外层的结构为$(n-1)s^2(n-1)p^6(n-1)d^{10}$，即18电子层结构。而18电子层结构的离子具有较强的极化能力和较大的变形性，所以它们在性质上同氮、磷相比有较大的差异。它们的主要氧化态是+3和+5。

(1)砷、锑、铋的单质

砷、锑、铋在自然界中主要是以硫化物矿存在。例如：雌黄(As_2S_3)、雄黄(As_4S_4)、砷硫铁(FeAsS)、辉锑矿(Bi_2S_3)等。

单质砷、锑、铋，一般是通过用碳还原它们的氧化物来制备，例如：

$$2Sb_2O_3 + 3C = 4Sb + 3CO_2\uparrow$$

工业上将硫化物矿先煅烧成氧化物，然后用碳还原。用铁粉作还原剂可以直接把硫化物还原成单质：

$$Sb_2S_3 + 3Fe = 2Sb + 3FeS$$

与过渡金属相比，砷、锑、铋的熔点较低，并随原子序数的增加而降低，容易挥发。

(2)砷、锑、铋的氢化物

砷、锑、铋都能生成氢化物MH_3，其中较重要的是砷化氢AsH_3或胂，氮族元素氢化物的性质列于表8-12。

表8-12　氮族元素氢化物的性质

性质	NH_3	PH_3	AsH_3	SbH_3	BiH_3
熔点/K	195.3	140.5	156.1	185	—
沸点/K	239.6	185.6	210.5	254.6	298.8
熔化热/($kJ\cdot mol^{-1}$)	23.64	16.02	18.16	21.25	—
汽化热/($kJ\cdot mol^{-1}$)	23.35	14.60	16.74	20.92	25.10
生成热/($kJ\cdot mol^{-1}$)	−46.11	5.4	66.4	145.1	—
密度(沸点时，液体)/($g\cdot cm^{-3}$)	0.681	0.765	1.621	2.204	—
键长/pm	102	142	152	171	—

续表

性质	NH_3	PH_3	AsH_3	SbH_3	BiH_3
键角/°	106.6	93.08	91.8	91.30	—
气体分子偶极矩/D	1.44	0.55	0.15	—	—
$E^{\ominus}_{MH_3/M}$/V	+0.27	−0.005	−0.60	−0.51	0.8(计算)

砷、锑、铋的氢化物都是共价分子，熔、沸点很低。砷化氢是一种无色，具有大蒜味的剧毒气体。金属砷化物水解或用强还原剂还原砷的氧化物都可制得胂。

$$Na_3As+3H_2O = AsH_3+3NaOH$$

$$As_2O_3+6Zn+12HCl = 2AsH_3+6ZnCl_2+3H_2O$$

由表 8-12 可知，砷、锑、铋的氢化物的生成热都是正值，说明这些氢化物不稳定。室温下，在空气中能自燃：

$$2AsH_3+3O_2 = As_2O_3+3H_2O$$

在缺氧的条件下，胂受热分解为单质砷。

$$2AsH_3 = 2As+3H_2\uparrow$$

析出的砷聚集在器皿的冷却部位形成了亮黑色的“砷镜”。该反应称作马氏(Marsh)试砷法，在毒物分析学上用于鉴定砷。

(3)砷、锑、铋的氧化物

砷、锑、铋的氧化物主要有两种形式：M_4O_6 或 M_2O_3，M_4O_{10} 或 M_2O_5。比较重要的氧化物是三氧化二砷 As_2O_3(砒霜)，它是一种极毒物质，致死量为 0.1g。

①氧化数为+3 的氧化物及其水合物。单质或硫化物在空气中燃烧生成三氧化物：

$$4As+3O_2 = As_4O_6$$

$$2Sb_2S_3+9O_2 = 2Sb_2O_3+6SO_2\uparrow$$

与磷的氧化物一样，除铋以外，砷、锑的三氧化物主要是以 As_4 和 Sb_4 为基础的 As_4O_6 和 Sb_4O_6 形式存在的分子结晶，其结构和 P_4O_6 相似，只有在很高温度下(约 2073K)As_4O_6 才转化为 As_2O_3。而由于铋表现为明显的金属性，所以它的三氧化物是离子晶体。

砷、锑、铋的三氧化物有两个重要的性质：酸碱性和氧化还原性。

其中，As_4O_6 是以酸性为主的两性氧化物，Sb_4O_6 是以碱性为主的两性化合物，Bi_2O_3 则是碱性氧化物。砷、锑、铋的三氧化物的酸碱性与其水溶性密切相关。As_4O_6 微溶于水，水溶液是亚砷酸。As_4O_6 既能溶于酸也能溶于碱。

$$As_2O_3 + 6HCl(浓) \xlongequal{} 2AsCl_3 + 3H_2O$$

$$As_2O_3 + 6NaOH \xlongequal{} 2Na_3AsO_3 + 3H_2O$$

由于它具有较明显的酸性，所以它在碱中溶解比在水中容易得多。Sb_4O_6 也是两性氧化物，但难溶于水，易溶于酸和碱。Bi_2O_3 是碱性氧化物，只溶于酸，所以在溶液中只存在 Bi^{3+} 或水解产物 BiO^+。

氧化数为+3 的砷、锑、铋是比较稳定的，不易歧化成单质和+5 的含氧酸盐或氧化物。三氧化二砷是一个较强的还原剂，特别是在碱性介质中它可以被碘定量地氧化成砷酸。亚砷酸盐也能被碘氧化：

$$NaH_2AsO_3 + 4NaOH + I_2 \xlongequal{} Na_3AsO_4 + 2NaI + 3H_2O$$

这是分析化学中的一个重要反应。

与 As_4O_6 不同，Bi_2O_3 却很难被氧化成 Bi_2O_5。它们的还原性是按砷、锑、铋的顺序减小，这是因为砷、锑、铋中“惰性电子对”ns^2 的稳定性按同一顺序增加的缘故。

②氧化数为+5 的氧化物及其水合物。浓硝酸氧化单质砷、锑或它们的+3 氧化数的氧化物，可以生成氧化数为+5的 H_3MO_4 或 $M_2O_5 \cdot nH_2O$。

$$3Sb + 5HNO_3 + 2H_2O \xlongequal{} 3H_3SbO_4 + 5NO\uparrow$$

$$3As_2O_3 + 4HNO_3 + 7H_2O \xlongequal{} 6H_3AsO_4 + 4NO\uparrow$$

将含氧酸加热脱水可制得相应的氧化物。

$$2H_3AsO_4 \xlongequal{} As_2O_5 + 3H_2O$$

$$2H_3SbO_4 \xlongequal{} Sb_2O_5 + 3H_2O$$

HNO_3 只能将 Bi 氧化成 $Bi(NO_3)_3$。

$$Bi + 4HNO_3 \xlongequal{} Bi(NO_3)_3 + NO + 2H_2O$$

至今还无法制得纯净的 Bi_2O_5，但是已经制得许多氧化数为+5 的含氧酸盐，如在碱性介质中用强氧化剂 Cl_2 可将 Bi(Ⅲ)化合物氧化成铋酸盐：

$$Bi(OH)_3 + Cl_2 + 3NaOH \xlongequal{} NaBiO_3 + 2NaCl + 3H_2O$$

砷、锑、铋的+5 氧化数的氧化物和其他高价氧化物一样都是酸性氧化物，同水反应生成难溶于水的含氧酸或氧化物的水合物(不存在游离的 $HBiO_3$)，含氧酸的酸性依砷、锑、铋的顺序减弱。

砷(Ⅴ)、锑(Ⅴ)、铋(Ⅴ)的含氧酸及其盐的最重要的性质是其氧化性。从电极电势数据可知都是氧化剂。但由于“惰性电子对”的稳定性按砷、锑、铋的顺序逐渐增加，所以它们的氧化性也按这一顺序递增。例如：砷酸和锑酸的氧化性只有在酸性介质中才表现出来，在这种情况下砷酸可把 HI 氧化成 I_2，但锑酸甚至可以把 HCl 氧化成 Cl_2：

$$H_3AsO_4 + 2HI \xlongequal{} H_3AsO_3 + I_2 + H_2O$$

$$H_3SbO_4 + 2HCl \longrightarrow H_3SbO_3 + Cl_2\uparrow + H_2O$$

而铋(Ⅴ)的化合物氧化能力更强，在酸性条件下能把 Mn^{2+} 氧化成 MnO_4^-。

$$4MnSO_4 + 10NaBiO_3 + 14H_2SO_4 \longrightarrow 4NaMnO_4 + 5Bi_2(SO_4)_3 + 3Na_2SO_4 + 14H_2O$$

在分析化学上，这是一个定性检验溶液中有无 Mn^{2+} 的重要反应。

③砷、锑、铋的三卤化物。MX_3 都能发生水解反应，但水解产物不同。$AsCl_3$ 的水解和 PCl_3 相似，不过水解能力稍弱一些。如在浓 HCl 中有 As^{3+} 存在，但是即使在最浓的 HCl 中，也没有 P^{3+} 存在。

随着离子半径的增大，Sb^{3+}、Bi^{3+} 水解能力较 As^{3+} 更弱，$SbCl_3$ 和 $BiCl_3$ 水解并不完全：

$$SbCl_3 + H_2O \longrightarrow SbOCl\downarrow + 2HCl$$

$$BiCl_3 + H_2O \longrightarrow BiOCl\downarrow + 2HCl$$

总之 MX_3 的水解能力按 P、As、Sb、Bi 顺序减弱，这和 M(Ⅲ)的半径依次增大、碱性依次增强是一致的。

④砷、锑、铋的硫化物。砷、锑、铋都能生成有颜色的难溶硫化物，这些硫化物很稳定，在自然界中，这三种元素都能以硫化物矿的形式存在。如：雌黄(As_2S_3)、雄黄(As_4S_4)、砷硫铁(FeAsS)、辉锑矿(Bi_2S_3)等。在加热条件下，这些硫化物与氧作用，生成相应的氧化物和二氧化硫：

$$2M_2S_3 + 9O_2 \longrightarrow 2M_2O_3 + 6SO_2\uparrow$$

砷、锑、铋的硫化物在结构上类似于它们的氧化物，但是由于 S^{2-} 半径变大，变形性增强，而且 As(Ⅲ)、Sb(Ⅲ)、Bi(Ⅲ)又是 18+2 价电子构型的离子，M(Ⅲ)与 S^{2-} 之间具有较强的附加极化作用导致它们的硫化物更接近共价化合物，从而在水中的溶解度很小。例如它们的溶度积分别为：As_2S_3，$K_{sp}^{\ominus}=2.1\times10^{-22}$；$Sb_2S_3$，$K_{sp}^{\ominus}=2.0\times10^{-93}$。

砷、锑、铋的硫化物的酸碱性类似于氧化物，它们在酸、碱中的溶解情况也有很大差别。和氧化物类似，As_2S_3 基本上是酸性硫化物，Sb_2S_3 是两性硫化物，而 Bi_2S_3 则是碱性硫化物。

8.4　碳、硼族元素及其主要化合物

视频 8.6

碳、硅是ⅣA 族的非金属，B 是ⅢA 族的唯一的非金属，本节简要介绍它们的性质。

8.4.1　碳及其主要化合物

碳有 ^{12}C，^{13}C，^{14}C 三种主要的同位素，1961 年国际化学会将 $^{12}C=12$ 定为

相对原子质量的相对标准。

碳是化学中最重要的元素之一，虽然碳在地壳中的蕴藏量不高，但在动物和植物界中广泛存在，被称为有机物的碳氢化合物及其衍生物达1000万种之多。由碳形成的化合物种类繁多，结构形式多样，成键方式丰富，是许多化学家研究的重要对象。

(1)碳的单质

碳在自然界分布很广，以单质形式存在的有金刚石、石墨和球碳(图8-9)。

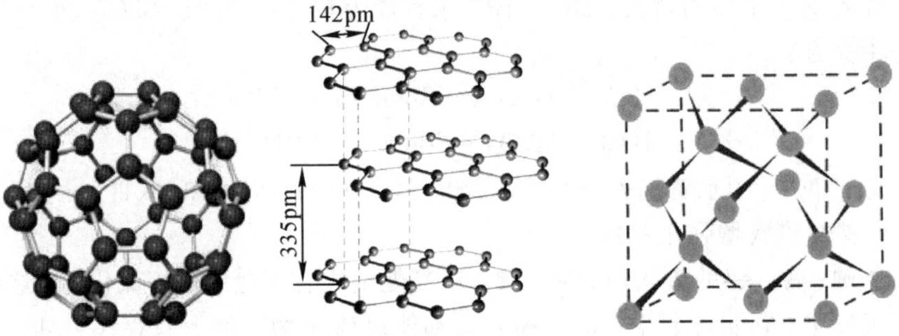

球碳　　石墨　　金刚石

图8-9　碳的同素异形体的结构

在石墨晶体中，碳原子以 sp^2 杂化轨道与邻近的三个碳原子成键，构成平面六角网状结构，由这些网状结构连成层状结构。层中C—C之间的距离为141.5pm，每个碳原子有一个未参加杂化的p轨道，并有一个p电子，同一层中这些p电子可以形成离域大π键，这些离域π键电子可以在整个碳原子平面内活动。层与层之间以分子间作用力相结合，层间距为325.4pm。石墨的性质与其结构密切相关。石墨呈灰黑色，密度比金刚石小，由于层之间是以分子间作用力相结合，石墨易于沿着与层平行的方向滑动，质软并具有润滑性。由于层内离域电子的存在，石墨具有良好的导电性和导热性，且其化学活性也比金刚石活泼。石墨可用来制作电极、坩埚、电刷、润滑剂和铅笔等。

金刚石属立方晶系原子晶体，每个碳原子以 sp^3 杂化轨道与另外4个碳原子成键，C—C距离为154.45pm。金刚石为透明晶体，具有很高的折光性，在所有的物质中，金刚石的硬度最大，并以它的硬度为10作为量度其他物质硬度的标准。在所有的物质中，金刚石的熔点最高(3827℃±200℃)。由于金刚石中碳原子的价电子都参加了成键，因此其不导电，但具有很高的导热性，是铜的导热性能的6倍。由于C—C键很强，室温下金刚石是非常惰性的。金刚石俗称钻石，除作装饰品外，主要用于制造钻探用钻头，切割和磨削工具。

金刚石和石墨在一定条件下可以互相转化，转化的热效应和自由能变为：

C(石墨)══C(金刚石)　　$\Delta H^{\ominus}=1.9\mathrm{kJ\cdot mol^{-1}}$　　$\Delta G^{\ominus}=2.89\mathrm{kJ\cdot mol^{-1}}$

由热力学数据可知，石墨转化为金刚石是吸热过程，自由能变为正值，转化是非自发的，因此在室温和低压下石墨比较稳定，而金刚石转化为石墨则是自发的，但转化速度极慢，所以金刚石也可以稳定存在。而实现石墨转化为金刚石的过程，除用 Fe、Cr 或 Pt 作催化剂外，还需要高温(1200～2700℃)和高压(1.5×10^{6}kPa)才能实现。

1985 年，克罗托和史沫莱等用激光照射石墨，通过质谱法检测出 C_{60} 分子。由于受建筑学家采用五边形和六边形构建球形薄壳建筑结构的启发，克罗托等提出 C_{60} 是由 60 个碳原子构成的 32 面体，即由 12 个五边形和 20 个六边形组成的多面体。其中五边形互不连接，只有六边形相邻。每个碳原子均以 sp^2 杂化轨道与相邻的三个碳原子相连，剩余的 p 轨道在 C_{60} 的外围和内腔形成 π 键。由于 C_{60} 的结构酷似足球，故又称为足球烯。此后又相继发现一系列这类多面体分子，如 C_{28}，C_{32}，C_{50}，C_{70}，C_{76}，C_{84}，C_{90} 等，它们形成封闭笼状结构，统称为富勒烯，也称为球碳。

(2)碳的氧化物

碳的氧化物有 CO 和 CO_2 两种。CO 是无色、无臭、有毒的气体，在空气中燃烧产生蓝色火焰，生成 CO_2 并放出大量的热。

工业上 CO 的主要来源是发生炉煤气和水煤气。发生炉煤气是由有限空气通过赤热煤层，所产生的 CO(25%)和 N_2(70%)的混合气体，还有少量的 H_2，CH_4 和 O_2 等。水煤气是用水蒸气通过灼热(1273K)的焦炭而产生的 CO(46%)和 H_2(52%)的混合气体：

$$C(s)+H_2O(g)═══CO(g)+H_2(g)$$

实验室制取少量 CO 是用浓 H_2SO_4 做脱水剂，使 HCOOH 脱水而制得：

$$HCOOH \xrightarrow{\text{浓 } H_2SO_4} CO\uparrow + H_2O$$

CO 和 N_2 是等电子体，根据分子轨道理论，CO 的分子轨道表示为：

$$(\sigma_{1s})^2(\sigma_{1s^*})^2(\sigma_{2s})^2(\sigma_{2s^*})^2(\pi_{2p_y})^2(\pi_{2p_z})^2(\sigma_{2p_x})^2$$

即含有一个 σ 键和两个 π 键，其结构式表示为：

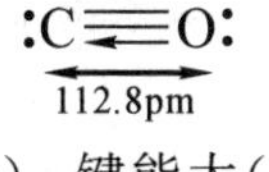

因此，CO 的键长短(112.8pm)、键能大($1070.3\mathrm{kJ\cdot mol^{-1}}$)，具有很小的偶极矩(0.12D)。

CO 的主要性质有以下两点：

①CO 的还原性。在炼铁的高炉中，CO 可将 Fe_2O_3 中的铁还原为金属铁；

CO 能使浅红色的 $PdCl_2$ 溶液还原为黑色的单质 Pd。

$$Fe_2O_3+3CO(g)\xlongequal{\quad}2Fe(s)+3CO_2(g)$$

$$PdCl_2+CO(g)+H_2O\xlongequal{\quad}Pd\downarrow+CO_2\uparrow+2HCl$$

②CO 的配合性。CO 分子中 C 原子上有孤对电子，易与一些过渡金属形成羰基化合物。如：

$$Fe(s)+5CO(g)\xlongequal{\quad}Fe(CO)_5(l)$$

CO 还能与血液中担负输送 O_2 的血红蛋白形成稳定的配合物，使血红蛋白输送 O_2 的功能受到破坏，这就是煤气中毒的原因。当空气中 CO 的含量超过 0.1%时便可引起中毒。对于中毒患者可注射亚甲基蓝试剂，因亚甲基蓝能取代与血红蛋白结合的 CO，生成更稳定的配合物，使血红蛋白恢复输送 O_2 的功能。

CO_2 是无色、无臭、无毒的气体，加压易液化。在低温下冷却，CO_2 凝结为白色雪状固体，压紧成像冰一样的洁白块状固体(不透明)，故称干冰。干冰常用作制冷剂(常压下－78℃升华)。

CO_2 是线性非极性分子。实测碳氧键长为 116pm，介于 CO(124pm)和 C≡O(113pm)键长之间；键能为 531.4kJ·mol^{-1}，也介于 CO 和 C≡O 的键能之间，说明 CO_2 分子中存在离域大 π 键。C 原子的两个 sp 杂化轨道与 2 个 O 原子 p_x 轨道重叠形成 σ 键，3 个原子相互平行的 p_y 轨道形成两个三中心四电子的大 π 键。

CO_2 不助燃，可用来灭火，干冰灭火器可用于扑灭电器失火。

(3)碳酸及其盐

碳酸盐有正盐和酸式盐两种。它们的一般性质如下：

①铵盐和碱金属(除 Li 外)的碳酸盐易溶于水，其余的碳酸盐难溶于水。碱金属、碱土金属的酸式碳酸盐皆易溶于水。通常，酸式碳酸盐的溶解度大于正盐，但 K^+、Na^+、NH_4^+ 盐例外。这是因为 HCO_3^- 以分子间氢键相连的形式形成了双聚离子，从而降低了酸式碳酸盐的溶解度。

②碱金属碳酸盐(除 Li 外)溶于水，溶液呈现比较强的碱性，Na_2CO_3 俗称纯碱。0.1mol·L^{-1}的 Na_2CO_3 溶液的 pH 大约为 11；$NaHCO_3$ 俗称小苏打，它的水解常数大于电离常数($K_{a2}^{\ominus}$)，其水溶液显碱性，0.1mol·L^{-1}的 $NaHCO_3$ 溶液的 pH 大约为 8.3。

③Na_2CO_3、K_2CO_3 在溶液中和金属离子作用生成沉淀时，沉淀的类型不尽相同。

a.金属离子(Ca^{2+}、Sr^{2+}、Ba^{2+})的碳酸盐的溶解度小于其相应的氢氧化物时，得到碳酸盐沉淀。

$$Ca^{2+} + CO_3^{2-} = CaCO_3 \downarrow$$

b. 当金属离子（Zn^{2+}、Cu^{2+}、Mg^{2+}、Pb^{2+}）的碳酸盐和相应的氢氧化物溶解度相近时，一般只得到碱式盐。

$$2Mg^{2+} + 2CO_3^{2-} + H_2O = Mg_2(OH)_2CO_3 \downarrow + CO_2 \uparrow$$

c. 当金属离子（Al^{3+}、Fe^{3+}、Cr^{3+}）的氢氧化物溶解度小于相应的碳酸盐时，只能得到氢氧化物。

$$2Al^{3+} + 3CO_3^{2-} + 3H_2O = 2Al(OH)_3 \downarrow + 3CO_2 \uparrow$$

④碳酸氢盐在加热时一般先分解为碳酸盐，碳酸盐加热分解则生成相应的氧化物和 CO_2。不过，不同的盐分解温度也各不相同。这种现象可以用离子极化的理论进行解释。它们的热稳定性的一般规律是：

a. 碳酸、碳酸氢盐、碳酸盐的热稳定性依次增强；

b. 同族碳酸盐自上而下分解温度逐渐升高（$MgCO_3 < CaCO_3 < SrCO_3 < BaCO_3$）；

c. 过渡金属的碳酸盐稳定性差。如 $CaCO_3$ 的热分解温度为 900℃，而 $ZnCO_3$ 和 $PbCO_3$ 的分解温度分别为 350℃和 315℃。

Na_2CO_3 在通常条件下比较稳定，水解呈碱性，易纯化，在分析化学中常被用作基准物来标定酸。它还是重要的化工原料，在玻璃、造纸、石油、纺织、肥皂等工业中使用。

［例 8-3］ 比较下列各对碳酸盐热稳定性的大小：

(1) Na_2CO_3 和 $BeCO_3$；　　(2) $NaHCO_3$ 和 Na_2CO_3；

(3) $MgCO_3$ 和 $BaCO_3$；　　(4) $PbCO_3$ 和 $CaCO_3$。

解　含氧酸盐热稳定性和金属离子的极化力大小有关，离子势（Z/r）大，或 18，18+2，9～17 电子构型的金属离子，对酸根的反极化作用大，酸根中 R—O 键易断，含氧酸盐变得不稳定。

(1) $BeCO_3 < Na_2CO_3$，因为 Be^{2+} 的离子势（Z/r）比 Na^+ 的大，对 CO_3^{2-} 的反极化作用强。

(2) $NaHCO_3 < Na_2CO_3$，因为 H^+ 是裸露质子，半径又很小，正电荷密度大，反极化作用特别强。

(3) $MgCO_3 < BaCO_3$，因为 $r(Mg^{2+}) < r(Ba^{2+})$，Mg^{2+} 的离子势（Z/r）比 Ba^{2+} 的大，极化能力比 Ba^{2+} 强。

(4) $PbCO_3 < CaCO_3$，因为 Pb^{2+} 为 18+2 电子构型，离子反极化能力比 8 电子构型的 Ca^{2+} 大。

8.4.2 硅及其主要化合物

硅是分布极为广泛的元素，地壳中的含量为27.72%，仅次于氧。它是组成地壳岩石的一个基本元素。

(1)单质硅

硅单质有无定形和晶态两种。晶态硅为原子晶体，属金刚石结构。晶态硅又可区分为单晶硅和多晶硅。高纯的单晶硅呈灰色，硬而脆，熔点和沸点均很高，是重要的半导体材料。

硅常温下不活泼，但高温下活泼性增强，能与 O_2 和水蒸气反应生成 SiO_2；与卤素、N、C、S等非金属反应生成相应的二元化合物，如 SiX_4、Si_3N_4、SiC、SiS_2 等。硅能与强碱、氟和强氧化剂反应，硅不与盐酸、硫酸和王水反应，但可溶于 HF-HNO_3。

$$Si+2NaOH+H_2O \xrightarrow{\triangle} Na_2SiO_3+2H_2\uparrow$$

$$Si+2F_2 = SiF_4(g)$$

$$3Si+2Cr_2O_7^{2-}+16H^+ = 3SiO_2(s)+4Cr^{3+}+8H_2O$$

$$3Si+4HNO_3+18HF = 3H_2[SiF_6]+4NO\uparrow+8H_2O$$

(2)二氧化硅

由于硅易与氧结合，故自然界中没有游离态的硅，而主要是以硅石 SiO_2 及其衍生的硅酸盐形式存在。最常见的天然 SiO_2 有石英(包括水晶)、沙子、硅藻土、玛瑙等。SiO_2 是重要的建筑材料和硅酸盐工业的原料；玛瑙研钵用来研磨硬的物质；硅藻土常用于甘油炸药的吸收剂，同时也是很好的绝热隔音材料；石英砂可用来制造普通玻璃和光学玻璃。

SiO_2 属于原子晶体，晶体中的 Si 以 sp^3 杂化轨道和氧原子结合成 $[SiO_4]$ 四面体，每个 Si 原子位于四面体的中心，而氧原子则位于四面体的顶点，$[SiO_4]$ 四面体通过共用顶角的氧原子彼此联结，并在三维空间多次重复该结构，形成了硅氧网格形式的二氧化硅晶体(如图8-10所示)。晶体的最简式为 SiO_2，但 SiO_2 并不代表一个简单的分子。四面体排列的形式不同构成了不同的晶型。

SiO_2 的化学性质不活泼，它不溶于水，只有浓磷酸和氢氟酸可与之作用。

$$SiO_2+2H_3PO_4(浓) = SiP_2O_7+3H_2O$$

$$SiO_2+4HF = SiF_4\uparrow+2H_2O$$

SiO_2 是酸性氧化物，它能缓慢地溶解在强碱中，生成硅酸盐；高温时，将 SiO_2 与氢氧化钠或碳酸钠共熔而得到硅酸钠。

$$SiO_2+2NaOH = Na_2SiO_3+H_2O$$

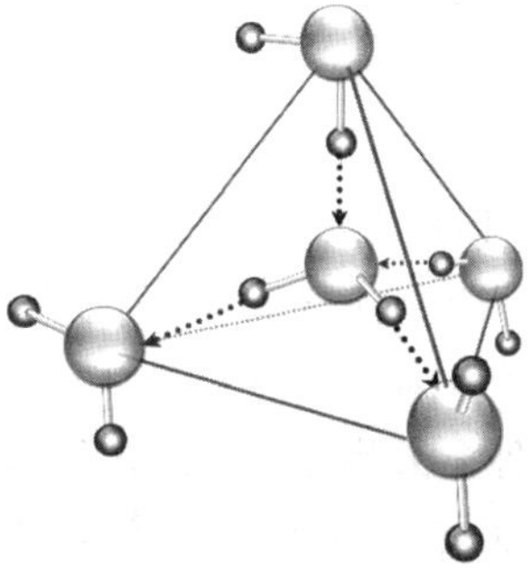

图 8-10　二氧化硅晶体的结构

$$SiO_2 + Na_2CO_3 \longrightarrow Na_2SiO_3 + CO_2\uparrow$$

生成的硅酸钠呈玻璃状，能溶于水，其水溶液称为水玻璃，可做黏合剂、防火涂料和防腐剂等。

(3)硅酸

SiO_2 是硅酸的酸酐，可以构成多种硅酸，其组成随形成时的条件而变化，通常以 $xSiO_2 \cdot yH_2O$ 表示。现在已知的有偏硅酸 $H_2SiO_3(SiO_2 \cdot H_2O)$、二硅酸 $H_6Si_2O_7(2SiO_2 \cdot 3H_2O)$、三硅酸 $H_4Si_3O_8(3SiO_2 \cdot 2H_2O)$、二偏硅酸 $H_2Si_2O_5(2SiO_2 \cdot H_2O)$、正硅酸 $H_4SiO_4(SiO_2 \cdot 2H_2O)$。

各种硅酸中，以偏硅酸最简单，常以 H_2SiO_3 代表硅酸。它是二元弱酸，在纯水中溶解度很小，实验室常用可溶性硅酸盐与酸作用制取硅酸。

$$SiO_3^{2-} + 2H^+ \longrightarrow H_2SiO_3$$

但是生成的硅酸并不立即沉淀，这是因为单个硅酸分子可溶于水。这些单个硅酸分子会逐渐进行聚合而成多硅酸，这时也不一定有沉淀，而是生成硅酸溶胶，加电解质于稀的硅酸溶液中方可得到黏浆状的硅酸沉淀，若硅酸较浓，则得到硅酸凝胶。将硅酸凝胶部分水分蒸发掉，则得到硅酸干胶，即硅胶。

硅胶是一种白色稍透明的固体物质，有高度的多孔性，内表面积很大，可达 $800 \sim 900 m^2 \cdot g^{-1}$，因而有很强的吸附性能，可作吸附剂、干燥剂和催化剂载体，实验室所用变色硅胶作干燥剂，是将硅胶用 $CoCl_2$ 溶液浸透后烘干制得。无水 Co^{2+} 为蓝色，水合 $[Co(H_2O)_6]^{2+}$ 为粉红色。随着吸附水分增多，硅胶的颜色由蓝色向粉红色转变，粉红色硅胶不再有吸湿能力，可重新烘干变为蓝色，恢复吸湿能力。

(4)硅酸盐

硅酸盐的数量和种类特别多，除钠、钾的硅酸盐易溶外，其余均难溶。普通玻璃的主要成分是硅酸钠和硅酸钙，通常用化学式表示为 $Na_2CaSi_6O_{14}$ 或 $Na_2O \cdot$

$CaO \cdot 6SiO_2$。可溶的 Na_2SiO_3 水溶液称为水玻璃(工业上称为泡花碱),水玻璃可用作黏合剂;木材和织物用水玻璃浸过后可防腐、阻燃;还可用作肥皂、洗涤剂的填充剂。除可溶的硅酸盐外,最重要的一类是多孔性铝硅酸盐,它的粒子中有许多大小一定且与外部相通的微细孔道,有良好的吸附性能,因它能吸附比这些孔径小的分子,而大的分子被阻隔在外,其孔径的大小和性能各不相同,利用这一性质可将大小不同的分子分离,从而使他们成为分子筛。

分子筛有天然和合成两种。天然分子筛是把泡沸石($Na_2O \cdot Al_2O_3 \cdot 2SiO_2 \cdot nH_2O$)脱水处理而得到的。人工合成的分子筛是以水玻璃($Na_2SiO_3$)、偏铝酸钠($NaAlO_2$)和 NaOH 为原料制得的。它们被广泛用作干燥剂、吸附剂和催化剂。

8.4.3 锡、铅的主要化合物

(1)锡的化合物

Sn(Ⅱ)的还原性在 Sn 的化合物中占有非常重要的位置。无论在溶液中或是固态中,都是 Sn(Ⅱ)不稳定而 Sn(Ⅳ)稳定。由元素的标准电势图可以看出,无论是在酸性介质还是在碱性介质中,Sn^{2+} 都是强还原剂。

$E_A^\ominus/V \quad Sn^{4+} \xrightarrow{0.151} Sn^{2+} \xrightarrow{-0.14} Sn$

$E_B^\ominus/V \quad Sn(OH)_6^{2-} \xrightarrow{-0.93} Sn(OH)_3^- \xrightarrow{-0.91} Sn$

$SnCl_2$ 是常用的还原剂,它是由金属 Sn 和盐酸反应制得的。市售的氯化亚锡为 $SnCl_2 \cdot 2H_2O$。$SnCl_2$ 特别易水解。

$$SnCl_2 + H_2O = Sn(OH)Cl\downarrow + HCl$$

所以在配制 $SnCl_2$ 的水溶液时,先将固体溶于少量的浓盐酸中,然后用水稀释。$SnCl_2$ 的水溶液长时间放置会被氧化,最好现用现配。为防止氧化,可在配好的溶液中加几粒锡粒。根据电势图可知,在酸性溶液中 Sn^{4+} 和 Sn 会发生歧化的逆反应生成 Sn^{2+},从而保护 Sn^{2+} 不被氧化。

$$2Sn^{2+} + O_2 + 4H^+ = 2Sn^{4+} + 2H_2O$$

$$Sn^{4+} + Sn = 2Sn^{2+}$$

Sn(Ⅱ)在碱性介质中的还原性更强,可将 Bi^{3+} 还原为金属 Bi,这一方法可用来鉴定 Bi^{3+}。

$$Sn^{2+} + 3OH^- = [Sn(OH)_3]^-$$

$$3[Sn(OH)_3]^- + 2Bi^{3+} + 9OH^- = 2Bi\downarrow(\text{黑}) + 3[Sn(OH)_6]^{2-}$$

(2)铅的化合物

在铅的化合物中,Pb(Ⅳ)不稳定而 Pb(Ⅱ)稳定。

铅有多种氧化物，它们是 PbO(黄色)、Pb_3O_4(橙红色，可看作是 PbO 和 PbO_2 混合物)、PbO_2(棕色)。PbO_2 在酸性介质中是强氧化剂，它能将 Mn^{2+} 氧化为 MnO_4^-，将 Cl^- 氧化为 Cl_2。

$E_A^{\ominus}/V$　　$PbO_2 \overset{1.46}{——} Pb^{2+} \overset{-0.126}{——} Pb$

$E_B^{\ominus}/V$　　$PbO_2 \overset{0.28}{——} PbO \overset{-0.54}{——} Pb$

$$5PbO_2 + 2Mn^{2+} + 4H^+ = 5Pb^{2+} + 2MnO_4^- + 2H_2O$$

$$PbO_2 + 4HCl = PbCl_2 + Cl_2\uparrow + 2H_2O$$

铅蓄电池的正极材料是 PbO_2，正、负极的反应分别是：

负极：$PbSO_4 + 2e^- = Pb + SO_4^{2-}$

正极：$PbO_2 + SO_4^{2-} + 4H^+ + 2e^- = PbSO_4 + 2H_2O$

电池反应为：$PbO_2 + Pb + 2H_2SO_4 = 2PbSO_4 + 2H_2O$

在铅盐中，$Pb(NO_3)_2$、$Pb(Ac)_2 \cdot 3H_2O$ 等是可溶盐，而 $Pb(Ac)_2$ 是弱电解质。难溶盐中 PbS 溶于 HNO_3，$PbSO_4$ 溶于 NH_4Ac，$PbCrO_4$ 可溶于强酸也可溶于强碱。

$$3PbS + 2NO_3^- + 8H^+ = 3Pb^{2+} + 3S\downarrow + 2NO\uparrow + 4H_2O$$

$$PbSO_4 + 2Ac^- = Pb(Ac)_2 + SO_4^{2-}$$

$$2PbCrO_4 + 2H^+ = 2Pb^{2+} + Cr_2O_7^{2-} + H_2O$$

$$PbCrO_4 + 3OH^- = [Pb(OH)_3]^- + CrO_4^{2-}$$

$Pb(Ac)_2$ 在有机反应中被用作氧化剂或甲基化试剂。$Pb(C_2H_5)_4$ 是有机金属化合物，它能减轻汽油燃烧时发生的震爆现象，过去常作为汽车燃料的添加剂，但会造成污染，现已淘汰不用。需要注意的是金属铅及其化合物都有毒，使用时要小心。

(3)锡、铅的化合物性质对比

锡和铅都能生成两种氧化物，即 MO 和 MO_2。MO 都有一定程度的两性，但以碱性为主。MO_2 主要显酸性。MO 和 MO_2 都不溶于水。它们的水化物都是典型的两性氢氧化物，碱性最强的 $Pb(OH)_2$ 也只有微弱的碱性。

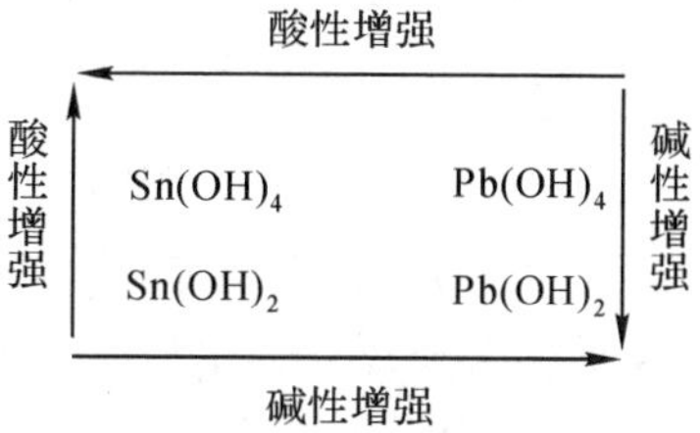

锡和铅各有+2、+4 氧化态，它们的氧化还原性的规律是：Sn(Ⅱ)的还原

性强，而 Sn(Ⅳ)稳定；Pb(Ⅳ)的氧化性强，而 Pb(Ⅱ)稳定。这与 6s 电子对的稳定性高有关。

视频 8.7

$$\text{氧化性增强}$$
$$\overrightarrow{\qquad\qquad\qquad\qquad}$$
$$Sn^{4+} \qquad\qquad Pb^{4+}$$

$$Sn^{2+} \qquad\qquad Pb^{2+}$$
$$\overleftarrow{\qquad\qquad\qquad\qquad}$$
$$\text{还原性增强}$$

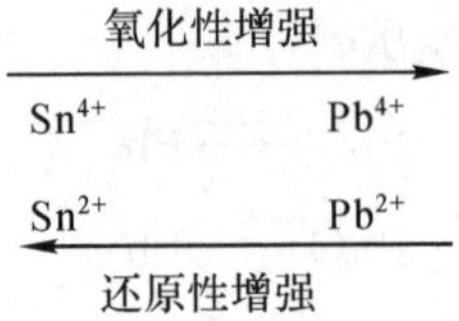

8.4.4　硼及其主要化合物

B 是硼族元素中唯一的非金属元素，由非金属的 B 过渡到 Al 出现了较大的突跃。在性质上 B 和 Al 也显示了很大差别，B 的化合物都是共价型的；而 Al 的化合物在水溶液中形成 Al^{3+}。在物理性质方面如导热、导电、延展性、熔点、沸点差别也很大。但作为同族元素，B 与 Al 也具有较多的相似之处，主要表现在两个方面，一是和电负性较大的氧有较大的亲和力，可以形成牢固的化学键，我们称之为"亲氧性"。二是 B 和 Al 的最外电子层都有 3 个电子，全部用来成键的只有 6 个电子，未满 8 电子的稳定结构，还有一个空的轨道，可与带有孤对电子的分子或离子形成配合物，这个特征称为"缺电子性"。

(1)单质硼

硼的存在、制备或性质方面均和硅非常相似。用钠或镁还原硼酸酐可得到无定形硼，然后再转化为 BBr_3，BBr_3 用氢气还原便得到结晶硼。

$$B_2O_3 + 3Mg \xrightarrow{\text{高温}} 2B + 3MgO$$
$$2BBr_3 + 3H_2 =\!=\!= 2B + 6HBr$$

单质硼有晶型和非晶型两种。α 菱形晶体硼的结构单元是由 12 个 B 原子组成的正二十面体。硼的熔、沸点高，分别为 2177℃ 和 3658℃。硬度仅次于金刚石。

常温下 B 并不活泼，通常只能和 F_2 反应，但在加热条件下能和 Cl_2，Br_2，I_2，O_2，N_2，S，C 等反应。如：

$$2B + 3X_2 =\!=\!= 2BX_3 (X = Cl_2，Br_2，I_2)$$
$$4B + 3O_2 =\!=\!= 2B_2O_3$$
$$2B + N_2 \xrightarrow{\text{高温、高压}} 2BN$$

因 B 有强烈的亲氧性，B—O 的结合力很强，所以 B 能从 Cu，Sn，Pb，Bi，Fe，Co 的氧化物中夺取氧，而使金属还原为单质。立方氮化硼 $(BN)_n$ 是最简单的硼氮分子，硬度和金刚石相当，用它可制作深井钻头、高速切割工具等。

(2)硼烷

硼烷是硼氢化合物的总称。硼能形成多种氢化物，如 B_2H_6，B_4H_{10}，B_5H_9。常温常压下，大多数硼烷为液体或固体，只有少数是气体。硼烷一般都有毒。几乎所有硼烷对氧化剂都极为敏感，如 B_2H_6 和 B_5H_9 在室温下遇空气即激烈燃烧，放出大量的热，温度高时可发生爆炸，只有相对分子质量较大的 $B_{10}H_{14}$ 在空气中稳定。除 $B_{10}H_{14}$ 不溶于水而且不与水作用外，其他所有硼烷在室温下都可与水反应产生硼酸和氢气。

$$B_2H_6(g)+6H_2O(l)=\!=\!=2H_3BO_3(s)+6H_2(g)$$

硼烷属于缺电子分子，因为硼的价电子构型为 $2s^22p^1$，价电子层有一个 s 轨道，三个 p 轨道。三个价电子，四个价电子轨道，轨道数多于电子数，称为缺电子分子。

乙硼烷(B_2H_6)是目前能分离出的最简单的硼烷。乙硼烷在室温下为无色特臭气体，有剧毒，纯 B_2H_6 的毒性远远大于 HCN 和光气。常用作火箭和导弹的高能燃料，也用于有机合成。在 B_2H_6 形成过程中，B 以不等性 sp^3 杂化轨道与 H 形成 4 个 σ 键，并形成 2 个三中心两电子 π 键，俗称氢桥，如图 8-11 所示。

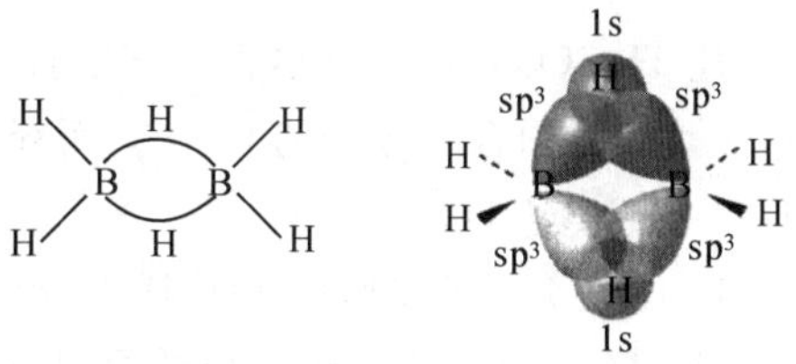

图 8-11　乙硼烷的结构示意图

乙硼烷具有较高的化学活性，容易与各种无机分子和有机分子起反应。这不仅是因为乙硼烷生成热为正值(即所谓吸热化合物)，还由于硼对氟、氧、氮、磷等电负性强的元素有很大的亲和力。并且，乙硼烷在潮湿空气中会发生自燃，并放出大量的热。

$$B_2H_6(g)+3O_2(g)=\!=\!=B_2O_3(s)+3H_2O(g)$$

(3)硼酸与硼酸盐

氧化硼与水反应或卤化硼水解都可得到硼酸(H_3BO_3)。硼与硅相似，除有简单的正硼酸以外，还可以形成多硼酸。

正硼酸　H_3BO_3 或 $B_2O_3 \cdot 3H_2O$

焦硼酸　$H_6B_4O_9$ 或 $2B_2O_3 \cdot 3H_2O$

偏硼酸　HBO_2 或 $B_2O_3 \cdot H_2O$

四硼酸　$H_2B_4O_7$ 或 $2B_2O_3 \cdot H_2O$

其中最重要的是 H_3BO_3。H_3BO_3 为白色粉末状结晶，有滑腻感，无臭味，溶于水、酒精、甘油、醚类及香精油中，水溶液呈弱酸性。硼酸在水中的溶解度随温度升高而增大，并能随水蒸气挥发；在无机酸中的溶解度要比在水中的溶解度小。根据硼的价电子层结构，每个硼原子以 sp^2 杂化轨道与氧原子结合成平面三角形结构，每个氧原子在晶体内又通过氢键连接成片状结构(图 8-12)，层与层之间以分子间力连接，故又可作润滑剂。

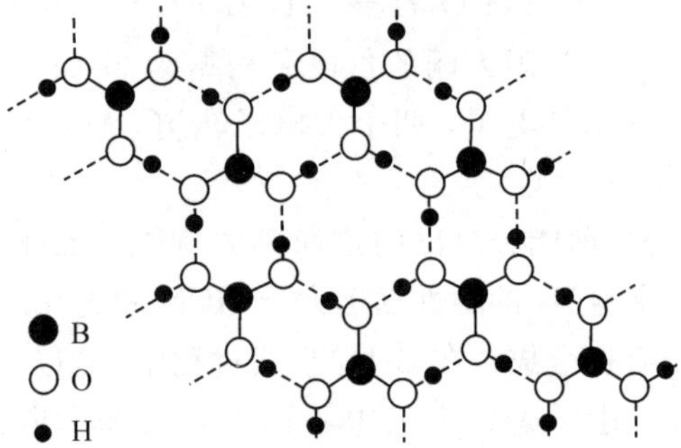

图 8-12　硼酸晶体的片状结构

H_3BO_3 是一个酸性比 H_2CO_3 弱的一元弱酸，其酸性来源不是本身给出质子，而是由于硼的缺电子性，能加合水分子的 OH^-，而释放出 H^+。

$$H_3BO_3 + H_2O = [B(OH)_4]^- + H^+ \qquad K_a^\ominus = 5.8 \times 10^{-10}$$

用硼砂(四硼酸盐 $Na_2B_4O_7$)和强酸作用可得到 H_3BO_3。硼酸加热失水可得到 HBO_2，继续加热得到 $H_2B_4O_7$，直至生成硼酸酐(B_2O_3)。

硼酸大量用于玻璃工业，可以改善玻璃制品的耐热性、透明性能，提高机械强度，缩短熔融时间；在搪瓷、陶瓷业中，用以增强搪瓷产品的光泽和坚牢度，也是釉药和颜料的成分之一；在医药、冶金工业中作添加剂、助溶剂，特别是硼钢具有高硬度和良好的轧延性；硼酸具有防腐性，可作防腐剂，如木材防腐；在金属焊接、皮革、照相等行业以及染料、耐热防火织物、人造宝石、电容器、化妆品的制造方面都用到它，它还可作为杀虫剂和催化剂；在农业上作为含硼微量元素肥料，对许多作物有肥效，可提高油菜籽的含油率；由硼酸可制造多种硼化物，广泛用于国防和工业中。

硼在自然界中绝大多数是以硼酸盐的形式存在。从化学组成上区分，硼酸盐有如下三类：

正硼酸盐——数量最少，如 $Mg_3(BO_3)_2$；

偏硼酸盐——数量最多，如 $Ca(BO_3)_2$、$K_3(BO_3)_2$；

多硼酸盐——稳定存在于溶液中，甚至在天然矿物中都能存在，如硼砂 $Na_2B_4O_7 \cdot 10H_2O$。

硼砂是一种重要的硼酸盐。是硼酸在碱性较弱的条件下所形成的盐。

$$4H_3BO_3 + 2NaOH \xlongequal{} Na_2B_4O_7 + 7H_2O$$

它是无色半透明晶体或白色结晶粉末，无臭、味咸，相对密度为 1.73g·cm^{-3}。硼砂在空气中可缓慢风化，加热到 650K 左右失去全部结晶水，在 1150K 熔融成无色玻璃状物质；易溶于水、甘油，微溶于酒精。

硼砂的水溶液呈弱碱性，这是因为硼砂易水解而使其水溶液呈碱性。

$$Na_2B_4O_7 + 3H_2O \xlongequal{} 2NaBO_2 + 2H_3BO_3$$

$$2NaBO_2 + 4H_2O \xlongequal{} 2NaOH + 2H_3BO_3$$

硼砂易于制得纯品，且它吸湿性小，摩尔质量大，可作为基准物标定盐酸浓度。但由于含有结晶水，当空气中相对湿度小于 39%时，有明显的风化失水现象，常保存在相对湿度为 60%的恒温器(下置饱和的蔗糖和食盐溶液)中。其标定盐酸溶液的反应为：

$$Na_2B_4O_7 \cdot 10H_2O + 2HCl \xlongequal{} 4H_3BO_3 + 2NaCl + 5H_2O$$

在化学计量点时，由于生成的硼酸(H_3BO_3)是弱酸，其溶液的 pH 值约为 5.1，可用甲基红作指示剂。

由于硼砂具有良好的热稳定性，受热脱水会形成硼砂玻璃，因此硼砂珠实验广泛用于检验某些金属元素的存在。即用铂丝圈蘸取少许硼砂($Na_2B_4O_7 \cdot 10H_2O$)，灼烧熔融，使之生成无色玻璃状小珠，再蘸取少量被测试样的粉末或溶液，继续灼烧，小珠即呈现不同的颜色，此法是利用熔融的硼砂能与多数金属元素的氧化物及盐类形成各种不同颜色化合物的特性。例如：

$$Na_2B_4O_7 + CoO \xlongequal{} Co(BO_2)_2 \cdot 2NaBO_2\text{(蓝色)}$$

$$Na_2B_4O_7 + NiO \xlongequal{} Ni(BO_2)_2 \cdot 2NaBO_2\text{(棕色)}$$

8.4.5　铝及其主要化合物

铝是一种在地壳中分布很广的元素。因它比较活泼，故自然界中无游离态的铝存在。大部分是以铝硅酸盐的形式存在，如长石($KAlSi_3O_8$)、云母[$H_2KAl_3(SiO_4)_3$]、高岭土[$H_2Al_2(SiO_4)_2 \cdot H_2O$]等。生产金属铝及其化合物的重要矿物是冰晶石($Na_3AlF_6$)和铝土矿($Al_2O_3 \cdot nH_2O$)。

(1)铝的性质和用途

铝是一种银白色、有光泽的金属、质轻、较软，密度为 2.7g·cm^{-3}，熔点为 933K，沸点为 2740K。它具有良好的延展性和传热导电性，能代替铜用于制电线、电缆、发电机等电器设备。

铝的重要性质之一是具有还原性。和氧反应放出大量的热，表现出高度的亲氧性，这一点和硼相似。

$$4Al+3O_2 = 2Al_2O_3$$

铝能从一些金属氧化物中将金属还原出来，这一方法称为铝热还原法。例如，铝粉和四氧化三铁组成的铝热剂，燃烧时可达3500℃的高温，可使还原出来的铁熔化来焊接铁轨。

$$8Al+3Fe_3O_4 = 4Al_2O_3+9Fe$$

铝很容易与氧发生作用，待表面生成一层致密的氧化膜，就不再进一步和水或氧发生作用，故铝可以用于制造器具。一旦氧化膜被破坏，铝既能与稀酸反应又能与碱反应，说明铝是一种典型的两性金属。

$$2Al+6HCl = 2AlCl_3+3H_2\uparrow$$

$$2Al+2OH^-+6H_2O = 2[Al(OH)_4]^-+3H_2\uparrow$$

(2)氧化铝和氢氧化铝

氧化铝(Al_2O_3)是两性化合物，由燃烧金属铝或灼烧氢氧化铝得到Al_2O_3。当$Al(OH)_3$加热至400～500℃时便得到活性氧化铝γ-Al_2O_3和η-Al_2O_3，它们溶于酸也溶于碱，具有比表面积大、吸附能力和催化活性强的特点。当$Al(OH)_3$加热至900℃时，γ-Al_2O_3和η-Al_2O_3就转化为α-Al_2O_3，又称为刚玉，不溶于水及酸碱。

在自然界中存在的氧化铝都是α-Al_2O_3(刚玉)。含有极微量Cr_2O_3的红色刚玉晶体称为红宝石；含有极微量的铁和钛的氧化物的蓝色刚玉称蓝宝石。刚玉在硬度上仅次于金刚石，因此在工业上可用作磨料、轴承和表的钻石。人造刚玉是以硫酸铝铵为原料制得高纯度的Al_2O_3，然后置于电炉中熔化控温冷却得到的。

在铝盐溶液中加适量的NaOH溶液可得到$Al(OH)_3$沉淀，$Al(OH)_3$有明显的两性。

$$Al(OH)_3+OH^- = [Al(OH)_4]^-$$

(3)铝盐

铝盐是一类盐的总称，主要是指正三价铝离子和酸根阴离子组成的盐，一般来说呈白色或无色晶体，易溶于水，个别不溶于水。例如氯化铝($AlCl_3$)、硫酸铝[$Al_2(SO_4)_3$]、硝酸铝[$Al(NO_3)_3$]、硅酸铝[$Al_2(SiO_3)_3$]、硫化铝(Al_2S_3)、明矾[$KAl(SO_4)_2\cdot 12H_2O$]等。

氯化铝(aluminium chloride)，化学式$AlCl_3$，相对分子质量为133.34，无色透明晶体或微带浅黄色的白色结晶性粉末。密度2.44g·cm^{-3}，熔点190℃，沸点182.7℃，在177.8℃升华，氯化铝的蒸汽或溶于非极性溶剂中或处于熔融状态时，都以共价的二聚分子Al_2Cl_6形式存在。$AlCl_3$可溶于许多有机溶剂中。在空气中极易吸收水分并部分水解放出氯化氢而形成酸雾。常用作有机反应催化剂，强脱水剂，并用于医药、农药、染料、香料、冶金、塑料、润滑油等行业。

硫酸铝为白色有光泽结晶、颗粒或粉末。在空气中稳定。86.5℃时失去部分结晶水，250℃失去全部结晶水。当加热时猛烈膨胀并变成海绵状物质，烧到赤热时分解为三氧化硫和氧化铝。当相对湿度低于 25%时风化。硫酸铝易溶于水，几乎不溶于乙醇，溶液呈酸性。硫酸铝是一个被广泛运用的工业试剂，常用作纸张施胶剂，供水和废水的混凝剂，并且是泡沫灭火剂的组成成分之一，也可用作防腐剂及稳定剂。

铝离子 Al^{3+} 的鉴定一般是用茜素磺酸钠，它与 Al^{3+} 形成红色螯合物沉淀：

$$Al^{3+} + 3NH_3 \cdot H_2O = Al(OH_3)(s) + 3NH_4^+$$

$$Al(OH)_3 + 3C_{14}H_6O_2(OH)_2(\text{茜素}) = Al(C_{14}H_7O_4)_3(\text{红色})\downarrow + 3H_2O$$

视频 8.8

【应用实例】

面粉中粗蛋白质含量的分析测定

面粉中的粗蛋白质含量可以用酸碱滴定法进行测定。称取市售面粉样品 2.600g，加浓 H_2SO_4 和催化剂消化，使其中的氮转化为 NH_4^+，加碱蒸馏；蒸出的 NH_3 用 100.0mL 0.01196mol・L^{-1} HCl 吸收，剩余的 HCl 用 16.68mL 0.01382mol・L^{-1} 的 NaOH 溶液滴定到甲基红指示剂变色。计算面粉中粗蛋白质的质量分数。

解　面粉中粗蛋白质的含量是将氮含量乘以 5.7 而得到的，不同物质有不同系数。粗蛋白质含量为：

$$\omega = \frac{(100.0\times10^{-3}\times0.01196-0.01382\times16.68\times10^{-3})\times5.7\times14.01}{2.600}\times100\%$$

$$=2.97\%$$

【知识结构-1】——卤素

8.1　卤素及其主要化合物

8.1.1　卤素单质 →
- 1. 主要特点
- 2. 物理性质
- 3. $X_2 + H_2O$ →
  - 氧化：$2X_2 + 2H_2O = 4HX + O_2$
  - 歧化：$X_2 + H_2O = HXO + HX$

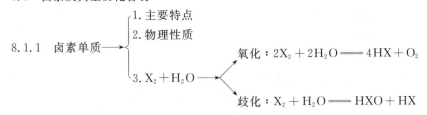

8.1.2　卤素主要化合物

1. HX →
   - (1) 递变规律
   - (2) HX 的还原性 R③

2. 含氧化物
   - (1) 稳定性：氧化物＜含氧酸＜含氧酸盐
   - (2) 含氧酸根结构—X 为 sp^3 杂化
   - (3) 含氧酸及盐的递变规律
   - (4) HClO 及盐 →
     - a. 不稳定性
     - b. 次氯酸盐
   - (5) $HClO_3$ 及盐 →
     - a. 氧化性
     - b. 稳定性
   - (6) 酸性规律★

注：R③是指有 3 个代表性反应。以下表示类同。

【知识结构-2】——氧族元素

8.2　氧族元素及其主要化合物

8.2.1　氧族通性 →
- 1. 主要特点
- 2. 氢化物
- 3. O_3 →
  - 唯一的极性单质
  - π_3^4

8.2.2　主要化合物

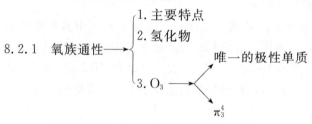

1. H_2O_2 →
   - (1) 结构
   - (2) 性质 →
     - a. 弱酸性：$H_2O_2 + Ba(OH)_2 = BaO_2 + 2H_2O$
     - b. 不稳定性：$2H_2O_2 = 2H_2O + O_2$
     - c. 氧化还原性 R②

2. H_2S 与 MS

(1) H_2S →
- a. 弱酸性
- b. 还原性 R③

(2) MS →
- a. 颜色
- b. 溶解性
- c. S^{2-} 的鉴定
  - $S^{2-} + 2H^+ = H_2S$
  - $Pb(Ac)_2 + H_2S = PbS + 2HAc$

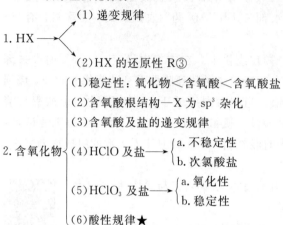

3. SO_2 与 H_2SO_3 及盐

(1) SO_2 ⟶ 不等性 sp^2 杂化，π_3^4

(2) H_2SO_3 及盐 ⟶
- a. 酸性
- b. 氧化还原性 R②
- c. 漂白—能使品红褪色

4. H_2SO_4 及其盐

(1) H_2SO_4 ⟶
- a. 酸性
- b. 强吸水性
- c. 强氧化性 ⟶
  - ① H_2SO_4 ＋活泼金属
  - ② H_2SO_4 ＋不活泼金属/非金属

(2) MSO_4 ⟶
- a. 易溶于水
- b. 形成复盐

5. 硫代硫酸盐 ⟶
- a. 不稳定性：$S_2O_3^{2-} + 2H^+ = S\downarrow + SO_2\uparrow + H_2O$
- b. 还原性
  - $S_2O_3^{2-} + 4Cl_2 + 5H_2O = 2SO_4^{2-} + 8Cl^- + 10H^+$
  - $2S_2O_3^{2-} + I_2 = S_4O_6^{2-} + 2I^-$
- c. 配位能力——鉴定 $S_2O_3^{2-}$

【知识结构-3】——氮族元素

8.3　氮族元素及其主要化合物

8.3.1　氮族通性 ⟶
- 1. 惰性电子对效应
- 2. 氮气

8.3.2　主要化合物

1. NH_3 与 NH_4^+ ⟶
- (1) NH_3
- (2) NH_4^+
  - a. 与碱作用
  - b. 热稳定性

2. NO 与 NO_2 ⟶
- (1) NO 是奇分子
- (2) NO_2 是 sp^2 杂化，π_3^3

3. HNO_2 及盐 ⟶
- (1) 酸性与稳定性
- (2) 氧化还原性
  - $2NO_2^- + 2I^- + 4H^+ = 2NO + I_2 + 2H_2O$
  - $5NO_2^- + 2MnO_4^- + 6H^+ = 5NO_3^- + 2Mn^{2+} + 3H_2O$

4. HNO_3 及盐 ⟶
- (1) 性质
  - ① 酸性
  - ② 氧化性
    - a. 与非金属单质作用
    - b. 与金属单质作用
- (2) 硝酸盐的稳定性(规律)
- (3) 硝酸根的鉴定

5. P_2O_5、H_3PO_4 及盐 →
   - (1)P_2O_5：最强的干燥剂
   - (2)H_3PO_4
     - a. 酸性
     - b. 形成多酸
   - (3)PO_4^{3-} 的鉴定——$3Ag^+ + PO_4^{3-} = Ag_3PO_4\downarrow$(黄色)

6. As、Sb、Bi →
   - (1)氧化物及水合物
     - a. 酸碱性
     - b. 氧化还原性
       - 还原性：As(Ⅲ)－R①
       - 氧化性：Bi(Ⅴ)－R①

       $5BiO_3^- + 2Mn^{2+} + 14H^+ = 5Bi^{3+} + 2MnO_4^- + 7H_2O$
   - (2)氯化物水解性：$SbCl_3 + H_2O = SbOCl + 2HCl$

【知识结构-4】——碳族元素

1. 碳族通性
2. CO 与 CO_2
3. H_2CO_3 及盐 →
   - (1)$M^{n+} + CO_3^{2-}$(三种情况)
   - (2)热稳定性—$H_2CO_3 < MHCO_3 < M_2CO_3$(离子反极化)
4. Si 的含氧化合物 →
   - (1)SiO_2—Si 采用 sp^3 与 O 形成硅氧四面体
   - (2)硅酸及硅酸盐
     - a. 酸性
     - b. 自行聚合—变色硅胶
5. Sn、Pb 的氧化物及水合物 →
   - (1)酸碱性
   - (2)氧化还原性
     - a. Sn(Ⅱ)强还原性
     - b. Pb(Ⅳ)强氧化性

   $PbO_2 + 4HCl = PbCl_2 + Cl_2\uparrow + 2H_2O$
6. Sn、Pb 的氯化物 →
   - (1)还原性
   - (2)水解性
   - (3)配位性
7. Pb^{2+} 的鉴定：$Pb^{2+} + CrO_4^{2-} = PbCrO_4\downarrow$

【知识结构-5】——硼族元素

1. 硼族通性 →
   - (1)惰性电子对效应
   - (2)缺电子元素/缺电子化合物
2. B 的化合物

(1)B_2H_6 →
- a. 结构—三中心两电子键(氢桥)
- b. 性质
  - ①自燃
  - ②水解
  - ③极毒

(2) H_3BO_3 ⟶ a. 一元弱酸
b. 酸性主要是硼的缺电子性所造成

(3) $Na_2B_4O_7 \cdot 10H_2O$ ⟶ a. 水解性
b. 标定 HCl：$Na_2B_4O_7 + 2HCl + 5H_2O = 4H_3BO_3 + 2NaCl$

3. Al 的化合物⟶ (1)氧化铝
(2) $Al(OH)_3$
(3) Al^{3+} 的鉴定：Al^{3+} + 茜素磺酸钠→红色螯合物沉淀

视频 8.9

习　题

视频 8.10

视频 8.11

8.1　用所学理论解释 F_2，Cl_2，Br_2，I_2 的熔、沸点依次增高的现象。

8.2　写出下列反应方程式：

(1)将氯气通入冷的及热的氢氧化钾溶液中。

(2)将碘加到氢氧化钠的溶液中。

(3)将碘酸钾加到碘化钾的稀硫酸溶液中。

8.3　为什么在 KI 溶液中通入氯气时，开始溶液呈棕色，继续通入氯气时，颜色褪去？写出反应方程式。

8.4　为什么用浓硫酸与氯化物反应可制备盐酸，而用浓硫酸与溴化物或碘化物反应却得不到氢溴酸或氢碘酸？

8.5　如何鉴别分别在三支试管中的 HCl，HBr，HI 的水溶液？

8.6　比较下列化合物的酸碱性强弱，并采用合适的理论解释。

(1) HClO，$HClO_2$，$HClO_3$，$HClO_4$

(2) H_3AsO_4，H_2SeO_4

(3) $HClO_4$，$HBrO_4$，HIO_4

(4) $Sn(OH)_2$，$Pb(OH)_2$

8.7　选择题

(1)含 I^- 的溶液中通入 Cl_2，产物可能是(　　)。

(A) I_2 和 Cl^-　　(B) IO_3^- 和 Cl^-

(C) ICl_2^-　　(D)以上产物均可能

(2) $LiNO_3$ 和 $NaNO_3$ 都在 700℃左右分解，其分解产物是(　　)。

(A)都是氧化物和氧气　　(B)都是亚硝酸盐和氧气

(C)除产物氧气外，其余产物均不同

(3)H_2S 和 SO_2 反应的主要产物是(　　)。

(A)$H_2S_2O_4$　　(B)S　　(C)H_2SO_4　　(D)H_2SO_3

(4)下列物质中酸性最弱的是(　　)。

(A)H_3PO_4　　(B)$HClO_3$　　(C)H_3AsO_4　　(D)H_3AsO_3

(5)I_2 难溶于水而易溶于 KI 溶液是由于(　　)。

(A)盐效应　　(B)同离子效应　　(C)相似相溶　　(D)生成多卤化物

8.8　何谓缺电子原子？硼原子的缺电子特性具体表现在哪些方面？

8.9　Bi(Ⅴ)可将 Cl^- 氧化为 Cl_2，Cl_2 又可将 Bi(Ⅲ)氧化为 Bi(Ⅴ)，这两者之间是否存在矛盾？为什么？

8.10　实验室制备 H_2S 气体为何用盐酸与 FeS 反应，而不用硝酸？硫化氢水溶液在空气中长期放置为什么会变浑浊？

8.11　有四种试剂：Na_2SO_4，Na_2SO_3，$Na_2S_2O_3$，Na_2S，其中标签已脱落，设计一简便方法鉴别它们。

8.12　硫代硫酸钠可以用于解除卤素和重金属离子中毒，为什么？

8.13　将 CO_2 通入 $NaSiO_3$ 的溶液中会发生何种反应，得到的产物是什么？将固体的 Na_2CO_3 和 SiO_2 高温反应得到的产物又是什么？

8.14　试写出用任意金属还原硝酸生成下列各产物的反应式。

(1)NO；(2)N_2O；(3)NO_2；(4)NH_4^+。

8.15　完成下列反应的分子或离子方程式：

(1)$H_2S+FeCl_3 \longrightarrow$

(2)$KMnO_4+Na_2SO_3+H_2SO_4 \longrightarrow$

(3)$H_2O_2+Cr_2O_7^{2-}+H^+ \longrightarrow$

(4)$H_2O_2+MnO_4^-+H^+ \longrightarrow$

(5)$NO_2^-+I^-+H^+ \longrightarrow$

(6)$Au+HCl+HNO_3 \longrightarrow$

(7)$Na_2CO_3+Al_2(SO_4)_3+H_2O \longrightarrow$

(8)$PbS+H_2O_2 \longrightarrow$

8.16　在 Na_2HPO_4 溶液中加入 $AgNO_3$ 溶液，有黄色 Ag_3PO_4 沉淀析出。请用平衡移动原理加以解释，并讨论 Ag_3PO_4 沉淀后溶液酸、碱性的变化，写出相应的反应方程式。

8.17　硼酸为什么是一元弱酸而不是三元弱酸？

8.18　有一既有氧化性又有还原性的某物质水溶液：

①将此溶液加入碱时生成盐；

②将①所得溶液酸化，加入适量 $KMnO_4$，可使 $KMnO_4$ 褪色；

③将②所得溶液加入 $BaCl_2$ 得白色沉淀；

判断这是什么溶液？

8.19　写出下列各铵盐、硝酸盐热分解的反应方程式：

①铵盐：NH_4HCO_3，$(NH_4)_3PO_4$，$(NH_4)_2SO_4$，NH_4NO_3，NH_4Cl

②硝酸盐：KNO_3，$Cu(NO_3)_2$，$AgNO_3$，$Zn(NO_3)_2$

8.20　分别对 NH_4^+，PO_4^{3-}，NO_2^-，NO_3^- 等离子进行定性鉴定。

测验题

一、选择题

1. 加热能生成少量氯气的一组物质是(　　)。

(A) $NaCl$ 和 H_2SO_4　　(B)浓 HCl 和固体 $KMnO_4$

(C) HCl 和 Br　　(D) $NaCl$ 和 MnO_2

2. 元素硒与下列哪种元素的性质相似(　　)。

(A)氧　　(B)氮　　(C)硫　　(D)硅

3. 在冰醋酸中，强度最大的酸是(　　)。

(A) H_2SO_4　　(B) HCl　　(C) HNO_3　　(D) $HClO_4$

4. 下列 $0.1mol \cdot L^{-1}$ 物质的水溶液中，$c(NH_4^+)$最高的是(　　)。

(A) NH_4Cl　　(B) NH_4HSO_4　　(C) NH_4HCO_3　　(D) NH_4Ac

5. 在 $pH=6.0$ 的土壤里，下列物质中浓度最大的为(　　)。

(A) H_3PO_4　　(B) $H_2PO_4^-$　　(C) HPO_4^{2-}　　(D) PO_4^{3-}

6. 在 HNO_3 介质中，欲使 Mn^{2+} 氧化成 MnO_4^-，可加哪种氧化剂(　　)。

(A) $KClO_3$　　(B) H_2O_2　　(C)王水　　(D) $(NH_4)_2S_2O_8$

7. 要使氨气干燥，应将其通过下列哪种干燥剂(　　)。

(A)浓 H_2SO_4　　(B) $CaCl_2$　　(C) P_2O_5　　(D) $NaOH$

8. 下列物质中酸性最弱的是(　　)。

(A) H_3PO_4　　(B) $HClO_4$　　(C) H_3AsO_4　　(D) H_3AsO_3

9. 下列物质中热稳定性最好的是(　　)。

(A)$Mg(HCO_3)_2$　(B)$MgCO_3$　(C)H_2CO_3　(D)$SrCO_3$

10. 下列物质中，离子极化作用最强的是(　　)。

(A)$MgCl_2$　(B)NaCl　(C)$AlCl_3$　(D)$SiCl_4$

11. 下列物质中存在分子内氢键的是(　　)。

(A)NH_3　(B)C_2H_4　(C)H_2　(D)HNO_3

12. 下列物质熔点由高到低顺序是(　　)。

a. $CuCl_2$　b. SiO_2　c. NH_3　d. PH_3

(A)b＞a＞c＞d　(B)a＞b＞c＞d

(C)b＞a＞d＞c　(D)a＞b＞d＞c

13. 下列哪种分子的偶极矩不等于零(　　)。

(A)CCl_4　(B)PCl_5　(C)PCl_3　(D)SF_6

14. p 区元素性质特征变化规律最明显的是(　　)。

(A)ⅣA　(B)ⅤA　(C)ⅥA　(D)ⅦA

15. 下列分子中含离域 π 键的是(　　)。

(A)H_2SO_4　(B)C_2H_4　(C)CO_2　(D)CO

16. 碘易升华的原因是(　　)。

(A)分子间作用力大，蒸气压高

(B)分子间作用力小，蒸气压高

(C)分子间作用力大，蒸气压低

(D)分子间作用力小，蒸气压低

17. 原子序数从 1～100 的 100 种元素的原子中，具有 2p 电子的元素有(　　)。

(A)100 种　(B)98 种　(C)96 种　(D)94 种

18. 下列各对元素中，电负性非常接近的是(　　)。

(A)Be 和 Al　(B)Be 和 Mg　(C)Be 和 B　(D)Be 和 K

19. 下列各组分子或离子中，均含有三电子 π 键的是(　　)。

(A)O_2、O_2^+、O_2^-　(B)N_2、O_2、O_2^-

(C)B_2、N_2、O_2^-　(D)O_2^+、Be_2^+、F_2

二、填空题

1. H_3BO_3 是一元酸，它与水反应的方程式是____________________。

2. B_2H_6 分子中存在着_____，它是一种_____化合物。

3. H_3BO_3，HNO_2，HNO_3，H_3AlO_3 的酸性由弱到强的顺序是_____

_____。

4. 原子序数为 53 的元素，其原子核外电子排布为_____，
未成对电子数为_____，有_____个能级组，最高氧化值是_____。

5. NO 分子中 N 和 O 的价电子之和为奇数，因而具有_____磁性。

6. $SiCl_4$ 在潮湿空气中由于_____而产生浓雾，其反应式为_____。

三、鉴定题

根据下列实验现象确定各字母所代表的物质。

$$(A) \xrightarrow{\text{浓}H_2SO_4} \begin{array}{l} \text{(B) 无色气体} \\ \text{(C) 溶液} \end{array} \xrightarrow{HNO_3,\ NaBiO_3} \text{(D) 紫红色溶液} \xrightarrow{H_2S} \begin{array}{l} \text{(E) 浅黄色沉淀} \\ \text{近无色溶液} \end{array}$$

(A) 棕黑色固体

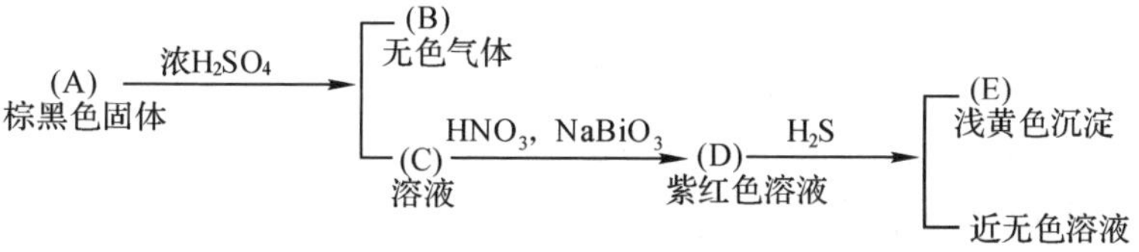

第 9 章　s, ds, d 区元素及其主要化合物
(s, ds, d block elements and their main compounds)

学习目标

通过本章的学习，要求掌握：

1. s，ds，d 区元素单质的物理化学性质；
2. s，ds，d 区元素重要化合物的典型性质；
3. s，ds，d 区元素单质与化合物的制备方法；
4. 过渡元素重要化合物的典型性质；
5. 常见离子的鉴定方法。

自然界中的元素有一种分类是根据核外电子的排布这一形式划分，也就是根据元素周期表分类。元素周期表中ⅠA 族和ⅡA 族归为 s 区元素，其最外价层电子构型分别为 ns^1 和 ns^2。最外层电子构型为 $(n-1)d^{10}ns^1$，$(n-1)d^{10}ns^2$ 的元素，包含铜族、锌族，将其归为 ds 区。而位于元素周期表的 s 区和 ds 区的中间部分，有大量过渡元素，其最外价层电子构型为 $(n-1)d^{1-10}ns^{1-2}$，通常将其称为 d 区元素。

9.1　s 区常见元素及其主要化合物

ⅠA 族除氢外，Li，Na，K，Rb，Cs，Fr 称为碱金属，ⅡA 族中 Be，Mg，Ca，Sr，Ba，Ra 称为碱土金属。它们以卤化物、硫酸盐、碳酸盐和硅酸盐存在于地壳中。Na，K，Ca 等存在于动、植物体内，参与生命过程；Rb，Cs 在自然界存在较少，是稀有金属；Fr 和 Ra 是放射性元素。

9.1.1　碱金属和碱土金属的通性

碱金属和碱土金属原子最外层只有一个或者 2 个 *n*s 电子，而次外层是 8 电子结构(Li、Be 除外)。由于原子半径较大，内层电子的屏蔽作用显著，故很容

易失去 s 层电子，从而使第一电离能在同周期元素中较低，表现出很强的活泼性，即金属性。由于外层电子的失去，碱金属和碱土金属的稳定氧化值分别为 +1和+2。

在 s 区元素中，同一族元素自上而下性质的变化按规律进行。随着核电子数的增加，原子半径增大，其相应的离子半径增大，而电离能减小、电负性减小，其相应的金属性、还原性增强。除第二周期和第三周期元素之间的性质有较大的差异外，其余周期的性质变化更加具有规律性。这主要与核外电子构型有关。

s 区元素的单质是活泼的金属，他们都与大多数非金属反应，形成的大多是离子型化合物。而 Li 和 Be 形成的大部分是共价化合物，这是由于 Li 和 Be 的离子半径小，极化作用强。碱金属与同周期的碱土金属相比，碱金属的核电荷少，原子半径大，最外层电子更易失去，从而表现出更强的还原性。

碱金属和碱土金属都是银白色金属（Be 为灰色）。他们的主要特点是密度小、硬度小、熔点低。碱金属中 Li、Na、K 的密度都小于 $1g \cdot cm^{-3}$，碱土金属的密度都小于 $5g \cdot cm^{-3}$。虽然碱金属和碱土金属都属于轻金属，但碱土金属的密度要比同周期的碱金属密度大。碱金属和碱土金属除 Be、Mg 外硬度都小于 2。由于原子半径较大，而外层电子较少，形成的金属键弱，从而熔、沸点较低。碱土金属与碱金属相比，其熔、沸点更高。ⅠA 和ⅡA 族金属的一些基本性质列于表 9-1 和表 9-2 中。

表 9-1　碱金属元素的性质

性质	元素				
	锂	钠	钾	铷	铯
元素符号	Li	Na	K	Rb	Cs
原子序数	3	11	19	37	55
外层电子构型	$2s^1$	$3s^1$	$4s^1$	$5s^1$	$6s^1$
固体密度/$(g \cdot cm^{-3})$	0.53	0.97	0.86	1.53	1.90
熔点/℃	180.54	97.81	73.2	39.0	28.5
沸点/℃	1347	881.4	756.5	688	705
升华热/$(kJ \cdot mol^{-1})$	159.0	108.9	90.0	85.8	78.7
硬度	0.6	0.5	0.4	0.3	0.2
原子半径/pm	133.6	153.9	196.2	216	235

续表

性质	元素				
	锂	钠	钾	铷	铯
M^+离子半径/pm	60	95	133	148	169
电离能/(kJ·mol^{-1})	520.1	495.4	418.4	402.9	373.6
电负性	1.0	0.9	0.8	0.8	0.7
电极电势/V	−3.04	−2.71	−2.931	−2.925	−2.923

表 9-2 碱土金属元素的性质

性质	元素				
	铍	镁	钙	锶	钡
元素符号	Be	Mg	Ca	Sr	Ba
原子序数	4	12	20	38	56
外层电子构型	$2s^2$	$3s^2$	$4s^2$	$5s^2$	$6s^2$
固体密度/(g·cm^{-3})	1.85	1.74	1.55	2.63	3.62
熔点/℃	1287	649	839	768	727
沸点/℃	2500	1105	1494	1381	1850
硬度	4	2.5	2	1.8	
原子半径/pm	90	136	174	191	198
M^+离子半径/pm	31	65	99	113	135
第一电离能/(kJ·mol^{-1})	899.1	737.6	589.5	548.8	502.5
第二电离能/(kJ·mol^{-1})	1756.5	1450.2	1145.2	1064.4	964.8
电负性	1.5	1.2	1.0	1.0	0.9
电极电势/V	−1.85	−2.70	−2.868	−2.89	−2.912

碱金属和碱土金属的应用很广泛。锂及其化合物可用于高能燃料和高能电池(锂电池)；钠是重要的化工原料和还原剂；碱金属，尤其是铯，最外层 s 电子失去的倾向很强，当光照时电子容易从金属表面逸出，这种现象称为光电效应，因此钾、铷、铯可用来制造光电管；钠、钾的熔点低，比热容大且可生成钠钾合金，用作核反应堆的冷却剂和热交换剂；钠与汞可生成钠汞齐，广泛用作有机合成中的还原剂；铍、镁还可以用于制造轻质合金，是航天以及航空工业的重

要原料。

9.1.2 碱金属和碱土金属的单质

(1)物理性质

碱金属单质的物理性质取决于它们的原子结构。由于碱金属元素的原子半径大，价电子只有1个，故金属的金属键很弱。因此，碱金属单质的密度小(其中Li、Na、K的密度比水还小。Li是最轻的金属，其密度差不多只有水的密度的一半)，都是典型的轻金属；硬度小，通常可用小刀切割；熔点低(除锂以外都在100℃以下，铯的熔点最低，人的体温就可以将其熔化)，在常温下就能形成液态合金，其中最重要的合金有钾钠合金及钠汞齐。

由于碱土金属原子有2个价电子，与同周期碱金属相比，它们的原子半径较小，金属键较强。因此它们的密度、硬度都比碱金属的大，熔、沸点比碱金属高。由于本族金属的晶体结构不同，铍、镁为六方晶格，钙、锶为立方晶格，钡为体心立方晶格，所以熔点变化没有很强的规律性。

(2)化学性质

碱金属和碱土金属的重要化学性质见图9-1和9-2。

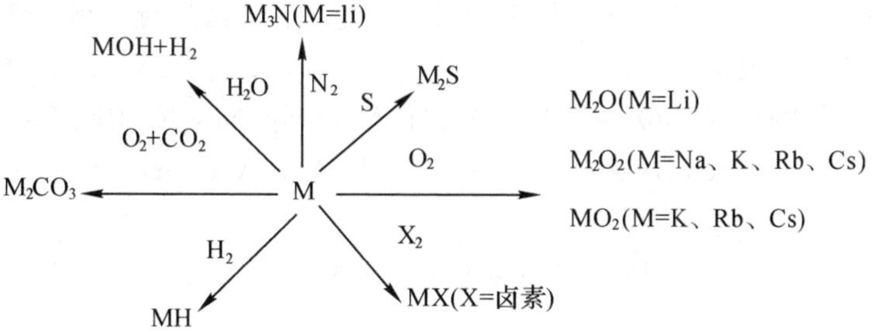

图9-1 碱金属的一些化学反应

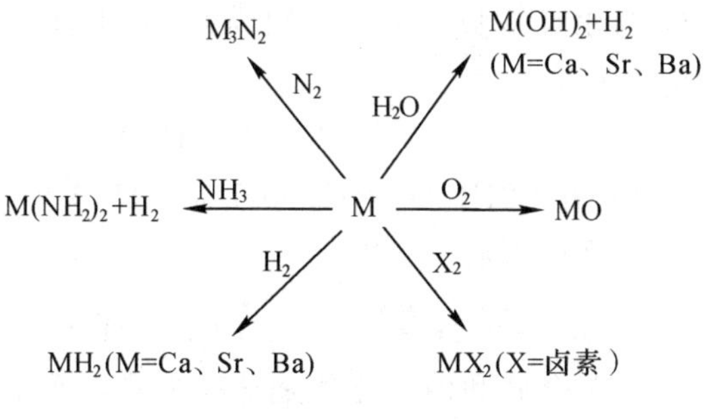

图9-2 碱土金属的一些化学反应

关于碱金属和碱土金属的化学性质具体讨论如下：

①与氧的反应。碱金属与空气接触后即被氧化，氧化产物和空气中的CO_2生成碳酸盐覆盖在金属表面。钠与钾稍加热即可燃烧，铷与铯可自燃。碱土金属在空气中发生缓慢氧化作用，但在加热时反应明显，除生成氧化物外还有氮化物生成。

碱金属极易在空气中燃烧，燃烧时金属锂只生成正常氧化物Li_2O(白色)；钠、钾均生成过氧化物M_2O_2，如Na_2O_2(淡黄色)和K_2O_2(白色)。在高温和过量氧的条件下钾、铷、铯可生成超氧化物MO_2，如KO_2(橙黄色)。碱土金属的单质同样极易在空气中燃烧。在室温和加热条件下与氧直接化合生成正常氧化物MO，如MgO、CaO、BaO等。在加压和高温条件下，SrO、BaO与氧作用生成过氧化物MO_2，即SrO_2、BaO_2。

②与水的反应。碱金属与水反应时，除金属锂外反应都非常剧烈，同时放出大量的热。锂与水反应生成的氢氧化锂的溶解度较小，覆盖在锂的表面，阻止了反应的进行，所以反应比较平缓；钠与水反应放出的热可使钠熔化；钾与水反应能燃烧；铷、铯与水能发生爆炸，因此碱金属必须保存在无水的煤油中。碱土金属与水的反应不像碱金属那么剧烈，铍、镁与冷水几乎不反应，因为在金属表面生成一层难溶的氢氧化物以后，反应几乎无法进行。钙、锶、钡与冷水能发生剧烈的反应。

$$2M + 2H_2O \xlongequal{} 2MOH + H_2\uparrow \quad (M=Na, K, Rb、Cs)$$

$$M + 2H_2O \xlongequal{} M(OH)_2 + H_2\uparrow \quad (M=Ca, Sr, Ba)$$

③与H_2的反应。

碱金属和碱土金属(Be和Mg除外)在高温下与氢直接反应，生成离子型氢化物。

$$2M + H_2 \xlongequal{} 2MH(M为碱金属)$$

$$M + H_2 \xlongequal{} MH_2(M为碱土金属)$$

这种氢化物不稳定，与水反应放出氢气。因为CaH_2与水可直接反应生成氢气，故CaH_2也称为生氢剂。

$$NaH + H_2O \xlongequal{} NaOH + H_2\uparrow$$

$$CaH_2 + 2H_2O \xlongequal{} Ca(OH)_2 + 2H_2\uparrow$$

离子型氢化物都是强还原剂。例如，

$$TiCl_4 + 4NaH \xlongequal{高温} Ti + 4NaCl + 2H_2\uparrow$$

④与卤素的反应。碱金属和碱土金属是活泼金属，而卤素是活泼非金属，它们能直接化合生成卤化物。除$BeCl_2$为共价化合物外，其他碱金属和碱土金

属的卤化物均为离子型化合物。Li^{+}，Mg^{2+} 因半径小，生成的 LiCl，$MgCl_2$ 具有一定的共价性，$BeCl_2$ 在水中溶解度小、熔点低、易升华，这是其共价性所决定的，也是其与离子型氢化物的重要区别。

视频 9.1

9.1.3　碱金属和碱土金属的氧化物

碱金属和碱土金属与氧形成的二元化合物可分为普通氧化物、过氧化物和超氧化物，在这些氧化物中碱金属和碱土金属的氧化值分别为+1 和+2，但氧的氧化值则分别为−2，−1 和−1/2。这些氧化物都是离子化合物，在其晶格中分别含有氧离子、过氧离子和超氧离子。有关 s 区元素的氧化物及形成方式如表 9-3 所示。

表 9-3　s 区元素形成的含氧二元化合物

氧化物类型	阴离子	直接形成	间接形成
正常氧化物	O^{2-}	Li，Be，Mg，Ca，Sr，Ba	ⅠA，ⅡA 所有元素
过氧化物	O_2^{2-}	Na，Ba	除 Be 外的所有元素
超氧化物	O_2^{-}	(Na)，K，Rb，Cs	除 Be，Mg，Li 外的所有元素

(1)正常氧化物

除了锂在空气中燃烧生成 Li_2O 外，碱金属在空气中燃烧生成的主要产物都不是 M_2O，尽管在含氧量不足的空气中也可生成这些金属的普通氧化物，但这种条件不易控制，难以制得纯净的氧化物。除氧化锂外，为了得到纯净的碱金属氧化物，可以通过碱金属单质或叠氮化物还原过氧化物、硝酸盐或亚硝酸盐的方式得到：

$$2Na + Na_2O_2 = 2Na_2O$$

$$10K + 2KNO_3 = 6K_2O + N_2\uparrow$$

$$3NaN_3 + NaNO_2 = 2Na_2O + 5N_2\uparrow$$

碱土金属的氧化物一般都是通过加热其碳酸盐制得。加热硝酸镁和在还原气氛中加热硫酸镁也可制得氧化镁。纯净的氧化铍可通过强热分解纯氢氧化铍制得。

碱金属和碱土金属的氧化物都是很稳定的化合物，其标准生成焓都是绝对值相当大的负值。但生成焓的绝对值从 Li 到 Cs 和从 Be 到 Ba 有逐渐减小的趋势。氧化物的熔点从 Li 到 Cs 和从 Be 到 Ba 也有逐渐降低的趋势，而且碱土金属氧化物的熔点远高于碱金属氧化物的熔点。碱土金属离子带两个正电荷，且离子半径较小，其氧化物的晶格能很大，熔点高。有关碱金属和碱土金属的普通氧化物的性质见表 9-4 和 9-5。

表 9-4 碱金属氧化物的性质

性质	Li_2O	Na_2O	K_2O	Rb_2O	Cs_2O
颜色	白色	白色	浅黄色	亮黄色	橙红色
熔点/℃	>1700	1275	350(分解)	400(分解)	400(分解)

表 9-5 碱土金属氧化物的性质

性质	BeO	MgO	CaO	SrO	BaO
熔点/℃	2530	2852	2614	2430	1918
硬度(金刚石=10)	9	5.6	4.5	3.5	3.3
M—O 核间距/pm	165	210	240	257	277

碱金属和钙、锶、钡的氧化物与水反应生成相应的氢氧化物，并放出热量。如：

$$Na_2O(s)+H_2O(l)=\!=\!=2NaOH(s)$$

$$CaO(s)+H_2O(l)=\!=\!=Ca(OH)_2(s)$$

经过煅烧的 BeO 和 MgO 极难与水反应，它们的熔点很高，是很好的耐火材料。经特殊过程生产的轻质氧化镁粉末是一种很好的补强材料，常用作橡胶、塑料和纸张的填料。

(2)过氧化物

除了铍未发现过氧化物外，碱金属和其他碱土金属元素都能形成过氧化物。过氧化物含有过氧离子(O_2^{2-})，可以将它们看成是过氧化氢的盐。过氧离子与氯是等电子体，其分子轨道式为：$(\sigma_{1s})^2(\sigma_{1s}^*)^2(\sigma_{2s})^2(\sigma_{2s}^*)^2(\sigma_{2p_x})^2(\pi_{2p_y})^2(\pi_{2p_z})^2(\pi_{2p_y}^*)^2(\pi_{2p_z}^*)^2$，键级为 1。

除过氧化锂外，碱金属的过氧化物都是直接用单质合成的。例如，用金属钠在空气中燃烧可制得过氧化钠，但为了获得纯度较高的过氧化钠还需要控制一定的制备条件。其制备方法是将钠加热融化，通入一定量除去 CO_2 的干燥空气，维持温度在 180～200℃，钠即被氧化为 Na_2O，接着增大空气流量并迅速提高温度至 300～400℃，即可生成 Na_2O_2。

以过氧化钠为例来讨论过氧化物的主要性质。

过氧化钠是黄色粉末状固体，易吸潮。它与水或稀酸作用生成过氧化氢。

$$Na_2O_2+2H_2O=\!=\!=H_2O_2+2NaOH$$

$$Na_2O_2 + H_2SO_4 \longrightarrow H_2O_2 + Na_2SO_4$$

过氧化钠是一种强氧化剂，它能强烈地氧化一些金属。例如，熔融的过氧化钠能将 Fe 氧化成 FeO_4^{2-}；用过氧化钠与一些不溶于酸的矿石共熔可使矿石氧化分解；甚至在常温下过氧化钠也能把一些有机物转化为碳酸盐。但是过氧化钠也具有还原性，当遇到 $KMnO_4$ 这类的强氧化剂时，过氧化钠被氧化生成氧气。

在潮湿的空气中过氧化钠吸收空气中的 CO_2 并放出 O_2：

$$2Na_2O_2 + 2CO_2 \longrightarrow 2Na_2CO_3 + O_2\uparrow$$

即过氧化钠是一种供氧剂，可以用于潜水艇或防毒面具中应急供氧。

(3)超氧化物

超氧化物中含有顺磁性的超氧离子 O_2^-，它比 O_2 多一个电子，其分子轨道式为：

$$(\sigma_{1s})^2(\sigma_{1s}^*)^2(\sigma_{2s})^2(\sigma_{2s}^*)^2(\sigma_{2p_x})^2(\pi_{2p_y})^2(\pi_{2p_z})^2(\pi_{2p_y}^*)^2(\pi_{2p_z}^*)^1$$

有一个单电子，键级为 1.5。钾、铷、铯、钙、锶、钡的超氧化物是稳定的。纯净的超氧化钠很难获得，在 450℃和 15MPa 的压力下，O_2 与钠反应能够制得纯净的超氧化钠。KO_2、RbO_2、CsO_2 分别为橙色、暗棕色和橙色的固体。

超氧化物是很强的氧化剂，与水或其他质子溶剂发生激烈反应生成氧气和过氧化氢，在高温下分解则产生氧气和过氧化物：

$$2MO_2 + 2H_2O \longrightarrow O_2\uparrow + H_2O_2 + 2MOH$$

$$2MO_2 \longrightarrow M_2O_2 + O_2\uparrow$$

超氧化物也是一种供氧剂，在与 CO_2 反应时生成碳酸盐并放出氧气：

$$4MO_2 + 2CO_2 \longrightarrow 2M_2CO_3 + 3O_2\uparrow$$

所以超氧化物的一个重要用途就是作为应急氧气源，在急救或防毒面具中有供氧之用。

9.1.4　碱金属和碱土金属的氢氧化物

碱金属和碱土金属的氢氧化物都是白色固体，其中氢氧化铍与氢氧化铝很相似，是典型的两性氢氧化物，它可以溶于强碱中形成$[Be(OH)_4]^{2-}$。氢氧化镁为中强碱，其他氢氧化物都是强碱。碱金属氢氧化物都溶于水，并放出大量的热。除氢氧化锂的溶解度稍小外，碱金属的氢氧化物在水中的溶解度都很大，在常温下可以形成很浓的溶液，如氢氧化钠溶液的质量分数可达 50%以上。碱土金属氢氧化物在水中的溶解度要小得多。氢氧化铍和氢氧化镁难溶于水，氢氧化钙与氢氧化锶微溶，氢氧化钡可溶但溶解度不大。具体的溶解度常数见表 9-6。

表 9-6　碱土金属氢氧化物的溶解度

氢氧化物	$Be(OH)_2$	$Mg(OH)_2$	$Ca(OH)_2$	$Sr(OH)_2$	$Ba(OH)_2$
溶解度/($mol \cdot L^{-1}$)	8×10^{-6}	5×10^{-4}	1.8×10^{-2}	6.7×10^{-2}	2×10^{-1}

对于氢氧化物的酸碱性及其强弱可以用 R—O—H 模型进行解析。若以 MOH 代表氢氧化物，它可以有两种离解方式：

$$M \vdots O—H \longrightarrow M^{+} + OH^{-} \quad \text{碱式离解}$$

$$M—O \vdots H \longrightarrow MO^{-} + H^{+} \quad \text{酸式离解}$$

究竟是以哪一种方式离解或两者兼有，与离子 M 的电荷数 Z 及离子半径 r 有关。令 $\varphi = Z/r$ 为离子势。显然 φ 值越大，M 的静电场越强，对氧原子上的电子云的吸引力就越强，金属离子和氧的结合越牢固，结果 O—H 键的极性就越大，极性共价键转变为离子键的倾向越大。即氧的负电荷密度下降，对氢离子的结合越弱，MOH 按酸式离解的趋势越大。反之，M 离子对氧作用越弱，氧的负电荷密度增大，对氢离子的结合越强，MOH 按碱式离解的趋势则越大。按照这一规律，碱金属和碱土金属氢氧化物的碱性递变规律如下：

↑	LiOH	NaOH	KOH	RbOH	CsOH
	中强	强	强	强	强
	$Be(OH)_2$	$Mg(OH)_2$	$Ca(OH)_2$	$Sr(OH)_2$	$Ba(OH)_2$
	两性	中强	强	强	强

⟶

(箭头指向)溶解度增大，碱性增强

需要注意的是，对于碱金属和碱土金属及一些 8 电子层结构的阳离子的氢氧化物来说，以离子势来判别氢氧化物的离解方式及酸碱性强弱是可行的。但对于另一些元素的氢氧化物来说则不科学。因为氢氧化物的酸碱性除了与中心离子的电荷、半径有关外，还与离子的电子层结构等因素有关，因此采用离子势解析氢氧化物的酸碱性仅是一种粗略的经验方法。

9.1.5　碱金属和碱土金属的盐类

碱金属、碱土金属的卤化物、硫酸盐、硝酸盐、碳酸盐和磷酸盐是比较常见的碱金属、碱土金属盐。

(1)晶体类型及熔、沸点

碱金属的盐类基本上都是离子化合物，具有较高的熔、沸点。其卤化物在气态主要以离子对存在，但通过键长和偶极矩的测定，发现它们也存在一定程度的共价性。锂离子的半径特别小，极化力更强，卤化物的共价程度更大一些。碱土金属的盐类大多为离子化合物，但其共价特征明显高于碱金属。铍的卤化物基本上是共价化合物，熔融状态的氟化铍几乎不导电，在750℃的蒸汽中，氯化铍为直线形分子，而在温度较低的蒸汽中则主要以二聚体形式存在：

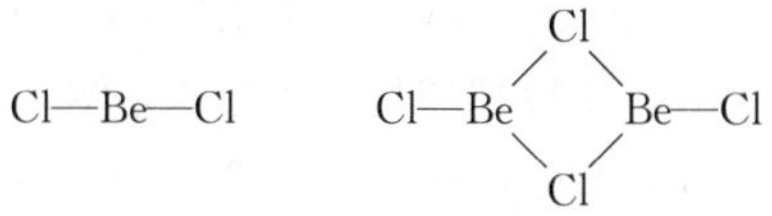

单分子 $BeCl_2$　　　二聚体$(BeCl_2)_2$

固态氯化铍是一种链状结构。其他碱土金属的卤化物也有程度不同的共价特征，不过随离子半径的增大共价特征越来越小，相应的熔点也越来越高。

	$BeCl_2$	$MgCl_2$	$CaCl_2$	$SrCl_2$	$BaCl_2$
熔点/℃	405	714	782	876	962

$\longrightarrow$ 离子极化减弱，离子性增强

(2)颜色

碱金属离子和碱土金属离子都是无色的。只要阴离子是无色的，那么所生成的化合物的颜色便为无色或者白色。如碱金属离子和碱土金属离子与 X^-，O^{2-}，NO_3^-，SO_4^{2-}，CO_3^{2-} 等离子形成的化合物呈现无色。若阴离子为有色的，其相应的化合物通常呈现阴离子的颜色。

(3)溶解性

碱金属的大多数盐都是易溶于水的，但由于 Li^+ 半径特小，电荷密度高，和阴离子结合的晶格能很高，尤其是和半径小、电荷高的阴离子。因此，锂的很多盐是难溶的，且溶解度比相应的钾盐更小。钠盐多是易溶于水的。碱土金属的难溶盐比较多，如氟化物(除 BeF_2 外)、碳酸盐、磷酸盐、铬酸盐、草酸盐等都是难溶盐。碱土金属的硫酸盐在水中的溶解度从 Be 到 Ba 依次减小，$BeSO_4$ 和 $MgSO_4$ 易溶，而 $CaSO_4$ 微溶，$BaSO_4$ 难溶。

(4)热稳定性

碱金属的盐一般都具有较高的热稳定性，但硝酸盐的热稳定性较差，加热时会分解放出氧气，其中硝酸锂的分解方式与其他碱金属硝酸盐不同：

$$4LiNO_3 \xlongequal{700℃} 2Li_2O + 4NO_2\uparrow + O_2\uparrow$$

$$2NaNO_3 \xlongequal{730℃} 2NaNO_2 + O_2\uparrow$$

$$2KNO_3 \xlongequal{670℃} 2KNO_2 + O_2\uparrow$$

亚硝酸钠在800℃以上会很快分解，但亚硝酸钾在1000℃以上才会分解：

$$2NaNO_2 \xlongequal{800℃} Na_2O + N_2\uparrow + \frac{3}{2}O_2\uparrow$$

$$2KNO_2 \xlongequal{1000℃} K_2O + N_2\uparrow + \frac{3}{2}O_2\uparrow$$

碳酸锂的热稳定性也较差，在720℃时分解为Li_2O和CO_2，其他碱金属碳酸盐比较稳定，如Na_2CO_3在1000℃时仍无明显分解。碱金属的硫酸盐十分稳定，例如K_2SO_4在1069℃熔化也不分解。需要注意的是，碱金属的酸式盐均不及正盐稳定，即$MHCO_3$的分解温度低于M_2CO_3。酸式碳酸盐受热即分解为正盐，如碳酸氢钠的分解温度约为100℃，在190℃温度下加热半小时，即可完全分解为碳酸钠。

碱土金属盐的热稳定性不如碱金属盐，即M_2CO_3的分解温度高于MCO_3。表9-7列出了三种常见的盐的分解温度。从表中数据可知，从Be到Ba，盐的分解温度逐渐上升，铍盐的热稳定性较差，而其他碱土金属盐一般是相当稳定的。

表9-7 碱土金属盐的分解温度(101.325kPa)

硝酸盐	$Be(NO_3)_2$	$Mg(NO_3)_2$	$Ca(NO_3)_2$	$Sr(NO_3)_2$	$Ba(NO_3)_2$
分解温度/℃	约100	约129	>561	>750	>590
碳酸盐	$BeCO_3$	$MgCO_3$	$CaCO_3$	$SrCO_3$	$BaCO_3$
分解温度/℃	<100	540	900	1290	1360
硫酸盐	$BeSO_4$	$MgSO_4$	$CaSO_4$	$SrSO_4$	$BaSO_4$
分解温度/℃	550～600	1124	>1450	1580	>1580

碱土金属碳酸盐的稳定性可以用离子极化理论来加以解释(图9-3)。CO_3^{2-}可以看成是C^{4+}与O^{2-}组成的，由于C^{4+}对O^{2-}的强烈极化作用，而使碳与氧之间的键称为共价键。当CO_3^{2-}和金属离子形成碳酸盐后，金属离子也对CO_3^{2-}产生极化作用，这种极化作用主要作用在O^{2-}上。金属离子的极化作用随离子势Z/r的增大而增大，所以碱土金属离子对CO_3^{2-}的极化作用从Be到Ba减小。Be^{2+}半径最小，极化作用最强，导致$BeCO_3$中C—O键削弱，$BeCO_3$容易分解为BeO和CO_2。Sr^{2+}和Ba^{2+}离子半径较大，对CO_3^{2-}的极化作用较弱，$SrCO_3$和$BaCO_3$的分解温度也就较高。同理，也可以用极化作用来解释Li_2CO_3的热稳定性较差。

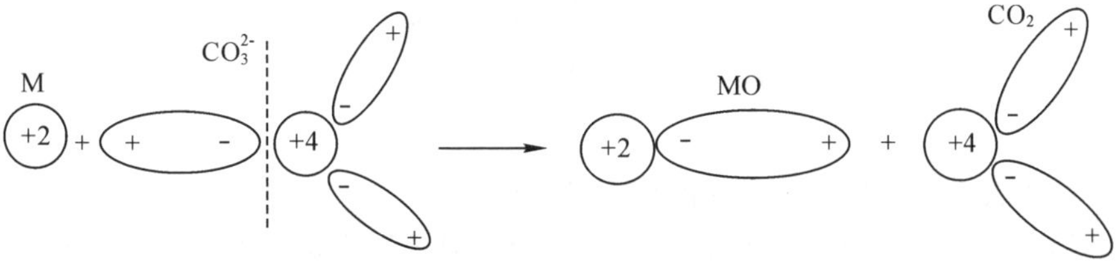

图 9-3　碳酸盐的离子极化

9.1.6　锂、铍的特殊性和对角线规则

(1)锂及其化合物的特性

①熔点、硬度高于本族其他元素，但导电性低。

②LiOH 加热至红热即分解，而其他碱金属氢氧化物不分解。

③LiH 的热稳定性很高，加热至 900℃ 时也不分解，NaH 在 350℃ 时就分解。

(2)锂、镁的相似性

①在过量的氧气中燃烧只生成正常氧化物，而不生成过氧化物。

②均能直接和碳、氮化合，生成相应的碳化物和氮化物。

③氢氧化物加热分解为相应的氧化物。

④碳酸盐加热分解为相应的氧化物和 CO_2。

⑤带结晶水的氯化物加热均水解。

⑥它们的碳酸盐、磷酸盐等均难溶于水。

⑦氯化物具有一定的共价性，均能溶于乙醇。

(3)铍、铝的相似性

①经浓硝酸处理都表现出钝化。

②均能溶于强碱中，并放出氢气。

③氧化物和氢氧化物均为两性。

④BeO 和 Al_2O_3 都具有高熔点和高硬度。

⑤气态的氯化物都是双聚物，显示共价性，可升华，能溶于有机溶剂。

⑥带结晶水的氯化物加热均水解，其氯化物为共价化合物。

(4)对角线规则

在周期表中某一元素的性质和它左上方或右下方的另一元素的相似性，称为对角线规则。这个关系比较明显地表现在下列几个元素之间：

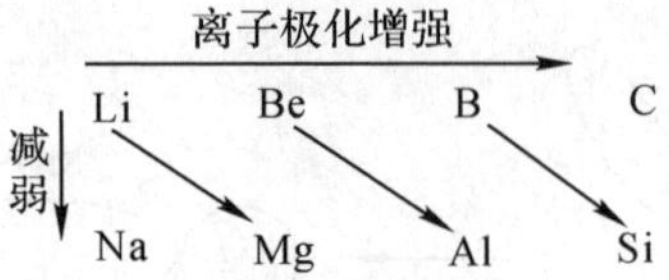

这个关系可以用离子极化的概念进行说明。

Li 和 Mg、Be 和 Al、B 和 Si 这几对处于对角线上的元素在性质上的相似性，是由于它们的离子极化力相近的缘故。离子极化力的大小取决于它的半径、电荷和价电子结构。例如，Li^+ 和 Na^+ 虽然离子电荷相同，但 Li^+ 的半径较小，并且具有 2 电子结构，所以 Li^+ 的极化力比同族的 Na^+ 要强得多，所以锂的化合物和钠的化合物在性质上有较大差异。而由于 Mg^{2+} 的电荷较高而半径又小于 Na^+，它的极化力与 Li^+ 接近，于是在周期系中 Li^+ 与它右下方的 Mg^{2+} 在性质上表现出某些相似性。

视频 9.2

[例 9-1] 含有 Ca^{2+}，Mg^{2+} 和 SO_4^{2-} 离子的粗食盐如何精制成纯的食盐，以反应式表示。

解 首先向粗食盐溶液中滴入足量 $BaCl_2$：

$$BaCl_2 + SO_4^{2-} \longrightarrow BaSO_4 \downarrow + 2Cl^-$$

再向其中加入足量 Na_2CO_3 溶液：

$$Ca^{2+} + Na_2CO_3 \longrightarrow CaCO_3 \downarrow + 2Na^+$$

$$Mg^{2+} + Na_2CO_3 \longrightarrow MgCO_3 \downarrow + 2Na^+$$

$$Ba^{2+} + Na_2CO_3 \longrightarrow BaCO_3 \downarrow + 2Na^+$$

最后向其中加入稀 HCl：

$$2HCl + Na_2CO_3 \longrightarrow 2NaCl + CO_2 \uparrow + H_2O$$

[例 9-2] 商品氢氧化钠中为什么常含有杂质碳酸钠？如何检验？又如何除去？

解 NaOH 可以吸收空气中的 CO_2 气体生成 Na_2CO_3，并且商品 NaOH 是由 $Ca(OH)_2$ 溶液和 Na_2CO_3 反应制取的，生成 NaOH 可能混有 Na_2CO_3。反应如下：

$$2NaOH + CO_2 \longrightarrow Na_2CO_3 + H_2O$$

$$Ca(OH)_2 + Na_2CO_3 \longrightarrow 2NaOH + CaCO_3 \downarrow$$

在 NaOH 中加入 HCl 溶液，如有气泡逸出，说明 NaOH 中混有杂质 Na_2CO_3；如无明显现象，说明 NaOH 中不混有 Na_2CO_3。

在混有 Na_2CO_3 杂质的 NaOH 溶液中滴入适量的 $Ca(OH)_2$，至沉淀不再产生，即可除去 Na_2CO_3 杂质。

9.2　ds 区常见元素及其主要化合物

ⅠB 副族的铜(copper, Cu)、银(silver, Ag)、金(gold, Au)和ⅡB 副族的锌(zinc, Zn)、镉(cadmium, Cd)、汞(mercury, Hg)六种元素位于周期表的 ds 区，价电子层结构为$(n-1)d^{10}ns^{1\sim2}$。通常将前三种称为铜副族，后三种元素称为锌副族。从最外层电子数来看，分别与对应的ⅠA 和ⅡA 主族相同，因此在氧化值和某些化合物的性质方面有相似性。但是，由于次外层电子构型不同，使它们与主族元素在性质上存在着较大的差异。

在同一周期，随着原子序数的增加，电子填入 d 轨道。由于 d 电子的屏蔽作用小，所以有效核电荷大，其金属的活泼性减小。主族元素的阳离子为 8 电子构型，而ⅠB 和ⅡB 副族元素的离子为 18 电子构型。跟主族元素相比较，ⅠB 和ⅡB副族元素的阳离子的极化能力和变形性都很大，表现出明显的共价性，使其离子或化合物表现出较大的差异，如化合物的溶解度、颜色及离子的配位能力等。并且，由于其极强的极化力和变形性，导致 ds 区的元素易形成共价化合物，离子的最外层空的 s 和 p 轨道易接受配体提供的电子对而形成配合物。同时，由于镧系收缩，使副族元素的活泼性从上到下依次减弱，而主族元素的活泼性则是从上到下依次增强。有关 ds 区元素的基本性质见表 9-8。

表 9-8　ds 区元素的一些基本性质

性质	铜副族			锌副族		
	铜	银	金	锌	镉	汞
元素符号	Cu	Ag	Au	Zn	Cd	Hg
原子序数	29	47	79	30	48	80
特征电子构型	$3d^{10}4s^1$	$4d^{10}5s^1$	$5d^{10}6s^1$	$3d^{10}4s^2$	$4d^{10}5s^2$	$5d^{10}6s^2$
氧化态	+1, +2	+1	+1, +3	+2	+2	+1, +2
熔点/℃	1083	960.8	1063	419	321	−38.87
沸点/℃	2596	2212	2707	907	767	357
颜色	紫红	白色	黄色	白色	白色	白色
硬度(金刚石=10)	3	2.7	2.5	2.5	2	
密度/($g\cdot cm^{-3}$)	8.92	10.5	19.3	7.14	8.64	13.55
原子半径/pm	117	134	134	125	148	149

续表

性质	铜副族			锌副族		
	铜	银	金	锌	镉	汞
M^+离子半径/pm	96	126	137	—	—	—
M^{2+}离子半径/pm	—	—	—	74	97	110
电负性	1.9	1.9	2.4	1.6	1.7	1.9
$E^\ominus(M^+/M)/V$	0.52	0.799	1.68	—	—	—
$E^\ominus(M^{2+}/M)/V$	—	—	—	−0.762	−0.403	0.951

9.2.1 铜、银、金及其主要化合物

9.2.1.1 铜、银、金单质的主要特点

铜族元素属于贵金属，铜和金是所有金属中呈现特殊颜色的两种金属。铜族元素的密度、熔点、沸点和硬度均比碱金属高，但较其他过渡金属低，这可能是与其d电子参与成键有关。它们是导电性和导热性最好的金属之一，银最好，铜次之。同时这三种金属都是面心立方晶格，具有很好的延展性。

铜副族元素之间、铜副族元素与其他金属都很容易形成合金，尤其以铜合金居多。如含锌40%的铜合金即是黄铜。

和碱金属相比，铜族元素18电子层结构对核电荷的屏蔽效应比8电子结构小得多，故原子半径较小，第一电离能较大，使得铜族元素的化学活泼性较差。在室温及干燥空气中，铜副族元素都不会与氧反应，但在加热条件下，铜能与氧化合生成黑色的氧化铜。

$$2Cu+O_2 \xlongequal{\triangle} 2CuO$$

在潮湿空气中，铜的表面会逐渐生成一层绿色铜绿。

$$2Cu+O_2+H_2O+CO_2 = Cu_2(OH)_2CO_3(\text{绿})$$

铜绿可以防止金属进一步腐蚀。银和金的活泼性差，不会发生上述反应，但当遇到沉淀剂或配位剂时，则会发生反应：

$$4Ag+2H_2S+O_2 = 2Ag_2S(\text{黑})\downarrow +2H_2O$$

$$4Cu+O_2+2H_2O+8NH_3 = 4[Cu(NH_3)_2]^+(\text{无色})+4OH^-$$

$$4[Cu(NH_3)_2]^+ +O_2+8NH_3+2H_2O = 4[Cu(NH_3)_4]^{2+}(\text{蓝色})+4OH^-$$

由电极电势图可知，铜、银、金不能置换出非氧化性稀酸中的氢，但可以

与强氧化性酸如硝酸、浓硫酸等反应。例如：

$$3Cu+8HNO_3(稀)=3Cu(NO_3)_2+2NO\uparrow+4H_2O$$

$$Cu+4HNO_3(浓)=Cu(NO_3)_2+2NO_2\uparrow+2H_2O$$

金的活泼性最差，只能溶于王水中：

$$Au+HNO_3(浓)+4HCl(浓)=H[AuCl_4]+NO\uparrow+2H_2O$$

这是由于金离子能形成稳定的配离子，降低了金电对的电极电势，从而使金被氧化。

在空气存在的情况下，Cu、Ag、Au都能溶于氰化钾或氰化钠的溶液中。

$$4M+O_2+2H_2O+8CN^-=4[M(CN)_2]^-+4OH^-$$

M代表Cu、Ag、Au。该反应中强配位能力的氰根(CN^-)作为配位剂存在，从而大幅降低了金属电对的电极电势，使铜族元素被氧所氧化，金属单质被溶解。

9.2.1.2 铜的化合物

铜的常见氧化值为+1、+2，即比较常见的是Cu(Ⅰ)、Cu(Ⅱ)化合物。

(1)氧化值为+1的化合物

①氧化物和氢氧化物。氧化亚铜属于共价化合物，不溶于水。由于晶粒大小不同，Cu_2O呈现出不同的颜色，如黄、橘黄、鲜红或深棕色。

Cu_2O呈弱碱性，溶于稀酸，并立即歧化为Cu和Cu^{2+}。

$$Cu_2O+H_2SO_4(稀)=Cu\downarrow+CuSO_4+H_2O$$

Cu_2O非常稳定，在1235℃下熔化但不分解。

Cu_2O溶于氨水生成无色的配离子：

$$Cu_2O+4NH_3+H_2O=2[Cu(NH_3)_2]^++2OH^-$$

铜的+1价氢氧化物很不稳定，易脱水变成相应的氧化物Cu_2O。用NaOH处理CuCl的冷盐酸溶液时，生成黄色的CuOH沉淀，但该沉淀很快变成橙色，最终变为红色的Cu_2O。

②卤化物。Cu(Ⅰ)的卤化物有CuCl、CuBr、CuI。卤化亚铜(Ⅰ)均为白色难溶于水的化合物，且溶解度依次减小。

CuCl、CuBr和CuI都可用适当的还原剂(如SO_2、Sn^{2+}、Cu等)在相应的卤离子存在下还原Cu^{2+}得到。例如：

$$2Cu^{2+}+2Cl^-+SO_2+2H_2O=2CuCl+SO_4^{2-}+4H^+$$

$$2Cu^{2+}+4I^-=2CuI\downarrow+I_2$$

此时I^-既是还原剂又是沉淀剂。同理，若Cu^+能生成稳定的配离子，也可

使 Cu^{2+} 转化为 Cu^{+}。例如：

$$Cu^{2+}+Cu+4HCl(浓)=\!=\!=2HCuCl_2+2H^{+}$$

用水稀释$[CuCl_2]^{-}$溶液，配合物分解，得到难溶的 CuCl 白色沉淀。

总之，在水溶液中凡能与 Cu^{+} 生成难溶化合物或稳定配离子的，都可使 Cu(Ⅱ)的化合物转化为 Cu(Ⅰ)的化合物。

③配合物。Cu^{+} 为 d^{10} 型离子，具有空的外层 s，p 轨道，能和 X^{-}（F^{-} 除外）、NH_3，$S_2O_3^{2-}$，CN^{-} 等配体形成稳定程度不同的配离子。由于 Cu^{+} 的价电子构型为 d^{10}，配合物不存在 d－d 跃迁，因此配合物为无色。

配合物的特征配位数为 2，直线形构型，也有少数配位数为 3 的配合物，如 $[Cu(CN)_3]^{2-}$，其构型为平面三角形。一价铜的配合物一般都是在配位体存在时，通过还原 Cu(Ⅱ)而得。例如：

$$2[Cu(NH_3)_4]^{2+}+S_2O_4^{2-}+4OH^{-}=\!=\!=2[Cu(NH_3)_2]^{+}+2SO_3^{2-}+4NH_3+2H_2O$$

$[Cu(NH_3)_2]^{+}$不稳定，遇到空气易被氧化成深蓝色$[Cu(NH_3)_4]^{2+}$，利用这一反应可以除去气体中的痕量 O_2。

(2)氧化值为＋2 的化合物

氧化值为＋2 的化合物是铜的主要特征化合物。主要的铜(Ⅱ)的化合物有 CuO、$CuCl_2 \cdot H_2O$、$CuSO_4 \cdot 5H_2O$、CuS 以及 Cu(Ⅱ)形成的许多配合物等。

①氧化物和氢氧化物。在 Cu^{2+} 溶液中加入强碱，即由蓝色 $Cu(OH)_2$ 絮状沉淀析出，它略显两性，既能溶于酸也能溶于浓 NaOH 溶液，形成蓝紫色$[Cu(OH)_4]^{2-}$。

$$Cu(OH)_2+H_2SO_4=\!=\!=CuSO_4+2H_2O$$

$$Cu(OH)_2+2NaOH=\!=\!=Na_2[Cu(OH)_4]$$

$Cu(OH)_2$ 加热脱水变为黑色 CuO。CuO 属于碱性氧化物，难溶于水，可溶于酸。

$$CuO+2H^{+}=\!=\!=Cu^{2+}+H_2O$$

CuO 的热稳定性较好，在 1273K 的高温下受热分解为 Cu_2O。

$$4CuO\xlongequal{1273K}2Cu_2O+O_2\uparrow$$

在碱性介质中，Cu^{2+} 可被含醛基的葡萄糖还原成红色的 Cu_2O，用以检验血糖。

$$2[Cu(OH)_4]^{2-}+C_6H_{12}O_6=\!=\!=Cu_2O(暗红色)+C_6H_{12}O_7+2H_2O+4OH^{-}$$

CuO 具有一定的氧化性，是有机分析中常用的氧化剂。

②卤化物。二价铜的卤化物包括无水的白色 CuF_2、黄褐色的 $CuCl_2$ 和黑色的 $CuBr_2$，以及带有结晶水的蓝色 $CuF_2 \cdot 2H_2O$ 和蓝绿色 $CuCl_2 \cdot 2H_2O$。卤化铜的颜色随着阴离子的不同而变化。

$CuCl_2$ 为共价化合物，不但易溶于水，也易溶于乙醇、丙酮。

氯化铜在浓溶液时为绿色，稀溶液时呈蓝色，这是因为 $[CuCl_4]^{2-}$ 为黄色，$[Cu(H_2O)_4]^{2+}$ 离子为蓝色，两者共存时为绿色。

③配合物。Cu^{2+} 的价电子构型为 d^9 构型，有一个单个电子，因此它的化合物都具有顺磁性。由于存在 d－d 跃迁，化合物都有一定的颜色，如 $CuSO_4 \cdot 5H_2O$ 和许多水合铜盐都是蓝色的，且绝大多数配离子都是平面正方形。

Cu^{2+} 的配合物多是四配位，遇到浓 HCl 即生成黄色的 $[CuCl_4]^{2-}$，遇水则转变成为蓝色的化合物。同样地，Cu^{2+} 遇过量的碱或氨水也会生成有颜色的配合物。

$$Cu^{2+} + 4Cl^-(\text{浓}) = [CuCl_4]^{2-}(\text{黄色})$$

$$[CuCl_4]^{2-}(\text{黄色}) + 6H_2O = [Cu(H_2O)_6]^{2+}(\text{蓝色}) + 4Cl^-$$

$$Cu^{2+} + 4OH^-(\text{过量}) = [Cu(OH)_4]^{2-}(\text{亮蓝色})$$

$$Cu^{2+} + 4NH_3(\text{过量}) = [Cu(NH_3)_4]^{2+}(\text{蓝色})$$

(3)Cu(Ⅰ)和 Cu(Ⅱ)的相互转化

铜主要有＋1、＋2 两种氧化值。Cu^+ 为 d^{10} 型离子，d 轨道全充满，因此在固态时，Cu(Ⅰ)具有较 Cu(Ⅱ)更好的稳定性，Cu(Ⅰ)具有较 Cu(Ⅱ)更高的分解温度。

$$Cu_2(OH)_2CO_3 \xlongequal{200℃} 2CuO(\text{棕黑色}) + CO_2\uparrow + H_2O$$

$$2CuO \xlongequal{1100℃} Cu_2O + \frac{1}{2}O_2\uparrow$$

$$Cu_2O \xlongequal{1800℃} 2Cu + \frac{1}{2}O_2\uparrow$$

$$CuCl_2 \xlongequal{900℃} CuCl + \frac{1}{2}Cl_2\uparrow$$

但是在水溶液中则恰好相反，Cu(Ⅱ)化合物具有更好的稳定性，这是由于在水溶液中，电荷高、半径小的 Cu^{2+} 离子具有较 Cu^+ 离子更高的水合热。并且，由元素电势图可知，

$$E^\ominus \qquad Cu^{2+} \xrightarrow{+0.159} Cu^+ \xrightarrow{+0.52} Cu$$

$E^\ominus(Cu^+/Cu) > E^\ominus(Cu^{2+}/Cu^+)$，$Cu^+$ 在水溶液中不稳定，易发生歧化反

应生成 Cu 和稳定的 Cu^{2+}。反应平衡常数为：

$$2Cu^{+} = Cu^{2+} + Cu$$

$$\lg K^{\ominus} = \frac{n'E^{\ominus}}{0.0591} = \frac{1\times 0.368}{0.0591} = 6.23$$

$$K^{\ominus} = \frac{[Cu^{2+}]}{[Cu^{+}]^{2}} = 1.7\times 10^{6}$$

说明 Cu^{+} 歧化为 Cu^{2+} 和 Cu 的趋势很大。

例如 Cu_2O 不溶于水，却能溶于稀硫酸，并发生歧化反应。

$$Cu_2O + H_2SO_4 = Cu + CuSO_4 + H_2O$$

若降低 Cu^{+} 的浓度，使其生成难溶的沉淀或稳定的配合物，则电对 Cu^{2+}/Cu^{+} 和 Cu^{+}/Cu 的电极电势也发生相应的变化，从而使歧化反应难以进行。例如，若有 I^{-} 存在，由于 CuI 难溶，故电对 Cu^{+}/Cu 变成 CuI/Cu，其电极电势由 0.52 变为 −0.185V；同时，Cu^{2+}/Cu^{+} 电对也变成 Cu^{2+}/CuI，其电极电势由 0.159V 变为 0.859V。即

$$Cu^{2+} \xrightarrow{+0.859} CuI \xrightarrow{-0.185} Cu$$

由于 $E^{\ominus}_{右} < E^{\ominus}_{左}$，故 CuI 不能歧化为 Cu^{2+} 和 Cu。但有 I^{-} 存在时，Cu^{2+} 和 Cu 可发生反歧化反应转化为 CuI。

$$Cu^{2+} + Cu + 2I^{-} = 2CuI$$

若没有 Cu 存在，I^{-} 也能使 Cu^{2+} 还原，生成 CuI 沉淀。

$$2Cu^{2+} + 5I^{-} = 2CuI\downarrow + I_3^{-}$$

同理，若 Cu^{+} 能生成稳定的配离子，也可使 Cu^{2+} 转换为一价铜。例如：

$$Cu^{2+} + Cu + 4HCl(浓) = 2HCuCl_2 + 2H^{+}$$

总之，在水溶液中通过与 Cu^{+} 生成难溶化合物或稳定配离子的，都可使 Cu(Ⅱ)转化为 Cu(Ⅰ)的化合物。电极电势的变化可以很好地解释这一变化。

$$Cu^{2+} \xrightarrow{0.509} CuCl \xrightarrow{0.171} Cu$$

$$[Cu(NH_3)_4]^{2+} \xrightarrow{0.013} [Cu(NH_3)_2]^{+} \xrightarrow{-0.128} Cu$$

9.2.1.3 银的化合物

铜族元素中，银的常见氧化值为+1。

(1)氧化物和氢氧化物

在 Ag(Ⅰ)的盐溶液中加入强碱，则生成 AgOH。AgOH 极不稳定，立即脱水生成黑色的 Ag_2O。

Ag_2O 与 Cu_2O 一样，都是共价化合物，不溶于水，但 Ag_2O 不同于 Cu_2O

的是：

①Ag_2O呈中强碱性，而Cu_2O呈弱碱性；

②Ag_2O极不稳定，在573K温度下分解为氧气和银，而Cu_2O对热稳定，1508K熔化也不分解；

$$2Ag_2O \xlongequal{300℃} 4Ag + O_2\uparrow$$

③Ag_2O与HNO_3反应生成稳定的Ag(Ⅰ)盐，

$$Ag_2O + 2HNO_3 = 2AgNO_3 + H_2O$$

而Cu_2O溶于非氧化性的稀酸，若不能生成Cu^+的沉淀或配离子时，将歧化为Cu和Cu^{2+}。

④Ag_2O与Cu_2O相似，溶于氨水会生成无色的$[Ag(NH_3)_2]^+$配离子。

$$2Ag^+ + 2NH_3 + H_2O = Ag_2O\downarrow + 2NH_4^+$$

$$Ag_2O + 4NH_3 + H_2O = 2[Ag(NH_3)_2]^+ + 2OH^-$$

Ag_2O具有相当强的氧化性，它容易被CO还原。

$$Ag_2O + CO = 2Ag + CO_2\uparrow$$

它和MnO_2、Co_2O_3、CuO的混合物能在常温下使CO转变成CO_2，故常被用在防毒面具中。

(2)卤化物和其他银化合物

卤化银中只有AgF是离子型化合物，易溶于水，其余均微溶于水，溶解度依AgCl、AgBr、AgI的顺序而降低。而颜色却依此顺序而加深，这是因为阳离子相同的情况下，阴离子半径越大，变形性越大，共价特征越明显，溶解度依次降低。而相应的化合物越容易发生电荷迁移跃迁，吸收光波越往长波方向移动，化合物的颜色也就越来越深。

硫化银Ag_2S是黑色物质，难溶于水。由于S^{2-}的离子半径大于O^{2-}，因此S^{2-}与阳离子间的极化作用增强，使硫化物的共价性比氧化物更强，所以硫化物的颜色深于氧化物，溶解度小于氧化物。Ag_2S需要浓、热硝酸才能溶解，

$$3Ag_2S + 8HNO_3(浓) = 6AgNO_3 + 3S\downarrow + 2NO\uparrow + 4H_2O$$

Ag_2S可以溶解于氰化钾溶液中，

$$Ag_2S + 4CN^- = 2[Ag(CN)_2]^- + S^{2-}$$

Cu(Ⅰ)的硝酸盐不存在，而$AgNO_3$却是一个重要的试剂。固体$AgNO_3$及其溶液都是氧化剂，即使在室温下，许多有机物都能将它还原成黑色银粉。例如皮肤或棉布与它接触后都会变黑。

$E^\ominus(Ag^+/Ag)=0.799V$，从电极电势上来看，$Ag^+$是中等强度的氧化剂，

可被许多还原剂还原为金属银。

$$2NH_2OH+2Ag^+ = N_2\uparrow+2Ag\downarrow+2H^++2H_2O$$

$$H_3PO_3+2AgNO_3+H_2O = H_3PO_4+2Ag\downarrow+2HNO_3$$

二价锰离子在碱性介质中与 Ag^+ 反应如下：

$$2Ag^++Mn^{2+}+4OH^- = 2Ag\downarrow+MnO(OH)_2+H_2O$$

在分析化学上，这一反应称作锰盐法，是鉴定银，也是鉴定锰的灵敏反应。

(3)配合物

视频 9.3

银离子的配合物多是二配位，常见的有 $[Ag(NH_3)_2]^+$，$[Ag(S_2O_3)_2]^{3-}$，$[Ag(CN)_2]^-$，它们的稳定性依次增强。$[Ag(NH_3)_2]^+$ 具有氧化性，能将醛或某些糖类氧化，自身还原为 Ag，这一反应常用来鉴定醛基。

$$2[Ag(NH_3)_2]^++HCHO+3OH^- = HCOO^-+2Ag\downarrow+4NH_3+2H_2O$$

9.2.2 锌、镉、汞及其主要化合物

9.2.2.1 锌、镉、汞单质的主要特点

由于锌族元素最高能级组的 d 轨道和 s 轨道电子处于全满状态，金属键较弱，导致锌副族元素的熔点比碱土金属低，也低于铜副族元素，并按锌、镉、汞的顺序降低。尤其是汞的 6s 电子的惰性效应，导致汞是所有金属中熔点最低，是常温下唯一的液体金属。汞蒸气对人体有害，因此在使用汞时，必须使用密闭装置，实验室要通风。在取用汞时，不允许撒落在实验桌或地面上，如果有撒落，则需尽量收集，然后再用硫粉覆盖，以便使汞转化为 HgS。

汞能与一些金属(Zn，Cd，Cu，Ag，Au，Na，K 等)形成合金，这种合金叫作汞齐。汞齐有液态、糊状和固态等形式。液态和糊状汞齐是汞中溶有少量的其他金属，固态汞齐则含有较多的其他金属。汞齐中的其他金属仍保留着这些金属原有的性质，例如钠汞齐仍能从水中置换出氢气，只是反应变得温和些罢了。

锌、镉、汞的化学活泼性随原子序数的增大而递减，这与碱土金属恰好相反，但比铜族活泼性强。单质的活泼性为 Zn>Cu，Cd>Ag，Hg>Au。锌和镉化学性质相似，都能从稀酸中置换出氢气，和锌相比，镉与 HCl 的反应缓慢。

$$Zn+2HCl = ZnCl_2+H_2\uparrow$$

汞的活泼性要远比 Zn 和 Cd 差，汞不能置换出非氧化性稀酸中的氢，但可以与强氧化性硝酸、浓硫酸等反应。

$$Hg+2H_2SO_4(浓) \longrightarrow HgSO_4+SO_2\uparrow+2H_2O$$

与镉、汞不同的是，锌是两性金属，能溶于强碱溶液中，置换出水中的氢。

$$Zn+2NaOH+2H_2O \longrightarrow Na_2[Zn(OH)_4]+H_2\uparrow$$

锌也能溶于氨水中形成配离子：

$$Zn+4NH_3+2H_2O \longrightarrow [Zn(NH_3)_4]^{2+}+H_2\uparrow+2OH^-$$

9.2.2.2　锌和镉的化合物

锌副族元素中，锌和镉的常见氧化值为+2。且由于d轨道全充满，不存在d—d跃迁，因此锌(Ⅱ)的化合物多是无色的。

(1)氧化物和氢氧化物

在空气中把Zn、Cd加热到足够高的温度时，能燃烧并分别发出蓝色和红色的火焰，生成ZnO和CdO。ZnO和CdO也可由相应的碳酸盐、硝酸盐热分解得到。ZnO俗称锌白，纯ZnO为白色，加热则变为黄色，ZnO的结构属硫化锌型。CdO由于制备方法的不同而显不同的颜色，如镉在空气中加热生成褐色CdO，250℃时$Cd(OH)_2$热分解则得到绿色CdO，CdO具有NaCl型的结构。

氧化物的热稳定性依ZnO、CdO、HgO次序逐次递减，ZnO、CdO较稳定，受热升华但不分解。CdO属碱性氧化物，而ZnO属两性氧化物。

锌盐和镉盐中加入适量强碱，得到$Zn(OH)_2$和$Cd(OH)_2$。

$$ZnCl_2+2NaOH \longrightarrow Zn(OH)_2\downarrow+2NaCl$$

$$CdCl_2+2NaOH \longrightarrow Cd(OH)_2\downarrow+2NaCl$$

在室温下稳定存在的$Zn(OH)_2$和$Cd(OH)_2$受热时，都会分解为氧化物和水。

$$Zn(OH)_2 \xlongequal{398K} ZnO+H_2O$$

$$Cd(OH)_2 \xlongequal{473K} CdO+H_2O$$

$Zn(OH)_2$具有明显的两性，与强酸作用生成锌盐，与稀碱反应就能生成无色的$[Zn(OH)_4]^{2-}$。$Cd(OH)_2$为碱性氢氧化物。

$$Zn(OH)_2+2H^+ \longrightarrow Zn^{2+}+2H_2O$$

$$Zn(OH)_2+2OH^- \longrightarrow [Zn(OH)_4]^{2-}$$

$Zn(OH)_2$和$Cd(OH)_2$都可以溶于氨水中形成配位化合物，而$Al(OH)_3$则不能，据此可以将铝盐和锌盐、镉盐加以区分和分离。

$$Zn(OH)_2+4NH_3 \longrightarrow [Zn(NH_3)_4]^{2+}+2OH^-$$

$$Cd(OH)_2+4NH_3 \longrightarrow [Cd(NH_3)_4]^{2+}+2OH^-$$

(2)其他化合物

在含 Zn^{2+}、Cd^{2+} 的溶液中通入 H_2S 气体，得到相应的硫化物。ZnS 是白色的，CdS 是黄色的，ZnS 和 CdS 都难溶于水。

ZnS 本身可作白色颜料，它与硫酸钡共沉淀形成的混合晶体 $ZnS \cdot BaSO_4$，又叫锌钡白(立德粉)，是优良的白色颜料。CdS 被称作镉黄，可用作黄色颜料。

由于锌和镉的二价离子(M^{2+})为 18 电子构型，极化能力和变形性都很强，所以氯化锌和氯化镉具有相当程度的共价性，主要表现在熔、沸点较低，熔融状态下导电能力差。

$ZnCl_2$ 易溶于水，有部分水解，

$$ZnCl_2 + H_2O \xlongequal{} Zn(OH)Cl + HCl$$

$ZnCl_2$ 是溶解度最大的固体盐，它在浓溶液中形成配合酸。

$$ZnCl_2 + H_2O \xlongequal{} H[ZnCl_2(OH)]$$

这种酸有显著的酸性，能溶解金属氧化物。

$$FeO + 2H[ZnCl_2(OH)] \xlongequal{} Fe[ZnCl_2(OH)]_2 + H_2O$$

因此，$ZnCl_2$ 的浓溶液常被用作焊药。

9.2.2.3　汞的化合物

Hg 除形成正常的+2 氧化值外，还可形成+1 氧化值的化合物。

(1)氧化值为+1 的化合物

Hg(Ⅰ)的重要化合物是氯化亚汞，俗称甘汞，有甜味，少量无毒，常作泻药。Hg(Ⅰ)的电子构型为 $5d^{10}6s^1$，亚汞的化合物应具有顺磁性，但磁性测定结果表明：这类化合物具有反磁性。因此，认为氯化亚汞是双聚分子，写作 Hg_2Cl_2，为直线形结构：Cl—Hg—Hg—Cl。

由于存在 Hg—Hg 键，亚汞离子应该写作 Hg_2^{2+}。

将固体 $HgCl_2$ 和金属汞共同研磨，可得 Hg_2Cl_2。

$$HgCl_2(s) + Hg \xlongequal{} Hg_2Cl_2(s)$$

说明：在通常情况下，Hg_2Cl_2 比固态 $HgCl_2$ 稳定。

(2)氧化值为+2 的化合物

①氧化物和氢氧化物。往 $Hg(NO_3)_2$ 溶液中加入强碱可得到黄色 HgO 沉淀；$Hg(NO_3)_2$ 晶体加热则得到红色 HgO。HgO 的热稳定性远低于 ZnO 和 CdO，在 720K 时即发生分解反应。

$$2HgO \xlongequal{720K} 2Hg + O_2\uparrow$$

汞盐与强碱反应，得到黄色的 HgO 而得不到 $Hg(OH)_2$，这一结果表明

$Hg(OH)_2$极不稳定，生成后立即分解。

$$Hg^{2+}+2OH^{-}=\!=\!=HgO+H_2O$$

HgO 的氧化能力也相当强，如：

$$HgO+SO_2=\!=\!=Hg+SO_3\uparrow$$

$$2P+3H_2O+5HgO=\!=\!=2H_3PO_4+5Hg$$

由于 Hg 有毒，一般不用 HgO 作氧化剂。

②硫化物。在含 Hg^{2+} 的溶液中通入 H_2S 气体，会得到黑色的硫化汞。自然界中存在的 HgS 称为辰砂，呈红色。由于 S^{2-} 的离子半径大于 O^{2-}，因此 S^{2-} 与阳离子间的极化作用增强，使硫化物的共价性较氧化物更强，所以硫化物的颜色深于氧化物，而硫化物的溶解度小于氧化物。

在 ds 区元素的硫化物中，溶解度最小的是 HgS，它不溶于硝酸，只能溶于王水中，发生氧化还原和配位反应：

$$3HgS+2NO_3^{-}+12Cl^{-}+8H^{+}=\!=\!=3[HgCl_4]^{2-}+3S+2NO\uparrow+4H_2O$$

此外，HgS 还可溶于 HCl 和 KI 的混合物中。

$$HgS+2H^{+}+4I^{-}=\!=\!=[HgI_4]^{2-}+H_2S\uparrow$$

HgS 和其他 ds 区元素硫化物的又一不同是它能溶于 Na_2S 溶液。

$$HgS+S^{2-}=\!=\!=[HgS_2]^{2-}$$

因此可以用加 Na_2S 的方法把 HgS 从 ds 区元素硫化物中分离出来。

③氯化物。Hg(Ⅱ)中最具代表性的是 $HgCl_2$，俗称升汞，因熔点低、易升华而得名。$HgCl_2$ 剧毒，极稀溶液在医疗行业用作消毒剂，也用作有机反应的催化剂。

$HgCl_2$ 在水中稍有水解：

$$HgCl_2+H_2O=\!=\!=Hg(OH)Cl+HCl$$

若 $HgCl_2$ 遇到氨水，则立即产生氨基氯化汞白色沉淀，

$$HgCl_2+2NH_3=\!=\!=Hg(NH_2)Cl\downarrow+NH_4Cl$$

在酸性条件下，$HgCl_2$ 是一种较强的氧化剂，可被 $SnCl_2$ 还原成 Hg_2Cl_2（白色沉淀）。

$$2HgCl_2+SnCl_2=\!=\!=Hg_2Cl_2\downarrow+SnCl_4$$

若 $SnCl_2$ 过量，Hg_2Cl_2 则被进一步还原为 Hg：

$$HgCl_2+SnCl_2=\!=\!=Hg\downarrow(\text{黑色})+SnCl_4$$

④配合物。Hg(Ⅱ)易与 X^{-}，CN^{-}，SCN^{-} 等离子形成比较稳定的配合物，其配位数为 4，四面体构型。Hg(Ⅱ)不与 $NH_3\cdot H_2O$ 作用形成配合物。

Hg(Ⅱ)与X^-形成的配合物的稳定性从Cl^-到I^-依次增强。

向Hg^{2+}溶液中滴加KI溶液，首先生成红色碘化汞沉淀。HgI_2可溶于过量I^-溶液中，生成无色的$[HgI_4]^{2-}$配离子。

$$Hg^{2+}+2I^- = HgI_2\downarrow$$

$$HgI_2+2I^- = [HgI_4]^{2-}$$

$K_2[HgI_4]$和KOH的混合溶液称为奈斯勒(Nessler)试剂，它是检验NH_4^+的特效试剂。NH_4^+与奈斯勒试剂反应，生成红棕色的沉淀。

$$NH_4Cl+2K_2[HgI_4]+4KOH = Hg_2ONH_2I+7KI+KCl+3H_2O$$

向$HgCl_2$溶液中加入NH_4SCN溶液，得到无色的四硫氰合汞(Ⅱ)酸铵$(NH_4)_2[Hg(SCN)_4]$，它是检验Co^{2+}和Zn^{2+}的试剂。

$$[Hg(SCN)_4]^{2-}+Co^{2+} = Co[Hg(SCN)_4]\downarrow(\text{蓝色})$$

$$[Hg(SCN)_4]^{2-}+Zn^{2+} = Zn[Hg(SCN)_4]\downarrow(\text{白色})$$

(3)Hg(Ⅱ)和Hg(Ⅰ)的相互转化

Hg的标准电极电势图如下：

$$E_A^\ominus/V \qquad Hg^{2+}\xrightarrow{+0.92}Hg_2^{2+}\xrightarrow{+0.793}Hg$$

从元素电极电势图来看，在水溶液中Hg_2^{2+}比Hg^{2+}稳定，即Hg_2^{2+}不发生歧化反应。在水溶液中，将$Hg(NO_3)_2$和Hg混合振荡，即可生成$Hg_2(NO_3)_2$。

$$Hg(NO_3)_2+Hg = Hg_2(NO_3)_2$$

与Cu(Ⅰ)和Cu(Ⅱ)的相互转化的原则一样，要使Hg(Ⅰ)转化为Hg(Ⅱ)，只能通过Hg(Ⅱ)生成难溶化合物或稳定配合物，以降低Hg^{2+}的浓度。

从电极电势来看，Hg^{2+}浓度降低，电对Hg^{2+}/Hg_2^{2+}的电极电势就减小，从而促使Hg_2^{2+}的歧化，Hg(Ⅰ)转化为Hg(Ⅱ)。

从平衡移动原理来看，若Hg^{2+}浓度降低，平衡则向生成Hg^{2+}的方向移动。例如，向$Hg_2(NO_3)_2$溶液中通入H_2S气体，开始生成Hg_2S($K_{sp}^\ominus=1.0\times10^{-45}$)，随即转化成更难溶的HgS($K_{sp}^\ominus=4\times10^{-53}$)。

$$Hg_2^{2+}+H_2S = HgS\downarrow+Hg\downarrow+2H^+$$

即Hg(Ⅰ)在游离时不歧化，当形成沉淀或配合物时会发生歧化。

$$Hg_2Cl_2+2NH_3 = HgNH_2Cl\downarrow+Hg\downarrow+NH_4Cl$$

同理，若Hg(Ⅱ)生成了稳定的配合物，也能使Hg(Ⅰ)转化为Hg(Ⅱ)。例如：

$$Hg_2^{2+}+4I^- = [HgI_4]^{2-}+Hg$$

这个反应中既有配合作用又有歧化反应，配合促进了歧化。

另外，Br^-，SCN^-，CN^-都能和Hg^{2+}生成稳定的四配位配离子，实现

Hg(Ⅰ)向 Hg(Ⅱ)的转化。

[例 9-3]　一白色固体溶于水后得无色溶液 A。向 A 溶液中加入氢氧化钠溶液得黄色沉淀 B，B 难溶于过量的氢氧化钠溶液，但 B 可溶于盐酸又得到溶液 A。向 A 中滴加少量氯化亚锡溶液有白色沉淀 C 生成。用过量碘化钾溶液处理 C 得黑色沉淀 D 和无色溶液 E。向 E 中通入硫化氢气体得到黑色沉淀 F，F 难溶于硝酸。但 F 可溶于王水得到乳黄色沉淀 G、无色溶液 H 和无色气体 I，I 可使酸性高锰酸钾溶液褪色。试确定 A，B，C，D，E，F，G，H，I 各代表何物，写出有关的化学反应方程式。

解　A：$HgCl_2$　B：HgO　C：Hg_2Cl_2　D：Hg　E：$[HgI_4]^{2-}$　F：HgS　G：S　H：$[HgCl_4]^{2-}$　I：NO

有关方程式为：

$Hg^{2+}+2OH^- \xlongequal{} H_2O+HgO\downarrow$

$2HgCl_2+SnCl_2 \xlongequal{} Hg_2Cl_2\downarrow+SnCl_4$

$Hg_2I_2+2I^- \xlongequal{} [HgI_4]^{2-}+Hg\downarrow$

$HgI_4^{2-}+H_2S \xlongequal{} HgS\downarrow+2HI+2I^-$

$3HgS+2HNO_3+12HCl \xlongequal{} 3S+3[HgCl_4]^{2-}+2NO\uparrow+4H_2O+6H^+$

视频 9.4

9.3　d 区常见元素及其主要化合物

d 区元素在周期表的中间偏左的位置，包括ⅢB～Ⅷ族 6 个副族，8 个直列，25 个元素(不包括镧以外的镧系元素及锕以外的锕系元素)。d 区元素的结构特点是最外层仅有 1～2 个电子，次外层有 1～10 个电子。其价层电子构型为$(n-1)d^{1\sim9}ns^{1\sim2}$(Pd 为 $4d^{10}5s^0$ 除外)。由于最后一个电子填充在次外层的 d 轨道上，我们将其称为过渡元素(transition elements)(表 9-9)。

表 9-9　过渡金属元素原子的电子层结构

元素	第一过渡系列	Sc	Ti	V	Cr	Mn	Fe	Co	Ni
价电子结构		$3d^14s^2$	$3d^24s^2$	$3d^34s^2$	$3d^54s^1$	$3d^54s^2$	$3d^64s^2$	$3d^74s^2$	$3d^84s^2$
元素	第二过渡系列	Y	Zr	Nb	Mo	Tc	Ru	Rh	Pd
价电子结构		$4d^14s^2$	$4d^24s^2$	$4d^45s^1$	$5d^55s^1$	$4d^55s^2$	$4d^75s^1$	$4d^85s^1$	$4d^{10}5s^0$
元素	第三过渡系列	La	Hf	Ta	W	Re	Os	Ir	Pt
价电子结构		$5d^16s^2$	$5d^26s^2$	$5d^36s^2$	$5d^46s^2$	$5d^56s^2$	$5d^66s^2$	$5d^76s^2$	$5d^96s^1$

过渡元素分为 3 个过渡系列：第一过渡系列指第 4 周期的钪到镍；第二过渡系列指第 5 周期的钇到钯；第三过渡系列指第 6 周期的镧到铂。其中铬、钼、钨、锰、铁、钴、镍是比较常见的过渡元素，其余为稀有的过渡元素。

ⅢB 族的钪、钇、镧和其他镧系元素在性质上非常相似，称为稀土元素。

9.3.1 d 区元素的通性

由于过渡元素具有相似的价电子层结构，决定了它们具有一些共性：

(1)单质金属性的递变规律

过渡元素的最外层电子数最多两个，较易失去，因此它们都是金属。

过渡元素与同周期 s 区金属比较，有着更小的原子半径和更大的电负性，因此金属活泼性较差。这是因为过渡元素的电子填充在次外层，受到核的引力较大。所以，过渡金属大都为不活泼的稳定金属。同一族自上而下金属性依次减弱，这与碱金属、碱土金属的变化规律正好相反。由于过渡元素仅次外层电子数不同，$(n-1)$d电子与 ns 电子相比，对元素性质影响较小，因此同周期相邻过渡元素的金属性变化不甚明显。

过渡元素金属性的变化可从核电荷和原子半径这两个因素来考虑。第一过渡系列(Sc～Ni)的金属性通常比第二(Y～Pd)、第三(La～Pt)过渡系列的金属性活泼，如铬是较活泼的金属，由铬到钼增加了 18 个核电荷，但原子半径增大不多，核电荷对价电子的作用就显得极为突出，因此钼为不活泼的金属。由钼到钨增加了 32 个核电荷，而原子半径却基本上未发生变化，因此钨比钼更稳定。

(2)过渡元素原子半径的递变规律

周期表从左到右，随着原子序数的增加，元素的原子半径缓慢地减小，到 ds 区元素的原子半径略有增加(表 9-10)。每一过渡系列元素的原子半径缓慢地减小，这是由于随着核电荷的增加，增加的电子填充在次外层的 d 轨道上，而电子层没有增加，d 轨道上的电子比最外层的 s 电子对核电荷的屏蔽作用要大，因此有效核电荷的增加缓慢，所以原子半径缓慢减小。这与同周期主族元素的原子半径从左到右明显减小有所不同。但是到 ds 区，达到了稳定的 18 电子结构，核对外层电子的引力略有减小，而半径略微增大。

表 9-10　过渡金属元素的原子半径

元素	第一过渡系列	Sc	Ti	V	Cr	Mn	Fe	Co	Ni	Cu	Zn
原子半径		144	132	122	118	117	117	116	115	117	125

续表

元素	第二过渡系列	Y	Zr	Nb	Mo	Tc	Ru	Rh	Pd	Ag	Gd
原子半径		162	145	134	130	127	125	128	128	134	141
元素	第三过渡系列	La	Hf	Ta	W	Re	Os	Ir	Pt	Au	Hg
原子半径		169	144	134	130	128	126	127	130	134	144

(3)过渡元素的氧化值具有多样性

过渡元素除最外层 s 电子可参与成键外，次外层 d 电子在适当条件下也可部分或全部参与成键，因此过渡元素大多具有可变化的氧化值(见图 9-4)。

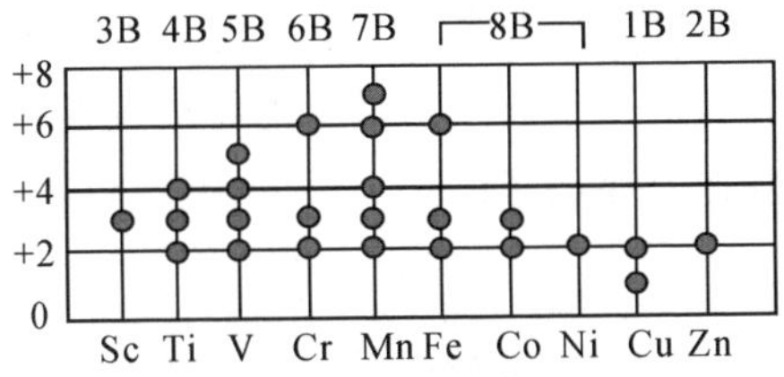

图 9-4　过渡元素的常见氧化值

由于过渡元素有可变的氧化值，一般能形成多种氧化态的化合物。如铁有 $FeSO_4$，$Fe_2(SO_4)_3$；铬有 $CrSO_4$，$Cr_2(SO_4)_3$，K_2CrO_4；锰有 $MnSO_4$，MnO_2，K_2MnO_4，$KMnO_4$ 等。元素呈低氧化态(Ⅱ、Ⅲ)时，过渡元素一般以简单离子的形式存在，如 Fe^{3+}，Fe^{2+}，Cr^{3+}，Cr^{2+}，Mn^{2+}。高氧化态(Ⅵ或Ⅵ以上)时，它们以含氧酸根阴离子的形式存在，如 CrO_4^{2-}，MnO_4^-，或以含氧基阳离子的形式存在，如 TiO^{2+}。

(4)过渡元素易形成稳定的配合物

过渡元素一般比较容易形成配合物，这与过渡元素的原子或离子的电子层结构有关，即有 5 个$(n-1)$d 轨道，3 个 np 轨道和 1 个 ns 轨道，且这 9 个轨道属于同一能级组，一些离子的 ns 和 np 轨道是空的，$(n-1)$d 轨道只是部分填充电子，能够接受配体提供的电子对。加之许多过渡元素的离子半径小，对配体有较强的吸引力，所以有很强的形成配合物的倾向。

然而这些过渡金属元素形成配合物的倾向有所不同，在简单离子中 Mn^{2+} 形成配离子的倾向很小。而不同的过渡元素与同种配体形成配离子的倾向也有所不同，如 Mn^{2+}，Fe^{2+} 不能与 NH_3 生成配离子，而 Co^{2+}，Ni^{2+} 等则易与 NH_3 生成配合物$[Co(NH_3)_6]^{2+}$，$[Ni(NH_3)_6]^{2+}$。$[Co(NH_3)_6]^{2+}$ 易被空气中的氧气氧化为$[Co(NH_3)_6]^{3+}$。

(5)过渡元素的水合离子多有特征颜色

过渡元素的简单离子在水溶液中一般是以$[M(H_2O)_6]^{n+}$配离子形式存在，显示各种不同的颜色，这是因为过渡金属离子的电子发生了跃迁所致。过渡金属离子的d轨道上含有1～9个电子，这9个电子可以在能量不同的d轨道直接跃迁，这种跃迁吸收可见光，离子所显示的颜色是d－d跃迁时被吸收光的互补色。例如，Ti^{3+}的电子构型为d^1，在光照时发生d－d跃迁吸收黄绿色的光，而离子显示紫色。显然，离子的颜色与未成对的d电子有关。Sc^{3+}，Ti^{4+}，Zn^{2+}等离子，由于d轨道没有未成对的d电子，它们的水合离子均无色，而d轨道上有未成对电子的离子相应的水合离子则都带有颜色。过渡元素的水合离子所带有的特征颜色是过渡元素金属离子区别于其他主族金属离子的一个重要特征。

视频 9.5

9.3.2 铬

铬是1797年法国化学家沃克兰(L. N. Vauquelin)在分析铬铅矿时首先发现的。铬(Chromium)的原意是颜色，因为它的化合物都有美丽的颜色。

铬占地壳层的丰度为0.083%，与钒相当。主要矿石有铬铁矿$FeCr_2O_4$，也是唯一具有重要商业价值的矿石。其次是铬铅矿$PbCrO_4$、铬赭石矿Cr_2O_3。

铬的价层电子构型为$3d^54s^1$。铬的＋3氧化态相对比较稳定，而＋6氧化态在酸性溶液中有较强的氧化性。铬是银白色金属，熔点较高(3410℃)，是硬度最大的金属，耐腐蚀，主要用于制造不锈钢、镍铬电阻丝和电镀。

铬的标准电极电势图如下：

$$E_A^{\ominus}/V \qquad Cr_2O_7^{2-} \xrightarrow{1.33} Cr^{3+} \xrightarrow{-0.41} Cr^{2+} \xrightarrow{-0.91} Cr$$

$$E_B^{\ominus}/V \qquad CrO_4^{2-} \xrightarrow{-0.13} Cr(OH)_3 \xrightarrow{-1.1} Cr(OH)_2 \xrightarrow{-1.4} Cr$$

从电极电势上看，Cr是活泼的金属，由于表面生成钝性的氧化膜，致使常温下Cr不活泼，不溶于硝酸、硫酸甚至王水。Cr的钝化可以在空气中迅速发生。如在空气中将铬块击碎投入汞中，无汞齐生成；在汞中将铬块击碎，有汞齐生成。

铬缓慢地溶于稀盐酸和稀硫酸中，先有Cr(Ⅱ)生成，Cr(Ⅱ)在空气中迅速被氧化为Cr(Ⅲ)。

$$Cr + 2HCl = CrCl_2(\text{蓝色}) + H_2\uparrow$$

$$4CrCl_2 + 4HCl + O_2 = 4CrCl_3(\text{绿色}) + 2H_2O$$

高温时铬较活泼，和 X_2，O_2，S，C，N_2 能直接化合，一般生成Cr(Ⅲ)化合物。高温时和酸反应，熔融时也可以和碱反应。

(1)铬(Ⅲ)的化合物

常见的有 Cr_2O_3，$Cr_2(SO_4)_3\cdot 18H_2O$，$CrCl_3\cdot 6H_2O$。

将 $(NH_4)_2Cr_2O_7$ 加热分解或铬在空气中燃烧，可以制得绿色的 Cr_2O_3。

$$(NH_4)_2Cr_2O_7 = N_2\uparrow + Cr_2O_3 + 4H_2O$$

$$4Cr + 3O_2 = 2Cr_2O_3$$

Cr_2O_3 微溶于水，是两性化合物。它是炼铬的原料，也被用作油漆的颜料，称为"铬绿"。

在可溶性的铬(Ⅲ)盐溶液中加碱，得到灰蓝色的胶状 $Cr(OH)_3$ 沉淀。$Cr(OH)_3$ 是典型的两性氢氧化物。$Cr(OH)_3$ 溶于酸得 Cr^{3+}，溶于碱得绿色的 $[Cr(OH)_4]^-$。

$$Cr^{3+} + 3OH^- = Cr(OH)_3\downarrow$$

$$Cr(OH)_3 + 3H^+ = Cr^{3+} + 3H_2O$$

$$Cr(OH)_3 + OH^- = [Cr(OH)_4]^-$$

Cr^{3+} 的价层电子结构为 $3d^3 4s^0 4p^0$，它有6个空轨道，能以 d^2sp^3 轨道杂化形成内轨型配合物。Cr^{3+} 在水溶液中实际上是以 $[Cr(H_2O)_6]^{3+}$ 的形式存在的。其中部分或全部配位水分子，也可被其他配体取代，形成一种或多种配体的配合物。如 $CrCl_3\cdot 6H_2O$ 就有三种水合异构体：

$[Cr(H_2O)_6]Cl_3$　紫色

$[Cr(H_2O)_5Cl]Cl_2\cdot H_2O$　淡绿色

$[Cr(H_2O)_4Cl_2]Cl\cdot 2H_2O$　暗绿色

Cr^{3+} 在水溶液中由于可参与配位的分子或离子不同，或处于内界的水分子个数不同，Cr(Ⅲ)的配合物的颜色也不完全相同。

$[Cr(OH)_4]^-$（常写作 CrO_2^- 的形式）有较强的还原性，它可被 H_2O_2 或 Na_2O_2 等氧化剂氧化成铬(Ⅵ)酸盐。

$$2[Cr(OH)_4]^- + 3H_2O_2 + 2OH^- = 2CrO_4^{2-} + 8H_2O$$

在酸性溶液中，Cr^{3+} 还原性极弱，只有像 $K_2S_2O_8$、$KMnO_4$ 等强氧化剂才能将其氧化。

$$2Cr^{3+} + 3S_2O_8^{2-} + 7H_2O = Cr_2O_7^{2-} + 6SO_4^{2-} + 14H^+$$

(2)铬(Ⅵ)的化合物

铬(Ⅵ)的化合物有铬酐(CrO_3)、铬酸盐和重铬酸盐。最常见的铬酸盐有铬酸钠(Na_2CrO_4)、铬酸钾(K_2CrO_4);重铬酸盐有重铬酸钠($Na_2Cr_2O_7$,俗称红矾钠)、重铬酸钾($K_2Cr_2O_7$,俗称红矾钾)。

①CrO_3。重铬酸钾溶液中加入浓 H_2SO_4,可析出橙红色 CrO_3 晶体。CrO_3 有毒,易潮解,溶于水生成黄色的铬酸 H_2CrO_4,但至今未分离出游离铬酸。利用 $K_2Cr_2O_7$ 在酸性溶液中的强氧化性,实验室常用铬酸洗液(饱和 $K_2Cr_2O_7$ 溶液和浓硫酸的混合物)洗涤化学玻璃器皿,来除去器皿壁上黏附的还原性物质。

$$K_2Cr_2O_7 + H_2SO_4(浓) \xlongequal{} K_2SO_4 + 2CrO_3\downarrow(暗红色针状结晶) + H_2O$$

②铬酸盐和重铬酸盐。只有碱金属和镁、钙的铬酸盐溶于水。当在铬酸盐的溶液中,加入 Ba^{2+}、Pb^{2+}、Ag^+ 等重金属离子,生成铬酸盐的沉淀,这些铬酸盐带有特殊的颜色,可以以此来鉴定这些金属离子。

$$Ba^{2+} + CrO_4^{2-} \xlongequal{} BaCrO_4\downarrow(黄色)$$

$$Pb^{2+} + CrO_4^{2-} \xlongequal{} PbCrO_4\downarrow(黄色)$$

$$2Ag^+ + CrO_4^{2-} \xlongequal{} Ag_2CrO_4\downarrow(砖红色)$$

当在铬酸盐的溶液中加酸时,溶液由黄色变为橙色,表明 CrO_4^{2-} 转变为 $Cr_2O_7^{2-}$;当在重铬酸盐的溶液中加碱时,溶液由橙色变为黄色,表明 $Cr_2O_7^{2-}$ 转变为 CrO_4^{2-},说明溶液中存在如下平衡:

$$2CrO_4^{2-} + 2H^+ \rightleftharpoons Cr_2O_7^{2-}(橙红) + H_2O \quad K^\ominus = 1.2\times10^{14}$$

显然,$Cr_2O_7^{2-}$ 和 CrO_4^{2-} 的浓度比决定于溶液的 pH。由于重金属离子的重铬酸盐较相应的铬酸盐易溶,铬酸盐或重铬酸盐的水溶液中又存在着 $Cr_2O_7^{2-}$ 和 CrO_4^{2-} 的平衡,因而在重铬酸钾溶液中加入 Ba^{2+}、Pb^{2+}、Ag^+ 等离子时,析出的是铬酸盐沉淀而不是重铬酸盐沉淀。

$$2Ba^{2+} + Cr_2O_7^{2-} + H_2O \xlongequal{} 2BaCrO_4\downarrow(黄色) + 2H^+$$

$K_2Cr_2O_7$ 在酸性溶液中是强氧化剂。在冷的溶液中 $K_2Cr_2O_7$ 可氧化 H_2S、Fe^{2+}、HI,分别生成单质硫、Fe^{3+} 和单质碘。在热的溶液中,$K_2Cr_2O_7$ 可氧化 HCl、HBr 等物质,本身的还原产物都是 Cr^{3+}。

$$Cr_2O_7^{2-} + 6Cl^- + 14H^+ \xlongequal{} 2Cr^{3+} + 3Cl_2\uparrow + 7H_2O$$

$$Cr_2O_7^{2-} + 3H_2S + 8H^+ \xlongequal{} 2Cr^{3+} + 3S\downarrow + 7H_2O$$

$$Cr_2O_7^{2-} + 6I^- + 14H^+ \xlongequal{} 2Cr^{3+} + 3I_2 + 7H_2O$$

$$Cr_2O_7^{2-} + 6Fe^{2+} + 14H^+ \xlongequal{} 2Cr^{3+} + 6Fe^{3+} + 7H_2O$$

纯的 $K_2Cr_2O_7$ 可用作基准物,在分析化学中用来测定铁。

在酸性铬酸盐或重铬酸盐溶液中加入过氧化氢,生成天蓝色的过氧化铬 CrO_5,此反应用来鉴定 CrO_4^{2-} 或 $Cr_2O_7^{2-}$。

$$Cr_2O_7^{2-} + 4H_2O_2 + 2H^+ = 2CrO(O_2)_2 + 5H_2O$$

$$CrO_4^{2-} + 2H_2O_2 + 2H^+ = CrO(O_2)_2 + 3H_2O$$

过氧化铬很不稳定，但在乙醚或戊醇中较稳定，过氧化铬的结构为：

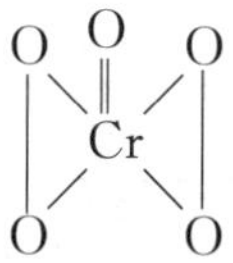

Cr^{3+} 的鉴定也可以有不同的方法，但是它们都是在过量 OH^- 的条件下用 H_2O_2 将 Cr^{3+} 氧化为 CrO_4^{2-}，然后加入不同的试剂来实现。

$$Cr^{3+} \xrightarrow{OH^-，过量} [Cr(OH)_4]^- \xrightarrow{OH^-，H_2O_2} CrO_4^{2-} \xrightarrow{H^+，H_2O_2，乙醚} CrO(O_2)_2$$

$$Cr^{3+} \xrightarrow{OH^-，过量} [Cr(OH)_4]^- \xrightarrow{OH^-，H_2O_2} CrO_4^{2-} \xrightarrow{Pb^{2+}} PbCrO_4$$

在酸性介质中要将 Cr^{3+} 氧化只有采用强氧化剂，如 $K_2S_2O_8$。

$$2Cr^{3+} + 3S_2O_8^{2-} + 7H_2O = Cr_2O_7^{2-} + 6SO_4^{2-} + 14H^+$$

根据上述 Cr(Ⅲ)和 Cr(Ⅵ)的性质，将其两种价态的存在形式、转化方式以及氧化还原性质归纳如下所示。

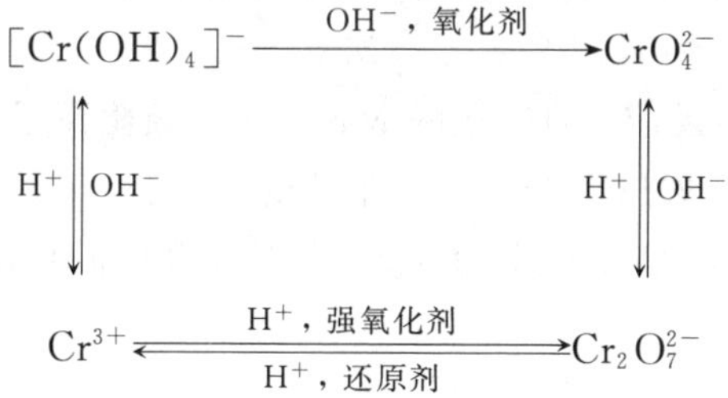

视频 9.6

9.3.3　锰

ⅦB 族元素中，锰元素最为重要。锰的价层电子构型为 $3d^54s^2$，+2 价为锰最稳定的氧化态，而+4，+6，+7 等氧化态都有氧化性。几种重要的锰化合物的性质见表 9-11。

表 9-11　几种重要的锰化合物

化学式	氧化值	颜色	溶解性	氧化还原性
$KMnO_4$	+7	紫色	易溶	酸介质中强氧化性

续表

化学式	氧化值	颜色	溶解性	氧化还原性
K_2MnO_4	+6	绿色	可溶	碱介质中强氧化性
MnO_2	+4	黑色	难溶	酸介质中较强氧化性
$MnSO_4$	+2	白色或肉色	易溶	酸介质中稳定，碱介质中易被氧化

锰元素的标准电极电势图如下：

酸性介质中：$MnO_4^- \xrightarrow{+0.564} MnO_4^{2-} \xrightarrow{2.26} MnO_2 \xrightarrow{0.95} Mn^{3+} \xrightarrow{1.51} Mn^{2+} \xrightarrow{-1.029} Mn$（$MnO_4^-$—$Mn^{2+}$：1.507；$MnO_4^-$—$MnO_2$：1.679；$MnO_2$—$Mn^{2+}$：1.208）

碱性介质中：$MnO_4^- \xrightarrow{0.564} MnO_4^{2-} \xrightarrow{0.60} MnO_2 \xrightarrow{-0.20} Mn(OH)_3 \xrightarrow{+0.1} Mn(OH)_2 \xrightarrow{-1.55} Mn$（$MnO_4^-$—$MnO_2$：0.588；$MnO_2$—$Mn(OH)_2$：-0.05）

(1)锰单质

锰(Mn)不属于稀有金属，常以软锰矿(MnO_2)形式存在于自然界中。

锰的外观像铁，纯锰块状时呈银白色，硬度较高，熔点高，但不如 Ti，V，Cr 高。

$$Mn^{2+} + 2e^- \longrightarrow Mn \qquad E^{\ominus}(Mn^{2+}/Mn) = -1.18V$$

金属锰的还原性较强，且锰不钝化，易溶于稀的非氧化性酸中产生氢气。

$$Mn + 2H^+ \longrightarrow Mn^{2+} + H_2\uparrow$$

Mn 和冷水不发生反应，因生成的 $Mn(OH)_2$ 膜阻碍了反应的进行，加入 NH_4Cl 即可发生反应，放出 H_2，这一点和 Mg 相似。

高温时，Mn 和 X_2，O_2，S，B，C，Si，P 等非金属能直接化合，更高温时，可和 N_2 化合。

$$Mn + X_2 \longrightarrow MnX_2$$

$$3Mn + N_2 \longrightarrow Mn_3N_2$$

$$3Mn + C \longrightarrow Mn_3C$$

有氧化剂存在时，Mn 和熔碱反应：

$$2Mn + 4KOH + 3O_2 \longrightarrow 2K_2MnO_4 + 2H_2O$$

(2)锰(Ⅱ)化合物

Mn(Ⅱ)强酸盐易溶，如锰(Ⅱ)的卤化物、硝酸盐、硫酸盐都易溶于水，而弱酸盐和强氧化物难溶，如锰(Ⅱ)的硫化物、磷酸盐、碳酸盐及氢氧化物则难溶，这些难溶盐可溶于强酸之中。

难溶盐	$MnCO_3$	$Mn(OH)_2$	MnS	MnC_2O_4
$K_{sp}^{\ominus}$	1.8×10^{-11}	1.9×10^{-13}	2.0×10^{-13}	1.1×10^{-15}

在酸性介质中，Mn^{2+} 非常稳定，需用比较强的氧化剂如 $(NH_4)_2S_2O_8$，$NaBiO_3$，PbO_2 等才能将其氧化为 MnO_4^-。由于 MnO_4^- 显紫色，此反应可以用来定性分析 Mn^{2+}。

$$2Mn^{2+} + 14H^+ + 5NaBiO_3 = 2MnO_4^- + 5Bi^{3+} + 5Na^+ + 7H_2O$$

$$2Mn^{2+} + 8H_2O + 5S_2O_8^{2-} = 2MnO_4^- + 10SO_4^{2-} + 16H^+$$

由于 Mn^{2+} 为 d^5 电子构型，具有较高的稳定性，形成配合物的倾向很弱。但能与 H_2O、Cl^- 等弱场配体形成外轨型配合物，与强场配体 CN^- 则形成内轨型配合物。

可溶性 Mn(Ⅱ)盐溶液中加碱得到 $Mn(OH)_2$ 的白色沉淀，由元素电势图可知它具有还原性，在空气中很快就能被氧化成为棕色的 $MnO(OH)_2$ 沉淀。

$$2Mn(OH)_2(\text{白色}) + O_2 = 4MnO_4^{2-} + O_2\uparrow + 2H_2O$$

(3)锰(Ⅳ)化合物

最重要的锰(Ⅳ)化合物是二氧化锰(MnO_2)。MnO_2 很稳定，不溶于水、稀酸和稀碱，在酸碱中均不歧化。但 MnO_2 是两性化合物，可以和浓酸、浓碱反应。在酸性溶液中是强氧化剂，能将盐酸氧化放出 Cl_2，本身还原为 Mn^{2+}。与浓 H_2SO_4 作用发生二氧化锰的自身氧化还原反应，放出氧气。

$$MnO_2 + 4HCl(\text{浓}) = MnCl_2 + Cl_2\uparrow + 2H_2O$$

$$2MnO_2 + 2H_2SO_4 = 2MnSO_4 + O_2\uparrow + 2H_2O$$

$$MnO_2 + 2NaOH(\text{浓}) = Na_2MnO_3(\text{亚锰酸钠}) + H_2O$$

MnO_2 和稀酸不反应，但在酸性介质中，能将 H_2O_2 氧化放出氧气。

$$MnO_2 + H_2O_2 + 2H^+ = Mn^{2+} + O_2\uparrow + 2H_2O$$

在碱性条件下，MnO_2 可被氧化至 Mn(Ⅵ)。

$$2MnO_2 + 4KOH + O_2 \xlongequal{\text{共熔}} 2K_2MnO_4 + 2H_2O$$

$$3MnO_2 + 6KOH + KClO_3 = 3K_2MnO_4(\text{绿色}) + KCl + 3H_2O$$

总之，MnO_2 在强酸中具有强的氧化性，易被还原；在碱中有一定的还原性，在中性时很稳定。

(4)锰(Ⅵ)化合物

重要的锰(Ⅵ)化合物是 K_2MnO_4，深绿色晶体，只能存在于强碱性溶液中，在酸性溶液中发生以下歧化反应：

$$3MnO_4^{2-} + 4H^+ = 2MnO_4^- + MnO_2 + 2H_2O$$

MnO_4^{2-} 在弱酸性或中性溶液中也发生歧化反应，但反应速度较慢。

$$3MnO_4^{2-} + 2H_2O = 2MnO_4^- + MnO_2 + 4OH^-$$

虽然 K_2MnO_4 在酸性溶液中是强氧化剂，但由于它在酸中发生歧化，所以不用它作氧化剂。锰酸盐是制备高锰酸钾的中间产物。

(5)锰(Ⅶ)化合物

重要的锰(Ⅶ)化合物是高锰酸钾 $KMnO_4$。$KMnO_4$ 是深紫色晶体，加热至200℃以上会发生分解，并放出氧气。

$$2KMnO_4 \xlongequal{} K_2MnO_4 + MnO_2 + O_2\uparrow$$

$KMnO_4$ 的水溶液并不十分稳定，在酸性溶液中也会慢慢分解。实践证明，日光对 $KMnO_4$ 的分解具有催化作用。因此，$KMnO_4$ 溶液通常应该保存在棕色瓶中。$KMnO_4$ 在碱中也不稳定，易分解。以固体形式存在时的稳定性高于溶液形式，但固体受热也会分解。

$$4MnO_4^- + 4H^+ \xlongequal{} 4MnO_2 + 3O_2\uparrow + 2H_2O$$

$$4MnO_4^- + 4OH^- \xlongequal{} 4MnO_4^{2-} + O_2\uparrow + 2H_2O$$

$$2KMnO_4(s) \xlongequal{200℃} K_2MnO_4 + MnO_2 + O_2\uparrow$$

反应介质不同，则 $KMnO_4$ 的还原产物不同。在强酸性溶液中，$KMnO_4$ 通常被还原为 Mn^{2+}。在分析化学中常用标准的 $KMnO_4$ 溶液测定铁含量，也常用标准的草酸溶液来标定 $KMnO_4$ 溶液。

$$MnO_4^- + 5Fe^{2+} + 8H^+ \xlongequal{} Mn^{2+} + 5Fe^{3+} + 4H_2O$$

$$2MnO_4^- + 5H_2C_2O_4 + 6H^+ \xlongequal{} 2Mn^{2+} + 10CO_2 + 8H_2O$$

$$2MnO_4^- + 5SO_3^{2-} + 6H^+ \xlongequal{} 2Mn^{2+} + 5SO_4^{2-} + 3H_2O$$

$$2MnO_4^- + 5Sn^{2+} + 16H^+ \xlongequal{} 2Mn^{2+} + 5Sn^{4+} + 8H_2O$$

$$2MnO_4^- + 5H_2S + 6H^+ \xlongequal{} 2Mn^{2+} + 5S\downarrow + 8H_2O$$

$$6MnO_4^- + 5S + 8H^+ \xlongequal{} 6Mn^{2+} + 5SO_4^{2-} + 4H_2O$$

在中性、弱碱性或微酸性溶液中，MnO_4^- 被还原为 MnO_2，如：

$$2MnO_4^- + 3SO_3^{2-} + H_2O \xlongequal{} 2MnO_2 + 3SO_4^{2-} + 2OH^-$$

在强碱性溶液中，MnO_4^- 被还原为 MnO_4^{2-}，如：

$$2MnO_4^- + SO_3^{2-} + 2OH^- \xlongequal{} 2MnO_4^{2-} + SO_4^{2-} + H_2O$$

需要注意的是，MnO_4^- 的还原产物除与介质有关外，有时也与还原剂的量有关。如 MnO_4^- 在强酸性溶液中通常被还原为 Mn^{2+}，如果 MnO_4^- 过量也有可能生成 MnO_2 而不是 Mn^{2+}，这是因为 MnO_4^- 和 Mn^{2+} 不能共存，发生反歧化反应生成了 MnO_2：

$$2MnO_4^- + 3Mn^{2+} + 2H_2O \xlongequal{} 5MnO_2 + 4H^+$$

[例 9-4] 有一锰的化合物，它是不溶于水且很稳定的棕黑色粉末状物质

A，该物质与浓硫酸反应得到淡红色溶液 B，且有无色气体 C 放出。向 B 溶液中加入强碱得到白色沉淀 D。若将 A 与 $KClO_3$，KOH 一起混合熔融可得到一绿色物质 E，将 E 溶于水并通入 CO_2，则溶液变成紫色 F，且又析出 A。试问 A，B，C，D，E，F 各为何物，并写出相应的方程式。

解　A：MnO_2　　B：$MnSO_4$　　C：O_2　　D：$Mn(OH)_2$

E：K_2MnO_4　F：$KMnO_4$

有关方程式为：

$$2MnO_2 + 2H_2SO_4(浓) = 2MnSO_4 + O_2\uparrow + 2H_2O$$

$$MnSO_4 + 2NaOH = Mn(OH)_2\downarrow + Na_2SO_4$$

$$3MnO_2 + 6KOH + KClO_3 = 3K_2MnO_4 + KCl + 3H_2O$$

$$3K_2MnO_4 + 2CO_2 = 2KMnO_4 + MnO_2\downarrow + 2K_2CO_3$$

视频 9.7

9.3.4　铁、钴、镍的主要化合物

第Ⅷ族包括铁(iron，Fe)、钴(cobalt，Co)、镍(nickel，Ni)；钌(ruthenium，Ru)、铑(rhodium，Rh)、钯(palladium，Pd)；锇(osmimu，Os)、铱(iridium，Ir)、铂(platinum，Pt)共 9 种元素。它们在周期系中是特殊的一族。根据 Fe，Co，Ni 性质的相似性，将其称为特系元素。由于镧系收缩，Ru，Rh，Pd 与 Os，Ir，Pt 的性质较为相似而与 Fe，Co，Ni 差别较为显著，又称这六种元素为铂系元素。铂系元素被列为稀有元素，和金、银一起称为贵金属。本节将主要介绍铁系元素的一些化合物的重要性质。

(1)概述

铁在地壳中的分布仅次于铝而居第四位，约占地壳质量的 5.1%。在自然界主要以氧化物(如赤铁矿 Fe_2O_3，磁铁矿 Fe_3O_4)或硫化物(如黄铁矿 FeS_2)形式存在。钴和镍在地壳中的丰度分别是 1×10^{-3}%和 1.6×10^{-2}%，常共生，多以硫化物(如辉钴矿 CoAsS)形式存在。铁系元素的基本性质如表 9-12 所示。

表 9-12　铁系元素的基本性质

物质	铁	钴	镍
元素符号	Fe	Co	Ni
原子序数	26	27	28
相对原子质量	55.85	58.93	58.70
价电子层结构	$3d^6 4s^2$	$3d^7 4s^2$	$3d^8 4s^2$
主要氧化值	+2，+3，+6	+2，+3	+2

续表

物质		铁	钴	镍
金属原子半径/pm		117	116	115
离子半径/pm	M^{2+}	75	72	70
	M^{3+}	64	63	—
电负性(M^{2+})		1.83	1.88	1.91
第一电离能/($kJ \cdot mol^{-1}$)		759.4	758	736.7
第二电离能/($kJ \cdot mol^{-1}$)		1561	1646	1753
第三电离能/($kJ \cdot mol^{-1}$)		2957.4	3232	3393
密度/($g \cdot cm^{-3}$)		7.847	8.90	8.902
熔点/K		1808	1768	1726
沸点/K		3023	3143	3005
标准电极电势 $E^{\ominus}_{M^{2+}/M}$/V		−0.44	−0.227	−0.25

铁系元素单质都是具有金属光泽的白色金属。铁、钴略带灰色，而镍为银白色。

在酸性溶液中，铁、钴、镍离子的最稳定状态分别是 Fe^{2+}，Co^{2+}，Ni^{2+}。而高氧化态的铁(Ⅲ)、钴(Ⅲ)、镍(Ⅲ)在酸性溶液中都是很强的氧化剂。空气中的氧能把酸性溶液中的 Fe^{2+} 氧化成 Fe^{3+}，但是不能将 Co^{2+} 和 Ni^{2+} 氧化为 Co^{3+} 和 Ni^{3+}。在碱性介质中，铁的最稳定氧化值是+3，而钴和镍的最稳定氧化值仍是+2；在碱性介质中铁、钴、镍的低氧化态更容易被氧化为高氧化态。低氧化态氢氧化物的还原性按 $Fe(OH)_2$、$Co(OH)_2$、$Ni(OH)_2$ 的顺序依次降低。例如：向 Fe^{2+} 的溶液中加入碱，能生成白色的 $Fe(OH)_2$ 沉淀，但空气中的氧立即把白色的 $Fe(OH)_2$ 氧化成红棕色的 $Fe(OH)_3$ 沉淀。

$$Fe^{2+} + 2OH^- \xlongequal{} Fe(OH)_2 \downarrow$$

$$4Fe(OH)_2 + O_2 + 2H_2O \xlongequal{} 4Fe(OH)_3 \downarrow$$

在同样的条件下，Co^{2+} 生成的粉红色的 $Co(OH)_2$ 则比较稳定，但在空气中放置，也可缓慢地被空气中的氧气氧化成棕褐色的 $Co(OH)_3$。

$$Co^{2+} + 2OH^- \xlongequal{} Co(OH)_2 \downarrow$$

$$4Co(OH)_2 + O_2 + 2H_2O \xlongequal{} 4Co(OH)_3$$

而在同样的条件下，Ni^{2+} 生成的绿色 $Ni(OH)_2$ 最稳定，完全不会被空气中的氧所氧化。

铁系元素易溶于稀酸中，都能从稀盐酸或稀硫酸中置换出 H_2，钴的溶解过程较为缓慢。但对冷的浓 H_2SO_4、HNO_3 都发生“钝化”现象。铁能被浓碱溶液所腐蚀，而钴、镍不与强碱作用。

(2)氧化物和氢氧化物

①铁、钴、镍的氧化物。铁系元素的氧化物都有很深的颜色。

FeO 黑色	CoO 灰绿色	NiO 暗绿色
Fe_2O_3 砖红色	Co_2O_3 黑色	Ni_2O_3 黑色

FeO、CoO、NiO 均为难溶于水的碱性氧化物，易溶于酸形成相应的盐。在隔绝空气的条件下，加热分解铁、钴、镍的碳酸盐或草酸盐可制得 FeO、CoO、NiO。

$$FeC_2O_4 \xlongequal{\triangle} FeO + CO\uparrow + CO_2\uparrow$$

$$CoC_2O_4 \xlongequal{\triangle} CoO + CO\uparrow + CO_2\uparrow$$

Fe_2O_3(砖红色)，难溶于水，是以碱性为主的两性化合物。铁在空气中可被氧化成 Fe_2O_3，在 577℃左右，铁与水蒸气作用可生成 Fe_3O_4。以前曾经认为 Fe_3O_4 的组成是 $FeO \cdot Fe_2O_3$，经 X 射线研究证明它是铁酸盐 $Fe^{III}[(Fe^{II}Fe^{III})O_4]$。

Fe_2O_3 的氧化性较弱，而 Co_2O_3 和 Ni_2O_3 都是强氧化剂，能将盐酸中的 Cl^- 氧化生成单质 Cl_2。

$$Fe_2O_3 + 6HCl \xlongequal{} 2FeCl_3 + 3H_2O$$

$$Co_2O_3 + 6HCl \xlongequal{} 2CoCl_2 + Cl_2\uparrow + 3H_2O$$

②铁、钴、镍的氢氧化物。如前所述，在氧化值为+2 的铁、钴、镍盐溶液中加入碱可得到相应的氢氧化物。铁、钴的 $M(OH)_2$ 在空气中不稳定，慢慢地被空气中的氧氧化成+3 氧化值的 $M(OH)_3$。但需要注意的是 $Fe(OH)_2$ 在空气中很快被空气中的氧氧化，$Co(OH)_2$ 则被氧化得很慢，$Ni(OH)_2$ 较稳定，不能被空气中的氧氧化。说明 $Fe(OH)_2$、$Co(OH)_2$、$Ni(OH)_2$ 的还原性依次递减，而 $Fe(OH)_3$、$Co(OH)_3$、$Ni(OH)_3$ 的氧化性依次增强。+3 氧化态的氢氧化物中，$Fe(OH)_3$ 只能和盐酸发生中和反应，而 $Co(OH)_3$、$Ni(OH)_3$ 和盐酸发生氧化还原反应放出 Cl_2。

还原性增强，稳定性减弱 ←

$Fe(OH)_2$、$Co(OH)_2$、$Ni(OH)_2$

$Fe(OH)_3$、$Co(OH)_3$、$Ni(OH)_3$

→ 氧化性增强，稳定性增强

这些氢氧化物中仅 $Fe(OH)_3$ 略显两性，但碱性强于酸性，只有新沉淀出的 $Fe(OH)_3$ 能溶于强碱形成$[Fe(OH)_4]^-$。$Co(OH)_3$ 和 $Ni(OH)_3$ 只具有碱性，不溶于强碱。

(3)铁、钴、镍的一些重要的盐

铁、钴、镍的+2 氧化值的强酸盐几乎都能溶于水，其水溶液因盐的微弱水解都略显酸性，它们的碳酸盐、磷酸盐和硫化物都难溶于水。这些元素的 M^{2+} 水合离子都有颜色，Fe^{2+} 显浅绿色，Co^{2+} 显粉红色，Ni^{2+} 显亮绿色。它们的无水盐的颜色也不同，铁(Ⅱ)盐为白色，钴(Ⅱ)盐为蓝色，镍(Ⅱ)盐为黄色。

常见的铁、钴、镍的盐有：

①硫酸亚铁。将铁溶于硫酸生成 $FeSO_4$，硫酸亚铁从溶液中析出得到带 7 个结晶水的 $FeSO_4 \cdot 7H_2O$，俗称绿矾，它是最重要的亚铁盐，为淡绿色晶体，易溶于水。加热失去全部结晶水时变成白色的 $FeSO_4$，继续加热则 $FeSO_4$ 分解得到用于生产红色颜料的 Fe_2O_3。

$$FeSO_4 \cdot 7H_2O \xlongequal{\triangle} FeSO_4 + 7H_2O$$

$$2FeSO_4 \xlongequal{\triangle} Fe_2O_3 + SO_2\uparrow + SO_3\uparrow$$

Fe^{2+} 属于中间氧化态，不能发生歧化反应，相反地，Fe^{3+} 与 Fe 能发生歧化反应的逆反应生成 Fe^{2+}。所以，配制 $FeSO_4$ 溶液时除加入 H_2SO_4 抑制水解外，通常还加入一颗干净的铁钉防止 Fe^{2+} 被氧化。

$$2Fe^{3+} + Fe \xlongequal{} 3Fe^{2+}$$

$FeSO_4$ 是一个中等强度的还原剂，能被 $KMnO_4$、K_2CrO_7、Cl_2、H_2O_2、O_3 等强氧化剂氧化。空气中的氧也能将其氧化为 Fe^{3+}。

$$4Fe^{2+} + O_2 + 4H^+ \xlongequal{} 4Fe^{3+} + 2H_2O$$

亚铁盐易被氧化，但硫酸亚铁铵$(NH_4)_2SO_4 \cdot FeSO_4 \cdot 6H_2O$(俗称摩尔盐)则相当稳定，在定量分析中可用该复盐来配制 Fe^{2+} 的标准溶液以标定 $KMnO_4$ 或 $K_2Cr_2O_7$ 溶液。

$FeSO_4$ 易溶于水、无水甲醇，微溶于乙醇；有腐蚀性；易被潮湿空气氧化。在农业上广泛被用作农药，主治小麦黑穗病。与鞣酸可生成易溶的鞣酸亚铁，在空气中即被氧化为黑色的鞣酸铁，$FeSO_4$ 被用来制造蓝墨水；还可用于染色、木材防腐、除草剂和饲料添加剂、医药收敛剂及补血剂，也可用作蔬菜、果料和咸菜以及糖类、蚕豆等的发色剂等。

②三氯化铁。$FeCl_3$ 是比较重要的铁(Ⅲ)盐，有无水三氯化铁 $FeCl_3$ 和六水合三氯化铁 $FeCl_3 \cdot 6H_2O$。将铁与氯气在高温下直接合成就可以得到棕褐色的无水 $FeCl_3$；而将铁屑溶于盐酸中，再通入氯气，经浓缩、冷却，则得到黄棕色的六水合三氯化铁 $FeCl_3 \cdot 6H_2O$。加热六水合三氯化铁晶体，则水解失去 HCl 而生成碱式盐。

无水 $FeCl_3$ 的熔点(555K)、沸点(588K)都比较低，能借升华法提纯，并易溶于有机溶剂(如丙酮)中，这些都说明无水 $FeCl_3$ 具有明显的共价性。在 673K 时，气态的 $FeCl_3$ 分子以双聚分子 Fe_2Cl_6 形式存在，其结构和 Al_2Cl_6 相似，1023K 以上时，双聚分子解聚分解为单分子 $FeCl_3$。无水 $FeCl_3$ 在空气中易潮解，易溶于水生成淡紫色的 $[Fe(H_2O)_6]^{3+}$。

由元素的电极电势图可知，$FeCl_3$ 及其他铁(Ⅲ)盐在酸性溶液中是较强的氧化剂，可以将 I^- 氧化成 I_2，将 H_2S 氧化成单质 S，还可以被 $SnCl_2$ 还原。

$$2FeCl_3 + 2KI \Longrightarrow 2KCl + 2FeCl_2 + I_2$$

$$2FeCl_3 + H_2S \Longrightarrow 2HCl + 2FeCl_2 + S\downarrow$$

$$2FeCl_3 + SnCl_2 \Longrightarrow SnCl_4 + 2FeCl_2$$

在分析化学中，常用 $SnCl_2$ 来还原三价铁盐。另外，$FeCl_3$ 的溶液还可以氧化 Cu，使 Cu 变成 $CuCl_2$ 而溶解。

$$2FeCl_3 + Cu \Longrightarrow CuCl_2 + 2FeCl_2$$

在印刷制版中，就是利用 $FeCl_3$ 的这一性质作铜版的腐蚀剂，把铜版上需要去掉的部分溶解变成 $CuCl_2$。

三氯化铁主要用于有机染色反应中的催化。由于它能引起蛋白质的迅速凝聚，在医疗上用作外伤止血剂。它也是饮用水、工业用水、工业废水、城市污水及游泳池循环水处理的高效廉价絮凝剂，具有显著的沉淀重金属及硫化物、脱色、脱臭、除油、杀菌等功效。

③氯化钴。$CoCl_2$ 无水盐呈蓝色，而水合钴离子 $[Co(H_2O)_6]^{2+}$ 呈粉红色。$CoCl_2$ 因所含的结晶水的个数不同而呈不同的颜色。

$CoCl_2$	$CoCl_2 \cdot H_2O$	$CoCl_2 \cdot 2H_2O$	$CoCl_2 \cdot 6H_2O$
蓝色	蓝紫色	紫色	粉红色

实验室常利用它的颜色变化来制备变色硅胶。将干燥剂硅酸凝胶用 $CoCl_2$ 溶液浸透后烘干，所得硅胶为蓝色。当蓝色硅胶吸湿变为粉红色时，即 $CoCl_2$ 变为水合盐形式，表示它已失去干燥能力，将粉红色硅胶加热脱水变为蓝色，又恢复吸湿能力。

(4)铁、钴、镍的一些配合物

铁、钴、镍都是很好的配合物形成体，其中，Fe^{3+}、Fe^{2+}易形成配位数6的八面体型配合物；Co^{2+}的大多数配合物具有八面体或四面体型，且可以相互转化；Ni^{2+}可形成各种构型的配合物。

①铁的配合物

a.铁的氰配合物

铁最重要的氰配合物是铁氰化钾(也称赤血盐)$K_3[Fe(CN)_6]$和亚铁氰化钾(也称黄血盐)$K_4[Fe(CN)_6]$。这两个化合物分别是检验Fe^{2+}和Fe^{3+}的试剂。

$$K^+ + [Fe(CN)_6]^{4-} + Fe^{3+} = KFe[Fe(CN)_6]\downarrow \text{(普鲁士蓝)}$$

$$K^+ + [Fe(CN)_6]^{3-} + Fe^{2+} = KFe[Fe(CN)_6]\downarrow \text{(滕氏蓝)}$$

经X射线结构测定证明反应生成的普鲁士蓝和滕氏蓝是同一种物质，有着同样的化学组成和结构。

b.铁的硫氰配合物

在Fe^{3+}的溶液中加入KSCN溶液，则出现血红色，该红色配离子的化学式为$[Fe(SCN)_n]^{3-n}$(其中$n=1\sim6$)，n值大小随SCN^-的浓度而异。这是Fe^{3+}的灵敏反应之一，可检出微量的Fe^{3+}。当在血红色的溶液中加入NH_4F时可生成更稳定的无色$[FeF_6]^{3-}$配离子。

$$Fe^{3+} + nSCN^- = [Fe(SCN)_n]^{3-n} \text{(血红色)}$$

$$[Fe(SCN)_6]^{3-} + 6F^- = [FeF_6]^{3-} + 6SCN^-$$

②钴的配合物

a.钴的硫氰配合物

在钴(Ⅱ)盐的酸性溶液中加入NH_4SCN及丙酮或戊醇，有蓝色的$[Co(SCN)_4]^{2-}$配离子生成，它在水中不稳定，容易离解成简单离子，在有机溶剂中较稳定。此反应可用于Co^{2+}的定性鉴定。

$$Co^{2+} + 4SCN^- \xlongequal{\text{戊醇}} [Co(NCS)_4]^{2-} \text{(蓝色)}$$

鉴定Co^{2+}时，若有Fe^{3+}离子干扰，需要加NH_4F来掩蔽Fe^{3+}以消除干扰。

b.钴的氨配合物

在含有Co^{2+}的溶液中加入氨水后，先生成沉淀$Co(OH)_2$，当氨水过量后生成$[Co(NH_3)_6]^{2+}$，但$[Co(NH_3)_6]^{2+}$并不稳定，在空气中放置即会被空气中的氧氧化成淡红棕色$[Co(NH_3)_6]^{3+}$。

$$Co^{2+} + 6NH_3 = [Co(NH_3)_6]^{2+}$$

$$4[Co(NH_3)_6]^{2+} + O_2 + 2H_2O = 4[Co(NH_3)_6]^{3+} + 4OH^-$$

也就是说，Co(Ⅲ)配合物比 Co(Ⅱ)配合物更为稳定。

c. 钴的氰根配合物

在钴(Ⅱ)盐的溶液中加入 KCN 溶液时，先是生成 $Co(CN)_2$ 沉淀，继续加入过量的 KCN 溶液，则 $Co(CN)_2$ 沉淀溶解，生成氰钴配离子 $[Co(CN)_4]^{2-}$。在空气中 $[Co(CN)_4]^{2-}$ 易被氧氧化生成更稳定的 $[Co(CN)_6]^{3-}$。

(3)镍的配合物

在 Ni^{2+} 的溶液中加入氨水，先生成 $Ni(OH)_2$ 沉淀，当氨水过量时，$Ni(OH)_2$ 沉淀溶解，生成蓝紫色配合物 $[Ni(NH_3)_6]^{2+}$。

$$Ni(OH)_2 + 6NH_3 = [Ni(NH_3)_6]^{2+} + 2OH^-$$

在 Ni^{2+} 的溶液中加入 KCN 溶液，起初生成 $Ni(CN)_2$ 沉淀，继续加入 KCN，则所有的 $Ni(CN)_2$ 沉淀溶解，生成稳定的 $[Ni(CN)_4]^{2-}$，即使长期置于空气中也不会被氧化。

$$Ni^{2+} + 2CN^- = Ni(CN)_2 \downarrow$$

$$Ni(CN)_2 + 2CN^- = [Ni(CN)_4]^{2-}$$

(4)铁、钴、镍的羰基配合物

铁、钴、镍都能和羰基生成金属羰基配合物，这是一类特殊的配合物，其中铁、钴、镍的氧化态都是 0。

$Fe(CO)_5$	五羰基合铁	$Fe_2(CO)_9$	九羰基合二铁
$Co_2(CO)_8$	八羰基合二钴	$Ni(CO)_4$	四羰基合镍

$Fe(CO)_5$ 中，Fe 的价层电子构型为 $3d^6 4s^2$，5 个 CO 可提供 5 对配位电子，使中心原子 Fe 的价层轨道 3d4s4p 全部充满，达到 18 电子结构；$Ni(CO)_4$ 中 Ni 同样达到 18 电子结构，分子能稳定存在。但像 $Co_2(CO)_8$ 和 $Fe_2(CO)_9$ 的结构则比较复杂，它们的成键也不是一般的价键理论所能解释的，在本章中将不再讨论。

视频 9.8

【应用实例】

1. 应该选择什么物质作为潜水密封舱中的供氧剂？野外氢气发生剂可以选用什么物质？

解　可以选用过氧化钠做潜水密封舱中的供氧剂。因为：

①过氧化钠固体较稳定，便于携带。

②过氧化钠与水或二氧化碳反应都可放出氧气，使用方便。

$$2Na_2O_2 + 2CO_2 = 2Na_2CO_3 + O_2 \uparrow$$

$$2Na_2O_2+2H_2O \longrightarrow 4NaOH+O_2\uparrow$$

可以选用氢化钙做野外氢气发生剂。因为：

①CaH_2是固体，携带方便。

②反应迅速，使用方便：$CaH_2+2H_2O \longrightarrow Ca(OH)_2+2H_2\uparrow$

2. 湿法炼锌过程中杂质离子的除去

湿法炼锌过程中，含硫酸锌的浸取液中常含有 Fe^{2+}，Fe^{3+}，Sb^{3+}，Cu^{2+}，Cd^{2+} 及硅酸等杂质，它们会妨碍硫酸锌的电解工序，必须事先除去。试以化学反应方程式表示除去这些杂质的方法。

解 (1)用 H_2O_2 将 Fe^{2+} 氧化为 Fe^{3+}

$$2Fe^{2+}+H_2O_2+4H_2O \longrightarrow 2Fe(OH)_3\downarrow+4H^+$$

(2)用 ZnO 调 pH 为 5.2，这时，Fe^{3+}，Al^{3+}，Sb^{3+}、硅酸一起沉淀：

$$Fe^{3+}+3H_2O \longrightarrow Fe(OH)_3\downarrow+3H^+$$

$$Al^{3+}+3H_2O \longrightarrow Al(OH)_3\downarrow+3H^+$$

$$2Sb^{2+}+3H_2O \longrightarrow Sb_2O_3\downarrow+6H^+$$

(3)用 Zn 置换 Cu^{2+} 和 Cd^{2+}：

$$CuSO_4+Zn \longrightarrow ZnSO_4+Cu\downarrow$$

$$Cd^{2+}+Zn \longrightarrow Cd\downarrow+Zn^{2+}$$

【知识结构-1】——s 区元素

9.1.1 s 区元素通性→
- 1. s 区元素的特点
- 2. s 区的单质
  - (1)物理性质—Li 是最轻的金属
  - (2)化学性质
    - a. 与氧、硫、氮、卤素反应
    - b. 与 H_2O 反应

9.1.2 主要化合物

1. 氧化物→
- (1)类型
- (2)形成条件
- (3)结构与稳定性 $O^{2-}>O_2^->O_2^{2-}$
- (4)性质
  - a. 与 H_2O 反应
  - b. 与 CO_2 反应
  - c. 熔点及硬度——MO 判断

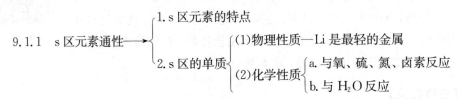

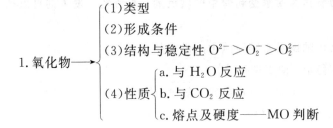

2. 氢氧化物——→
   - (1)酸性—Z/r
   - (2)溶解性—离子极化 Z/r

3. 重要盐类——→
   - (1)熔沸点—特例：碱土金属卤化物(离子极化解释)
   - (2)溶解度
   - (3)热稳定性—碳酸盐(离子反极化解释)

4. Li，Be 的特殊性—对角线规则(Li—Mg，Be—Al，B—Si)

5. Ca^{2+}，Sr^{2+}，Ba^{2+} 的鉴定

【知识结构-2】——Cu 族元素

1. Cu，Ag 单质

2. Cu，Ag 主要化合物——→
   - (1)溶解性—离子极化 Z/r
   - (2)热稳定性：固态时 Cu(Ⅰ)的化合物比 Cu(Ⅱ)的化合物稳定
   - (3)较典型的性质③

3. Cu(Ⅰ)与 Cu(Ⅱ)的转化——→
   - a. 在高温固态：Cu(Ⅰ)化合物稳定性＞Cu(Ⅱ)化合物
   - b. 在水溶液中：稳定性 Cu(Ⅰ)＜Cu(Ⅱ)　Cu^{+} 易歧化

4. 铜族元素的配合物——→
   - (1)Cu(Ⅰ)配合物
   - (2)Cu(Ⅱ)配合物—Cu^{2+} 的鉴定反应
   - (3)Ag(Ⅰ)配合物—银镜反应

【知识结构-3】——Zn 族元素

1. Zn 族单质——Hg 是唯一的液态金属

2. Zn 族主要化合物
   - (1)氧化物及氢氧化物
     - a. 两性物质
     - b. 氢氧化物稳定性
   - (2)卤化物
     - a. Hg_2I_2 见光歧化
     - b. Hg_2Cl_2
     - c. $HgCl_2$
       - $HgCl_2 + 2NH_3 \longrightarrow HgNH_2Cl\downarrow + NH_4Cl$
       - $HgCl_2 + 4NH_3$(过量)$\longrightarrow [Hg(NH_3)_4]Cl_2$
   - (3)硫化物

3. Hg(Ⅰ)与 Hg(Ⅱ)的转化
   - (1)反歧化：$Hg^{2+} + Hg \longrightarrow Hg_2^{2+}$
   - (2)歧化：降低 Hg^{2+} 的浓度，使 Hg_2^{2+} 转化为 Hg^{2+}

$$Hg_2^{2+} + S^{2-} \longrightarrow HgS\downarrow + Hg\downarrow$$

【知识结构-4】——Cr 系列

9.3.1　d 区元素通性——→
   - 1. d 区元素的特点
   - 2. 物理性质—W，Cr，Os

9.3.2 Cr 的主要化合物

1. Cr(Ⅲ)化合物 →
{
(1)酸碱性——两性化合物——反应联系图
(2)还原性 $2[Cr(OH)_4]^- + 3H_2O_2 + 2OH^- = 2CrO_4^{2-} + 8H_2O$
}

2. Cr(Ⅵ)化合物 →
{
(1)酸性 $2CrO_4^{2-} + 2H^+ = Cr_2O_7^{2-} + H_2O$
(2)溶解性-R③ $4Ag^+ + Cr_2O_7^{2-} + H_2O = 2Ag_2CrO_4 + 2H^+ (Ba^{2+}/Pb^{2+})$
(3)氧化性-R* $Cr_2O_7^{2-} + 3H_2S + 8H^+ = 2Cr^{3+} + 3S\downarrow + 7H_2O$
}

3. Cr(Ⅲ)Cr(Ⅵ)相互转化★——反应联系图

4. 鉴定 →
{
(1)$Cr_2O_7^{2-}$ $Cr_2O_7^{2-} + 3H_2O_2 = 2CrO(O_2)_2 + 3H_2O$
(2)CrO_4^{2-} $2CrO_4^{2-} + 3H_2O_2 + 2H^+ = 2CrO(O_2)_2 + 4H_2O$
(3)Cr^{3+}-R②
}

【知识结构-5】——Mn 系列

9.3.3 Mn 的主要化合物

1. Mn(Ⅳ)的化合物—MnO_2
{
氧化性：$2MnO_2 + 2H_2SO_4 = 2MnSO_4 + 2H_2O + O_2\uparrow$
还原性：$2MnO_2 + 4KOH + O_2 = 2K_2MnO_4 + 2H_2O$
}

2. Mn(Ⅱ)的化合物 →
{
(1)碱性条件具有还原性
(2)酸性条件稳定，只有(PbO_2，$NaBiO_3$，$S_2O_8^{2-}$)反应
}

$2Mn^{2+} + 5NaBiO_3 + 14H^+ = 2MnO_4^- + 5Bi^{3+} + 5Na^+ + 7H_2O$

$2Mn^{2+} + 5PbO_2 + 4H^+ = 2MnO_4^- + 5Pb^{2+} + 2H_2O$

$2Mn^{2+} + 5S_2O_8^{2-} + 8H_2O = 2MnO_4^- + 10SO_4^{2-} + 16H^+$

3. Mn(Ⅵ)的化合物—K_2MnO_4 歧化：$3MnO_4^{2-} + 4H^+ = MnO_2 + 2MnO_4^- + 2H_2O$

4. Mn(Ⅶ)的化合物—$KMnO_4$ →
{
(1)不稳定 $4MnO_4^- + 4H^+ = 4MnO_2 + 3O_2\uparrow + 2H_2O$
(2)强氧化性-R* →
{
a. 酸性＋Red → Mn^{2+}
b. 中性＋Red → $MnO_2\downarrow$
c. 碱性＋Red → MnO_4^{2-}
}
}

【知识结构-6】——Fe 系列

1. 氧化物与氢氧化物
{
(1)酸碱性——两性偏碱性
(2)氧化还原性
{
a. 氧化物氧化性：$Ni_2O_3 > Co_2O_3 > Fe_2O_3$
$Co_2O_3 + 6H^+ + 2Cl^- = 2Co^{2+} + Cl_2\uparrow + 3H_2O$
b. 氢氧化物氧化性：$Ni(OH)_3 > Co(OH)_3 > Fe(OH)_3$
$2Co(OH)_3 + 6HCl = 2CoCl_2 + Cl_2\uparrow + 6H_2O$
c. 氢氧化物还原性：$Fe(OH)_2 > Co(OH)_2 > Ni(OH)_2$
}
}

2. 主要盐类→
- (1)水解性
- (2)氧化还原性→
  - a. 还原性 $Fe^{2+} > Co^{2+} > Ni^{2+}$
  - b. 氧化性 $Ni^{3+} > Co^{3+} > Fe^{3+}$
- (3)典型盐—$FeSO_4$、$CoCl_2$、$FeCl_3$

视频 9.9

3. 配合物→
- (1)与 X^-　$[FeF_6]^{2-}$、$[CoF_6]^{3-}$ 都属外轨型
- (2)与 NH_3　$Fe^{2+} < Co^{2+} < Ni^{2+}$
- (3)与 CN^-　鉴定 Fe^{3+} 和 Fe^{2+}
- (4)与 SCN^-　鉴定 Fe^{3+} 和 Co^{2+}

视频 9.10

习　题

视频 9.11

9.1　Li 和 Mg 属于对角线元素，它们有什么相似性质？

9.2　简要回答下列问题：

(1)在以水为溶剂的反应体系中，为什么不能用碱金属作还原剂？

(2)实验室中常见的氢氧化钠溶液，用稀硫酸中和时会产生大量的气体。请给予合理的解释。

(3)有哪些气体是不能用碱石灰(NaOH+CaO)来干燥的？为什么？

(4)实验室中盛放强碱溶液的试剂瓶为何不能用玻璃塞？

9.3　为什么 $BaSO_4$ 在医学上可以用于消化道 X 射线检查疾病的造影剂？

9.4　粗盐中常含有 Ca^{2+}、Mg^{2+} 和 SO_4^{2-} 等离子，如何将粗盐纯化精制为较纯净的食盐？

9.5　试用 ROH 规则分析碱金属、碱土金属氢氧化物的碱性变化规律。

9.6　解释下列事实：

(1)碱土金属单质比同周期碱金属单质的熔点高、硬度大。

(2)碱土金属碳酸盐的热分解温度从 Be 到 Ba 递增。

(3)铍和锂的化合物在性质上与本族元素同类化合物相比较有较大差异。

(4)铜器皿在潮湿空气中会慢慢生成一层铜绿。

(5)银器在含有 H_2S 的环境中会慢慢变黑。

(6)金不溶于盐酸和硫酸，但能溶于王水。

(7)在 $Cu(NO_3)_2$ 溶液中加入 KI 溶液可生成 CuI 沉淀，而加入 KCl 溶液不会生成 CuCl 沉淀。

(8)焊接铁皮时，常用浓 $ZnCl_2$ 溶液处理铁皮表面。

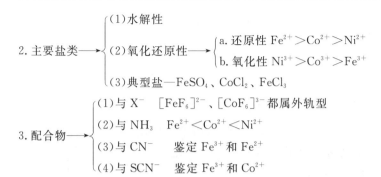

(9)氯化汞的饱和溶液和汞研磨后变成白色糊状。

(10)在 Fe^{3+} 的溶液中加入 KSCN 溶液时出现了血红色，但加入少许铁粉后，血红色立即消失。

9.7 写出下列发生的反应方程式，并描述现象。

(1)向 $ZnCl_2$ 的稀溶液中不断滴加氢氧化钠溶液。

(2)在 $Hg(NO_3)_2$ 溶液中先加入适量的 KI 溶液，而后 KI 溶液过量。

(3)在 $HgCl_2$ 溶液中加入 $SnCl_2$ 溶液。

(4)在 $CuSO_4$ 溶液中加入氨水。

9.8 完成并配平下列反应式：

(1)$Cu_2O+H_2SO_4$(稀)$\longrightarrow$

(2)$CuSO_4+NaI\longrightarrow$

(3)$AgNO_3+NaOH\longrightarrow$

(4)$Ag^++CN^-\longrightarrow$

(5)$[Ag(S_2O_3)_2]^{3-}+H_2S\longrightarrow$

(6)$Hg_2Cl_2+NH_3\longrightarrow$

(7)$Ag^++NH_3+C_6H_{12}O_6\longrightarrow$

(8)$Cu^{2+}+OH^-+C_6H_{12}O_6\longrightarrow$

(9)$HgI_4^{2-}+OH^-+NH_4^+\longrightarrow$

(10)$Co(OH)_3+HCl\longrightarrow$

(11)$[Cr(OH)_4]^-+H_2O_2\longrightarrow$

(12)$Ni(OH)_2+H_2O_2\longrightarrow$

9.9 白色固体 A 不溶于水和 NaOH 溶液，溶于盐酸形成无色溶液 B 和气体 C。向溶液 B 中滴加氨水先有白色沉淀 D 生成，而后 D 又溶于过量氨水中形成无色溶液 E；将气体 C 通入 $CdSO_4$ 溶液中得到黄色沉淀，若将 C 通入溶液 B 或者 E 中则均析出固体 A。推断 A，B，C，D 和 E 各为何物？

9.10 铬的某化合物 A 是橙红色晶体，易溶于水，将 A 用浓 HCl 处理，有刺激性气味的黄绿色气体 B 和暗绿色溶液 C 生成。在 C 中加入 KOH 溶液，先生成灰蓝色沉淀 D，继续加入过量的 KOH 溶液则沉淀消失，变成绿色溶液 E。在 E 中加入 H_2O_2 加热则生成黄色溶液 F，F 用酸酸化，又变为原来的化合物 A 溶液。问 A，B，C，D，E，F 各是什么物质？写出每步的反应方程式。

9.11 某氧化物 A，溶于浓盐酸得到溶液 B 和气体 C。C 通入 KI 溶液后用 CCl_4 萃取生成物，CCl_4 层出现紫色。溶液 B 加入 KOH 溶液后析出粉红色沉淀。若溶液 B 中加入过量氨水，没有沉淀生成，而是得到土黄色溶液 D，D 溶液放置后变为红褐色溶液 E。若溶液 B 中加入 KSCN 及少量丙酮，经振荡后在丙酮中呈现宝石蓝色的溶液 F。试判断 A，B，C，D，E，F 各是什么物质？写出每步的反应方程式。

9.12　一无色化合物 A 的溶液具有下列性质：

(1)加入 $AgNO_3$ 时有白色沉淀 B 生成，B 不溶于 HNO_3，但可溶于氨水中；

(2)加入 NaOH 溶液由黄色沉淀 C 生成；

(3)加入氨水有白色沉淀 D 生成；

(4)加入 KI 溶液由鲜红色沉淀 E 生成，继续加入 KI 溶液，沉淀消失，生成无色溶液 F；

(5)加入 $SnCl_2$ 溶液有白色沉淀 G 生成，继续加入 $SnCl_2$ 溶液，白色沉淀消失，生成黑色沉淀 H；

(6)在光亮的铜片上滴一滴 A 溶液，铜片上有银白色的斑点出现。

试判断 A，B，C，D，E，F，G，H 各是什么物质？写出每步的反应方程式。

9.13　有一种含结晶水的淡绿色晶体，将其配成溶液，若加入 $BaCl_2$ 溶液，则产生不溶于酸的白色沉淀；若加入 NaOH 溶液，则生成白色胶状沉淀并很快变成红棕色，再加入盐酸，此沉淀又溶解，滴入硫氰化钾溶液显血红色。问：该晶体是什么物质？写出有关的化学反应方程式。

9.14　有一种固体混合物中可能含有 CuS，$AgNO_3$，$KMnO_4$，$ZnCl_2$，Na_2SO_4，固体加入水中，并用几滴盐酸酸化，有白色沉淀 A 生成，滤液 B 是无色的。A 能溶于氨水。B 分成两份：一份加入少量 NaOH 时有白色沉淀生成，再加入过量 NaOH 溶液，沉淀溶解；另一份加入少量氨水时有白色沉淀生成，再加入过量氨水沉淀溶解。根据上述现象，判断哪些物质肯定存在，哪些物质肯定不存在，哪些物质可能存在。

测验题

一、选择题

1. 向含有 Ag^+，Pb^{2+}，Al^{3+}，Cu^{2+}，Sr^{2+}，Cd^{2+} 的混合溶液中加稀 HCl 后可以被沉淀的离子是(　　)。

(A) Ag^+　(B) Cd^{2+}　(C) Ag^+ 和 Pb^{2+}　(D) Pb^{2+} 和 Sr^{2+}

2. 性质相似的两个元素是(　　)。

(A) Mg 和 Al　(B) Zr 和 Hf　(C) Ag 和 Au　(D) Fe 和 Co

3. 在下列氢氧化物中，哪一种既能溶于过量的 NaOH 溶液，又能溶于氨水中(　　)。

(A) $Ni(OH)_2$　(B) $Zn(OH)_2$　(C) $Fe(OH)_3$　(D) $Al(OH)_3$

4. 下列 5 种未知溶液是：Na_2S，$Na_2S_2O_3$，Na_2SO_4，Na_2SO_3，Na_2SiO_3，分别加入同一种试剂就可使它们得到初步鉴别，这种试剂是(　　)。

(A) $AgNO_3$ 溶液　(B) $BaCl_2$ 溶液　(C) 稀 HCl 溶液　(D) 稀 HNO_3 溶液

5. ＋3 价铬在过量强碱溶液中的存在形式是(　　)。

(A) $Cr(OH)_3$　(B) CrO_2^-　(C) Cr^{3+}　(D) CrO_4^{2-}

6. 下列硫化物中，不能溶于浓硫化钠的是(　　)。

(A) SnS_2　(B) HgS　(C) Sb_2S_3　(D) Bi_2S_3

7. 向 $MgCl_2$ 溶液中加入 Na_2CO_3 溶液，生成的产物之一为(　　)。

(A) $MgCO_3$　(B) $Mg(OH)_2$　(C) $Mg_2(OH)_2CO_3$　(D) $Mg(HCO_3)_2$

8. 下列各组离子中，通入 H_2S 气体不产生黑色沉淀的是(　　)。

(A) Cu^{2+}，Zn^{2+}　(B) As^{3+}，Cd^{2+}　(C) Fe^{2+}，Pb^{2+}　(D) Ni^{2+}，Bi^{3+}

9. 下列物质在空气中燃烧，生成正常氧化物的单质是(　　)。

(A) Li　(B) Na　(C) K　(D) Cs

10. 能共存于溶液中的一对离子是(　　)。

(A) Fe^{3+} 和 I^-　(B) Pb^{2+} 和 Sn^{2+}　(C) Ag^+ 和 PO_4^{3-}　(D) Fe^{3+} 和 SCN^-

11. 在 HNO_3 介质中，欲使 Mn^{2+} 氧化成 MnO_4^-，可加哪种氧化剂(　　)。

(A) $KClO_3$　(B) H_2O_2　(C) 王水　(D) $(NH_4)_2S_2O_8$

12. $K_2Cr_2O_7$ 溶液与下列物质反应没有沉淀生成的是(　　)。

(A) H_2S　(B) KI　(C) H_2O_2　(D) $AgNO_3$

13. 下列离子在水溶液中最不稳定的是(　　)。

(A) Cu^{2+}　(B) Cu^+　(C) Hg^{2+}　(D) Hg_2^{2+}

14. 定性分析中鉴定 Co^{2+}，是利用 Co^{2+} 和一种配位剂形成一种蓝色物质该物质在有机溶剂中较稳定，这种配合剂是(　　)。

(A) KCN　(B) 丁二酮肟　(C) NH_4SCN　(D) KNO_2

二、填空题

1. 既可用来鉴定 Fe^{3+}，也可用来鉴别 Co^{2+} 的试剂是________，既可用来鉴别 Fe^{3+}，也可用来鉴别 Cu^{2+} 试剂是________。

2. 为什么在酸性 $K_2Cr_2O_7$ 溶液中加入 $BaCl_2$ 得到的是 $BaCrO_4$ 沉淀？

三、完成(或写出)下列反应方程式

1. $Na_2S_2O_3 + I_2 \longrightarrow$

2. $Ag_2S + HNO_3$(浓)$\longrightarrow$

3. $PbO_2 + Mn^{2+}\ H^+ \longrightarrow$

4. 漂白粉加盐酸。

5. $HgCl_2$ 溶液中加适量 $SnCl_2$ 溶液后，再加过量的 $SnCl_2$ 溶液。

6. $KI + CuCl_2 \longrightarrow$

7. $Cr^{3+} + S^{2-} + H_2O \longrightarrow$

8. $Ag_2S + HNO_3 \longrightarrow$

9. $Hg_2Cl_2 + NH_3 \longrightarrow$

10. $Mg^{2+} + CO_3^{2-} + H_2O \longrightarrow$

四、鉴定题

1. (1)向含有 Fe^{2+} 的溶液中加入 NaOH 溶液后生成白色沉淀 A，逐渐变红棕色 B；

(2)过滤后沉淀用 HCl 溶解，溶液呈黄色 C；

(3)向黄色溶液中加几滴 KSCN 溶液，立即变成血红色 D，再通入 SO_2，则红色消失；

(4)向红色消失溶液中，滴加 $KMnO_4$ 溶液，其紫色褪去；

(5)最后加入黄血盐溶液时，生成蓝色沉淀 E。

用反应式说明上述实验现象，并说明 A，B，C，D，E 为何物？

2. 某一化合物溶于水得一浅蓝色溶液，在 A 溶液中加入 NaOH 得蓝色沉淀 B。B 能溶于 HCl 溶液，也能溶于氨水。A 溶液中通入 H_2S，有黑色沉淀 C 生成。C 难溶于 HCl 溶液而溶于热 HNO_3 中。在 A 溶液中加入 $Ba(NO_3)_2$ 溶液，无沉淀产生，而加入 $AgNO_3$ 溶液时有白色沉淀 D 生成。D 溶于氨水。试判断 A，B，C，D 为何物？并写出反应方程式。

3. 今有一混合溶液，内有 Ag^+，Cu^{2+}，Al^{3+} 和 Ba^{2+} 等离子，如何分离鉴定？写出有关反应式。

第 10 章　可见光分光光度法
(Visible Spectrophotometry)

学习目标

通过本章的学习，要求掌握：

1. 物质颜色与光的吸收关系；
2. 分光光度法的基本原理；
3. 朗伯-比耳定律；
4. 显色反应条件的选择；
5. 参比溶液的选择；
6. 分光光度法的应用。

利用物质对光的选择性吸收而建立起来的分析方法称为吸光光度法，可以对物质进行定性或定量的分析。吸光光度法包括比色法(colorimetric method)和分光光度法(spectrophotometry)。比色法仅局限于物质对可见光的吸收，而分光光度法对于在可见光区、紫外区和红外区有吸收的化合物均可进行检测。本章主要介绍可见光分光光度法，其他的光谱分析将在仪器分析课程中详细介绍。

10.1　可见光分光光度法的基本原理

10.1.1　物质对能量的选择性吸收

在物质结构一章中述及，组成物质的分子、原子、离子和电子等都各具有不连续的量子化能级。通常情况下，它们都分别处于最稳定的状态，即基态。物质由基态吸收不同的能量可以被激发到不同的激发态能级上。物质被激发所能吸收的能量取决于该物质从基态到激发态的能量差(ΔE)，能量不吻合，则不能被该物质吸收。这就是物质对外界能量的选择性吸收。要使原子核内部的电子或核外内层电子发生能级跃迁所需能量很大，一般需要 20eV 以上的能量。

通常要以高速电子流进行轰击才能被激发。原子核外层价电子发生能级跃迁所需能量略低，约需 1～20eV 的能量。

$$\Delta E = E_{激} - E_{基}$$

处于激发态的物质是极不稳定的，将在一个短暂的时间内（10^{-8} 秒左右）辐射出能量并回到基态。能量辐射的方式有以下两种：

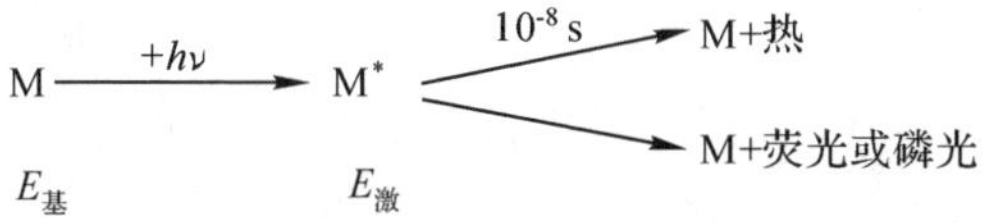

在化学分析中，激发能通常以光能或电能为能源供给，辐射能一般以光的形式发射或以热量的形式辐射出来，表现为体系温度升高。辐射能与波长的关系为：

$$\Delta E = h\nu = h\,\frac{c}{\lambda} \tag{10-1}$$

可见辐射能越大，辐射出来的光波长越短，频率越高。

根据分析中所使用的照射光波长的长短，光学分析又可分为 γ 射线光谱法（$\lambda < 0.1$nm）、X 射线光谱法（$\lambda = 0.1 \sim 10$nm）、紫外分光光度法（$\lambda = 200 \sim 400$nm）、可见光分光光度法（$\lambda = 400 \sim 800$nm）、红外光谱法（$\lambda = 800 \sim 5000$nm）、微波光谱法（$\lambda = 0.1 \sim 100$cm）等。

10.1.2　光的基本性质与物质的颜色

光是一种电磁波，具有相同能量的光子组成的单一波长的光称为单色光（chromatic light），由不同波长的光组成的光称为复合光（polychromatic light）。当一束太阳光（白光）通过三棱镜时，由于折射作用而分解为红、橙、黄、绿、青、蓝、紫七种颜色，因此白光属于复合光，是一种连续光谱源。

按一定的强度比例能组成白光的两种色光，称为互补光色。图 10-1 中处于直线关系的两种单色光互为互补光色。

物质呈现的颜色与光有密切的关系。当一束白光照射到溶液时，如图 10-2 所示，光与物质将发生一系列相互作用，产生反射、散射、吸收或透射等作用（若被照射的是均匀溶液，则散射作用可以忽略）。其中，满足该物质的分子（或离子）基态与激发态能量差（ΔE）的光波将被该物质吸收，不满足的则被透射或反射，遵循物质对能量的选择性吸收规则。因此，人们所能看到的溶液的颜色是一种未被吸收的所有波长的光的混合光色。例如：硫酸铜溶液因吸收了白光中的黄色光（580～600nm）而呈蓝色，黄光与蓝光为互补光色。表 10-1 进一步列出了物质颜色与吸收光颜色的互补关系。

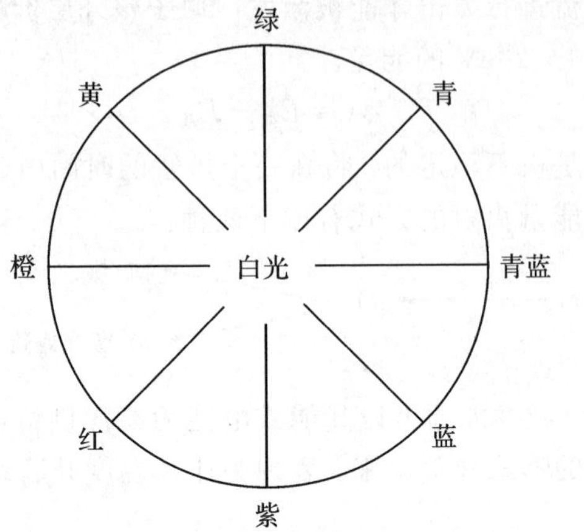

图 10-1　光的互补色

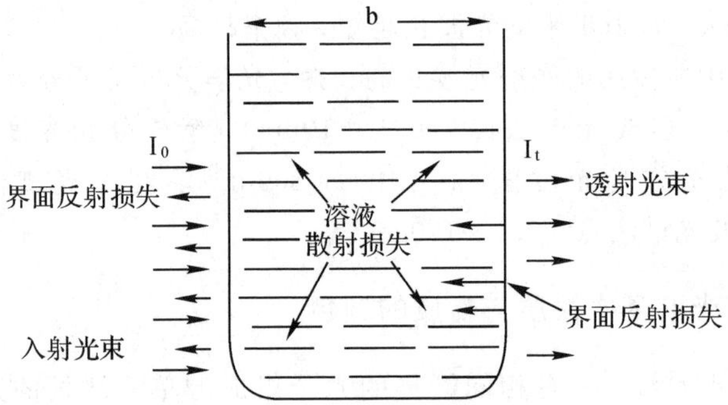

图 10-2　溶液对光的作用

表 10-1　物质颜色与吸收光颜色的互补关系

物质颜色	吸收光		物质颜色	吸收光	
	颜色	波长/nm		颜色	波长/nm
黄绿	紫	400～450	紫	黄绿	560～580
黄	蓝	450～480	蓝	黄	580～600
橙	绿蓝	480～490	绿蓝	橙	600～650
红	蓝绿	490～500	蓝绿	红	650～750
紫红	绿	500～560			

而对固体物质来说，如果物质对白光完全吸收，则呈现黑色；若完全反射，则呈白色；若对各波长的光均匀吸收，则呈现灰色。

不同物质由于结构不同而具有不同的能量差(ΔE)，体现出对光的选择性吸收不同。同一种物质由于各价电子能级的不同，也具有各种不同的基态与激发态之间的能量差(ΔE)。因此，一般物质不仅吸收某单一波长的光，还可能吸收不同波长的光。测量有色溶液对每一波长(λ)光的吸收程度(即吸光度 A)，作$A-\lambda$曲线，称为吸收曲线(absorption curve)(或吸收光谱)。如图 10-3 中的曲线就是不同浓度下 1，10-邻-二氮杂菲亚铁溶液的吸收曲线，a，b，c 分别对应浓度为 $0.0002\text{mg}\cdot\text{mL}^{-1}$、$0.0004\text{mg}\cdot\text{mL}^{-1}$ 和 $0.0006\text{mg}\cdot\text{mL}^{-1}$ 的溶液。由图可见，1，10-邻-二氮杂菲亚铁溶液对不同波长光的吸收程度不同，但同一物质无论浓度如何变化，吸收曲线均有一最高峰，此时吸光度 A 最大，所对应的波长称为最大吸收波长 λ_{max}。1，10-邻-二氮杂菲亚铁溶液的 $\lambda_{max}=508\text{nm}$。此外，该物质对 600nm 以下的光波都有一定的吸收，是因为该物质中有各种各样的基态与激发态的能量差，600nm 以上基本无吸收，则与该物质呈橙红色有关。因此，可以根据不同物质的吸收曲线特征和最大吸收波长的不同，进行物质的初步定性分析。此外，同一物质的吸光度随着浓度的增大而增大，尤其在最大吸收峰附近吸光度的变化更加明显，说明在最大吸收波长处测定吸光度，灵敏度最高。因此，分光光度法测定中，吸收曲线是选择最佳检测波长的重要依据。

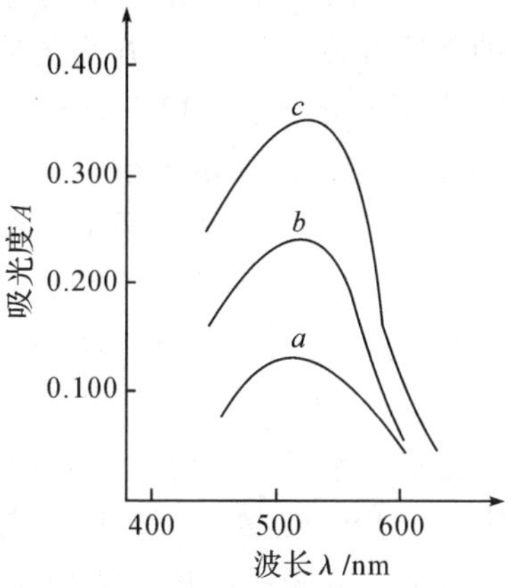

视频 10.1

图 10-3　1，10-邻-二氮杂菲亚铁溶液的吸收曲线

10.1.3　光吸收的基本定律

由 1，10-邻-二氮杂菲亚铁溶液的吸收曲线可知，同一种物质在一定的吸收波长处，吸光度 A 随着物质浓度的增加而增大，两者之间的关系就是分光光度法进行定量分析的理论基础。

当一束平行单色光(光强度 I_0)通过液层厚度为 b 的均匀有色溶液时，如图 10-2 所示，溶液中的有色物质吸收了部分光能，透过光的强度 I_t 就发生减弱。溶液的浓度越大，液层越厚，光强度减弱得越多。

1760 年，朗伯(Lambert)提出，如果溶液的浓度一定时，溶液对光的吸收程度与液层厚度 b 成正比；1852 年，比耳(Beer)又提出，当光程长度(光通过有色溶液的厚度 b)不变时，光的吸收程度与吸光物质的浓度成正比。两者的结合即为朗伯-比耳定律，其数学表达式为：

$$A=\lg\frac{I_0}{I_t}=\lg\frac{1}{T}=Kbc \tag{10-2}$$

式中，A 为吸光度；I_0 为入射光强度；I_t 为透射光强度；T 为透光率，$T=I_t/I_0$；b 为液层厚度(光程长度)，通常以 cm 为单位；c 为吸光物质的浓度；K 是与吸光物质性质、λ、溶剂以及温度等有关的常数。当 c 取 $g\cdot L^{-1}$，b 取 cm 时，K 以 a 表示，称为吸光系数，单位为 $L\cdot g^{-1}\cdot cm^{-1}$；当 c 取 $mol\cdot L^{-1}$，b 取 cm 时，K 以 ε 表示，称为摩尔吸光系数，单位为 $L\cdot mol^{-1}\cdot cm^{-1}$。

$$a=\frac{\varepsilon}{M}(M\text{ 为摩尔质量}) \tag{10-3}$$

摩尔吸光系数 ε 在数值上等于浓度为 $1mol\cdot L^{-1}$ 的吸光物质在光程为 1cm 时的吸光度，是吸光物质在一定波长和溶剂条件下的特征常数。当温度和波长一定时，ε 仅与吸光物质的性质有关，因此 ε 可作为定性鉴定物质的参数。不同的物质有不同的 ε 值，同一物质在不同光作用下的 ε 值也不同，ε 值越大，表明物质对光的吸收越大，光度法测定时的灵敏度也越高。最大吸收波长 λ_{max} 处的摩尔吸光系数常以 ε_{max} 表示，ε_{max} 表明了吸光物质最大限度的吸光能力，也反映了光度法测定该物质可能达到的最大灵敏度。一般当 $\varepsilon>10^5$ 时为超高灵敏度，$\varepsilon=(6\sim10)\times10^4$ 为高灵敏度，$\varepsilon=(1\sim5)\times10^4$ 为中等灵敏度，而 $\varepsilon<2\times10^4$ 为低灵敏度。

摩尔吸光系数可以通过实验测得。理论上只要配制浓度为 $1mol\cdot L^{-1}$ 某物质的溶液，采用液层厚度为 1cm 的器皿测定其吸光度值，即可由公式 10-2 计算得到摩尔吸光系数。但由于分光光度法只适用于微量组分的测定，因此不能直接测得像 $1mol\cdot L^{-1}$ 这样高浓度溶液的吸光度，实际测定时常需要根据低浓度时的吸光度值间接求取。其次，实验测得的 ε 实际上是表观摩尔吸光系数 ε'，因为没有考虑有色物质的各种存在形式，常常只是以被测物质的总浓度代替吸光物质的浓度进行计算。

吸光光度法的灵敏度还常用桑德尔(Sandell)灵敏度 S(灵敏度指数)来表示。S 定义为当 $A=0.001$ 时，单位横截面积光程内所能检测出来的吸光物质的最低含量，其单位为 $\mu g \cdot cm^{-2}$。S 与摩尔吸光系数 ε 及吸光物质摩尔质量 M 之间的关系为：

$$S=\frac{M}{\varepsilon} \tag{10-4}$$

朗伯-比耳定律不仅适用于有色溶液，也适用于其他均匀的、非散射性的吸光物质(固、液、气)。

对于多组分系统，若各组分间无相互作用，则在任一波长处的总吸光度为：

$$A_{总}=A_1+A_2+\cdots+A_n=\varepsilon_1 bc_1+\varepsilon_2 bc_2+\cdots+\varepsilon_n bc_n \tag{10-5}$$

即吸光度具有加和性。

［例 10-1］ 某有色溶液，当用 1cm 比色皿时，其透光度为 T，若改用 2cm 比色皿，其透光度应该为多少？

解　由 $A=-\lg T=\varepsilon bc$ 可得 $T=10^{-\varepsilon bc}$

当 $b=1cm$ 时，$T_1=10^{-\varepsilon c}=T$

当 $b=2cm$ 时，$T_2=10^{-2\varepsilon c}=T^2$

［例 10-2］ 每升含铁 5.00mg 的标准溶液，处理后以邻菲罗啉显色，以 1.0cm 的比色皿在 510nm 波长下测得吸光度为 0.92。求其摩尔吸光系数 ε。

解　已知：$M_{Fe}=55.85g \cdot mol^{-1}$

$$c(Fe^{3+})=\frac{5.00\times10^{-3}}{55.85}=8.95\times10^{-5}(mol \cdot L^{-1})$$

$$\varepsilon=\frac{A}{bc}=\frac{0.92}{1.0\times8.95\times10^{-5}}=1.03\times10^{4}(L \cdot mol^{-1} \cdot cm^{-1})$$

10.1.4　偏离朗伯-比耳定律的主要因素

根据朗伯-比耳定律，当入射光波长 λ 及光程长度 b 一定时，可以利用吸光度 A 与吸光物质的浓度 c 之间的线性关系进行物质含量分析。实验中常采用标准曲线法，即先配制一系列不同浓度的标准溶液，分别测定其吸光度值，绘制 $A-c$ 曲线，即称为标准曲线或工作曲线，如图 10-4 所示。在相同条件下测定未知液的 A_x 值，从标准曲线上即可查得待测液的浓度(单组分测定时常用此法)。

在实际测定中，尤其是当溶液浓度较高时，经常会有 $A-c$ 曲线偏离朗伯-比耳定律的情况出现(图 10-4 中虚线所示)。造成偏离的原因较多，有来自仪器的，也有来自溶液的，主要都归结于实际情况不能满足定律的两个基本假设：入射光为单色光及粒子间相互独立无相互作用。具体说明如下，以便在实际工作中能加以控制。

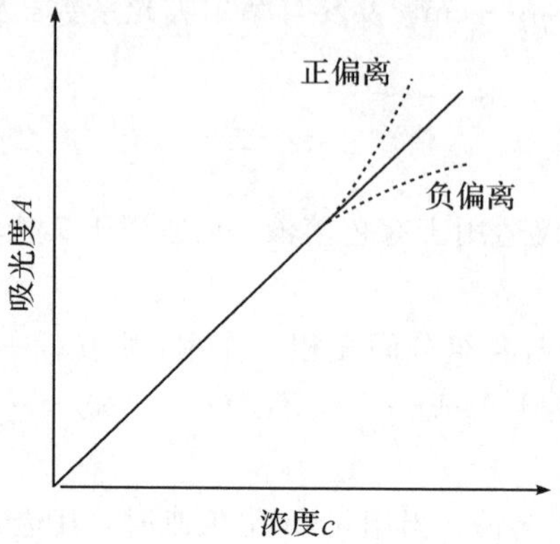

图 10-4　标准曲线及对朗伯-比尔定律的偏离

(1)非单色光引起的偏离

遵循朗伯-比耳定律的前提条件之一是入射光为单色光。但目前的分光光度计只能提供近似单色光的狭窄光带，实际上仍然是具有一定波长范围的复合光。波长不同，摩尔吸光系数 ε 就不同，对光的吸收程度不同，导致了吸光度 A 随物质浓度的增大不呈线性增加，从而引起偏离。

为了克服非单色光引起的偏离，首先应选择高精度的单色器。此外，在选择入射光波长时，应选在吸收曲线的最大吸收波长 λ_{max} 处，因为 λ_{max} 处不仅灵敏度高，而且在 λ_{max} 附近的窄波段范围内曲线较为平坦，摩尔吸光系数 ε 变化不大，所能引起的偏离就小，标准曲线的线性就好。

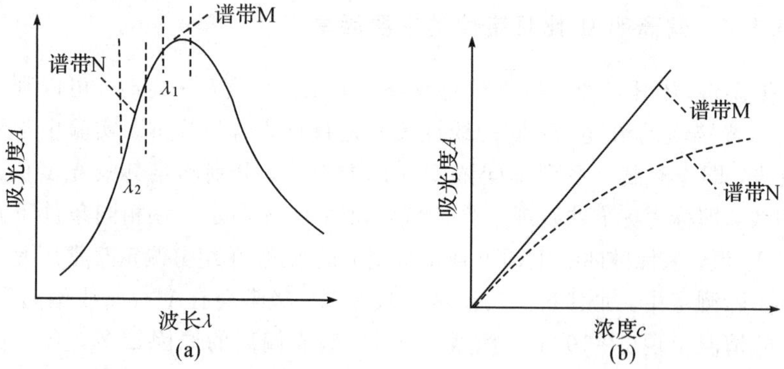

图 10-5　非单色光的影响

图 10-5 显示了不同谱带的选择与所得标准曲线之间的关系。当选用吸光度变化随波长变化较小的谱带 M 作为入射光时，该物质的 A 与 c 呈现良好的线性关系；但若选择吸光度随波长有较大变化的谱带 N 的复合光测量时，A-c

曲线则向浓度轴弯曲，不再成直线关系，在此条件下测定未知样品的含量则无法准确计量。

(2)溶液的化学因素引起的偏离

朗伯-比耳定律的另一个基本假设为吸光粒子间无相互作用。吸光组分间若发生了缔合、离解、电离、溶剂化、互变异构、组成配合物等作用，也会导致物质的吸光能力出现不再随浓度的增大而线性增加的现象。例如：当氯化铜水溶液浓度不同时会呈现不同的颜色(很浓时呈黄色，浓溶液时呈绿色，稀溶液时呈蓝色)。黄色是因为氯化铜分子在很浓的溶液中缔合生成了$[CuCl_4]^{2-}$配离子，蓝色是由$[Cu(H_2O)_4]^{2+}$引起的，两者并存就呈现绿色。这就是为什么一般朗伯-比耳定律只适用于稀溶液的原因。通常，应控制溶液浓度 $c<0.01mol\cdot L^{-1}$。

此外，某些吸光物质会随溶液 pH 值或溶剂条件等的变化发生互变异构、缔合或解离等现象，从而引起吸收曲线的改变，导致偏离朗伯-比耳定律，因此在实际过程中必须严格控制显色反应条件。比如 CrO_4^{2-} 和 $Cr_2O_7^{2-}$ 在溶液中存在以下平衡：

$$2CrO_4^{2-}+2H^+ \rightleftharpoons Cr_2O_7^{2-}+H_2O$$

因为 CrO_4^{2-} 和 $Cr_2O_7^{2-}$ 的颜色不同，吸光能力也不同。在用光度法进行含量测定时，只有用强酸或强碱作缓冲溶液对体系进行严格的酸度控制，才能获得准确的结果。

视频 10.2

10.2　可见光分光光度法

10.2.1　比色法与可见光分光光度法

比色法(colorimetry)是通过比较有色溶液颜色深浅来确定有色物质含量的一种检测方法。按测定方法的不同，比色法又分为目视比色法和光电比色法。

其中，目视比色法是用眼睛判断溶液颜色的深浅，以得到物质含量的方法。实际检测中常用标准系列法，如图 10-6 所示。首先在一套比色管中加入不同量的标准溶液和待测液，在实验条件相同的情况下，加入等量的显色剂和其他试剂，然后稀释至同样的体积，混匀后，观察者打开试管塞，从上往下垂直地将待测液与各标准溶液的颜色进行比对。若待测液颜色与某一管标准溶液的颜色一致，则此待测液浓度即等于该管标准溶液的浓度(比如图 10-6 中 $c_x=c_3$)；若待测液颜色处于某两管标准液之间，则取它们的算术平均值作为该待测液浓度。

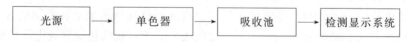

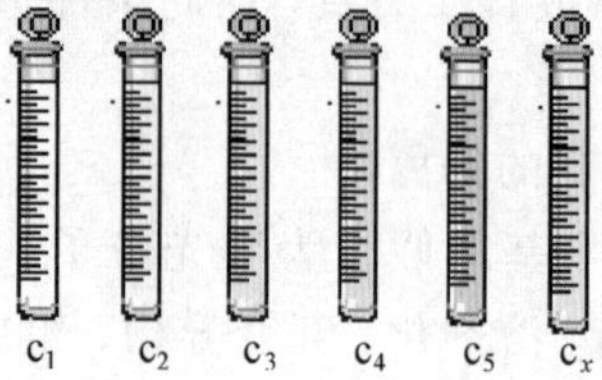

图 10-6　目视比色法

目视比色法因其操作简单，不需要特殊的仪器，且不要求有色溶液严格遵守比耳定律，因此被广泛地用于食品中某些重金属离子的快速检测；但缺点是准确度不高，相对误差约为 5%～10%，只能对物质含量进行粗略判断。

目视比色法是通过比较透过光的强度进行检测的方法，而光电比色法则是采用光电比色计测定有色溶液对某一单色光吸收程度的方法。通常使用强度稳定的白炽灯作为光源，通过滤光片的作用使白光分解为一束某一窄波段的光，再用光电池与电流计测量光通过有色溶液后的吸光度或透光率。常采用标准曲线法进行测定。方法准确度较目视比色法高，但用滤光片不能获得波长连续变化的单色光。

可见光分光光度法是在光电比色法的基础上发展起来的，两者的原理相同，只是获得单色光的方式不同。光电比色法获得单色光的方式是滤光片，而可见光分光光度法则采用分光光度计，其单色器是由棱镜或光栅这类色散元件构成，得到纯度较高的单色光。

10.2.2　分光光度计结构介绍

分光光度计的种类、型号繁多，但其基本结构离不开以下四部分：

光源 ⟶ 单色器 ⟶ 吸收池 ⟶ 检测显示系统

(1)光源

根据朗伯-比耳定律，光源应能辐射出所需波长范围内具有足够强度并且稳定的连续光谱。在可见光区，一般采用钨丝灯作为光源。钨丝加热到白炽可以发出约 320～2500nm 的连续光谱。由于电源电压的微小波动会引起钨丝灯光强度的很大变化，因此光源灯一般都配有稳压电源。钨灯的工作温度为 2600～2870K，温度升高，辐射总强度增大，但同时会降低灯的寿命，因此现在许多仪器中已改用强度大、寿命长的钨卤素灯替代。

(2)单色器

单色器(monochromator)又称分光系统，是将光源发出的连续光谱分解为测量所需的单色光的组件。单色器结构如图 10-7 所示，是由棱镜或光栅等色散元件及狭缝和透镜组成的。

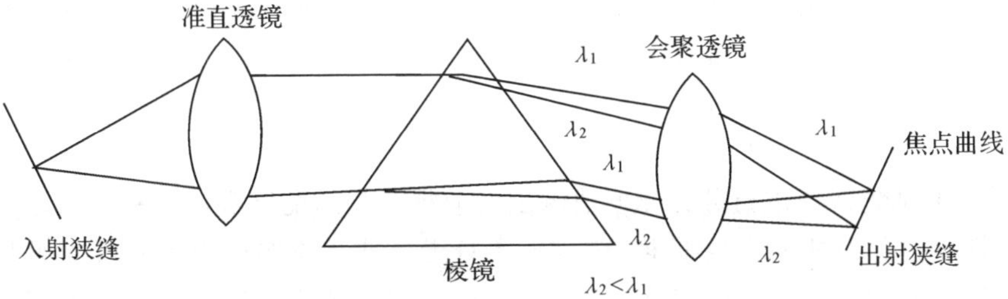

图 10-7　棱镜单色器

根据不同光通过棱镜后折射率不同的原理，将色散后的光重新聚焦在一个微微弯曲并带有出射狭缝的表面上，通过移动棱镜或出射狭缝的位置，就可以使所需波长的光通过狭缝进入吸收池。

单色器一般不能将光源只分解成某一波长的光，而只能分解成某个小范围的窄波段，因此单色器所能分解得到的光波的宽窄程度是一台分光光度计的主要精度指标。通过单色器的光的强度和波长范围以及单色光的纯度取决于：光源本身的强度、狭缝的宽度、色散系统的焦距以及棱镜的面积和色散率。一般使用棱镜可以获得半宽度为 5～10nm 的单色光，且能方便地改变测定波长。玻璃棱镜对 380～800nm 区域的光色散较大，因此适用于可见光分光光度计。

(3)吸收池

吸收池又称比色皿，用于盛放吸光溶液，要求对入射光波无吸收现象，且耐腐蚀。在可见光区，一般采用无色透明的玻璃皿。使用比色皿时，应注意保持光洁，尤其是两个垂直于光束的受光面，以减少入射光的反射损失。多数仪器配有液层厚度为 0.5，1，2，3cm 等的一套长方形比色皿，可按吸光度值大小选取。选取的同厚度比色皿之间的透光率差应小于 0.5%。

(4)检测显示系统

检测显示系统是将透过吸光溶液的光信号转变为电信号，再以适当的方式显示或记录的组件。在这种光电转换器中，要求照于其上的光强与产生的光电流成正比，并要求对测定波长范围内的光有快速、灵敏的响应。

在分光光度计中，常用的检测系统有硒光电池、光电管和光电倍增管。早期的 72 型分光光度计使用检流计测量光电流，目前的分光光度计采用微机进行仪器的自动控制和结果处理，数据可在屏幕上直接显示，使测量精度和操作简便性较以前大大提高。

视频 10.3

10.2.3 显色反应

分光光度法的定量分析基础是朗伯-比耳定律，为保证测量的准确度和灵敏度，对影响物质吸光进而影响朗伯-比耳定律应用的显色条件和仪器条件往往需要通过实验进行优化。

10.2.3.1 显色反应选择原则

在可见光区域进行分光光度法测定的前提是物质能够吸收某种波长的单色光，即有色物质才能直接测定，若物质本身无色或虽有吸收但摩尔吸光系数很小，则需要添加合适的试剂令其显色，然后再进行测定。这种将待测组分转变成有色化合物的反应称为显色反应，能与待测组分结合生成有色化合物的试剂称为显色剂。

显色反应一般分为两大类：氧化还原反应和配位反应。多数显色反应以配位反应为主。在实际工作中，显色反应及显色剂的选择应考虑以下几个因素。

(1)灵敏度

分光光度法主要用于检测微量组分，因此显色灵敏是首先需要考虑的问题。根据朗伯-比耳定律，物质摩尔吸光系数 ε 越大，表明物质对光的吸收越强，光度法测定时的灵敏度也越高，因此在有多种显色剂可供选择的情况下，应选择 ε 较大的显色反应。比如 Cu^{2+} 有以下的显色反应：

$$Cu^{2+}+4NH_3 = [Cu(NH_3)_4]^{2+}，\varepsilon=1200(620nm)$$

$$Cu^{2+}+\text{铜试剂}=Cu\text{-铜试剂}，\varepsilon=13000(436nm)$$

由于铜试剂反应的 ε 较大，所以应选择铜试剂作为显色剂。

一般来说，待测物含量低、干扰少时选择高灵敏度($\varepsilon_{max}>6\times10^4$)的显色反应；含量较高、选择性较差且难以消除干扰时选择中、低灵敏度($\varepsilon_{max}<5\times10^4$)的显色反应。

(2)显色剂的吸收

选用的显色剂在测定波长处应无明显吸收，或显色剂与有色化合物的最大吸收波长之差 $\Delta\lambda_{max}$(通常称为“对比度”)在 60nm 以上，以减小试剂的空白。

(3)有色物质的稳定性

常温常压下，生成的有色物质组成恒定，化学性质稳定，以保证测定的准确度和重现性。

(4)选择性

显色反应的选择性是指显色剂只与某一组分和少数几个组分反应。选择性高低也是显色反应需要考虑的重要因素。在满足测试灵敏度要求的前提下，尽量选择干扰少或干扰易消除的显色反应。

10.2.3.2　显色反应条件的选择

显色反应一般表示为：

$$M(待测物质)+R(显色剂)=\!=\!=MR(有色化合物)$$

在此反应中，凡是对显色反应平衡造成影响的因素都会对光度法测定产生影响，这些因素主要包括：显色剂用量、酸度、显色反应的温度和时间等。

(1)显色剂的用量

在确定显色反应后，根据平衡移动原理，显色剂过量才能保证待测组分完全转变为有色化合物。但显色剂用量过多，也会引起一些副反应的发生不利于测定，因此显色剂适宜的用量需要通过实验来确定。方法是保持其他实验条件不变，仅改变显色剂的浓度，测定各种浓度下的吸光度，绘制吸光度(A)－显色剂浓度(c_R)曲线，一般可得到如图 10-8 的三种情况。

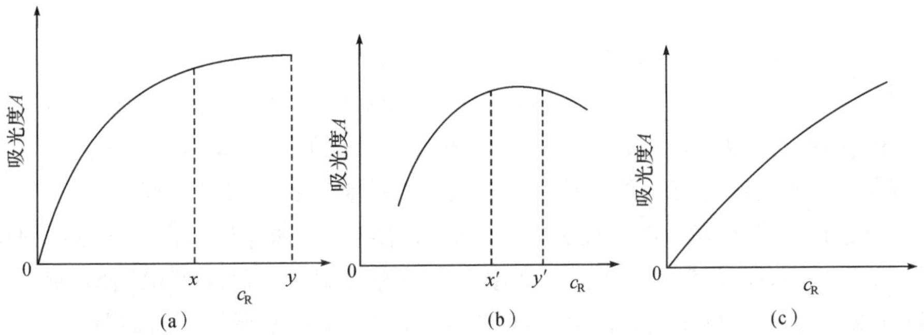

图 10-8　吸光度(A)－显色剂浓度(c_R)曲线

图 10-8(a)显示显色剂浓度大于 x 时，有色物质的吸光度稳定，说明当显色剂用量充足后，再增加显色剂的量对吸光度的影响很小，体系比较稳定，因此显色剂浓度可在 $x \sim y$ 区间内选择。图 10-8(b)曲线仅在 $x' \sim y'$ 区间内有一段平直部分，区间较窄，显色剂浓度小于 x' 或大于 y' 时，吸光度都下降，因此应控制显色剂浓度在 $x' \sim y'$ 范围内。如钼与硫氰酸盐的显色反应：

$$\underset{(浅红)}{Mo(SCN)_3^{2+}} \underset{-SCN^-}{\overset{+SCN^-}{\rightleftharpoons}} \underset{(橙红)}{Mo(SCN)_5} \underset{-SCN^-}{\overset{+SCN^-}{\rightleftharpoons}} \underset{(浅红)}{Mo(SCN)_6^-}$$

显色剂硫氰酸盐加入得过多或过少，都将生成不同配位数的有色物质，导致吸光度值降低。图 10-8(c)中物质的吸光度随显色剂浓度的增加而增加，曲线找不到一段平直的区间，在这种情况下必须严格控制显色剂的加入量，否则由显色剂引起的测定误差将会很大。Fe^{3+} 与 SCN^- 的反应就是此种类型，随着显色剂 SCN^- 浓度的增大，Fe^{3+} 会生成逐级配合物$[Fe(SCN)_n]^{3-n}$(n=1，2，3，…，6)，配合物的颜色随着配位数 n 的增大而加深，因此测定时必须严格控制 SCN^- 的浓度。

(2)酸度

溶液酸度对显色反应的影响主要体现在以下几个方面。首先，酸度会对显色剂的有效存在形式产生影响。由于许多显色剂本身就是有机弱酸(或碱)，在溶液中存在以下平衡：

$$M^{n+} + xHR \rightleftharpoons [MR_x]^{n-x} + xH^+$$

（显色剂）（有色化合物）

当溶液 pH 值改变时，平衡将发生移动，进而影响所生成的有色化合物的浓度，改变溶液的颜色，对测定造成影响。其次，酸度会影响待测金属离子的存在形式。由于金属离子容易水解，当溶液酸度降低时，它们可能会形成一系列的羟基配合物、碱式盐甚至氢氧化物沉淀，使显色反应复杂化，不利于检测。此外，酸度会影响某些逐级配合物的组成。比如：Fe^{3+} 与磺基水杨酸的显色反应，当 pH 值为 1.8～2.5 时，生成 1∶1 配位的紫红色化合物；当 pH 值为 4～8 时，生成 1∶2 配位的棕褐色化合物；而当 pH 值升高至 8～11.5 时，则生成组成为 1∶3 的黄色配合物。所以溶液酸度不同，所生成的配合物的组成就不同，颜色也发生了变化，因此为确保测定的准确性，必须严格控制显色反应的酸度条件。

显色反应的酸度条件一般也通过实验来确定。具体操作是在固定显色剂用量、显色时间、显色温度以及测试波长等的实验条件下，仅改变 pH 值，测定各 pH 下显色溶液的吸光度 A，绘制 A-pH 曲线(如图 10-9 所示)。选择图中曲线吸光度值较大且最为平坦的部分作为最适宜的酸度条件，溶液酸度往往通过加入一定量的缓冲溶液进行调节和控制。

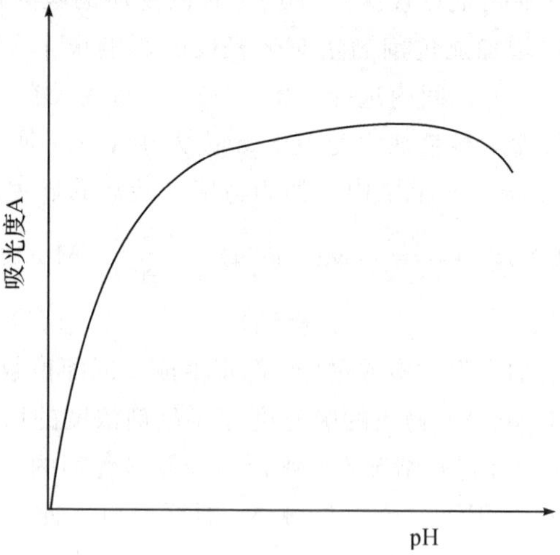

图 10-9　吸光度(A)—pH 关系曲线

(3)显色温度

显色反应一般在室温下即可进行完全，少数反应需要通过加热以加快显色反应速度。但有时温度太高，生成的有色物质也容易分解。因此，适宜的显色反应温度也需要通过实验来确定。

(4)显色时间

一方面，大多数的显色反应都需要一定的反应时间才能进行完全，而反应时间往往与反应温度密切相关。另一方面，对于不稳定的化合物，必须考虑久置时空气的氧化作用或光化学作用对该有色物质颜色的影响。最佳的显色时间往往是通过测定吸光度(A)-时间(t)曲线来确定。

(5)溶剂

溶质若与溶剂发生相互作用，就不满足吸光定律要求的“粒子间相互独立无相互作用”，那么该溶液就会对朗伯-比耳定律有偏离。溶剂的选择主要取决于在所选定的波长范围内待测物质是否能充分的溶解，形成完全透明的溶液。对于可见光区的分光光度法，一般采用水作为常用溶剂。如果水相不能满足测定要求(如溶解度差、灵敏度差、干扰无法消除等)，则应考虑使用乙醇、甲醇和脂肪烃等有机溶剂。

(6)干扰的消除

在实际测定时，还需要考虑共存离子本身是否有颜色，或是否与显色剂作用形成有色物质，对于这些因素导致的干扰，通常可采用以下方法进行消除。

①加入掩蔽剂。一般加入配位掩蔽剂或氧化还原掩蔽剂，使干扰离子生成无色配离子或无色离子。最常用的掩蔽剂有 EDTA、氰化物、氟化物、酒石酸盐、柠檬酸盐、硫氰酸盐和抗坏血酸、盐酸羟胺等。所选的掩蔽剂不得与待测组分反应，且本身不产生新的干扰。

②改变介质的 pH 值。是指调节溶液的酸度，使干扰离子不与显色剂发生作用。如用磺基水杨酸测定 Fe^{3+} 时，Cu^{2+} 会与磺基水杨酸作用干扰测定，若控制 pH 值为 2.5 左右，Cu^{2+} 则将不再与显色剂作用。

③分离干扰离子。当考虑了①和②之后，干扰仍然无法消除，那只有先将干扰离子从待测体系中分离出去，或将待测物质从干扰元素中分离出来。一般可采用沉淀、有机溶剂萃取和离子交换等方法进行分离。其中，萃取法本身亦可提高方法的选择性。

此外，选择合适的光度测量条件，如适宜的检测波长和参比溶液等，也是提高选择性、消除干扰的有效手段。以上所述显色反应的影响因素均需根据实际情况，通过条件试验进行研究和确定。

10.2.3.3 常用显色剂

灵敏的分光光度法是以待测物质所选择的显色体系为基础的，显色体系的核心是显色剂的选择。显色剂分为无机显色剂和有机显色剂两大类。

(1)无机显色剂

常用的无机显色剂有硫氰酸盐、钼酸铵和过氧化氢等几种。由于无机显色剂在选择性、灵敏度和与金属离子生成物的稳定性等方面相对较差，因此一般较少使用。

(2)有机显色剂

有机显色剂由于在化合物稳定性、灵敏度和选择性上都较无机显色剂有明显的优势，因此在光度法的应用中起着重要的作用。

有机显色剂种类繁多，其产物颜色与其分子结构有着密切的关系。分子中当形成共轭体系时能使物质产生颜色的不饱和基团称为发色团(或生色团)，如：偶氮基(—N ═N—)、羰基(C ═O)、硫碳基(C ═S)、亚硝基(—N ═O)等。具有孤对电子、当与生色团相连时会使物质颜色加深的基团称为助色团，如：$—NH_2$，$—NR_2$，—OH，—OR，—SH，—Cl 等。助色团的存在，会使所形成的配合物发生电荷转移跃迁和配合物内部电子跃迁作用，令产物的最大吸收波长向长波方向移动(颜色加深)，称为“红移”。

常用的有机显色剂见表 10-2 所示。

表 10-2 常用的有机显色剂

显色剂分类	代表试剂	结构特征	测定元素	特点
偶氮类	①偶氮砷Ⅲ ②偶氮氯膦Ⅲ ③PAR：4-(2-吡啶偶氮)间苯二酚 ④铬黑 T	偶氮砷Ⅲ： 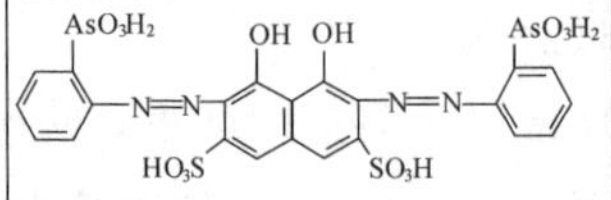	①Th，Zr，Hf，U(Ⅳ)：$\varepsilon \approx 10^5$(强酸性) ②Ca,Sr，Ba，Mg，Ti ③In，Pb，Cu，Pd，Zn，Ag，Hg，Ga(生成水溶性的金属螯合物) ④Mg，Ca，Cd，Th(生成的络合物溶于水)	性质稳定、显色反应灵敏度高、选择性好、对比度高

续表

显色剂分类	代表试剂	结构特征	测定元素	特点
三苯甲烷类	①铬天青 S ②二甲酚橙	铬天青 S： 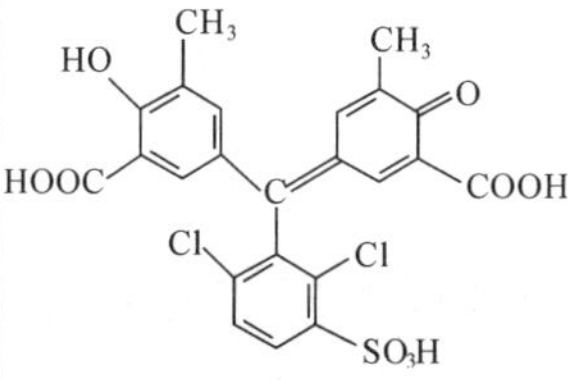	①Al，Be，Co，Cu，Fe，Ga ②Be，Al，Ga，In，Sc，Cr，Bi，Zr 等	灵敏度高，应用广泛。由于对苯醌的存在，该类试剂均呈深色
二硫腙及有关试剂	①二硫腙（也称二苯硫腙） ②1，5-二苯卡巴肼 ③二苯卡巴腙	二硫腙： 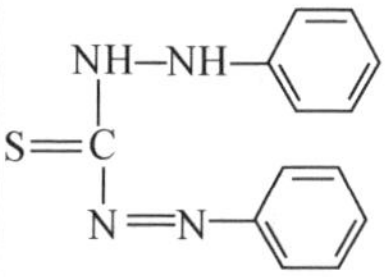	①Pb，Zn，Cd，Hg，Ag，Cu，Bi，Pd，Pt，Au，In，Tl，Sn，Te 等 ②Cr，Os，Cu，Re ③Hg，Zn，Pb	反应灵敏度高；采用控制酸度及加掩蔽剂的方法，可消除重金属离子间的干扰，提高反应的选择性
其他有机显色剂	①8-羟基喹啉 ② 1，10-邻-二氮菲 ③丁二酮肟	① 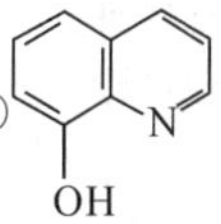 ② 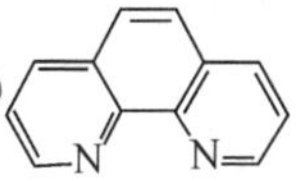 ③ 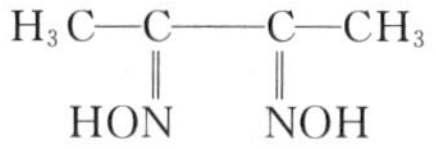	①Al，Ga，Sc，Ce(Ⅳ)，Th，Cu，V(V) ②Fe(Ⅱ)($\varepsilon \approx 10^4$) ③Ni(Ⅱ)($\varepsilon \approx 10^4$)	中等灵敏度；对特定元素的选择性较好

值得一提的是，能形成三元配合物的显色反应由于其高稳定性、高灵敏度和高选择性也在吸光光度法中被广泛地研究和使用。应用较多的是由一种金属离子与两种配体所组成的三元配合物。比如：Ti—EDTA—H_2O_2 的稳定性比 Ti—EDTA 和 Ti—H_2O_2 分别增强约 1000 倍和 100 倍；V^{5+} 与 H_2O_2，PAR 形成 1∶1∶1 的紫红色三元配合物后，灵敏度可大大提高（$\varepsilon = 1.4 \times 10^4$），同时提高了钒测定时的选择性。这些方法均拓宽了分光光度法的测试途径。

视频 10.4

10.2.4 分光光度法测量条件的选择

建立一种新的光度分析方法，除了对显色反应的各种实验条件进行优化外，还需要对仪器测试条件进行优化，以提高测试的准确性。从仪器角度出发的测量条件包括以下几个方面。

(1)入射光波长的选择

在“偏离朗伯-比耳定律的主要因素”一节中已经阐明为了克服非单色光引起的偏离，在选择入射光波长时，应选在吸收曲线的最大吸收波长 λ_{max} 处，因为 λ_{max} 处灵敏度高、λ_{max} 附近的窄波段范围内吸收曲线较为平坦，摩尔吸光系数 ε 变化不大，标准曲线的线性好。因此，吸光光度法中一般是以“最大吸收原则”选择测量波长。

若 λ_{max} 处有共存组分干扰时，则应采取“吸收最大、干扰最小”的原则选择测量波长。以图 10-10 为例，在采用 1-亚硝基-2-萘酚-3，6-磺酸显色剂进行钴含量测定时，显色剂与钴配合物在 420nm 处均有最大吸收，若仍选此波长作为检测波长，则未反应的显色剂会产生干扰而降低测定的准确度。因此，为避免显色剂的干扰，应选择 500nm 作为检测波长，此波长下虽灵敏度有所降低，但显色剂吸光度很小，可以忽略，不干扰钴的测定。

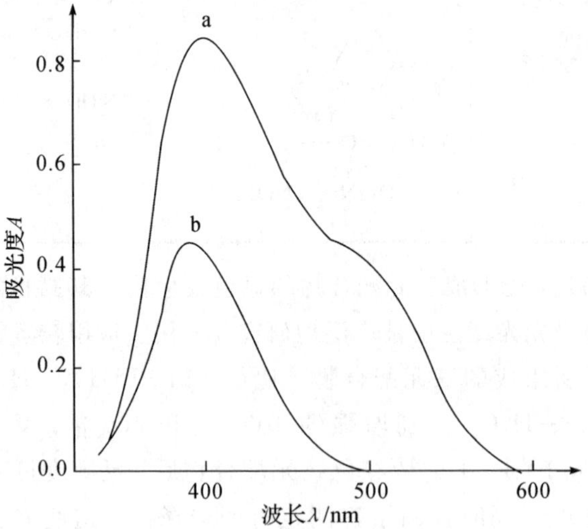

(a)钴配合物的吸收曲线；(b)1-亚硝基-2-萘酚-3，6-磺酸显色剂的吸收曲线

图 10-10 吸收曲线

(2)参比溶液的选择

为了抵消在吸光度测定过程中，因非待测组分(如溶剂、显色剂、缓冲液、掩蔽剂等)的吸收、散射以及比色皿对入射光的吸收、反射等作用而导致的透射光强度的减弱，可见光光度法中常采用参比溶液的方法对吸光度值进行校正，使测得的吸光度能真正地反映待测溶液的吸光强度。

实际测定时，在光学性质完全相同、厚度相同、透光率差$<0.5\%$的比色皿中放置参比溶液，调节参比溶液的吸光度为零，此时待测溶液的吸光度实质是以透过参比皿的光强度作为入射光强度测得的，即 $A=\lg(I_0/I_t)\approx\lg(I_{参比}/I_{试液})$。

一般，参比溶液的选择方法如下。

①若仅所测物质在测定波长处有吸收，而样品溶液、显色剂等在测定波长处均无吸收，可用纯溶剂(水)作参比溶液。

②若显色剂或其他所加试剂在测定波长处略有吸收，而待测试样本身无吸收，用“试剂空白”(不加试样的溶液)作参比溶液。

③若待测试样在测定波长处有吸收，而显色剂等无吸收，则用“试样空白”(不加显色剂)作参比溶液。

④若显色剂、试液中其他组分在测量波长处有吸收，则可在试液中加入适当掩蔽剂将待测组分掩蔽后再加显色剂，作为参比溶液。如用铬天青 S(CAS)测定钢中的铝，试液中 Ni^{2+}、Co^{2+} 为有色离子，CAS 也有色，均会干扰测定。因此，可取一份试液，加入 NH_4F，再加入所需的 CAS 以及其他试剂配成参比溶液，以减少测试误差。

(3)吸光度读数的适宜范围

任何分光光度计都有一定的测量误差，这些误差来源于光源的不稳定或实验条件的偶然变动等。那么，需要考量吸光度(或透光率)在什么范围内具有较小的浓度测量误差呢？对于在测量吸光度时产生的一个微小的绝对误差(dA)而言，其相对误差(Er)为：

$$Er=\frac{\mathrm{d}A}{A}$$

根据朗伯-比耳定律：　$A=\varepsilon bc$

当 b 为定值时，两边微分得：　$\mathrm{d}A=\varepsilon b\mathrm{d}c$

两式相除得：　$\frac{\mathrm{d}A}{A}=\frac{\mathrm{d}c}{c}$

其中，$\mathrm{d}c/c$ 就是测量浓度的相对误差。因此，c 与 A 的相对误差完全相等。但由于透光率 T 与吸光度 A 的关系为：$A=-\lg T$，因此透光率读数的相对误

差 dT/T 与浓度相对误差 dc/c 则不再相等。

于是，由仪器的噪音引起的测量浓度 c 的相对误差与透光率之间的关系推导如下：

$$A=-\lg T=\varepsilon bc$$

微分后得：
$$-\mathrm{d}\lg T=-\frac{0.434}{T}\mathrm{d}T=\varepsilon b\mathrm{d}c$$

两式相除得：
$$\frac{\mathrm{d}c}{c}=\frac{0.434}{T\lg T}\mathrm{d}T$$

以有限值表示得：
$$\frac{\Delta c}{c}=\frac{0.434}{T\lg T}\Delta T \tag{10-6}$$

式中，$\frac{\Delta c}{c}$为浓度测量值的相对误差，ΔT 为透光率的绝对误差。对于给定的分光光度计，其透光率的读数误差是一定的(一般为±0.2%～±2%)。设仪器的 $\Delta T=\pm0.5\%$，代入式 10-6，计算不同 T 时的$\frac{\Delta c}{c}$(仅考虑正值)，绘制$\frac{\Delta c}{c}-T$ 曲线，得到图 10-11。

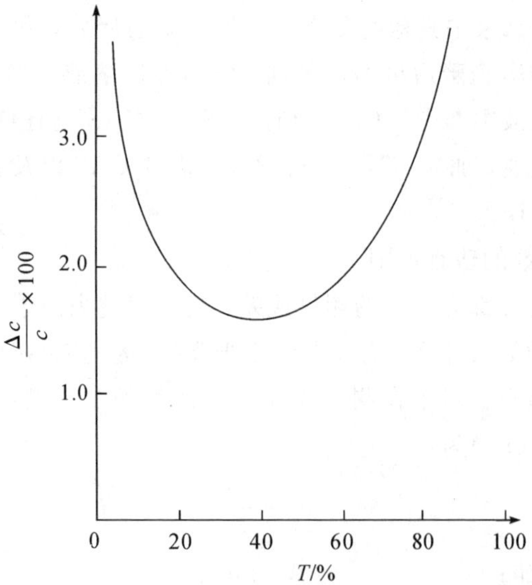

图 10-11　$\Delta c/c-T$ 关系曲线($\Delta T=\pm0.5\%$)

从图中可见，浓度相对误差的大小与透光率读数有关。透光率很小或很大时，浓度测量误差都较大。当所测透过率 T 在 10%～70%或吸光度 A 在 1.0～0.15 内时，浓度测量误差较小，约为 1.4%～2.2%($\Delta T=\pm0.5\%$)。同样可以计算，若 $\Delta T=\pm1.0\%$时，应控制透过率 T 在 20%～65%或吸光度 A 在 0.70～0.20 范围内进行测定，则浓度测量误差较小。通过求极值的方法，均可得出当 $T=36.8\%$或 $A=0.434$ 时浓度测量的相对误差最小。

由以上的推导可知，普通的分光光度法测量应使吸光度或透光率在适当的范围内，它并不适用于高含量或极低含量组分的测定。在推导中，我们假设仪器透光率的读数误差 ΔT 为常数，与透光率无关，但实际上由于仪器设计及制造水平的不同，ΔT 可能会变化。实际操作时，应参照不同型号仪器的说明书进行分析，做相应的变化，使吸光度测定值落在合适的范围内。通常可采用稀释或增大待测液浓度、改变比色皿厚度及选择合适的测量波长等达到目的。

视频 10.5

［**例 10-3**］　某一有色溶液在 1.0cm 比色皿中，测得透过率 $T=2\%$，若仪器透过率的绝对误差为 $\Delta T=0.5\%$。计算：

(1) 测定浓度的相对误差 $\Delta c/c$。

(2) 为使测得的吸光度在最适读数范围内，溶液应稀释或浓缩多少倍？

(3) 若浓度不变，改变比色皿厚度(0.4cm，0.5cm，2.0cm)，则选用哪种厚度的比色皿最为合适，此时 $\Delta c/c$ 为多少？

解　(1)由 $\dfrac{\Delta c}{c}=\dfrac{0.434}{T\lg T}\Delta T=\dfrac{0.434}{0.02\lg 0.02}\times0.5\%=-6.4\%$

(2)$A_0=-\lg T=-\lg 2\%=1.7$

设有色溶液原始浓度为 c_0，当比色皿厚度 b 一定时，有 $A=\varepsilon bc=K'c$，要使 $A=0.2\sim0.7$，则

$$\frac{0.2}{1.7}\leqslant\frac{A}{A_0}=\frac{c}{c_0}\leqslant\frac{0.7}{1.7}\qquad \frac{2}{17}\leqslant\frac{c}{c_0}\leqslant\frac{7}{17}$$

即稀释 2.4～8.5 倍。

(3)当 c 一定时，有 $A=\varepsilon bc=K'b$，同理要使 $A=0.2\sim0.7$，则

$$\frac{0.2}{1.7}\leqslant\frac{b}{b_0}\leqslant\frac{0.7}{1.7}$$

而 $b_0=1\text{cm}$，所以有 $0.12\leqslant b\leqslant0.41$，故应选 $b=0.4\text{cm}$ 的比色皿。

此时 $A=\dfrac{0.4}{1.0\times1.7}=0.68$，$T=10^{-0.68}=0.209$，$\dfrac{\Delta c}{c}=-1.5\%$。

在进行吸光度测量时，可以适当调节被测试液的浓度或者选择不同厚度的比色皿，以使试液的吸光度落在适宜范围。

［**例 10-4**］　某含铁约 0.25%的试样，用邻-二氮杂菲亚铁光度法($\varepsilon=1.20$

$\times 10^4$)测定。试样溶解后稀释 250mL,用 2.00cm 比色皿,在 508nm 波长下测定吸光度。

(1)为使吸光度测量引起的浓度相对误差最小,应称取试样多少克?

(2)若使用的光度计透光度最适宜读数范围为 0.200~0.700,则测定溶液应控制的含铁的浓度范围为多少?

解 (1)$A=\varepsilon bc$,浓度相对误差最小时 A 为 0.434。

$$c=\frac{0.434}{2.00\times 1.20\times 10^4}=1.81\times 10^{-5}(\text{mol}\cdot\text{L}^{-1})$$

$$m=\frac{1.81\times 10^{-5}\times 55.85\times 250\times 10^{-3}}{0.25\%}=0.10(\text{g})$$

(2) $$c=\frac{A}{\varepsilon b}=\frac{0.200}{2.00\times 1.20\times 10^4}=8.33\times 10^{-6}(\text{mol}\cdot\text{L}^{-1})$$

$$c=\frac{A}{\varepsilon b}=\frac{0.700}{2.00\times 1.20\times 10^4}=2.92\times 10^{-5}(\text{mol}\cdot\text{L}^{-1})$$

应控制铁的浓度范围为 $8.33\times 10^{-6}\sim 2.92\times 10^{-5}\,\text{mol}\cdot\text{L}^{-1}$

10.3 可见光分光光度法的应用

分光光度法由于其灵敏度高、重现性好、操作简便等优点,目前被广泛地用于冶金、地矿、食品、药物、环境等领域中。分光光度法以微量组分的含量分析为主,也可用于高含量组分的测定和多组分分析,还能用于测定弱酸或弱碱的解离常数和配合物的组成。

10.3.1 单组分测定

(1)标准曲线法

吸光光度法广泛用于微量单组分的含量分析,在 10.1.3 节中已经阐明。即采用标准曲线法,利用吸光度 A 与吸光物质的浓度 c 之间的线性关系进行物质含量分析。具体操作就是先配制一系列不同浓度的标准溶液,分别测定其吸光度,绘制的 A-c 曲线被称为标准曲线或工作曲线,如图 10-4 所示。在相同条件下测定未知液的 A_x 值,从标准曲线上即可查得待测液的浓度。本法适用于单组分测定。

(2)示差法

由于在待测物质含量高时会偏离朗伯-比耳定律,同时如果吸光度过大会超出吸光度测量的适宜范围,带来很大误差,因此光度法一般不用于高含量组分的测定，而示差分光光度法(简称示差法)能较好地解决这一问题。

示差法，就是选用有一定吸光度的溶液作为参比溶液进行测量的方法。一般采用一浓度略低于待测试样的有色物标准溶液作为参比。

示差法的基本原理可用标尺扩大原理来解释。设待测溶液浓度为 c_x，由于有色物质浓度很高，以纯溶剂作参比时吸光度 A_x 很大，透光率 T_x 很小(假定 $T_x=5\%$)，则读数误差很大。此时，取一浓度稍低于待测溶液的标准溶液(浓度为 c_s，$c_s<c_x$)作为新的参比溶液(假定以纯溶剂为参比时其透光率 $T_s=10\%$)，以 c_s 调节仪器的 $T=100\%$，再次测定时该待测溶液的透光率为 50%，与示差法前的测定值相比扩大了 10 倍，相当于将标尺扩大了 10 倍，如图 10-12 所示，此时透光率落入了适宜读数范围，提高了测量的准确度。

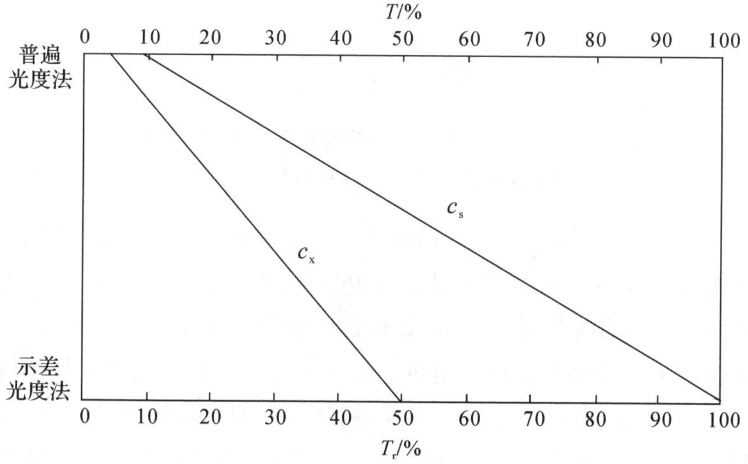

图 10-12　示差法标尺扩大原理

根据标尺扩大原理，令 T_r 为相对透光率，$T_r=T_x/T_s$。T_s 越大，标尺放大的倍数越小。图 10-13 中的曲线是 T_s 分别为 80%、40%和 10%时的 $\Delta c/c$ 与 T_r 的关系曲线，可见 T_s 越小，标尺放大倍数越大，由读数引起的浓度相对误差($\Delta c/c$)越小。

实际操作时，以浓度为 c_s($c_s<c_x$)的标准溶液为参比，根据吸收定律得：

$A_x=\varepsilon bc_x$，$A_s=\varepsilon bc_s$，两式相减得：

$$A_r=A_x-A_s=\varepsilon b(c_x-c_s)=\varepsilon b\Delta c \tag{10-7}$$

则试液中：

$$c_x=c_s+\Delta c \tag{10-8}$$

式 10-7 表明，示差法测得的相对吸光度 A_r 与待测溶液与标准溶液的浓度

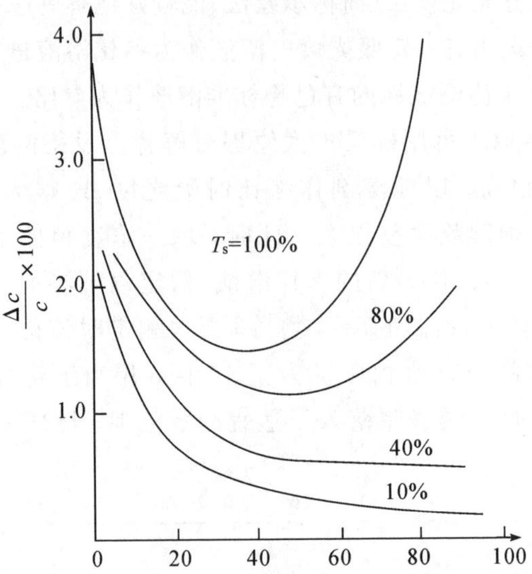

图 10-13　不同浓度的标准溶液作参比时的误差曲线
(设仪器透光率绝对误差 $\Delta T=0.5\%$)

差 Δc 成正比。如果先测定一系列以浓度 c_s 的标准溶液为参比、已知 Δc 的标准溶液的相对吸光度 A_r，绘制示差法的工作曲线 $A_r-\Delta c$，则测得试液相对吸光度后，可通过工作曲线与式 10-8 计算试样的浓度。

示差法扩大了光度法的应用范围，选择合适的 c_s 作参比液，其分析结果可与滴定分析(一般相对误差 0.1%～1%)相接近。但有时若选择的 T_s 太小，透过光强度太弱，往往不能调至 $T=100\%$，这就要求仪器的光源有足够的发射强度或能增大仪器的光电放大倍数，以满足示差法的要求。

10.3.2　多组分的同时测定

吸光光度法除了广泛用于微量单组分的含量分析外，也常用于在同一试液中不经分离而进行多个组分的直接测定。现以溶液中只存在两种组分 x 和 y 为例加以说明。

若各组分的吸收曲线互不重叠，则可以在各自最大吸收波长处分别进行测定。如图 10-14(a)所示，即可分别在 λ_1，λ_2 下测定组分 x 和 y 的含量。

若各组分的吸收曲线互有重叠，可根据吸光度加和性原理进行测定。先找到两个波长，在该波长下 x 与 y 的吸光度差值较大，作为测量波长，如图 10-14(b)中的 λ_1 与 λ_2，分别测定吸光度 $A_{\lambda 1}$ 和 $A_{\lambda 2}$，由于吸光度具有加和性，因此得：

$$\begin{cases} A_{\lambda 1}=A_{x,\lambda 1}+A_{y,\lambda 1}=\varepsilon_{x,\lambda 1}bc_x+\varepsilon_{y,\lambda 1}bc_y \\ A_{\lambda 2}=A_{x,\lambda 2}+A_{y,\lambda 2}=\varepsilon_{x,\lambda 2}bc_x+\varepsilon_{y,\lambda 2}bc_y \end{cases} \tag{10-9}$$

式中：$\varepsilon_{x,\lambda 1}$，$\varepsilon_{y,\lambda 1}$，$\varepsilon_{x,\lambda 2}$，$\varepsilon_{y,\lambda 2}$分别为检测波长为$\lambda_1$和$\lambda_2$时组分$x$和$y$的摩尔吸光系数，可由实验测得；$c_x$和$c_y$是组分$x$和$y$的浓度(mol・L^{-1})。解联立方程，即得$c_x$和$c_y$。原则上这种方法适用于两种及以上的组分分析，但实际多组分测定时，需要计算机编程辅助的方法解多元联立方程组才能实现。

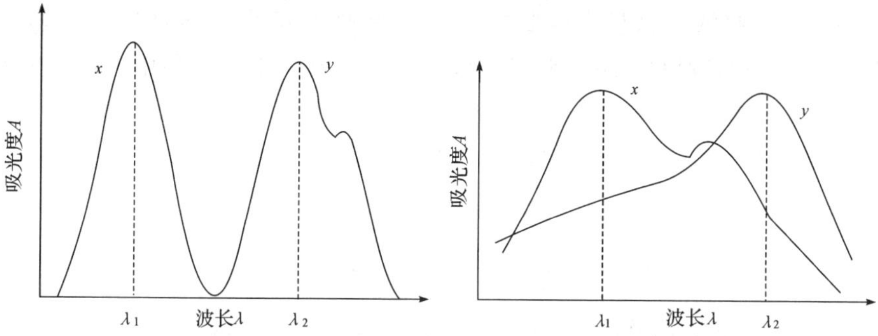

(a) 吸收光谱不重叠　　(b) 吸收光谱重叠

图 10-14　多组分测定

［例 10-5］　有一甲和乙两种化合物混合溶液，已知甲化合物在波长$\lambda_1=282$nm 和$\lambda_2=238$nm 处的质量吸收系数a分别为 720L・g^{-1}・cm^{-1}和 270L・g^{-1}・cm^{-1}，而乙化合物在上述两波长处吸光度相等，现把甲和乙混合液盛于 1cm 吸收池中，测得 282nm 处λ_{max}的吸光度为 0.440，而 238nm 处λ_{max}为 0.274，求甲化合物的质量浓度。

视频 10.6

解　由吸光度的加和性，有：$A_{\lambda 1}=A_{甲,\lambda 1}+A_{乙,\lambda 1}$

$$A_{\lambda 2}=A_{甲,\lambda 2}+A_{乙,\lambda 2}$$

由朗伯-比尔定律：$A=abc$，上式整理为：

$$A_{\lambda 1}=a_{甲,\lambda 1}bc_{甲}+a_{乙,\lambda 1}bc_{乙}=0.440$$

$$A_{\lambda 2}=a_{甲,\lambda 2}bc_{甲}+a_{乙,\lambda 2}bc_{乙}=0.274$$

而$a_{甲,\lambda 1}=720$L・g^{-1}・cm^{-1}，$a_{甲,\lambda 2}=270$L・g^{-1}・cm^{-1}，$a_{乙,\lambda 1}=a_{乙,\lambda 2}$，$b=1$cm，代入上式得：

$$720c_{甲}+a_{乙,\lambda 1}c_{乙}=0.440$$

$$270c_{甲}+a_{乙,\lambda 2}c_{乙}=0.274$$

求得$c_{甲}=3.69\times10^{-4}$g・L^{-1}，即甲化合物的质量浓度为3.69×10^{-4}g・L^{-1}。

【应用实例】

1. 氯霉素含量的测定与计算

氯霉素具有较强的抗菌能力，对革兰阳性、阴性细菌均有抑制作用，且对后者的作用更强。可以采用吸光光度法对氯霉素进行分析测定。

用 2.00mg 纯品氯霉素($M=323.15g\cdot mol^{-1}$)配制成 100mL 溶液，以 2.0cm 厚的吸收池在其最大吸收波长 278nm 处测得透光率为 27.3%。称取 0.4355g 氯霉素样品(由某一制药厂提供)定容于 250mL 容量瓶中，准确吸取该溶液 1mL，稀释至 100mL，在 278nm 处用 2.0cm 吸收池测得透光率为 37.2%。试求出氯霉素样品的摩尔吸光系数，并计算该样品中氯霉素的百分含量。

解 $A_{标准}=-\lg T=-\lg 0.273=0.564$

$$a_{标准}=\frac{A_{标准}}{bc}=\frac{0.564}{0.0200\times 2}=14.1(L\cdot g^{-1}\cdot cm^{-1})$$

$$\varepsilon=323.15\times 14.1=4.556\times 10^{3}(L\cdot mol^{-1}\cdot cm^{-1})$$

$$A_{试样}=-\lg T=-\lg 0.372=0.429$$

样品总浓度 $c=\frac{0.4355}{0.250\times 100}=0.0174(g\cdot L^{-1})$

测得氯霉素的浓度：$c_{试样}=\frac{A_{试样}}{ab}=\frac{0.429}{14.1\times 2.0}=0.0152(g\cdot L^{-1})$

氯霉素的百分含量为：$w=\frac{0.0152}{0.0174}\times 100\%=87.4\%$

2. 小麦样品中可溶性糖的测定与计算

植物样品中的可溶性糖类可以采用蒽酮法进行光度法测定。

称取粉碎过筛的干样品 0.15000g，置于 10mL 的离心管中，加入 80%的乙醇 8mL，充分搅拌。在 80℃ 水浴中浸提 30min，离心分离出清液，转移到 25mL 的容量瓶中，用 80%的乙醇定容。取 2.00mL 提取液置于试管中，在 80℃水浴中蒸去乙醇，再准确加入 10mL 水，振荡使糖完全溶解。取此液 2.00mL 于另一试管中，加入 5.00mL 蒽醌的浓硫酸溶液，摇匀置于沸水浴中显色 10min，生成蓝绿色物质。冷却后用 2.00cm 的吸收池在 620nm 处测定得吸光度为 0.548。若标准样品的吸光系数为 $25.6L\cdot g^{-1}\cdot cm^{-1}$，求可溶性糖的含量。

解 已知 $a=25.6L\cdot g^{-1}\cdot cm^{-1}$，$b=2.00cm$，$A=0.548$

根据朗伯-比尔定律：

$$A = abc$$

$$c=\frac{A}{ab}=\frac{0.548}{25.6\times 2.00}=1.07\times 10^{-2}(\mathrm{g\cdot L^{-1}})=1.07\times 10^{-5}(\mathrm{g\cdot mL^{-1}})$$

可溶性糖的含量为：

$$\omega=\frac{(2.00+5.00)\times 1.07\times 10^{-5}\times \frac{10.00}{2.00}\times \frac{25.00}{2.00}}{0.15000}\times 100\%=3.12\%$$

【知识结构】

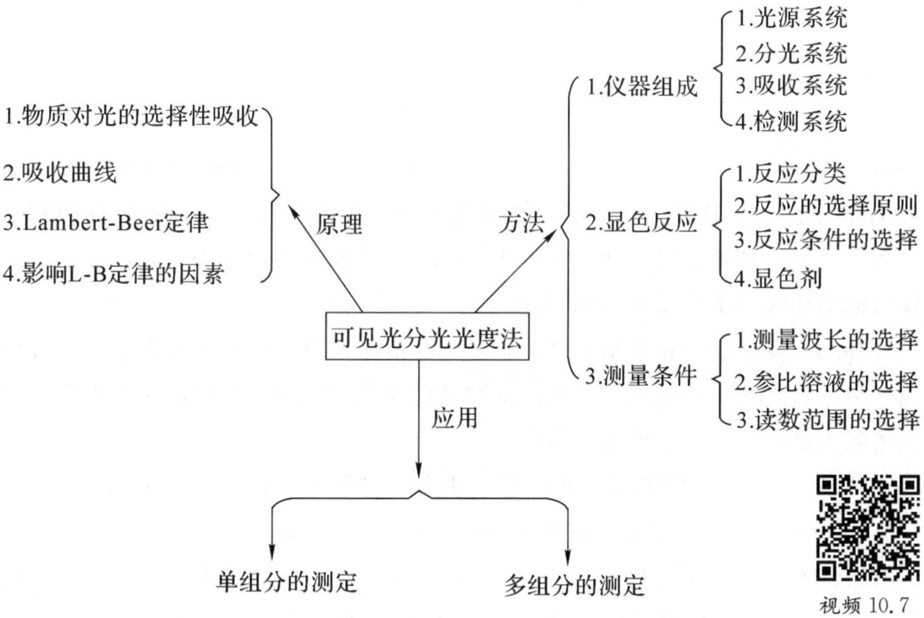

视频 10.7

习　题

10.1　朗伯-比耳定律的应用条件是什么？

10.2　摩尔吸光系数的物理意义是什么？在分光光度法测定中有何指导意义？

10.3　0.102mg Fe^{3+} 用硫氰酸钾显色后，在容量瓶中用水稀释至 50mL，用 1cm 比色皿，在 480nm 波长处测得吸光度 A 为 0.760，求 ε。

10.4　用二硫腙分光光度法测定 Pb^{2+}，Pb^{2+} 的浓度为 0.088mg/50mL。

用 2cm 比色皿在 520nm 下测得透光率 $T=56\%$，求 ε。

10.5 某试液用 2cm 比色皿测量时，透光率为 60%，若改用 1cm 或 4cm 比色皿，透光率和吸光度等于多少？

10.6 为了配置锰的标准溶液，将 15mL $0.0430\text{mol}\cdot\text{L}^{-1}$ 的 $KMnO_4$ 溶液稀释到 500mL。取此标准溶液 1，2，3，…，10mL，放入 10 支比色管中，加水稀释至 100mL，制成一组标准色阶。称取钢样 0.200g 溶于酸，经适当处理将锰氧化成 MnO_4^- 后稀释到 250mL，取此试液 100mL 放入比色管内，溶液颜色介于第四个和第五个标准溶液之间，求钢中锰的质量分数。

10.7 用磺基水杨酸法测定微量铁。将 0.2160g $NH_4Fe(SO_4)_2\cdot12H_2O$ 溶于水中稀释至 500mL 配成标准溶液。根据下列数据，绘制标准曲线：

标准铁溶液体积 V/mL	0.0	2.0	4.0	6.0	8.0	10.0
吸光度 A	0.0	0.165	0.320	0.480	0.630	0.790

某试液 5.00mL，稀释至 250mL。取此稀释液 2.00mL，在与绘制标准曲线相同的条件下显色和测定吸光度，测得 $A=0.500$，求试液铁含量(mg/mL)。(已知铁铵矾的相对分子质量为 482.178)

10.8 测定金属钴中微量锰时，在酸性液中用 KIO_3 将锰氧化为高锰酸根离子后进行吸光度的测定。若用高锰酸钾配制标准系列，在测定标准系列及试液的吸光度时应选什么作参比溶液？

10.9 某含铁约 0.2% 的试样，用邻-二氮杂菲亚铁光度法($\varepsilon=1.1\times10^4\text{L}\cdot\text{mol}^{-1}\cdot\text{cm}^{-1}$)测定。试样溶解后稀释至 100mL，用 1.00cm 比色皿在 508nm 波长下测定吸光度，若 $\Delta T=0.5\%$。(a)为使吸光度测量引起的浓度相对误差最小，应当称取试样多少克？(b)如果所使用的光度计透光率最适宜读数范围为 0.200 至 0.650，测定溶液应控制的含铁的浓度范围为多少？

10.10 未知相对分子质量的胺试样，通过用苦味酸(相对分子质量为 229)处理后转化成胺苦味酸盐(1∶1 加合物)。当波长为 380nm 时大多数胺苦味酸盐在 95%乙醇中的吸光系数大致相同，即 $\varepsilon=10^{4.13}$。现将 0.0300g 胺苦味酸盐溶解于 95%乙醇中，准确配制成 1L 溶液。测得该溶液在 380nm，$b=1\text{cm}$ 时 $A=0.800$。试估算未知胺的相对分子质量。

10.11 应用紫外分光光度法分析邻和对-硝基苯胺混合物，在两个不同波长处测量吸光度，根据以下数据计算邻和对-硝基苯胺的浓度。

①λ=280 nm，A=1.040，$\varepsilon_{邻}$=5260 L·mol^{-1}·cm^{-1}，$\varepsilon_{对}$=1400 L·mol^{-1}·cm^{-1}

②λ=347 nm，A=0.916，$\varepsilon_{邻}$=1280 L·mol^{-1}·cm^{-1}，$\varepsilon_{对}$=9200 L·mol^{-1}·cm^{-1}

(b=1.00cm)

测验题

一、选择题

1. 在分光光度法测定中，如其他试剂对测定无干扰时，一般常选用最大吸收波长 λ_{max} 作为测定波长，这是由于(　　)。

(A)灵敏度最高　(B)选择性最好　(C)精密度最高　(D)操作最方便

2. 用分光光度法测亚铁离子，采用的显色剂是(　　)。

(A)NH_4SCN　(B)二甲酚橙　(C)邻-二氮菲　(D)磺基水杨酸

3. 显色反应中，下列显色剂的选择原则错误的是(　　)。

(A)显色剂的 ε 值越大越好

(B)显色反应产物的 ε 值越大越好

(C)显色剂的 ε 值越小越好

(D)显色反应产物和显色剂，在同一光波下的 ε 值相差越大越好

4. 在光度测定中，使用参比溶液的作用是(　　)。

(A)调节仪器透光度的零点

(B)吸收入射光中测定所需要的光波

(C)调节入射光的光强度

(D)消除溶液和试剂等非测定物质对入射光吸收的影响

5. 微量镍比色测定的标准曲线如下图所示。将 1.0g 钢样溶解成 100mL 试液，取此液再稀释 10 倍。在同样条件下显色后测得吸光度为 0.30，则钢样中镍含量为(　　)。

(A)0.05%　(B)0.1%　(C)0.5%　(D)1%

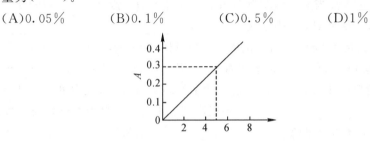

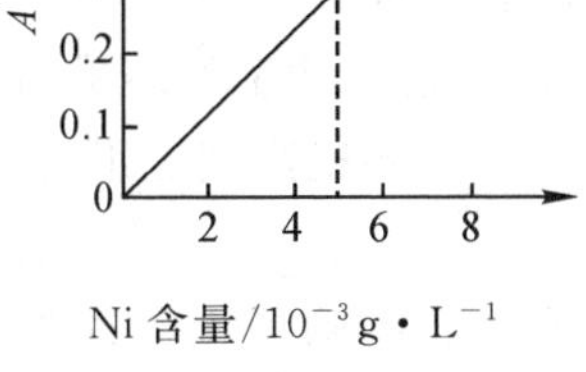

Ni 含量/10^{-3}g·L^{-1}

6. 以浓度为 2.0×10^{-4} mol・L^{-1} 某标准有色物质溶液做参比溶液调节光度计的 $A=0$。再用标准曲线示差分光光度法测得某有色物质溶液的浓度为 4.0×10^{-4} mol・L^{-1}。则有色物质溶液的浓度(单位：mol・L^{-1})为(　　)。

(A)4.0×10^{-4}　　(B)5.0×10^{-4}　　(C)6.0×10^{-4}　　(D)3.0×10^{-4}

7. 光度测定中使用复合光时，曲线发生偏离，其原因是(　　)。

(A)光强太弱　　(B)光强太强

(C)有色物质对各光波的 ε 相近　　(D)有色物质对各光波的 ε 值相差较大

8. 目视比色法中，常用的标准系列法是比较(　　)。

(A)入射光的强度　　(B)透过溶液后的光强度

(C)透过溶液后的吸收光强度　　(D)一定厚度溶液的颜色深浅

9. 某有色溶液浓度为 c 时，透光度为 T_0。将其浓度稀释为原来的 $\frac{1}{2}$ 时，其吸光度为(　　)。

(A)$\frac{1}{2}T_0$　　(B)$2T_0$　　(C)$-\lg\frac{1}{2}T_0$　　(D)$-\frac{1}{2}\lg T_0$

10. 有机显色剂的优点很多，下列不属其优点的是(　　)。

(A)反应产物多为螯合物，稳定性高

(B)反应的选择性高，可避免干扰反应发生

(C)一般反应产物的 ε 值大，故灵敏度高

(D)显色剂的 ε 值大，有利于提高灵敏度

二、填空题

1. 欲测定 Ti(Ⅳ)与 H_2O_2 配合物的黄色溶液，应选用________色滤光片。

2. 邻菲罗啉分光光度法测定 Fe^{2+} 浓度，设浓度为 c 的溶液其透光度为 T。当浓度为 $1.5c$ 的同种溶液在同样条件下测量，其透光度应为__________。

3. 分光光度法定性分析的理论基础，是基于各物质的最大__________是不同的。

4. 某有色溶液当液层厚度为 1cm 时，透过光的强度为入射光强度的 80%。若通过 5cm 的液层时，光强度减弱______________________________。

5. 用分光光度法测定试样中的磷。称取试样 0.1850g，溶解并处理后，稀释至 100mL，吸取 10.00mL 于 50mL 容量瓶中，经显色后，其 $\varepsilon=5\times10^3$ L・mol^{-1}・cm^{-1}，在 1cm 比色皿中测得 $A=0.03$。这一测定的结果相对误差必然很大，其原因是______________________________，要提高测定准确度，除增大比色皿厚度或增加试样量外，还可以采取__________________的措施。

6. 光度分析中对吸收池的要求，除了无色透明、耐腐蚀外，还要求对入射

光不吸收、____________________、____________________。

三、计算题

1. 一有色化合物(M=327.8g·mol^{-1})，在 610nm 处的 ε=6130 L·mol^{-1}·cm^{-1}。称样溶解，在 100mL 容量瓶中稀释至刻度。吸取稀释液 5.00mL，再稀释至 100mL，用 2cm 比色皿测定，欲使吸光度为 0.320。问需称样多少克？

2. 以邻-二氮菲光度法测定 Fe^{2+}，称取 0.500g 试样，经处理后，加入显色剂邻-二氮菲显色并稀释至 50.0mL，然后用 1cm 比色皿测定此溶液在 510 nm 处的吸光度，得 A=0.430。计算试样中铁的含量；当显色溶液再冲稀一倍时，其透光度是多少？(已知 $\varepsilon_{510}=1.10\times10^{4}$ L·mol^{-1}·cm^{-1}，M_{Fe}=55.85g·mol^{-1})

3. 浓度为 0.51μg·mL^{-1}的铜(M_{Cu}=63.54g·mol^{-1})溶液，用双环己酮草酰二腙比色测定。在波长 600 nm 处，用 2.0 cm 比色皿测得 T=50.5%。求灵敏度，用 ε 表示。

第11章　物质的分离方法
(Separation Method of Substance)

学习目标

通过本章的学习，要求掌握：

1. 常见混合阳离子的分离方法；
2. 沉淀分离方法；
3. 溶剂萃取分离方法；
4. 离子交换分离方法；
5. 色谱分离方法。

在实际分析过程中，分析的试样往往十分复杂，定量分析过程中若不进行分离，其他组分的存在往往会影响定量的准确性，情况严重时将使测定无法进行，必须考虑共存组分的影响及避免影响的方法和手段。若采用单一的掩蔽方法不能解决问题时，必须选用适当的分离方法排除干扰。分离也是一门科学，它是自然科学和应用科学中的一个重要分支，各种天然放射性元素的逐个发现、人工放射性核素的获得、原子核裂变现象的最终确证以及各种超铀元素的制备、合成几乎都离不开各种化学分离技术的运用。在应用科学方面，石油工业的发展，核燃料铀和钚的提取，以及铀同位素的分离；超纯无机材料硅、锗和其他无机化合物的净化；从矿石中提取各种稀有金属，都需要各种先进的分离技术。分离科学是很重要的一门科学。对于测定试样中微量、痕量组分时，由于其含量常低于分析方法的检测限，则还需要富集。值得注意的是，在分离的同时还需要进行必要的富集，故分离往往包含富集的意义，分离主要用于常量组分的测定，富集则主要用于痕量组分。

分离、富集首先适用于试样的组成比较复杂，存在大量干扰物质；其次，被测组分浓度为0.01%～1%的微量组分和0.01%以下的痕量组分，由于分析方法的灵敏度不够，使测定误差太大，不能测定时，往往采用分离富集被测组分。

分离富集的目的主要是使测定顺利进行，可以用分离法除去干扰组分，也可以将被测组分从试样中分离出来。分离方法可分为物理分离法和化学分离法，物理分离法是以被分离对象所具有的不同物理性质为依据，采用合适的物理手段进行分离，常用的分离方法有：气体扩散法、离心分离法、电磁分离法、质谱分离、热扩散和喷嘴射流。化学分离法是按被分离对象在化学性质上的差异，通过适当的化学过程使它们获得分离，应用比较广泛的有：沉淀分离法、萃取分离法、离子交换分离法、色谱分离法。

对于常量组分的分离和痕量组分的富集，在兼顾不会引入新的干扰、操作简单、快速的前提下，总的要求是分离、富集都要完全。用回收率的大小来判断分离是否完全，对于被测组分 A，其回收率用 R_A 表示，R_A 是指被分离组分回收的完全程度，即

$$R_A(\%)=\frac{Q_A}{Q_A^0}\times 100\% \tag{11-1}$$

式中，Q_A 是 A 物质被分离的量，Q_A^0 是 A 物质在试样中的量。R_A 受被测组分的含量和选用的分离方法所制约，R_A 越大，分离效果越好，对于质量分数大于 1%的常量组分，$R_A\geqslant 99.9\%$；对于质量分数 0.01%～1%的微量组分，$R_A\geqslant 99\%$；对于质量分数在 0.001%～0.0001%的痕量组分，R_A 在 90%～95%之间。

本章介绍几种常用的化学分离方法。

11.1　常见混合阳离子的分离

在化学分析中，若对试样的组成有了基本了解，只要确定指定范围内的某些离子是否存在，一般采用分别检出法。对于试样的组成较为复杂且要求其中每种离子都要检测时，用分别检出法检测离子就不方便，宜采用系统检测法。所谓分别检测法是指在其他离子共存时，不需经过分离，直接检测待检离子的方法；系统分析是指试样按一定步骤和顺序，将离子进行分组分离，再进行鉴定的方法。在系统分析中，首先采用几种试剂将试样溶液中性质相近的离子分成若干组，再在每一组中用适当的反应鉴定某种离子的存在与否，也可在各组内进一步分离和鉴定。将各组离子分开的试剂称为“组试剂”，利用它可以将反应相似的离子整组分出，这样可以简化分析过程。本节简单介绍用系统分析法分离常见阳离子，为沉淀分离法打下基础。

由于阳离子数目较多，共存情况比较普遍，定性和定量分析过程中容易产

生相互干扰，因而它们分别在分析前的分离是非常重要的，通常采用系统分析法对混合离子进行分组。根据阳离子与各种试剂反应的相似性和差异性，采用不同的组试剂，可以提出多种系统分析法。常用的系统分析法有两种，即两酸两碱系统分析法和硫化氢系统分析法。

阳离子的分组是根据阳离子化合物的溶解度不同而分成几个组。以硫化物溶解度不同为基础，用 HCl，H_2S，$(NH_4)_2S$ 和 $(NH_4)_2CO_3$ 为组试剂的硫化氢系统分析法；以两酸(HCl，H_2SO_4)、两碱($NH_3 \cdot H_2O$，NaOH)为组试剂的两酸两碱系统分析法。

(1)两酸两碱系统分析法分组方案

两酸两碱系统分组法是利用常见阳离子与酸碱作用形成氯化物、硫酸盐、氢氧化物等性质而分组的，分组情况见表 11-1。

表 11-1　两酸两碱系统分组表

组试剂	组名	阳离子	分组产物	分组特性
稀盐酸	盐酸组	Ag^+，Hg_2^{2+}，Pb^{2+}	沉淀：AgCl，Hg_2Cl_2，$PbCl_2$	氯化物难溶于水
稀硫酸和乙醇	硫酸组	Ba^{2+}，Sr^{2+}，Ca^{2+}，(Pb^{2+})	沉淀：$BaSO_4$，$SrSO_4$，$CaSO_4$，($PbSO_4$)	硫酸盐难溶于水
过量 NaOH 和 H_2O_2	两性组	Al^{3+}，Cr^{3+}，Zn^{2+}，Sn^{2+}，Sn^{4+}，Sb^{3+}，Sb^{5+}，As^{3+}，As^{5+}	溶液：AlO_2^-，CrO_4^{2-}，ZnO_2^{2-}，SnO_3^{2-}，AsO_4^{3-}，SbO_3^-	氢氧化物溶于过量 NaOH
过量 $NH_3 \cdot H_2O$	氨配合物物组	Cu^{2+}，Hg^{2+}，Cd^{2+}，Co^{2+}，Ni^{2+}，(Co^{2+} 已被 H_2O_2 氧化成 Co^{3+})	$[Cu(NH_3)_4]^{2+}$ $[Hg(NH_3)_4]^{2+}$ $[Cd(NH_3)_4]^{2+}$ $[Co(NH_3)_6]^{3+}$ $[Ni(NH_3)_6]^{2+}$	氢氧化物溶于过量 $NH_3 \cdot H_2O$
NaOH	碱组	Mg^{2+}，Mn^{4+}，(Mn^{2+})，Bi^{3+}，Fe^{3+}，(Fe^{2+})，(Mn^{2+}，Fe^{2+} 皆被 H_2O_2 氧化)	$Mg(OH)_2$ $MnO(OH)_2$ $Bi(OH)_3$ $Fe(OH)_3$	氢氧化物不溶于 $NH_3 \cdot H_2O$ 和过量 NaOH
无组试剂	易溶组	K^+，Na^+，NH_4^+		

两酸两碱系统分析法的分组方案见图 11-1。

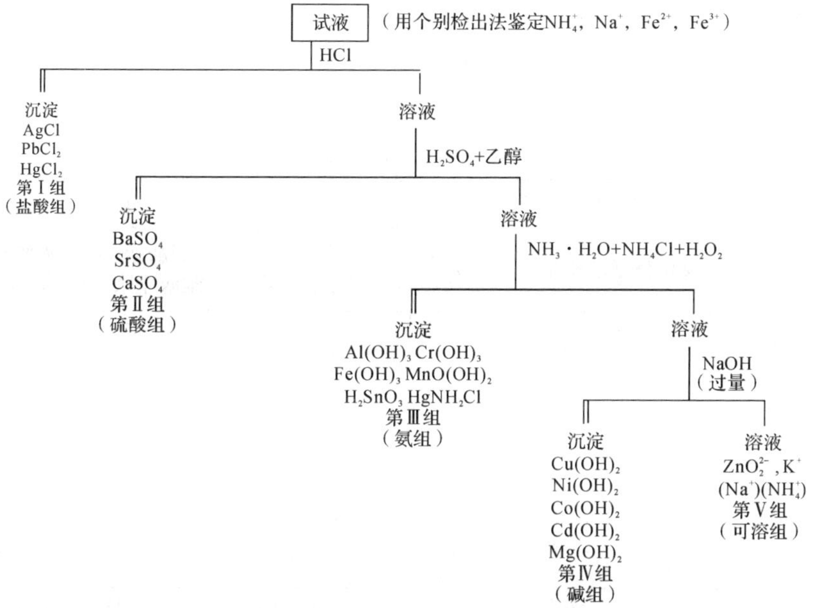

图 11-1　两酸两碱系统分析法的分组方案

(2)硫化氢系统分析法分组方案

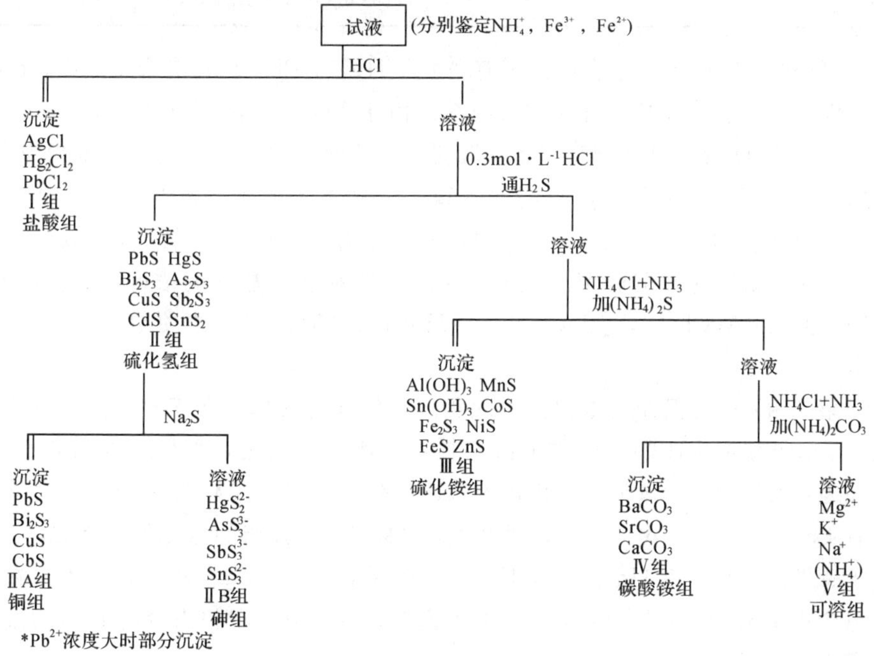

图 11-2　硫化氢系统分析法分组方案

硫化氢系统分析法是一种比较成熟的系统分析法。其分组是根据阳离子的氯化物、硫化物、氢氧化物、碳酸盐的溶解度不同，将阳离子分为五个组，常见阳离子为 24 种，分组情况见表 11-2，分组方案见图 11-2。

表 11-2　阳离子分组

分组依据	硫化物难溶于水				硫化物溶于水	
	硫化物难溶于稀酸			硫化物溶于稀酸	碳酸盐难溶于水	碳酸盐易溶于水
	氯化物难溶于水	氯化物易溶于水				
		硫化物溶于 Na_2S	硫化物不溶于 Na_2S			
离子名称	Ag^+ Hg^{2+} (Pb^{2+})	$As^{3+,5+}$， $Sb^{3+,5+}$， Sn^{4+}，Hg^{2+}	Pb^{2+}，Cu^{2+}， Cd^{2+}，Bi^{3+}	Fe^{3+}，Fe^{2+}， Zn^{2+}， Co^{2+}， Mn^{2+}， Cr^{3+}， Al^{3+}， Ni^{2+}	Ba^{2+}，Sr^{2+}， Ca^{2+}	K^+， Na^+， NH_4^+， Mg^{2+}
组别	Ⅰ，银组 盐酸组	Ⅱ，硫化氢组 砷组	铜组	Ⅲ，铁组 硫化铵组	Ⅳ，钙组 碳酸铵组	Ⅴ，钠组 可溶组
组试剂	HCl	$HCl(0.3mol/L)+H_2S$		NH_3+NH_4Cl+ H_2S 或 $(NH_4)_2S$	NH_3+NH_4Cl $+(NH_4)_2CO_3$	无

第一组，盐酸组。包含的离子有 Ag^+，Hg_2^{2+}，Pb^{2+}。在混合试液中，在酸性条件下加入盐酸生成氯化物白色沉淀。由于 $PbCl_2$ 的溶解度比较大，所以只有当 Pb^{2+} 浓度较高时才产生不完全沉淀。在热溶液中 $PbCl_2$ 的溶解度相当大，利用这个性质将 $PbCl_2$ 与 AgCl 和 Hg_2Cl_2 分离。由于 AgCl 加氨水能形成 $[Ag(NH_3)_2]^+$ 溶解，可使 AgCl 与 Hg_2Cl_2 分离，但 Hg_2Cl_2 转变成 $HgNH_2Cl$ 和 Hg 混合物沉淀。沉淀第一组时，要注意控制加入盐酸的浓度，不能过大，否则，生成 $[AgCl_2]^-$，$[PbCl_4]^{2-}$，$[HgCl_4]^{2-}$ 配离子，致使氯化物沉淀不完全。

第二组，硫化氢组。本组离子除铅外，其氯化物都能溶于水，也不溶于稀盐酸，但可根据生成的硫化物的酸碱性，将其分成两组，即ⅡA 组和ⅡB 组。ⅡA 组，也称铜组，该组的硫化物为碱性，不溶于碱性试剂如 Na_2S，包含的离子有 Pb^{2+}，Cu^{2+}，Cd^{2+}，Bi^{3+}；ⅡB 组，也称砷组，该组的硫化物具有酸性，能溶于碱性试剂中，有 Hg^{2+}，As(Ⅲ，Ⅴ)，Sb(Ⅲ，Ⅴ)，Sn^{4+} 等。虽然 Pb^{2+} 在第一组会析出部分 $PbCl_2$ 沉淀，但沉淀不完全，溶液中还有相当量的 Pb^{2+}，故第二组里也包括它。

本组离子是在滤去第一组沉淀后的滤液中，调整至 0.3mol·L^{-1} 盐酸酸度，通入 H_2S 至饱和，本组离子均生成硫化物沉淀，从而与三、四、五组分离。采用 Na_2S 为组试剂分离ⅡA、ⅡB。

由于各种硫化物的溶度积差别非常大，如第二组的 CuS 的 $K^{\ominus}_{sp,\ CuS}$ 为 6.3×10^{-36}，PbS 的 $K^{\ominus}_{sp,\ PbS}$ 为 8×10^{-28}，第三组 ZnS 的 $K^{\ominus}_{sp,\ ZnS}$ 为 2.5×10^{-22}，MnS 的 $K^{\ominus}_{sp,\ MnS}$ 为 2×10^{-13}，所以要完全沉淀各种硫化物所需 S^{2-} 的浓度也不同，由于在饱和 H_2S 溶液中存在如下所示的电离平衡：

$$H_2S \rightleftharpoons HS^- + H^+,\ HS^- \rightleftharpoons H^+ + S^{2-}$$

故饱和 H_2S 溶液中[S^{2-}]和[H^+]的关系为：

$$[S^{2-}] = K^{\ominus}_{a1,\ H_2S} \times K^{\ominus}_{a2,\ H_2S} \times [H_2S]/[H^+]^2$$
$$= 0.1\times1.12\times10^{-21}/[H^+]^2 = 1.12\times10^{-22}/[H^+]^2$$

该式表明，饱和 H_2S 溶液中 S^{2-} 浓度与$[H^+]^2$ 成反比，改变 H^+ 的浓度，则 S^{2-} 的浓度会发生很大变化。根据分步沉淀的原理，S^{2-} 的浓度可通过调节 H^+ 的浓度来控制，使第二组硫化物完全沉淀而第三组离子不产生沉淀。

ⅡB 组的硫化物能溶于 Na_2S 溶液中，形成硫代酸盐而与ⅡA 组离子分离，但 SnS 不溶。其硫代酸盐分别是 HgS_2^{2-}，AsS_3^{3-}，AsS_4^{3-}，SbS_3^{3-}，SbS_4^{3-}，SnS_3^{2-}，与酸作用时重新析出硫化物沉淀，同时释放出 H_2S，其反应式：

$$HgS_2^{2-} + 2H^+ = HgS\downarrow + H_2S\uparrow$$
$$2AsS_3^{3-} + 6H^+ = As_2S_3\downarrow + 3H_2S\uparrow$$
$$2AsS_4^{3-} + 6H^+ = As_2S_5\downarrow + 3H_2S\uparrow$$
$$SbS_3^{3-} + 6H^+ = Sb_2S_3\downarrow + 3H_2S\uparrow$$
$$\vdots$$
$$SnS_3^{2-} + 6H^+ = SnS_2\downarrow + 3H_2S\uparrow$$

该组硫化物的溶解度还是有差别，SnS_2 和 SnS 可溶解于稍浓的盐酸，Sb_2S_3 和 Sb_2S_5 能溶于热浓盐酸，而 As_2S_5 只溶于硝酸，HgS 溶于王水或 KI-HCl 混合溶液中。

ⅡA 的硫化物都能溶于稀硝酸中，与硝酸反应生成相应的硝酸盐，同时析出单质硫。如：

$$3CuS + 8H^+ + 2NO_3^- = 3Cu^{2+} + 3S\downarrow + 2NO\uparrow + 4H_2O$$

第三组，硫化铵组。本组包含的离子有 Al^{3+}，Cr^{3+}，Fe^{3+}，Mn^{2+}，Zn^{2+}，Co^{2+}，Ni^{2+} 等，这些离子的氯化物都溶于水，在 0.3mol·L^{-1} 盐酸条件下通入 H_2S 不产生沉淀，但在 pH 约为 9(NH_3+NH_4Cl)的介质中通入 H_2S 气体或者加入新鲜的$(NH_4)_2S$，会分别生成硫化物和氢氧化物沉淀。而生成的硫化物和氢氧化物可溶于稀盐酸和稀硫酸，当 CoS、NiS 成为难溶性的变体时则不溶，必须用稀硝酸溶解。

沉淀时，注意溶液的酸度，既不能太高，也不能太低。酸度太高本组离子沉淀不完全，酸度太低第五组的 Mg^{2+} 有可能部分生成 $Mg(OH)_2$ 沉淀。由于本组中 $Al(OH)_3$ 具有两性，会部分溶解。因此，加入 NH_4Cl 降低溶液的 pH 值，可防止 $Mg(OH)_2$ 沉淀生成和 $Al(OH)_3$ 沉淀的溶解，同时利用 NH_4Cl 是电解质这一性质，促进硫化物和氢氧化物胶体的凝聚。此外，沉淀时还必须将溶液加热以促进胶体的凝聚，确保 Cr^{3+} 沉淀完全。

由于本组离子性质多种多样，分离比较复杂，一般采用氨法进行分组，该法是基于本组离子与 NH_3+NH_4Cl 溶液的不同反应而进行分组的。具体操作：将本组沉淀洗净，加入 $6mol \cdot L^{-1}$ 的 HNO_3 溶液，加热溶解，向溶液中加入 NH_3+NH_4Cl 溶液和适量的 H_2O_2，并控制溶液的 pH 为 7～8。此时，生成 $Al(OH)_3$、$Cr(OH)_3$、$Fe(OH)_3$、$MnO(OH)_2$ 沉淀，溶液中有 $[Co(NH_3)_6]^{2+}$、$[Ni(NH_3)_6]^{2+}$、$[Zn(NH_3)_4]^{2+}$ 配离子。还有一种较常用的方法是 NaOH-H_2O_2 法，这种方法是基于本组离子与过量的 NaOH 有不同的反应而进行分组。本组生成的沉淀中 CoS、NiS 的性质比较特殊，在氨性溶液中形成的沉淀不再溶于稀盐酸，原因是初生的亚稳态 CoS、NiS 已转变为较稳定态的 CoS 和 NiS 沉淀。所以，第三组的沉淀用冷的稀盐酸处理时，其他沉淀都溶解，只有它们不溶解，可以达到分离的目的，但它们能溶于 H_2O_2 和浓盐酸。具体操作：在分出 CoS 和 NiS 沉淀的溶液中加入 NaOH 和 H_2O_2，生成的沉淀是 $Fe(OH)_3$、$MnO(OH)_2$，母液中则有 AlO_2^-，ZnO_2^{2-} 和 CrO_4^{2-}。

第四组，碳酸铵组。本组包含的离子有 Ba^{2+}，Sr^{2+}，Ca^{2+}，它们能与 CO_3^{2-} 形成碳酸盐沉淀而与第五组分离。本组的组试剂为 $(NH_4)_2CO_3$，在分离第三组离子后的氨性溶液中加入 $(NH_3)_2CO_3$，析出 $BaCO_3$，$SrCO_3$，$CaCO_3$ 沉淀。值得注意的是 $(NH_4)_2CO_3$ 在水溶液中会水解，其反应式：$NH_4^+ + CO_3^{2-} \longrightarrow NH_3 + HCO_3^-$，当溶液中有大量 NH_4Cl 存在时，反应向右进行，CO_3^{2-} 浓度将随之降低，这将导致 CO_3^{2-} 与 Mg^{2+} 离子浓度乘积≤碳酸镁的 $K_{sp}^{\ominus}(3.5\times10^{-6})$，使 Mg^{2+} 不能生成沉淀而留在第五组溶液中。此外，由于本组离子的硫酸盐和铬酸盐的溶度积差别较大，故可用分步沉淀的原理进行组内相互间的分离。

第五组，可溶组。本组包含的离子是 Mg^{2+}，K^+，Na^+ 和 NH_4^+ 离子。这些离子在溶液中为无色，其盐类大多溶于水，称为“可溶组”。

Mg^{2+} 在元素周期表中是第二主族，与第四组金属离子的化学性质较为相似，但在大量氨存在时 Mg^{2+} 无法形成 $Mg(OH)_2$、$MgCO_3$ 沉淀。此外，分离前四组离子的溶液中由于大量存在 NH_4^+，它会对鉴定本组离子产生干扰，必须首先除去。

H_2S 气体的代用品——硫代乙酰胺

H_2S 气体是阳离子系统分析中硫化氢体系的组试剂，但由于其有毒并有难闻的臭味，且硫化物沉淀大多是胶体，共沉淀现象比较严重，甚至还存在继沉淀现象。实验时采用新配制的 H_2S 饱和水溶液或用硫代乙酰胺(分子式：CH_3CSNH_2)代替。CH_3CSNH_2 易溶于水，水溶液比较稳定，水解很慢，且能放置 2～3 周，但其水解反应随着溶液的酸度或碱度的增加和温度的升高而加快。反应式：

在酸性溶液中 $CH_3CSNH_2+2H_2O+H^+ \xlongequal{} CH_3COOH+H_2S+NH_4^+$

在碱性溶液中 $CH_3CSNH_2+3OH^- \xlongequal{} CH_3COO^-+S^{2-}+NH_3+H_2O$

从反应式中可以看出，CH_3CSNH_2 在酸性溶液中水解能生成 H_2S，在碱性溶液中水解能生成 HS^-，故可以代替 H_2S 气体、$(NH_4)_2S$ 而作为第二组和第三组的组试剂使用。

视频 11.1

11.2　沉淀分离法

沉淀分离是一种经典的分离方法，它是根据溶度积原理，利用沉淀反应有选择地沉淀某些离子，而其他离子溶于溶液中，从而达到分离的目的。实际操作是：在一定条件下，在试液中加入适当的沉淀剂，使待测组分沉淀出来，或将干扰组分沉淀除去，以消除它们对于待测组分的干扰。

沉淀分离法包括无机沉淀剂分离法、有机沉淀剂分离法、均相沉淀法、共沉淀法。但沉淀分离法由于沉淀需要过滤、洗涤等手续，操作较烦琐，而且较费时；某些组分的沉淀分离选择性差，分离不够完全等，可以利用有机沉淀剂的应用提高选择性。沉淀分离通常用于较大量或中等含量离子的分析，通常当溶液中被沉淀组分的残留浓度 $\leqslant 10^{-6}\,mol \cdot L^{-1}$ 时，认为已经分离完全。利用共沉淀作用将痕量组分分离和富集。

11.2.1　无机沉淀剂分离法

最具代表性的无机沉淀剂有 NaOH、氨水加铵盐、H_2S、ZnO 悬浊液等。

氢氧化物沉淀分离法。大多数金属离子都能生成难溶的氢氧化物沉淀，其沉淀的形成与溶液中的 OH^- 浓度有关。由于金属氢氧化物沉淀的溶度积相差很大，通过控制酸度使某些金属离子相互分离。

(1)氢氧化钠

用 NaOH 作为沉淀剂可以使两性元素与非两性元素分离，即非两性元素生成氢氧化物沉淀，而两性元素可以与过量的 OH^- 作用以含氧酸根形态保留在溶液中。因生成的氢氧化物常为胶体沉淀，并且共沉淀严重，影响了分离效果。可采用“小体积”沉淀法，即在尽量小的溶液体积中，加入较浓的 NaOH 进行沉淀，可改善沉淀的选择性，减少沉淀对其他杂质的吸附，提高分离效率。如：在大量 NaCl 存在下，用 NaOH 分离 Al^{3+} 与 Fe^{3+}。

(2)氨水

在大量对测定没有干扰的铵盐存在下，加入氨水，调节 pH 值为 8～9，可以使高价金属离子进行沉淀。如：Al^{3+}，Fe^{3+}，Th^{4+}，使其与大多数一价、二价金属离子分离。而与 Ag^{+}，Cu^{2+}，Cd^{2+}，Co^{2+}，Ni^{2+}，Zn^{2+} 等以氨配合物形式存在于溶液中，Mg^{2+}，Ca^{2+} 因其氢氧化物的溶解度较大也留在溶液中。加入铵盐的作用是：形成 pH 值为 8～9 的缓冲溶液，防止 $Mg(OH)_2$ 沉淀和减少 $A1(OH)_3$ 的溶解；大量 NH_4^+ 作为抗衡离子，能减少氢氧化物沉淀对其他金属离子的吸附；由于大量存在电解质，可促进胶体沉淀的凝聚，便于获得含水量小、结构紧密的沉淀。

(3)用难溶性化合物尤其是氧化物，也可控制溶液的 pH。如 ZnO，MgO 悬浊液。ZnO 在水溶液中存在如下平衡：

$$ZnO+H_2O \xlongequal{} Zn(OH)_2 \xlongequal{} Zn^{2+}+2OH^-，K_{sp}^{\ominus}=[Zn^{2+}][OH^-]^2=3.0\times10^{-17}$$

当酸性溶液中加入 ZnO 时，ZnO 中和溶液中的酸而溶解；当溶液中碱性较强时，溶液中的 OH^- 与 Zn^{2+} 作用生成 $Zn(OH)_2$ 沉淀。所以，只要溶液中有过量的 $Zn(OH)_2$ 存在时，Zn^{2+} 浓度的变化范围为 $0.01\sim1.0mol\cdot L^{-1}$，溶液的 pH 值控制在 6 左右，能定量沉淀 pH 在 6 以下完全沉淀的金属离子。

氢氧化物沉淀分离法的优点是：操作简便，适用面较宽。缺点是：大多数氢氧化物或含水氧化物的沉淀均为非晶型，其表面积特别大，共沉淀现象严重，使分析结果偏低。

硫化物沉淀分离法。利用生成硫化物沉淀而进行分离的方法。硫化物沉淀法与氢氧化物沉淀法相似，许多金属离子的硫化物均是难溶的沉淀，它们的溶度积相差很大，如 MnS 的 $K_{sp}^{\ominus}$ 为 1.4×10^{-15}，而 CuS 的 $K_{sp}^{\ominus}$ 为 8.5×10^{-45} (18℃)，而沉淀剂 H_2S 是二元弱酸，与金属离子发生沉淀的 S^{2-} 浓度受溶液 pH 的控制，因此调节溶液的 pH，即可控制 S^{2-} 浓度，使不同溶解度的硫化物得以分离。硫化物沉淀分离法的具体分离方案详见本章第一节，此处就不再详述。

其他常用的无机沉淀剂有 SO_4^{2-}，CO_3^{2-}，PO_4^{3-} 等。

11.2.2 有机沉淀剂分离法

由于有机沉淀剂中存在不同官能团，因此具有较高的选择性和灵敏度，共沉淀不严重。又因配位的关系，易形成晶型沉淀，沉淀的晶型好，颗粒大，表面积小、溶解度小，易于过滤，在沉淀分离中应用日益广泛。常用的有机沉淀剂及其沉淀条件见表 11-3。

表 11-3　有机沉淀剂

沉淀剂	沉淀条件	可以沉淀的离子	
草酸	pH1～2.5	Th(Ⅳ)，稀土金属离子	
	pH4～5＋EDTA	Ca^{2+}，Sr^{2+}，Ba^{2+}	
铜试剂(二乙基胺二硫代甲酸钠，简称 DDTC)	pH5～6	Ag^{+}，Pb^{2+}，Cu^{2+}，Cd^{2+}，Bi^{3+}，Fe^{3+}，Co^{2+}，Ni^{2+}，Zn^{2+}，Sn(Ⅳ)，Sb(Ⅲ)，Tl(Ⅲ)	除重金属较方便，且没有臭味，与碱土、稀土、Al^{3+} 分离
	pH5～6＋EDTA	Ag^{+}，Pb^{2+}，Cu^{2+}，Cd^{2+}，Bi^{3+}，Sb(Ⅲ)，Tl(Ⅲ)	
铜铁试剂(*N*-亚硝基苯胲铵盐)	≈3mol·L^{-1} H_2SO_4	Cu^{2+}，Fe^{3+}，Ti(Ⅳ)，Nb(Ⅳ)，Ta(Ⅳ)，Ce^{4+}，Sn(Ⅳ)，Zr(Ⅳ)，V(Ⅴ)	

(1)草酸 $C_2O_4^{2-}$ 能与溶液中的 Ca^{2+}，Sr^{2+}，Ba^{2+}，Th^{4+} 稀土金属离子生成难溶的草酸盐沉淀，而与 Fe^{3+}，Al^{3+}，Zr^{4+}，Nb^{5+}，Ta(Ⅴ)等分离，因为这些离子与 $C_2O_4^{2-}$ 生成的是可溶性配合物。

(2)8-羟基喹啉(结构式：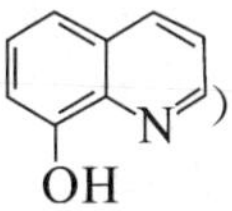)通常归为有机碱类，具有弱酸、弱碱性质的两性试剂。由于 8-羟基喹啉上的—OH 具有一定的酸性，离解出 H^{+} 后与金属离子成盐而生成沉淀。8-羟基喹啉能与除碱金属外的几乎所有金属离子在不同 pH 下生成沉淀，因此可以通过控制溶液 pH 和加入掩蔽剂的方法实现金属离子的分离。在 8-羟基喹啉分子中引入某些基团可以提高分离的选择性。例如：8-羟基喹啉与 Al^{3+}、Zn^{2+} 均生成沉淀，而在 1 位上引入一个羟基后就不能与 Al^{3+} 生成沉淀，但还是能与 Zn^{2+} 生成沉淀，使 Al^{3+}、Zn^{2+} 相互分离。

(3)铜试剂(二乙基胺二硫代甲酸钠，简称 DDTC)能与很多金属离子生成难溶螯合物沉淀，如：pH5～6 时，使 Pb^{2+}，Cu^{2+}，Cd^{2+}，Bi^{3+}，Fe^{3+}，Co^{2+}，Ni^{2+}，Ag^{+}，Sn^{4+}，Hg^{2+}，Sb^{3+}，Fe^{3+}，Zn^{2+} 等离子定量沉淀；Cr^{3+}，Al^{3+} 生成氢氧化物沉淀；Mn^{2+} 被空气氧化后也以氢氧化物形式完全沉淀。

(4)铜铁试剂(N-亚硝基苯胲铵盐)在强酸性介质中能与 Fe^{3+}，Ti^{4+}，Zr^{4+}，V(Ⅴ)，Sn^{4+}，Cu^{2+}，Ce^{2+}，Nb(Ⅳ)，Ta(Ⅳ)等反应定量析出沉淀。在弱酸性介质中，除了以上离子外，还能与 Al^{3+}，Zn^{2+}，Co^{2+}，Mn^{2+}，Th^{4+}，Be^{2+}，Ga^{3+}，In^{3+}，Tl^{3+} 反应定量析出沉淀。

在1∶9的H_2SO_4介质中能沉淀Fe^{3+}，Ti^{4+}，V(Ⅴ)等高价离子，使之与Al^{3+}，Cr^{3+}，Co^{2+}，Ni^{2+}分离。

11.2.3 均相沉淀法

均相沉淀是指在均相溶液中，借助于适当的化学反应，控制产生沉淀作用所需离子的浓度，使在整个溶液中缓慢地析出密实而较重的无定形沉淀或大颗粒的晶态沉淀的过程。

均相沉淀可分类为：

①改变溶液的pH值。例如：利用Cl^-沉淀Ag^+时，借助β-羟乙基乙酸酯水解生成乙酸，而使溶液的pH缓慢降低，使$[Ag(NH_3)_2]Cl$分解成大颗粒的氯化银晶体沉淀。用草酸根沉淀溶液中的二价钙离子时，由于草酸钙可溶于酸性溶液中，利用尿素水解缓慢升高pH，使草酸钙沉淀生长为晶形良好的粗粒沉淀。

②在溶液中直接产生沉淀剂。例如：用过量沉淀剂丁二酮肟沉淀Ni^{2+}时，可以用氨水调节pH至7.5，在不断搅拌下滴加$NH_2OH \cdot HCl$，反应生成丁二酮肟直接与Ni^{2+}反应，得到丁二酮肟镍。

③逐渐蒸出溶剂。用8-羟基喹啉丙酮溶液沉淀Al^{3+}时，可以在溶液中先加NH_4Ac，再加8-羟基喹啉丙酮液，并在70～80℃加热先蒸出丙酮后15分钟，即有8-羟基喹啉铝晶体生成。

④破坏可溶性配合物。Ba^{2+}、Mg^{2+}的EDTA配合物，当pH为8～9且有SO_4^{2-}存在时，破坏了可溶性的BaY，使之与SO_4^{2-}形成了$BaSO_4$沉淀。

均相沉淀不但能改善沉淀的性质和沉淀分离的效能，还是研究沉淀和共沉淀过程非常有效的工具。

11.2.4 共沉淀分离法

共沉淀分离法是利用溶液中一种沉淀(载体)析出时，将共存于溶液中的某些微量组分一起沉淀下来的分离方法。也称载体沉淀法和共沉淀捕集法，是微量、痕量组分的分离和富集的有效方法。例如：在形成CuS沉淀的同时，可以使溶液中少至$0.02\mu g \cdot L^{-1}$的Hg^{2+}共沉淀出来，称CuS为共沉淀剂或载体。共沉淀法要求共沉淀剂不干扰待富集组分的测定及待富集痕量组分的高回收率。常用的共沉淀剂(或载体)可分为无机共沉淀剂和有机共沉淀剂。

(1)无机共沉淀剂

这类共沉淀剂的作用机理主要是表面吸附或形成共晶，而把微量组分载带下来。

①表面吸附共沉淀分离法。常用的共沉淀剂(载体)有 $Fe(OH)_3$，$Al(OH)_3$，$MnO(OH)_2$ 及硫化物等胶体沉淀。这些共沉淀剂的特点是非晶体形、比表面积大、吸附力强、有利于痕量组分的共沉淀。如在一定 pH 下以 $Fe(OH)_3$ 为载体可以共沉淀微量的 Al^{3+}，Sn^{4+}，Bi^{3+}，Ga^{3+}，In^{3+}，Tl^{3+}，Ba^{2+}，U(Ⅵ)，W(Ⅵ)，V^{5+} 等离子；$Al(OH)_3$ 为载体可以共沉淀微量或痕量的 Fe^{3+}，TiO^{2+}，U(Ⅵ)离子；$MnO(OH)_2$ 为载体可以富集 Sb^{3+} 等。但该法选择性不高，在实际操作中应根据分离的具体需要，选择较合适的共沉淀剂及沉淀条件，获得满意的分离富集效果。

例如：铜中微量 Al^{3+} 的测定，由于溶液中 Al^{3+} 浓度很小，用酸溶液加过量的氨水后不能生成 $Al(OH)_3$ 沉淀，可加入适量的 Fe^{3+} 形成 $Fe(OH)_3$ 沉淀，以 $Fe(OH)_3$ 沉淀作为载体，吸附微量的 Al^{3+} 形成共沉淀，而铜则以 $Cu(NH_3)_4^{2+}$ 的形式存在得以分离。

②混晶共沉淀分离法。当待测组分的金属离子与载体的金属离子电荷相同、离子半径相近，且生成沉淀的晶格相同，可通过生成混晶将待测组分与载体共沉淀。

例如：水中亿万分之一的 Cd^{2+}，用 $SrCO_3$ 作载体，生成 $SrCO_3$ 和 $CdCO_3$ 的混晶共沉淀得到富集。常见的混晶体系还有 $BaSO_4$-$RaSO_4$，$PbSO_4$-$SrSO_4$ 等。又如：钢中 Be 用 $BaSO_4$ 载带；微量 Pb 用 $SrSO_4$ 载带，$SrSO_4$ 与 $PbSO_4$ 晶格相同；钢中稀土用 MgF_2 形成混晶共沉淀。这种方法的最大特点是选择性高，分离效果好。

(2)有机共沉淀剂

有机共沉淀剂具有富集效率高、选择性好，形成的沉淀溶解度小，沉淀过程中几乎不吸附其他离子，分离效果好的优点，它可从很稀溶液中析出，浓度可达 $1\times10^{-10}g\cdot mL^{-1}$ 甚至更低。又由于有机共沉淀剂的有机载体可通过高温灼烧而除去，不形成干扰，有利于后续的测定，因而克服了无机共沉淀剂的缺点，使其得到了更广泛的应用和发展。有机共沉淀剂的作用机理有别于无机共沉淀剂，一般认为其共沉淀富集作用是由于形成了固溶体。其主要类型如下：

①形成缔合物进行共沉淀。常用的有机共沉淀剂有：有机染料大阳离子，碱性染料，如甲基紫、结晶紫、罗丹明 B 等；次甲基染料如亚甲基蓝，他们在溶液中以大阳离子形式存在。被富集的痕量离子与某种配位体形成配离子而与带相反电荷的有机试剂缔合成难溶盐，于是进入具有相似结构的载体，而被共沉淀下来。如在0.5～1.0mol $\cdot$ L^{-1} HCl介质中，In^{3+} 生成 $InCl_4^-$，当溶液中加入甲基紫后，溶液中带正电荷的甲基紫与 $InCl_4^-$ 生成难溶性正盐而被沉淀出来。这个方法可将 20L 水中 1 微克的 In 共沉淀下来，富集倍数非常高。

②利用胶体的凝聚作用进行共沉淀。常用的共沉淀剂有单宁、辛可宁和动物胶，被共沉淀的组分有硅酸、钨酸、铌酸和钽酸。这是利用带相反电荷胶体发生凝聚而进行的共沉淀。如：带负电荷的 H_2WO_4，在酸性溶液中不易凝聚而形成胶体，当加入有机载体辛可宁时，由于其带正电荷致使胶体电性中和而凝聚，把少量的 H_2WO_4 定量沉淀下来。

③利用形成固体萃取剂进行共沉淀。这种共沉淀剂也称"惰性共沉淀剂"，其沉淀历程尚不清楚，不发生吸附、混晶等现象，共沉淀剂本身不参加反应，方法的优点是分离选择性好，沾污少。如 Ni^{2+} 在溶液中不能与丁二酮肟生成沉淀，当加入丁二酮肟二烷酯的乙醇溶液时，由于丁二酮肟二烷酯与其结构相似，且难溶于水，在水溶液中析出，并将微量镍载带下来。

11.3 溶剂萃取分离法

萃取分离法是溶剂萃取分离法的简称，溶剂萃取分离又称液-液萃取，这种方法是利用物质在不相溶的有机相和水相间的转移来实现分离，即由有机相和水相相互混合，水相中要分离出的物质进入有机相后，再靠两相质量密度不同将两相分开。该方法的优点是设备简单、操作简便、分离效果好、适应性广；缺点是采用的有机溶剂多数是易燃、易挥发和有一定毒性的物质，给操作者和实验场所带来安全隐患。

11.3.1 萃取分离法的基本原理

(1)萃取过程的本质

根据物质对水的亲疏性不同，通过适当的处理将物质从水相中萃取到有机相，最终达到分离的目的，故萃取过程的本质就是将物质由亲水性变为疏水性的过程。

亲水性物质是指易溶于水而难溶于有机溶剂的物质。如：无机盐类、含有一些亲水基团的有机化合物等，无机盐类都是离子型化合物，溶于水形成水合离子而难溶于有机溶剂中。常见的亲水基团有—OH，$—SO_3H$，$—NH_2$，═NH等。疏水性或亲油性物质是指具有难溶于水而易溶于有机溶剂的物质。如：有机化合物常见的疏水基团有烷基如$—CH_3$、$—C_2H_5$，卤代烷基，芳香基(苯基、萘基)等。物质含疏水基团越多，相对分子质量越大，其疏水性越强。

(2)分配系数和分配比

当溶质 A 同时接触两种互不相溶的溶剂(一种是水，一种是有机溶剂)时，且溶质 A 在水和有机溶剂中均有一定的溶解度，A 就分配在这两种溶剂中，则

当溶质 A 从水相转移入有机相的速度等于它从有机相转移入水相的速度时，萃取体系达到平衡：

$$A_{水}=A_{有}$$

此时，A 在两相中的浓度关系为：$[A]_{有}/[A]_{水}=K_D$，K_D 是一个常数，称为分配系数，仅与溶质、溶剂的特性、温度有关；此式称为分配定律。这种浓度关系只适用于低浓度的稀溶液中，而且溶质在两相中以相同的单一形式存在，没有离解和缔合副反应，这是接近于理想状态。但实际情况是 A 可以以不同的形式溶于水相和有机相。对于分析工作者主要关心的是存在于两相中的溶质的总浓度或总量。某物质在两相中总浓度之比称之为分配比，用 D 表示，即

$$D=c_{有}/c_{水}$$

只有在最简单的萃取体系中，溶质 A 在两相中只有一种存在形式，则 $D=K_D$，如 CCl_4-水萃取体系萃取 I_2。在复杂体系中 $D\neq K_D$。

分配系数 K_D 与萃取体系和温度有关，实验证明，在一定温度下，该化合物与此两种溶剂不发生分解、电解、缔合和溶剂化等作用时，K_D 是常数。而分配比 D 除与萃取体系和温度有关外，还与酸度、溶质的浓度等因素有关，由于实验条件不同，各种存在形式的分布系数也不一样，所以 D 值随实验条件的改变而改变，故 D 不是常数。

(3)萃取效率

若物质 A 在某种有机溶剂中有较大的分配比，则用该种溶剂萃取时，溶质的大部分将进入有机相中，这时 $D>1$，其萃取效率就高。萃入有机相中溶质的总量与溶质在两相中的总量之比，称为萃取效率。用 E 表示：

$$E=\frac{\text{被萃取物质在有机相中的总量}}{\text{被萃取物质的总量}}\times 100\% \tag{11-2}$$

$$E=\frac{c_{有}V_{有}}{c_{有}V_{有}+c_{水}V_{水}}=\frac{D}{D+V_{水}/V_{有}}\times 100\% \tag{11-3}$$

式中，$c_{有}$ 和 $c_{水}$ 分别为有机相和水相中溶质的浓度，$V_{有}$ 和 $V_{水}$ 分别为有机相和水相的体积，$V_{水}/V_{有}$ 称为相比。由上式可知萃取效率是分配比和相比的函数。当两相体积比一定时，分配比 D 越大，萃取效率就越高。当用等体积溶剂进行萃取时，即 $V_{水}=V_{有}$，则：

$$E=\frac{D}{D+1}\times 100\% \tag{11-4}$$

若 $D=1$，则萃取一次的萃取百分率为 50%；若要求萃取百分率大于 90%，则 D 必须大于 9。这说明在有机相和水相的体积相等时，其萃取效率取决于 D，当 D 不高时，一次萃取不能满足分离或测定的要求，此时可采用多次连续

萃取的方法来提高萃取率。

一般来说，可利用的萃取过程分配比 D 均较大。因为 D 远大于 $V_{水}/V_{有}$，减小相比(增加有机相的体积)对提高萃取效率的作用不大。而且，过分降低相比，虽然提高了萃取效率，但降低了有机相中被萃取物的浓度，不利于后续的分离和测定。

多次连续萃取的方法：

设在体积为 $V_{水}$ 的水溶液中含有被萃取物 A，其质量为 m_0，用 $V_{有}$ 的有机溶剂萃取一次，水相中剩余的被萃取物 A 的质量为 m_1，则进入有机相的质量是(m_0-m_1)。此时分配比($D=15$)为：

$$D=\frac{c_{有}}{c_{水}}=\frac{(m_0-m_1)/V_{有}}{m_1/V_{水}} \tag{11-5}$$

水相中剩余的被萃取物 A 的质量：

$$m_1=m_0\cdot\frac{V_{水}}{DV_{有}+V_{水}} \tag{11-6}$$

若 $V_{水}$ 为 20mL，m_0 为 10g，$V_{有}$ 为 20mL，$D=15$，代入上式可得 $m_1=0.63$g，萃取效率 $E=93.7\%$。

如果每次都用 $V_{有}$(20mL)的有机溶剂对水相中的 A 进行萃取 $n(n=3)$次，水相中剩余被萃取物为 m_n，则：

$$m_n=m_0\cdot[V_{水}/(DV_{有}+V_{水})]^n$$

当 $n=3$ 时，$m_n=0.0024$g，$E_n=99.98\%$

[例 11-1] 用 8-羟基喹啉氯仿溶液于 pH=7.0 时从水溶液中萃取 La^{3+}。已知它在两相中的分配比 $D=43$，今取含 La^{3+} 的水溶液($1mg\cdot mL^{-1}$)20.0mL，计算用萃取液 10.0mL 一次萃取和用同量萃取液分两次萃取的萃取率。

解 (1)用 10mL 全量一次萃取时：

$$m_1=m_0\cdot\frac{V_{水}}{DV_{有}+V_{水}}=20\times\frac{20}{43\times10+20}=0.89(\text{mg})$$

$$E=\frac{m_0-m_1}{m_0}\times100\%=\frac{20-0.89}{20}\times100\%=95.6\%$$

(2)每次用 5mL 萃取液连续萃取两次时：

$$M_2=m_0\cdot[V_W/(DV_{有}+V_{水})]^2=20[20/(43\times5+20)]^2=0.145(\text{mg})$$

$$E=(m_0-m_2)/m_0=[(20-0.145)/20]\times100\%=99.3\%$$

由此可见，用同量的萃取溶剂，分多次萃取的效率比一次萃取的效率高。但要注意的是，增加萃取次数，会使萃取操作的工作量增加，加大被分离组分的损失等而引起误差。所以，应根据要求的萃取效率决定萃取次数。

［例11-2］　含有OsO_4的25.0mL水溶液中，欲用$CHCl_3$进行萃取，要求萃取效率达到99.8%以上。若每次所用萃取剂$CHCl_3$的体积为5.0mL，则至少需萃取多少次？（已知分配比$D=19.1$）

解　萃取效率为99.8%，则残留在水相中的OsO_4为0.2%，故

$$m_n/m_0=[V_{水}/(DV_{有}+V_{水})]^n=0.002$$

$$[25.0\text{mL}/(19.1\times5.0\text{mL}+25.0\text{mL})]^n=(0.207)^n=0.002$$

求得$n=\lg0.002/\lg0.207=3.95\approx4$(次)

所以，至少需要萃取4次，萃取率才能达到99.8%。

(4)分离因数

为了达到萃取分离的目的，不但萃取效率要高，还要看共存组分间的分离效果是否好。两种共存组分的分配比分别设为D_A和D_B，则其比值称之为分离因子，用β表示：$\beta=D_A/D_B$(规定$D_A>D_B$)。

β值越接近1，表明两种物质A、B越难分离；β值离1越远，表明萃取分离A、B越容易。

11.3.2　萃取体系及萃取平衡

金属离子组成的无机化合物绝大多数在水溶液中会离解成离子，并在溶液中以水合离子形式存在，他们很难溶于非极性或者弱极性的有机溶剂中，因此很难被萃取。为了使这些金属离子能进入有机相，必须在水溶液中加入某种试剂，使其与试剂结合生成不带电荷的、难溶于水而易溶于有机溶剂的物质，把这种试剂称为萃取剂。根据萃取剂及其萃取反应的类型，又将萃取体系分为螯合物萃取体系、离子缔合物萃取体系、溶剂化合物萃取体系等。

(1)螯合萃取体系

这类萃取体系广泛应用于金属阳离子的萃取，其萃取剂是螯合剂，为有机配体，含有O、N、S等配位原子，与金属阳离子形成的螯合物是中性分子，不溶于水，但能溶于有机溶剂而被萃取。

金属阳离子在水溶液中，以水为配体形成水合离子，如$Co(H_2O)_4^{2+}$、$Al(H_2O)_6^{+}$等，螯合剂可中和其电荷，并用疏水基团取代与金属阳离子的水分子。例如双硫腙与Cu^{2+}，Ni^{2+}与丁二酮肟，8-羟基喹啉与La^{3+}，乙酰基丙酮萃取Al^{3+}，Cr^{3+}，Co^{2+}，Th^{4+}，Be^{2+}，Sc^{3+}等金属离子都是常用的螯合物萃取体系。

(2)萃取平衡

这类萃取剂在萃取过程中存在四个平衡，即萃取剂在水相与有机相间的溶解平衡、萃取剂在水相中的离解平衡、金属离子与萃取剂在水相中的配位平衡、

螯合物在水相和有机相间的溶解平衡。其关系如下图：

有机相，HL ML_n

相界面   (1) $\Big\| K_d$ (4) $\Big\| K_D$

水相 HL $\underset{(2)}{\overset{K_a}{\rightleftharpoons}} H^+ + L^-$，$nL^- + Mn^{n+} \underset{(3)}{\overset{\beta_a}{\longrightarrow}} ML_n$

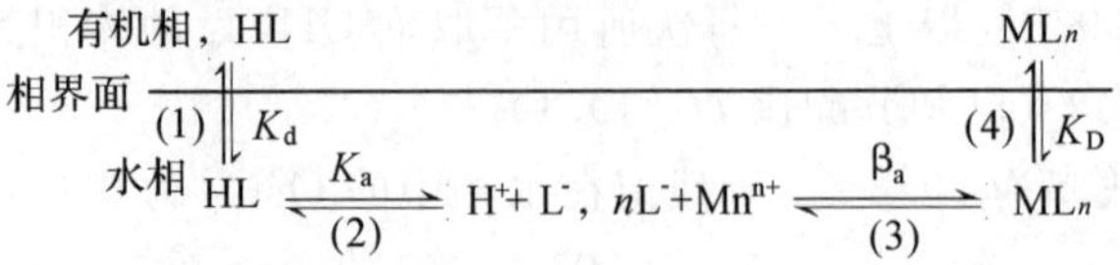

图中忽略了萃取剂在有机相中的聚合作用。总的萃取平衡方程式为：

$$M_{水} + n(HL)_{有} = (ML_n)_{有} + nH_{水}^+$$

其反应的总平衡常数简称为萃取常数，用 K_{ex} 表示：

$$K_{ex} = [ML_n]_{有}[H^+]_{水}^n / [M]_{水}[HL]_{有}^n$$

总的平衡由图中的(1)、(2)、(3)、(4)四个平衡所组成。

平衡(1)是螯合剂 HL 在两相中的分配平衡，其分配平衡常数：

$$K_d = [HL]_{有} / [HL];$$

平衡(2)所示的是螯合剂 HL 在水相中的电离，其电离平衡常数：

$$K_a = [H^+][L^-] / [HL];$$

平衡(3)是金属离子与螯合剂阴离子 L^- 的配合平衡，由(3)可求出其累积配合平衡常数 $\beta_n = [ML_n] / [M^{n+}][L^-]^n$；

平衡(4)为螯合物 ML_n 在两相中的分配平衡，其分配平衡常数 $K_D = [ML_n]_{有} / [ML_n]$。将 4 个平衡常数代入总平衡常数计算式，得到：

$$K_{ex} = K_D \beta_n / [K_d K_a]^n$$

K_{ex} 决定于螯合物的分配系数 K_D 和累积稳定常数 β_n 以及螯合剂的分配系数 K_d 和它的离解常数 K_a。

若水相中只有游离的金属离子 M，有机相中只有螯合物 ML_n，则分配比

$$D = [ML_n]_{有} / [M]_{水} = K_{ex}[HL]_{有}^n / [H^+]_{水}^n$$

一般情况下，有机相中萃取剂的量远大于水相中金属离子的量，故进入水相中以及与 M^{n+} 络合消耗的 HL 可以忽略不计，则

$$\lg D = \lg K_{ex} + n\lg c(HL)_{有} + npH$$

由此可见，分配比决定于萃取平衡常数 K_{ex}、螯合剂浓度和水溶液的酸度等因素。实际萃取时所涉及的平衡关系很复杂，但水溶液的 pH 值是影响螯合物萃取的一个很重要因素，操作时主要考虑溶液的 pH 和螯合剂的用量。

(3)离子缔合物萃取体系

阳离子和阴离子通过较强的静电引力而形成电中性的化合物称为离子缔合物。该缔合物具有疏水性，能被有机溶剂萃取。许多金属阳离子 $Cu(H_2O)_4^{2+}$、金属络阴离子如 $FeCl_4^-$ 及某些酸根离子如 ClO_4^- 都能形成离子缔合物而被有机溶剂萃取。离子的体积越大、电荷越高，越易形成疏水性的离子缔合物。

①金属阳离子的离子缔合物。水合金属阳离子与适当的有机络合剂作用，形成没有或很少配位水分子的配阴离子。再与大体积的阴离子缔合，可生成疏水性的离子缔合物。例如 Cu^+ 与 2，2-双喹啉(Bq)生成 $Cu(Bq)^{2+}$ 配阳离子，它与 Cl^-、ClO_4^- 等生成疏水性的离子缔合物[$Cu(Bq)^{2+}\cdot Cl^-$]，用异戊醇萃取比色。但在萃取前，先用盐酸羟胺还原 Cu^{2+}。

②金属配阴离子或无机酸根的离子缔合物。许多金属配阴离子及无机酸根阴离子如 $ZnCl_4^{2-}$，$CdCl_4^{2-}$，$HgCl_4^{2-}$，$Fe(SCN)_6^{3-}$，WO_4^{2-}，ReO_4^-，IO_4^- 等，利用大相对分子质量的有机大分子阳离子如次甲基蓝、甲基紫、罗丹明 B、氯化四苯胂等生成疏水性的离子缔合物，能被苯或甲苯等惰性溶剂萃取。如 WO_4^{2-} 遇四苯胂[$(C_6H_5)_4As$]$^+$ 大阳离子形成离子缔合物后被氯仿萃取。

(4)溶剂化合物萃取体系

中性有机溶剂分子通过配位原子与金属离子键合，形成的溶剂化合物能溶于该有机溶剂中，从而实现萃取。这类萃取最重要的萃取剂是中性磷化合物，其萃取官能团是$\equiv P\rightarrow O$，如磷酸三丁酯(TPB)在盐酸介质中萃取 $FeCl_3$。

11.3.3　萃取条件的选择

在螯合物萃取体系中，金属离子的分配比主要取决于萃取平衡常数 K_{ex}、螯合剂浓度和水溶液的酸度等因素；离子缔合物萃取也与溶液的酸度、萃取剂等因素密切相关。所以，在实际工作中，选择萃取条件时，主要考虑以下几点：

(1)萃取剂的选择

首先是螯合剂与金属离子形成的螯合物越稳定，螯合剂的疏水性越强，萃取效率就越高；其次螯合剂的分配比要小，而螯合剂与金属离子所形成的螯合物的分配比要大。螯合物的分配比越大，萃取效率越高。有时为了提高萃取效率，可采用协同萃取剂。

(2)溶液酸度的选择

酸度影响萃取剂的离解，溶液的酸度越低，D 值越大，萃取效率越高，但要考虑由于溶液酸度过低而使金属离子发生水解或其他干扰反应，反而不利于萃取。因此，为了提高萃取效率，必须适当控制溶液的酸度。在离子缔合物萃取体系中，其酸度应能够保证离子缔合物的充分形成。例如：用二苯基卡巴硫腙-CCl_4 萃取金属离子，要求在一定酸度条件下才能萃取完全。萃取 Zn^{2+} 时，适宜 pH 为 6.5～10，溶液的 pH 太低难以生成螯合物，pH 太高则形成 ZnO_2^{2-}。

(3)萃取溶剂的选择

金属离子螯合物在有机溶剂中溶解度越大，其萃取效率越高。根据相似相溶原理，尽量采用结构与螯合物结构相似的溶剂；而锌盐类型的离子缔合萃取体系，要求使用含氧有机溶剂。为了提高萃取效率，一般采用无毒、无特殊且挥发性小的惰性溶剂，其密度与水溶液的密度差别要大，黏度要小，容易分层。

(4)干扰离子的消除

消除干扰离子可采用控制溶液的酸度和使用掩蔽剂的方法。通过控制溶液的适当酸度，有选择性地萃取一种离子或连续萃取几种离子，分离干扰离子。如在含有 Hg^{2+}，Pb^{2+}，Bi^{3+}，Cd^{2+} 的溶液中，用二苯硫腙-CCl_4 萃取 Hg^{2+}，如果控制溶液的pH为1，则 Pb^{2+}，Bi^{3+}，Cd^{2+} 不被萃取；如果要萃取 Pb^{2+}，可将溶液的pH先调至4～5，Hg^{2+}，Bi^{3+} 被萃取除去，再调节溶液pH至9～10，将 Pb^{2+} 萃取出来。如果控制酸度不能消除干扰，可以加掩蔽剂消除干扰离子。常用的掩蔽剂有EDTA、柠檬酸盐、酒石酸盐、草酸盐及焦磷酸盐等。

11.3.4 溶剂萃取在分析化学中的应用

在实验室中进行萃取分离主要有以下三种方式。

(1)单级萃取，又称间歇萃取法。通常用60～125mL的梨形分液漏斗进行萃取，萃取一般在几分钟内可达到平衡。萃取过程有振动、分层、洗涤等三步，这种方式分析中较多采用。

(2)多级萃取，又称错流萃取。将水相固定，多次用新鲜的有机相进行萃取，提高分离效果。

(3)连续萃取，使溶剂得到循环使用，适用于待分离组分的分配比不高的情况。这种萃取方式常用于植物中有效成分的提取及中药成分的提取研究，通常在索氏提取器中进行。

溶剂萃取在分析化学中应用可分为萃取分离、萃取富集和萃取比色或萃取光度法。分析测定时，先用萃取技术将待测组分分离富集并消除干扰，再结合仪器分析方法测定，可以提高分析方法的灵敏度。由于萃取技术和仪器分析方法的结合，促进了微量和痕量分析方法的发展。

萃取分离是通过萃取把待测元素与干扰元素分离。

萃取富集是将含量极少或浓度很低的待测组分通过萃取富集于小体积中，提高待测组分的浓度。

萃取光度法是指在萃取分离时，加入恰当的试剂，可以使与被萃取的组分形成有色化合物，在有机相中直接比色测定(或测吸光度)，这种方法称为萃取比色法(或光度法)。该方法的灵敏度高、选择性好、操作简单。但由于有机溶剂容易挥发，因此操作要快。

[**例 11-3**]　用 1-苯基-3-甲基-4-苯甲酰基吡唑酮(PMBP)萃取分离矿石中的稀土元素。

解　将试样在适当条件下熔融并冷却，用三乙醇胺-水溶液浸取，过滤、洗涤沉淀，用 1∶1 盐酸溶解沉淀，定容。吸取一定量试液，调节 pH 为 5.5，用适量的 PMBP 萃取分离稀土元素，再反萃取，用偶氮胂Ⅲ显色，吸光光度法测定。

11.4　离子交换分离法

利用离子交换剂与溶液中的离子之间发生交换作用而进行分离的方法称为离子交换分离法，是一种固-液分离法。凡具有离子交换能力的物质称为离子交换剂。离子交换分离法是现代分析化学重要的化学分离技术之一，目前应用最为广泛的离子交换剂为离子交换树脂。各种离子与离子交换树脂的交换能力不同，可选用适当的洗脱剂依次洗脱被交换到树脂上的离子，从而达到不同离子相互间的分离。该方法分离效率高，能用于带相反电荷和相同电荷的离子之间的分离，也能分离某些性质极其相近的物质及微量、痕量组分的富集和高纯物质的制备等；方法所用设备简单，交换容量大小可调，树脂经洗脱再生后能反复使用。方法的缺点是操作较麻烦，周期长。一般只用它解决某些比较复杂的分离问题。

11.4.1　离子交换剂的种类和性质

(1)离子交换剂的种类

离子交换剂可分为无机离子交换剂和有机离子交换剂，由于有机交换树脂的性能远超越无机交换剂，已很少使用无机离子交换剂，在此仅介绍有机交换剂。

有机离子交换剂又称离子交换树脂，是一类高分子聚合物，应用最为广泛的是以苯乙烯和二乙烯苯的共聚物树脂。它有网状结构且骨架上有可以与被交换离子起交换作用的活性基团，树脂的骨架部分是惰性的，难溶于水、酸和碱，对有机溶剂、氧化剂、还原剂和其他化学试剂具有一定的稳定性。对热也较稳定。按其性能可分为阳离子交换树脂、阴离子交换树脂、螯合树脂。

①阳离子交换树脂。这类树脂的活性交换基团一般为—SO_3H，—COOH 或酚羟基(—OH)，都具有酸性，它的 H^+ 离子可被阳离子交换。根据活性基团

酸性的强弱，分为两类，活性基团含有—SO_3H 的树脂为强酸型阳离子交换树脂，适用于酸性、中性或碱性溶液中使用。活性基团含有—COOH 或酚羟基(—OH)为弱酸性型阳离子交换树脂，该树脂对 H^+ 离子的亲和能力强，不适用于强酸溶液，它们要在中性，甚至弱碱性条件下才能与离子发生交换作用，如—COOH 基团的使用条件是 pH>4、酚羟基(—OH)的 pH>9.5。但选择性高，易用酸洗脱，适用于强度不同的碱性氨基酸、有机碱等。

②阴离子交换树脂。这类树脂的活性交换基团一般为$[—N(CH_3)_3]^+$，—NH_2，═NH，≡N，呈碱性，它的阴离子可被其他阴离子所交换。根据交换基团碱性的强弱，可分为强碱型和弱碱型两类，含有季胺基$[—N(CH_3)_3]^+$的活性基团的称为强碱型阴离子交换树脂，可在各种 pH 下使用。含有伯胺基(—NH_2)、仲胺基(═NH)、叔胺基(≡N)等活性基团的称为弱碱型阴离子交换树脂，不能在碱性条件下使用。

③螯合离子交换树脂。这类树脂含有高选择性的特殊活性基团，可与某些金属离子形成螯合物。如活性基团为氨基二乙酸$[—N(CH_2COOH)_2]$的螯合树脂，对 Cu^{2+}，Co^{2+}，Ni^{2+} 有很好的选择性。适用于分离富集金属离子或某些有机化合物。该类树脂的特点是选择性高，但交换容量低，制备难度大，成本高。

除上述树脂外，还有一些特殊用途的树脂，有大孔树脂、氧化还原离子交换树脂、凝胶树脂等。

(2)离子交换树脂的性质

离子交换树脂是具有高相对分子质量的有机聚合物，有碳链和苯环构成骨架并连成网状结构，该结构具有可伸缩性，网孔中有起离子交换作用的活性基团—SO_3H，与阳离子进行交换：$nR-SO_3H+M^{n+}═══(R-SO_3)_nM+nH^+$。

①交联度。离子交换树脂中所含有的交联剂(如二乙烯苯)的质量百分数，就是树脂的交联度。交联度是树脂的重要性质之一。

树脂的交联度越大，表明网状结构越紧密，网眼小，树脂孔隙度小，需交换时体积大的离子很难进入树脂，因此对水的溶胀性差，交换速度慢，但提高了选择性和机械强度，并且不易破碎。若待分离的离子较小如分离氨基酸，则要求交联度可大些，选交联度为 8%左右；对于大分子的肽链类的分离，则应选交联度为2%～4%的树脂。树脂的交联度一般 4%～14%为宜。

②交换容量。交换容量是指每克干树脂所能交换的物质的量($mmol \cdot g^{-1}$)，

是衡量树脂进行离子交换能力大小的指标，当数值实际交换容量已达树脂交换容量的 80％时，树脂就要再生。一般树脂的交换容量为 $3\sim6mmol\cdot g^{-1}$。它的大小决定于树脂网状结构内所含酸性或碱性基团的数目，可以用实验的方法测得。

③离子交换亲和力。离子交换树脂的活性基团与电解质溶液接触时发生离子交换的过程如下：

$$R-SO_3H+Na^+ \!=\!=\!= R-SO_3Na+H^+$$

$$R-N(CH_3)_3OH+Cl^- \!=\!=\!= R-N(CH_3)_3Cl+OH^-$$

这一过程实际上是一种化学平衡过程。其快慢和难易程度反映了离子在交换树脂上的交换能力，称为离子交换树脂的亲和力，而亲和力的大小与水合离子的半径和离子所带电荷数有关。离子不同，亲和力不同。水合离子半径越小、电荷越高、极化度越大，它的亲和力越大。例如：Li^+，Na^+，K^+ 的水合离子的电荷数目相同，但它们水合离子半径依次减小，树脂对它们亲和力依次增强。一般情况下，离子交换树脂对离子的亲和力顺序如下。

a. 强酸型阳离子交换树脂

不同价态离子，电荷越高，亲和力越大，例如：$Na^+<Ca^{2+}<Al^{3+}<Th(IV)$。

相同价态离子，亲和力随着水合离子半径减小而增大。

对于一价阳离子，亲和力顺序：$Li^+<H^+<Na^+<NH_4^+<K^+<Rb^+<Cs^+<Ag^+<Tl^+$；

二价阳离子亲和力顺序：$UO_2^{2+}<Mg^{2+}<Zn^{2+}<Co^{2+}<Cu^{2+}<Cd^{2+}<Ni^{2+}<Ca^{2+}<Sr^{2+}<Pb^{2+}<Ba^{2+}$；

稀土元素的亲和力随原子序数增大而减小，如：$La^{3+}>Ce^{3+}>Pr^{3+}>Nd^{3+}>Sm^{3+}>Eu^{3+}>Gd^{3+}>Tb^{3+}>Dy^{3+}>Y^{3+}>Ho^{3+}>Er^{3+}>Tm^{3+}>Yb^{3+}>Lu^{3+}>Sc^{3+}$。

b. 弱酸型阳离子交换树脂

对 H^+ 的亲和力比其他阳离子大，其他同强酸型阳离子交换树脂。

c. 强碱型阴离子交换树脂

常见强碱型阴离子交换树脂的亲和力顺序为：$F^-<OH^-<CH_3COO^-<HCOO^-<C1^-<NO_2^-<CN^-<Br^-<C_2O_4^{2-}<NO_3^-<HSO_4^-<I^-<CrO_4^{2-}<SO_4^{2-}$。

d. 弱碱型阴离子交换树脂

弱碱型常见阴离子的亲和力顺序为：

$F^-<C1^-<Br^-<I^-<CH_3COO^-<MoO_5^{2-}<PO_4^{3-}<AsO_4^{3-}<NO_3^-<CrO_4^{2-}<SO_4^{2-}<OH^-$。

以上只是在室温、稀溶液中的情况，在较高温度、离子浓度较大以及有配位剂存在下，载水溶液或非水介质中，离子的亲和力顺序会发生变化。由于离子交换树脂对离子亲和力强弱不同，在进行交换时，对离子就有选择性，当溶液中带相同电荷的各种离子浓度基本相同时，亲和力大的最先被交换到树脂上。若选用适当的洗脱剂洗脱时，亲和力较小的离子先被洗脱下来，经过反复的交换和洗脱从而使各种离子彼此分离。

11.4.2 离子交换分离操作

(1)树脂的选择和处理

根据分析对象和要求，选择适当类型和粒度的树脂。由于交换树脂颗粒大小经常不够均匀，使用时先要过筛除去太大和太小的颗粒，或者用水溶胀后在水中过筛选取大小一定的颗粒备用。

由于商品树脂均含有一定量的杂质，使用前需净化处理。筛选后的树脂颗粒先用水洗净，再用 $4mol \cdot L^{-1}$ 稀盐酸浸泡 1～2 小时后水洗至中性，浸泡在水中备用。此时，已将阳离子交换树脂处理成 H 型，阴离子交换树脂处理成 Cl 型。离子交换柱如图 11-3 所示。

(2)装柱

离子交换分离操作一般在柱中进行，装柱时先在柱的下端铺一层玻璃丝，加入少量蒸馏水，再倒入带水的树脂，树脂自动下沉形成交换层，用蒸馏水洗涤并赶走气泡后使用。注意：装柱过程中树脂应保持在液面下，而树脂上面应铺上一层玻璃丝；装柱时树脂夹层不能留有气泡。装填树脂的高度一般为柱高的 90%。装柱示意图如图 11-4 所示。

(3)交换

将待分离的试液缓慢加入到交换柱内，用活塞控制适当的流速，让试液从上向下流经交换柱进行交换作用。经过一段时间后，上层的树脂全部被交换，下层树脂未被交换，而中间有一段则部分被交换，中间的这段称为“交界层”。随着交换进行，被交换了的树脂层越来越厚，直至交换层下移至柱的底部。交换过程示意图如图 11-5 所示。继续加试液于交换柱中，当流出液中开始出现未被交换的离子时，称交换过程达到了“始漏点”，被交换到柱上的离子的量(mmol)称为该交换柱在此条件下的“始漏量”。始漏量是柱上的树脂实际上能交换离子的最大量。由于达到始漏点时，柱上还有未交换的树脂，总交换容量大于始漏量，始漏量受温度、流速、柱子形状的影响。

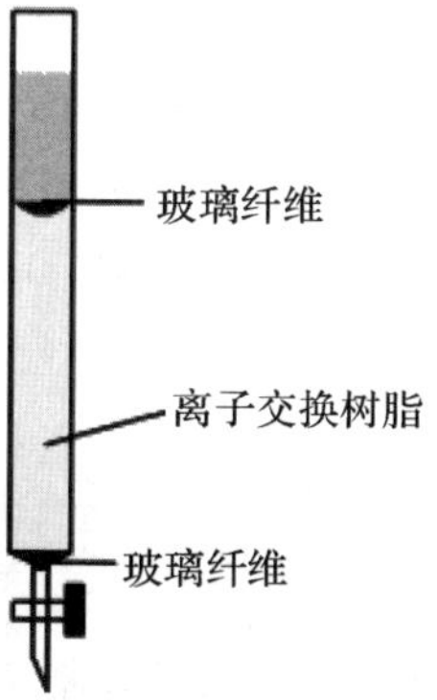

图 11-3　离子交换柱

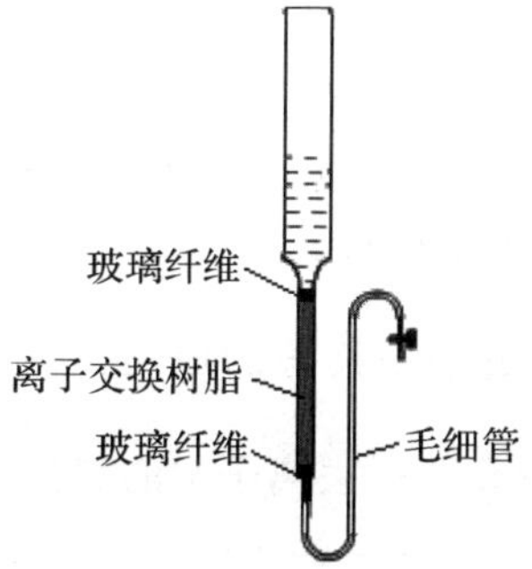

图 11-4　装柱

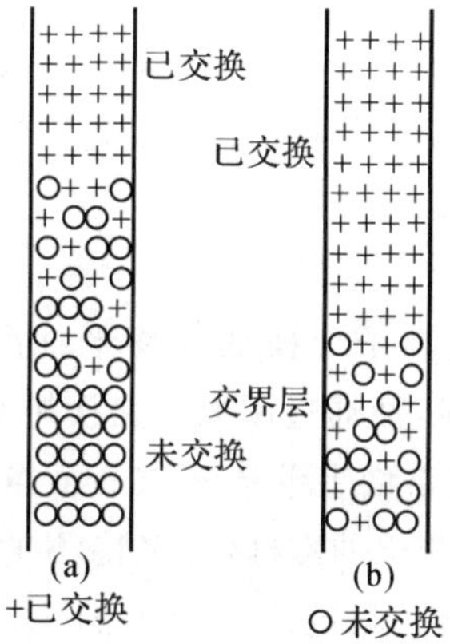

图 11-5　交换

如果试液中有几种离子同时存在，先被交换到柱上的是亲和力大的离子，亲和力小的离子后被交换。所以，混合离子通过离子交换柱后，每种离子依据其亲和力大小顺序分别集中到柱的不同区域内。完成交换后，用洗涤液洗去残留的试液和树脂中被交换下来的离子。洗涤液常为去离子水或不含试样的空白溶液。

(4)洗脱

将交换到树脂上的离子以适宜的流速和适当的洗脱剂(淋洗剂)置换下来，这一过程称为洗脱。洗脱是交换过程的逆过程。阳离子交换树脂通常用 HCl 作洗脱剂，阴离子交换树脂选用 NaCl，NaOH 或 HCl 为洗脱剂。若有几种离子同时交换在柱上，洗脱过程也是分离过程。由于亲和力大的离子向下移动速率慢，亲和力小的移动速率快，亲和力最小的离子最先被洗脱。可以根据离子亲和力的大小顺序依次洗脱而达到分离的目的。

(5)再生

就是将柱内的树脂恢复到交换前的形式的过程，称为再生。一般情况，洗脱过程也就是熟知的再生过程。对 H 型阳离子交换树脂，可用 $3mol \cdot L^{-1}$ 盐酸浸泡处理，使其再生转化成 H 型；对 OH 型阴离子交换树脂，可用 $1mol \cdot L^{-1}$ NaOH 溶液作再生处理。

11.4.3 离子交换法的应用

(1)水的净化——去离子水的制备

天然水中常含有一些无机盐类等杂质，为了除去杂质，制备去离子水：水通过 H 型强酸性阳离子交换树脂，除去各种阳离子，再通过 OH 型强碱性阴离子交换树脂，除去阴离子，即可得到去离子水。这种将阳、阴离子交换树脂柱串联使用的方法，称为复柱法。为了制备更纯的水，可再串联一根混合柱(阳、阴离子交换树脂柱按 1∶2 混合装柱)。这样交换出来的水的纯度用电导率表示，一般能达 $0.3\mu S \cdot cm^{-1}$ 以下。

(2)干扰离子的分离

对不同电荷的离子，用离子交换法分离干扰离子较为简便。例如，将含有 Fe^{3+}，Al^{3+} 及 $Cr_2O_7^{2-}$ 的试液通过阳离子交换树脂后，Fe^{3+}，Al^{3+} 留在柱上，使之与 $Cr_2O_7^{2-}$ 分离；用沉淀重量法测定 SO_4^{2-} 时，当试样中存在大量的 Fe^{3+} 会产生严重的共沉淀现象而影响测定的准确性，将待测的酸性试液通过阳离子交换树脂，可分离 Fe^{3+} 消除干扰，测定流出液中的 HSO_4^-。再如，碱滴定法测定硼镁矿中的硼，使用阳离子交换树脂消除矿石中阳离子的干扰，测定流出液中 H_3BO_3。对于性质相似的元素的离子的分离，可以采用高效离子交换色谱进行分离。

(3)微量组分的富集

离子交换树脂是富集带电荷微量组分非常有效的方法。将大体积样品溶液中的痕量组分交换到树脂上，再用少量的淋洗液将交换到树脂上的组分从柱上洗脱下来，从而提高痕量组分的相对浓度。例如矿石中铂、钯的测定。由于他们在矿石中的含量极低，必须经富集后才能准确测定。具体操作是：准确称取一定量的试样溶于浓盐酸，使铂、钯形成 $[PtCl_4]^{2-}$ 和 $[PdCl_4]^{2-}$ 配合物阴离子，流经强碱型阴离子微型交换柱，使 $[PtCl_4]^{2-}$ 和 $[PdCl_4]^{2-}$ 交换到柱子上；洗涤干净后，取出树脂，高温灰化，用王水溶解残渣，定容后，可用适当方法测定铂、钯。测定水中痕量的 Cu，Pb，Cd，Cr 时，可将 2L 左右湖水以大约 $5L \cdot h^{-1}$ 的流速通过装有强酸性阳离子交换树脂的交换柱上，然后用 100mL，$2.5mol \cdot L^{-1}$

HCl溶液从阳离子交换柱上把阳离子洗脱下来，这样可以使痕量元素的浓度提高20倍。为了富集溶液中的痕量组分，离子交换树脂的选择必须合适，才能达到定量回收和有效分离的目的。

［**例11-4**］ 用离子交换分离法测定磷肥中磷的含量。

解 将试样用盐酸溶解后，加硝酸使磷成正磷酸盐，经过阴离子交换树脂进行交换分离，定量的 H^+ 进入溶液中，用氢氧化钠中和其中的强酸，至pH为4～5(甲基橙指示剂呈黄色)，再以 $0.1000mol \cdot L^{-1}$ 的NaOH标准溶液滴定至pH为9.7(酚酞＋甲基橙，呈红色)，其主要反应式：

$$2R—SO_3H + M^{2+} = (R—SO_3)_2M + 2H^+$$

交换下来的 H^+ 包括溶解试样剩余的强酸及正磷酸盐经交换后得到的磷酸。第一个突跃点pH为4～5，强酸被中和，磷酸则被中和至 $H_2PO_4^-$；继续用 $0.1000mol \cdot L^{-1}$ NaOH标准溶液滴定至第二突跃点pH为9.7时，$H_2PO_4^-$ 被滴定至 HPO_4^{2-}。根据消耗NaOH标准溶液的体积，即可计算出试样中磷的含量。

11.5 色谱分离法

色谱分离法，简称色谱法，又称色层法、层析法。它是利用待测组分在两相间分配的差异而达到分离的目的的物理化学分离方法。其中一相为固定相，另一相为流动相。当流动相对固定相作相对移动时，待测组分在两相间反复进行分配，使它们在两相间微小的分配差异得到了放大，从而造成迁移速率的差异而得到分离。方法特点是分离效率高、操作简便、选择性好，能将性质极其相似的混合物彼此分离。

色谱分离法有很多种分类，本节将主要讨论以分离为目的的柱色谱、薄层色谱和纸色谱。它们都有两相，即固定相和流动相。固定相是固定的、不流动的，一般为固体吸附剂或表面涂渍液体的固体，将该液体称为固定液，固体称为载体。

11.5.1 柱色谱法

柱色谱法是将固体吸附剂如 Al_2O_3、硅胶等装在一根玻璃管中，做成色谱柱。装柱的方法有两种——干法和湿法，色谱柱的结构如图11-6所示。从色谱柱顶端加入待分离的样品溶液，如果样品中含有A，B两种组分，则这两种组分将被固定相吸附在色谱柱的上端。然后用流动相(也称洗脱剂或展开剂)从色谱柱顶端加入进行淋洗，随着洗脱剂由上向下流动，被分离的A，B组分将会在吸附剂表面不断发生溶解、吸附、再溶解、再吸附的过程。由于两组分在固定相表面上具有不同的吸附选择性；展开剂与吸附剂对于A、B的溶解和吸附不同，即A、B的分配系数不同，使A、B在柱内的移动距离也有差异。吸附差和溶解度大的组分A移动距离大，吸附强、溶解度小的组分B移动距离小。当淋洗至一定程度时，A和B就可以完全分开。再继续淋洗，A物质就从色谱柱中流出来，用容器将其收集，B物质随后被洗脱下来，从而达到两种物质的分离。

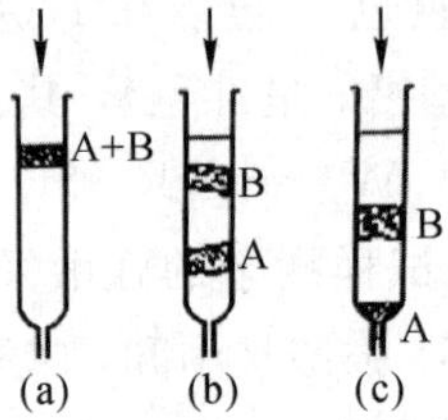

图 11-6　柱色谱的分离过程

组分在吸附剂表面不断发生溶解、吸附、再溶解、再吸附的过程称为分配过程，分配进行的程度用分配系数 K_D 衡量，K_D 表示的是在一定温度下，溶质在固定相和流动相间分配达到平衡时的浓度比。温度一定时，若浓度不高，K_D 为常数。如果吸附剂一定，K_D 大小取决于溶质的性质。显然，各组分之间的 K_D 值差别越大越容易被分离。各种物质对于不同的吸附剂、展开剂都有不同的 K_D 值。为了达到完全分离的目的，应根据被分离组分的结构和极性选择合适的吸附剂和洗脱剂。

对于吸附剂的基本要求是：应有较大的吸附面积和足够的吸附能力；不溶解于溶剂和洗脱剂中，不与试样组分、溶剂和洗脱剂产生化学反应；有一定的粒度且均匀；有较为可逆的吸附性，既能吸附试样组分而又能易于解吸。常用的吸附剂有 Al_2O_3、硅胶及聚酰胺和高聚物微球等。

对于脱附剂的基本要求：有足够的纯度和溶解度，且不与试样和吸附剂产生化学作用；黏度小、易流动。选择洗脱剂时，应考虑吸附剂的吸附能力的强弱和被分离组分的极性因素。吸附能力较弱的吸附剂分离极性较大的物质时，应选用极性较大的洗脱剂容易洗脱。常用洗脱剂的极性大小顺序是：水＞乙醇＞丙醇＞乙酸乙酯＞乙醚＞氯仿＞甲苯＞四氯化碳＞环己烷＞石油醚。

11.5.2　纸色谱法

纸色谱法又称纸层析法，它是在滤纸上进行的色谱分离方法。其分离原理一般认为是分配色谱，滤纸是一种惰性载体，利用滤纸中的纤维吸附着的水分作为固定相(一般的纸都能吸附约占其自身重量的 20%的水分)，有机溶剂和混合溶剂作为流动相(也称展开剂)。把试液点在滤纸上，层析过程中，由于试液中的各组分在两相中的分配系数不同而得以分离。该法设备简单，操作方便，适于痕量组分的分离。

纸色谱的具体操作是：用毛细管将待分离的试液点在滤纸条的原点位置，然后将滤纸条悬挂在一密闭的层析缸内，将滤纸条的下端浸入展开剂中，但点样点不能接触液面，见图 11-7(a)所示。流动相由于毛细管作用，自下而上地不断展开。当流动相接触到点在滤纸上的试样点时，试样中的各组分就在固定相和流动相之间反复进行分配，从而使试样中分配系数不同的各种组分相互分离。分离结束后，取出滤纸，喷上显色剂使其显出斑点，可得色谱图如图 11-7(b)所示，再进行定性、定量分析。可见，纸色谱分离机理与溶剂萃取法是一样，衡量各组分的分离情况通常用比移值(R_f)表示(图 11-8)：$R_f = a/b$，式中，a 为斑点中心到原点的距离(单位：cm)，b 为溶剂前沿到原点的距离(单位：cm)。R_f 值为 0～1。最大等于 1，最小等于 0。R_f 值相差越大，分离效果越好。两组分的 R_f 值相差 0.02，则该分离方法可行。一般来说，在一定的色谱条件下，对于一定的组分，R_f 值是一定的，可根据 R_f 值进行定性分析。但由于影响 R_f 值的因素较多，严格控制色谱条件一致比较困难，进行定性鉴定时常采用标准试样与试样在同一块薄板上同时展开实验。

纸色谱法常用来分离和鉴定复杂的有机物和无机物。

例如：葡萄糖、麦芽糖和木糖的分离鉴定，将混合物试样点样于滤纸一端，用正丁醇：冰醋酸：水＝4：1：5 的展开剂展开，风干后用硝酸银氨溶液喷洒，显示出 Ag 的褐色斑点，使待测物间不仅能很好地分离，而且根据 R_f 值还可鉴定出哪种糖。木糖、麦芽糖、葡萄糖的 R_f 值分别为 0.28，0.11，0.16。

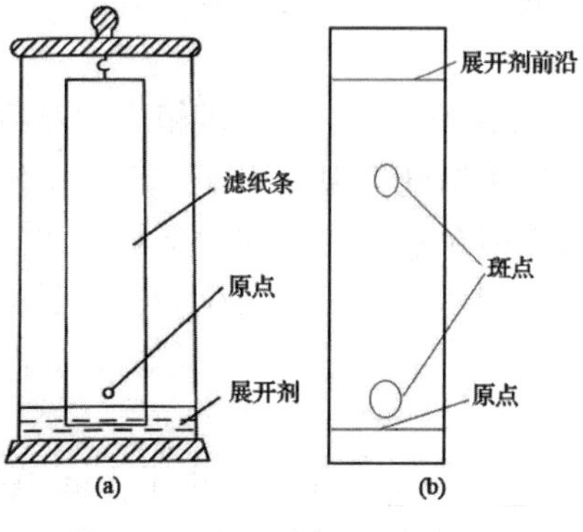

图 11-7　纸色谱分离法

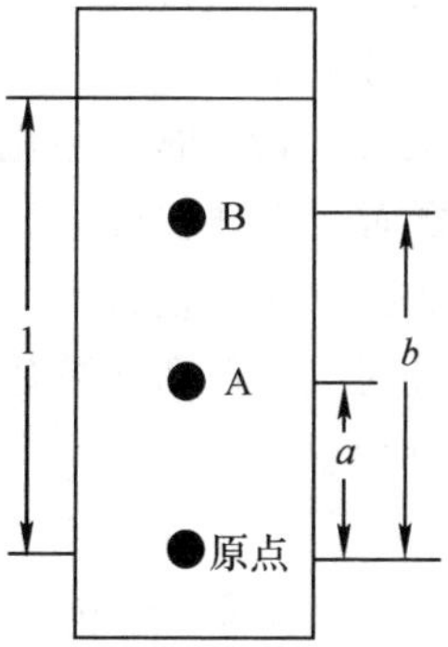

图 11-8　比移值计算

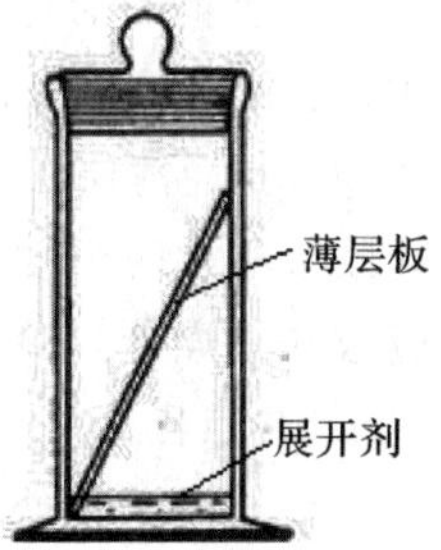

图 11-9　薄层色谱

11.5.3 薄层色谱法

薄层色谱又叫薄层层析，简称 TLC，是在柱色谱和纸色谱基础上发展起来的一种色谱分析法。

此法是将固定相吸附剂(如硅胶、中性氧化铝、聚酰胺等)均匀地铺在玻璃上制成薄层板，把试液点在薄层板的一端距边缘一定距离处，放入色谱缸中，使有试样点的一端浸入展开剂中，但点样点不能接触液面，由于薄层的毛细管作用，展开剂沿着吸附剂上升，当遇到样液时，试样就溶解在展开剂中并随着展开剂上升。在这一过程中，试样中的各组分在固定相和作为展开剂的流动相之间不断地发生溶解、吸附、再溶解、再吸附的分配过程。不同物质上升的距离不一样而形成相互分开的斑点从而达到分离。薄层色谱装置见图 11-9，样品各组分的分离情况同纸色谱，也用 R_f 值来衡量。

薄层色谱使用的固定相吸附剂颗粒要比柱色谱法细得多，一般为 10～40μm。因为被分离的对象及所用展开剂的极性不同，固定相应选用活性不同的吸附剂。吸附剂的活性可分Ⅰ～Ⅴ级，其中Ⅰ级的活性最强，Ⅴ级最弱。一般来说，极性组分的分离，选用活性弱的吸附剂，用极性展开剂；非极性组分的分离，选用活性强的吸附剂，用非极性展开剂。具体工作中要经过多次反复试验来确定。

薄层色谱技术包括制板、点样、展开、显色等环节。

(1)薄层板的制备

先将玻璃条洗净、晾干，均匀地铺上一层吸附剂。吸附剂的铺层可分为干法铺层和湿法铺层。湿法铺层较为常用，即将吸附剂加水调成糊状，然后采用简单的平铺法和倾斜法将糊状物涂布在干净的载玻片上，制成薄层板。薄层板的薄层应尽可能地做得均匀而且厚度(0.25～1mm)要固定，否则展开时溶剂前沿不齐，色谱结果也不易重复。

薄层板的活化。涂好的薄层板在室温水平放置晾干后，放入烘箱内加热活化，活化条件根据需要而定。硅胶板一般在烘箱中渐渐升温至 105～110℃，维持 30min。薄层板的活性与含水量有关，其活性随含水量的增加而下降。注意硅胶板活化时温度不能过高，否则硅醇基会相互脱水而失活。活化后的薄层板应放在干燥器内冷却和保存。

(2)点样

在经过活化处理的薄层板的一端距边沿约 1.0cm 处，用直径小于 1mm 管口平整的毛细管或微量注射器把 0.050～0.10mL 试液(含样品量 10～100μg)点在薄板上，点样动作要快速。为了使样点尽量小，可多次重复点样，但应待前次点样的溶剂挥发后方可重新点样，样点直径一般以 2～4mm 为宜。

(3)展开

先将一定量展开剂放在色谱缸中，盖上缸盖，使色谱缸内充满饱和的展开剂蒸汽。将薄层板放入色谱缸中，点有样品的一端浸入预先选择好的展开剂中(注意：样点不能浸入展开剂中)，盖好色谱缸盖子，在整个展开过程中，色谱缸不得漏气。

(4)检测

对有色组分，薄层上会出现该组分的色斑点。对无色组分则要采用合适的方法使其斑点显色。常用的方法有：喷洒显色剂显色；用紫外灯照射使其出现暗色斑或荧光斑；用蒸汽(碘、液溴、浓氨水等)熏。然后测量斑点的位置，并对各组分进行定性和定量测定。

薄层色谱法是一种高效、简便的分离方法，快速、分离效率高；灵敏度好，可检出 0.01μg 的物质；显色方法比纸色谱多，应用最普遍。

［例 11-5］　在某已知溶剂体系中，甲元素的 R_f 值为 0.40，乙元素的 R_f 值为 0.50，今欲将它们分开，若两斑点的直径约为 1cm，要求两斑点之间相隔 1cm(即两斑点中心的距离为 2cm)，应截取多长的滤纸条？

解　设溶剂前沿移动 $c$cm，甲斑点移动 $a$cm，乙斑点移动 $b$cm，根据 R_f 值的计算方法：

甲斑点的 R_f 值为：$R_f=a/c=0.4$

乙斑点的 R_f 值为：$R_f=b/c=0.5$

$$a=0.4\times c,\ b=0.5\times c$$

要求两斑点中心相隔 2cm，$b-a=0.5c-0.4c=2$，$c=20$cm

要求达到上述的分离效果，前沿应至少上升 20cm。一般原点应离纸条下端 4～5cm，溶剂前沿应离纸条上端 2～3cm，因此纸条长度应为 27cm 左右。

【应用实例】

食物和环境中的微量致癌物质 3,4-苯并芘的测定

3,4-苯并芘是食物和环境中常有的一种微量致癌物质，可以用薄层色谱法对其进行富集、分离并测定。

具体测定方法：先用环己酮或石油醚对一定量的试样进行提取，并将提取液脱水后浓缩至 0.1mL。再选取含有 5%～20%熟石膏的硅胶 G 为吸附剂，用 2%的咖啡因溶液将硅胶调成糊状，涂于玻璃板上制成薄层板，用毛细管将试样和标准样品点在同一板上，选 1∶2 的异辛烷和氯仿混合溶液为展开剂来分离。将分离后的试样和标样分别从板上取下来，用乙醚洗脱，然后将洗脱液在真空干燥箱中干燥，残渣用硫酸溶解，测定其荧光强度，根据标准样品的荧光强度计算待测样品的含量。

【知识结构】

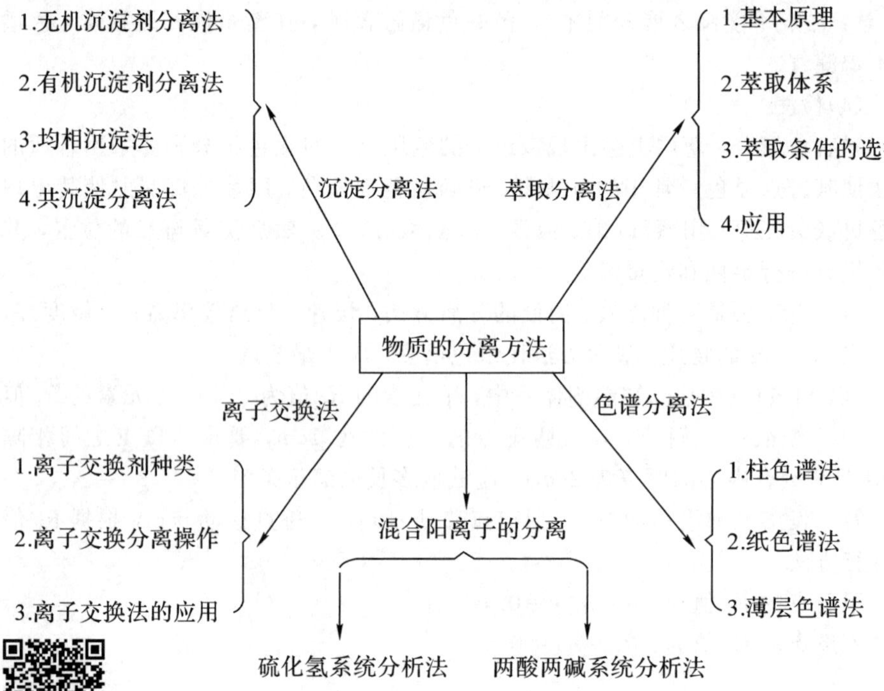

视频 11.2

习　题

11.1　请简述硫化氢系统分组方案。

11.2　选用适当的酸溶解下列硫化物，并写出化学反应方程式。

ZnS，Ag_2S，CuS，CdS，HgS

11.3　用一种试剂分离下列各对离子和沉淀：

a. Pb^{2+} 与 Cu^{2+}　　b. Fe^{3+} 与 Al^{3+}　　c. Zn^{2+} 与 Cr^{3+}　　d. Fe^{3+} 与 Mn^{2+}

e. CuS 与 HgS　　f. ZnS 与 AgS　　g. $Fe(OH)_3$ 与 $Zn(OH)_2$

11.4　选用六种溶剂，把 $BaCO_3$，KNO_3，$AgCl$，$PbSO_4$，CuS，SnS_2 六种固体从混合物中逐一溶解，每种溶剂只能溶解一种物质，并说明溶解顺序。

11.5　化学分离中常用的分离方法有哪些？

11.6　简述沉淀分离法的分类及其特点。

11.7　某矿样溶液中含有 Fe^{3+}，Al^{3+}，Mn^{2+}，Cu^{2+}，Zn^{2+}，Mg^{2+} 等，加入 NH_4Cl 和氨水后，溶液中有哪些离子存在，存在形式是什么?，沉淀中有哪些离子存在？存在形式是什么？能否分离完全？

11.8　什么是分配系数、分配比？萃取率与什么因素有关？

11.9　在含有 10mgFe^{3+} 的溶液中，用某有机溶剂进行萃取，其分配比 $D=99$，问用等体积溶剂萃取 1 次，萃取 2 次，剩余的 Fe^{3+} 量各为多少？若在 2 次萃取后，合并分出的有机相，用等体积洗涤液洗涤一次，会损失多少 Fe^{3+}？

11.10　离子交换树脂分为几类？各有何特点？交联度和交换容量指什么？它们的大小与什么因素有关？

11.11　请阐述离子交换树脂柱分离物质的实验步骤。

11.12　在纸色谱和薄层色谱中 R_f 的定义是什么？R_f 与分配系数有什么关系？

11.13　称取 0.5128g 氢型阴离子交换树脂，充分溶胀后，加入浓度为 1.013mol·L^{-1} 的 NaCl 溶液 10.00mL，充分交换后，用 0.1127mol·L^{-1} 的 NaOH 标准溶液滴定，消耗 NaOH 标准溶液 24.31mL，求该树脂的交换容量。

11.14　用纸上萃取色谱分离法分离存在于同一溶液中的两种性质相似的元素 A 和 B，它们的比移植 R_f 分别为 0.42 和 0.65，如果使分离的斑点中心之间相隔 2cm，滤纸条应截取多长？

测验题

1. 各选择一种试剂溶解下列各对化合物中的第一种化合物，以使它们彼此分离，写出有关的反应方程式。

(1)$Zn(OH)_2$ 与 $Al(OH)_3$；

(2)$Al(OH)_3$ 与 $Fe(OH)_3$；

(3)$Co(OH)_2$ 与 $Fe(OH)_3$；

(4)$Cr(OH)_3$ 与 $Ni(OH)_2$；

(5)$PbCrO_4$ 与 $BaCrO_4$。

2. 已知某溶液只含第二组阳离子，将此溶液分成 3 份进行实验，分别得到下述结果，问哪些离子可能存在？

(1)用水稀释，得到白色沉淀，加 HCl 沉淀又溶解；

(2)加入 $SnCl_2$ 溶液，无沉淀生成；

(3)与组试剂(H_2S)作用生成黄色沉淀，其中部分沉淀溶于 Na_2S 溶液，另一部分沉淀不溶，仍为黄色。

3. 已知某无色溶液，只含第三组阳离子，将其分成 3 份进行实验，得到以下结果，问哪些离子可能存在？

(1)在 NH_4Cl 存在下加过量 $NH_3 \cdot H_2O$，无沉淀生成；

(2)在 NH_4Cl-NH_3 缓冲溶液中加$(NH_4)_2S$，得浅色沉淀；

(3)加 NaOH 溶液并搅拌，得浅色沉淀，再加过量 NaOH，部分沉淀溶解，不溶部分久置，颜色变暗。

4. 已知某灰绿色溶液含有第三组阳离子，加$(NH_4)_2S$后，得到灰绿色及白色沉淀。将沉淀溶解后，加过量 NaOH 及 H_2O_2 并加热得黄色溶液，但无沉淀生成。试判断：什么离子肯定存在？什么离子可能存在？什么离子不可能存在？对可能存在的离子，应如何进一步确证？

5. 某固体试样由 $CuSO_4$，$AgNO_3$，$(NH_4)_2SO_4$，$PbCl_2$，$Ba(NO_3)_2$，K_2CrO_4，$Cr(NO_3)_4$，$Zn(NO_3)_2$，Na_2CO_3 中的两种以上物质等摩尔混合而成。混合物加入水中，生成白色沉淀 B 和溶液 C；溶液 C 使石蕊试纸变红；沉淀 B 不溶于 $2mol \cdot dm^{-3}$ H_2SO_4，但溶于 $6mol \cdot dm^{-3}$ NaOH；溶液 C 用过量 $6mol \cdot dm^{-3}$ NaOH 处理得无色溶液并有强烈氨味放出。试推断以上每种固体在试样中是否存在。

6. 不用 H_2S 或其他硫化物试剂，分离下列各组离子：

(1)Pb^{2+}，Co^{2+}，Bi^{3+}，Ba^{2+}；

(2)Mn^{2+}，Al^{3+}，Pb^{2+}，Bi^{3+}；

(3)Ag^{+}，Pb^{2+}，Cr^{3+}，Zn^{2+}；

(4)Mg^{2+}，Ba^{2+}，Cu^{2+}，Zn^{2+}。

7. 某试液能使酸性 $KMnO_4$ 溶液褪色，但不能使碘—淀粉溶液褪色，问哪些阴离子可能存在？

8. 形成螯合物的有机沉淀剂和形成缔合物的有机沉淀剂分别具有什么特点？

9. 在溶剂萃取分离中萃取剂起什么作用？今欲从 HCl 溶液中分别萃取下列各种组分，应分别采用何种萃取剂？(1)Hg^{2+}；(2)Ga^{3+}；(3)Al^{3+}；(4)Th^{4+}。

10. 色谱分析法有各种分支，你知道的有哪几种？他们的共同特点是什么？

11. 试举例说明 H-型强酸性阳离子交换树脂和 OH-型强碱性阴离子交换树脂的交换作用。如果要在较浓 HCl 溶液中分离铁离子和铝离子，应用哪种树脂？这时哪种离子交换在柱上？哪种离子进入流出液中？

12. 25℃时，Br_2 在 CCl_4 和水中的分配比为 29.0，水溶液中的溴用(1)等体积 CCl_4 萃取；(2)$\frac{1}{2}$体积的 CCl_4 萃取；(3)$\frac{1}{2}$体积的 CCl_4 萃取两次时，萃取效率各为多少？

参考文献

[1] Chang, R. Chemistry, Tenth edition[M], McGraw-Hill Companies, Inc., New York, 2010.

[2] Christian, G. D. Analytical Chemistry, Sixth edition [M], John Wiley &Sons, Inc., New Jersey, 2004.

[3] Miessler, G. L., Fischer, P. J., Tarr, D. A. Inorganic Chemistry, Fifth edition[M], Pearson Education, Inc., New Jersey, 2012.

[4] 北师大，华中师大，南京师大. 无机化学[M]. 北京：高等教育出版社，2002.

[5] 陈虹锦，谢少艾，张卫. 无机及分析化学[M]. 2 版. 北京：科学出版社，2008.

[6] 范彩玲等. 分析化学[M]. 北京：中国农业出版社，2014.

[7] 傅献彩. 大学化学[M]. 北京：高等教育出版社，1999

[8] 贺克强，张开诚，金春华. 无机化学与普通化学题解[M]. 武汉：华中科技大学出版社，2003.

[9] 呼世斌，翟彤宇. 无机及分析化学[M]. 3 版. 北京：高等教育出版社，2010.

[10] 华东化工学院分析化学教研组，成都科学技术大学分析化学教研组. 分析化学[M]. 3 版. 北京：高等教育出版社，1995.

[11] 华彤文. 普通化学原理[M]. 2 版. 北京：北京大学出版社，1993.

[12] 黄晓琴. 无机及分析化学[M]. 3 版. 武汉：华中师范大学出版社，2015.

[13] 贾之慎，张仕勇. 无机及分析化学[M]. 2 版. 北京：高等教育出版社，2008.

[14] 梁华定. 无机及分析化学[M]. 杭州：浙江大学出版社，2010.

[15] 刘耘，周磊，杜登学. 无机及分析化学[M]. 北京：化学工业出版社，2015.

[16] 南京大学. 无机及分析化学[M]. 5 版. 北京：高等教育出版社，2015.

[17] 倪静安，商少明，翟滨. 无机及分析化学[M]. 2 版. 北京：化学工业出版社，2005.

[18] 倪静安，商少明，翟滨. 无机及分析化学教程[M]. 北京：高等教育出版社，2006.
[19] 彭崇慧，冯建章，张锡瑜. 分析化学[M]. 3 版. 北京：北京大学出版社，2009.
[20] 钱祯观. 无机及分析化学原理[M]. 杭州：浙江大学出版社，1991.
[21] 宋天佑. 无机化学[M]. 2 版. 北京：高等教育出版社，2010
[22] 孙玉彬，耿玉宏. 分析化学的发展与展望[J]. 滨州学院学报，2001(17)：56～60.
[23] 天津大学无机化学教研室. 无机化学[M]. 4 版. 北京：高等教育出版社，2010.
[24] 铁步荣. 无机化学习题集[M]. 3 版. 北京：中国中医药出版社，2013.
[25] 王元兰，邓斌. 无机及分析化学[M]. 2 版. 北京：化学工业出版社，2017.
[26] 吴小琴. 无机及分析化学[M]. 北京：化学工业出版社，2013.
[27] 武汉大学. 分析化学[M]. 北京：高等教育出版社，2016.
[28] 武汉大学《无机及分析化学》编写组. 无机及分析化学[M]. 3 版. 武汉：武汉大学出版社，2008.
[29] 武汉大学化学系分析化学教研室. 分析化学例题与习题[M]. 北京：高等教育出版社，1999.
[30] 徐光宪. 21 世纪的化学是研究泛分子的科学[J]. 中国科学基金，2002(2)：70～76.
[31] 颜秀茹. 无机化学与化学分析[M]. 天津：天津大学出版社，2004.
[32] 易洪潮. 无机及分析化学[M]. 2 版. 北京：石油工业出版社，2015.
[33] 俞斌，姚成，吴文源. 无机与分析化学[M]. 3 版. 北京：化学工业出版社，2014.
[34] 张凡. 21 世纪无机化学的发展前景[J]. 福建教育学院学报，2004(7)：124～126.
[35] 张敬乾. 无机及分析化学解疑与思考[M]. 大连：大连海事大学出版社，1999.
[36] 张绪宏，尹学博. 无机及分析化学[M]. 北京：高等教育出版社，2011.
[37] 张永安. 无机及分析化学[M]. 北京：北京师范大学出版社，2009.
[38] 钟国清，朱云云. 无机及分析化学[M]. 北京：科学出版社，2006.
[39] 周益明，忻新泉. 我国固体无机化学的研究进展[J]. 化学通报，1999(11)：1～6.
[40] 竺际舜. 无机化学习题精解[M]. 北京：科学出版社，2001.

附　录

附录1　常见物质的标准摩尔生成焓、标准摩尔生成吉布斯函数、标准摩尔熵

（$p^{\ominus}=100kPa$，25℃）

物质	$\Delta_f H_m^{\ominus}/(kJ\cdot mol^{-1})$	$\Delta_f G_m^{\ominus}/(kJ\cdot mol^{-1})$	$S_m^{\ominus}/(J\cdot mol^{-1}\cdot K^{-1})$
$Ag(g)$	0	0	42.55
$AgCl(s)$	−127.068	−109.789	96.2
$Ag_2O(s)$	−31.05	−11.20	121.3
$Al(s)$	0	0	28.33
Al_2O_3(α，刚玉)	−1675.7	−1582.3	50.92
$Br_2(l)$	0	0	15.231
$Br_2(g)$	30.907	3.110	245.463
$HBr(s)$	−36.40	−53.45	198.695
$Ca(s)$	0	0	41.42
$CaC_2(s)$	−59.8	−64.9	69.96
$CaCO_3$(方解石)	−1206.92	−1128.79	92.9
$CaO(s)$	−635.09	−604.03	39.75
$Ca(OH)_2(s)$	−986.09	−898.49	83.39
C(石墨)	0	0	5.740
C(金刚石)	1.895	2.900	2.377
$CO(g)$	−110.525	−137.168	197.674
$CO_2(g)$	−393.509	−394.359	213.74
$CS_2(l)$	89.70	65.27	151.34
$CS_2(g)$	117.36	67.12	237.84

续表

物质	$\Delta_f H_m^\ominus/(kJ\cdot mol^{-1})$	$\Delta_f G_m^\ominus/(kJ\cdot mol^{-1})$	$S_m^\ominus/(J\cdot mol^{-1}\cdot K^{-1})$
CCl_4(l)	−135.44	−65.21	216.40
CCl_4(g)	−102.9	−60.59	309.85
HCN(l)	108.87	124.97	112.84
HCN(g)	135.1	124.7	201.78
Cl_2(g)	0	0	223.066
Cl(g)	121.679	105.680	165.198
HCl(g)	−92.307	−95.299	186.908
Cu(s)	0	0	33.150
CuO(s)	−157.3	−129.7	42.63
Cu_2O(s)	−168.6	−146.0	93.14
F_2(g)	0	0	202.781
HF(g)	−271.1	−273.2	173.779
Fe(s)	0	0	27.28
$FeCl_2$(s)	−341.79	−302.30	117.95
$FeCl_3$(s)	−399.49	−334.00	142.3
Fe_2O_3(赤铁矿)	−824.2	−742.2	87.40
Fe_3O_4(磁铁矿)	−1118.4	−1015.4	146.4
$FeSO_4$(s)	−928.4	−820.8	107.5
H_2(g)	0	0	130.684
H(g)	217.965	203.247	114.713
H_2O(l)	−285.830	−237.129	69.91
H_2O(g)	−241.818	−228.572	188.825
I_2(s)	0	0	116.135
I_2(g)	62.438	19.327	260.69
I(g)	106.838	70.250	180.791
HI(g)	26.48	1.70	206.594
Mg(s)	0	0	32.68
$MgCl_2$(s)	−641.32	−591.79	89.62
MgO(s)	−601.70	−569.43	26.94
$Mg(OH)_2$(s)	−924.54	−833.51	63.18

续表

物质	$\Delta_f H_m^\ominus$/(kJ·mol^{-1})	$\Delta_f G_m^\ominus$/(kJ·mol^{-1})	$S_m^\ominus$/(J·mol^{-1}·K^{-1})
Na(s)	0	0	51.21
Na_2CO_3(s)	−1130.68	−1044.44	134.98
$NaHCO_3$(s)	−950.81	−851.0	101.7
NaCl(s)	−411.153	−384.138	72.13
$NaNO_3$(s)	−467.85	−367.00	116.52
NaOH(s)	−425.609	−379.494	64.455
Na_2SO_4(s)	−1387.08	−1270.16	149.58
N_2(g)	0	0	191.61
NH_3(g)	−46.11	−16.45	192.45
NO(g)	90.25	86.55	210.761
NO_2(g)	33.18	51.31	240.06
N_2O(g)	82.05	104.20	219.85
N_2O_3(g)	83.72	139.46	312.28
N_2O_4(g)	9.16	97.89	304.29
N_2O_5(g)	11.3	115.1	355.7
HNO_3(l)	−174.10	−80.71	155.60
HNO_3(g)	−135.06	−74.72	266.38
NH_4NO_3(s)	−365.56	−183.87	151.08
O_2(g)	0	0	205.138
O(g)	249.170	231.731	161.055
O_3(g)	142.7	163.2	238.93
P(α-白磷)	0	0	41.09
P(红磷，三斜晶系)	−17.6	−12.1	22.80
P_4(g)	58.91	24.44	279.98
PCl_3(g)	−287.0	−267.8	311.78
PCl_5(g)	−374.9	−305.0	364.58
H_3PO_4(s)	−1279.0	−1119.1	110.50
S(正交晶系)	0	0	31.80
S(g)	278.805	238.250	167.821
S_8(g)	102.30	49.63	430.98

续表

物质		$\Delta_f H_m^\ominus/(kJ \cdot mol^{-1})$	$\Delta_f G_m^\ominus/(kJ \cdot mol^{-1})$	$S_m^\ominus/(J \cdot mol^{-1} \cdot K^{-1})$
$H_2S(g)$		−20.63	−33.56	205.79
$SO_2(g)$		−296.830	−300.194	248.21
$SO_3(g)$		−395.72	−371.06	256.76
$H_2SO_4(l)$		−813.989	−690.003	156.904
$Si(s)$		0	0	18.83
$SiCl_4(l)$		−687.0	−619.84	239.7
$SiCl_4(g)$		−657.01	−616.98	330.73
$SiH_4(g)$		34.3	56.9	204.62
SiO_2(α，石英)		−910.94	−856.64	41.84
SiO_2(s，无定形)		−903.49	−850.70	46.9
$Zn(s)$		0	0	41.63
$ZnCO_3(s)$		−812.78	−731.52	82.4
$ZnCl_2(s)$		−415.05	−369.398	111.46
$ZnO(s)$		−348.28	−318.30	43.64
$CH_4(g)$	甲烷	−74.81	−50.72	186.264
$C_2H_6(g)$	乙烷	−84.68	−32.82	229.60
$C_2H_4(g)$	乙烯	52.26	68.15	219.56
$C_2H_2(g)$	乙炔	226.73	209.20	200.94
$CH_3OH(l)$	甲醇	−238.66	−166.27	126.8
$CH_3OH(g)$	甲醇	−200.66	−161.96	239.81
$C_2H_5OH(l)$	乙醇	−277.69	−174.78	160.7
$C_2H_5OH(g)$	乙醇	−235.10	−168.49	282.70
$(CH_2OH)_2(l)$	乙二醇	−454.80	−323.08	166.9
$(CH_3)_2O(g)$	二甲醚	−184.05	−112.59	266.38
$HCHO(g)$	甲醛	−108.57	−102.53	218.77
$CH_3CHO(g)$	乙醛	−166.19	−128.86	250.3
$HCOOH(l)$	甲酸	−424.72	−361.35	128.95
$CH_3COOH(l)$	乙酸	−484.5	−389.9	159.8

续表

物质		$\Delta_f H_m^\ominus$/(kJ·mol^{-1})	$\Delta_f G_m^\ominus$/(kJ·mol^{-1})	$S_m^\ominus$/(J·mol^{-1}·K^{-1})
CH_3COOH(g)	乙酸	−432.25	−374.0	282.5
$(CH_2)_2O$(l)	环氧乙烷	−77.82	−11.76	153.85
$(CH_2)_2O$(g)	环氧乙烷	−52.63	−13.01	242.53
$CHCl_3$(l)	氯仿	−134.47	−73.66	201.7
$CHCl_3$(g)	氯仿	−103.14	−70.34	295.71
C_2H_5Cl(l)	氯乙烷	−136.52	−59.31	190.79
C_2H_5Cl(g)	氯乙烷	−112.17	−60.39	276.00
C_2H_5Br(l)	溴乙烷	−92.01	−27.70	198.7
C_2H_5Br(g)	溴乙烷	−64.52	−26.48	286.71
CH_2CHCl(l)	氯乙烯	35.6	51.9	263.99
CH_3COCl(l)	氯乙酰	−273.80	−207.99	200.8
CH_3COCl(g)	氯乙酰	−243.51	−205.80	295.1
CH_3NH_2(g)	甲胺	−22.97	32.16	243.41
$(NH_2)_2CO$(s)	尿素	−333.51	−197.33	104.60

附录 2　常见有机化合物的标准摩尔燃烧焓

($p^\ominus$=100kPa，25℃)

物质		$-\Delta_c H_m^\ominus$/(kJ·mol^{-1})	物质		$-\Delta_c H_m^\ominus$/(kJ·mol^{-1})
CH_4(g)	甲烷	890.31	C_2H_5CHO(l)	丙醛	1816.3
C_2H_6(g)	乙烷	1559.8	$(CH_3)_2CO$(l)	丙酮	1790.4
C_3H_8(g)	丙烷	2219.9	$CH_3COC_2H_5$(l)	甲乙酮	2444.2
C_5H_{12}(l)	正戊烷	3509.5	$HCOOH$(l)	甲酸	254.6
C_5H_{12}(g)	正戊烷	3536.1	CH_3COOH(l)	乙酸	874.54
C_6H_{14}(l)	正己烷	4163.1	C_2H_5COOH(l)	丙酸	1527.3
C_2H_4(g)	乙烯	1411.0	C_3H_7COOH(l)	正丁酸	2183.5
C_2H_2(g)	乙炔	1299.6	$CH_2(COOH)_2$(s)	丙二酸	861.15

续表

物质		$-\Delta_c H_m^\ominus$/(kJ·mol^{-1})	物质		$-\Delta_c H_m^\ominus$/(kJ·mol^{-1})
C_3H_6(g)	环丙烷	2091.5	$(CH_2COOH)_2$(s)	丁二酸	1491.0
C_4H_8(l)	环丁烷	2720.5	$(CH_3CO)_2O$(l)	乙酸酐	1806.2
C_5H_{10}(l)	环戊烷	3290.9	$HCOOCH_3$(l)	甲酸甲酯	979.5
C_6H_{12}(l)	环己烷	3919.9	C_6H_5OH(s)	苯酚	3053.5
C_6H_6(l)	苯	3267.5	C_6H_5CHO(l)	苯甲醛	3527.9
$C_{10}H_8$(s)	萘	5153.9	$C_6H_5COCH_3$(l)	苯乙酮	4148.9
CH_3OH(l)	甲醇	726.51	C_6H_5COOH(s)	苯甲酸	3226.9
C_2H_5OH(l)	乙醇	1366.8	$C_6H_4(COOH)_2$(s)	邻苯二甲酸	3223.5
C_3H_7OH(l)	正丙醇	2019.8	$C_6H_5COOCH_3$(l)	苯甲酸甲酯	3957.6
C_4H_9OH(l)	正丁醇	2675.8	$C_{12}H_{12}O_{11}$(s)	蔗糖	5640.9
$CH_3OC_2H_5$(g)	甲乙醚	2107.4	CH_3NH_2(l)	甲胺	1060.6
$(C_2H_5)_2O$(l)	二乙醚	2751.1	$C_2H_5NH_2$(l)	乙胺	1713.3
HCHO(g)	甲醛	570.78	$(NH_2)_2CO$(s)	尿素	631.66
CH_3CHO(l)	乙醛	1166.4	C_5H_5N(l)	吡啶	2782.4

附录 3　常见弱酸、弱碱的标准离解常数(298.15K)

1. 弱酸

物质	分子式	解离常数 $K_a^\ominus$	$pK_a^\ominus$
硼酸	H_3BO_3	$K_a^\ominus=5.80\times10^{-10}$	9.24
碳酸	H_2CO_3	$K_{a1}^\ominus=4.47\times10^{-7}$ $K_{a2}^\ominus=4.68\times10^{-11}$	6.35 10.33
磷酸	H_3PO_4	$K_{a1}^\ominus=6.92\times10^{-3}$ $K_{a2}^\ominus=6.23\times10^{-8}$ $K_{a3}^\ominus=4.79\times10^{-13}$	2.16 7.21 12.32
氢氰酸	HCN	$K_a^\ominus=6.20\times10^{-10}$	9.21
氢氟酸	HF	$K_a^\ominus=6.31\times10^{-4}$	3.20
亚硝酸	HNO_2	$K_a^\ominus=5.62\times10^{-4}$	3.25

续表

物质	分子式	解离常数 $K_a^\ominus$	$pK_a^\ominus$
硫化氢	H_2S	$K_{a1}^\ominus=8.90\times10^{-8}$ $K_{a2}^\ominus=1.26\times10^{-14}$	7.05 13.90
亚硫酸	H_2SO_3	$K_{a1}^\ominus=1.40\times10^{-2}$ $K_{a2}^\ominus=6.31\times10^{-8}$	1.85 7.20
硫酸	H_2SO_4	$K_a^\ominus=1.02\times10^{-2}$	1.99
甲酸	HCOOH	$K_a^\ominus=1.77\times10^{-4}$	3.75
醋酸	CH_3COOH	$K_a^\ominus=1.80\times10^{-5}$	4.74
草酸	$H_2C_2O_4$	$K_{a1}^\ominus=5.90\times10^{-2}$ $K_{a2}^\ominus=6.46\times10^{-5}$	1.23 4.19
琥珀酸	$(CH_2COOH)_2$	$K_{a1}^\ominus=6.40\times10^{-5}$ $K_{a2}^\ominus=2.70\times10^{-6}$	4.19 5.57
苯酚	C_6H_5OH	$K_a^\ominus=1.02\times10^{-10}$	9.99
苯甲酸	C_6H_5COOH	$K_a^\ominus=6.45\times10^{-5}$	4.19
邻苯二甲酸	$C_6H_4(COOH)_2$	$K_{a1}^\ominus=1.30\times10^{-3}$ $K_{a2}^\ominus=3.09\times10^{-6}$	2.89 5.51
砷酸	H_3AsO_4	$K_{a1}^\ominus=5.50\times10^{-3}$ $K_{a2}^\ominus=1.74\times10^{-7}$ $K_{a3}^\ominus=5.13\times10^{-12}$	2.26 6.76 11.29
氨基乙酸盐	$NH_3^+CH_2COOH$	$K_{a1}^\ominus=4.5\times10^{-3}$ $K_{a2}^\ominus=2.5\times10^{-10}$	2.35 9.60

2. 弱碱

物质	分子式	解离常数 $K_b^\ominus$	$pK_b^\ominus$
氨水	$NH_3 \cdot H_2O$	$K_b^\ominus=1.80\times10^{-5}$	4.74
羟胺	NH_2OH	$K_b^\ominus=9.10\times10^{-9}$	8.04
苯胺	$C_6H_5NH_2$	$K_b^\ominus=3.98\times10^{-10}$	9.40
乙二胺	$H_2NCH_2CH_2NH_2$	$K_{b1}^\ominus=8.32\times10^{-5}$ $K_{b2}^\ominus=7.10\times10^{-8}$	4.08 7.15
六亚甲基四胺	$(CH_2)_6N_4$	$K_b^\ominus=1.35\times10^{-9}$	8.87
吡啶	C_5H_5N	$K_b^\ominus=1.80\times10^{-9}$	8.74
甲胺	CH_3NH_2	$K_b^\ominus=4.20\times10^{-4}$	3.38

附录4 常见难溶化合物的溶度积常数(298.15K，离子强度 $I=0$)

化学式	$K_{sp}^{\ominus}$	$pK_{sp}^{\ominus}$	化学式	$K_{sp}^{\ominus}$	$pK_{sp}^{\ominus}$
AgOH	2.0×10^{-8}	7.71	$BaCO_3$	2.58×10^{-9}	8.59
Ag_2CrO_4	1.12×10^{-12}	11.95	$BaSO_4$	1.08×10^{-10}	9.97
$Ag_2Cr_2O_7$	2.0×10^{-7}	6.70	BaC_2O_4	1.6×10^{-7}	6.79
Ag_2CO_3	8.46×10^{-12}	11.07	Bi_2S_3	1.0×10^{-97}	97
Ag_3PO_4	8.89×10^{-17}	16.05	$Ca(OH)_2$	5.02×10^{-6}	5.30
Ag_2S	6.3×10^{-50}	49.20	$CaCO_3$	3.36×10^{-9}	8.47
Ag_2SO_4	1.20×10^{-5}	4.92	$CaC_2O_4\cdot H_2O$	2.32×10^{-9}	8.63
AgCl	1.77×10^{-10}	9.75	CaF_2	3.45×10^{-11}	10.46
AgBr	5.35×10^{-13}	12.27	$Ca_3(PO_4)_2$	2.07×10^{-33}	32.68
AgI	8.52×10^{-17}	16.07	$CaSO_4$	4.93×10^{-5}	4.30
$Al(OH)_3$(无定形)	1.3×10^{-33}	32.89	CuSCN	1.77×10^{-13}	12.75
$BaCrO_4$	1.17×10^{-10}	9.93	$Cd(OH)_2$	7.2×10^{-15}	14.14
$Mg(OH)_2$	5.61×10^{-12}	11.25	$Mg_3(PO_4)_2$	1.04×10^{-24}	23.98
CdS	8.0×10^{-27}	26.10	$Mn(OH)_2$	1.9×10^{-13}	12.72
$Co(OH)_2$	5.92×10^{-15}	14.23	MnS	2.5×10^{-13}	12.60
$Co(OH)_3$	1.6×10^{-44}	43.80	$Ni(OH)_2$	5.48×10^{-16}	15.26
CoS(α)	4.0×10^{-21}	20.40	NiS	1.0×10^{-24}	24.00
CoS(β)	2.0×10^{-25}	24.70	$PbBr_2$	1.51×10^{-7}	6.82
$Cr(OH)_3$	6.3×10^{-31}	30.20	$PbCO_3$	7.40×10^{-14}	13.13
CuBr	6.27×10^{-9}	8.20	PbC_2O_4	4.8×10^{-10}	9.32
$CuCO_3$	1.4×10^{-10}	9.86	$PbCl_2$	1.70×10^{-5}	4.77
CuCl	1.72×10^{-7}	6.76	$PbCrO_4$	2.8×10^{-13}	12.55
CuCN	3.47×10^{-20}	19.46	PbF_2	3.3×10^{-8}	7.48
CuI	1.27×10^{-12}	11.90	PbI_2	9.8×10^{-9}	8.01
$Cu(OH)_2$	2.2×10^{-20}	19.66	$Pb(OH)_2$	1.43×10^{-20}	19.84

续表

化学式	$K_{sp}^{\ominus}$	$pK_{sp}^{\ominus}$	化学式	$K_{sp}^{\ominus}$	$pK_{sp}^{\ominus}$
CuS	6.3×10^{-36}	35.20	PbS	8.0×10^{-28}	27.10
Cu_2S	2.5×10^{-48}	47.60	$PbSO_4$	2.53×10^{-8}	7.60
$FeC_2O_4\cdot2H_2O$	3.2×10^{-7}	6.50	$SrCO_3$	5.60×10^{-10}	9.25
$Fe(OH)_2$	4.87×10^{-17}	16.31	$SrCrO_4$	2.2×10^{-5}	4.65
$Fe(OH)_3$	2.79×10^{-39}	38.55	$SrSO_4$	3.44×10^{-7}	6.46
FeS	6.3×10^{-18}	17.20	$Sn(OH)_2$	5.45×10^{-27}	26.26
Hg_2Cl_2	1.43×10^{-18}	17.84	SnS	1.0×10^{-25}	25.00
Hg_2I_2	5.2×10^{-29}	28.28	$Sn(OH)_4$	1.0×10^{-56}	56.00
HgS(黑)	1.6×10^{-52}	51.80	$Zn(CO_3)_2$	1.19×10^{-10}	9.92
$MgCO_3$	6.82×10^{-6}	5.17	$Zn(OH)_2$(无定形)	3.0×10^{-17}	16.52
$MgC_2O_4\cdot2H_2O$	4.83×10^{-6}	5.32	ZnS(α)	1.6×10^{-24}	23.80
$MgNH_4PO_4$	2.5×10^{-13}	12.60	ZnS(β)	2.5×10^{-22}	21.60

附录 5　常见氧化还原电对的标准电极电势

(1)在酸性溶液中

电对	电极反应	$E^{\ominus}$/V
Li^+/Li	$Li^+ + e^- \rightleftharpoons Li$	−3.0401
Cs^+/Cs	$Cs^+ + e^- \rightleftharpoons Cs$	−3.026
K^+/K	$K^+ + e^- \rightleftharpoons K$	−2.931
Ba^{2+}/Ba	$Ba^{2+} + 2e^- \rightleftharpoons Ba$	−2.912
Ca^{2+}/Ca	$Ca^{2+} + 2e^- \rightleftharpoons Ca$	−2.868
Na^+/Na	$Na^+ + e^- \rightleftharpoons Na$	−2.71
Mg^{2+}/Mg	$Mg^{2+} + 2e^- \rightleftharpoons Mg$	−2.372
H_2/H^-	$\frac{1}{2}H_2 + e^- \rightleftharpoons H^-$	−2.23
Al^{3+}/Al	$Al^{3+} + 3e^- \rightleftharpoons Al$	−1.662
Mn^{2+}/Mn	$Mn^{2+} + 2e^- \rightleftharpoons Mn$	−1.185

续表

电对	电极反应	$E^{\ominus}$/V
Zn^{2+}/Zn	$Zn^{2+}+2e^- \rightleftharpoons Zn$	−0.7618
Cr^{3+}/Cr	$Cr^{3+}+3e^- \rightleftharpoons Cr$	−0.744
Ag_2S/Ag	$Ag_2S+2e^- \rightleftharpoons 2Ag+S^{2-}$	−0.691
$CO_2/H_2C_2O_4$	$2CO_2+2H^++2e^- \rightleftharpoons H_2C_2O_4$	−0.481
Fe^{2+}/Fe	$Fe^{2+}+2e^- \rightleftharpoons Fe$	−0.447
Cr^{3+}/Cr^{2+}	$Cr^{3+}+e^- \rightleftharpoons Cr^{2+}$	−0.407
Cd^{2+}/Cd	$Cd^{2+}+2e^- \rightleftharpoons Cd$	−0.4030
$PbSO_4/Pb$	$PbSO_4+2e^- \rightleftharpoons Pb+SO_4^{2-}$	−0.3588
Co^{2+}/Co	$Co^{2+}+2e^- \rightleftharpoons Co$	−0.28
$PbCl_2/Pb$	$PbCl_2+2e^- \rightleftharpoons Pb+2Cl^-$	−0.2675
Ni^{2+}/Ni	$Ni^{2+}+2e^- \rightleftharpoons Ni$	−0.2570
AgI/Ag	$AgI+e^- \rightleftharpoons Ag+I^-$	−0.15224
Sn^{2+}/Sn	$Sn^{2+}+2e^- \rightleftharpoons Sn$	−0.1375
Pb^{2+}/Pb	$Pb^{2+}+2e^- \rightleftharpoons Pb$	−0.1262
Fe^{3+}/Fe	$Fe^{3+}+3e^- \rightleftharpoons Fe$	−0.037
$AgCN/Ag$	$AgCN+e^- \rightleftharpoons Ag+CN^-$	−0.017
H^+/H_2	$2H^++2e^- \rightleftharpoons H_2$	0.0000
$AgBr/Ag$	$AgBr+e^- \rightleftharpoons Ag+Br^-$	0.07133
S/H_2S	$S+2H^++2e^- \rightleftharpoons H_2S(aq)$	0.1420
Sn^{4+}/Sn^{2+}	$Sn^{4+}+2e^- \rightleftharpoons Sn^{2+}$	0.1510
Cu^{2+}/Cu^+	$Cu^{2+}+e^- \rightleftharpoons Cu^+$	0.1530
$AgCl/Ag$	$AgCl+e^- \rightleftharpoons Ag+Cl^-$	0.2223
Hg_2Cl_2/Hg	$Hg_2Cl_2+2e^- \rightleftharpoons 2Hg+2Cl^-$	0.2680
Cu^{2+}/Cu	$Cu^{2+}+2e^- \rightleftharpoons Cu$	0.3419
H_2SO_3/S	$H_2SO_3+4H^++4e^- \rightleftharpoons S+3H_2O$	0.4497
$S_2O_3^{2-}/S$	$S_2O_3^{2-}+6H^++4e^- \rightleftharpoons 2S+3H_2O$	0.5000
Cu^+/Cu	$Cu^++e^- \rightleftharpoons Cu$	0.5210

续表

电对	电极反应	$E^{\ominus}$/V
I_2/I^-	$I_2+2e^- \rightleftharpoons 2I^-$	0.5355
MnO_4^-/MnO_4^{2-}	$MnO_4^- + e^- \rightleftharpoons MnO_4^{2-}$	0.558
$H_3AsO_4/HAsO_2$	$H_3AsO_4+2H^+ +2e^- \rightleftharpoons HAsO_2+2H_2O$	0.560
Ag_2SO_4/Ag	$Ag_2SO_4+2e^- \rightleftharpoons 2Ag+SO_4^{2-}$	0.654
O_2/H_2O_2	$O_2+2H^+ +2e^- \rightleftharpoons H_2O_2$	0.695
Fe^{3+}/Fe^{2+}	$Fe^{3+} +e^- \rightleftharpoons Fe^{2+}$	0.771
Hg_2^{2+}/Hg	$Hg_2^{2+} +2e^- \rightleftharpoons 2Hg$	0.7973
Ag^+/Ag	$Ag^+ +e^- \rightleftharpoons Ag$	0.7996
NO_3^-/N_2O_4	$2NO_3^- +4H^+ +2e^- \rightleftharpoons N_2O_4+2H_2O$	0.803
Hg^{2+}/Hg	$Hg^{2+} +2e^- \rightleftharpoons Hg$	0.851
Cu^{2+}/CuI	$Cu^{2+} +I^- +e^- \rightleftharpoons CuI$	0.86
Hg^{2+}/Hg_2^{2+}	$2Hg^{2+} +2e^- \rightleftharpoons Hg_2^{2+}$	0.920
NO_3^-/HNO_2	$NO_3^- +3H^+ +2e^- \rightleftharpoons HNO_2+H_2O$	0.934
NO_3^-/NO	$NO_3^- +4H^+ +3e^- \rightleftharpoons NO+2H_2O$	0.957
HNO_2/NO	$HNO_2+H^+ +e^- \rightleftharpoons NO+H_2O$	0.983
$[AuCl_4]^-/Au$	$[AuCl_4]^- +3e^- \rightleftharpoons Au+4Cl^-$	1.002
Br_2/Br^-	$Br_2(l)+2e^- \rightleftharpoons 2Br^-$	1.066
$Cu^{2+}/[Cu(CN)_2]^-$	$Cu^{2+} +2CN^- +e^- \rightleftharpoons [Cu(CN)_2]^-$	1.103
IO_3^-/HIO	$IO_3^- +5H^+ +4e^- \rightleftharpoons HIO+2H_2O$	1.14
IO_3^-/I_2	$2IO_3^- +12H^+ +10e^- \rightleftharpoons I_2+6H_2O$	1.195
MnO_2/Mn^{2+}	$MnO_2+4H^+ +2e^- \rightleftharpoons Mn^{2+} +2H_2O$	1.224
O_2/H_2O	$O_2+4H^+ +4e^- \rightleftharpoons 2H_2O$	1.229
$Cr_2O_7^{2-}/Cr^{3+}$	$Cr_2O_7^{2-} +14H^+ +6e^- \rightleftharpoons 2Cr^{3+} +7H_2O$	1.232
Cl_2/Cl^-	$Cl_2(g)+2e^- \rightleftharpoons 2Cl^-$	1.359
ClO_4^-/Cl_2	$2ClO_4^- +16H^+ +14e^- \rightleftharpoons Cl_2+8H_2O$	1.39
Au^{3+}/Au^+	$Au^{3+} +2e^- \rightleftharpoons Au^+$	1.41
ClO_3^-/Cl^-	$ClO_3^- +6H^+ +6e^- \rightleftharpoons Cl^- +3H_2O$	1.451
PbO_2/Pb^{2+}	$PbO_2+4H^+ +2e^- \rightleftharpoons Pb^{2+} +2H_2O$	1.455

续表

电对	电极反应	$E^\ominus$/V
ClO_3^-/Cl_2	$ClO_3^- + 6H^+ + 5e^- \rightleftharpoons \frac{1}{2}Cl_2 + 3H_2O$	1.47
BrO_3^-/Br_2	$2BrO_3^- + 12H^+ + 10e^- \rightleftharpoons Br_2 + 6H_2O$	1.482
$HClO/Cl^-$	$HClO + H^+ + 2e^- \rightleftharpoons Cl^- + H_2O$	1.482
Au^{3+}/Au	$Au^{3+} + 3e^- \rightleftharpoons Au$	1.498
MnO_4^-/Mn^{2+}	$MnO_4^- + 8H^+ + 5e^- \rightleftharpoons Mn^{2+} + 4H_2O$	1.507
Mn^{3+}/Mn^{2+}	$Mn^{3+} + e^- \rightleftharpoons Mn^{2+}$	1.5415
$HBrO/Br_2$	$2HBrO + 2H^+ + 2e^- \rightleftharpoons Br_2 + 2H_2O$	1.596
H_5IO_6/IO_3^-	$H_5IO_6 + H^+ + 2e^- \rightleftharpoons IO_3^- + 3H_2O$	1.601
$HClO/Cl_2$	$2HClO + 2H^+ + 2e^- \rightleftharpoons Cl_2 + 2H_2O$	1.611
$HClO_2/HClO$	$HClO_2 + 2H^+ + 2e^- \rightleftharpoons HClO + H_2O$	1.645
MnO_4^-/MnO_2	$MnO_4^- + 4H^+ + 3e^- \rightleftharpoons MnO_2 + 2H_2O$	1.679
$PbO_2/PbSO_4$	$PbO_2 + SO_4^{2-} + 4H^+ + 2e^- \rightleftharpoons PbSO_4 + 2H_2O$	1.6913
Au^+/Au	$Au^+ + e^- \rightleftharpoons Au$	1.692
H_2O_2/H_2O	$H_2O_2 + 2H^+ + 2e^- \rightleftharpoons 2H_2O$	1.776
Co^{3+}/Co^{2+}	$Co^{3+} + e^- \rightleftharpoons Co^{2+}$	1.92
$S_2O_8^{2-}/SO_4^{2-}$	$S_2O_8^{2-} + 2e^- \rightleftharpoons 2SO_4^{2-}$	2.010
O_3/O_2	$O_3 + 2H^+ + 2e^- \rightleftharpoons O_2 + H_2O$	2.076
F_2/F^-	$F_2 + 2e^- \rightleftharpoons 2F^-$	2.866
F_2/HF	$F_2(g) + 2H^+ + 2e^- \rightleftharpoons 2HF$	3.503

(2)在碱性溶液中

电对	电极反应	$E^\ominus$/V
$Mn(OH)_2/Mn$	$Mn(OH)_2 + 2e^- \rightleftharpoons Mn + 2OH^-$	−1.56
$[Zn(CN)_4]^{2-}/Zn$	$[Zn(CN)_4]^{2-} + 2e^- \rightleftharpoons Zn + 4CN^-$	−1.34
ZnO_2^{2-}/Zn	$ZnO_2^{2-} + 2H_2O + 2e^- \rightleftharpoons Zn + 4OH^-$	−1.215
$[Sn(OH)_6]^{2-}/HSnO_2^-$	$[Sn(OH)_6]^{2-} + 2e^- \rightleftharpoons HSnO_2^- + 3OH^- + H_2O$	−0.93
SO_4^{2-}/SO_3^{2-}	$SO_4^{2-} + H_2O + 2e^- \rightleftharpoons SO_3^{2-} + 2OH^-$	−0.8277
$HSnO_2^-/Sn$	$HSnO_2^- + H_2O + 2e^- \rightleftharpoons Sn + 3OH^-$	−0.909

续表

电对	电极反应	$E^\ominus$/V
H_2O/H_2	$2H_2O+2e^- \rightleftharpoons H_2+2OH^-$	−0.8277
$Ni(OH)_2/Ni$	$Ni(OH)_2+2e^- \rightleftharpoons Ni+2OH^-$	−0.72
AsO_4^{3-}/AsO_2^-	$AsO_4^{3-}+2H_2O+2e^- \rightleftharpoons AsO_2^-+4OH^-$	−0.71
$SO_3^{2-}/S_2O_3^{2-}$	$2SO_3^{2-}+3H_2O+4e^- \rightleftharpoons S_2O_3^{2-}+6OH^-$	−0.571
S/S^{2-}	$S+2e^- \rightleftharpoons S^{2-}$	−0.4763
$[Ag(CN)_2]^-/Ag$	$[Ag(CN)_2]^-+e^- \rightleftharpoons Ag+2CN^-$	−0.31
$CrO_4^{2-}/[Cr(OH)_4]^-$	$CrO_4^{2-}+4H_2O+3e^- \rightleftharpoons [Cr(OH)_4]^-+4OH^-$	−0.13
O_2/HO_2^-	$O_2+H_2O+2e^- \rightleftharpoons HO_2^-+OH^-$	−0.076
NO_3^-/NO_2^-	$NO_3^-+H_2O+2e^- \rightleftharpoons NO_2^-+2OH^-$	0.01
$S_4O_6^{2-}/S_2O_3^{2-}$	$S_4O_6^{2-}+2e^- \rightleftharpoons 2S_2O_3^{2-}$	0.08
$[Co(NH_3)_6]^{3+}/[Co(NH_3)_6]^{2+}$	$[Co(NH_3)_6]^{3+}+e^- \rightleftharpoons [Co(NH_3)_6]^{2+}$	0.108
$Mn(OH)_3/Mn(OH)_2$	$Mn(OH)_3+e^- \rightleftharpoons Mn(OH)_2+OH^-$	0.15
$Co(OH)_3/Co(OH)_2$	$Co(OH)_3+e^- \rightleftharpoons Co(OH)_2+OH^-$	0.17
Ag_2O/Ag	$Ag_2O+H_2O+2e^- \rightleftharpoons 2Ag+2OH^-$	0.342
O_2/OH^-	$O_2+2H_2O+4e^- \rightleftharpoons 4OH^-$	0.401
MnO_4^-/MnO_2	$MnO_4^-+2H_2O+3e^- \rightleftharpoons MnO_2+4OH^-$	0.595
BrO_3^-/Br^-	$BrO_3^-+3H_2O+6e^- \rightleftharpoons Br^-+6OH^-$	0.61
BrO^-/Br^-	$BrO^-+H_2O+2e^- \rightleftharpoons Br^-+2OH^-$	0.761
ClO^-/Cl^-	$ClO^-+H_2O+2e^- \rightleftharpoons Cl^-+2OH^-$	0.81
H_2O_2/OH^-	$H_2O_2+2e^- \rightleftharpoons 2OH^-$	0.88
O_3/OH^-	$O_3+H_2O+2e^- \rightleftharpoons O_2+2OH^-$	1.24

附录 6 常见氧化还原电对的条件电极电势

电极反应	$E^{\ominus'}$/V	介质
$Ag(II)+e^- \rightleftharpoons Ag^+$	1.927	$4mol \cdot L^{-1}$ HNO_3
$Ce(IV)+e^- \rightleftharpoons Ce(III)$	1.70	$1mol \cdot L^{-1}$ $HClO_4$
	1.61	$1mol \cdot L^{-1}$ HNO_3
	1.44	$0.5mol \cdot L^{-1}$ H_2SO_4
	1.28	$1mol \cdot L^{-1}$ HCl

续表

电极反应	$E^{\ominus'}$/V	介质
$[Co(en)_3]^{3+} + e^- \rightleftharpoons [Co(en)_3]^{2+}$	−0.20	0.1mol·L^{-1} KNO_3+0.1mol·L^{-1} en
$Cr_2O_7^{2-} + 14H^+ + 6e^- \rightleftharpoons 2Cr^{3+} + 7H_2O$	1.000	1mol·L^{-1} HCl
	1.030	1mol·L^{-1} $HClO_4$
	1.080	3mol·L^{-1} HCl
	1.050	2mol·L^{-1} HCl
	1.150	4mol·L^{-1} H_2SO_4
$CrO_4^{2-} + 2H_2O + 3e^- \rightleftharpoons CrO_2^- + 4OH^-$	−0.120	1mol·L^{-1} NaOH
Fe(Ⅲ)$+e^- \rightleftharpoons$Fe(Ⅱ)	0.750	1mol·L^{-1} $HClO_4$
	0.670	0.5mol·L^{-1} H_2SO_4
	0.700	1mol·L^{-1} HCl
	0.460	2mol·L^{-1} H_3PO_4
$H_3AsO_4 + 2H^+ + 2e^- \rightleftharpoons H_3AsO_3 + H_2O$	0.557	1mol·L^{-1} HCl
$H_2SO_3 + 4H^+ + 4e^- \rightleftharpoons S + 3H_2O$	0.557	1mol·L^{-1} $HClO_4$
$Fe(EDTA)^- + e^- \rightleftharpoons Fe(EDTA)^{2-}$	0.120	0.1mol·L^{-1} EDTA(pH=4～6)
$[Fe(CN)_6]^{3-} + e^- \rightleftharpoons [Fe(CN)_6]^{4-}$	0.480	0.01mol·L^{-1} HCl
	0.560	0.1mol·L^{-1} HCl
	0.720	1mol·L^{-1} $HClO_4$
I_2(水)$+2e^- \rightleftharpoons 2I^-$	0.6276	1mol·L^{-1} H^+
$MnO_4^- + 8H^+ + 5e^- \rightleftharpoons Mn^{2+} + 4H_2O$	1.450	1mol·L^{-1} $HClO_4$
	1.27	8mol·L^{-1} H_3PO_4
$[SnCl_6]^{2-} + 2e^- \rightleftharpoons [SnCl_4]^{2-} + 2Cl^-$	0.140	1mol·L^{-1} HCl
$Sn^{2+} + 2e^- \rightleftharpoons Sn$	−0.160	1mol·L^{-1} $HClO_4$
Sb(Ⅴ)$+2e^- \rightleftharpoons$Sb(Ⅲ)	0.750	3.5mol·L^{-1} HCl
$[Sb(OH)_6]^- + 2e^- \rightleftharpoons SbO_2^- + 2OH^- + 2H_2O$	−0.428	3mol·L^{-1} NaOH
$SbO_2^- + 2H_2O + 3e^- \rightleftharpoons Sb + 4OH^-$	−0.675	10mol·L^{-1} KOH
Ti(Ⅳ)$+e^- \rightleftharpoons$Ti(Ⅲ)	−0.010	0.2mol·L^{-1} H_2SO_4
	0.120	2mol·L^{-1} H_2SO_4
	−0.040	1mol·L^{-1} HCl
Pb(Ⅱ)$+2e^- \rightleftharpoons$Pb	−0.320	1mol·L^{-1} NaAc
	−0.140	1mol·L^{-1} $HClO_4$

附录7　常见配离子的稳定常数

配体	金属离子	n	$\lg\beta_n$
NH_3	Ag^+	1，2	3.24，7.05
	Cd^{2+}	1，…，6	2.65，4.75，6.19，7.12，6.80，5.14
	Co^{2+}	1，…，6	2.11，3.74，4.79，5.55，5.73，5.11
	Co^{3+}	1，…，6	6.7，14.0，20.1，25.7，30.8，35.2
	Cu^+	1，2	5.93，10.86
	Cu^{2+}	1，…，4	4.31，7.98，11.02，13.32
	Ni^{2+}	1，…，6	2.80，5.04，6.77，7.96，8.71，8.74
	Zn^{2+}	1，…，4	2.37，4.81，7.31，9.46
F^-	Al^{3+}	1，…，6	6.10，11.15，15.00，17.75，19.37，19.84
	Fe^{3+}	1，2，3	5.28，9.30，12.06
Cl^-	Cd^{2+}	1，…，4	1.95，2.50，2.60，2.80
	Hg^{2+}	1，…，4	6.74，13.22，14.07，15.07
I^-	Cd^{2+}	1，…，4	2.10，3.43，4.49，5.41
	Hg^{2+}	1，…，4	12.87，23.82，27.60，29.83
CN^-	Ag^+	2，3，4	21.1，21.7，20.6
	Au^+	2	38.3
	Co^{3+}	6	64.00
	Cu^+	2，3，4	24.0，28.59，30.30
	Cu^{2+}	4	27.30
	Fe^{2+}	6	35
	Fe^{3+}	6	42
	Hg^{2+}	4	18.0，34.7，38.5，41.4
	Ni^{2+}	4	31.3
	Zn^{2+}	4	16.7

续表

配体	金属离子	n	$\lg\beta_n$
SCN^-	Ag^+	2，3，4	7.57，9.08，10.08
	Cd^{2+}	1，…，4	1.39，1.98，2.58，3.6
	Co^{2+}	4	3.00
$S_2O_3^{2-}$	Ag^+	1，2	8.82，13.46
	Hg^{2+}	2，3，4	29.44，31.90，33.24
OH^-	Ag^+	1，2	2.0，3.99
	Al^{3+}	1，4	9.27，33.03
	Bi^{3+}	1，2，4	12.7，15.8，35.2
	Cd^{2+}	1，…，4	4.17，8.33，9.02，8.62
	Cu^{2+}	1，…，4	7.0，13.68，17.00，18.5
	Fe^{2+}	1，…，4	5.56，9.77，9.67，8.58
	Fe^{3+}	1，2，3	11.87，21.17，29.67
	Hg^{2+}	1，2，3	10.6，21.8，20.9
	Mg^{2+}	1	2.58
	Ni^{2+}	1，2，3	4.97，8.55，11.33
	Pb^{2+}	1，2，3，6	7.82，10.85，14.58，61.0
	Sn^{2+}	1，2，3	10.60，20.93，25.38
	Zn^{2+}	1，…，4	4.40，11.30，14.14，17.66
en	Ag^+	1，2	4.70，7.70
	Cu^{2+}	1，2，3	10.67，20.00，21.0

续表

配体	金属离子	n	$\lg\beta_n$
EDTA	Ag^+	1	7.32
	Al^{3+}	1	16.11
	Ba^{2+}	1	7.78
	Bi^{3+}	1	22.8
	Ca^{2+}	1	11.0
	Cd^{2+}	1	16.4
	Co^{2+}	1	16.31
	Co^{3+}	1	36.00
	Cr^{3+}	1	23
	Cu^{2+}	1	18.70
	Fe^{2+}	1	14.33
	Fe^{3+}	1	24.23
	Hg^{2+}	1	21.80
	Mg^{2+}	1	8.64
	Mn^{2+}	1	13.8
	Na^+	1	1.66
	Ni^{2+}	1	18.56
	Pb^{2+}	1	18.3
	Sn^{2+}	1	22.1
	Zn^{2+}	1	16.4

附录 8　常见化合物的相对分子质量

化合物	相对分子质量	化合物	相对分子质量	化合物	相对分子质量
AgBr	187.78	$FeSO_4 \cdot H_2O$	169.93	$MgCl_2$	95.21
AgCl	143.32	$FeSO_4 \cdot 7H_2O$	278.02	$MgNH_4PO_4$	137.33

续表

化合物	相对分子质量	化合物	相对分子质量	化合物	相对分子质量
AgI	234.77	$FeSO_4 \cdot (NH_4)_2SO_4 \cdot 6H_2O$	392.14	MgO	40.31
$AgNO_3$	169.87	H_3BO_3	61.83	$Mg_2P_2O_7$	222.60
Al_2O_3	101.96	HBr	80.91	$Mg(OH)_2$	58.320
$Al_2(SO_4)_3$	342.15	HCl	36.46	$Na_2B_4O_7 \cdot 10H_2O$	381.37
As_2O_3	197.84	$HClO_4$	100.46	$NaBiO_3$	279.97
As_2O_5	229.84	H_2CO_3	62.02	$NaBr$	102.90
$BaCl_2 \cdot 2H_2O$	244.27	$H_2C_2O_4$	90.04	Na_2CO_3	105.99
$BaCO_3$	197.34	$H_2C_2O_4 \cdot 2H_2O$	126.07	$Na_2C_2O_4$	134.00
BaC_2O_4	225.35	$HCOOH$	46.03	$NaCl$	58.44
$BaCrO_4$	253.32	HF	20.01	NaF	41.99
$BaSO_4$	233.39	HI	127.91	$NaHCO_3$	84.01
$CaCl_2$	110.99	HNO_2	47.01	$Na_2H_2PO_4$	119.98
$CaCl_2 \cdot H_2O$	129.00	HNO_3	63.01	Na_2HPO_4	141.96
CaO	56.08	H_2O	18.02	$Na_2H_2Y \cdot 2H_2O$	372.26
$CaCO_3$	100.09	H_2O_2	34.02	NaI	149.89
CaC_2O_4	128.10	H_3PO_4	98.00	$NaNO_2$	69.00
$Ca(OH)_2$	74.09	H_2S	34.08	Na_2O	61.98
$Ca_3(PO_4)_2$	310.18	H_2SO_3	82.08	$NaOH$	40.01
$CaSO_4$	136.14	H_2SO_4	98.08	Na_3PO_4	163.94
CCl_4	153.81	$HgCl_2$	271.50	Na_2S	78.05
$Ce(SO_4)_2 \cdot 2(NH_4)_2SO_4 \cdot 2H_2O$	632.54	Hg_2Cl_2	472.09	$Na_2S \cdot 9H_2O$	240.18
CH_3COCH_3	58.08	$KAl(SO_4)_2 \cdot 12H_2O$	474.39	Na_2SO_3	126.04
CH_3COOH	60.05	$KB(C_6H_5)_4$	358.33	$Na_2S_2O_3$	158.11
C_6H_5COOH	122.12	KBr	119.01	$Na_2S_2O_3 \cdot 5H_2O$	248.19
$C_6H_4COCHCOOK$	204.23	$KBrO_3$	167.01	Na_2SO_4	142.04
CH_3COONH_4	77.08	KCl	74.56	$Na_2SO_4 \cdot 10H_2O$	322.20

续表

化合物	相对分子质量	化合物	相对分子质量	化合物	相对分子质量
CH_3COONa	82.03	$KClO_3$	122.55	NH_3	17.03
$(C_9H_7N)_3H_3PO_4 \cdot 12MoO_3$	2212.74	$KClO_4$	138.55	NH_4Cl	53.49
$COOHCH_2COOH$	104.06	K_2CO_3	138.21	$(NH_4)_2C_2O_4 \cdot H_2O$	142.11
CH_3OH	32.04	K_2CrO_4	194.20	$NH_4Fe(SO_4)_2 \cdot 12H_2O$	482.20
C_6H_5OH	94.11	$K_2Cr_2O_7$	294.19	$NH_3 \cdot H_2O$	35.05
CO_2	44.01	$KHC_2O_4 \cdot H_2C_2O_4 \cdot 2H_2O$	254.19	$(NH_4)_2HPO_4$	132.05
CuO	79.54	KI	166.00	NH_4SCN	76.12
Cu_2O	143.09	KIO_3	214.00	$(NH_4)_2SO_4$	132.14
$CuSO_4$	159.61	$KIO_3 \cdot HIO_3$	389.92	$NiC_8H_{14}O_4N_4$	288.91
$CuSO_4 \cdot 5H_2O$	249.69	$KMnO_4$	158.04	$PbCrO_4$	323.19
$FeCl_3$	162.21	KNO_2	85.10	PbO	223.20
$FeCl_3 \cdot 6H_2O$	270.30	KOH	56.11	PbO_2	239.20
FeO	71.85	$KSCN$	97.18	Pb_3O_4	685.57
Fe_2O_3	159.69	K_2SO_4	174.26	$(NH_4)_3PO_4 \cdot 12MoO_3$	1876.35
Fe_3O_4	231.54	$MgCl_2$	95.21	$ZnCO_3$	125.40
$PbSO_4$	303.26	SiO_2	60.08	$ZnCl_2$	136.30
P_2O_5	141.95	$SnCl_2$	189.62	ZnO	81.39
Sb_2O_3	291.52	SO_2	64.06	$Zn(NO_3)_2$	189.40
Sb_2S_3	339.68	SO_3	80.06	ZnS	97.46
SiF_4	104.08	TiO_2	79.88	$ZnSO_4$	161.45

附录数据主要摘自：

1. David R Lide. CRC Handbook of Chemistry and Physics. 80th ed. 1999-2000.

2. J A Dean. Lange' s Handbook of Chemistry. 15th ed. 1999.

图书在版编目（CIP）数据

无机及分析化学 / 张立庆主编. —2 版. —杭州：浙江大学出版社，2023.12
ISBN 978-7-308-24495-4

Ⅰ.①无… Ⅱ.①张… Ⅲ.①无机化学—高等学校—教材 ②分析化学—高等学校—教材 Ⅳ.①O61 ②O65

中国国家版本馆 CIP 数据核字(2023)第 231110 号

无机及分析化学(第二版)
张立庆　主编

责任编辑　徐素君
责任校对　傅百荣
封面设计　雷建军
出版发行　浙江大学出版社
（杭州市天目山路 148 号　邮政编码 310007）
（网址：http：//www.zjupress.com）
排　　版　杭州青翊图文设计有限公司
印　　刷　杭州高腾印务有限公司
开　　本　710mm×1000mm　1/16
印　　张　32.5
彩　　插　1
字　　数　680 千
版 印 次　2023 年 12 月第 2 版　2023 年 12 月第 1 次印刷
书　　号　ISBN 978-7-308-24495-4
定　　价　90.00 元

元素周期表

氧化态（单质的氧化态为0，未列入；常见的为红色）

以 $^{12}C=12$ 为基准的相对原子质量（注✦的是半衰期最长同位素的相对原子质量）

图例：+2 +3 +4 +5 +6（氧化态）｜95 — 原子序数｜Am — 元素符号（红色的为放射性元素）｜镅^ — 元素名称（注^的为人造元素）｜$5f^{7}7s^{2}$ — 价层电子构型｜243.06✦ — 相对原子质量

s区元素　p区元素　d区元素　ds区元素　f区元素　稀有气体

周期＼族	1 IA	2 IIA	3 IIIB	4 IVB	5 VB	6 VIB	7 VIIB	8 VIIIB	9 VIIIB	10 VIIIB	11 IB	12 IIB	13 IIIA	14 IVA	15 VA	16 VIA	17 VIIA	18 VIIIA	电子层
1	−1 +1 1 H 氢 $1s^{1}$ 1.00794(7)																	2 He 氦 $1s^{2}$ 4.002602(2)	K
2	+1 3 Li 锂 $2s^{1}$ 6.941(2)	+2 4 Be 铍 $2s^{2}$ 9.012182(3)											+3 5 B 硼 $2s^{2}2p^{1}$ 10.811(7)	−4 +2 +4 6 C 碳 $2s^{2}2p^{2}$ 12.0107(8)	−3 −2 −1 +1 +2 +3 +4 +5 7 N 氮 $2s^{2}2p^{3}$ 14.0067(2)	−2 −1 8 O 氧 $2s^{2}2p^{4}$ 15.9994(3)	−1 9 F 氟 $2s^{2}2p^{5}$ 18.9984032(5)	10 Ne 氖 $2s^{2}2p^{6}$ 20.1797(6)	L K
3	−1 +1 11 Na 钠 $3s^{1}$ 22.989770(2)	+2 12 Mg 镁 $3s^{2}$ 24.3050(6)											+3 13 Al 铝 $3s^{2}3p^{1}$ 26.981538(2)	−4 +2 +4 14 Si 硅 $3s^{2}3p^{2}$ 28.0855(3)	−3 −2 +1 +3 +5 15 P 磷 $3s^{2}3p^{3}$ 30.973761(2)	−2 +2 +4 +6 16 S 硫 $3s^{2}3p^{4}$ 32.065(5)	−1 +1 +3 +5 +7 17 Cl 氯 $3s^{2}3p^{5}$ 35.453(2)	18 Ar 氩 $3s^{2}3p^{6}$ 39.948(1)	M L K
4	−1 +1 19 K 钾 $4s^{1}$ 39.0983(1)	+2 20 Ca 钙 $4s^{2}$ 40.078(4)	+3 21 Sc 钪 $3d^{1}4s^{2}$ 44.955910(8)	−1 0 +2 +3 +4 22 Ti 钛 $3d^{2}4s^{2}$ 47.867(1)	0 ±1 +2 +3 +4 +5 23 V 钒 $3d^{3}4s^{2}$ 50.9415	−3 0 ±1 ±2 +3 +4 +5 +6 24 Cr 铬 $3d^{5}4s^{1}$ 51.9961(6)	−2 0 ±1 +2 ±3 +4 +5 +6 +7 25 Mn 锰 $3d^{5}4s^{2}$ 54.938049(9)	−2 0 ±1 +2 +3 +4 +5 +6 26 Fe 铁 $3d^{6}4s^{2}$ 55.845(2)	0 ±1 +2 +3 +4 +5 27 Co 钴 $3d^{7}4s^{2}$ 58.933200(9)	0 ±1 +2 +3 +4 28 Ni 镍 $3d^{8}4s^{2}$ 58.6934(2)	+1 +2 +3 +4 29 Cu 铜 $3d^{10}4s^{1}$ 63.546(3)	+1 +2 30 Zn 锌 $3d^{10}4s^{2}$ 65.409(4)	+1 +3 31 Ga 镓 $4s^{2}4p^{1}$ 69.723(1)	+2 +4 32 Ge 锗 $4s^{2}4p^{2}$ 72.64(1)	−3 +3 +5 33 As 砷 $4s^{2}4p^{3}$ 74.92160(2)	−2 +2 +4 +6 34 Se 硒 $4s^{2}4p^{4}$ 78.96(3)	−1 +1 +3 +5 +7 35 Br 溴 $4s^{2}4p^{5}$ 79.904(1)	+2 +4 36 Kr 氪 $4s^{2}4p^{6}$ 83.798(2)	N M L K
5	−1 +1 37 Rb 铷 $5s^{1}$ 85.4678(3)	+2 38 Sr 锶 $5s^{2}$ 87.62(1)	+3 39 Y 钇 $4d^{1}5s^{2}$ 88.90585(2)	+1 +2 +3 +4 40 Zr 锆 $4d^{2}5s^{2}$ 91.224(2)	0 ±1 +2 +3 +4 +5 41 Nb 铌 $4d^{4}5s^{1}$ 92.90638(2)	0 ±1 ±2 +3 +4 +5 +6 42 Mo 钼 $4d^{5}5s^{1}$ 95.94(2)	0 ±1 +2 +3 +4 +5 +6 +7 43 Tc 锝^ $4d^{5}5s^{2}$ 97.907✦	0 +1 ±2 +3 +4 +5 +6 +7 +8 44 Ru 钌 $4d^{7}5s^{1}$ 101.07(2)	0 ±1 +2 +3 +4 +5 +6 45 Rh 铑 $4d^{8}5s^{1}$ 102.90550(2)	0 +1 +2 +3 +4 46 Pd 钯 $4d^{10}$ 106.42(1)	+1 +2 +3 47 Ag 银 $4d^{10}5s^{1}$ 107.8682(2)	+1 +2 48 Cd 镉 $4d^{10}5s^{2}$ 112.411(8)	+1 +3 49 In 铟 $5s^{2}5p^{1}$ 114.818(3)	+2 +4 50 Sn 锡 $5s^{2}5p^{2}$ 118.710(7)	−3 +3 +5 51 Sb 锑 $5s^{2}5p^{3}$ 121.760(1)	−2 +2 +4 +6 52 Te 碲 $5s^{2}5p^{4}$ 127.60(3)	−1 +1 +3 +5 +7 53 I 碘 $5s^{2}5p^{5}$ 126.90447(3)	+2 +4 +6 +8 54 Xe 氙 $5s^{2}5p^{6}$ 131.293(6)	O N M L K
6	−1 +1 55 Cs 铯 $6s^{1}$ 132.90545(2)	+2 56 Ba 钡 $6s^{2}$ 137.327(7)	57~71 La~Lu 镧系	+1 +2 +3 +4 72 Hf 铪 $5d^{2}6s^{2}$ 178.49(2)	0 ±1 +2 +3 +4 +5 73 Ta 钽 $5d^{3}6s^{2}$ 180.9479(1)	0 ±1 ±2 +3 +4 +5 +6 74 W 钨 $5d^{4}6s^{2}$ 183.84(1)	0 ±1 +2 +3 +4 +5 +6 +7 75 Re 铼 $5d^{5}6s^{2}$ 186.207(1)	0 +1 +2 +3 +4 +5 +6 +7 +8 76 Os 锇 $5d^{6}6s^{2}$ 190.23(3)	0 ±1 +2 +3 +4 +5 +6 77 Ir 铱 $5d^{7}6s^{2}$ 192.217(3)	0 +2 +3 +4 +5 +6 78 Pt 铂 $5d^{9}6s^{1}$ 195.078(2)	+1 +2 +3 +5 79 Au 金 $5d^{10}6s^{1}$ 196.96655(2)	+1 +2 +3 80 Hg 汞 $5d^{10}6s^{2}$ 200.59(2)	+1 +3 81 Tl 铊 $6s^{2}6p^{1}$ 204.3833(2)	+2 +4 82 Pb 铅 $6s^{2}6p^{2}$ 207.2(1)	−3 +3 +5 83 Bi 铋 $6s^{2}6p^{3}$ 208.98038(2)	−2 +2 +3 +4 +6 84 Po 钋 $6s^{2}6p^{4}$ 208.98✦	±1 +5 +7 85 At 砹 $6s^{2}6p^{5}$ 209.99✦	+2 86 Rn 氡 $6s^{2}6p^{6}$ 222.02✦	P O N M L K
7	+1 87 Fr 钫^ $7s^{1}$ 223.02✦	+2 88 Ra 镭 $7s^{2}$ 226.03✦	89~103 Ac~Lr 锕系	104 Rf 𬬻^ $6d^{2}7s^{2}$ 261.11✦	105 Db 𬭊^ $6d^{3}7s^{2}$ 262.11✦	106 Sg 𬭳^ $6d^{4}7s^{2}$ 263.12✦	107 Bh 𬭛^ $6d^{5}7s^{2}$ 264.12✦	108 Hs 𬭶^ $6d^{6}7s^{2}$ 265.13✦	109 Mt 鿏^ $6d^{7}7s^{2}$ 266.13	110 Ds 𫟼^ (269)	111 Rg 𬬭^ (272)✦	112 Uub^ (277)✦	113 Uut^ (278)✦	114 Uuq^ (289)✦	115 Uup^ (288)✦	116 Uuh^ (289)✦			Q P O N M L K

★ 镧系	+3 57 La★ 镧 $5d^{1}6s^{2}$ 138.9055(2)	+2 +3 +4 58 Ce 铈 $4f^{1}5d^{1}6s^{2}$ 140.116(1)	+3 +4 59 Pr 镨 $4f^{3}6s^{2}$ 140.90765(2)	+2 +3 +4 60 Nd 钕 $4f^{4}6s^{2}$ 144.24(3)	+3 61 Pm 钷^ $4f^{5}6s^{2}$ 144.91✦	+2 +3 62 Sm 钐 $4f^{6}6s^{2}$ 150.36(3)	+2 +3 63 Eu 铕 $4f^{7}6s^{2}$ 151.964(1)	+3 64 Gd 钆 $4f^{7}5d^{1}6s^{2}$ 157.25(3)	+3 +4 65 Tb 铽 $4f^{9}6s^{2}$ 158.92534(2)	+3 +4 66 Dy 镝 $4f^{10}6s^{2}$ 162.500(1)	+3 67 Ho 钬 $4f^{11}6s^{2}$ 164.93032(2)	+3 68 Er 铒 $4f^{12}6s^{2}$ 167.259(3)	+2 +3 69 Tm 铥 $4f^{13}6s^{2}$ 168.93421(2)	+2 +3 70 Yb 镱 $4f^{14}6s^{2}$ 173.04(3)	+3 71 Lu 镥 $4f^{14}5d^{1}6s^{2}$ 174.967(1)
★ 锕系	+3 89 Ac★ 锕 $6d^{1}7s^{2}$ 227.03✦	+3 +4 90 Th 钍 $6d^{2}7s^{2}$ 232.0381(1)	+3 +4 +5 91 Pa 镤 $5f^{2}6d^{1}7s^{2}$ 231.03588(2)	+2 +3 +4 +5 +6 92 U 铀 $5f^{3}6d^{1}7s^{2}$ 238.02891(3)	+3 +4 +5 +6 +7 93 Np 镎 $5f^{4}6d^{1}7s^{2}$ 237.05✦	+3 +4 +5 +6 +7 94 Pu 钚 $5f^{6}7s^{2}$ 244.06✦	+2 +3 +4 +5 +6 95 Am 镅^ $5f^{7}7s^{2}$ 243.06✦	+3 +4 96 Cm 锔^ $5f^{7}6d^{1}7s^{2}$ 247.07✦	+3 +4 97 Bk 锫^ $5f^{9}7s^{2}$ 247.07✦	+2 +3 +4 98 Cf 锎^ $5f^{10}7s^{2}$ 251.08✦	+2 +3 99 Es 锿^ $5f^{11}7s^{2}$ 252.08✦	+2 +3 100 Fm 镄^ $5f^{12}7s^{2}$ 257.10✦	+2 +3 101 Md 钔^ $5f^{13}7s^{2}$ 258.10✦	+2 +3 102 No 锘^ $5f^{14}7s^{2}$ 259.10✦	+3 103 Lr 铹^ $5f^{14}6d^{1}7s^{2}$ 260.11✦